Dransmann
Speth
Kaier
Hartmann
Härter
Waltermann

Betriebswirtschaftslehre mit Rechnungswesen

für Höhere Berufsfachschulen

Band 1: Jahrgangsstufe 11

Merkur
Verlag Rinteln

Wirtschaftswissenschaftliche Bücherei für Schule und Praxis
Begründet von Handelsschul-Direktor Dipl.-Hdl. Friedrich Hutkap †

Verfasser:

Petra Dransmann, Studiendirektorin, Ludwig-Erhard-Berufskolleg, Münster

Dr. Hermann Speth, Dipl.-Hdl., Wangen im Allgäu

Alfons Kaier, Dipl.-Hdl., Überlingen

Gernot B. Hartmann, Dipl.-Hdl., Emmendingen

Friedrich Härter, Dipl.-Volkswirt, Sexau

Aloys Waltermann, Dipl.-Kfm. Dipl.-Hdl., Fröndenberg

* * * * *

6. Auflage 2010

© 2004 by MERKUR VERLAG RINTELN

Gesamtherstellung:
MERKUR VERLAG RINTELN Hutkap GmbH & Co. KG, 31735 Rinteln

E-Mail: info@merkur-verlag.de
            lehrer-service@merkur-verlag.de
Internet: www.merkur-verlag.de

ISBN 978-3-8120-**0465-7**

Vorwort

Für die Arbeit mit dem vorliegenden Lehrbuch möchten wir Sie auf Folgendes hinweisen:

- Das Buch wurde in Übereinstimmung mit dem Lehrplan für die „Zweijährige Berufsfachschule Fachrichtung Wirtschaft und Verwaltung (Höhere Handelsschule) für das Fach „Betriebswirtschaftslehre mit Rechnungswesen" in Nordrhein-Westfalen erstellt.

- Die angebotenen Lerninhalte in diesem Lehrbuch gehen teilweise über die geforderten Lerninhalte des Lehrplans hinaus. Die Lehrerin/der Lehrer hat damit die Möglichkeit, Stoffgebiete umfassend darzustellen und Schwerpunkte zu bilden.

- Der Themenbereich 7 „Personalwirtschaft" steht in engem Zusammenhang mit dem Fach Informationswirtschaft. Im Fach „Informationswirtschaft" sind laut Lehrplan die anzusprechenden personalwirtschaftlichen Prozesse in enger Abstimmung mit dem Fach „Betriebswirtschaftslehre mit Rechnungswesen" zu behandeln. Daraus folgt, dass im Fach „Betriebswirtschaftslehre mit Rechnungswesen" die personalwirtschaftlichen Grundlagen darzustellen sind, die im Fach „Informationswirtschaft" – unter Nutzung moderner Informations- und Kommunikationstechniken – angewandt werden.

- Das Buch hat mehrere Zielsetzungen. Es soll den Lernenden
  - alle Informationen liefern, die zur Erarbeitung des Lernstoffs notwendig sind;
  - dabei helfen, die im Lehrplan enthaltenen Lerninhalte in Allein-, Partner- oder Teamarbeit zu erarbeiten, Entscheidungen zu treffen, diese zu begründen und über die Ergebnisse verbal oder schriftlich zu berichten;
  - fächerübergreifende Zusammenhänge näher bringen.

- Als zusätzliche Vertiefung dienen neben zahlreichen Aufgabenstellungen besonders hervorgehobene Merksätze zu Begrifflichkeiten und Zusammenfassungen. Die Merksätze und Zusammenfassungen dienen den Lernenden zu problemlosen Wiederholungen im Schnelldurchlauf.

- Die Aufgabenstellungen in Form von Fragen, Fallstudien, Entscheidungsbewertungstabellen, Planspielen und Rollenspielen eröffnen dem Lehrer einen weiten pädagogischen Spielraum.

- Zahlreiche Abbildungen, Schaubilder, Beispiele, Begriffsschemata, Gegenüberstellungen und Zusammenfassungen erhöhen die Anschaulichkeit und Einprägsamkeit der Informationen.

- Fachwörter, Fachbegriffe und Fremdwörter werden grundsätzlich im Text oder in Fußnoten erklärt.

- Ein ausführliches Stichwortverzeichnis hilft, Begriffe und Erläuterungen schnell aufzufinden.

Wir wünschen uns eine gute Zusammenarbeit mit allen Benutzern dieses Buches und sind für jede Art von Anregungen und Verbesserungsvorschlägen im Voraus dankbar.

Die Verfasser

Inhaltsverzeichnis

Themenbereich 4: Materialwirtschaft

Themenbereich 5: Absatzwirtschaft

10

Themenbereich 6: Dokumentation betrieblicher Werteströme

Themenbereich 7: Personalwirtschaft

1 Begriff Unternehmen und die Ziele von Unternehmen

1.1 Begriff Unternehmen

In der Regel bezieht ein Unternehmen von vorgelagerten Unternehmen eine Reihe von **Vorleistungen** (Werkstoffe verschiedener Art, Maschinen, Werkzeuge, Strom, Wasser, Erfindungen, Entwürfe, Dienstleistungen usw.). Wir nennen diese Vorleistungen **betriebliche Mittel**.

Durch den **Einsatz der eigenen Leistung** verändert das Unternehmen die übernommenen betrieblichen Mittel so, dass sie für eine weitere Verwendung in der nachgelagerten Stufe geeignet sind. Das Ergebnis der eigenen Leistung sind **Sachgüter** (z. B. Lebensmittel, Kleidung, Fahrzeug) oder **Dienstleistungen** (z. B. Transporte, Beratung durch einen Rechtsanwalt), die anderen Unternehmen wiederum als „betriebliche Mittel" dienen oder aber unverändert dem menschlichen Bedarf (Konsum) zugeführt werden können. Die wirtschaftliche Leistung des Unternehmens – und damit auch seine Berechtigung – ergibt sich daraus, dass es übernommene betriebliche Mittel einem **neuen Zweck** zuführt.

Merke:

- Unter einem **Unternehmen**[1] verstehen wir eine planvoll organisierte Wirtschaftseinheit, in der Sachgüter und Dienstleistungen beschafft, erstellt und abgesetzt werden.
- Die **Leistung eines Unternehmens** besteht darin, durch **eigene Anstrengungen** die **übernommenen betrieblichen Mittel** (Vorleistungen) für **weitere Zwecke** geeignet zu machen.

1.2 Ziele von Unternehmen

1.2.1 Unternehmenskultur und Unternehmensleitbild

(1) Unternehmenskultur

Alle am Unternehmen direkt oder indirekt beteiligten Menschen bringen Wertvorstellungen, Verhaltensregeln und Kommunikationsformen ein. Hieraus hat die Unternehmensführung eine für das Unternehmen typische Unternehmenskultur zu entwickeln. Grundelemente einer Unternehmenskultur sind die Grundwerte und Überzeugungen, die Verhaltensregeln sowie die Artefakte[2] und Symbole.

- **Grundwerte und Überzeugungen**

Grundwerte und Überzeugungen fragen nach dem **„Warum"** des unternehmerischen Engagements und geben dem Unternehmen Orientierung. Sie sind dessen Richtschnur und leiten es in seinem Handeln, sie bilden quasi dessen „Weltanschauung".

Beispiel Sony:

„Mit unseren Produkten sollten wir stets Pioniere sein – dem Markt weit voraus. Wir glauben, dass es besser ist, der Öffentlichkeit neue Produkte vorzuführen, als sie zu fragen, was für Produkte sie gerne hätte."

---

1 Die Begriffe Unternehmen und Betrieb werden hier aus Vereinfachungsgründen gleichbedeutend (synonym) verwendet.
2 Artefakte: Das durch menschliches Können Geschaffene, Kunsterzeugnis.

■ **Verhaltensregeln**

Verhaltensregeln sollen dafür sorgen, dass alle Beteiligten des Unternehmens sich entsprechend den Grundwerten und Überzeugungen verhalten. Verhaltensregeln haben den Charakter von Leitsätzen, Richtlinien, Regeln, Geboten, Verboten.

Beispiel:

„Wir liefern nur Erzeugnisse mit maximaler Qualität aus und gehen hierfür keine Kompromisse ein."

■ **Artefakte und Symbole**

Artefakte und Symbole sind sichtbarer Ausdruck der Wertvorstellungen und halten diese über die Zeit hinweg lebendig. Es handelt sich um unternehmenstypische Erkennungszeichen bezüglich **Verhalten, Kommunikation** und **Erscheinungsbild.**

Beispiel:

Verhalten:	Es wird eine kundenorientierte Produktberatung durchgeführt.
Kommunikation:	Die Produkte werden ausschließlich über das eigene Filialnetz verkauft und ausgeliefert.
Erscheinungsbild:	Es wird ein einheitliches Firmenlogo verwendet.

Mit der Unternehmenskultur umschreibt man somit die „Persönlichkeit" eines Unternehmens hinsichtlich der spezifischen, historisch gewachsenen Denkweisen und Problemlösungswege. Sie umfasst so unterschiedliche Bereiche wie Tradition im Führungsverhalten, überlieferte Geschäftspraktiken oder die Organisationsstruktur.

(2) Unternehmensleitbild

In aller Regel formuliert die Unternehmensleitung die im Unternehmen bestehende Unternehmenskultur und hält sie unter Berücksichtigung der Unternehmensumwelt (politische, wirtschaftliche und soziale Rahmenbedingungen) in einem **Unternehmensleitbild** fest.

Beispiel:

■ **Wir machen unsere KUNDEN stark – und verschaffen ihnen Vorteile im Wettbewerb**

Der Erfolg unserer Kunden ist auch unser Erfolg. Wir stellen unseren Kunden unsere ganze Kompetenz und unsere besten Lösungen zur Verfügung. So tragen wir dazu bei, dass sie ihre Ziele schnell und umfassend erreichen.

■ **Wir treiben INNOVATIONEN voran – und gestalten die Zukunft**

Innovationen sind unser Lebenselexier, rund um den Erdball und rund um die Uhr. Aus Ideen und Erfindungen entwickeln wir erfolgreiche Technologien und Produkte. Kreativität und Erfahrung sichern uns eine Spitzenstellung.

■ **Wir steigern den Unternehmens-WERT – und sichern uns Handlungsfreiheit**

Wir setzen auf profitables Wachstum und auf nachhaltige Wertsteigerung. Ein ausgewogenes Geschäftsportfolio, effektive Managementsysteme und die konsequente Realisierung von Synergien über alle Geschäftssegmente und Regionen hinweg sind die Basis unseres Erfolgs. Damit bieten wir unseren Aktionären eine attraktive Anlage.

- **Wir fördern unsere MITARBEITER – und motivieren zu Spitzenleistungen**
  Die Mitarbeiterinnen und Mitarbeiter sind die Quelle unseres Erfolgs. Wir arbeiten in einem weltweiten Netzwerk des Wissens und des Lernens zusammen. Unsere Unternehmenskultur ist geprägt von der Vielfalt der Menschen und Kulturen, von offenem Dialog, gegenseitigem Respekt, klaren Zielen und entschlossener Führung.

- **Wir tragen gesellschaftliche VERANTWORTUNG – und engagieren uns für eine bessere Welt**
  Unsere Ideen, Technologien und unser Handeln dienen den Menschen, der Gesellschaft und der Umwelt. Integrität bestimmt den Umgang mit unseren Mitarbeitern, Geschäftspartnern und Aktionären.

Merke:

- Unter der **Unternehmenskultur** versteht man ein System gemeinsamer Grundwerte und Überzeugungen mit entsprechenden Verhaltensregeln und Standards sowie Erkennungszeichen.

- Das **Unternehmensleitbild** leitet sich aus der Unternehmenskultur ab. Es formuliert die grundlegenden Zwecke, Zielrichtungen, Gestaltungsprinzipien und Verhaltensnormen der Unternehmung.

1.2.2 Unternehmensziele

1.2.2.1 Begriff Unternehmensziele

Die Unternehmensziele leiten sich aus dem Unternehmensleitbild ab. Sie geben der Unternehmensleitung, den Bereichs- und Gruppenleitern bzw. den Mitarbeitern eine Orientierung für die Steuerung und Kontrolle der betrieblichen Prozesse. Damit diese Orientierung zweifelsfrei möglich ist, sind die Unternehmensziele **eindeutig zu formulieren** und **verbindlich festzulegen**. Eine pauschale Vorgabe von Zielen reicht nicht aus, um sämtliche Aktivitäten in den einzelnen Unternehmensbereichen zu steuern und zu koordinieren.

Merke:

Unternehmensziele beschreiben einen zukünftigen Zustand des Unternehmens, den der zuständige Entscheidungsträger anzustreben hat.

Die Zielformel **SMART** fasst kompakt und einprägsam zusammen, welche Eigenschaften Unternehmensziele haben sollen. Dabei steht jeder Buchstabe für eine bestimmte Eigenschaft. So bedeuten:

S	spezifisch, simpel	Das Ziel soll genau beschrieben, einfach formuliert und für alle nachvollziehbar sein.
M	messbar	Festgelegte Kennzahlen müssen es erlauben, dass die Erreichung des Ziels gemessen werden kann.
A	akzeptiert	Das formulierte Ziel muss übereinstimmen mit den Wertvorstellungen des Unternehmensleitbildes.
R	realistisch	Das Ziel darf nicht utopisch und damit demotivierend sein. Vielmehr benötigen die Mitarbeiter das Gefühl, dass das Ziel erreichbar ist.
T	terminiert	Der Zeithorizont, in welchem das Ziel zu erreichen ist, muss festgelegt sein.

1.2.2.2 Arten von Unternehmenszielen

(1) Gliederung der Unternehmensziele nach dem Inhalt der Zielsetzung

Zielart	Erläuterungen
Formalziele Sie beschreiben **allgemeine Zielsetzungen,** nach denen sich das unternehmerische Handeln ausrichten kann. Sie beziehen sich nicht auf die konkrete Leistungserstellung des Unternehmens.	Mögliche Formalziele sind: ■ Gewinnerzielung ■ Erhöhung des Marktanteils der Produkte ■ Erhaltung der Umwelt durch die Produktion umweltfreundlicher Erzeugnisse ■ Schaffung sicherer Arbeitsplätze ■ Ständige Steigerung der Zahlungsbereitschaft (Liquidität) ■ Umweltschonende Produktion und Verwendung nachwachsender Rohstoffe ■ ...
Sachziele Sachziele betreffen die Leistung des Betriebs. Die Leistung kann darin bestehen, Sachgüter (materielle Güter) oder Dienstleistungen (immaterielle Güter) zu erstellen.	**Sachgüter** Sachgüter können die verschiedenartigsten Verbrauchs- und Gebrauchsgüter sein. Zu den **Gebrauchsgütern** gehören z.B. Apparate, Fahrzeuge, Maschinen, Werkzeuge, Gebäude. **Verbrauchsgüter** sind Güter, die in andere Güter eingehen oder zum Produktionsprozess beitragen. Zu den Verbrauchsgütern zählen z.B. Rohstoffe, Bauteile, Energie. **Dienstleistungen** Dienstleistungen sind Handlungen, durch die ein immaterieller Nutzen entsteht. Hierzu gehören z.B. Montagearbeiten, Instandhaltungen, Beratungen, Qualitätsprüfungen, Versicherungsleistungen, Übernahme von Vertriebs- oder Transportleistungen.

(2) Gliederung der Unternehmensziele nach dem angestrebten Erfolg des Unternehmens

Die Ziele der Unternehmen nach dem angestrebten Erfolg sind dreifacher Art: Zum einen möchten die Unternehmen einen Erfolg erzielen (**ökonomische Ziele**), zum anderen tragen die Unternehmen Verantwortung gegenüber ihren Mitarbeitern (**soziale Ziele**) und gegenüber der Umwelt (**ökologische Ziele**).

Betrachtet man das Unternehmen unter dem Gesichtspunkt des angestrebten Erfolgs, so ist festzuhalten: Das Unternehmen ist ein ökonomisches, soziales (viele Interessengruppen befriedigendes) und ökologisch verantwortlich handelndes System.

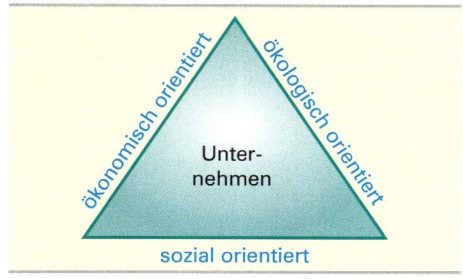

■ Ökonomische (wirtschaftliche) Ziele

Als Wesensmerkmal unternehmerischer Tätigkeit in der Marktwirtschaft gilt in der Theorie in aller Regel das **Gewinnstreben** als Ausdruck der wirtschaftlichen Zielsetzung. In einer empirischen[1] Untersuchung von Unternehmenszielen in der Industrie werden die wirtschaftlichen Zielsetzungen in drei Kern-(Basis-)Ziele unterteilt:[2]

Marktziele	Sie definieren die Stellung, die das Unternehmen im Markt einzunehmen anstrebt. Hierzu zählen z.B. das Streben nach Marktanteilsvergrößerung, das Erreichen bestimmter Wachstumsziele, das Streben nach Prestige und Macht oder das Streben nach Unabhängigkeit.
Ertragsziele	Es handelt sich hier um Ziele, die sich in Ziffern ausdrücken lassen, wie z.B. die Höhe des angestrebten Gewinns, die Rentabilität des eingesetzten Kapitals oder die geplante Umsatzentwicklung.
Leistungsziele	Diese Zielvorgaben charakterisieren die angestrebten Leistungsschwerpunkte des Unternehmens. Hierzu können z.B. gerechnet werden: das Streben nach einem hohen Qualitätsstandard durch ein Qualitätsmanagement, die Verpflichtung gegenüber einer Familientradition oder die Sicherung von Arbeitsplätzen aus sozialer Verantwortung gegenüber der Gesellschaft.

Den wirtschaftlichen Zielsetzungen liegt das **ökonomische Prinzip** (wirtschaftliche Prinzip) zugrunde. Es besagt:

> **Merke:**
>
> ■ Mit **gegebenen Mitteln** ist der **größtmögliche Erfolg** zu erzielen **(Maximalprinzip).**[3]
>
> ■ Ein **geplanter Erfolg** ist mit dem **geringsten Einsatz an Mitteln** anzustreben **(Minimalprinzip, Sparprinzip).**[4]

Hieraus lässt sich folgende **allgemeine Formulierung des ökonomischen Prinzips**[5] ableiten:

> **Merke:**
>
> Es gilt, einen **möglichst großen Überschuss** an Erfolg über den **Mitteleinsatz** zu erlangen.

---

1 Empirik: Lehre, die allein die Erfahrung als Erkenntnisquelle gelten lässt.
2 Vgl. Nieschlag, Dichtl, Hörschgen: Marketing, 17. Aufl., Berlin 1994, S. 882.
3 Maximal: größtmöglich.
4 Minimal: kleinstmöglich.
5 Ökonomisch: wirtschaftlich; Prinzip: Grundsatz.

2 Speth u.a. - ISBN 978-3-8120-0465-7

Bezogen auf den privatwirtschaftlich organisierten Betrieb besagt dies:

Ein **Unternehmen** richtet sich dann nach dem ökonomischen Prinzip, wenn es mit den geplanten Kosten je Zeitabschnitt einen größtmöglichen Gewinn zu erzielen trachtet **(Gewinnmaximierung)**. Das Unternehmen handelt auch dann nach dem ökonomischen Prinzip, wenn es einen geplanten Gewinn mit dem geringstmöglichen Mitteleinsatz erreichen möchte **(Kostenminimierung)**.

■ Ökologische[1] Ziele

Die zunehmenden Belastungen der natürlichen Umwelt durch Emissionen und die notwendige Schonung der nicht regenerierbaren Ressourcen (Roh- und Energiestoffe) erfordern eine konsequente umweltbezogene Abfallvermeidung, Abfallminderung und einen Wiedereinsatz aller recyclingfähigen[2] Abfälle.[3] Dies gilt nicht nur für die bei der Produktion angefallenen Rückstände der eingesetzten Produktionsfaktoren und Produktionsausschussmengen, sondern gleichermaßen für die Konsumgüter (z.B. Möbel, Elektrogeräte, Autos). Wenn diese Konsumgüter z.B. durch ihren Verschleiß oder wegen ihrer technischen Überholung nicht mehr genutzt werden können, müssen diese ebenfalls wieder als Produktionsfaktoren in den Leistungsprozess zurückgeführt werden.

■ Soziale Ziele

Neben wirtschaftlichen und ökologischen Zielen verfolgen die Unternehmen auch soziale Ziele. Von sozialen Zielen wird dann gesprochen, wenn ein Unternehmen zum einen die Arbeitsplatzerhaltung in den Mittelpunkt seiner Unternehmenspolitik stellt und zum anderen seinen Mitarbeitern freiwillige Sozialleistungen gewährt. Durch die Zahlung von freiwilligen Sozialleistungen möchte das Unternehmen insbesondere das Folgende erreichen:

- **Wirtschaftliche Besserstellung der Arbeitnehmer** (z.B. Urlaubsgeld, Wohnungshilfe, Zuschüsse zur Werkskantine, Jubiläumsgeschenke).

- **Ausgleich familiärer Belastungsunterschiede** (z.B. Familienzulage, Geburts- und Heiratsbeihilfen).

- **Altersabsicherung und Absicherung gegen Risiken des Lebens** (z.B. Pensionszahlungen, Krankheitsbeihilfen, Beihilfe zur Rehabilitation).

- **Förderung geistiger und sportlicher Interessen** (z.B. Werksbücherei, Kurse zur Weiterbildung, Sportanlagen).

---

1 Die **Ökologie** ist die Wissenschaft von den Wechselwirkungen zwischen den Lebewesen untereinander und ihren Beziehungen zur übrigen Umwelt.

2 To recycle (engl.): wieder in den Kreislauf (Produktionskreislauf, Stoffkreislauf) zurückführen.

3 Unter ökologischen Gesichtspunkten sind **Abfälle** im engeren Sinne ausschließlich die nicht mehr verwendbaren und nicht mehr verwertbaren (recyclingunfähigen) festen bzw. verfestigten Reststoffe, die deshalb umweltverträglich zu entsorgen sind. Im weiteren Sinne gehören jedoch auch die unvermeidbaren absatzfähigen Nebenprodukte der Produktion sowie die recyclingfähigen Wiedereinsatzstoffe der Produktion und die materiellen Konsumgüter **(Wertstoffe)** zu den Abfällen.

Die Verfolgung sozialer Ziele wird den Arbeitgebern aber auch gesetzlich vorgeschrieben, insbesondere durch das **Arbeitsschutzrecht**.[1] Ziel des Arbeitsschutzrechts ist, die Gesundheit der Mitarbeiter bei ihrer Arbeit zu schützen, die betriebliche Unfallgefahr möglichst zu vermeiden und die Arbeitgeber zu einer menschengerechten Gestaltung der Arbeitsplätze und Arbeitsabläufe zu veranlassen. Als Beispiel für Vorschriften des Arbeitsschutzrechts soll der wesentliche Inhalt des **Arbeitsschutzgesetzes** dargestellt werden.

Wirkungskreis	Wesentlicher Inhalt
Alle Arbeitgeber, alle Beschäftigten, z. B. Arbeitnehmer und alle Auszubildenden [§ 2 II, III ArbSchG], soweit diese nicht nach § 1 ArbSchG ausgeschlossen sind.	▪ Arbeitgeber sind verpflichtet, die zur Sicherheit und Gesundheit der Beschäftigten bei der Arbeit erforderlichen Maßnahmen des Arbeitsschutzes zu treffen und hierzu z. B. für eine geeignete Organisation zu sorgen und die erforderlichen Mittel bereitzustellen [§ 3 ArbSchG]. Arbeitgeber müssen z. B. die Arbeit so gestalten, dass die Gefährdung für Leben und Gesundheit möglichst vermieden und die verbleibende Gefährdung möglichst gering gehalten wird. ▪ Gefahren sind an ihren Quellen zu bekämpfen. Arbeitsschutzmaßnahmen müssen den Stand der Technik, Arbeitsmedizin und Hygiene und spezielle Gefahren besonders schutzbedürftiger Beschäftigungsgruppen berücksichtigen. Hierzu sind den Beschäftigten geeignete Anweisungen zu erteilen (Näheres siehe §§ 3 ff. ArbSchG).

Mit den sozialen Zielen verfolgen die Betriebe in aller Regel auch wirtschaftliche Ziele. Die am häufigsten anzutreffenden **wirtschaftlichen Motive,** die ein Unternehmen mit der Gewährung freiwilliger betrieblicher Sozialleistungen verfolgt, sind Steigerung der Leistung der Arbeit, Bindung der Arbeitnehmer an das Unternehmen, Sicherung von Einflussmöglichkeiten auf die Arbeitnehmer, Steuerersparnisse bzw. Steuerverschiebungen.

(3) Zielharmonie und Zielkonflikt

Die Ansichten darüber, ob zwischen den ökonomischen, ökologischen und sozialen Zielen grundsätzlich eine **Konkurrenzbeziehung** (ein **Zielkonflikt**) oder eine **komplementäre Zielbeziehung (Zielharmonie)** besteht, sind in der Wissenschaft und Wirtschaftspraxis unterschiedlich.

Merke:

▪ **Zielkonflikt:** Die Verfolgung eines wirtschaftlichen und/oder ökologischen Ziels beeinträchtigt oder verhindert die Erreichung eines anderen wirtschaftlichen und/oder ökologischen Ziels.

▪ **Zielharmonie:** Die Förderung eines wirtschaftlichen/ökologischen Ziels begünstigt zugleich die Förderung eines oder mehrerer anderer wirtschaftlicher/ökologischer Ziele.

Bisherige Untersuchungen zeigen weitgehend übereinstimmend, dass zumindest in den größeren von Umweltproblemen besonders betroffenen Unternehmen (Branchen) zwischen den **ökologischen und ökonomischen Unternehmenszielen** grundsätzlich eine komplementäre (sich gegenseitig ergänzende, fördernde) Zielbeziehung und **keine Zielkonkurrenz** besteht.

---

1 Zum **Arbeitsschutzrecht** zählen insbesondere das Arbeitszeitgesetz [ArbZG], Mutterschutzgesetz [MuSchG], Jugendarbeitsschutzgesetz [JArbSchG], Arbeitsschutzgesetz [ArbSchG], Arbeitssicherheitsgesetz [ArbSichG], Geräte- und Produktsicherheitsgesetz [GPSG] und die Sozialgesetzbücher [SGB I bis XI].

Dies ist deshalb der Fall, weil gerade der Umweltschutz vielfältige Innovationsmöglich-keiten (z. B. Entwicklung und Anwendung umweltschonender, Rohstoffe sparender Tech-nologien; Chancen von Innovationsgewinnen) bietet.

In dem Ausmaß, in dem es den Unternehmen gelingt, ihre Umweltschutzziele zu ver-wirklichen, erhöht sich z. B. auch deren Umsatz, ihr Umsatzanteil am gesamten Markt, ihre Marktmacht, ihr langfristiger Gewinn und das Produkt- und Firmenimage in der Öffentlich-keit. Dadurch werden die Unternehmensexistenz und die Arbeitsplätze gesichert, neue Arbeitsplätze geschaffen sowie die Wettbewerbsfähigkeit verbessert.

Häufig bestehen dagegen **Zielkonflikte** zwischen den **ökonomischen** und den **sozialen Zielen**. Strebt ein Unternehmen z. B. zugleich Arbeitsplatzsicherung und Kostensenkung an, kann ein Zielkonflikt vorliegen, weil durch den Einsatz von Kosten sparenden Maschi-nen Arbeitskräfte „freigesetzt", d. h. entlassen werden müssen.

Ein Beispiel für **Zielharmonie** zwischen ökonomischen und sozialen Zielen ist das konjunk-turelle Kurzarbeitergeld (Kug).[1] Angesichts einer globalen Rezession und sinkender Absatzzahlen bestünde die übliche Reaktion der Anpassung im Abbau von Arbeitsplätzen. Viele Unternehmen verzichten jedoch darauf und wählen dagegen das Instrument der Kurzarbeit. Dies bindet die Arbeitskräfte an das Unternehmen und erspart diesem beim beginnenden Aufschwung die Suche nach den knappen Fachkräften.

1.3 Wertschöpfung von Unternehmen

(1) Kostenorientierte Wertschöpfung

Beispiel:

Aufgrund eines Kundenauftrags über 100 Schreibtische führt die Franz Bernhard OHG eine Angebotskalkulation durch, die – stark vereinfacht – zu folgendem Ergebnis kommt:

Bezogene Materialien	45,40 EUR	Verkaufserlös	147,10 EUR
+ Fertigungs-, Verwaltungs-		– Vorleistungen	45,40 EUR
und Vertriebskosten	82,50 EUR	= Wertschöpfung	101,70 EUR
+ Gewinnzuschlag	19,20 EUR		
Verkaufspreis	147,10 EUR		

Voraussetzung für das Entstehen der Wertschöpfung ist, dass der erzielte Verkaufserlös dem er-rechneten Verkaufspreis entspricht.

Der **Wert eines Produktes** ergibt sich im vorgegebenen Beispiel dadurch, dass die **ver-brauchten Werte,** (z. B. Material, Arbeitsleistung, Maschinen) durch die **Kostenrechnung erfasst und addiert** werden. Daraus folgt, je mehr Mittel verbraucht werden, desto höher ist der kostenrechnerische Wert des Produktes (bzw. der Dienstleistung).

---

1 **Konjunkturelles Kurzarbeitergeld (Kug)** wird gewährt, wenn in Betrieben oder Betriebsabteilungen die regelmäßige betriebsübliche wöchentliche Arbeitszeit infolge wirtschaftlicher Ursachen oder eines unabwendbaren Ereignisses vorüber-gehend verkürzt wird.

Die Wertschöpfung entsteht dadurch, dass **bezogene Mittel [Inputleistungen]** (z. B. Werkstoffe, Dienstleistungen, Informationen) durch die **Leistungen des Unternehmens** (z. B. Erstellen einer Konstruktionszeichnung, schleifen, schweißen, Teile zusammenbauen) in andere Erzeugnisse, Bauteile, Dienstleistungen **[Outputleistungen]** mit einem höheren Wert umgewandelt werden. Einen solchen Vorgang bezeichnet man als **Wertschöpfungsprozess.**

Merke:

Die **kostenorientierte Wertschöpfung** ist die **Differenz** zwischen dem **Wert der erstellten Leistung** und den **eingesetzten Vorleistungen.**

(2) Kundenorientierte (nutzenorientierte) Wertschöpfung

Merke:

Der **kundenorientierte Wert eines Produktes** ergibt sich aus dem (in Geldeinheiten ausgedrückten) **Nutzen für den Kunden.**

Daraus folgt: Alle betrieblichen Maßnahmen, die den Wert des Produktes aus Sicht des Kunden erhöhen, gilt es zu steigern, und alle betrieblichen Aktivitäten, die keinen Wert aus Sicht des Kunden haben, aber Kosten verursachen, sind zu vermeiden. Nur wenn der Kundenwunsch erfüllt wird, erzielt der Betrieb einen Preis, der die Kosten übersteigt, einen Gewinn.

Zusammenfassung

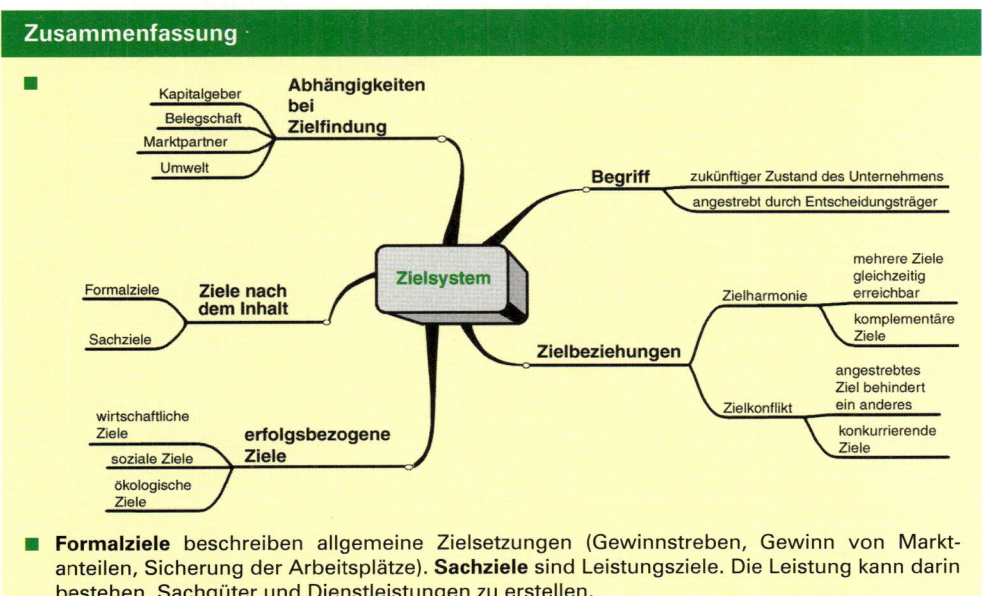

- **Formalziele** beschreiben allgemeine Zielsetzungen (Gewinnstreben, Gewinn von Marktanteilen, Sicherung der Arbeitsplätze). **Sachziele** sind Leistungsziele. Die Leistung kann darin bestehen, Sachgüter und Dienstleistungen zu erstellen.

- Die **ökonomischen Ziele** lassen sich in drei Basisziele untergliedern, und zwar in **Marktziele** (Macht, Einfluss, Umsatz, Marktanteil), **Ertragsziele** (Gewinn, Rentabilität) und in produkt- und gesellschaftsbezogene **Leistungsziele** (Angebotsqualität, soziale Verantwortung, Sicherung des Unternehmensbestands).

- Um die immer knapper werdenden nicht regenerierbaren/natürlichen Ressourcen (z. B. primäre Roh- und Energiestoffe) und die Mülldeponien zu schonen, muss die Unternehmenspolitik **ökologische Ziele** formulieren, die auf einen möglichst **sparsamen Einsatz von Stoffen** und den **Einsatz von abfallarmen Stoffen** zur Vermeidung und Minderung von zu entsorgenden Reststoffen ausgerichtet sind.

- **Soziale Unternehmensziele** verfolgen den Zweck, den Arbeitnehmern eine umfassende Besserstellung zukommen zu lassen. Sie können vom Arbeitgeber freiwillig erbracht oder gesetzlich vorgeschrieben sein.

Übungsaufgaben

1

1. Welche der nachgenannten Ziele gehören zu den monetären[1] Zielvorstellungen? (Eine Zuordnung ist nicht in jedem Fall eindeutig. Ob Ihre Antwort zutreffend oder nicht zutreffend ist, hängt daher von Ihrer Begründung ab!)

   1.1 Gewinnziel,
   1.2 Streben nach Macht und/oder Prestige,
   1.3 Gewinnung politischen Einflusses,
   1.4 Umsatzsteigerung,
   1.5 Erhöhung des Marktanteils,
   1.6 Unternehmenswachstum,
   1.7 Verminderung der Umweltbelastungen,
   1.8 Arbeitsplatzsicherung,
   1.9 Streben nach Unabhängigkeit,
   1.10 Versorgung der Bevölkerung mit lebensnotwendigen Erzeugnissen oder Dienstleistungen,
   1.11 Verpflichtung gegenüber Familientradition,
   1.12 Kostendeckung,
   1.13 Kostensenkung.

2. Welche(s) der vorstehend genannten Ziele gehören (gehört) zu den
   2.1 ökonomischen Zielen,
   2.2 ökologischen Zielen,
   2.3 sozialen Zielen?

3. Nennen Sie ein Beispiel für eine Zielkombination, bei der ein Zielkonflikt besteht!

4. Nennen Sie ein Beispiel für eine Zielkombination, bei der Zielharmonie besteht!

2 Die einseitigen Zielvorgaben (z. B. Gewinn-und/oder Umsatzmaximierung, Senkung der Herstellungskosten) des Managements haben in der Vergangenheit meistens dazu geführt, dass alle Aspekte[2] und Auswirkungen vernachlässigt („ausgeblendet") wurden, die nicht mit dem unmittelbaren Erfolg einer Zielvorgabe zusammenhängen. Die Auswirkungen erfolgsorientierter Unternehmensentscheidungen z. B. auf andere Mitglieder der Gesellschaft, auf spätere Generationen, auf die Tiere, Pflanzen, Böden und das Wasser (Umwelt) sowie auf die Gesundheit der Arbeitnehmer wurden zur effizienten (wirtschaftlichen) Realisierung kurzfristiger betriebswirtschaftlicher Erfolge (z. B. Erzielung eines höheren Gewinns, Erhöhung des Marktanteils bei einem bestimmten Produkt) bewusst nicht beachtet. Die erzielten Erfolge wurden jedoch oft mit hohen Belastungen der Umwelt (z. B. Wald- und Bodenschäden, Verschmutzung der Gewässer) erkauft, wodurch der Volkswirtschaft und Umwelt langfristige und zum Teil irreversible[3] Schäden entstanden sind.

---

1 Monetär: geldlich. Das Wort geht auf moneta (lat.): Münze zurück.
2 Aspekt (lat.): Ansicht, Betrachtungsweise, Gesichtspunkt.
3 Irreversibel (lat.): nicht (wieder) umkehrbar; z. B. Vorgänge (Schäden), die nicht rückgängig (behoben) werden können.

Aufgaben:

1. Worauf sind die einseitigen Zielvorgaben zurückzuführen?
2. Welche Prioritäten sollen Ihrer Ansicht nach die Umweltschutzziele im Zielsystem der Unternehmen haben?
3. Warum verhindern diese einseitigen Zielvorgaben einen wirksamen Umweltschutz?

2 Arten von Unternehmen

Nach dem **Wirtschaftszweig,** in dem das Unternehmen tätig wird, unterscheiden wir Industrie- (einschließlich Handwerks-), Handels-, Bank-, Verkehrs-, Versicherungs- und sonstige Dienstleistungsunternehmen. Diese Gliederung richtet sich an den Hauptaufgaben des jeweiligen Unternehmen aus, z.B. Rohstoffgewinnung, Verarbeitung, Kauf und Verkauf von Waren usw.

Wirtschafts-bereich	Arten von Unternehmen (Gewerbearten)		
	Sachziele	**Bezeichnung**	**Beispiele**
Herstellung (Produktion)	Rohstoffgewinnung	Urproduktionsbetriebe als: Anbaubetriebe	land- und forstwirtschaftliche Betriebe
		Abbaubetriebe	Bergwerke, Kiesgruben, Steinbrüche, Fischereibetriebe
	Verarbeitung	Produktionsbetriebe für Investitionsgüter	Werkzeugfabriken, Maschinenfabriken
		Produktionsbetriebe für Konsumgüter	Kleiderfabriken, Fabriken für Tiefkühlkost, Möbelfabriken, Autohersteller
Verteilung (Distribution)	Kauf und Verkauf von Waren (Handel)	Handelsbetriebe	Einzelhandelsunternehmen, Großhandelsunternehmen
	Transport	Verkehrsbetriebe	Eisenbahnunternehmen, Nah- und Fernverkehrsunternehmen
	Dienstleistung	Dienstleistungsbetriebe i. e. S.:	Sparkassen, Volksbanken, Geschäftsbanken, Postbank
Zahlung (Zirkulation)	Durchführung des Zahlungsverkehrs	Kreditinstitute (Banken)	
	Risikoübernahme	Versicherungsbetriebe	Hausratversicherung (Sachversicherungen), Lebensversicherung (Personenversicherungen)
Beratung	Unterstützung in rechtlichen und wirtschaftlichen Fragen	Beratungsbetriebe	Rechtsanwaltsbüros, Marketingberater, Werbeagenturen

3 Funktionsbereiche eines Unternehmens

3.1 Betriebliche Grundfunktionen

Merke:

Die **Grundfunktionen**[1] **(Hauptaufgaben)** jedes Betriebs sind: die **Beschaffung**, die **Leistungserstellung**, der **Absatz** sowie die **Finanzierung**.

Beschaffung	Als Beschaffung bezeichnet man alle Tätigkeiten, die darauf abzielen die Güter und Dienstleistungen zu erwerben, die notwendig sind, um einen reibungslosen Warenabsatz (beim Handelsbetrieb) bzw. eine reibungslose Produktion (beim Industriebetrieb) zu garantieren. Dazu sind Angebote einzuholen und zu vergleichen. Ist eine Entscheidung zugunsten eines Lieferers gefallen, schließt der Betrieb mit ihm z.B. einen Kaufvertrag ab. Die beschafften Güter müssen vom Käufer abgenommen werden. In der Regel werden die bezogenen Materialien anschließend gelagert.
Leistungserstellung	Gegenstand der Leistungserstellung ist zunächst die zielgerichtete Planung des Leistungserstellungsprozesses. ■ In der **Industrie** ist z.B. zu entscheiden, in welchen Qualitäten und Mengen die Erzeugnisse hergestellt werden sollen. Außerdem ist über die Planung, Lenkung, Durchführung und Kontrolle der Fertigung sowie der anschließenden Lagerung der fertiggestellten Erzeugnisse zu entscheiden. ■ Im **Handel** muss überlegt werden, welche Waren beschafft und angeboten werden sollen.
Absatz	Der Absatz ist die letzte Phase des Betriebsprozesses. Er beinhaltet den Verkauf der Sachgüter und Dienstleistungen und ermöglicht durch den Rückfluss der eingesetzten Geldmittel die Fortsetzung (Finanzierung) der Beschaffung, der Leistungserstellung und des Absatzes.
Finanzierung	Unter Finanzierung versteht man alle Maßnahmen, die der Kapitalbeschaffung (Geld, Sachgüter, Rechte) für den Betrieb dienen. Das erforderliche Kapital kann von den Gesellschaftern (Eigenkapital) oder von Gläubigern (Fremdkapital) aufgebracht werden.

---

1 Funktion: Dienstleistung, Aufgabe.

3.2 Leistungserstellung von Dienstleistungsbetrieben

3.2.1 Leistungserstellung einer Bank

Wichtigste Aufgabe der Banken ist es, **Geldeinlagen** von privaten Haushalten und Betrieben einzusammeln, um sie anderen privaten Haushalten und/oder Betrieben als **Kredite** zur Beschaffung von Konsumgütern und Produktionsgütern zur Verfügung zu stellen. Außerdem übernehmen die Banken die Aufgabe, den **bargeldlosen Zahlungsverkehr**[1] gegen Entgelt durchzuführen.

Als Beispiel für eine zentrale Bankleistung sollen die Grundlagen des **Bankkredits** vorgestellt werden.

Die meisten Menschen sparen einen gewissen Teil ihres Einkommens, etwa, um sich später einen größeren Wunsch erfüllen zu können oder um sich gegen Arbeitslosigkeit und Krankheit abzusichern. Auch die Unternehmen bilden z.B. zur Sicherung ihrer Zahlungsfähigkeit (Liquidität) finanzielle Reserven. Diese Ersparnisse werden überwiegend bei den Banken angelegt, um sie vor Diebstahl zu schützen und um Zinsen zu erhalten. Dieses Sparkapital setzen die Banken dazu ein, Kredite zu gewähren.

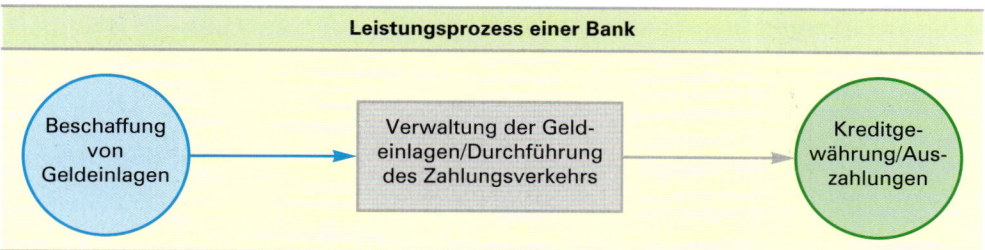

Neben der Abwicklung des Zahlungsverkehrs und der Versorgung der Wirtschaft mit Krediten bieten die meisten Banken noch weitere Dienstleistungen an.

Beispiele:

Währungsumtausch, Immobilien- und Wertpapiergeschäfte, Vermittlung von Versicherungen, Ausgabe von Kreditkarten,[2] Homebanking, Vermögensverwaltung, Tresorgeschäft.[3]

3.2.2 Leistungserstellung eines Handelsbetriebs

Die Hauptfunktionen eines Handelsbetriebs sind der Kauf **(Beschaffung)** und der Verkauf **(Absatz)** von Waren. Die Zusammenstellung des Warenangebots **(Leistungserstellung)** bezeichnet man als **Sortimentsfunktion.**[4]

---

1 Vgl. hierzu S. 287 ff.
2 Vgl. Ausführungen S. 296 f.
3 Tresor: Geldschrank, Bankfach, Sicherheitsraum in der Bank.
4 Sortiment: Zusammenstellung von Waren.

Durch das Bereitstellen eines Warensortiments für den Bedarf des Weiterverwenders (beim Großhandel) oder privaten Verbrauchers (beim Einzelhandel) erhält der Verwender (Käufer) die Möglichkeit, sich schnell über Art, Güte und Preis der angebotenen Waren zu informieren und zentral einzukaufen.

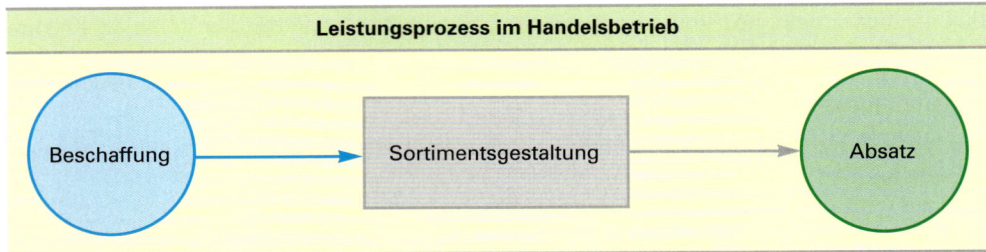

Leistungsprozess im Handelsbetrieb

Beschaffung → Sortimentsgestaltung → Absatz

Die beschafften Waren müssen abgesetzt werden, wobei der Erlös der Bezahlung der eingesetzten Produktionsfaktoren dient (Löhne, Zinsen, Mieten und Pachten, Bezahlung der beschafften Waren). Außerdem müssen die Eigenkapitalgeber eine angemessene Gewinnbeteiligung erhalten. Dem **Güterstrom** (Sachgüter und Dienstleistungen) „fließt" somit ein **Geldstrom** entgegen.[1]

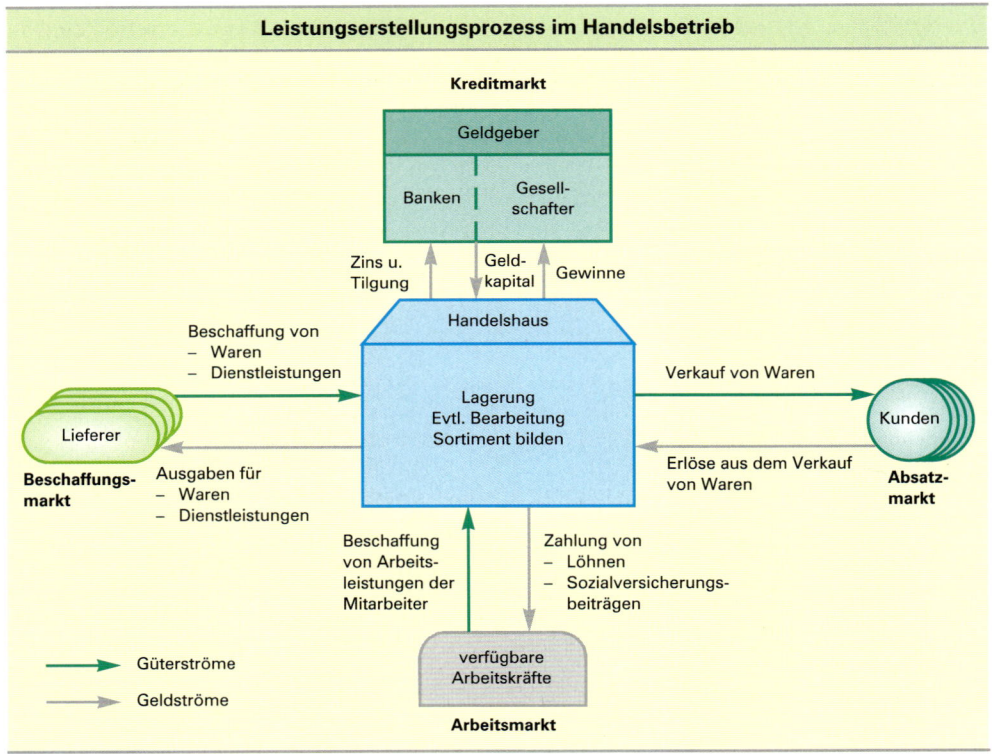

Leistungserstellungsprozess im Handelsbetrieb

---

1 Diese Aussagen gelten grundsätzlich für alle Unternehmen (Betriebe). Zu Einzelheiten siehe S. 28f.

3.3 Leistungserstellung von Produktionsbetrieben am Beispiel des Industriebetriebs

(1) Begriff Industriebetrieb[1]

> **Merke:**
>
> Im **Industriebetrieb** verbinden sich
> - **soziale Elemente (Menschen)** mit
> - **technischen Elementen (Anlagen)**, um
> - auf **ingenieurwissenschaftlicher Grundlage**
> - **Sachgüter** mit dazugehörigen **Dienstleistungen**
>
> zu schaffen.
>
> Durch den Verkauf der Sachgüter soll ein **Erfolg** erzielt werden.

(2) Hauptaufgaben eines Industriebetriebs

Die Hauptaufgabe des Industriebetriebs ist, Erzeugnisse zu fertigen **(Fertigungsfunktion)**. Um fertigen (produzieren) zu können, braucht der Industriebetrieb vor allem Roh-, Hilfs-, Betriebsstoffe, Energiestoffe sowie fremdbezogene Fertigteile (Vorprodukte) und Maschinen. Dies ist seine Beschaffungsaufgabe **(Beschaffungsfunktion)**. Beschaffung und Fertigung sind nicht Selbstzweck. Industrielle Erzeugnisse müssen abgesetzt, d. h. verkauft werden. Die dritte Grundfunktion des Industriebetriebs ist somit die **Absatzfunktion**. Zur Durchführung der erforderlichen Zahlungen müssen finanzielle Mittel in Form von Eigen- und Fremdkapital beschafft werden **(Finanzierungsfunktion)**.

Der Prozess der Leistungserstellung in einem Industriebetrieb soll an einem vereinfachten Beispiel dargestellt werden.

(3) Modell eines industriellen Sachleistungsprozesses

> **Beispiel:**
>
> Angenommen, eine Möbelfabrik stellt lediglich Labormöbel her.
>
> Zu beschaffen sind (neben den bereits vorhandenen bebauten und unbebauten Grundstücken, Maschinen, Fördereinrichtungen und der Betriebs- und Geschäftsausstattung):
> 1. **Rohstoffe:**[2] Holz, Spanplatten, Kunststofffurniere;
> 2. **Hilfsstoffe:**[2] Lacke, Farben, Schrauben, Muttern, Nägel;
> 3. **Betriebsstoffe:**[2] Schmiermittel, Reinigungsmittel;
> 4. **Vorprodukte**[2] (Fertigteile, Fremdbauteile): Scharniere, Schlösser.
>
> Außerdem sind die erforderlichen Arbeitskräfte sowie die erforderlichen Geldmittel, die zum Teil aus Erlösen (dem Umsatz), zum Teil aus Krediten und Beteiligungen bestehen, bereitzustellen.
>
> Die Fertigerzeugnisse werden anschließend geprüft und bis zur Auslieferung in das Fertigerzeugnislager genommen.

---

1 Lehrplangemäß richten sich alle nachfolgenden Ausführungen zu den einzelnen Themengebieten am Industriebetrieb aus.
2 Auf diese Begriffe wird im Einzelnen auf S. 30f. eingegangen.

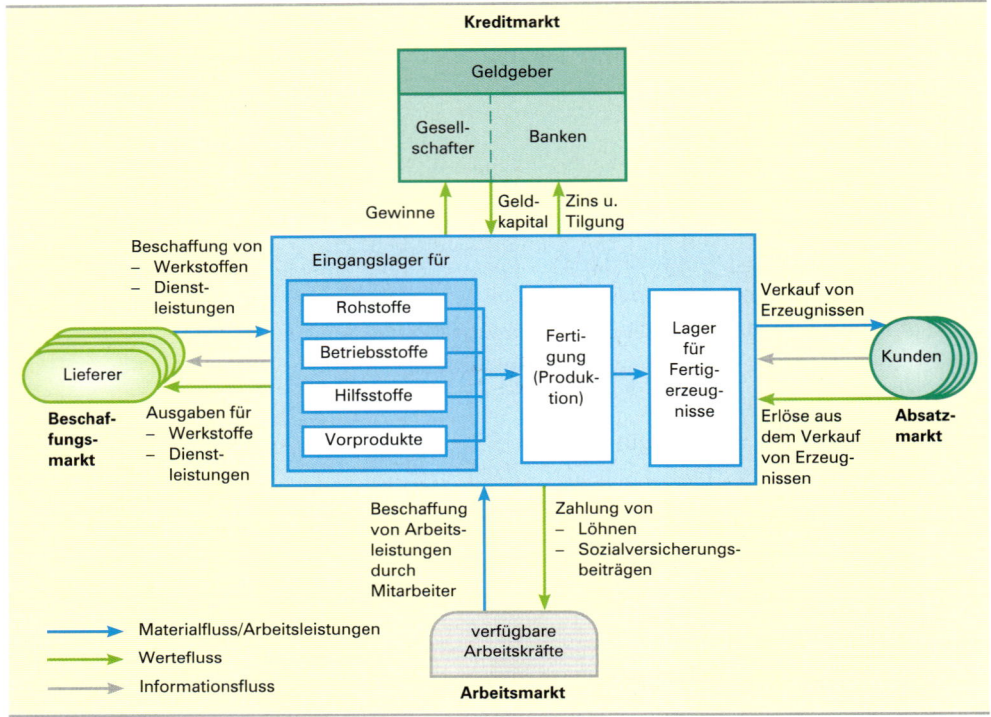

4 Informations-, Material- und Wertefluss im Industriebetrieb

4.1 Grundüberlegungen

Durch den Verkauf der hergestellten Güter oder der erbrachten Dienstleistungen erhält das Unternehmen einen Geldwert (Einnahmen), den es dazu nutzt, alle angefallenen Ausgaben sowie die Investitionsgüter zu finanzieren. Dem **Materialfluss** steht damit – in entgegengesetzter Richtung – ein **Wertefluss** gegenüber.

Merke:

- Jedem **Zugang an Material oder Dienstleistungen** steht ein **Abgang an Geldmitteln** an die Vorstufe gegenüber.
- Jedem **Abgang an Material oder Dienstleistungen** steht ein **Zugang an Geldmitteln** aus der Nachstufe gegenüber.

Damit der Material- und Wertefluss in Gang kommt bzw. aufrechterhalten wird, muss das Unternehmen die geeigneten Lieferer auswählen und die möglichen (potenziellen) Kunden finden. Hierzu ist ein **Informationsfluss** erforderlich, der von den Kunden, als den Abnehmern der Leistungen, ausgeht und über das eigene Unternehmen bis zu den Lieferern reicht.

4.2 Zusammenhang zwischen dem Informations-, Material- und Wertefluss und der betriebliche Wertekreislauf

4.2.1 Informationsfluss, Materialfluss und Wertefluss

Der Industriebetrieb bietet seine Sachgüter und Dienstleistungen am Markt an. Er erhält Anfragen, gibt Angebote ab und erhält **Aufträge**. Damit entsteht ein **Informationsfluss**[1] vom Kunden über den eigenen Betrieb bis zum Lieferanten. Der Auftrag des Kunden muss bearbeitet werden. Geht man von der Annahme aus, dass das Unternehmen nur aufgrund eines Kundenauftrages fertigt, dann müssen die Produktionsabläufe nach Eingang des Kundenauftrages geplant und gesteuert werden. Hierfür ist der Bezug von Material und/ oder Dienstleistungen notwendig, welche beim Lieferer bestellt werden müssen.

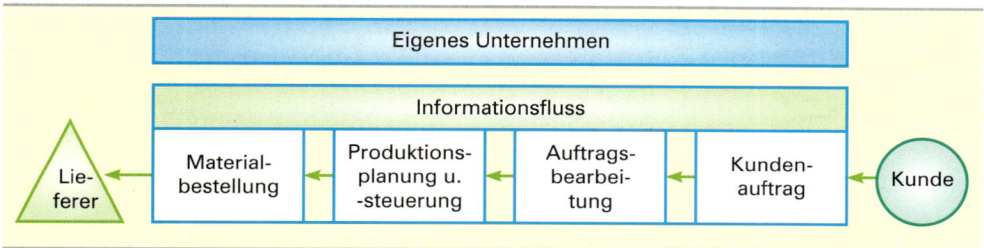

Die Lieferung der bestellten Werkstoffe löst einen **Materialfluss** vom Lieferer zum Kunden aus, denn die bezogenen Materialien werden verarbeitet, die entstandenen Teile und Baugruppen zu Enderzeugnissen montiert und für den Versand an den Kunden bereitgestellt. Der Materialfluss läuft dem Informationsfluss entgegen.

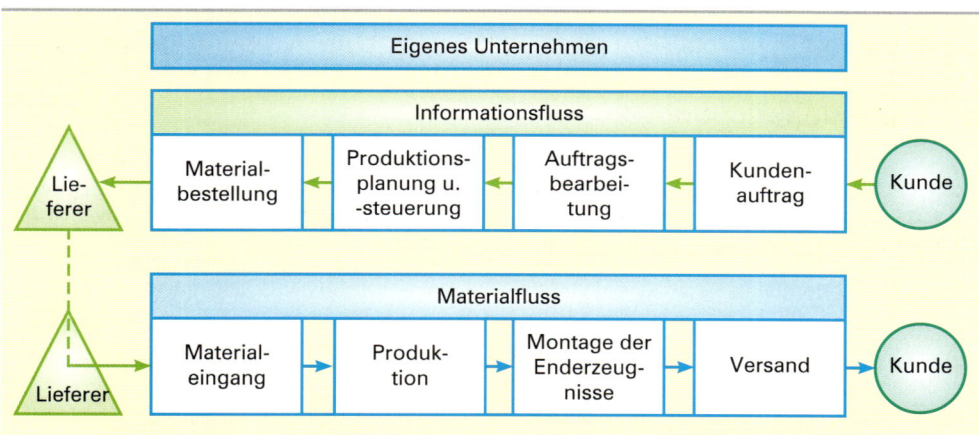

Im Gegenzug für die Lieferung der Fertigerzeugnisse erhält das Unternehmen vom Kunden einen Wertezufluss, und zwar in Form von Einnahmen. Dieser Zufluss an Zahlungsmittel wird benötigt, um die Ausgaben für die Leistungserstellung (z.B. Löhne, Energie,

---

1 Vgl. Erläuterungen S. 30f.

Materialverbrauch, Zinsen) und die Anlagegüter zu finanzieren (Werteabfluss). Damit entsteht ein **Wertefluss**[1] vom Kunden zum Lieferer.

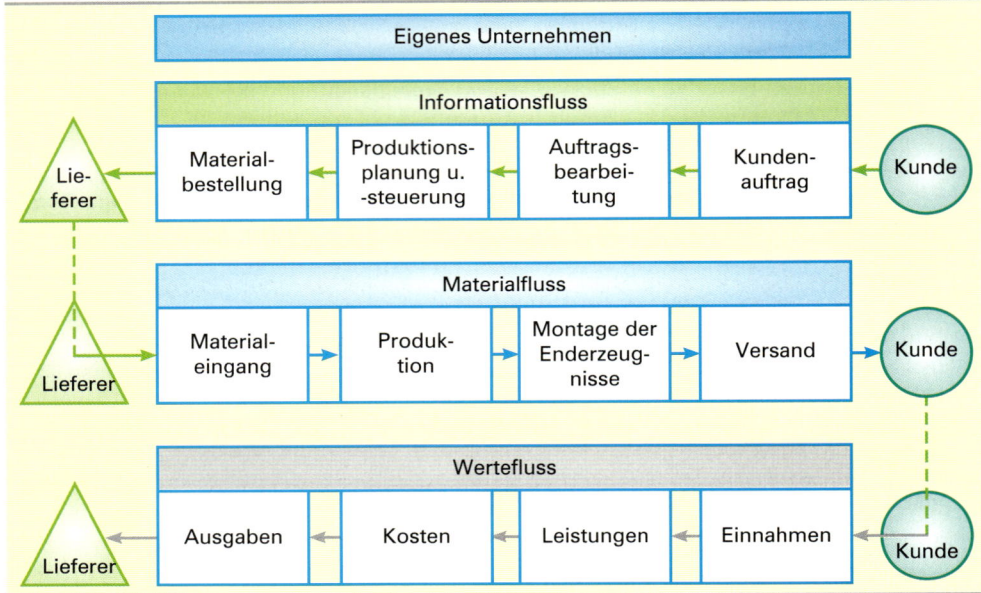

Erläuterungen

■ **Informationen**[2]

Unter **Informationen** versteht man ein zweckorientiertes Wissen. Ziel dieses Wissens ist es, Handlungen vorzubereiten und durchzuführen. Informationen stellen einen Produktionsfaktor[3] (Ressource)[4] dar. Sie werden ähnlich wie andere Produktionsfaktoren geplant, beschafft und ihr Einsatz wird wirtschaftlich gesteuert.

Beispiel:

Nach dieser Begriffserklärung (Definition) ist die Zeitungsmeldung, dass sich eine englische Prinzessin wieder verheiraten will, für die Geschäftsleitung eines Straßenbauunternehmens keine Information, wohl aber die Mitteilung, dass der Bund und die Länder im Zuge weiterer Sparmaßnahmen die Mittel für den Straßenbau um 25 % kürzen wollen, denn diese Nachricht zwingt die Geschäftsleitung zu planerischen und organisatorischen Entscheidungen (z.B. bei der Beschaffungs- und Personalplanung).

Werden Informationen zum Zweck der Verarbeitung aufbereitet, bezeichnet man sie als **Daten**.

■ **Materialien**

Bei **Materialien** handelt es sich um **Werkstoffe** (Roh-, Hilfs- und Betriebsstoffe) sowie **Vorprodukte** und **Handelswaren**.

■ **Rohstoffe** werden nach der Bearbeitung oder Verarbeitung wesentliche Bestandteile der Fertigerzeugnisse, z.B. Eisen und Stahl im Maschinenbau; Wolle und Baumwolle in der Textilindustrie.

---

1 Siehe Erläuterungen auf S. 30f.
2 Der Begriff Information stammt von informare (lat.): durch Unterweisung bilden, untersuchen.
3 Die Produktionsfaktoren sind die Grundelemente, die bei der Produktion mitwirken (Faktor: Mitbewirker).
4 Ressourcen (la ressource, frz.): Quelle, hier ökonomisch: materielle, finanzielle und personelle Mittel.

- **Hilfsstoffe** sind Stoffe, die bei der Bearbeitung verbraucht werden, um das Erzeugnis herzustellen, die aber nicht als wesentliche Bestandteile der Fertigerzeugnisse zu betrachten sind, z.B. Farben in der Tapetenherstellung oder Lacke, Schrauben, Muttern, Nieten in der Automobilindustrie.

- **Betriebsstoffe** dienen dazu, die Maschinen zu „betreiben", z.B. Schmierstoffe, Kühlmittel, Reinigungsmittel. Sie gehen nicht in das fertige Produkt ein.

- **Vorprodukte (Fremdbauteile)** sind zusammengesetzte Produkte von Vorlieferern, die zur Erstellung eigener Produkte benötigt werden, z.B. Schlösser in einer Möbelfabrik, Autositze für die Automobilindustrie, Elektromotoren in der Maschinenindustrie.

- **Handelswaren** sind fertige Waren, die der Industriebetrieb unverändert weiterverkauft, z.B. eine Möbelfabrik kauft Bilder, Wäsche und Teppiche ein, die sie an interessierte Kunden weiterverkauft.

- **Wertefluss**

Der **Wertefluss** ist charakterisiert durch Einzahlungen vom Kunden bzw. Auszahlungen an den Lieferer sowie durch das Entstehen von Kosten und das Erbringen von Leistungen.

- Die Begriffe **Ausgaben** und **Einnahmen** sind Begriffe der **Finanzplanung**. Die Finanzplanung hat die Aufgabe, den Zahlungsverkehr des Unternehmens zu erfassen und die jederzeitige Zahlungsbereitschaft (Liquidität) zu sichern.
  - Unter **Ausgaben** versteht man die Auszahlung von Kassenmitteln bzw. Bankguthaben (liquide Mittel).
  - Unter **Einnahmen** versteht man die Einzahlung von Kassenmitteln bzw. Bankguthaben (liquide Mittel).

- Die Begriffe **Kosten** und **Leistungen** sind Begriffe der **Kosten- und Leistungsrechnung**.[1] In der Kosten- und Leistungsrechnung werden nur die Aufwendungen und Erträge erfasst, die ursächlich im Zusammenhang mit dem eigentlichen Betriebszweck stehen, der bei Industriebetrieben in der Herstellung und dem Verkauf von Gütern zu sehen ist.
  - Unter dem Begriff **Kosten** versteht man den betrieblichen und relativ regelmäßig anfallenden Güter- und Leistungsverzehr zur Erstellung betrieblicher Leistungen, gemessen in Geld (z.B. Löhne, Geschäftsmiete, Aufwendungen für Rohstoffe, Bürobedarf).
  - Unter dem Begriff **Leistungen** versteht man alle betrieblichen und relativ regelmäßig anfallenden Wertzugänge innerhalb einer Abrechnungsperiode (z.B. Umsatzerlöse, Provisionserträge).

4.2.2 Betrieblicher Wertekreislauf

Der betriebliche Wertekreislauf vollzieht sich in zwei einander entgegengesetzt verlaufenden Vorgängen, dem Materialfluss und dem Wertefluss. Im **Materialfluss** werden Materialien und Dienstleistungen sowie Betriebsmittel (z.B. Maschinen, Werkzeuge) am Beschaffungsmarkt beschafft, die im Produktionsprozess zu marktfähigen Produkten umgewandelt und am Absatzmarkt abgesetzt werden. Im **Wertefluss** werden dem Unternehmen durch Einnahmen aus dem Verkauf der Produkte am Absatzmarkt und die Aufnahme von Krediten Geldmittel zugeführt, die es wieder zur Beschaffung von Materialien, Dienstleistungen und Betriebsmitteln verwendet.

> **Merke:**
>
> Der **betriebliche Wertekreislauf** umfasst den Material- und Wertefluss des Unternehmens. Er wird durch Ein- und Verkäufe ständig in Gang gehalten.

---

1 Auf die Kosten- und Leistungsrechnung wird im Band 2, Themenbereich 4, eingegangen.

- Die Erstellung und Bereitstellung wirtschaftlicher Güter durch einen Betrieb bezeichnet man als **betriebliche Leistung**.

- Nach den **Wirtschaftsbereichen** untergliedert man die Unternehmen in:

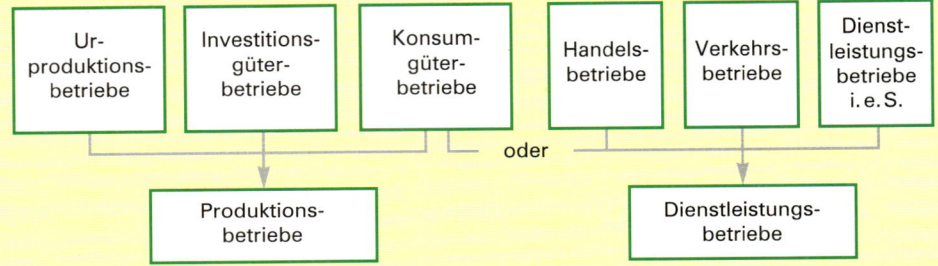

| Ur-produktions-betriebe | Investitions-güter-betriebe | Konsum-güter-betriebe | Handels-betriebe | Verkehrs-betriebe | Dienst-leistungs-betriebe i. e. S. |

oder

| Produktions-betriebe | Dienstleistungs-betriebe |

- **Wertschöpfung** ist die Differenz zwischen dem **Wert der erstellten Leistung** und den **einge-setzten Vorleistungen**. Man unterscheidet eine **kostenorientierte** und eine **kundenorientierte Wertschöpfung**.

- **Dienstleistungsbetriebe** produzieren keine Sachgüter; sie stellen vielmehr Dienstleistungen bereit, die u. a. im Kauf und Verkauf von Waren, in der Durchführung von Zahlungen oder in der Bereitstellung von Krediten bestehen.

- Die **Dienstleistungsbetriebe** dienen **allen Wirtschaftsstufen** und **-bereichen**.

- **Produktionsbetriebe** haben die Aufgabe, Sachgüter herzustellen.

- Sowohl innerhalb eines Unternehmens als auch zwischen dem Unternehmen und seinen Geschäftspartnern besteht ein stetiger **Informations-, Material- und Wertefluss**.

- Die vorherrschenden **Strömungsrichtungen**:
  - für den **Informationsfluss**:   vom Kunden zum Lieferer
  - für den **Materialfluss**:   vom Lieferer zum Kunden
  - für den **Wertefluss**:   vom Kunden zum Lieferer

- Mit der Art, wie diese Flüsse gestaltet werden, unterstützt das Unternehmen die **Erreichung bestimmter Unternehmensziele**.

- Material- und Wertefluss ergeben einen **Wertekreislauf**. Er wird durch Ein- und Verkäufe stän-dig in Gang gehalten.

3   1. 1.1 Unterscheiden Sie zwischen Produktions- und Dienstleistungsbetrieb! Nennen Sie je drei Beispiele!

    1.2 Nennen Sie und beschreiben Sie die Sachziele folgender Betriebe:
    - Abbaubetriebe,
    - aufbereitende Betriebe,
    - weiterverarbeitende Betriebe,
    - Handelsbetriebe,
    - Verkehrsbetriebe,
    - Kreditinstitute,
    - Versicherungsbetriebe!

2. Entscheiden Sie, ob jeweils ein Produktions- oder ein Dienstleistungsbetrieb vorliegt:
   - Forellenzucht,
   - landwirtschaftlicher Betrieb,
   - Fensterputzunternehmen,
   - Autofabrik,
   - Reparaturwerkstatt,
   - Rechtsanwaltsbüro,
   - Fahrradgeschäft,
   - Bäckerei,
   - Werbeunternehmen!

3. Grenzen Sie die kostenorientierte Wertschöpfung von der kundenorientierten Wertschöpfung ab!

4. Ordnen Sie folgende Ereignisse den drei Flüssen zu:

Nr.	Ereignis	Art des Flusses
4.1	Kunde erhält von uns ein Angebot.	
4.2	Kunde schickt uns einen Auftrag.	
4.3	Wir richten eine Anfrage an einen Lieferer.	
4.4	Lieferer schickt uns Rohmaterial zusammen mit Lieferschein.	
4.5	Werkstoffe werden gegen Materialentnahmeschein dem Lager entnommen.	
4.6	Auf unserem Bankkonto wird uns eine Lastschrift des Lieferers belastet.	

5. Erläutern Sie den Begriff Wertekreislauf an einem Beispiel!

5 Ökologische Aspekte der Leistungserstellung

5.1 Grundlegendes

Merke:

Die Belastungen der natürlichen Umwelt (des **Ökosystems**) und die notwendige Schonung der nicht erneuerbaren (regenerierbaren) knappen Vorräte[1] (z. B. Roh- und Energiestoffe) erfordern
- eine Abfallvermeidung bzw. Abfallminderung,
- einen Wiedereinsatz aller recyclingfähigen Abfälle sowie
- eine umweltverträgliche Entsorgung der nicht recycelbaren Restabfälle.

Dies gilt nicht nur für die bei der Produktion angefallenen Rückstände, sondern gleichermaßen für die Konsumgüter (z. B. Möbel, Elektrogeräte, Autos). Wenn diese Konsumgüter z. B. durch ihren Verschleiß und/oder wegen ihrer technischen Überholung nicht mehr für die ursprünglichen Verwendungszwecke genutzt werden können, müssen diese bzw. deren Bestandteile (Substanzen) ebenfalls wieder in den Leistungsprozess zurückgeführt werden.

---

1 Man verwendet hierfür auch den Begriff „Ressourcen".

3 Speth u.a. - ISBN 978-3-8120-0465-7

5.2 Abfallvermeidung, Recycling und Entsorgung

(1) Abfallvermeidung

Der wirksamste Schutz der Umwelt besteht darin, alle umweltbelastenden Emissionen[1] (Abfälle, Abgase, Abstrahlungen usw.) möglichst zu vermeiden oder zumindest zu verringern.

Ohne Abfälle entstehen z.B. keine umweltschädlichen Belastungen der Lebewesen und deren Umwelt (z.B. der Umluft, Ozonschicht, Wälder, Gewässer, Landschaft und des Klimas) durch Schadstoffemissionen und keine Deponierungsprobleme für zu entsorgende Reststoffe. Abfallvermeidung und Abfallminderung bedeuten zugleich, dass die eingesetzten Werkstoffe und Energiestoffe besser genutzt und hierdurch nicht regenerierbare Werkstoffe und Energiestoffe (Primärstoffe) gespart werden.

Vorbeugende Umweltschutzstrategien (Umweltschutzmaßnahmen) durch Abfallvermeidung und -minderung müssen im Rahmen der Produktpolitik bereits bei der Planung neuer Produkte und deren Ausgangssubstanzen (Produktbestandteile) und neuer Produktionsverfahren (an den Quellen möglicher späterer Abfälle) ansetzen und in allen Produktions-, Absatz- und Entsorgungsphasen der Produkte fortgesetzt werden.

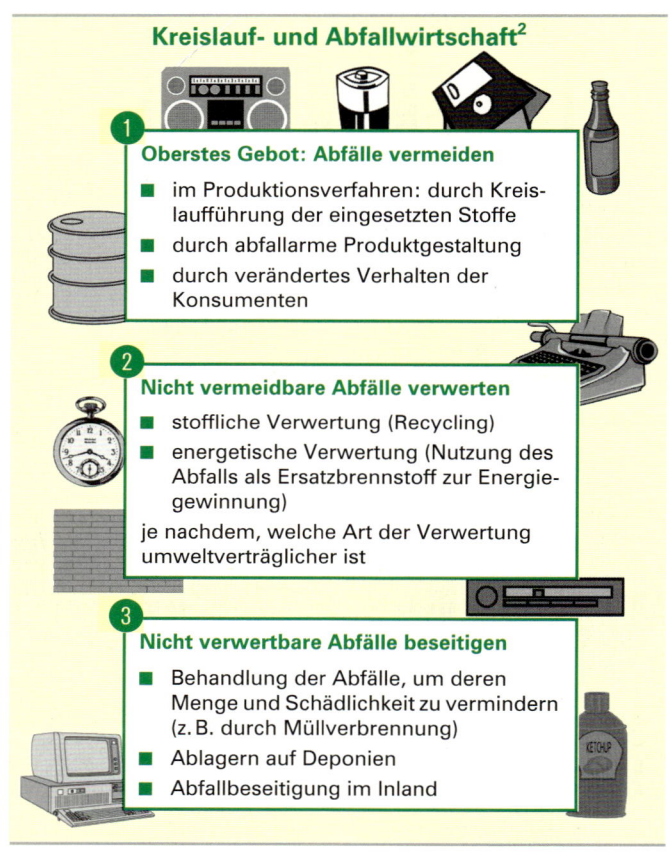

Kreislauf- und Abfallwirtschaft[2]

1 Oberstes Gebot: Abfälle vermeiden
- im Produktionsverfahren: durch Kreislaufführung der eingesetzten Stoffe
- durch abfallarme Produktgestaltung
- durch verändertes Verhalten der Konsumenten

2 Nicht vermeidbare Abfälle verwerten
- stoffliche Verwertung (Recycling)
- energetische Verwertung (Nutzung des Abfalls als Ersatzbrennstoff zur Energiegewinnung)

je nachdem, welche Art der Verwertung umweltverträglicher ist

3 Nicht verwertbare Abfälle beseitigen
- Behandlung der Abfälle, um deren Menge und Schädlichkeit zu vermindern (z.B. durch Müllverbrennung)
- Ablagern auf Deponien
- Abfallbeseitigung im Inland

---

1 **Emission:** (emittere [lat.]) bedeutet so viel wie Aussendung, Freilassung, Ausströmen z.B. von luft- und wasserverunreinigenden Stoffen (z.B. Chemikalien, Stäube usw.). Die auf die Umwelt (z.B. Menschen, Tiere, Pflanzen) einwirkenden (eindringenden) oder dort bereits vorhandenen Schadstoffkonzentrationen werden **Immissionen** genannt (siehe auch § 3 BImSchG).
2 Quelle: In Anlehung an: Sparkassen-Schul-Service 310748006.

(2) Recycling

Eine wirksame **umweltorientierte Recyclingpolitik der Unternehmen** umfasst alle Maßnahmen, mit denen bereits angefallene und zukünftig zu erwartende Stoffrückstände aus der Produktion und Rückstände von Konsumgütern in den industriellen Produktionsprozess zurückgeführt werden können. Aus Produktionsrückständen und Konsumgüterabfällen werden keine Abfälle (im engeren Sinne), sondern „neue" Werkstoffe oder Energien (**sekundäre Werkstoffe, Energiestoffe**) gewonnen. Die **Durchlaufwirtschaft** wird zu einer **Kreislaufwirtschaft.**

Recyclingarten (Recyclingmöglichkeiten)			
Wiederverwendung	Weiterverwendung	Wiederverwertung	Weiterverwertung
Produkte werden für den gleichen Verwendungszweck mehrfach genutzt.	Produkte werden für andere Verwendungszwecke mehrfach genutzt.	Produkte werden aufgelöst oder verändert und erneut in den bereits früher durchlaufenen Rohstoffkreislauf zurückgeführt.	Rohstoffe werden in bisher noch nicht durchlaufenen Produktionsprozessen in neue Produkte umgewandelt.
Beispiel:	**Beispiel:**	**Beispiel:**	**Beispiel:**
Pfandflaschen aus Glas.	Senfgläser werden als Trinkgläser weiterverwendet.	Glasscherben werden zur Glasherstellung wiederverwertet.	Aus Kunststoffflaschen werden Fleece-Pullis.

(3) Entsorgung

Wenn eine stoffliche Verwertung („Abfallnutzung") aus technischen Gründen nicht möglich oder unter wirtschaftlichen Gesichtspunkten zu teuer ist, dann müssen die nicht verwertbaren Reststoffe umweltverträglich durch ihre stoffliche Lagerung (Deponierung) auf Mülldeponien und/oder durch Verbrennung entsorgt werden.

Beispiel:

Eine umweltverträgliche Deponierung liegt z. B. vor, wenn der gelagerte Müll durch seine Verrottung wieder in den biologischen Kreislauf zurückgeführt wird.

Modell (Möglichkeiten) eines betrieblichen Umweltschutzes durch umweltorientierte Abfallvermeidung, Abfallminderung, Recyclingpolitik und Entsorgung[1]

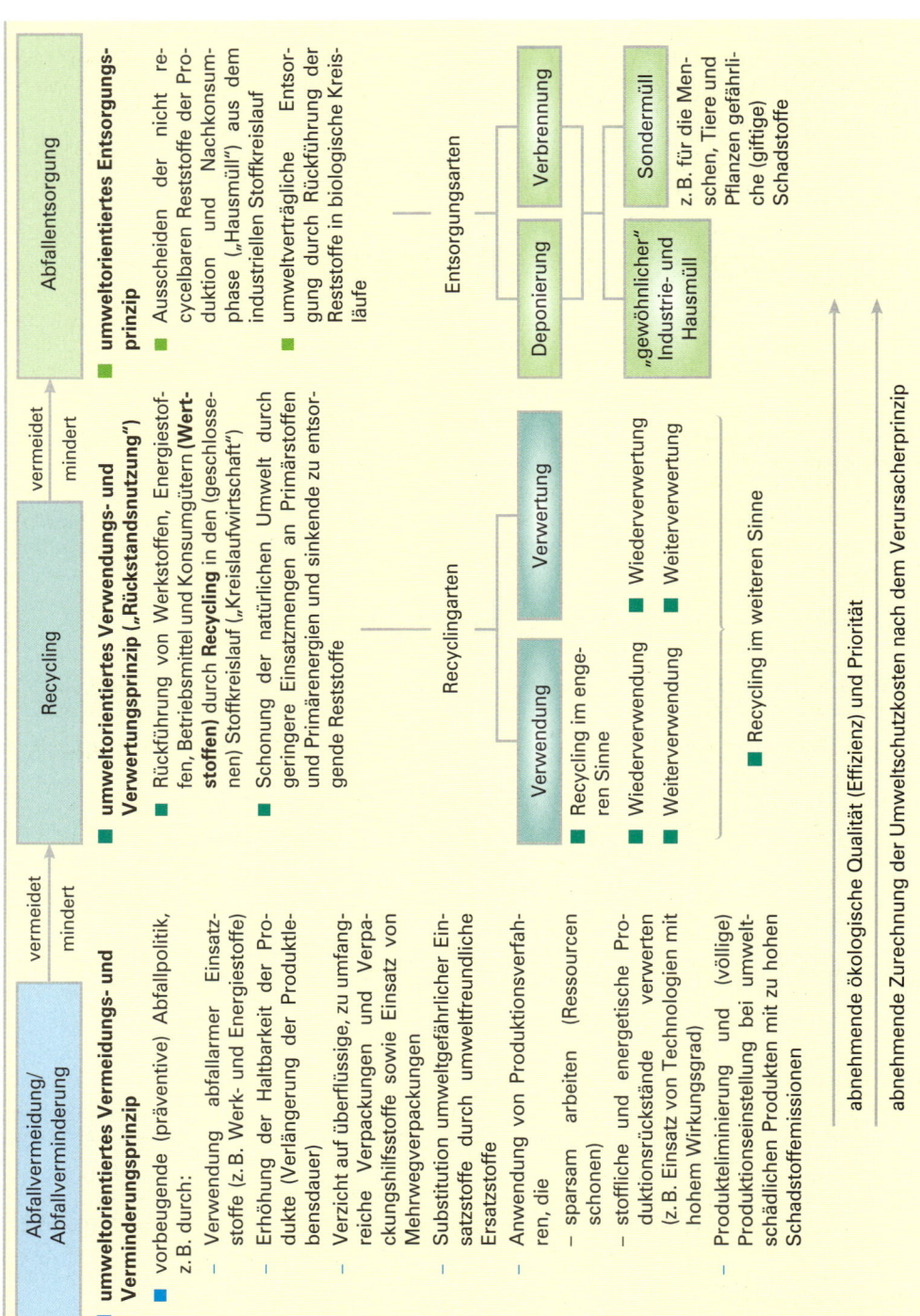

Abfallvermeidung/ Abfallverminderung

vermeidet
mindert

Recycling

vermeidet
mindert

Abfallentsorgung

■ **umweltorientiertes Vermeidungs- und Verminderungsprinzip**

■ vorbeugende (präventive) Abfallpolitik, z. B. durch:

– Verwendung abfallarmer Einsatzstoffe (z. B. Werk- und Energiestoffe)

– Erhöhung der Haltbarkeit der Produkte (Verlängerung der Produktlebensdauer)

– Verzicht auf überflüssige, zu umfangreiche Verpackungen und Verpackungshilfsstoffe sowie Einsatz von Mehrwegverpackungen

– Substitution umweltgefährlicher Einsatzstoffe durch umweltfreundliche Ersatzstoffe

– Anwendung von Produktionsverfahren, die

– sparsam arbeiten (Ressourcen schonen)

– stoffliche und energetische Produktionsrückstände verwerten (z. B. Einsatz von Technologien mit hohem Wirkungsgrad)

– Produkteliminierung und (völlige) Produktionseinstellung bei umweltschädlichen Produkten mit zu hohen Schadstoffemissionen

■ **umweltorientiertes Verwendungs- und Verwertungsprinzip („Rückstandsnutzung")**

■ Rückführung von Werkstoffen, Energiestoffen, Betriebsmittel und Konsumgütern (**Wertstoffen**) durch **Recycling** in den (geschlossenen) Stoffkreislauf („Kreislaufwirtschaft")

■ Schonung der natürlichen Umwelt durch geringere Einsatzmengen an Primärstoffen und Primärenergien und sinkende zu entsorgende Reststoffe

Recyclingarten

Verwendung

■ Recycling im engeren Sinne

■ Wiederverwendung
■ Weiterverwendung

Verwertung

■ Wiederverwertung
■ Weiterverwertung

■ Recycling im weiteren Sinne

■ **umweltorientiertes Entsorgungsprinzip**

■ Ausscheiden der nicht recycelbaren Reststoffe der Produktion und Nachkonsumphase („Hausmüll") aus dem industriellen Stoffkreislauf

■ umweltverträgliche Entsorgung durch Rückführung der Reststoffe in biologische Kreisläufe

Entsorgungsarten

Deponierung

Verbrennung

„gewöhnlicher" Industrie- und Hausmüll

Sondermüll z. B. für die Menschen, Tiere und Pflanzen gefährliche (giftige) Schadstoffe

abnehmende ökologische Qualität (Effizienz) und Priorität

abnehmende Zurechnung der Umweltschutzkosten nach dem Verursacherprinzip

---

[1] Dieses Modell entspricht im Wesentlichen der Vermeidung, Verwertung und Beseitigung von Abfällen nach dem Kreislaufwirtschafts- und Abfallgesetz und der für Verpackungen erlassenen Verpackungsverordnung.

Bei der Entsorgung muss unterschieden werden, ob es sich um „gewöhnlichen" Industrie- oder Hausmüll oder um Sondermüll handelt. Im Gegensatz zum „gewöhnlichen" Müll enthält der Sondermüll gefährliche (giftige) Schadstoffe für Pflanzen, Tiere und Menschen.

Die Möglichkeiten des betrieblichen Umweltschutzes durch eine umweltorientierte Abfallvermeidung, Abfallverminderung, Recyclingpolitik und Entsorgung sind in einem Modell auf der S. 36 zusammengefasst.

Zusammenfassung

■ Um die immer knapper werdenden nicht regenerierbaren natürlichen Ressourcen (z.B. primäre Roh- und Energiestoffe) und die Mülldeponien zu schonen, muss die Unternehmenspolitik vor allem auf einen möglichst **sparsamen Einsatz von Stoffen** und den **Einsatz von abfallarmen Stoffen** zur Minderung von zu entsorgenden Reststoffen gerichtet sein. Nur wenn die Produktionsrückstände unvermeidbar sind und Produkte nicht wiederholt genutzt werden können, müssen diese möglichst vollständig durch Recyclingmaßnahmen verwertet (wiederaufbereitet) werden. Abfallminderung bedeutet weniger Ressourcenverbrauch (z.B. Energieverbrauch) durch Recycling.

■ Unter **Recycling** versteht man die kontinuierliche Rückführung von Stoffen in den Wirtschaftsprozess (Stoffkreislauf). Diese sogenannte Kreislaufwirtschaft umfasst die Wiederverwendung, Weiterverwendung, Wiederverwertung und Weiterverwertung (Recyclingarten im weiteren Sinne).

Übungsaufgabe

4   1. Die Unternehmenspolitik der Elektromotorenfabrik Ehrmann GmbH ist deutlich ökologisch ausgerichtet.

    1.1 Erklären Sie, was in diesem Zusammenhang mit „ökologisch" gemeint ist!

    1.2 Nennen Sie und beschreiben Sie drei Maßnahmen einer ökologischen Leistungserstellung im Industriebetrieb!

    1.3 Unterscheiden Sie zwischen der Wiederverwendung, Weiterverwendung, Wiederverwertung und Weiterverwertung von Produkten und geben Sie zu diesen Recyclingarten jeweils zwei Beispiele an!

   2. Erklären Sie die folgenden Prinzipien zur Vermeidung und Verminderung von Umweltbelastungen:

    2.1 sparsamer Umgang mit den Ressourcen,

    2.2 Emissionsminderungen und

    2.3 Recycling!

   3. Begründen Sie, warum die Abfallvermeidung und Abfallminderung unter ökologischen Gesichtspunkten günstiger zu bewerten ist als die Wiederaufbereitung (Rückstandsnutzung) von Wertstoffen durch Recycling!

   4. Beschreiben Sie zwei Abfallvermeidungsmaßnahmen in einem Industriebetrieb!

   5. **Arbeitsauftrag:** Erklären Sie, wie durch Kunststoff-Recycling unersetzbare fossile Rohstoffe eingespart und (zusätzlich) Energie gewonnen werden kann! (Lassen Sie sich von Chemieunternehmen entsprechende Informationen zuschicken bzw. informieren Sie sich über das Internet.)

Themenbereich 2: Rechtsgrundlagen des Unternehmens

1 Rechtliche Grundlagen der Unternehmen

1.1 Kaufleute

(1) Begriff Kaufmann

> **Merke:**
>
> **Kaufmann** im Sinne des HGB ist, wer ein Handelsgewerbe betreibt [§ 1 I HGB].

Was ein Handelsgewerbe ist, sagt § 1 II HGB. Danach ist jeder Gewerbebetrieb ein Handelsgewerbe, der einen nach Art oder Umfang in kaufmännischer Weise eingerichteten Geschäftsbetrieb erfordert. Merkmale eines kaufmännisch eingerichteten Geschäftsbetriebs sind z. B. doppelte Buchführung, Erreichen eines bestimmten Umsatzes, mehrere Beschäftigte, Produktvielfalt (Sach- und/oder Dienstleistungen), Gewinnziel und Zahl der Betriebsstätten.

(2) Arten der Kaufleute

■ **Istkaufleute**

> **Merke:**
>
> **Gewerbetreibende,** deren Unternehmen eine **kaufmännische Einrichtung** erforderlich macht, sind **in jedem Fall** Kaufleute, gleichgültig, ob sie bereits im Handelsregister eingetragen sind oder nicht. Man spricht deswegen auch von **Istkaufleuten** [§ 1 HGB].

Die Istkaufleute sind verpflichtet, sich mit ihrer Firma und mit sonstigen wichtigen Merkmalen ihres Handelsgewerbes (z. B. Niederlassungsort, Zweck des Unternehmens, Gesellschafter) in das Handelsregister eintragen zu lassen. Die Eintragung erklärt nach außen, dass es sich um ein kaufmännisches Unternehmen handelt. Die Eintragung wirkt nur noch **deklaratorisch,**[1] was besagt, dass die Rechtswirkung schon vor der Eintragung in das Handelsregister eingetreten ist.

■ **Kannkaufleute**

> **Merke:**
>
> **Kleinbetriebe** sind **keine Kaufleute** im Sinne des § 1 HGB und unterliegen daher nicht den **Vorschriften des HGB.** Kleingewerbetreibende können sich aber in das Handelsregister eintragen lassen. Mit der Eintragung erlangen sie die Kaufmannseigenschaft. Die Kleingewerbetreibenden zählen deshalb zu den **Kannkaufleuten.**

---

1 Deklaratorisch (lat.): erklärend, rechtserklärend. Deklaration (lat.): Erklärung, die etwas Grundlegendes enthält.

Auch die Inhaber land- und forstwirtschaftlicher Betriebe und/oder ihrer Nebenbetriebe haben die Möglichkeit, sich ins Handelsregister eintragen zu lassen. Voraussetzung ist, dass diese Betriebe einen nach Art und Umfang in kaufmännischer Weise eingerichteten Geschäftsbetrieb erfordern [§§ 2, 3 II HGB].

Bei den Kannkaufleuten wirkt die Handelsregistereintragung **konstitutiv.**[1] Dies bedeutet, dass die Kaufmannseigenschaft erst mit der Handelsregistereintragung erworben wird. Folglich gelten gewerbliche Unternehmen, die nicht bereits nach § 1 II HGB ein Handelsgewerbe sind, als Handelsgewerbe, wenn die Firma des Unternehmens in das Handelsregister eingetragen ist [§ 2, S. 1 HGB].

■ **Kaufleute kraft Rechtsform**

> **Merke:**
>
> Kaufleute kraft Rechtsform **(Formkaufleute)** sind die juristischen Personen des Handelsrechts ohne Rücksicht auf die Art der betriebenen Geschäfte und der Betriebsgröße.

Ein wichtiges Beispiel für einen Kaufmann kraft Rechtsform ist die Gesellschaft mit beschränkter Haftung (GmbH) sowie die Aktiengesellschaft (AG), die mit der Eintragung in das Handelsregister Kaufmann werden. Bei den Formkaufleuten wirkt die Handelsregistereintragung **konstitutiv,** d. h., die Rechtswirkung tritt erst mit der Eintragung in das Handelsregister ein.

1.2 Handelsregister

(1) Begriff Handelsregister

> **Merke:**
>
> Das **Handelsregister** ist ein amtliches, öffentliches Verzeichnis aller Kaufleute eines Amtsgerichtsbezirks. Für die Führung des Handelsregisters sind die Amtsgerichte zuständig [§ 8 HGB; § 125 FGG].

■ Für die **Anmeldungen zur Eintragung** ist eine **öffentliche Beglaubigung** (z. B. durch einen Notar) erforderlich.

■ Die für die Anmeldung erforderlichen **Unterlagen** sind **elektronisch einzureichen.**

Die Landesregierungen sind ermächtigt, durch Rechtsverordnungen die Führung des Handelsregisters für mehrere Amtsgerichtsbezirke einem Amtsgericht zu übertragen, wenn dies einer schnelleren und rationelleren Führung des Handelsregisters dient [§ 125 II FGG].

(2) Abteilungen des Handelsregisters

Das Handelsregister besteht aus zwei Abteilungen:

■ In die **Abteilung A** werden u. a. eingetragen: die Einzelkaufleute, die OHG und die KG.

■ In die **Abteilung B** werden u. a. eingetragen: die AG und die GmbH.

---

1 Konstitutiv (lat.): rechtsbegründend, rechtschaffend. Konstitution (lat.): Verfassung, Rechtsbestimmung.

1.3 Firma

(1) Begriff Firma

Merke:

Die **Firma** ist der im Handelsregister eingetragene Name, unter dem ein Kaufmann sein Handelsgewerbe betreibt und seine Unterschrift abgibt [§ 17 I HGB]. Der Kaufmann kann unter seiner Firma klagen und verklagt werden [§ 17 II HGB].

Das Recht an einer bestimmten Firma ist gesetzlich geschützt. Das Gesetz schützt den Inhaber einer Firma beispielsweise davor, dass ein anderer Kaufmann am selben Ort eine nicht deutlich abweichende Firma annimmt [§ 30 HGB]. Bei unrechtmäßiger Firmenführung durch ein anderes Unternehmen kann der Geschädigte die Unterlassung des Gebrauchs der Firma und unter bestimmten Voraussetzungen auch Schadensersatz verlangen [§ 37 II HGB].

(2) Firmenarten

Personenfirmen	Personenfirmen enthalten einen oder mehrere Personennamen (z.B. Carola Müller OHG, Schneider & Bauer KG).
Sachfirmen	Sachfirmen sind dem Zweck (dem Gegenstand) des Unternehmens entnommen (z.B. Vereinigte Göttinger Lebensmittelfabriken GmbH, Bielefelder Metallwarenfabrik AG).
Fantasiefirmen	Fantasiefirmen sind erdachte Namen (z.B. Fantasia Verlagsgesellschaft mbH, Impex OHG).
Gemischte Firmen	Gemischte Firmen enthalten sowohl einen oder mehrere Personennamen, einen dem Gegenstand (Zweck) des Unternehmens entnommenen Begriff und/oder einen Fantasienamen (z.B. Dyckerhoff Zementwerke Aktiengesellschaft; Arzneimittelgroßhandlung Peter & Schmid OHG; Fantasia Ferienpark GmbH). Gemischte Firmen kommen sowohl bei Einzelunternehmen, Personengesellschaften und Kapitalgesellschaften vor.

Eine Firma besteht entweder nur aus einem **Firmenkern** oder aus einem Firmenkern und einem **Firmenzusatz** oder mehreren Firmenzusätzen.

(3) Haftung bei Übernahme

Wer ein Handelsgeschäft erwirbt und dieses unter **Beibehaltung der bisherigen Firma** mit oder ohne Beifügung eines das Nachfolgeverhältnis andeutenden Zusatzes fortführt, **haftet für alle** im Betrieb des Geschäfts begründeten **Verbindlichkeiten des früheren Inhabers** [§ 25 I HGB]. Eine abweichende Vereinbarung ist Dritten gegenüber nur wirksam, wenn sie in das Handelsregister eingetragen und bekannt gemacht oder von dem Erwerber bzw. dem Veräußerer dem Dritten mitgeteilt wurde [§ 25 II HGB].

Wird die **Firma nicht fortgeführt**, haftet der Erwerber für die früheren Geschäftsverbindlichkeiten grundsätzlich nur dann, wenn ein **besonderer Verpflichtungsgrund** vorliegt, insbesondere wenn die Übernahme der Verbindlichkeiten vom Erwerber in handelsüblicher Weise (z.B. durch Rundschreiben) bekannt gemacht worden ist [§ 25 III HGB].

Arten der Kaufleute		
Istkaufleute	**Kannkaufleute**	**Kaufleute kraft Rechtsform (Formkaufleute)**
Alle Gewerbebetriebe, die einen in kaufmännischer Weise eingerichteten Geschäftsbetrieb benötigen	1. Kleinbetriebe 2. Land- und forstwirtschaftliche Betriebe, die nach Art und Umfang eine kaufmännische Einrichtung benötigen	Juristische Personen des Handelsrechts
Die Eintragung ins Handelsregister ist Pflicht	Die Eintragung ins Handelsregister ist freiwillig	Die Eintragung ins Handelsregister ist Pflicht
Eintragung wirkt deklaratorisch	Eintragung wirkt konstitutiv	

- Die **Firma** eines Kaufmanns ist sein im Handelsregister eingetragener Name, unter dem er seine Geschäfte betreibt und seine Unterschrift abgibt.

- Man unterscheidet **Personen-, Sach-, Fantasie-** und **gemischte Firmen.**

Übungsaufgabe

5 1. Frau Erna Stehlin übernimmt für verschiedene Verlage Setzarbeiten. Sie hat zwei Teilzeitangestellte beschäftigt. Ihr Gewerbebetrieb erfordert keinen nach Art oder Umfang in kaufmännischer Weise eingerichteten Geschäftsbetrieb. Dennoch möchte sich Frau Stehlin ins Handelsregister eintragen lassen.

Aufgaben:

1.1 Wie kann die Firma lauten? Machen Sie drei Vorschläge!

1.2 Erläutern Sie, was unter dem Begriff Firma zu verstehen ist!

1.3 Frau Stehlin möchte wie folgt firmieren:

> Die Texterfassung e.K.

Beurteilen Sie, ob die Firma zulässig ist!

1.4 Auf den Rat eines Bekannten hin meldet Frau Stehlin beim Amtsgericht folgende Firma an:

> Die Texterfassung
> Inh. Erna Stehlin e.K.

Die Eintragung erfolgt am 24. Mai 20...

Welche Konsequenz (Folge) hat die Handelsregistereintragung für Frau Stehlin?

2. Ernst Kopf hat vor Jahren einen kleinen Reparaturbetrieb gegründet, der sich gut entwickelte. Heute beschäftigt er fünf Gesellen und zwei Angestellte. Sein Betrieb ist kaufmännisch voll durchorganisiert. Im Handelsregister ist Ernst Kopf nicht eingetragen.

Aufgaben:

2.1 Beurteilen Sie, ob Herr Kopf Kaufmann ist!

2.2 Der Steuerberater Klug macht Herrn Kopf darauf aufmerksam, dass er seinen Gewerbebetrieb ins Handelsregister eintragen lassen muss.
Machen Sie einen Vorschlag, wie die Firma lauten könnte!

2.3 Herr Kopf lässt sich am 15. Februar 20.. unter der Firma „Ernst Kopf e. K. – Installateurfachbetrieb" ins Handelsregister eintragen.
Welche Wirkung hat die Handelsregistereintragung?

3. Entscheiden Sie folgenden Rechtsfall:
Der Angestellte Fritz Kugel erwirbt den Pflanzenhandel Karl Klein e. K. Die neue Firma lautet „Fritz Kugel e. Kfm., Pflanzenhandel". Mit dem ehemaligen Inhaber Klein vereinbart Fritz Kugel, dass dieser die restlichen Verbindlichkeiten an die Lieferer persönlich zu begleichen habe. Karl Klein zahlt nicht. Bei Fälligkeit der Verbindlichkeiten verlangen die Gläubiger die Begleichung der Verbindlichkeiten von Fritz Kugel.
Muss Kugel zahlen?

2 Rechtsformen

2.1 Begriff Rechtsformen und Überblick über die Rechtsformen

(1) Begriff Rechtsformen

Merke:

Die **Rechtsform** stellt die Rechtsverfassung eines Unternehmens dar. Sie regelt die Rechtsbeziehungen innerhalb des Unternehmens und zwischen den Unternehmen und Dritten.

(2) Überblick über die Rechtsformen

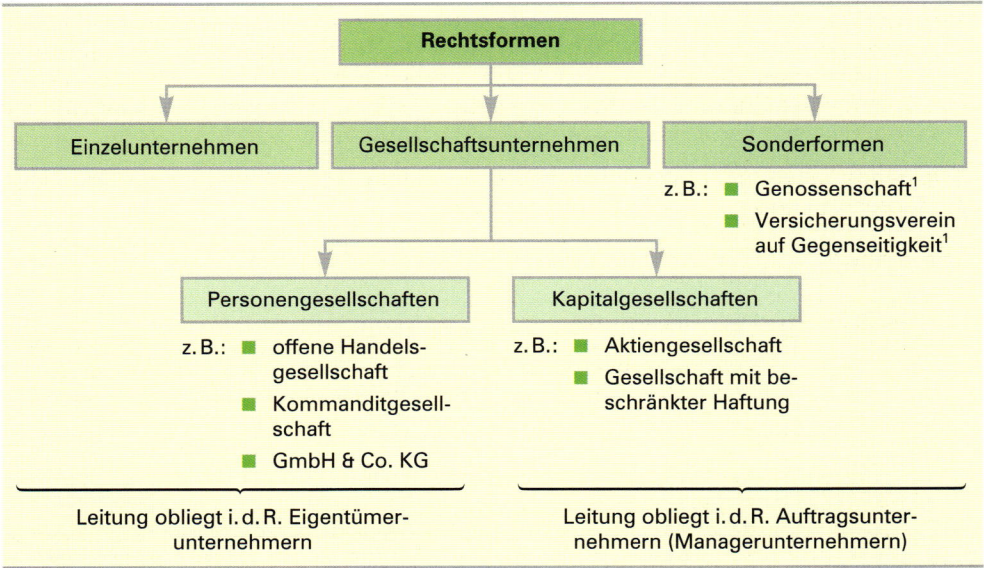

1 Auf diese Rechtsformen wird im Folgenden nicht eingegangen.

2.2 Einzelunternehmung

(1) Begriff Einzelunternehmer

Merke:

Einzelunternehmer ist, wer es selbst „unternimmt", Geschäfte in **eigenem Namen** und auf **eigene Rechnung** mit **vollem Risiko** zu tätigen und hierzu sein **eigenes Geld- und Sachkapital** einsetzt. Der Einzelunternehmer ist alleiniger Gesellschafter bzw. Inhaber des Unternehmens.

(2) Firma

Die Firma des Einzelunternehmers richtet sich i.d.R. nach dem Vor- und Zunamen des Einzelunternehmers. Sie muss die Bezeichnung „eingetragener Kaufmann" bzw. „eingetragene Kauffrau" oder eine allgemein verständliche Abkürzung dieser Bezeichnung enthalten [§ 19 I, Nr. 1 HGB].

Beispiele:

Beauty-Farm Erna Starnecker, eingetragene Kauffrau; Textilwerke Hans Schmidt e.Kfm.

(3) Weitere Voraussetzungen für die Unternehmensgründung und -führung

Wer erfolgreich ein Einzelunternehmen gründen und führen will, der muss nicht nur die persönlichen und wirtschaftlichen Voraussetzungen beachten, sondern weitere typische[1] Merkmale des Einzelunternehmens berücksichtigen.

Nur wer z.B. das Geschäftsführungs- und Vertretungsrecht der Gesellschafter, die Gesellschafterrisiken (Haftungsverhältnisse) und die Gewinn- und Verlustverteilung bei einem Einzelunternehmen kennt, kann die Vor- und Nachteile des Einzelunternehmens erkennen und beurteilen sowie den persönlichen Zielsetzungen[2] entsprechend entscheiden, ob ein Einzelunternehmen oder eine Gesellschaftsform (ein Gesellschaftsunternehmen) die günstigste Rechtsform für das zu gründende und zu führende Unternehmen ist.

Die folgende Tabelle informiert Sie deshalb über weitere, bei der Unternehmensgründung und -führung zu beachtende Unternehmensmerkmale.

Personenzahl	Der Einzelunternehmer ist **alleiniger Inhaber** (Gesellschafter) des Unternehmens.
Geschäftsführung	Die **Geschäftsführung**, d.h., die Leitung des Unternehmens obliegt dem Einzelunternehmer allein. Er trifft alle Anordnungen in seinem Betrieb (also im **Innenverhältnis**) allein, ohne andere anhören zu müssen; es sei denn, die Mitbestimmungsrechte nach dem Betriebsverfassungsgesetz [BetrVG] stehen dem entgegen.

---

1 Typisch: Kennzeichnend, z.B. für eine bestimmte Rechtsform eines Unternehmens charakteristisch.

2 Die Gesellschafter können mit der Unternehmensgründung sehr unterschiedliche persönliche Zielsetzungen verfolgen. Gesellschafter möchten z.B. das zu gründende Unternehmen allein oder zusammen mit weiteren Gesellschaftern leiten. Die Gesellschafter sind bereit, mit ihrem gesamten Privatvermögen oder nur mit ihrem Gesellschaftsvermögen beschränkt für die Unternehmensverbindlichkeiten zu haften.

Vertretung[1]	Das Recht auf **Vertretung** des Unternehmens gegenüber Dritten (nach „außen") hat der Einzelunternehmer. Er schließt für das Unternehmen alle erforderlichen Rechtsgeschäfte mit Dritten ab (z.B. Kaufverträge, Mietverträge, Kreditverträge).
Haftungs-verhältnisse[1]	Der Einzelunternehmer haftet für alle Verbindlichkeiten des Unternehmens mit seinem Geschäfts- und sonstigen Privatvermögen **unbeschränkt** und **unmittelbar** (hohes Gesellschafterrisiko).
Eigenkapital-aufbringung	Das **Eigenkapital** stellt der Einzelunternehmer zur Verfügung. Über die Höhe des aufzubringenden Eigenkapitals gibt es keine gesetzliche Vorschrift.
Gewinn- und Verlustverteilung	Der Einzelunternehmer hat (soweit keine Gewinnbeteiligung der Arbeitnehmer vereinbart ist) das Recht auf den gesamten **Gewinn**. Andererseits hat er den **Verlust** ebenfalls allein zu tragen.
Kreditwürdigkeit	Die **Kreditwürdigkeit** hängt vor allem von der **persönlichen Zuverlässigkeit,** Ehrlichkeit sowie den menschlichen und beruflichen **Erfahrungen, Kenntnissen, Fähigkeiten** sowie von der **Leistungsfähigkeit** und **-willigkeit** des Einzelunternehmers ab. Aufgrund der meistens beschränkten Selbstfinanzierung durch erzielte Gewinne und des relativ niedrigen, den Gläubigern haftenden Vermögens, ist die materielle (wirtschaftliche) Kreditwürdigkeit nicht sehr hoch.
Form der Gründung	Für die **Gründung** des Einzelunternehmens bestehen keine gesetzlichen Formvorschriften. Erfordert ein Unternehmen eine kaufmännische Einrichtung, ist eine Eintragung ins Handelsregister erforderlich. Werden in das Einzelunternehmen **Grundstücke** eingebracht, ist die **Schriftform** mit **notarieller Beurkundung[2]** erforderlich [§ 311 b I, S. 1 BGB].

(4) Auflösung des Unternehmens

Die **Auflösung** des Einzelunternehmens liegt allein im Entscheidungsbereich des Einzelunternehmers, es sei denn, das Unternehmen wird wegen Zahlungsunfähigkeit im Rahmen eines Insolvenzverfahrens[3] aufgelöst. Auch die Umwandlung in eine andere Rechtsform (z.B. in eine OHG) führt zur Beendigung (Auflösung) des Einzelunternehmens.

Zusammenfassung

■ Bei den **Einzelunternehmen** werden alle wichtigen Unternehmerfunktionen und Risiken vom Einzelunternehmer (von einem Gesellschafter) wahrgenommen, dem auch der Gewinn allein zusteht und der auch entstehende Verluste allein zu tragen hat.

■ Wichtige **wirtschaftliche Voraussetzungen** sind, dass bei der Gründung und für die laufende Geschäftstätigkeit des Unternehmens (z.B. für den Einkauf, die Lagerhaltung, die Leistungserstellung und den Verkauf) ausreichend Finanzmittel vorhanden sind und das Unternehmen seine Leistungen auch langfristig mit Gewinn verkaufen kann.

---

1 Haftung und Vertretung regeln die Rechtsbeziehung des Unternehmens mit außenstehenden Dritten. Sie betreffen daher das **Außenverhältnis**.

2 Bei der Beurkundung werden die Willenserklärungen der Beteiligten von einem Notar in eine Urkunde aufgenommen. Der Notar beurkundet dabei die Unterschrift bzw. die Unterschriften und den Inhalt der Erklärungen.

3 Insolvenz: Zahlungsunfähigkeit.

- Das **Haftungsrisiko** ist aufgrund der unbeschränkten und unmittelbaren alleinigen Haftung des Einzelunternehmers für die Geschäftsverbindlichkeiten verhältnismäßig hoch.

- Die **Kreditwürdigkeit** der Einzelunternehmen hängt vor allem von der persönlichen Zuverlässigkeit sowie von den beruflichen Fähigkeiten und Kenntnissen der Einzelunternehmer ab.

- Einzelunternehmen verfügen grundsätzlich nur über ein **relativ niedriges Eigenkapital**. Aufgrund des niedrigen, den Gläubigern haftenden Eigenkapitals besteht für die Einzelunternehmen eine beschränkte Kreditbeschaffungsmöglichkeit.

Übungsaufgabe

6 Heinz Augustin, Angestellter in einem Unternehmen für Bioprodukte, möchte sich selbstständig machen und als Einzelunternehmer Bioprodukte herstellen.

Aufgaben:

1. 1.1 Nennen Sie drei persönliche Voraussetzungen, die Herr Augustin mitbringen sollte, um das Unternehmen zur Herstellung von Bioprodukten erfolgreich führen zu können!
   1.2 Nennen Sie drei Gründe, die Herrn Augustin zur Wahl dieser Rechtsform veranlasst haben könnten!
   1.3 In welcher Abteilung des Handelsregisters wird die Firma „Heinz Augustin e.Kfm., Bioprodukte" eingetragen?
   1.4 Bei welchen öffentlichen Stellen muss Herr Augustin sein neu gegründetes Einzelunternehmen anmelden? Geben Sie jeweils den Grund für die Anmeldepflicht an!

2. Nennen und beurteilen Sie je drei Vor- und Nachteile des Einzelunternehmens
   2.1 aus der Sicht der Arbeitnehmer,
   2.2 aus der Sicht des Einzelunternehmers!

2.3 Offene Handelsgesellschaft (OHG)

2.3.1 Begriff, Firma und Gründung der OHG

(1) Begriff

Merke:

Die **offene Handelsgesellschaft** (OHG) ist eine **Gesellschaft** (Zusammenschluss von mindestens zwei Personen), deren Zweck auf den Betrieb eines **Handelsgewerbes** (z.B. eines Produktions- oder Handelsbetriebs) unter **gemeinschaftlicher Firma** gerichtet ist und bei der die **Haftung keines Gesellschafters** gegenüber den Gesellschaftsgläubigern (z.B. Lieferern) **beschränkt ist** [§ 105 I HGB].

(2) Firma

Die Firma, unter der die OHG ihre Rechtsgeschäfte abschließt (z.B. Kauf-, Miet-,
Arbeitsverträge), muss die Bezeichnung
„offene Handelsgesellschaft" oder eine allgemein verständliche Abkürzung dieser
Bezeichnung enthalten [§ 19 I, Nr. 2 HGB].

> **Beispiele:**
>
> Karl Wagner OHG; Wagner & Wunsch – offe-
> ne Handelsgesellschaft; Wunsch OHG,
> Kraftfahrzeughandel und -reparaturen; Frei-
> burger Kraftfahrzeughandel und -reparatu-
> ren OHG.

(3) Gründung

Abschluss eines Gesellschafts-vertrags	Der Gesellschaftsvertrag regelt das Rechtsverhältnis der Gesellschafter untereinander [§ 109 HGB]. Er kann mündlich abgeschlossen werden. In der Praxis wird er aber aus Gründen der Rechtssicherheit (Beweissicher-heit) regelmäßig **schriftlich** abgeschlossen.[1] Im Gesellschaftsvertrag wer-den alle wesentlichen Rechte und Pflichten, die die Gesellschafter geregelt sehen wollen, festgehalten, z.B. die Art und Höhe der Kapitaleinlage, die Gewinn- und Verlustverteilung, die Höhe der Privatentnahmen usw.
Eintragung ins Handelsregister	Die OHG ist beim zuständigen Gericht zur Eintragung in das Handelsregis-ter anzumelden [§ 106 I HGB]. ■ Im **Innenverhältnis** entsteht das Unternehmen mit Abschluss des Ge-sellschaftsvertrags bzw. zu dem im Gesellschaftsvertrag festgelegten Termin. ■ Betreibt die OHG ein Handelsgewerbe, so ist sie nach § 1 I HGB auch ohne Eintragung Kaufmann. In diesem Fall entsteht die OHG im **Außen-verhältnis,** sobald ein Gesellschafter im Namen der OHG Geschäfte tätigt, z.B. einen Kaufvertrag abschließt. ■ Wird kein Handelsgewerbe im Sinne des § 1 II HGB betrieben, entsteht die OHG im **Außenverhältnis** mit ihrer Eintragung.

2.3.2 Eigenkapitalaufbringung und Haftung

(1) Eigenkapitalaufbringung

Die Eigenkapitalaufbringung erfolgt durch die OHG-Gesellschafter.

Die Kapitaleinlagen können in Geld, in Sachwerten und/oder in Rechtswerten geleistet
werden (z.B. Buchgeld, Gebäude, Grundstücke, Maschinen, Patente). Die Summe der geleisteten Kapitaleinlagen bildet als gemeinschaftliches Vermögen der Gesellschaft ein
Sondervermögen [§ 718 I BGB] und steht den Gesellschaftern zur **gesamten Hand** zu
[§ 719 BGB]. Das persönliche Eigentum der Gesellschafter an ihren Einlagen erlischt. Die
Einlagen der Gesellschafter werden **gemeinschaftliches Vermögen (Gesamthands-
vermögen)** aller Gesellschafter. Ein einzelner Gesellschafter kann damit nicht mehr über
seinen Kapitalanteil verfügen. Grundstücke werden im Grundbuch auf die OHG eingetragen. Alle Gesellschafter können nur noch gemeinsam über den einzelnen Gegenstand
verfügen.

---

1 Werden in die OHG Grundstücke eingebracht, ist Schriftform mit **notarieller Beurkundung** erforderlich (siehe §§ 311 b I; 128 BGB). Zur notariellen Beurkundung siehe S. 213.

Beispiel für einen Gesellschaftsvertrag

Verhandelt in Düren, den 10. Mai 20..
Vor dem unterzeichnenden Notar Dr. jur. Wilhelm Ambach in Düren
erschienen heute:
Friedrich Stolz, Braunschweig, und Frank Krug, Düren

Genannte Personen gaben nachstehende Erklärung zur notarischen Niederschrift. Sie schließen nachstehenden

Gesellschaftsvertrag

§ 1 Gründer

Herr Stolz betreibt in Düren unter der Firma Friedrich Stolz e.Kfm. eine Reparaturwerkstatt für Verpackungsmaschinen. Er nimmt Herrn Krug als Gesellschafter einer zu gründenden offenen Handelsgesellschaft auf.

§ 2 Firma

Die offene Handelsgesellschaft erhält die Firma Stolz & Krug OHG.

§ 3 Sitz der Gesellschaft

Der Niederlassungsort der Gesellschaft ist Düren.

§ 4 Gegenstand und Dauer des Unternehmens

Die Gesellschaft betreibt auf unbestimmte Zeit die Reparatur und den An- und Verkauf von Verpackungsmaschinen samt Zubehör.

§ 5 Einlagen

Herr Stolz bringt seinen Gewerbebetrieb ein. Der Wert der Einlage wird entsprechend der letzten Bilanz vom 31. Dezember 20.. und mit Zustimmung von Herrn Krug mit 800000,00 EUR angesetzt. Herr Krug beteiligt sich mit seinem Grundstück im Wert von 380000,00 EUR.

§ 6 Mitarbeit (Geschäftsführung, Vertretung)

(1) Jeder Gesellschafter hat der Gesellschaft Stolz & Krug OHG seine volle Arbeitskraft zu widmen.

(2) Zur Geschäftsführung und Vertretung der Gesellschaft ist jeder Gesellschafter für sich allein berechtigt und verpflichtet.

(3) Geschäfte, deren Gegenstand den Wert von 50000,00 EUR übersteigen, dürfen von beiden Gesellschaftern nur gemeinsam vorgenommen werden. Das Gleiche gilt uneingeschränkt für die Aufnahme von Krediten und das Eingehen von Wechselverbindlichkeiten.

§ 7 Privatentnahmen

Jeder Gesellschafter kann für seine Arbeitsleistung monatlich 5000,00 EUR Privatentnahmen tätigen.

§ 8 Gewinn- und Verlustverteilung

Am Gewinn und Verlust sind Herr Stolz mit 60%, Herr Krug mit 40% beteiligt.

§ 9 Kündigung

Die Frist zur Kündigung des Gesellschaftsvertrages beträgt 10 Monate zum Schluss des Kalenderjahres.

§ 10 Tod eines Gesellschafters

Stirbt ein Gesellschafter, so wird die Gesellschaft mit dessen Erben fortgesetzt. Diese sind von Geschäftsführung und Vertretung ausgeschlossen.

gez. Stolz   gez. Krug   gez. Ambach, Notar

(2) Haftung

Die OHG-Gesellschafter haften gegenüber Dritten

- **unbeschränkt,** d. h. mit ihrem Geschäftsvermögen **und** mit ihrem sonstigen Privatvermögen.

- **unmittelbar,** d. h., die Gläubiger (z. B. die Verkäufer) können die Forderungen nicht nur der OHG gegenüber, sondern zugleich unmittelbar (direkt) gegenüber **jedem** OHG-Gesellschafter geltend machen. Dies bedeutet, dass jeder einzelne Gesellschafter durch die Gesellschaftsgläubiger verklagt werden kann. Der Gesellschafter kann nicht verlangen, dass der Gläubiger zuerst gegen die OHG klagt. Eine „Einrede der Vorausklage" steht dem Gesellschafter nicht zu.

- **gesamtschuldnerisch („solidarisch"),** d. h., jeder Gesellschafter haftet persönlich (allein) für die gesamten Schulden der Gesellschaft [§ 128 I HGB], nicht jedoch für die privaten Schulden der übrigen Gesellschafter.

  Eine vertragliche Vereinbarung zwischen den Gesellschaftern, durch die die Haftung beschränkt wird (z. B. auf den übernommenen Kapitalanteil), ist nur im **Innenverhältnis** gültig [§ 128, S. 2 HGB].

> **Beispiel:**
>
> Der Gesellschafter Haufe der Kleiner & Haufe OHG hat mit Kleiner im Gesellschaftsvertrag vereinbart, dass er für Verbindlichkeiten nur in Höhe von 25 000,00 EUR haftet. Wird Herr Haufe von einem Gläubiger der OHG mit 30 000,00 EUR in Haft genommen, so kann er von Herrn Kleiner den Mehrbetrag von 5 000,00 EUR fordern.

Der Gläubiger kann seine Forderung somit nach Belieben von jedem Gesellschafter ganz oder teilweise verlangen. Der Gesellschafter hat nicht das Recht, vom Gläubiger zu verlangen, auch die anderen Gesellschafter in Anspruch zu nehmen bzw. zu verklagen. Hat ein Gesellschafter an einen Gläubiger eine Zahlung vorgenommen, so hat er gegenüber seinen Mitgesellschaftern einen Ausgleichsanspruch.

2.3.3 Geschäftsführung und Vertretung

(1) Geschäftsführung

Die Geschäftsführungsbefugnisse der Gesellschafter richten sich nach dem Gesellschaftsvertrag, bei fehlender Vereinbarung nach dem HGB [§§ 114 – 116 HGB].

- Bei **gewöhnlichen Geschäften** ist vom HGB das **Einzelgeschäftsführungsrecht** vorgesehen, d. h., jeder einzelne Gesellschafter ist zur Vornahme aller Handlungen berechtigt, die der gewöhnliche Betrieb des Handelsgewerbes dieser Unternehmung mit sich bringt [§ 116 I HGB] (z. B. Arbeitsaufträge an Belegschaftsmitglieder erteilen, Rechnungen bezahlen, Bestellungen unterschreiben, Arbeitnehmer einstellen oder entlassen) [§ 116 I HGB]. Widerspricht ein geschäftsführender Gesellschafter einer Geschäftsführungsmaßnahme eines Mitgesellschafters, so muss diese unterbleiben. Bei einem gewöhnlichen Geschäft steht jedem Gesellschafter ein **Vetorecht** zu.

- Bei **außergewöhnlichen Geschäften** besteht nach HGB **Gesamtgeschäfts- führungsrecht,** d. h., es bedarf eines Gesamtbeschlusses aller Gesellschafter [§ 116 II HGB].

  Der **Gesellschaftsvertrag** kann vorse- hen, dass bei **allen Geschäften** die Zustimmung aller Gesellschafter, der Mehrheit der Gesellschafter oder die von mindestens zwei Gesellschaftern vorliegen muss **(Gesamtgeschäftsfüh- rungsbefugnis).**

Beispiele:

Der geschäftsführende Gesellschafter Al- brecht befürwortet einen riskanten Aktien- kauf zur Geldanlage. Dem Mitgesellschafter Berthold ist das Risiko zu hoch. Das Geschäft muss unterbleiben.

Weitere Beispiele für außergewöhnliche Ge- schäfte: Grundstückskäufe bzw. -verkäufe, Aufnahme neuer Gesellschafter, Änderung des Unternehmenszwecks, Aufnahme von Großkrediten.

(2) Vertretung

- **Einzelvertretungsrecht** [§§ 125, 126 HGB]

Ist im Gesellschaftsvertrag nichts anderes bestimmt und im Handelsregister eingetragen, besteht Einzelvertretungsrecht, d. h., jeder einzelne Gesellschafter hat das Recht, die OHG (und damit die übrigen Gesellschafter) gegenüber Dritten zu vertreten und zu verpflichten (z. B. durch Kaufverträge, Darlehensverträge, Mietverträge, Arbeitsverträge). Dieses Ein- zelvertretungsrecht gilt somit für gewöhnliche und außergewöhnliche Rechtsgeschäfte. Zum Schutz der Dritten (z. B. Lieferer und Kunden) kann das Einzelvertretungsrecht im Umfang nicht durch den Gesellschaftsvertrag beschränkt werden.

Beispiel:

Angenommen, die Arndt OHG hat drei Gesell- schafter: Arndt, Brecht und Czerny. Im Gesell- schaftsvertrag wurde Gesamtgeschäftsfüh- rung vereinbart, d. h., alle Geschäfte bedürfen eines Gesamtbeschlusses der Gesellschafter. Brecht kauft, ohne die übrigen Gesellschafter zu fragen und zu informieren, eine neue Maschine. Der Kaufvertrag ist rechtswirksam, weil Brecht das Einzelvertretungsrecht besitzt.

Die übrigen Gesellschafter müssen den Ver- trag gegen sich gelten lassen: Die OHG muss die Maschine abnehmen und bezahlen. Brecht hat jedoch gegen die Vereinbarungen über die Geschäftsführung verstoßen. Sollte durch sei- nen Vertragsabschluss der Gesellschaft ein Schaden entstehen, ist er gegenüber den übri- gen Gesellschaftern schadensersatzpflichtig.

- **Gesamtvertretungsrecht** [§ 125 II HGB]

Im Gesellschaftsvertrag kann Gesamtvertretung vereinbart werden. Dies bedeutet, dass ein Gesellschafter nur zusammen mit mindestens einem weiteren Gesellschafter Rechts- geschäfte mit Dritten rechtswirksam für die OHG abschließen kann.

Die Gesamtvertretung ist Dritten gegenüber nur rechtswirksam, wenn sie im Handels- register eingetragen oder dem Dritten z. B. durch Rundschreiben bekannt ist.

4 Speth u.a. - ISBN 978-3-8120-0465-7

2.3.4 Gewinnberechtigung, Recht auf Privatentnahme, Verlustbeteiligung

(1) Gewinnberechtigung

Jeder Gesellschafter hat Anspruch auf einen Anteil am Jahresgewinn. Ist im Gesellschaftsvertrag nichts anderes vereinbart, gilt das HGB [§ 121 HGB]. Danach erhalten die Gesellschafter zunächst eine 4%ige Verzinsung der (jahresdurchschnittlichen) Kapitalanteile. (Falls der Gewinn nicht ausreicht, erfolgt eine entsprechend niedrigere Verzinsung.) Ein über die 4% hinausgehender Rest wird unter die Gesellschafter „nach Köpfen", d.h. zu gleichen Teilen verteilt. Der Gewinn eines Gesellschafters wird seinem Kapitalanteil gutgeschrieben.

(2) Recht auf Privatentnahme

Da die Gesellschafter im Normalfall ihren Lebensunterhalt aus der Entlohnung ihrer unternehmerischen Tätigkeit bestreiten müssen, sieht das Gesetz vor, dass (bei fehlender sonstiger Vereinbarung) jeder Gesellschafter berechtigt ist, **während des Geschäftsjahres** bis zu 4% seines zu Anfang des Geschäftsjahres vorhandenen Kapitalanteils zu entnehmen [§ 122 I HGB]. Dieses Recht zur Privatentnahme besteht auch dann, wenn die Gesellschaft derzeit Verluste erzielt.

Beispiel:

Der Gewinn der Schuol & Hege OHG beträgt 92 400,00 EUR. Die Kapitaleinlage von Schuol beträgt 150 000,00 EUR, die von Hege 200 000,00 EUR. Schuol hat am 31.12. d.J. 4 900,00 EUR, Hege 6 800,00 EUR entnommen. Die Verteilung des Gewinns erfolgt nach § 121 HGB.

Gesell- schafter	Anfangs- kapital	4% Zinsen vom Kapital	Rest nach Köpfen	Gesamt- gewinn	Privat- entnahme	Gutschrift	Endkapital
Schuol	150 000,00	6 000,00	39 200,00	45 200,00	4 900,00	40 300,00	190 300,00
Hege	200 000,00	8 000,00	39 200,00	47 200,00	6 800,00	40 400,00	240 400,00
	350 000,00	14 000,00	78 400,00	92 400,00	11 700,00	80 700,00	430 700,00

(3) Verlustbeteiligung

Nach der gesetzlichen Regelung wird der Verlust zu gleichen Teilen (nach „Köpfen") verteilt [§ 121 III HGB]. Abweichende vertragliche Regelungen sind möglich.

2.3.5 Kündigung und Auflösung

(1) Kündigungsrecht der Gesellschafter (Austritt aus der OHG)

Wenn keine Vereinbarung zwischen den Gesellschaftern getroffen wurde, gilt die gesetzliche Regelung: Kündigungsmöglichkeit unter Einhaltung der Kündigungsfrist von mindestens 6 Monaten zum Schluss des Geschäftsjahres [§ 132 HGB].

Auf Antrag eines Gesellschafters kann die Auflösung der Gesellschaft ohne Kündigung durch gerichtliche Entscheidung ausgesprochen werden, wenn ein wichtiger Grund vorliegt. Das Gericht kann auch den Ausschluss eines Gesellschafters verfügen, wenn die übrigen Gesellschafter dies begründet verlangen [§§ 133, 140 HGB].

(2) Auflösung der OHG

Auflösungsgründe können z.B. sein [§ 131 I HGB]:

- Ablauf der Zeit, für welche die OHG eingegangen ist,
- Beschluss der Gesellschafter,
- Eröffnung des Insolvenzverfahrens über das Vermögen der OHG,
- eine gerichtliche Entscheidung.

Ist im Gesellschaftsvertrag nichts anderes vereinbart, führt das Ausscheiden eines Gesellschafters nicht zur Auflösung der OHG. Besteht eine OHG aus nur zwei Gesellschaftern und will einer von ihnen ausscheiden, so kann die OHG nicht fortbestehen, da eine Personengesellschaft mindestens zwei Gesellschafter voraussetzt.

Zusammenfassung

- Die **OHG** ist u.a. durch folgende **Merkmale** charakterisiert: (1) Zusammenschluss von mindestens zwei Personen; (2) Handelsgewerbe; (3) gemeinschaftliche Firma; (4) unbeschränkte, unmittelbare und gesamtschuldnerische Haftung aller Gesellschafter.

- Die **Firma** muss die Bezeichnung „offene Handelsgesellschaft" oder eine allgemein verständliche Abkürzung dieser Bezeichnung enthalten.

- Zur **Gründung** ist erforderlich: (1) Gesellschaftsvertrag; (2) Eintragung ins Handelsregister.

- Entstehung der OHG:
  - im **Innenverhältnis** entsteht das Unternehmen mit Abschluss des Gesellschaftsvertrags bzw. zum vereinbarten Termin.
  - im **Außenverhältnis** entsteht die OHG – sofern ein Handelsgewerbe betrieben wird –, sobald ein Gesellschafter im Namen der OHG tätig wird. Wird kein Handelsgewerbe betrieben, entsteht die OHG mit der Eintragung ins Handelsregister.

- Die Eigenkapitalaufbringung erfolgt durch die OHG-Gesellschafter.

- **Haftung.** Die OHG-Gesellschafter haften unbeschränkt, unmittelbar und gesamtschuldnerisch (solidarisch).

- **Vertretung.** Gesetzlich: Einzelvertretungsmacht; Gesamtvertretung muss im Handelsregister eingetragen sein.

- **Geschäftsführung.** Gesetzlich: Einzelgeschäftsführungsbefugnis bei gewöhnlichen Geschäften, Gesamtgeschäftsführungsbefugnis bei außergewöhnlichen Geschäften. Gesamtgeschäftsführungsbefugnis für gewöhnliche Geschäfte muss im Gesellschaftsvertrag vereinbart sein.

- **Gewinnanteil.** Gesetzlich: 4 % des jahresdurchschnittlichen Kapitalanteils, Rest Pro-Kopf-Anteil.

- **Privatentnahme.** Gesetzlich höchstens jährlich bis zu 4% des Eigenkapitalanteils zu Beginn des Geschäftsjahrs.

- **Kündigungsrecht.** Die Kündigungsfrist beträgt mindestens 6 Monate zum Schluss des Geschäftsjahres.

7 Frank Strobel, 40 Jahre alt, ist seit 15 Jahren im Verkauf des Saatgutproduzenten Hans Stolz e. Kfm. tätig, davon 10 Jahre als Verkaufsleiter. Strobel ist bereit, sich mit einem Grundstück im Wert von 380000,00 EUR am Unternehmen zu beteiligen. Er möchte als gleichberechtigter Partner mitarbeiten und volle Verantwortung mitübernehmen. Stolz und Strobel entschließen sich zur Gründung einer OHG.

Aufgaben:

1. Welche gesetzlichen Voraussetzungen müssen bei der Gründung einer OHG bezüglich der Form des Gesellschaftsvertrags und hinsichtlich der Firmierung beachtet werden?

2. Untersuchen Sie, ob die bisherige Firma „Hans Stolz e. Kfm." fortgeführt werden kann!

3. Stolz und Strobel schließen am 1. September 10 einen Gesellschaftsvertrag ab. Die Handelsregistereintragung erfolgt am 14. November 10. Wann ist die OHG entstanden?

4. Die Handelsgeschäfte werden am 15. September 10 aufgenommen. Am 20. September kauft Frank Strobel eine Abfüllmaschine im Wert von 140000,00 EUR. Der Lieferer verlangt von Hans Stolz die Bezahlung der Rechnung. Beurteilen Sie die Rechtslage!

5. Stolz möchte im Januar 11 zwei Mitarbeiter einstellen. Darf Stolz die Mitarbeiter einstellen? Begründen Sie Ihre Entscheidung!

6. Wodurch unterscheidet sich die Vertretungsbefugnis von der Geschäftsführungsbefugnis?

7. Im Februar 11 nehmen Stolz und Strobel Franz Stang als neuen Gesellschafter in die OHG auf. Einige Wochen später wendet sich die Langinger KG, Lieferer für Paletten, mit ihrer Forderung über 9700,00 EUR direkt an den neuen Gesellschafter. Dieser lehnt die Zahlung ab.

   Beurteilen Sie die folgenden Argumente und begründen Sie Ihre Antwort:

   7.1 Die Langinger KG soll sich direkt an die OHG wenden.

   7.2 Die Verbindlichkeit sei von Stolz eingegangen worden, also müsse im Zweifel dieser zahlen.

   7.3 Die Verbindlichkeit stamme aus dem Jahr 09, also aus der Zeit vor seinem Eintritt in die Gesellschaft.

   7.4 Die Haftung austretender OHG-Gesellschafter ist gesetzlich nicht geregelt.

8. Laut Gesellschaftsvertrag darf Stang nur Geschäfte bis zu einer Höhe von 20000,00 EUR ohne Einwilligung der anderen Gesellschafter vornehmen. Stang bestellt Saatgut im Wert von 25000,00 EUR. Ist die Gesellschaft an die Willenserklärung gebunden? Begründen Sie Ihre Lösung!

9. Frank Strobel ist über den Vorfall so verärgert, dass er aus der OHG ausscheiden möchte. Welche Regelung sieht das HGB für das Ausscheiden eines OHG-Gesellschafters vor?

10. Wie ist die Gewinnverteilung der OHG gesetzlich geregelt?

11. Für den Bau eines Einfamilienhauses will Frank Strobel sein von ihm eingebrachtes unbebautes Grundstück zum Verkehrswert aus dem Vermögen der OHG entnehmen. Prüfen Sie, ob er gegen den Willen seiner Mitgesellschafter das Grundstück zurückhalten kann!

8 Die Herren Meier, Schmidt und Kunz betreiben gemeinsam eine Pharmagroßhandlung als OHG.

Aufgaben:

1. Nennen Sie zwei Gründe, die die Gesellschafter veranlasst haben könnten, die Gesellschaftsform der OHG zu wählen!

2. Wie könnte die Firma lauten? (4 Beispiele!)

3. Herr Meier und Herr Schmidt kaufen am 24. November 09 gegen den Willen von Herrn Kunz ein zusätzliches Lagergebäude.

    3.1 Ist die OHG an diesen Vertrag gebunden? (Begründung!)

    3.2 Der Verkäufer des Lagergebäudes verlangt am 25. November 09 von Herrn Kunz die Bezahlung der gesamten Kaufsumme. Dieser lehnt entschieden ab. Er glaubt, ausreichende Gründe zu haben. Erstens war er gegen diesen Kauf. Zweitens müsse sich der Gläubiger doch erst einmal an die OHG wenden und, wenn diese nicht zahle, an die Gesellschafter, die den Kaufvertrag unterzeichnet haben. Drittens sehe er gar nicht ein, dass er alles zahlen solle. Wenn überhaupt, so zahle er höchstens den ihn betreffenden Anteil an der Kaufsumme, nämlich ein Drittel. Nehmen Sie zu diesen Aussagen Stellung!

4. Als Schmidt im Urlaub ist, kauft Meier ein Grundstück, das für die Erweiterung der Großhandlung notwendig ist. Schmidt, der von dem Grundstückskauf erst nachträglich Kenntnis erhält, ist gegen den Kauf.

    4.1 War Meier berechtigt, das Grundstück zu kaufen? (Begründung!)

    4.2 Ist der Kaufvertrag für die OHG bindend? (Begründung!)

    4.3 Kann Schmidt die Zahlung des Kaufpreises verweigern, wenn der Verkäufer des Grundstücks von ihm den gesamten Kaufpreis fordert? (Begründung!)

2.4 Kommanditgesellschaft (KG)

2.4.1 Begriff, Firma und Gründung der KG

(1) Begriff

Merke:

Die **Kommanditgesellschaft (KG)** ist eine **Gesellschaft** (Zusammenschluss von mindestens zwei Personen), deren Zweck auf den Betrieb eines **Handelsgewerbes** unter **gemeinschaftlicher Firma** gerichtet ist und bei der die **Haftung von mindestens einem Gesellschafter** gegenüber den Gesellschaftsgläubigern auf den Betrag einer bestimmten Vermögenseinlage **beschränkt** ist **(Kommanditisten),** während **die anderen Gesellschafter** (mindestens ein Gesellschafter) den Gesellschaftsgläubigern gegenüber **unbeschränkt haften (Komplementäre)** [§ 161 I HGB].

Es gibt bei der KG also mindestens einen Gesellschafter, der nach den Vorschriften des OHG-Rechts [§§ 128 ff. HGB] haftet (den persönlich haftenden Gesellschafter, Komplementär), und auf der anderen Seite mindestens einen Gesellschafter (Kommanditist), dessen Haftung beschränkt ist. In der Praxis macht der Vorteil der Haftungsbeschränkung für die Kommanditisten die große Attraktivität der KG im Vergleich mit der OHG aus.

(2) Firma

Die Firma der KG muss die Bezeichnung „Kommanditgesellschaft" oder eine allgemein verständliche Abkürzung dieser Bezeichnung (z.B. KG) enthalten [§ 19 I, Nr. 3 HGB].

(3) Gründung

Der Gründungsablauf der KG entspricht derjenigen der OHG. Einzige Besonderheit: Wegen der beschränkten Haftung des Kommanditisten wird die Höhe der Kommanditeinlagen ins Handelsregister eingetragen [§ 162 I HGB]. Veröffentlicht wird jedoch nur die Zahl der Kommanditisten, nicht aber die Höhe ihrer Einlage. Die Anmeldung zum Handelsregister ist von allen Gesellschaftern vorzunehmen, also auch von den Kommanditisten.

2.4.2 Eigenkapitalaufbringung und Haftung

Für die **Komplementäre** gelten die gleichen Bestimmungen wie für die persönlich haftenden Gesellschafter einer OHG, d.h., es werden die für die OHG geltenden gesetzlichen Vorschriften angewendet [§ 161 II HGB]. Die eigenständige Regelung der KG in den §§ 162 ff. HGB befasst sich nur mit der **Sonderstellung des Kommanditisten**.

(1) Eigenkapitalaufbringung

Komplementär und Kommanditist sind verpflichtet, die im Gesellschaftsvertrag übernommene Kapitaleinlage bereitzustellen. Die vertraglich festgelegte Kapitaleinlage **(Pflichteinlage)** kann in Geld, in Sachwerten und/oder in Rechtswerten erfolgen. Wenn nichts anderes vereinbart ist, sind die ins Handelsregister einzutragende Einlage **(Haftsumme, Hafteinlage)** und die Pflichteinlage gleich hoch. Die Höhe der Haftsumme kann aber auch von der Pflichtsumme abweichen.

Die fristgerechte Leistung der übernommenen Kapitaleinlage betrifft das **Innenverhältnis**.

(2) Haftung

■ Nach Eintragung der KG ins Handelsregister

Die Haftung der KG betrifft das **Außenverhältnis**. Sie ist im HGB für Komplementäre und Kommanditisten unterschiedlich geregelt.

■ Die **Komplementäre** haften wie die OHG-Gesellschafter **unbeschränkt, unmittelbar** und **gesamtschuldnerisch** (solidarisch). Eine vertragliche Vereinbarung zwischen den Komplementären, durch die die Haftung beschränkt wird (z.B. auf den übernommenen Kapitalanteil), ist im **Außenverhältnis ungültig.**

■ Soweit die Kommanditisten ihre vertraglich bestimmte und im Handelsregister eingetragene Einlage geleistet haben, haften sie mit ihrer Einlage nur **mittelbar (Risikohaftung)** [§ 171 I, S. 1, 2. HS. HGB]. Das einzige Risiko, das der Kommanditist eingeht, ist, dass er den Wert seiner Kommanditeinlage teilweise oder ganz verliert. Soweit ein Kommanditist seine Einlage nach Eintragung noch nicht geleistet hat, haftet er mit dem ausstehenden Betrag den Gesellschaftsgläubigern unmittelbar [§ 171 I, S. 1, 1. HS. HGB].

2.4.3 Geschäftsführung und Vertretung

Geschäftsführung und **Vertretung** der Gesellschafter liegen **allein beim Komplementär**.

Die **Kommanditisten** sind von der **Geschäftsführung ausgeschlossen**. Sie können lediglich Handlungen der persönlich haftenden Komplementäre widersprechen, wenn diese über den gewöhnlichen Betrieb des Handelsgewerbes der KG hinausgehen **(Widerspruchsrecht)** [§ 164 HGB].

Die Kommanditisten sind nach dem HGB auch grundsätzlich **nicht zur Vertretung der KG ermächtigt** [§ 170 HGB].

2.4.4 Gewinnberechtigung, Verlustbeteiligung

(1) Gewinnberechtigung

Nach dem Gesetz erhalten die Kommanditisten (und die Komplementäre) zunächst eine **4 %ige Verzinsung** der (durchschnittlichen) Kapitalanteile. Der eventuell verbleibende **Restgewinn ist in „angemessenem" Verhältnis** (z. B. nach den Kapitalanteilen) zu verteilen. Wegen der Unbestimmtheit der gesetzlichen Regelung ist es erforderlich, im Gesellschaftsvertrag die Gewinnverteilung eindeutig zu regeln, um spätere Unstimmigkeiten zu vermeiden.

Beispiel:

Bei der Müller KG könnte die Gewinnbeteiligung wie folgt geregelt sein: „Aus dem Jahresreingewinn erhält jeder Gesellschafter zunächst eine 6 %ige Verzinsung der durchschnittlichen Kapitalanteile. Reicht der Gewinn nicht aus, erfolgt eine entsprechend niedrigere Verzinsung. Übersteigt der Jahresreingewinn 6 % der durchschnittlichen Kapitalanteile, wird der übersteigende Betrag im Verhältnis 3 : 3 : 1 verteilt."

Die Gewinnanteile der Kommanditisten werden ihren Kapitalanteilen nur so lange gutgeschrieben, bis diese voll geleistet sind [§ 167 II HGB]. Ist die Pflichteinlage der Kommanditisten erreicht, so haben sie Anspruch auf Auszahlung ihrer Gewinnanteile.

Wird der Kapitalanteil des Kommanditisten durch Verlust oder Auszahlung gemindert, und zwar unter den auf die vereinbarte Einlage geleisteten Betrag, so kann der Kommanditist keine Auszahlung seines Gewinnanteils fordern. In diesem Fall wird der Gewinnanteil zur Auffüllung der Kommanditeinlage verwendet. Der Kommanditist hat **kein Recht auf Privatentnahmen** [§§ 169 I, 122 HGB].

Beispiel:

An der Fricker KG ist Fritz Fricker mit 400 000,00 EUR als Komplementär und Else Vollmar als Kommanditistin mit 100 000,00 EUR beteiligt. Im abgelaufenen Geschäftsjahr wurde ein Gewinn in Höhe von 82 000,00 EUR erzielt. Der Komplementär Fritz Fricker entnahm am Ende des Geschäftsjahres für private Zwecke 7000,00 EUR. Im Gesellschaftsvertrag ist vereinbart, dass die Gewinnverteilung im Verhältnis der Kapitaleinlagen zu erfolgen hat.

Gesell-schafter	Anfangs-kapital	4% Zinsen vom Kapital	Restgewinn 4 : 1	Gesamt-gewinn	Privat-entnahme	Endkapital	Auszuzahl. Gewinn
Fricker	400 000,00	16 000,00	49 600,00	65 600,00	7 000,00	458 600,00	
Vollmar	100 000,00	4 000,00	12 400,00	16 400,00		100 000,00	16 400,00
	500 000,00	20 000,00	62 000,00	82 000,00	7 000,00	558 600,00	

(2) Verlustbeteiligung

Erwirtschaftet die KG einen Verlust, wird dieser im **Verhältnis der Anteile** aufgeteilt, wobei die Verlustbeteiligung des Kommanditisten auf die **Höhe seines Kapitalanteils** beschränkt ist.

2.4.5 Kündigung und Auflösung

(1) Kündigungsrecht

Wenn keine abweichenden Vereinbarungen zwischen den Gesellschaftern getroffen wurden, gilt die gesetzliche Regelung: Kündigungsmöglichkeit unter Einhaltung einer Kündigungsfrist von mindestens 6 Monaten zum Schluss des Geschäftsjahres [§ 161 II i. V. m. § 132 HGB].

(2) Auflösung der KG

Es gelten die für die OHG angegebenen Auflösungsgründe (siehe Seite 51).[1]

Beim Tod eines Kommanditisten wird die Gesellschaft mangels abweichender vertraglicher Bestimmungen mit den Erben fortgesetzt [§ 177 HGB]. Die Erben des verstorbenen Kommanditisten sind zunächst Teilhafter der KG mit dem Recht, die geerbte Einlage zu kündigen.

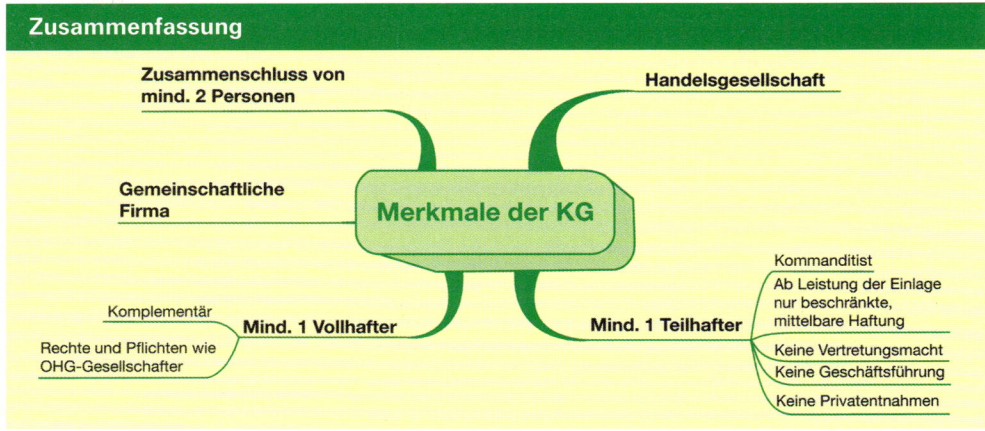

Zusammenfassung

Zusammenschluss von mind. 2 Personen

Handelsgesellschaft

Gemeinschaftliche Firma

Merkmale der KG

Kommanditist
Ab Leistung der Einlage nur beschränkte, mittelbare Haftung

Komplementär
Rechte und Pflichten wie OHG-Gesellschafter

Mind. 1 Vollhafter

Mind. 1 Teilhafter

Keine Vertretungsmacht
Keine Geschäftsführung
Keine Privatentnahmen

---

1 Die KG muss mindestens einen Komplementär aufweisen. Tritt der einzige (letzte) Komplementär aus der KG aus, so führt dies zur Auflösung der KG. Führen die Kommanditisten die Gesellschaft ohne (neuen) Komplementär fort, dann wird die KG grundsätzlich zu einer OHG, d. h. die Kommanditisten haften unbeschränkt.

9 1. Der bisherige Einzelunternehmer Fritz Irmler e. Kfm. möchte sich aus Altersgründen aus der Unternehmensführung zurückziehen. Zusammen mit seinen beiden Söhnen Hans und Heinrich gründet er eine KG. Kapitalmäßig möchte Fritz Irmler noch im Unternehmen verbleiben.

Aufgaben:

1.1 Welche Gründe könnten Herrn Irmler dazu bewogen haben, eine KG zu gründen?

1.2 Erklären Sie anhand der angeführten Personen, wie man die Gesellschafter bei dieser Rechtsform bezeichnet und beschreiben Sie kurz deren Aufgaben!

1.3 Wie könnte die Firma der KG lauten?

1.4 Um die Liquidität der KG zu stärken, wollen die Söhne Hans und Heinrich ein Betriebsgrundstück verkaufen. Der Vater Fritz widerspricht dem Geschäft. Wie ist die Rechtslage?

2. Der Kommanditist Gerhard Paulußen beabsichtigt, in die am Ort bestehende Arzneimittelfabrik Franz OHG als persönlich haftender Gesellschafter einzutreten.

Aufgaben:

2.1 Beurteilen Sie die Rechtslage!

2.2 Häufig wird eine OHG in eine KG umgewandelt, wenn ein OHG-Gesellschafter stirbt. Nennen Sie hierfür Gründe!

2.3 Kommanditgesellschaften sind oft „Familiengesellschaften", d.h., die Gesellschafter sind miteinander verwandt. Begründen Sie diese Tatsache!

3. Die gute Konjunktur möchte der Inhaber der Lebensmittelfabrik Karl Müller e.K. nutzen und sein Unternehmen durch einen großzügigen Anbau erweitern.

Seinem Nachbarn Heilmann, dessen angrenzendes Grundstück für den Bau eines Lagergebäudes geeignet ist, bietet Müller an, sich als Gesellschafter an seinem Unternehmen zu beteiligen. Herr Heilmann ist dazu bereit, will aber nur teilweise haften und im Unternehmen nicht mitarbeiten. Auf seine Einlage in Höhe von 250 000,00 EUR bringt er das angrenzende Grundstück im Wert von 150 000,00 EUR ein und zahlt auf den Rest 65 % bar ein. Auch der Lebensmittelchemiker Kaiser beteiligt sich mit einer Bareinlage von 80 000,00 EUR als Teilhafter an dieser neuen Kommanditgesellschaft.

Aufgaben:

3.1 Beurteilen Sie, ob die bisherige Firma Karl Müller e.K. beibehalten werden kann!

3.2 Welche rechtliche Wirkung hat die am 1. Dez. 20.. erfolgte Eintragung der Gesellschaft ins Handelsregister? (Begründen Sie kurz Ihre Ansicht!)

3.3 § 162 II HGB lautet: „Bei der Bekanntmachung der Eintragung ist nur die Zahl der Kommanditisten anzugeben ..."

Welche Gründe könnten dafür maßgebend sein, dass alle weiteren im Handelsregister eingetragenen Tatbestände in Bezug auf die Teilhafter nicht publiziert werden?

3.4 Die Karl Müller KG schuldet der Bach GmbH für die gelieferte Lagereinrichtung 43 440,00 EUR. Die Bach GmbH fordert von Heilmann die Bezahlung der Lagereinrichtung. Kann Heilmann die Zahlung verweigern? (Begründung!)

3.5 Teilhafter Kaiser hat für die Karl Müller KG beim Autohaus Münster OHG einen Lkw im Wert von 95 482,00 EUR bestellt. Wie ist die Rechtslage?

3.6 Haben Heilmann und Kaiser das Recht, dem Verkauf eines Betriebsgrundstücks zu widersprechen? (Begründung!)

3.7 Wie werden bei der KG nach dem HGB die Gewinne und Verluste verteilt?

3.8 An der Heinz Kern KG ist Heinz Kern mit 350000,00 EUR als Komplementär und Hans Leberer als Kommanditist mit 175000,00 EUR beteiligt. Im abgelaufenen Geschäftsjahr wurde ein Gewinn in Höhe von 57990,00 EUR erzielt. Der Komplementär Heinz Kern entnahm im Laufe des Geschäftsjahres für private Zwecke 5500,00 EUR. Die Entnahme ist nach dem Gesellschaftsvertrag nicht zu verzinsen. Im Gesellschaftsvertrag ist vereinbart die Kapitalanteile mit 5% zu verzinsen und den übersteigenden Betrag im Verhältnis der Kapitalanteile zu verteilen.

Aufgabe:

Erstellen Sie die Gewinnverteilungstabelle der KG!

3.9 Nennen Sie zwei Gründe, die zur Auflösung der KG führen können! Muss die KG z.B. beim Tod von Kaiser aufgelöst werden?

10 Wolfgang Thein und Michael Kreher haben eine OHG gegründet. Der Gesellschaftsvertrag vom 10. November 09 setzt den Beginn der OHG auf den 1. Januar 10 fest, die Eintragung im Handelsregister erfolgt am 10. Januar 10.

Aufgaben:

Nach dem unerwarteten Tod Krehers wird die Gesellschaft mit dessen beiden volljährigen Söhnen als Kommanditisten fortgesetzt.

1. Die Kommanditisten wollen so weit wie möglich in die Rechte ihres verstorbenen Vaters eintreten. Welche Rechte ihres Vaters bleiben ihnen nach dem Gesetz verschlossen?

2. Könnten die Kommanditisten bei entsprechendem Gesellschaftsvertrag eine dem Komplementär ähnliche „Machtposition" ausüben? Beurteilen und begründen Sie diese Frage im Hinblick auf das Außen- und Innenverhältnis!

2.5 Gesellschaft mit beschränkter Haftung (GmbH)

2.5.1 Begriff und Firma

(1) Begriff

Merke:

Die **Gesellschaft mit beschränkter Haftung** (GmbH) ist eine **Handelsgesellschaft** mit **eigener Rechtspersönlichkeit (juristische Person[1])**. Die Gesellschafter sind mit einem oder mehreren Geschäftsanteilen an der Gesellschaft beteiligt, **ohne persönlich für** die Verbindlichkeiten der Gesellschaft **zu haften** [§ 13 I, II GmbHG].

Die **GmbH** hat **selbstständige Rechte und Pflichten**. Mithilfe ihrer Organe ist es möglich, Rechtsgeschäfte abzuschließen. Sie kann z.B. Eigentum an Grundstücken erwerben und vor Gericht klagen und verklagt werden. Die GmbH ist Gläubiger und Schuldner, nicht etwa die GmbH-Gesellschafter. Die **GmbH-Gesellschafter** statten die GmbH lediglich mit **Eigenkapital** aus, indem sie sich mit Geschäftsanteilen am Stammkapital der GmbH beteiligen.

---

1 **Juristische (rechtliche) Personen** sind „künstliche" Personen, denen der Staat die Eigenschaft von Personen kraft Gesetzes verliehen hat. Sie sind damit rechtsfähig, d.h. Träger von Rechten und Pflichten [§ 2 I a GmbHG]. Siehe auch S. 203.

(2) Firma

Die **Firma** der GmbH muss die Bezeichnung **„Gesellschaft mit beschränkter Haftung"** oder eine allgemein verständliche Abkürzung dieser Bezeichnung (z. B. GmbH) enthalten [§ 4 GmbHG].

Beispiele:

Albrecht Büller GmbH; Celler Maschinenfabrik GmbH; Albrecht Büller Maschinenfabrik GmbH; Backhaus Gesellschaft mit beschränkter Haftung.

2.5.2 Eigenkapitalaufbringung und Haftung

(1) Eigenkapitalaufbringung

■ **Stammeinlagen**

Der Betrag, der auf einen Geschäftsanteil zu leisten ist, wird als Stammeinlage bezeichnet. Die Höhe der zu leistenden Einlage richtet sich nach dem bei der Gründung der Gesellschaft im Gesellschaftsvertrag festgesetzten Nennbetrag des Geschäftsanteils [§ 14 GmbHG].

■ **Geschäftsanteil**

Ein Geschäftsanteil ist der nominelle Anteil am Stammkapital der GmbH. Er ist mit einem Nennbetrag versehen. Die **Nennbeträge** der einzelnen Geschäftsanteile können unterschiedlich hoch sein, müssen jedoch auf **volle Euro** lauten. Jeder Gesellschafter beteiligt sich im Rahmen der Errichtung (Gründung) der GmbH mit einem oder mehreren Geschäftsanteilen [§ 5 II GmbHG]. Die Summe der Nennbeträge aller Geschäftsanteile muss mit der Höhe des Stammkapitals übereinstimmen [§ 5 III GmbHG].

Geschäftsanteile können jederzeit – ohne dass eine Genehmigung der übrigen Gesellschafter eingeholt werden muss – veräußert werden.

Der Wert der Geschäftsanteile kann steigen oder fallen, je nachdem wie erfolgreich die Geschäftstätigkeit der GmbH verläuft.

Beispiel:

Florian Habel, Konstantin Schopel und Lasse Landmann wollen eine GmbH gründen. In dem Gesellschaftsvertrag setzen sie das Stammkapital auf 25 000,00 EUR fest. Florian Habel, der auch zum Geschäftsführer der GmbH bestimmt wird, übernimmt einen Geschäftsanteil mit einem Nennbetrag in Höhe von 15 000,00 EUR (Geschäftsanteil Nr. 1). Die beiden anderen Gesellschafter übernehmen jeweils einen Geschäftsanteil mit einem Nennbetrag in Höhe von 5 000,00 EUR (Geschäftsanteile Nr. 2 und 3).

■ **Stammkapital**

Dies ist der in der Satzung festgelegte Gesamtbetrag aller Geschäftsanteile. Das Stammkapital muss mindestens 25 000,00 EUR betragen [§ 5 I GmbHG].

Die **haftungsbeschränkte Unternehmergesellschaft** (UG, „Mini-GmbH")[1] – eine Unterform der GmbH – kann **mit einem geringeren Stammkapital** als dem Mindeststammkapital von 25 000,00 EUR gegründet werden [§ 5a I GmbHG]. Das Stammkapital kann somit zwischen 1 EUR und 24 999,00 EUR liegen. Die Anmeldung einer solchen Gesellschaft zur Handelsregistereintragung kann erst erfolgen, wenn das Stammkapital in voller Höhe eingezahlt ist. **Sacheinlagen sind ausgeschlossen** [§ 5a II GmbHG].

Die haftungsbeschränkte Unternehmergesellschaft darf ihre **Gewinne** – sofern sie welche erzielt – **zu höchstens** $^3/_4$ an die Gesellschafter **ausschütten.** Sie muss **ein Viertel** des um einen Verlustvortrag aus dem Vorjahr geminderten Jahresüberschusses **ansparen, bis sie das Mindestkapital** von 25 000,00 EUR erreicht hat. Dann kann sie sich – muss es aber nicht – in eine „gewöhnliche" GmbH „umwandeln".

Die **haftungsbeschränkte Unternehmergesellschaft** muss in der Firma den Rechtsformzusatz **„Unternehmergesellschaft (haftungsbeschränkt)"** oder **„UG (haftungsbeschränkt)"** führen.

(2) Haftung

Die Gesellschafter der GmbH haften nicht für die Verbindlichkeiten der Gesellschaft. Als juristische Person des Handelsrechts (Kapitalgesellschaft) haftet lediglich die GmbH selbst. Das einzige Risiko, das der GmbH-Gesellschafter eingeht, ist, dass er den Wert seines Geschäftsanteils teilweise oder ganz verliert. Das Letztere ist der Fall, wenn die GmbH wegen Überschuldung oder Zahlungsunfähigkeit aufgelöst wird, also kein Eigenkapital mehr übrig bleibt. Die GmbH-Gesellschafter übernehmen daher nur eine **„Risikohaftung".**

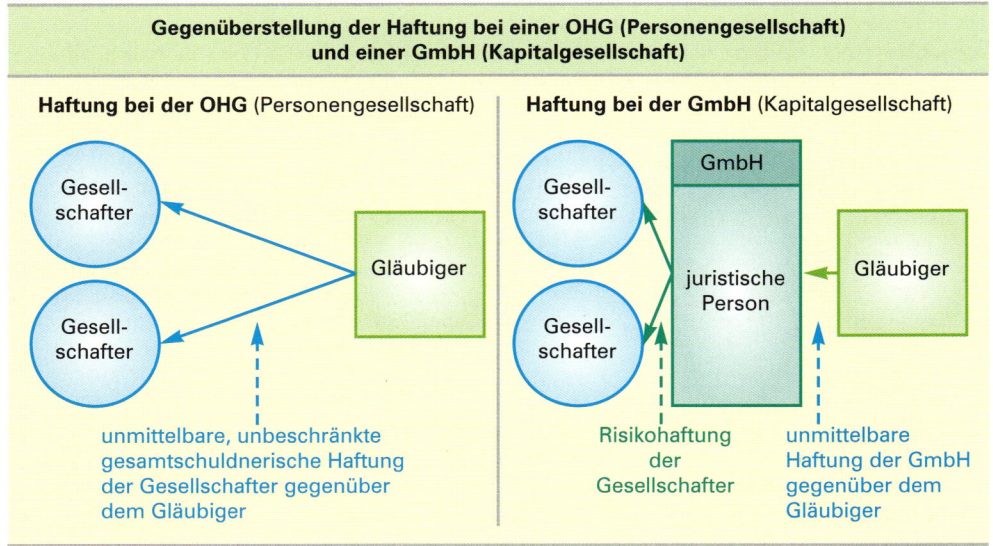

---

1 Die haftungsbeschränkte Unternehmergesellschaft ist **keine eigene Rechtsform,** sondern lediglich eine besondere Variante der GmbH.

2.5.3 Gründung der GmbH

Die GmbH kann durch **eine Person**[1] oder **mehrere Personen** errichtet werden [§ 1 GmbHG].

Zur **Errichtung der GmbH** ist ein **notariell beurkundeter Gesellschaftsvertrag (Satzung)** erforderlich, der von sämtlichen Gesellschaftern unterzeichnet werden muss [§ 2 I GmbHG]. GmbH-Gesellschafter ist nur der, der in die **Gesellschafterliste** eingetragen ist [§ 16 I GmbHG]. Jeder Gesellschafter hat Anspruch darauf, in die Liste eingetragen zu werden.

Für **unkomplizierte Standardgründungen** steht den Gründern der GmbH ein **notariell zu beurkundendes Musterprotokoll** als Anlage zum GmbHG zur Verfügung. Als „einfache Standardgründung" gilt z.B. eine Gründung mit höchstens **drei Gesellschaftern** und **einem Geschäftsführer** [§ 2 Ia GmbHG]. Am Musterprotokoll dürfen keine Veränderungen und Ergänzungen erfolgen.

Die **Anmeldung zur Eintragung in das Handelsregister** darf erst erfolgen, wenn auf **jeden Geschäftsanteil** – soweit nicht Sacheinlagen vereinbart sind – **ein Viertel des Nennbetrags** eingezahlt sind [§ 7 II, S. 1 GmbHG]. Insgesamt muss auf das Stammkapital mindestens so viel eingezahlt werden, dass der Gesamtbetrag der eingezahlten Geldeinlagen zuzüglich des Gesamtnennbetrags der Geschäftsanteile, für die Sacheinlagen zu leisten sind, die Hälfte des Mindeststammkapitals, d.h. 12500,00 EUR, erreicht [§ 7 II, S. 2 GmbHG].

Erst durch die Eintragung entsteht die GmbH als juristische Person mit Kaufmannseigenschaft **(konstitutive Wirkung der Eintragung)** [§§ 11 I, 13 GmbHG].

2.5.4 Organe der GmbH

Die Organe der GmbH sind der **Geschäftsführer,** die **Gesellschafterversammlung** und unter bestimmten Bedingungen der **Aufsichtsrat.**

(1) Geschäftsführer

Die Geschäftsführer leiten die GmbH. Sie werden von der Gesellschafterversammlung gewählt oder durch den Gesellschaftsvertrag (Satzung) bestimmt. Die Zeitdauer der Bestellung ist nicht bestimmt. Die Geschäftsführer sind die gesetzlichen Vertreter der GmbH. Sind mehrere Geschäftsführer bestellt, besteht **Gesamtvertretungsbefugnis,** sofern der Gesellschaftsvertrag nichts anderes vorsieht [§ 35 II GmbHG].[2] Eine Beschränkung der Vertretungsmacht ist Dritten gegenüber unwirksam [§ 37 GmbHG].

(2) Gesellschafterversammlung

Die Geschäftsführer haben die Gesellschaft nicht in eigener Verantwortung zu leiten; sie müssen vielmehr im Rahmen der Satzung und des GmbHG die **Weisungen der Gesellschafter** unmittelbar befolgen. Aus diesem Grund ist die Gesamtheit (Versammlung) der Gesellschafter das **oberste Organ der GmbH.** In ihm nehmen die Gesellschafter ihre Rechte wahr [§§ 45, 46 GmbHG].

---

1 Bei einer Einpersonen-GmbH erfolgt die Gründung in einem vereinfachten Verfahren unter Zuhilfenahme eines Musterprotokolls, das dem Vertrag gleichsteht und vom Gesetz ebenfalls als „Gesellschaftsvertrag" bezeichnet wird [§ 2 Ia GmbHG].

2 Während bei den **Kapitalgesellschaften** eine **Gesamtgeschäftsführung** und **Gesamtvertretung** grundlegend ist, besteht bei **Personengesellschaften** der Grundsatz der **Einzelgeschäftsführung** und **Einzelvertretung.**

Beschlussfassungen erfolgen grundsätzlich mit der Mehrheit der abgegebenen Stimmen (jeder Euro eines Geschäftsanteils gewährt eine Stimme). Änderungen des Gesellschaftsvertrags können nur durch die Gesellschafter und mit einer Mehrheit von drei Vierteln der abgegebenen Stimmen beschlossen werden. Änderungsbeschlüsse müssen grundsätzlich notariell beurkundet werden.

(3) Aufsichtsrat

Grundsätzlich benötigen Gesellschaften mit einschließlich 500 Arbeitnehmern keinen Aufsichtsrat, es sei denn, die **Satzung** schreibt die Bestellung eines Aufsichtsrats vor [§ 52 I GmbHG]. Beschäftigt die GmbH i. d. R. mehr als 500 Arbeitnehmer, so muss nach § 1, Nr. 2 DrittelbG ein Aufsichtsrat gewählt werden (**„Drittel-Parität"**). Für Gesellschaften mit i. d. R. mehr als 2000 Arbeitnehmern gilt das Mitbestimmungsgesetz von 1976 (**gleichgewichtige Mitbestimmung**) [§ 1 MitbestG 1976]. [1]

Die **Aufgaben** des **Aufsichtsrats** sind vor allem: Überwachung der Geschäftsführung und Prüfung des Jahresabschlusses.

2.5.5 Gewinnberechtigung, Verlustbeteiligung

Jeder Gesellschafter hat einen Anspruch auf den sich nach der jährlichen Bilanz ergebenden Reingewinn. Die **Verteilung des Gewinns** erfolgt nach dem Verhältnis der Geschäftsanteile. Im Gesellschaftsvertrag kann eine andere Gewinnverteilung vereinbart sein [§ 29 GmbHG].

Verluste werden mit dem Eigenkapital der GmbH verrechnet. Ist die Gesellschaft zahlungsunfähig – die Schulden sind nicht mehr durch das Vermögen gedeckt – müssen die Geschäftsführer das Insolvenzverfahren beantragen.

2.5.6 Auflösung und Bedeutung der GmbH

(1) Auflösung der GmbH

Die Auflösung der GmbH ist in den §§ 60 ff. GmbHG geregelt. Neben der zwangsweisen Auflösung durch das Gericht (im Rahmen eines Insolvenzverfahrens) wegen **Zahlungsunfähigkeit** oder **Überschuldung** kann die GmbH nach **Ablauf der im Gesellschaftsvertrag bestimmten Zeit,** durch **Beschluss der Gesellschafter** (grundsätzlich mit einer Mehrheit von drei Viertel der abgegebenen Stimmen) oder auch durch **gerichtliches Urteil** aufgelöst werden.

(2) Bedeutung der GmbH

Die Gesellschaft mit beschränkter Haftung ist vor allem bei Familienunternehmen und bei Unternehmen mittlerer Größe anzutreffen, weil für die Gründung ein sehr niedriges Anfangskapital (Eigenkapital) vorgeschrieben ist, die Haftung der Gesellschafter begrenzt ist, ein enges Verhältnis zwischen Gesellschaftern und Geschäftsführern besteht (die Gesellschafter häufig selbst Geschäftsführer sind) und die Gründung verhältnismäßig unkompliziert und kostengünstig ist. Hinzu kommt, dass bei kleineren Gesellschaften die Prüfungs- und Offenlegungspflicht entfällt.

---

1 Vgl. hierzu die Ausführungen auf S. 70.

Häufig gründen auch Großunternehmen Gesellschaften mit beschränkter Haftung, die Teilfunktionen übernehmen (z.B. Forschung und Entwicklung, Erschließung neuer Rohstoffquellen, Wahrnehmung des Vertriebs). Daneben eignet sich die Rechtsform der GmbH auch zur Ausgliederung bestimmter kommunaler Aufgaben (z.B. können kommunale Wasserwerke, Versorgungsunternehmen, Krankenhäuser, Müllverbrennungsanlagen in Rechtsform der GmbH betrieben werden).

2.6 GmbH & Co. KG

(1) Begriff

Bei der **GmbH & Co. KG** handelt es sich um eine **Kommanditgesellschaft** (KG), an der eine **GmbH** als einzige persönlich haftende Gesellschafterin **(Komplementär)** beteiligt ist.

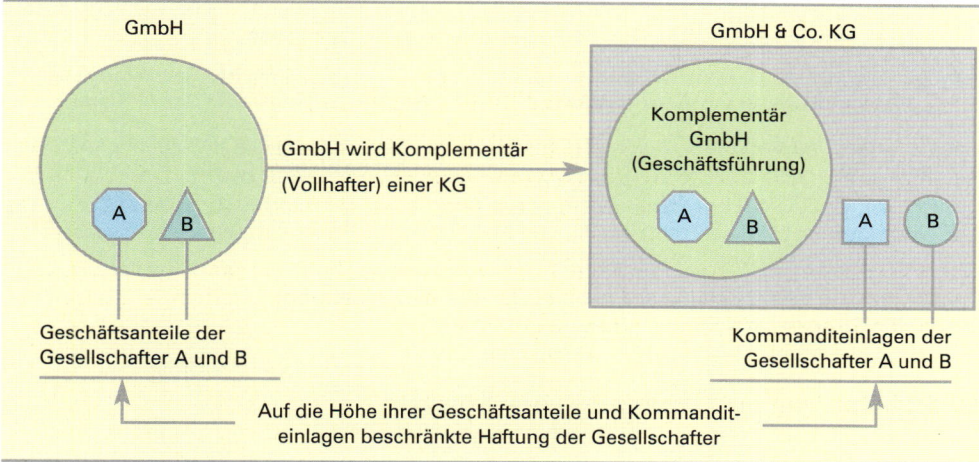

Kommanditisten können die **Gesellschafter der GmbH** (echte, typische GmbH & Co. KG) **oder andere Personen** (unechte, atypische GmbH & Co. KG) sein.

(2) Firma

Die **Firma** einer GmbH & Co. KG muss die Bezeichnung „Kommanditgesellschaft" oder eine allgemein verständliche Abkürzung dieser Bezeichnung enthalten [§ 19 I, Nr. 3 HGB].

Beispiele:

Exportgesellschaft Wild m.b.H. & Co. KG; Impex GmbH KG; Isnyer Saatgut GmbH KG; Friedrich Metzger GmbH & Co. KG

(3) Geschäftsführung und Vertretung

Die GmbH & Co. KG wird durch die GmbH (Komplementär) vertreten, die auch die Geschäftsführungsbefugnis besitzt. Für die GmbH handeln die Geschäftsführer, die bei der typischen GmbH & Co. KG mit den Kommanditisten identisch sind. Im Übrigen sind die Rechtsgrundlagen die gleichen wie bei der KG.

- Die **GmbH** ist durch folgende **Merkmale** charakterisiert: (1) juristische Person; (2) Handelsgesellschaft; (3) Gesellschafter sind mit Geschäftsanteilen am Stammkapital beteiligt; (4) keine persönliche Haftung der Gesellschafter.

- Das **Stammkapital** beträgt mindestens 25 000,00 EUR. Es ergibt sich aus der **Summe aller Geschäftsanteile.**

- Die **haftungsbeschränkte Unternehmergesellschaft** – eine Unterform der GmbH – kann auch mit einem geringeren Stammkapital als das Mindeststammkapital von 25 000,00 EUR gegründet werden.

- Jeder Gesellschafter übernimmt eine bestimmte Zahl an **Geschäftsanteilen.** Jeder Geschäftsanteil ist wiederum mit einem **Nennbetrag** versehen. Der Nennbetrag jedes Geschäftsanteils muss auf volle EUR lauten. Die Summe der Nennbeträge aller Geschäftsanteile muss mit dem Stammkapital übereinstimmen.

- Die **Firma der GmbH** muss die Bezeichnung „Gesellschaft mit beschränkter Haftung" oder eine allgemein verständliche Abkürzung dieser Bezeichnung enthalten.

- Die **haftungsbeschränkte Unternehmergesellschaft** muss in der Firma den Rechtsformzusatz „Unternehmergesellschaft (haftungsbeschränkt)" oder „UG (haftungsbeschränkt)" führen.

- Zur **Gründung der GmbH** sind erforderlich: (1) eine Person oder mehrere Personen; (2) notariell beurkundete Satzung; (3) Mindesteinzahlung 12 500,00 EUR bzw. $\frac{1}{4}$ aller Geschäftsanteile; (4) Eintragung ins Handelsregister.

- Erst durch die Eintragung entsteht die GmbH als juristische Person mit Kaufmannseigenschaft **(konstitutive Wirkung der Eintragung).**

- **Bestellung, Rechtsstellung und Aufgabe der Organe der GmbH**

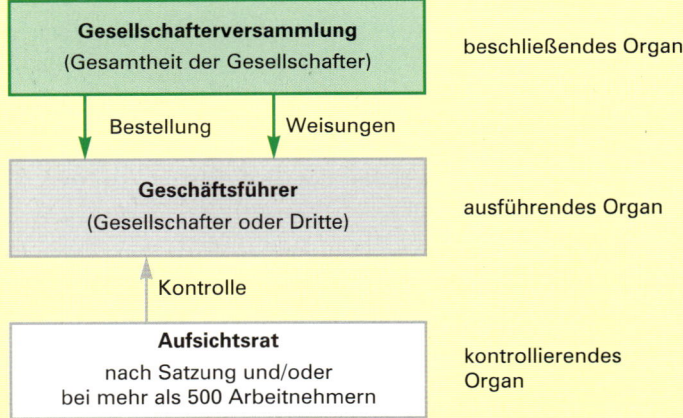

- Als juristische Person des Handelsrechts **haftet die GmbH** in Höhe des Stammkapitals selbst. Die Gesellschafter der GmbH haften nur indirekt, d.h., sie riskieren den Wert ihres Geschäftsanteils teilweise oder ganz zu verlieren **(Risikohaftung).**

- Die **Vertretung** der GmbH nach außen erfolgt durch den (die) Geschäftsführer. Soweit die Satzung nichts anderes bestimmt, besteht für eine aus mehreren Personen bestehende Geschäftsführung **Gesamtvertretungsmacht. Einzelvertretungsmacht** muss, um rechtswirksam zu sein, im **Handelsregister** eingetragen werden.

- Die **Geschäftsführung** erfolgt durch die Geschäftsführer, die Gesellschafter der GmbH und/oder auch andere unbeschränkt geschäftsfähige natürliche Personen.

  Wenn die Geschäftsführung mehrere Personen umfasst, besteht grundsätzlich **Gesamtgeschäftsführungsbefugnis**. Die Satzung kann Abweichendes bestimmen.

- In Gesellschaften mit mehr als 500 Arbeitnehmern ist ein **Aufsichtsrat** (AR) zwingend vorgeschrieben.

- Die **Auflösung der GmbH** erfolgt im Rahmen eines Insolvenzverfahrens, durch Beschluss der Gesellschafterversammlung oder aufgrund einer Satzungsbestimmung.

- Die **Merkmale der GmbH & Co. KG** sind: (1) Es handelt sich um eine KG; (2) Vollhafter (Komplementär) ist eine GmbH.

Übungsaufgaben

11
1. Die Heinz Kern OHG betreibt eine Großhandlung für Medizintechnik. Sie soll in eine GmbH umgewandelt werden. Gleichzeitig soll der bisherige Verkaufsleiter Fritz Dick als Gesellschafter in die neue GmbH aufgenommen werden.

   Aufgaben:

   1.1 Wodurch unterscheidet sich die Personengesellschaft von der Kapitalgesellschaft?

   1.2 Nennen Sie zwei Gründe, die für die Wahl der Gesellschaftsform GmbH sprechen!

   1.3 Welche finanziellen Voraussetzungen müssen für die Anmeldung zur Eintragung der GmbH in das Handelsregister gegeben sein?

   1.4 Wie könnte die Firma der neuen GmbH lauten? (Zwei Vorschläge!)

   1.5 Wie sind die Haftungsverhältnisse bei der GmbH und der OHG geregelt?

   1.6 Wie unterscheidet sich die Vertretung der GmbH von der der OHG?

   1.7 Nennen Sie drei Gründe, die zur Auflösung der GmbH führen können!

2. Unterscheiden Sie zwischen Stammkapital, Stammeinlage und Geschäftsanteil!

3. Wie ist die Mindesteinzahlung der Gesellschafter im GmbHG geregelt? (Nehmen Sie Ihren Gesetzestext zu Hilfe!)

4. An den Heidelberger Impfstoffwerken GmbH sind beteiligt:
   - Adam mit einem Geschäftsanteil von 25 000,00 EUR,
   - Brecht mit einem Geschäftsanteil von 30 000,00 EUR und
   - Czerny mit einem Geschäftsanteil von 45 000,00 EUR.

   Aufgaben:

   4.1 Wie viel Euro beträgt das Stammkapital?

   4.2 Wie ist der Reingewinn (nach bereits erfolgtem Abzug der lt. Satzung zu bildenden Rücklagen) in Höhe von 90 000,00 EUR zu verteilen, wenn die Gewinnverteilung nach dem GmbHG erfolgt? Wie viel Euro erhält jeder Gesellschafter?

   4.3 Czerny möchte seinen Geschäftsanteil verkaufen. Kann er das? Gegebenenfalls wie?

12 Die Albrecht Bühner KG stellt Nahrungsergänzungsmittel her. An der KG sind beteiligt Albrecht Bühner als Komplementär und Sigrid Bühner als Kommanditistin. Da auf dem Markt ein starker Wettbewerb herrscht, müssen erhebliche Investitionen vorgenommen werden. Albrecht Bühner entschließt sich daher, die KG in eine GmbH umzuwandeln und zwei neue Gesellschafter aufzunehmen. Es sind dies Ingo Bach und Franz Werder.

5 Speth u.a. - ISBN 978-3-8120-0465-7

Albrecht Bühner legt folgenden Vorschlag für einen Gesellschaftsvertrag vor (Auszug):

Die notarielle Beurkundung des Gesellschaftsvertrags erfolgt am 30. Juli 10, die Handelsregistereintragung am 30. August 10.

Aufgaben:

1. Welche gesetzlichen Gesellschaftsrechte hat Albrecht Bühner und welche hat Sigrid Bühner, solange das Unternehmen als Kommanditgesellschaft betrieben wird?

2. Welche Vorteile ergeben sich für die Gesellschafter insgesamt aus der Umwandlung in eine
   GmbH?

3. Sigrid Bühner, zuständig für Marketing und Vertrieb, kauft ohne Wissen von Albrecht Bühner Rohstoffe im Wert von 56 000,00 EUR ein. Albrecht Bühner verweigert die Zahlung mit
   der Begründung, der Kaufvertrag sei ohne sein Wissen abgeschlossen worden.

   Beurteilen Sie die Rechtslage!

4. Geben Sie in Stichworten an, welcher Punkt im Gesellschaftsvertrag der GmbH außer den
   in den §§ 1 – 6 genannten vertraglich noch geregelt werden sollte!

5. Ingo Bach und Franz Werder sind mit der Geschäftsführung von Sigrid Bühner nicht zufrieden und verlangen ihre Ablösung als Geschäftsführerin.

   Außerdem sind Bach und Werder der Meinung, die Kleber GmbH, ein starkes Konkurrenzunternehmen auf dem Nahrungsergänzungsmittelmarkt, zu übernehmen. Hierzu verlangen
   Sie eine Erhöhung des Stammkapitals um 200 000,00 EUR.

   Welche Erfolgsaussichten haben Bach und Werder bezüglich der beiden Vorhaben bei den
   gegebenen Beteiligungsverhältnissen?

6. Die Albrecht Bühner GmbH beschäftigt Ende 10 480 Mitarbeiter. Im Jahr 11 soll die Belegschaft um 180 Mitarbeiter aufgestockt werden.

   6.1 Erläutern Sie, ob für diesen Fall ein Aufsichtsrat zwingend zu bilden ist!

   6.2 Sigrid Bühner schlägt die Umwandlung der GmbH in eine GmbH & Co. KG, unter
       Beibehaltung der bisherigen Gesellschafter, vor.

       Erläutern Sie die Rechtsform dieser GmbH & Co. KG!

   6.3 Die Gesellschafter möchten die Einrichtung eines Aufsichtsrats vermeiden. Wie ist das
       Problem durch die Umwandlung der GmbH in eine GmbH & Co. KG zu lösen?

2.7 Aktiengesellschaft (AG)

2.7.1 Begriff, Firma und Gründung der Aktiengesellschaft

(1) Begriff

> **Merke:**
>
> Die **Aktiengesellschaft** ist eine **Handelsgesellschaft mit eigener Rechtspersönlichkeit (juristische Person),** deren Gesellschafter (Aktionäre) **mit Einlagen an dem in Aktien** zerlegten **Grundkapital** beteiligt sind, **ohne persönlich für die Verbindlichkeiten** der Gesellschaft zu **haften.**

Die Funktion der Aktiengesellschaft besteht vom Grundsatz her darin, eine Vielzahl von Kapitaleinsätzen zu organisieren. Der Prototyp dieser Gesellschaftsform stellt sich als eine Verknüpfung einer großen Anzahl eher passiver Aktionäre dar, die beruflich anderweitig gebunden sind und die ihre Beteiligung am Grundkapital einer Aktiengesellschaft in Form von Aktien als (zeitweilige) Kapitalanlage betrachten.

Die **juristischen Folgerungen** aus dieser Ausgangssituation sind: die Verselbstständigung des angesammelten Eigenkapitals in einer **juristischen Person mit Ausschluss der persönlichen Haftung der Gesellschafter,** die Zerlegung des Eigenkapitals in **standardisierte Anteile (Aktien)** und deren rechtlich erleichterte Übertragbarkeit, die **Verwaltung der Aktiengesellschaft durch Organe** und eine daran anknüpfende **komplizierte Unternehmensverfassung,** mannigfaltige **Schutzvorschriften für Aktionäre und Gläubiger.**

(2) Firma

Die Firma der AG muss die Bezeichnung Aktiengesellschaft oder eine allgemein verständliche Abkürzung dieser Bezeichnung (z.B. AG) enthalten [§ 4 AktG].

> **Beispiele:**
>
> Duisburger Motorenwerke Aktiengesellschaft; Münsterländer Spiegelglas Aktiengesellschaft; Volkswagenwerk Aktiengesellschaft; Mitter & Töchter AG; Spielwarenfabrik Spiwa AG.

(3) Gründung

■ **Feststellung der Satzung**

Die Gründung der AG beginnt mit der Feststellung der Satzung. Sie ist das Grundgesetz der zu gründenden AG.

■ Die Satzung kann von einer Person oder von mehreren **natürlichen** oder **juristischen Personen,** die Aktien übernehmen, festgestellt werden. Sie heißen Gründer.

■ Vom Gründer bzw. von den Gründern muss ein **Gesellschaftsvertrag** (der bei der AG als **Satzung** bezeichnet wird) abgeschlossen werden, der von einem **Notar zu beurkunden ist** [§ 23 I AktG].

■ **Art der Aufbringung des Grundkapitals**

■ Bei der **„Bargründung"** erfolgt die Übernahme der Aktien gegen Geldeinzahlungen. Gesetzlich ist ein Mindestnennbetrag des Grundkapitals (Summe der auf den **Nennbetragsaktien** aufgedruckten Nennwerte) von 50 000,00 EUR vorgeschrieben [§ 7 AktG].

- Bei der **Sachgründung** bringen die Aktionäre statt der Geldeinlagen **Sacheinlagen** (z. B. Einbringung von Patenten und/oder Grundstücken) ein.

Mit der Übernahme aller Aktien durch die Gründer ist die **Aktiengesellschaft errichtet**.

- **Weitere Verfahren bis zur Eintragung**

- Die Gründer bestellen den ersten **Aufsichtsrat** sowie den Abschlussprüfer für das erste Geschäftsjahr.

- Der Aufsichtsrat bestellt den ersten **Vorstand**.

- Die Gründer erstellen einen Bericht über den Hergang der Gründung **(Gründungsbericht)**. Der Gründungsbericht ist durch den Vorstand und den Aufsichtsrat sowie durch einen außenstehenden Gründungsprüfer zu prüfen **(Gründungsprüfung)**.

- **Eintragung in das Handelsregister**

Nachdem die Gründer den Vorstand, den Aufsichtsrat sowie den Abschlussprüfer gewählt und einen Gründungsbericht (mit Prüfungsvermerk) erstellt haben, wird die Gesellschaft ins **Handelsregister eingetragen**. Mit der Eintragung ist die Aktiengesellschaft (juristische Person, Kaufmann) entstanden (**konstitutive Wirkung** der Eintragung) [§ 41 I AktG].

2.7.2 Eigenkapitalaufbringung: Aktie als Beteiligungs- und Finanzierungsinstrument bei Aktiengesellschaften[1]

(1) Begriff Aktie

Die Aktie verbrieft eine Beteiligung am Eigenkapital (ein Anteilsrecht) und ein Mitgliedschaftsrecht an einer Aktiengesellschaft, denn der Aktionär ist nominell (mit dem Nennwert[2]) mit einem bestimmten Anteil am Grundkapital und real am gesamten Eigenkapital beteiligt.

(2) Arten von Aktien

- **Arten der Aktien nach ihrer Übertragbarkeit**

Inhaberaktien	Bei Inhaberaktien kann jeweils der Besitzer das in der Urkunde verbriefte Recht geltend machen. Der Eigentümer (Inhaber) der Aktien bleibt für die Aktiengesellschaft in der Regel unbekannt. Sie werden durch Einigung und Übergabe übertragen [§§ 929 ff. BGB].
Namensaktien	Auf ihnen ist bei effektiven Stücken der Name des Anteilseigners (Aktionärs) eingetragen. Bei nicht verbrieften Namensaktien (Wertrechten) werden z. B. die Namen der Aktionäre, der Wohnort und die Geburtsdaten der Aktionäre im Aktienregister der AG eingetragen [§ 67 I AktG]. Die Übertragung der Namensaktien erfolgt bei effektiven Stücken (Urkunden) durch Einigung, Übergabe und Indossament[3]. Bei Namensaktien ohne Urkunde erfolgt die Übertragung durch Löschung und Neueintragung im Aktienregister [§ 67 III AktG].

---

1 Auf die Gewinnberechtigung (Gewinnverteilung) sowie auf die Verlustbeteiligung wird im Folgenden aus Vereinfachungsgründen nicht eingegangen.

2 Der Nennwert ist der auf einem Wertpapier genannte aufgedruckte Betrag. Die Begriffe Nennbetragsaktie und Stückaktie werden auf der S. 69 behandelt.

3 Das Indossament ist ein Übertragungsvermerk (vor allem eine Unterschrift) des Weitergebenden.

Vinkulierte Namensaktien	Sie stellen Namensaktien dar, bei denen die Übertragung an die Zustimmung der AG gebunden ist [§ 68 II AktG].

■ **Arten der Aktien nach den verbrieften Rechten**

Stammaktien	Sie sind die „gewöhnlichen", von einer AG zur Beschaffung von Grundkapital herausgegebenen Aktien. Diese Aktien gewähren dem Aktionär die nach dem Aktiengesetz oder der Satzung zustehenden Rechte.
Vorzugsaktien	Vorzugsaktien sind gegenüber Stammaktien mit bestimmten Vorzügen ausgestattet. Diese Vorzüge können im Ertrag (z.B. Vorzugsdividende), Bezugsrecht und/oder bei der Liquidation der Gesellschaft liegen. Von praktischer Bedeutung sind vor allem die Dividendenvorzugsaktien. Die Ausgabe von Mehrstimmrechtsaktien ist nach § 12 II AktG unzulässig. Zulässig ist aber die Ausgabe von stimmrechtslosen „Vorzugsaktien" [§ 12 I AktG].

■ **Arten der Aktien nach der Angabe der Beteiligungshöhe**

Nennbetragsaktien	Sie müssen auf mindestens einen Euro, höhere Aktiennennbeträge müssen auf volle Euro lauten [§ 8 II AktG]. Bei Nennbetragsaktien bestimmt sich der Anteil am Grundkapital nach dem Verhältnis ihres Nennbetrags zum Grundkapital [§ 8 IV AktG].
Stückaktien	Sie lauten auf keinen Nennbetrag (**nennwertlose Aktien**). Stückaktien sind am Grundkapital einer Aktiengesellschaft immer in gleichem Umfang beteiligt [§ 8 III, S. 1 und 2 AktG]. Hat z.B. eine Aktiengesellschaft ein Grundkapital (gezeichnetes Kapital) von 10 Mio. EUR und gibt sie 2 Mio. Stückaktien aus, so ist jede Stückaktie mit einem zweimillionstel Teil am Grundkapital der AG beteiligt. Der auf die einzelne Aktie entfallende anteilige Betrag des Grundkapitals darf einen Euro jedoch nicht unterschreiten [§ 8 III, S. 3 AktG].

2.7.3 Haftung

Wer Aktien bei einer Gründung übernimmt oder über die Wertpapierbörse kauft, haftet nicht für die Verbindlichkeiten der Gesellschaft. Als juristische Person haftet lediglich die Aktiengesellschaft selbst [§ 1 I AktG]. Das einzige Risiko, das der Aktionär eingeht, ist, dass er einen Kursverlust erleidet oder dass er im Extremfall den Wert der gesamten Aktien verliert. Das Letztere ist der Fall, wenn die Aktiengesellschaft z.B. wegen Überschuldung aufgelöst wird, also kein Eigenkapital mehr übrig bleibt. Man sagt daher, dass die Aktionäre lediglich eine **Risikohaftung** übernehmen.

2.7.4 Organe der Aktiengesellschaft

Da die Aktiengesellschaft als juristische Person nicht wie ein Mensch handeln kann, braucht sie, um handlungsfähig zu sein, Organe. Diese Organe sind: der **Vorstand,** der **Aufsichtsrat** und die **Hauptversammlung.**

(1) Vorstand

Der Vorstand ist das Leitungsorgan der Aktiengesellschaft. Er wird vom **Aufsichtsrat** auf höchstens 5 Jahre **bestellt**. Er kann aus einer Person oder aus mehreren Personen (den Vorstandsmitgliedern, Direktoren) bestehen.

Die Aufgaben des Vorstands sind vor allem:

- **Geschäftsführung** nach innen und **Vertretung** der AG nach außen, z. B. Abschluss von Verträgen, Ernennung von Bevollmächtigten, Verkehr mit Behörden. Der Vorstand hat die AG in eigener Verantwortung zu leiten [§ 76 II AktG].

- **Regelmäßige Unterrichtung des Aufsichtsrats** über die Geschäftslage der AG [§ 90 AktG].

- **Erstellung des Jahresabschlusses.** Er besteht aus der **Bilanz** mit der **Gewinn- und Verlustrechnung** [§ 242 HGB] und dem **Anhang.** Daneben hat der Vorstand mittlerer und großer Aktiengesellschaften einen **Lagebericht** aufzustellen [§ 264 HGB].

- **Einberufung der ordentlichen Hauptversammlung** mindestens einmal jährlich [§ 121 AktG] sowie einer außerordentlichen Hauptversammlung bei hohen Verlusten, Überschuldung oder Zahlungsunfähigkeit [§ 92 AktG].

(2) Aufsichtsrat

- **Wahl, Zusammensetzung und Anzahl der Aufsichtsratsmitglieder**

Der Aufsichtsrat besteht – sofern dem nicht andere Gesetze entgegenstehen – aus **mindestens drei Mitgliedern.** Die Satzung kann bestimmte höhere Mitgliederzahlen festsetzen, die jedoch stets durch drei teilbar sein müssen. Die Höchstzahl der Aufsichtsratsmitglieder beträgt bei Gesellschaften mit einem Grundkapital von mehr als 10 Mio. EUR einundzwanzig [§ 95 AktG].

Durch die verschiedenen Gesetze zur Stärkung der **Mitbestimmungsrechte** der Arbeitnehmer und Gewerkschaften gelten bezüglich der **Wahl, Zusammensetzung** und **Zahl der Aufsichtsräte** unterschiedliche Vorschriften, wie die folgende Übersicht zeigt.

Art der AG	Geltendes Gesetz	Vorschriften über den AR
Kleine Aktiengesellschaften (500 bis 2 000 Arbeitnehmer) [§ 1 DrittelbG]	**DrittelbG 2004** (gilt für kleine Aktiengesellschaften und Montangesellschaften mit i. d. R. nicht mehr als 1 000 Arbeitnehmern)	Der AR besteht aus mindestens 3 Personen oder aus einer höheren durch drei teilbaren Mitgliederzahl. Die HV wählt $^2/_3$, die Arbeitnehmer oder deren Delegierte wählen $^1/_3$ der AR-Mitglieder (**„Drittel-Parität"**). Höchstzahl 21 Mitglieder.
Große Aktiengesellschaften (i. d. R. mehr als 2 000 Arbeitnehmer) [§ 1 MitbestG]	**MitbestG 1976** (gilt für große Aktiengesellschaften, die nicht Montangesellschaften sind)	Der AR hat 12 bis 20 Mitglieder. Die Hälfte wird grundsätzlich von der HV gewählt (Vertreter der Aktionäre). Die übrigen AR-Mitglieder der Arbeitnehmer (von denen ein Mitglied Vertreter der leitenden Angestellten sein muss) werden von den Delegierten der Arbeitnehmer oder direkt von den wahlberechtigten Arbeitnehmern gewählt (**„gleichgewichtige Mitbestimmung"**).

■ **Aufgaben des Aufsichtsrats**

Die Aufgaben des Aufsichtsrats sind vor allem:

■ **Bestellung des Vorstands,** Abberufung des Vorstands, wenn wichtige Gründe (z.B. Pflichtverletzungen) vorliegen, Überwachung des Vorstands, Einsicht und Prüfung der Geschäftsbücher [§§ 84, 111 AktG].

■ **Prüfung des Jahresabschlusses,** des Lageberichts und des Vorschlags für die Verwendung des Bilanzgewinns [§ 171 I AktG].

■ **Einberufung einer außerordentlichen Hauptversammlung,** wenn es das Wohl der Gesellschaft erfordert (z.B. bei Eintritt hoher Verluste, § 111 III AktG].

(3) Hauptversammlung

Die Hauptversammlung als **beschließendes Organ** der Aktiengesellschaft ist die **Versammlung der Gesellschafter (Aktionäre).** In der Hauptversammlung nehmen die Aktionäre ihre Rechte durch **Ausübung des Stimmrechts** wahr [§ 118 I AktG].

Wichtige **Aufgaben der Hauptversammlung** sind z.B.:

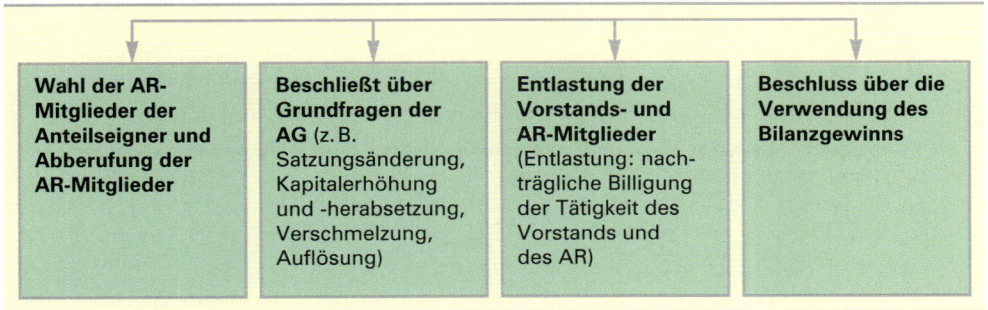

Wahl der AR-Mitglieder der Anteilseigner und Abberufung der AR-Mitglieder	**Beschließt über Grundfragen der AG** (z.B. Satzungsänderung, Kapitalerhöhung und -herabsetzung, Verschmelzung, Auflösung)	**Entlastung der Vorstands- und AR-Mitglieder** (Entlastung: nachträgliche Billigung der Tätigkeit des Vorstands und des AR)	**Beschluss über die Verwendung des Bilanzgewinns**

Die **ordentliche Hauptversammlung** muss jährlich in den ersten 8 Monaten des Geschäftsjahres einberufen werden zur Entgegennahme des Jahresabschlusses und des Lageberichts sowie zur Beschlussfassung über die Verwendung des Bilanzgewinnes. Zu den Gründen für die Einberufung der **außerordentlichen Hauptversammlung** siehe §§ 122, 92, 119 AktG.

Die Abstimmung in der Hauptversammlung erfolgt nach Aktiennennbeträgen oder nach der Anzahl der Stückaktien. Grundsätzlich genügt für Beschlüsse der Hauptversammlung die **einfache Mehrheit** der abgegebenen Stimmen [§ 133 AktG]. Bei Satzungsänderungen ist jedoch eine Mehrheit von mindestens 75 % des bei der Beschlussfassung vertretenen Grundkapitals notwendig **(qualifizierte Mehrheit)** [§ 179 II AktG]. Besitzt ein Aktionär also nur wenig mehr als 25 %, so kann er solche Beschlüsse verhindern **(Sperrminorität).**

2.7.5 Auflösung der Aktiengesellschaft

Die Auflösung der Aktiengesellschaft ist in den §§ 262 ff. AktG geregelt. Neben der zwangsweisen Auflösung im Rahmen eines **Insolvenzverfahrens**[1] wegen **Zahlungsunfä-**

---

1 Das **Insolvenzverfahren** ist ein gerichtliches Verfahren. Es verfolgt den Zweck, das (pfändungsfähige) Vermögen des Schuldners gleichmäßig und anteilig auf die Gläubiger zu verteilen.

higkeit und/oder **Überschuldung** kann die AG auch durch **Beschluss der Hauptversammlung** mit einer Mehrheit von mindestens drei Viertel des bei der Beschlussfassung vertretenen Grundkapitals aufgelöst (beendet, liquidiert) werden. Die Satzung kann weitere Auflösungsgründe bestimmen.

Zusammenfassung

- Die **AG** ist vor allem durch folgende **Merkmale** charakterisiert: (1) juristische Person; (2) Handelsgesellschaft; (3) Aktionäre sind mit Einlagen am Grundkapital beteiligt; (4) keine persönliche Haftung der Aktionäre.

- Die **Firma** der AG muss die Bezeichnung „Aktiengesellschaft" oder eine allgemein verständliche Abkürzung dieser Bezeichnung enthalten.

- Zur **Gründung** der AG sind erforderlich: (1) ein oder mehrere Gründer; (2) Satzung; (3) Mindestnennbetrag des Grundkapitals 50 000,00 EUR; (4) Übernahme der Aktien durch die Gründer; (5) Eintragung ins Handelsregister.

- **Aktien** sind **Teilhaberpapiere.** Sie verbriefen ein nominelles Anteilsrecht am Grundkapital und ein reales Anteilsrecht am Eigenkapital der Aktiengesellschaft.

- Aktien können z. B. nach der **Übertragbarkeit** (in Inhaber- und Namensaktien), den **verbrieften Rechten** (in Stamm- und Vorzugsaktien), dem **Ausgabezeitpunkt** (in junge und alte Aktien) und nach Angabe der **Beteiligungshöhe** (in Nennbetragsaktien und Stückaktien) unterschieden werden.

- Die **Bestellung, Rechtsstellung und Aufgaben der Organe der Aktiengesellschaft** lassen sich aus nachstehender Abbildung entnehmen:

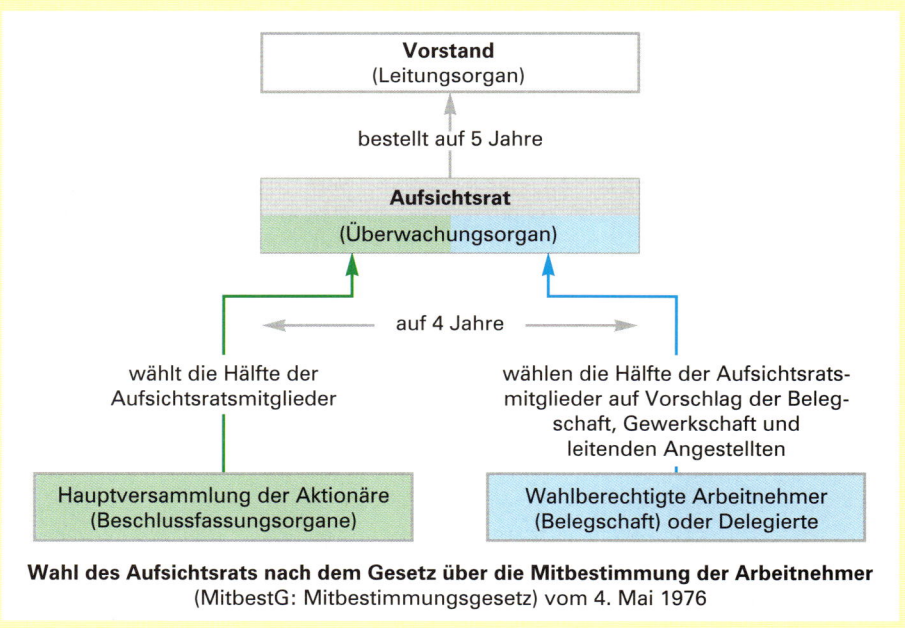

Wahl des Aufsichtsrats nach dem Gesetz über die Mitbestimmung der Arbeitnehmer
(MitbestG: Mitbestimmungsgesetz) vom 4. Mai 1976

13 1. Die Franz Schneider OHG liefert seit Langem Tuche an die Kleiderfabrik Schorndorf AG, deren Vorstand Herr Dipl.-Kfm. Moder ist. In letzter Zeit erfolgen die Zahlungen der Schorndorf AG nur schleppend, die Bezahlung einiger Rechnungen steht trotz mehrmaliger Mahnungen aus. Die Franz Schneider OHG will daher Herrn Moder auf Zahlung verklagen.

Nehmen Sie im Zusammenhang mit diesem Fall zu folgenden Fragen Stellung:

Aufgaben:

1.1 Kann die Franz Schneider OHG den Vorstand auf Zahlung verklagen? Begründen Sie Ihre Antwort!

1.2 Wäre es sinnvoller, die Aktionäre zu verklagen? Begründen Sie Ihre Antwort!

1.3 Falls Vorstand und/oder Aktionäre nicht haften: Wer haftet dann?

2. In der Hauptversammlung der Steinbach AG ist die Mehrheit der Anwesenden der Meinung, dass der Vorstand den Umsatzrückgang des vergangenen Jahres durch leichtsinnige Geschäftsführung verschuldet habe. Man verlangt die Absetzung des Vorstands.

Aufgaben:

2.1 Welcher Personenkreis ist in der Hauptversammlung vertreten?

2.2 Kann die Hauptversammlung den Vorstand absetzen? Begründen Sie Ihre Entscheidung!

2.3 Hat die Hauptversammlung überhaupt einen Einfluss darauf, wer Vorstand einer AG wird?

3. Auf welche Gründe führen Sie es zurück, dass die meisten großen Unternehmen die Rechtsform der Aktiengesellschaft (AG) aufweisen?

4. Aktiengesellschaften können sich durch Ausgabe von Aktien Finanzmittel beschaffen.

Aufgaben:

4.1 Erklären Sie die Begriffe Nennwert und Kurswert!

4.2 Welche „Funktion" hat die Aktie?

14 Peter Kaiser, alleiniger Inhaber (Gesellschafter) einer Maschinenfabrik, hat ein neues patentiertes Verfahren zur Wiederaufbereitung (Recycling) von Kunststoffen entwickelt und möchte zur Auswertung seiner Erfindung eine Aktiengesellschaft gründen.

Aufgaben:

1. Nennen Sie zwei wichtige wirtschaftliche Entscheidungen, die bei der Gründung dieser AG außer der Wahl der Rechtsform getroffen werden müssen!

2. Wie viel Personen sind zur Gründung einer Aktiengesellschaft erforderlich und wie viel EUR muss das Grundkapital mindestens betragen, das die Gesellschafter aufbringen müssen?

3. Bei der Gründerversammlung wird auch über eine Bargründung und/oder Sachgründung sowie über die Firma der zu gründenden AG gesprochen.

3.1 Erklären Sie kurz die beiden Gründungsarten!

3.2 Machen Sie einen Firmenvorschlag und erklären Sie kurz drei Grundsätze, die bei der Wahl der Firma berücksichtigt werden müssen!

4. Nachdem die Gründervoraussetzungen erfüllt sind, wird die Satzung am 28. Juli 20.. unterschrieben und die Aktiengesellschaft am 14. August 20.. beim Handelsregister angemeldet. Am 8. Oktober 20.. erfolgt die Handelsregistereintragung.

4.1 In welcher Form muss der Gesellschaftsvertrag abgeschlossen werden und warum?

4.2 Welche Aufgaben hat das Handelsregister und wo wird es geführt? Welche Rechtswirkung hat die erfolgte Handelsregistereintragung für die AG?

4.3 Nennen Sie zwei Gründe, die zur Auflösung der AG führen können!

15 Die Baumwollfärberei Max Maier e. Kfm., ein Unternehmen mittlerer Größe, benötigt für die aus Konkurrenzgründen erforderlich gewordene Erweiterung und Rationalisierung ihres Betriebs zusätzliche Finanzierungsmittel. Die Beleihungsgrenzen der Hausbank würden eine etwa 40 %ige Finanzierung der Neuinvestitionen mit Fremdkapital gestatten. Da Maier aber das für die Restfinanzierung notwendige Eigenkapital nicht besitzt, sieht er sich gezwungen, in Zukunft mit Gesellschaftern zusammenzuarbeiten. Er gründet mit den Herren Merger und Baum die Heidelberger Textilveredelungs-GmbH, in die er selbst seinen bisherigen Betrieb einbringt, während sich Merger und Baum mit Bareinlagen beteiligen.

Aufgaben:

1. Welche Vorteile besitzt die GmbH gegenüber dem Einzelunternehmen und den Personengesellschaften?

2. Die Rechtsform der GmbH erschien den drei Gesellschaftern günstiger als die der Aktiengesellschaft. Welche Gründe können sie zu ihrer Wahl veranlasst haben?
   Vergleichen Sie hierbei auch die Gründungsvoraussetzungen bei der GmbH und AG!

3. Welche Regelung des Geschäftsführungsrechts und der Vertretungsmacht schlagen Sie Herrn Maier vor?

4. Wodurch unterscheiden sich die Rechte der Gesellschafterversammlung einer GmbH von den Rechten der Hauptversammlung einer Aktiengesellschaft?

5. Wie haften die Einzelunternehmer sowie die Gesellschafter einer OHG und GmbH?

6. Wodurch unterscheidet sich die Gewinnverteilung der OHG von der der GmbH? Nennen Sie zwei weitere Merkmale, durch die sich eine Personengesellschaft von einer Kapitalgesellschaft unterscheidet!

7. Warum haben viele „mittelgroße" Industrieunternehmen die Rechtsform der GmbH? Nennen Sie drei Gründe!

16 Die Peter Böhm KG soll als Folge des gestiegenen Kapitalbedarfs in eine Aktiengesellschaft umgewandelt werden. Die Komplementäre Peter Böhm und Rudolf Wetzel, die jeweils 5 Mio. EUR halten, sowie die Kommanditistin Anne Kraft, deren Einlage 2 Mio. EUR beträgt, sollen in Höhe der bisherigen Kapitalanteile Aktien zum Nennwert von je fünf Euro übernehmen. Zusätzlich sollen 20 Mio. EUR Grundkapital neu geschaffen und dem Publikum zur Zeichnung angeboten werden. Einzelheiten sind noch festzulegen.

Im Zusammenhang mit der Idee der Umwandlung der KG in eine AG diskutieren die bisherigen Gesellschafter u. a. folgende Fragen:

Aufgaben:

1. Welche Gründe sprechen für die geplante Umwandlung in die Rechtsform der AG? Nennen Sie drei Gründe!

2. Erläutern Sie den Unterschied zwischen einer KG und einer Aktiengesellschaft hinsichtlich
   - Firmierung,
   - Geschäftsführung, Vertretung und
   - Haftung!

3. Die Kommanditistin Anne Kraft hat Bedenken gegen die Umwandlung der KG in eine AG. Beurteilen Sie, ob sie die geplante Umwandlung verhindern kann!

4. Die geplante AG soll später 3000 Mitarbeiter beschäftigen.

   Von wem werden die Aufsichtsratsmitglieder gewählt?

5. Ein Vorteil der AG besteht darin, dass das Aktienkapital seitens der Gesellschafter unkündbar ist.

   Erläutern Sie diese Aussage!

6. Warum ist es für eine AG leichter als für Personengesellschaften und Gesellschaften mit beschränkter Haftung, größere Kapitalbeträge aufzubringen?

7. Wo und wie können die Aktionäre Einfluss auf die Entscheidungen der AG nehmen?

8. Kann ein Lieferer von einem Aktionär, der 10000 Aktien zu je 5,00 EUR besitzt, den Rechnungsbetrag in Höhe von 2 000,00 EUR verlangen?

   Begründen Sie Ihre Meinung!

17 1. Entscheiden Sie bei den folgenden Problemlagen, welche Rechtsform am besten geeignet ist und begründen Sie Ihre Rechtsformwahl:

   1.1 Herr Fritz Müller arbeitet als angestellter Bäckermeister in einer Brotfabrik. Sein großer Wunsch ist, selbst (allein) eine eigene Bäckerei zu haben und zu leiten. Aus einer unerwarteten Erbschaft stehen ihm 130 000,00 EUR zur freien Verfügung. Soweit Kredite erforderlich sind, ist Herr Müller bereit, mit seinem gesamten Privatvermögen unbeschränkt zu haften.

   1.2 Weil die eigenen Finanzmittel nicht ausreichen und um sich nicht zu stark zu verschulden, sucht Herr Müller einen weiteren Gesellschafter, der sich an der Finanzierung der Bäckerei beteiligt.

      1.2.1 Sein Schwager Thein ist bereit, sich mit 100 000,00 EUR zu beteiligen, hat jedoch kein Interesse an der Geschäftsführung und möchte außerdem nur bis zur Höhe seiner Einlage für die Verbindlichkeiten des zu gründenden Unternehmens haften.

      1.2.2 Herr Kaiser ist ebenfalls bereit, sich mit 100 000,00 EUR zu beteiligen, er möchte jedoch (wie Herr Müller) das Geschäftsführungs- und Vertretungsrecht haben.

   1.3 Welche Rechtsform werden Herr Müller und Herr Kaiser wählen, wenn sie eine kleinere Brotfabrik gründen und auch selbst allein leiten wollen, ohne jedoch den Gläubigern des Unternehmens gegenüber unbeschränkt haften zu müssen?

   1.4 Aus welchen Gründen ist die Rechtsform der Aktiengesellschaft in den Fällen 1.1 und 1.2 nicht geeignet?

2. Die bisherigen Einzelunternehmer Fritz Lang und Kurt Lehmann planen gemeinsam die Gründung eines Gesellschaftsunternehmens zur Herstellung von Büromöbeln.

   Aufgaben:

   2.1 Nennen Sie zwei Gründe, warum Lang und Lehmann ihre Unternehmen zunächst als Einzelunternehmen betrieben haben!

   2.2 Beide Gesellschafter möchten das Geschäftsführungs- und Vertretungsrecht haben.

      Bei welchen Unternehmensformen ist ihnen dies (gesetzlich) möglich?

   2.3 Fritz Lang ist bereit, auch persönlich und unbeschränkt zu haften, Kurt Lehmann möchte jedoch nur mit seiner Kapitaleinlage und nicht direkt haften.

      Welche Unternehmensform werden beide Gründer wählen? (Begründung!)

1 Inventur und Inventar

1.1 Gesetzliche Grundlagen und begriffliche Klarstellungen

Nach § 240 HGB ist jeder Kaufmann verpflichtet, „zu Beginn seines Handelsgewerbes" (d.h. bei der Gründung) und danach für den Schluss eines jeden Geschäftsjahres seine Vermögens- und Schuldposten mit ihren Werten anzugeben. Diese Aufstellung nennt der Gesetzgeber **Inventar**. Formale Vorschriften zur Aufstellung des Inventars gibt der Gesetzgeber nicht.

Die Vermögens- und Schuldposten sind aufgrund einer **körperlichen Bestandsaufnahme** zu ermitteln und nach ihrer Art, mit ihrer Menge und mit ihrem Wert anzugeben. Die körperliche Bestandsaufnahme bezeichnet man als **Inventur**. Die ermittelten Einzelergebnisse werden in **Inventurlisten** erfasst.

> **Merke:**
>
> ■ Unter **Inventur**[1] versteht man die mengen- und wertmäßige Erfassung aller Vermögens- und Schuldenwerte eines Kaufmanns zu einem bestimmten Zeitpunkt. Die Inventur ist also eine Tätigkeit. Sie ist regelmäßig zum Bilanzstichtag, bei Gründung, Übernahme oder Auflösung des Unternehmens durchzuführen [§ 240 HGB]. Die Inventur schafft **gesicherte Ausgangsdaten** für den Jahresabschluss.
>
> ■ Das **Inventar** ist das übersichtlich zusammengestellte wertmäßige Ergebnis der Inventur. Das Inventar ist also ein Verzeichnis über die tatsächlich vorhandenen Vermögens- und Schuldenwerte (Istwerte) an einem bestimmten Tag (Stichtag).

Die vom Gesetzgeber geforderte Inventur ist wesentlicher Bestandteil einer ordnungsmäßigen Buchführung. Die Inventur dient in erster Linie dem Schutz der Gläubiger. Durch eine körperliche Bestandsaufnahme soll überprüft werden, ob die in der Buchführung ausgewiesenen Bestände (Sollbestände) mit den Beständen übereinstimmen, die durch die Inventur ermittelt wurden (Istbestände). Treten Differenzen zwischen Soll- und Istbeständen auf, muss man die Ursachen aufdecken und entsprechende Korrekturen in der Buchführung vornehmen, damit solche Differenzen nicht noch weitergeschleppt werden. Insofern übt die **Inventur** gegenüber der Buchführung eine **Kontrollfunktion** aus.

> **Merke:**
>
> ■ Die **Inventur** übt gegenüber der Buchführung eine **Kontrollfunktion** aus.
>
> ■ Bei auftretenden Differenzen zwischen den Werten der Buchführung (Buchbeständen) und den durch die Inventur ermittelten Istbeständen müssen die **Werte der Buchführung** an die **Werte der Inventur angepasst** werden (siehe S. 83).

---

1 **Inventur** (lat.): Ermitteln.

1.2 Form, Inhalt und Aufbau des Inventars

(1) Form des Inventars

Die im Inventar zusammengestellten Ergebnisse der Inventur bedürfen einer möglichst übersichtlichen und schnell lesbaren Form. Die in den Inventurlisten enthaltene Vielzahl von Einzelergebnissen genügt diesem Anspruch nicht.

> **Beachte:**
>
> Obschon es **keine gesetzlichen Vorschriften** für die **formale Darstellung eines Inventars** gibt, hat es sich in der Praxis allgemein durchgesetzt, dass die Ergebnisse der Inventur nochmals in einer verdichteten und überschaubaren Form zusammengefasst werden, wobei für ein tieferes Eindringen in einzelne Posten auf die Einzelverzeichnisse verwiesen wird.

Wegen des engen Zusammenhangs zur Bilanz wird in der Praxis bei der Aufstellung des verdichteten Inventars im Wesentlichen das für die **Bilanz gesetzlich vorgegebene Begriffssystem** übernommen. Da wir in der Schule immer nur beispielhaft arbeiten können, wollen wir hier ein Inventar aufstellen, in dem einerseits die erforderlichen Einzelangaben enthalten sind und andererseits bei Vorliegen eines weiteren Informationsbedürfnisses auf die entsprechenden Einzelverzeichnisse verwiesen wird.

Das Beispiel auf Seite 78 soll Ihnen als Muster für den Inhalt und den Aufbau eines Inventarverzeichnisses und für die darin verwendeten Begriffe dienen.

Erläuterungen zum Inhalt und Aufbau des Inventars von Seite 78

Das Inventar besteht aus drei Teilen: dem **Vermögen**, den **Schulden** und dem **Reinvermögen.**

- Das **Vermögen** gibt Aufschluss darüber, welche Gegenstände in einem Unternehmen vorhanden sind. Man unterscheidet zwischen Anlagevermögen und Umlaufvermögen.

  - Zum **Anlagevermögen** gehören alle Vermögensposten, die dazu bestimmt sind, dem Unternehmen langfristig zu dienen. Sie bilden die Grundlage für die Betriebsbereitschaft.

    > **Beispiele:**
    >
    > Lizenzen, geschützte Marken, Gebäude, Grundstücke, Maschinen, Betriebs- und Geschäftsausstattung, Beteiligungen an anderen Unternehmen, Darlehensforderungen gegenüber anderen Unternehmen.

  - Zum **Umlaufvermögen** zählen alle Vermögensposten, die dadurch charakterisiert sind, dass sie sich durch die Geschäftstätigkeit laufend verändern.

    > **Beispiele:**
    >
    > Kassenbestand, Bankguthaben, Werkstoffe, Fertigerzeugnisse, Handelswaren, Forderungen aus Lieferungen und Leistungen.

- **Schulden** (Verbindlichkeiten) stellen Fremdkapital dar, das Dritte dem Unternehmen zur Verfügung stellen. Sie werden nach der Art der Schuld gegliedert.

  > **Beispiele:**
  >
  > - Verbindlichkeiten gegenüber Kreditinstituten
  > - Verbindlichkeiten aus Lieferungen und Leistungen

- Ziehen wir vom Gesamtwert des Vermögens (Rohvermögens) den Gesamtwert der Schulden ab, erhalten wir das **Reinvermögen,** das auch als Eigenkapital bezeichnet wird.

(Roh-)Vermögen − Schulden = Reinvermögen (Eigenkapital)

(2) Beispiel für den Inhalt und den Aufbau eines Inventars

Inventar zum 31. Dezember 20..
der Möbelfabrik Franz Merkurius e.Kfm., Dürener Str. 101, 50858 Köln

A.	**Vermögen**		
I.	Anlagevermögen:		
	1. Bebaute Grundstücke		
	– Dürener Str. 101	175 000,00 EUR	
	– Gerberstraße 21	125 000,00 EUR	300 000,00 EUR
	2. Bauten auf eigenen Grundstücken		
	– Fabrikgebäude Dürener Str. 101	429 450,00 EUR	
	– Verwaltungsgebäude Gerberstraße 21	675 000,00 EUR	1 104 450,00 EUR
	3. Maschinen lt. Inventurliste		749 800,00 EUR
	4. Fuhrpark		
	– Pkw: K - BE 44	45 800,00 EUR	
	– Lkw: K - LU 855	98 750,00 EUR	144 550,00 EUR
	5. Betriebs- und Geschäftsausstattung		
	– Lagereinrichtung lt. Inventurliste 2	45 600,00 EUR	
	– Verwaltungseinrichtung lt. Inventurliste 3	29 275,00 EUR	
	– EDV-Anlagen lt. Inventurliste 4	20 725,00 EUR	95 600,00 EUR
II.	Umlaufvermögen:		
	1. Rohstoffe[1] lt. Inventurliste 5		350 750,00 EUR
	2. Hilfsstoffe[2] lt. Inventurliste 6		118 450,00 EUR
	3. Betriebsstoffe[3] lt. Inventurliste 7		147 620,00 EUR
	4. Fertigerzeugnisse		
	360 Schränke V 17/2	203 400,00 EUR	
	210 Schreibtische S 22/4	193 200,00 EUR	
	Diverse Kleinmöbel lt. Inventurliste 8	310 400,00 EUR	707 000,00 EUR
	5. Unfertige Erzeugnisse lt. Inventurliste 9		70 200,00 EUR
	6. Forderungen aus Lieferungen und Leistungen		
	Möbelhaus Schmid e.Kfm., Bonn	12 125,00 EUR	
	Möbel Meierhofer KG, Hürth	11 900,00 EUR	
	Möbel Discount Dresden GmbH	9 550,00 EUR	33 575,00 EUR
	7. Kasse lt. Inventurliste 10		1 250,00 EUR
	8. Guthaben bei Banken		
	Guthaben Kölner Bank eG	28 780,00 EUR	
	Guthaben Sparkasse KölnBonn	5 900,00 EUR	34 680,00 EUR
	Summe des Vermögens (Rohvermögens)		**3 857 925,00 EUR**
B.	**Schulden**		
	1. Verbindlichkeiten gegenüber Kreditinstituten		
	– Darlehen bei der Kölner Bank eG		890 600,00 EUR
	– Kontokorrentkredit bei der Sparkasse KölnBonn		50 145,00 EUR
	2. Verbindlichkeiten aus Lieferungen und Leistungen		
	– Metall- u. Kunststoffwerke Leipzig AG	55 150,00 EUR	
	– Großhandelshaus Stark GmbH Bielefeld	47 350,00 EUR	102 500,00 EUR
	3. Liefererdarlehen bei der Rado GmbH		73 000,00 EUR
	Summe der Schulden		**1 116 245,00 EUR**
C.	**Ermittlung des Reinvermögens (Eigenkapitals)**		
	Summe des Vermögens		3 857 925,00 EUR
	– Summe der Schulden		1 116 245,00 EUR
=	**Reinvermögen (Eigenkapital)**		**2 741 680,00 EUR**

[1] **Rohstoffe** werden nach der Bearbeitung oder Verarbeitung wesentliche Bestandteile der Fertigerzeugnisse, z.B. Eisen und Stahl im Maschinenbau; Wolle und Baumwolle in der Textilindustrie.

[2] **Hilfsstoffe** sind Stoffe, die bei der Bearbeitung verbraucht werden, um das Erzeugnis herzustellen, die aber nicht als wesentliche Bestandteile der Fertigerzeugnisse zu betrachten sind, z.B. Farben in der Tapetenherstellung oder Lacke, Schrauben, Muttern, Nieten in der Automobilindustrie.

[3] **Betriebsstoffe** dienen dazu, die Maschinen zu „betreiben", z.B. Schmierstoffe, Kühlmittel, Reinigungsmittel. Sie gehen nicht in das fertige Produkt ein.

18
1. Welche Gesetzesvorschrift verpflichtet den Kaufmann zur Aufstellung eines Inventars?
2. Welche drei Angaben müssen in einem Inventar enthalten sein?
3. Zu welchen Zeitpunkten muss jeweils ein Inventar aufgestellt werden?
4. Erläutern Sie die Begriffe Inventar und Inventur!
5. Welche praktische Bedeutung hat die Inventur im Zusammenhang mit der Buchführung?
6. Welche Werte müssen beim Auftreten von Differenzen zwischen Soll- und Istwerten berichtigt werden? Begründen Sie Ihre Entscheidung!

19 Stellen Sie aufgrund der angegebenen Inventurergebnisse ein Inventar auf!

Bebaute Grundstücke		478 790,00 EUR
Fabrikgebäude		2 121 180,00 EUR
Verwaltungsgebäude		535 925,00 EUR
Büroeinrichtung lt. Inventurliste 1		148 500,00 EUR
Maschinen lt. Inventurliste 2		2 470 100,00 EUR
Werkzeuge lt. Inventurliste 3		272 800,00 EUR
Fuhrpark: 2 Lkw	205 000,00 EUR	
3 Pkw	64 300,00 EUR	269 300,00 EUR
Betriebs- und Geschäftsausstattung lt. Inventurliste 4		330 000,00 EUR
Rohstoffe lt. Inventurliste 5		1 420 000,00 EUR
Betriebsstoffe lt. Inventurliste 6		87 200,00 EUR
Hilfsstoffe lt. Inventurliste 7		54 750,00 EUR
Unfertige Erzeugnisse lt. Inventurliste 8		321 800,00 EUR
Fertige Erzeugnisse lt. Inventurliste 9		1 790 000,00 EUR
Kundenforderungen lt. bestätigter Saldenliste		222 400,00 EUR
Kassenbestand lt. Inventurliste 10		15 100,00 EUR
Guthaben bei Kreditinstituten		
– Guthaben auf dem Kontokorrentkonto bei der A-Bank		29 900,00 EUR
Verbindlichkeiten gegenüber Kreditinstituten		
– Darlehen bei der B-Bank		3 720 000,00 EUR
Verbindlichkeiten aus Lieferungen und Leistungen:		
– Esslinger Maschinen AG	820 000,00 EUR	
– Technik & Service Fritz GmbH	188 100,00 EUR	1 008 100,00 EUR

20 Stellen Sie aufgrund der angegebenen Inventurergebnisse ein Inventar auf!

Fabrikgebäude	1 720 000,00 EUR
Verwaltungsgebäude	840 000,00 EUR
Rohstoffe lt. Inventurliste 1	972 700,00 EUR
Hilfs- und Betriebsstoffe lt. Inventurliste 2	140 500,00 EUR
Unfertige Erzeugnisse lt. Inventurliste 3	78 700,00 EUR
Fertige Erzeugnisse lt. Inventurliste 4	354 800,00 EUR
Maschinen lt. Inventurliste 5	2 120 000,00 EUR
Werkzeuge lt. Inventurliste 6	477 000,00 EUR

Forderungen aus Lieferungen und Leistungen:
- Fritz Krause OHG   98 800,00 EUR
- Otto Selmig KG   105 500,00 EUR   204 300,00 EUR

Fuhrpark lt. Inventurliste 7   191 400,00 EUR

Betriebs- und Geschäftsausstattung lt. Inventurliste 8   69 700,00 EUR

Verbindlichkeiten aus Lieferungen und Leistungen:
- Otto Süß GmbH   1 189 300,00 EUR
- Friedrich Sauer AG   1 201 600,00 EUR   2 390 900,00 EUR

Kassenbestand lt. Inventurliste 9   13 150,00 EUR

Guthaben bei Kreditinstituten
- Guthaben auf dem Kontokorrentkonto bei der C-Bank   132 100,00 EUR

Verbindlichkeiten gegenüber Kreditinstituten   1 460 500,00 EUR

2 Bilanz

2.1 Gesetzliche Grundlagen zur Aufstellung der Bilanz

(1) Aufstellungspflicht

Nach § 242 HGB hat der Kaufmann zu Beginn seines Handelsgewerbes und danach für den Schluss eines jeden Geschäftsjahres eine Bilanz aufzustellen, aus der das Verhältnis zwischen seinem Vermögen und seinen Schulden erkennbar ist.

Im Gegensatz zum Inventar stellt die Bilanz eine kurz gefasste Übersicht dar, die es ermöglicht, das Verhältnis zwischen Vermögen und Schulden in kurzer Zeit zu erkennen. Die Bilanz ist eine Kurzfassung des Inventars.

(2) Form und Gliederung der Bilanz nach § 266 HGB

Nach § 266 I, S. 1 HGB ist die Bilanz in **Kontoform**[1] aufzustellen.

■ Die **linke Seite der Bilanz** ist die Aktivseite. Auf ihr stehen die **Aktiva (Vermögensposten).**

■ Die **rechte Seite der Bilanz** ist die Passivseite. Auf ihr stehen die **Passiva (Schulden und das Eigenkapital).** Die Passivseite der Bilanz weist das Kapital, getrennt nach Kapitalgebern (Eigenkapital und Verbindlichkeiten [Fremdkapital]) aus.

Da wir uns in der Schule, namentlich im Anfangsunterricht, nur mit einfachen Bilanzen beschäftigen können, schlagen wir für unsere vorläufige Arbeit mit Bilanzen folgendes, an der Praxis orientiertes, vereinfachtes Bilanzschema vor, wobei wir uns bezüglich der Begriffsbildung weitgehend nach den Vorgaben des § 266 HGB richten. Weil die Untergliederung in Hauptgruppen entfällt, beginnen wir die Gliederung mit den römischen Ziffern I., II., III.

---

1 Zur Kontoform vgl. die Ausführungen auf S. 93f.

Aktiva	Bilanz zum 31. Dezember 20..	Passiva

I. Anlagevermögen
1. Grundstücke und Bauten
2. technische Anlagen u. Maschinen
3. and. Anl., Betr.- u. G.-Ausstattung[1]

II. Umlaufvermögen
1. Roh-, Hilfs- und Betriebsstoffe
2. unfertige Erzeugnisse
3. fertige Erzeugnisse und Waren[2]
4. Ford. a. Lieferungen u. Leistungen
5. Kassenbestand
6. Guthaben bei Kreditinstituten

I. Eigenkapital

II. Verbindlichkeiten
1. Verbindlichkeiten gegenüber Kreditinstituten
2. Verbindlichkeiten aus Lieferungen und Leistungen
3. sonstige Verbindlichkeiten[3]

Aufgabe:

Stellen Sie zu dem Inventar auf Seite 78 die entsprechende Bilanz auf!

Lösung:

Aktiva	Bilanz der Möbelfabrik Franz Merkurius e. Kfm. zum 31. Dez. 20..	Passiva

I. Anlagevermögen
1. Grundstücke u. Bauten 1 404 450,00
2. techn. Anl. u. Maschinen 749 800,00
3. andere Anlagen, Betriebs- und Geschäftsausstattung 240 150,00

II. Umlaufvermögen
1. Roh-, Hilfs- u. Betriebsstoffe 616 820,00
2. unfertige Erzeugnisse 70 200,00
3. fert. Erzeugnisse u. Waren 707 000,00
4. Ford. a. Lief. u. Leist. 33 575,00
5. Kassenbestand 1 250,00
6. Guthaben bei Kreditinst. 34 680,00

3 857 925,00

I. Eigenkapital 2 741 680,00

II. Verbindlichkeiten
1. Verbindlichkeiten gegen- über Kreditinstituten 940 745,00
2. Verbindlichkeiten aus Liefe- rungen und Leistungen 102 500,00
3. sonstige Verbindlichkeiten 73 000,00

3 857 925,00

Köln, den 31. Dez. 20 . .

Franz Merkurius

---

1 Zu diesem Bilanzposten zählt auch der Fuhrpark.

2 Es handelt sich um fertige Waren (sogenannte Handelswaren), die der Industriebetrieb einkauft und unverändert weiter- verkauft, z. B. eine Möbelfabrik kauft Bilder, Wäsche und Teppiche ein, die sie an interessierte Kunden weiterverkauft.

3 Zu diesem Bilanzposten zählen z. B. ein Liefererdarlehen, Sonstige Verbindlichkeiten gegenüber dem Finanzamt und Verbindlichkeiten gegenüber Sozialversicherungsträgern.

6 Speth u.a. - ISBN 978-3-8120-0465-7

2.2 Deutungsmöglichkeiten der Bilanz

Das Wort **Bilanz** stammt aus dem Italienischen. Dort heißt es so viel wie Gleichgewicht bzw. Waage. Das bedeutet, dass beide Seiten der Bilanz wertmäßig stets gleich sein müssen. Formal ergibt sich diese Wertgleichheit schon aus der Kontoform der Bilanz. Das Eigenkapital bildet den Ausgleichsposten (Saldo) in der Bilanz. Für jede Bilanz gilt daher die Grundgleichung:

$$\text{Aktiva} \; \hat{=} \; \text{Passiva}$$

Dabei gilt:

$$\text{Aktiva} \; \hat{=} \; \text{Vermögen}$$
$$\text{Passiva} \; \hat{=} \; \text{Eigenkapital} + \text{Fremdkapital}^{[1]}$$

Hieraus lassen sich folgende weitere **Bilanzgleichungen** ableiten:

(1) Für die Berechnung des Vermögens

$$\text{Vermögen} \; \hat{=} \; \text{Eigenkapital} + \text{Fremdkapital}^{[1]}$$

(2) Für die Berechnung des Kapitals

$$\text{Eigenkapital} \; \hat{=} \; \text{Vermögen} - \text{Fremdkapital}^{[1]}$$
$$\text{Fremdkapital}^{[1]} \; \hat{=} \; \text{Vermögen} - \text{Eigenkapital}$$

Für unsere weitere Deutung der Bilanz fassen wir die Bilanz von Seite 81 so zusammen, dass nur noch die beiden Hauptgruppen auf beiden Seiten übrig bleiben:

Die Bilanz lässt dann auf einen Blick erkennen, wer das Kapital aufgebracht hat (Passivseite) und wie es verwendet wurde (Aktivseite). Die Passivseite wird daher auch als Kapitalseite bezeichnet.

Aktiva		Bilanz		Passiva
Wie wurde das Kapital verwendet?			**Wer** hat das Kapital aufgebracht?	
I. Anlagevermögen:	2 394 400,00		I. Eigenkapital:	2 741 680,00
II. Umlaufvermögen:	1 463 525,00		II. Verbindlichkeiten:	1 116 245,00
Vermögen	3 857 925,00		Kapital	3 857 925,00
↑			↑	
Verwendung finanzieller Mittel (**Investierung**)			**Beschaffung** finanzieller Mittel (**Finanzierung**)	

Wie im obigen Bilanzschema angedeutet, gibt die **Aktivseite** an, wohin das Kapital floss bzw. wie das verfügbare Kapital verwendet wurde. Sie kann also als **Mittelverwendungsseite** bezeichnet werden.

Dagegen gibt die **Passivseite** an, woher das Kapital kam bzw. wer das Kapital aufgebracht hat. Sie kann daher als **Mittelbeschaffungsseite** bezeichnet werden.

Unter Verwendung anderer Begriffe kann man auch sagen: Die **Passivseite** gibt die **Finanzierung** des Unternehmens wieder, die **Aktivseite** die **Investierung**.

---

[1] Unter dieser mehr betriebswirtschaftlichen Betrachtungsweise benutzen wir den Begriff Fremdkapital (statt Verbindlichkeiten).

2.3 Zusammenhang zwischen Inventur, Inventar, Buchführung und Bilanz

Zwischen der Buchführung und der Bilanz besteht ein enger Zusammenhang, denn jede Bilanz – mit Ausnahme der Eröffnungsbilanz – baut auf den Zahlengrundlagen der Buchführung auf. Bevor jedoch diese Ergebnisse der Buchführung über die Bilanz der Öffentlichkeit präsentiert werden, soll sichergestellt sein, dass diese Werte auch tatsächlich vorhanden sind. Es könnten ja Unregelmäßigkeiten (z. B. Rechenfehler, Buchungsfehler, Diebstahl usw.) aufgetreten sein. Diese Sicherstellung erfolgt über die Inventur, bei der – völlig unabhängig von der Buchführung – vor Ort festgestellt wird, was vorhanden ist. Ohne die Inventur ist ein ordnungsmäßiger Jahresabschluss nicht möglich.

Merke:

- Man unterscheidet **Inventurbestand (Istbestand)** und **Buchbestand (Sollbestand)**.
- Der **Buchbestand** muss eventuell durch Korrekturbuchungen dem **Istbestand** entsprechend **angepasst werden.**

Liegen Abweichungen zwischen Soll- und Istbeständen vor, müssen die Gründe dafür aufgedeckt und entsprechende Korrekturen in der Buchführung vorgenommen werden, damit die Werte der Buchführung auch mit den tatsächlich vorhandenen übereinstimmen. Die Inventur – mit dem Inventar als Ergebnis – hat also gegenüber der Buchführung eine **Kontrollfunktion.**

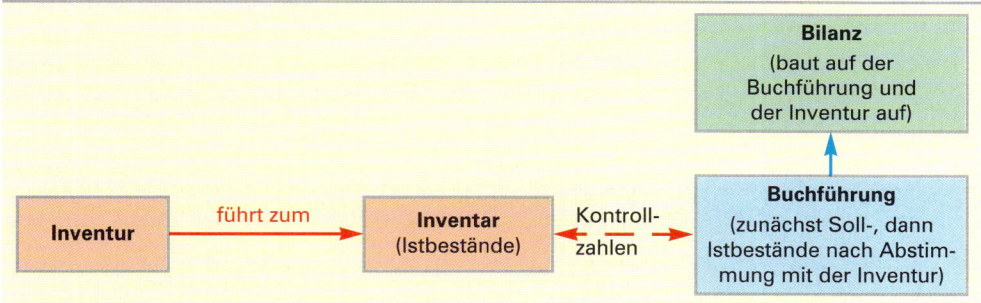

Zusammenfassung

- Der Kaufmann hat zu **Beginn seines Handelsgewerbes** und danach am **Schluss eines jeden Geschäftsjahres** eine **Bilanz aufzustellen,** in der das Verhältnis von Vermögen und Schulden dargestellt wird.

- In der **Bilanz** erscheinen **nur Werte,** keine Mengen.

- In der Bilanz werden verschiedene Arten von Wirtschaftsgütern zu einem **Bilanzposten** zusammengefasst.

- Auf der **Aktivseite** der Bilanz stehen die **Vermögensposten,** auf der **Passivseite** die **Kapitalposten (Eigenkapital und Verbindlichkeiten).**

- Die Bilanz ist in Kontoform aufzustellen.

- Gegenüberstellung von Inventar und Bilanz:

Inventar	Bilanz
■ Das Inventar ist eine **ausführliche wert- und mengenmäßige** Gegenüberstellung der Vermögens- und Schuldposten.	■ Die Bilanz ist eine **gedrängte wertmäßige** Gegenüberstellung aller Vermögens- und Schuldposten.
■ Im Inventar werden alle selbstständig bewertbaren Gegenstände eines Postens erfasst. Es ist **sehr ausführlich** und dadurch **unübersichtlich.**	■ Die Bilanz weist jeden Posten nur mit einer Summe aus. Sie ist **weniger ausführlich,** dadurch aber **übersichtlich.**
■ Im Inventar stehen Vermögen und Schulden **untereinander.**	■ In der Bilanz stehen Vermögen und Schulden **nebeneinander.**
■ Die Differenz zwischen Vermögen und Schulden heißt **Reinvermögen.**	■ Die Differenz zwischen Vermögen und Schulden heißt **Eigenkapital.**
■ Das Inventar bzw. die Inventur übt gegenüber den Ergebnissen der Buchführung eine **Kontrollfunktion** aus.	■ Die Bilanz **baut auf den Zahlenunterlagen der Buchführung und denen der Inventur auf.**
■ Das Inventar (die Inventur) dient **innerbetrieblichen Zwecken** (Soll-Istvergleich).	■ Die Bilanz informiert die **Außenwelt.**
■ Gesetzliche **Gliederungsvorschriften** für das Inventar **bestehen nicht.**	■ **Es bestehen gesetzliche Gliederungsvorschriften.** Nach dem Handelsgesetzbuch ist eine Bilanz nach bestimmten Vorschriften zu gliedern, die Einzelkaufleuten und Personengesellschaften einen relativ großen Freiheitsspielraum einräumen, die dagegen bei Kapitalgesellschaften sehr genau festgelegt sind.

Übungsaufgaben

21 Erstellen Sie unter Beachtung der handelsrechtlichen Gliederungsvorschriften aufgrund folgender Angaben eine Bilanz:

Fertige Erzeugnisse	620 400,00 EUR	Kassenbestand	17 000,00 EUR
Handelswaren	68 200,00 EUR	Verbindlichkeiten gegen-	
Grundstücke u. Bauten	1 070 800,00 EUR	über Kreditinstituten	810 000,00 EUR
Ford. a. Lief. u. Leist.	115 000,00 EUR	Roh-, Hilfs- und	
Verbindl. a. Lief. u. Leist.	975 000,00 EUR	Betriebsstoffe	490 500,00 EUR
Techn. Anl. u. Maschinen	1 200 400,00 EUR	Guthaben bei Kredit-	
Büroausstattung	75 150,00 EUR	instituten	48 400,00 EUR
Fuhrpark	82 200,00 EUR	Liefererdarlehen	97 700,00 EUR

22

Bebaute Grundstücke	500 000,00 EUR
Fabrikgebäude	1 220 000,00 EUR
Verwaltungsgebäude	840 000,00 EUR
Rohstoffe lt. Inventurliste 1	972 700,00 EUR

Hilfs- und Betriebsstoffe lt. Inventurliste 2		140 500,00 EUR
Unfertige Erzeugnisse lt. Inventurliste 3		78 700,00 EUR
Fertige Erzeugnisse lt. Inventurliste 4		354 800,00 EUR
Maschinen lt. Inventurliste 5		2 120 000,00 EUR
Werkzeuge lt. Inventurliste 6		477 000,00 EUR
Forderungen aus Lieferungen und Leistungen:		
– Fritz Krause OHG	98 800,00 EUR	
– Otto Selmig KG	105 500,00 EUR	204 300,00 EUR
Fuhrpark lt. Inventurliste 7		191 400,00 EUR
Betriebs- und Geschäftsausstattung lt. Inventurliste 8		69 700,00 EUR
Verbindlichkeiten aus Lieferungen und Leistungen:		
– Otto Süß GmbH	1 189 300,00 EUR	
– Friedrich Sauer AG	1 201 600,00 EUR	2 390 900,00 EUR
Kassenbestand lt. Inventurliste 9		13 150,00 EUR
Guthaben bei Kreditinstituten		
– Guthaben auf dem Kontokorrentkonto bei der C-Bank		132 100,00 EUR
Verbindlichkeiten gegenüber Kreditinstituten		1 460 500,00 EUR

Aufgaben:

1. Stellen Sie aufgrund der angegebenen Inventurergebnisse ein Inventar auf!

2. Stellen Sie unter Beachtung des einfachen Bilanzgliederungsschemas auf Seite 81 aus dem Inventar die entsprechende Bilanz auf!

23
1. Geben Sie einige wichtige Unterscheidungsmerkmale zwischen Inventar und Bilanz an!

2. Nennen Sie die beiden Hauptgruppen auf der Aktivseite der Bilanz!

3. 3.1 Erläutern Sie den Begriff Anlagevermögen!

   3.2 Nennen Sie drei Posten, die zum Anlagevermögen gehören!

4. 4.1 Erläutern Sie den Begriff Umlaufvermögen!

   4.2 Nennen Sie vier Posten, die zum Umlaufvermögen zählen!

5. Wie ist das Eigenkapital rechnerisch zu ermitteln?

6. Deuten Sie die beiden Bilanzseiten unter verschiedenen Gesichtspunkten!

7. Erläutern Sie den Zusammenhang zwischen Buchführung, Inventar (Inventur) und Bilanz!

2.4 Wertveränderungen der Bilanzposten durch Geschäftsvorfälle (vier Grundfälle)

Die Bilanz wird für einen ganz bestimmten Zeitpunkt aufgestellt. Sie ist also sozusagen eine Momentaufnahme, die nur für diesen Zeitpunkt gelten kann. Diese einmal festgestellten Werte unterliegen durch die Geschäftstätigkeit einer laufenden Veränderung, denn aus theoretischer Sicht verändert jeder **Geschäftsvorfall** die Bilanz. Um die Übersicht zu behalten, muss der Kaufmann die Wertveränderungen im eigenen Interesse in seiner Buchführung festhalten. Darüber hinaus ist er aber auch im öffentlichen Interesse zur Buchführung verpflichtet.

Merke:

- Unter **kaufmännischer Buchführung** versteht man das Festhalten der Anfangsbestände an Vermögen und Schulden sowie deren Veränderungen.
- Die Vorgänge, durch die solche Veränderungen ausgelöst werden, nennen wir **Geschäftsvorfälle.** Sie werden in der Buchführung erfasst.
- **Geschäftsvorfälle** sind Tätigkeiten, die **Vermögenswerte** und **Schulden** der Unternehmung verändern, die zu **Geldeinnahmen** und **Geldausgaben** führen, einen Werteverzehr **(Aufwand)** oder einen Wertezuwachs **(Ertrag)** darstellen.
- Jeder Geschäftsvorfall **verändert die Bilanz.**

Jeder Geschäftsvorfall, der eine Wertveränderung hervorruft, verändert auch die Bilanz. Wenn es keine andere Erfassungsmöglichkeit dieser Wertveränderungen gäbe, müsste nach jedem Geschäftsvorfall eine neue Bilanz erstellt werden. Sie können sich jetzt schon denken, dass das bei der Vielzahl der Geschäftsvorfälle ein nicht zu bewältigender Arbeitsaufwand wäre.

Bevor wir auf eine bessere Erfassungsmethode zurückkommen, wollen wir hier nur feststellen, welche Auswirkungen Geschäftsvorfälle **grundsätzlich** auf die Bilanz haben können.

Beispiel:

Aktiva		**Ausgangsbilanz**	Passiva
And. Anl., Betr.- u. Geschäftsausst.	40 000,00	Eigenkapital	42 000,00
Fertige Erzeugnisse u. Waren	2 000,00	Verb. a. Lief. und Leistungen	16 000,00
Kassenbestand	4 000,00		
Guthaben bei Kreditinstituten	12 000,00		
	58 000,00		58 000,00

Anmerkung: Wegen der geringen Anzahl von Posten wird auf die Gliederung in Anlagevermögen und Umlaufvermögen bzw. Eigenkapital und Verbindlichkeiten verzichtet.

Aufgaben:

Stellen Sie nach jedem Geschäftsvorfall die Bilanz neu auf, geben Sie an, in welche Richtung (+ oder –) sich die einzelnen Bilanzposten geändert haben und charakterisieren Sie jeweils die Bilanzveränderungen. Machen Sie außerdem eine Aussage über die Bilanzsumme.

Lösungen:

1. Geschäftsvorfall: Wir kaufen Handelswaren gegen Barzahlung für 1 800,00 EUR.

Aktiva	1. veränderte Bilanz	Passiva	
And. Anl., Betr.- u. Geschäftsausst.	40 000,00	Eigenkapital	42 000,00
Fertige Erzeugnisse u. Waren	3 800,00	Verb. a. Lief. und Leistungen	16 000,00
Kassenbestand	2 200,00		
Guthaben bei Kreditinstituten	12 000,00		
	58 000,00		58 000,00

Fert. Erz. u. Waren (Aktivposten)	+	**Charakterisierung: A K T I V T A U S C H**
Kassenbestand (Aktivposten)	–	**Die Bilanzsumme bleibt unverändert**

Erläuterungen: Es werden zwei Aktivposten verändert. Der Aktivposten Fertige Erzeugnisse und Waren nimmt um 1 800,00 EUR zu, der Aktivposten Kassenbestand nimmt um den gleichen Betrag ab.

---

2. Geschäftsvorfall: Eine Verbindlichkeit aus Lieferungen und Leistungen von 5 000,00 EUR wird in ein Liefererdarlehen (Bilanzposten „Sonstige Verbindlichkeiten") umgewandelt.

Aktiva	2. veränderte Bilanz	Passiva	
And. Anl., Betr.- u. Geschäftsausst.	40 000,00	Eigenkapital	42 000,00
Fertige Erzeugnisse u. Waren	3 800,00	Verb. a. Lief. und Leistungen	11 000,00
Kassenbestand	2 200,00	Sonstige Verbindlichkeiten	5 000,00
Guthaben bei Kreditinstituten	12 000,00		
	58 000,00		58 000,00

Sonstige Verbindlichkeiten (Passivposten)	+	**Charakterisierung: P A S S I V T A U S C H**
Verb. a. Lief. und Leistungen (Passivposten)	–	**Die Bilanzsumme bleibt unverändert.**

Erläuterungen: Die Veränderungen erfolgen auf der Passivseite. Der Passivposten Verbindlichkeiten aus Lieferungen und Leistungen nimmt um 5 000,00 EUR ab. In Höhe des gleichen Betrages nimmt der Passivposten Sonstige Verbindlichkeiten zu.

---

3. Geschäftsvorfall: Eine Verbindlichkeit aus Lieferungen und Leistungen in Höhe von 3 000,00 EUR wird durch eine Banküberweisung getilgt.

Aktiva	3. veränderte Bilanz	Passiva	
And. Anl., Betr.- u. Geschäftsausst.	40 000,00	Eigenkapital	42 000,00
Fertige Erzeugnisse u. Waren	3 800,00	Verb. a. Lief. und Leistungen	8 000,00
Kassenbestand	2 200,00	Sonstige Verbindlichkeiten	5 000,00
Guthaben bei Kreditinstituten	9 000,00		
	55 000,00		55 000,00

Verb. a. Lief. u. Leist. (Passivposten)	–	**Charakterisierung:**
Guth. bei Kreditinstituten (Aktivposten)	–	**A K T I V - P A S S I V M I N D E R U N G**
		Die Bilanzsumme vermindert sich.

Erläuterungen:

Es werden ein Aktivposten und ein Passivposten berührt. Der Passivposten Verbindlichkeiten aus Lieferungen und Leistungen nimmt um 3000,00 EUR ab, der Aktivposten Guthaben bei Kreditinstituten nimmt ebenfalls um den gleichen Betrag ab.

---

4. Geschäftsvorfall: Wir kaufen Handelswaren auf Ziel für 6000,00 EUR.

Auswirkungen auf die Bilanz

Aktiva	4. veränderte Bilanz		Passiva
And. Anl., Betr.- u. Geschäftsausst.	40000,00	Eigenkapital	42000,00
Fertige Erzeugnisse u. Waren	9800,00	Verb. a. Lief. und Leistungen	14000,00
Kassenbestand	2200,00	Sonstige Verbindlichkeiten	5000,00
Guthaben bei Kreditinstituten	9000,00		
	61000,00		61000,00

Fert. Erz. u. Waren	(Aktivposten)	+	**Charakterisierung:**
Verb. a. Lief. u. Leist.	(Passivposten)	+	**AKTIV-PASSIVMEHRUNG**
			Die Bilanzsumme erhöht sich.

Erläuterungen:

Es werden ein Aktivposten und ein Passivposten berührt. Der Aktivposten Fertige Erzeugnisse und Waren nimmt um 6000,00 EUR zu, der Passivposten Verbindlichkeiten aus Lieferungen und Leistungen nimmt ebenfalls um diesen Betrag zu.

Ein Blick auf das Eigenkapital zeigt, dass bei allen vier Geschäftsvorfällen das Eigenkapital unverändert blieb. Es handelte sich also um **erfolgsunwirksame (erfolgsneutrale) Geschäftsvorfälle.**

Merke:

- **Bilanzen** gelten immer nur für einen ganz **bestimmten Zeitpunkt.**

- Die in der **Bilanz dargestellten Werte** werden durch jeden danach erfolgten **Geschäftsvorfall verändert.**

- Bezüglich der **Auswirkungen von Geschäftsvorfällen** auf die Bilanz sind nur **vier Grundfälle** denkbar:

  - **Aktivtausch:** Ein Aktivposten nimmt im gleichen Maße ab, wie ein anderer Aktivposten zunimmt. Die Bilanzsumme verändert sich nicht.

    Beispiel: Wir zahlen auf das Bankkonto bar ein.

  - **Passivtausch:** Ein Passivposten nimmt im gleichen Maße ab, wie ein anderer Passivposten zunimmt. Die Bilanzsumme verändert sich nicht.

    Beispiel: Eine Verbindlichkeit aus Lieferungen und Leistungen wird in ein Liefererdarlehen umgewandelt.

  - **Aktiv-Passivminderung:** Auf der Aktiv- und der Passivseite nimmt jeweils ein Posten um den gleichen Wert ab. Die Bilanzsumme wird verringert.

    Beispiel: Wir zahlen eine Liefererrechnung durch Banküberweisung.

- **Aktiv-Passivmehrung:** Auf der Aktiv- und der Passivseite nimmt jeweils ein Posten um den gleichen Wert zu. Die Bilanzsumme wird dadurch erhöht.

  Beispiel: Wir kaufen Handelswaren auf Ziel.

- Geschäftsvorfälle, die das **Eigenkapital nicht verändern,** nennt man **ergebnisunwirksame** (ergebnisneutrale) **Geschäftsvorfälle.**

Übungsaufgaben

24 **I. Geschäftsvorfälle:**

1.	Wir zahlen eine Lieferantenrechnung durch Banküberweisung	4 500,00 EUR
2.	Wir kaufen einen Schreibtisch bar	1 020,00 EUR
3.	Wir kaufen Rohstoffe bar	821,00 EUR
4.	Wir zahlen ein Liefererdarlehen durch Banküberweisung zurück	9 500,00 EUR
5.	Ein Kunde zahlt einen Rechnungsbetrag durch Banküberweisung	1 100,00 EUR
6.	Wir kaufen einen PC bar	845,00 EUR
7.	Wir heben Bargeld von unserem Bankkonto ab und legen das Geld in die Geschäftskasse	3 000,00 EUR
8.	Eine Verbindlichkeit aus Lieferungen und Leistungen wird in ein Liefererdarlehen umgewandelt	12 000,00 EUR
9.	Wir zahlen auf unser Bankkonto bar ein	3 400,00 EUR
10.	Eine Liefererverbindlichkeit wird in ein Liefererdarlehen umgewandelt	15 000,00 EUR
11.	Verkauf eines nicht mehr benötigten Büroschrankes zum Buchwert gegen Bankscheck	250,00 EUR
12.	Wir begleichen eine Lieferantenrechnung durch Banküberweisung	980,00 EUR
13.	Kauf von Handelswaren auf Ziel	2 200,00 EUR
14.	Aufnahme eines Bankdarlehens. Die Gutschrift erfolgt auf dem Bankkonto	65 000,00 EUR
15.	Kauf eines Lkws gegen Rechnung	34 500,00 EUR
16.	Teilrückzahlung des Bankdarlehens bar	3 400,00 EUR

II. Aufgaben:

1. Geben Sie bei den angegebenen Geschäftsvorfällen jeweils die Änderungen der Bilanzposten an!

2. Zeigen Sie auf, um welchen der vier Grundfälle es sich jeweils handelt!

   Bearbeitungshinweis:

   Zur Lösung der Aufgabe verwenden Sie bitte das folgende Schema:

Nr.	Bilanzposten		Art des Grundfalles
1.	Verb. aus Lief. u. Leistungen	– 4 500,00	Aktiv-Passivminderung
	Guthaben bei Kreditinstituten	– 4 500,00	

25 **I. Angaben zur Ausgangsbilanz**

Technische Anlagen und Maschinen 1 270 000,00 EUR, Andere Anlagen, Betriebs- u. Geschäftsausstattung 345 000,00 EUR; Roh-, Hilfs- und Betriebsstoffe 265 800,00 EUR; Fertige Erzeugnisse und Waren 180 900,00 EUR, Forderungen aus Lieferungen und Leistungen 98 500,00 EUR; Kassenbestand 12 200,00 EUR; Guthaben bei Kreditinstituten 32 000,00 EUR; Verbindlichkeiten aus Lieferungen und Leistungen 140 100,00 EUR; Verbindlichkeiten gegenüber Kreditinstituten 370 000,00 EUR; Eigenkapital 1 694 300,00 EUR.

II. Geschäftsvorfälle:

1. Zahlung einer Lieferrechnung mit Bankscheck	2 450,00 EUR
2. Eine Liefererverbindlichkeit wird in ein Liefererdarlehen umgewandelt	3 100,00 EUR
3. Kauf von Rohstoffen auf Ziel	2 000,00 EUR
4. Ein Kunde bezahlt einen Rechnungsbetrag bar	1 650,00 EUR

III. Aufgaben:

1. Erstellen Sie die Ausgangsbilanz!

2. Geben Sie für jeden Geschäftsvorfall die Veränderungen der Bilanzpositionen an und stellen Sie nach jedem Geschäftsvorfall die Bilanz neu auf!

3. Vergleichen Sie das Eigenkapital der Ausgangsbilanz mit dem Eigenkapital der Bilanz nach Berücksichtigung aller Veränderungen und ziehen Sie die Schlussfolgerungen aus diesem Vergleich!

3 Bestandskonten

3.1 Von der Bilanz zu den Konten

In der Praxis ist es nicht sinnvoll, nach jedem Geschäftsvorfall eine Bilanz neu zu erstellen. Das ist auch gar nicht notwendig, da wir die Wertveränderungen, die durch Geschäftsvorfälle hervorgerufen werden, auch **außerhalb der Bilanz** auf besonderen **Konten in der Buchführung** erfassen können. Wir müssen also nur für jeden Vermögens- und Schuldposten – einschließlich für den Posten Eigenkapital – entsprechende Konten einrichten und den vorhandenen Anfangsbestand darauf vortragen. Die **Summe dieser benötigten Konten** bezeichnen wir als unsere **Buchführung**.

Da auf diesen Konten Bestände und deren Veränderungen erfasst werden, nennt man diese Konten **Bestandskonten** (bzw. **Bilanzkonten**).

Merke:

- In der **Buchführung** werden alle **Veränderungen der Bestände** auf Konten erfasst. Ursache für diese Veränderungen sind die **Geschäftsvorfälle**.

- In unserer Buchführung führen wir **Vermögenskonten (Aktivkonten)** und **Schuldkonten (Passivkonten)**. Zu den Schuldkonten gehört auch das **Eigenkapitalkonto**.

- Die **Vermögens- und Schuldkonten** bilden die Gruppe der **Bestandskonten (Bilanzkonten)**.

Die Anfangsbestände zu Beginn der Geschäftsperiode sind in nachfolgender Bilanz zusammengefasst.

Aufgabe:

Richten Sie für die einzelnen Bilanzposten Konten ein und tragen Sie die Bilanzwerte als Anfangsbestände darauf vor!

Dabei vereinbaren wir, dass wir die **Anfangsbestände** bei den **Aktivkonten auf der Sollseite** und die **Anfangsbestände** bei den **Passivkonten auf der Habenseite** eintragen. Zu beachten ist, dass die Bezeichnung der Bilanzposten nicht mit der Bezeichnung der Konten übereinstimmen muss und dass für bestimmte Bilanzposten eventuell auch mehrere Konten einzurichten sind.

Lösung:

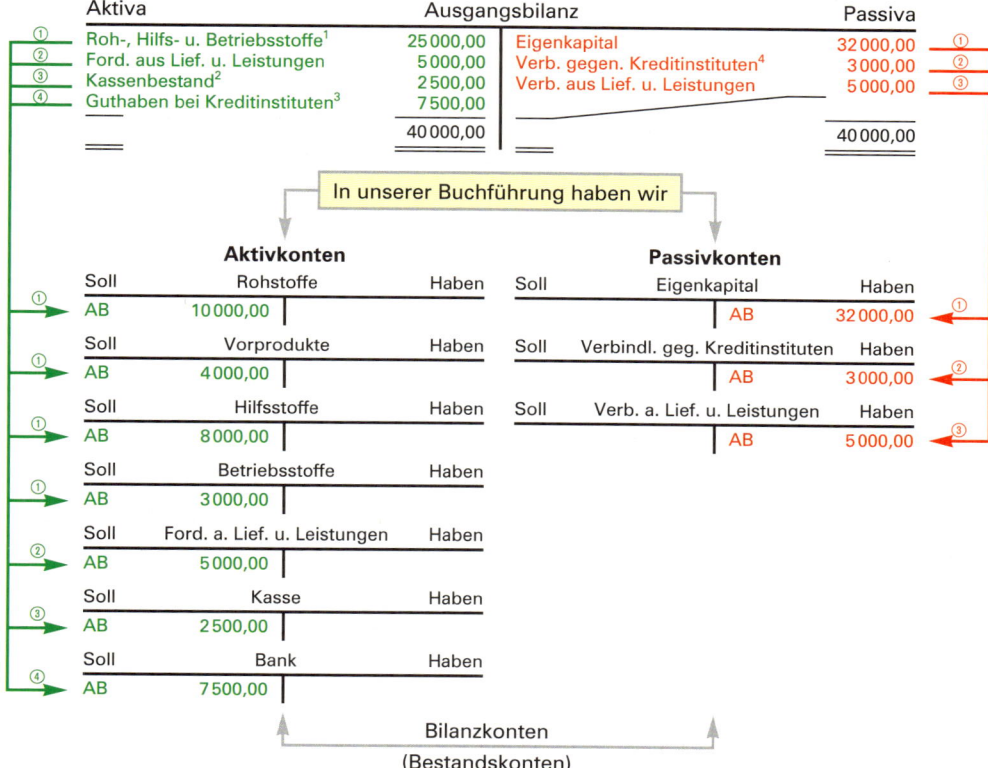

1 Der Bilanzposten „Roh-, Hilfs- und Betriebsstoffe" wird in die vier Konten „Rohstoffe", „Vorprodukte", „Hilfsstoffe" und „Betriebsstoffe" aufgegliedert.

2 Für den Bilanzposten „Kassenbestand" bezeichnen wir das einzurichtende Konto mit **Kasse**

3 Für den Bilanzposten „Guthaben bei Kreditinstituten" bezeichnen wir das einzurichtende Konto kurz mit **Bank**.

4. Für den Bilanzposten „Verbindlichkeiten gegenüber Kreditinstituten" ist je nach Art der Verbindlichkeiten das Konto „**Langfristige Verbindlichkeiten gegenüber Kreditinstituten**" oder „**Kurzfristige Verbindlichkeiten gegenüber Kreditinstituten**" einzurichten.

3.2 Vermögenskonten (Aktivkonten)

3.2.1 Begriffsklärungen

Die Hauptaufgabe der Industriebetriebe besteht darin, die zu verkaufenden Produkte selbst herzustellen. Sie kaufen hierfür **Werkstoffe** (Roh-, Hilfs- und Betriebsstoffe sowie Vorprodukte [Fremdbauteile]) ein und verarbeiten diese im Produktionsprozess zu neuen Produkten (Erzeugnissen), die sie am Markt absetzen.

Zu den **Werkstoffen** zählen:

Arten von Werkstoffen	Beispiele
■ **Rohstoffe (Fertigungsmaterial)** Unter **Rohstoffen** versteht man die Stoffe, die Hauptbestandteile des Fertigprodukts darstellen.	Holz in einer Möbelfabrik, Bleche in der Autoindustrie, Leder in einer Schuhfabrik.
■ **Vorprodukte (Fremdbauteile)** Es handelt sich um Teile oder Baugruppen (zusammengesetzte Teile) von Vorlieferern, die zur Erstellung eigener Produkte benötigt werden.	Schlösser in einer Möbelfabrik, Autositze für die Automobilindustrie, Elektromotoren in der Maschinenindustrie.
■ **Hilfsstoffe** Hilfsstoffe gehen zwar auch in das Fertigprodukt ein, sie bilden aber nur Nebenbestandteile der Erzeugnisse.	Nägel, Schrauben, Leim in einer Möbelfabrik oder Lacke, Dichtungsringe, Schrauben in der Autoindustrie.
■ **Betriebsstoffe** Sie gehen nicht in das fertige Produkt ein, werden aber im Fertigungsprozess verbraucht.	Eine Möbelfabrik kauft Öl, Brennstoffe, Strom, um die Maschinen zu betreiben.

Zur Ergänzung der Produktpalette kaufen Industriebetriebe häufig noch fertige Waren (sogenannte **Handelswaren**) hinzu, die sie dann unverändert weiterverkaufen. Für Handelswaren sowie für jede Art von Werkstoffen ist ein besonderes Konto einzurichten. Da wir auf diesen Konten die Bestände ausweisen, gehören sie zu den **Bestandskonten (Bilanzkonten)**. Es handelt sich um **Aktivkonten.**

Beispiel:

Eine Möbelfabrik kauft Bilder, Wäsche und Teppiche ein, die sie an interessierte Kunden weiterverkauft.

3.2.2 Buchungen auf Vermögenskonten (Aktivkonten)

(1) Buchungsregeln für die Buchungen auf den Vermögenskonten (Aktivkonten)

Bei den **Aktivkonten (Vermögenskonten)** gehören

- der **Anfangsbestand** und die **Zugänge** auf die **Sollseite,**
- die **Abgänge** und der **Schlussbestand** (Saldo) auf die **Habenseite**

Soll	Aktivkonten	Haben
Anfangsbestand (AB)		Abgänge
Zugänge		Schlussbestand (SB)

92

(2) Einseitige Buchungen auf den Aktivkonten

■ **Vorbemerkungen**

Bei einem Geschäftsvorfall gibt es immer zwei Seiten der Betrachtung.

Auf der einen Seite haben wir den Käufer, auf der anderen Seite den Verkäufer. Es taucht daher die Frage auf, ob der Geschäftsvorfall aus der Sicht des Käufers oder aus der Sicht des Verkäufers erfasst werden soll.

Um keine Missverständnisse aufkommen zu lassen und um nicht ständig umdenken zu müssen, werden **alle Geschäftsvorfälle** nur von **einem Standpunkt** aus betrachtet und erfasst. Dabei versetzen wir uns in die Rolle eines Kaufmanns, der seine Bücher führt. Alle Geschäftsvorfälle sind als Ereignisse **unseres Betriebs** anzusehen. Wie der Geschäftsvorfall bei unserem Geschäftspartner zu buchen ist, interessiert uns daher aufgrund dieser Vereinbarung im Allgemeinen nicht.

Da wir als Betrieb jede Rolle einnehmen können, ist es nur eine Frage der Formulierung, welcher Geschäftsvorfall gebucht werden soll. Um diesen Standpunkt der Betrachtung ausdrücklich hervorzuheben, heißt es demnächst bei der Formulierung von Geschäftsvorfällen häufig **„wir"** bzw. **„uns"**.

Beispiele:

„Wir" beliefern einen Kunden mit Erzeugnissen gegen Rechnungsstellung.
„Wir" erhalten von einem Kunden eine Banküberweisung.
„Wir" kaufen bei einem Lieferanten eine Spezialmaschine gegen Banküberweisung.
Ein Kunde zahlt an **„uns"** durch Bankscheck.

Aber auch die Fälle, bei denen der „Wir-Standpunkt" nicht ausdrücklich in die Formulierung aufgenommen ist, sind so zu verstehen.

Beispiele:

Kauf einer Maschine bar
Banküberweisung eines Kunden
Kauf eines Bürotisches gegen Barscheck
Zahlung einer Liefererrechnung durch Banküberweisung

■ **Einseitige Buchungen**

Bei den folgenden Aufgaben sollen die Auswirkungen von Geschäftsvorfällen zunächst nur im Hinblick auf **ein Konto** betrachtet werden. Dieses Konto soll jeweils ein **Vermögenskonto (Aktivkonto)** sein. Auf diese Weise werden die Auswirkungen eines Geschäftsvorfalles zunächst nur einseitig beurteilt, nämlich im Hinblick auf das vorgegebene Vermögenskonto.

Beispiel:

I. Sachverhalt:

Wir betreiben eine kleine Lampenfabrik mit einem Werksverkauf. Es sollen die Einnahmen und Ausgaben der Geschäftskasse in unserem Unternehmen auf einem Kassenkonto festgehalten werden. Vorgänge, die Einnahmen oder Ausgaben der Kasse hervorrufen, bezeichnet man als Bargeschäfte.

Es ereignen sich folgende Bargeschäfte:

1. Karl Kunde kauft 5 Bürolampen zum Gesamtpreis von 1 750,00 EUR.

2. Fritz Müller kauft bei uns 50 Strahler für 6 500,00 EUR.

3. Wir zahlen für einen Auszubildenden die Ausbildungsvergütung in Höhe von 620,00 EUR.

4. Wir erhalten eine Lieferung Ersatzteile per Nachnahme. Wir lösen die Nachnahme über 1 480,00 EUR ein.

5. Klaus Abel zahlt für die erhaltene Werksbeleuchtung 1 980,00 EUR.

6. Anton Beyer kauft diverse Lampen für insgesamt 1 460,00 EUR.

II. Aufgabe:

Führen Sie das Kassenkonto!

Aus den Buchungsregeln für die Vermögenskonten ist abzuleiten, dass alle Einnahmen aus Barge-schäften auf der Sollseite des Kassenkontos und demnach alle Barausgaben auf der Habenseite zu bu-chen sind.[1]

Soll		Kasse	Haben
Karl Kunde	1 750,00	Ausbildungsvergütung	620,00
Fritz Müller	6 500,00	Nachnahme	1 480,00
Klaus Abel	1 980,00		
Anton Beyer	1 460,00		

■ **Kontoabschluss und Saldovortrag**

Zur Feststellung des Schlussbestandes muss das Konto **abgeschlossen** werden. Den ermittelten Schlussbestand nennt man in der Sprache des Buchhalters **Saldo,** den Vor-gang des Kontoabschlusses bezeichnet man als **Saldieren.** Eine frei bleibende Textstelle ist durch einen **Querstrich (Buchhalternase)** innerhalb der Textspalte zu entwerten[2].

Um **nach dem Abschluss** weitere Eintragungen vornehmen zu können, muss ein bereits abgeschlossenes Konto wieder **neu eröffnet** werden. Dabei wird der Wert des Schlussbe-stands (Saldos) beim Abschluss auf dem neu zu eröffnenden Konto als Anfangsbestand (Saldovortrag) übernommen.

Dies ergibt folgende Darstellung:

Abschluss des Kontos:

Soll		Kasse		Haben
Karl Kunde	1 750,00	Ausbildungsvergütung	620,00	
Fritz Müller	6 500,00	Nachnahme	1 480,00	
Klaus Abel	1 980,00	Schlussbestand (Saldo)	9 590,00	
Anton Beyer	1 460,00			
	11 690,00		11 690,00	

Schematische Darstellung:

Neueröffnung des Kontos:

Soll		Kasse	Haben
Anfangsbestand (Saldovortrag)	9 590,00		

Erläuterungen:

Der ermittelte **Restbetrag (Saldo)** auf einem Konto heißt **Schlussbestand.** Dieser steht immer auf der wertmäßig kleineren Seite. Das ist bei einem Kassenkonto die Habenseite (niemand kann mehr Geld aus der Kasse entnehmen als vorher hineingelegt wurde).

---

1 Die Seitenbezeichnungen „Soll" und „Haben" hängen mit der Einwicklungsgeschichte der Buchführung zusammen. Es sind Restbestände aus der Führung der ersten Konten, bei denen es sich um Personenkonten handelte (Kunden **„sollen"** zahlen [Warenlieferungen] und sie **„haben"** gezahlt [Zahlungen]). Diese für **alle** Konten geltenden Seitenbezeichnungen können bei anderen Konten nicht mehr zum Konteninhalt in Beziehung gebracht werden.

2 Die traditionelle Darstellungsform behalten wir für dieses Schulbuch bei. In der EDV-Buchhaltung wird davon Abstand ge-nommen.

Der **Anfangsbestand (Saldovortrag)** auf dem neu eröffneten Konto steht immer auf der entgegengesetzten Seite wie der Schlussbestand (Saldo). Da auf dem Kassenkonto der Schlussbestand auf der Habenseite steht, muss der Anfangsbestand auf der Sollseite erscheinen.

Der Abschluss eines Kontos vollzieht sich in fünf Schritten:
1. Schritt: Das Wort Schlussbestand (Saldo) wird auf der wertmäßig kleineren Seite eingetragen.
2. Schritt: Die wertmäßig größere Seite wird addiert.
3. Schritt: Die errechnete Summe wird auf die wertmäßig kleinere Seite übertragen.
4. Schritt: Der Schlussbestand (Saldo) wird ermittelt und zum Ausgleich der Seiten auf der wertmäßig kleineren Seite eingetragen.
5. Schritt: Die Abschlussstriche sind zu ziehen und der freie Raum ist zu entwerten.

Übungsaufgaben

26 Führen Sie das **Kassenkonto** und schließen Sie es nach Buchung der Geschäftsvorfälle ab!

Bearbeitungshinweis: Denken Sie daran, dass alle Geschäftsvorfälle jeweils nur nach ihrer Auswirkung auf den Kassenbestand befragt werden müssen. Für die Beantwortung gibt es nur zwei Möglichkeiten: Entweder der Kassenbestand nimmt durch den Geschäftsvorfall zu oder er nimmt ab. Zugänge gehören bei der Kasse auf die Sollseite, Abgänge auf die Habenseite.

I. Anfangsbestand:

Bei Geschäftseröffnung weist die Kasse einen Anfangsbestand (Saldovortrag) von 2 160,00 EUR aus.

II. Geschäftsvorfälle:

Es ereignen sich folgende Geschäftsvorfälle, die den Kassenbestand verändern:

1.	Barverkauf von Erzeugnissen	3 070,00 EUR
2.	Zeitungsinserat bar bezahlt	190,00 EUR
3.	Kauf von Briefmarken	45,00 EUR
4.	Barzahlung eines Kunden	910,00 EUR
5.	Mietzahlung unseres Mieters bar	300,00 EUR
6.	Barzahlung einer Lieferantenrechnung	1 940,00 EUR
7.	Barverkauf von Handelswaren	180,00 EUR
8.	Provisionszahlung bar	2 700,00 EUR

27 Führen Sie das **Bankkonto** und schließen Sie es nach Buchung der Geschäftsvorfälle ab!

Anfangsbestand[1]	2 500,00 EUR
Wir überweisen an einen Hilfsstofflieferanten	280,00 EUR
Wir heben Bargeld vom Bankkonto ab und legen das Geld in die Geschäftskasse	350,00 EUR
Ein Kunde überweist einen Rechnungsbetrag auf unser Bankkonto	420,00 EUR
Wir begleichen betriebliche Steuern durch Banküberweisung	750,00 EUR
Ein Kunde zahlt einen Rechnungsbetrag durch Banküberweisung	365,00 EUR

---

1 In diesem Lehrbuch gehen wir davon aus, dass das Bankkonto immer ein Guthaben aufweist.

28 Führen Sie das Konto **Betriebs- und Geschäftsausstattung**[1] und schließen Sie es nach Buchung der Geschäftsvorfälle ab!

Anfangsbestand	25 350,00 EUR
Einkauf körpergerechter Bürosessel gegen Banküberweisung	10 320,00 EUR
Barverkauf nicht mehr benötigter Wandregale zum Buchwert in Höhe von	475,00 EUR
Einkauf neuer Wandschränke gegen Banküberweisung	5 765,00 EUR
Einkauf eines Teppichs für das Chefbüro gegen Barzahlung	3 120,00 EUR

29 Führen Sie die folgenden Vermögenskonten und stellen Sie jeweils durch Abschluss der Konten den Schlussbestand fest!

Forderungen aus Lieferungen und Leistungen

Anfangsbestand	4 150,00 EUR
1. Ein Kunde zahlt einen Rechnungsbetrag bar	2 000,00 EUR
2. Ein Kunde überweist einen Rechnungsbetrag auf unser Bankkonto	1 500,00 EUR

Betriebs- und Geschäftsausstattung

Anfangsbestand	3 750,00 EUR
3. Wir kaufen einen PC bar	1 350,00 EUR
4. Wir verkaufen ein ausgedientes Faxgerät bar zum Buchwert	50,00 EUR

Bank

Anfangsbestand	5 150,00 EUR
5. Wir heben Bargeld vom Bankkonto ab und legen das Geld in die Geschäftskasse	1 200,00 EUR
6. Ein Kunde überweist einen Rechnungsbetrag auf unser Bankkonto	1 500,00 EUR

Kasse

Anfangsbestand	560,00 EUR
7. Ein Kunde zahlt einen Rechnungsbetrag bar	2 000,00 EUR
8. Wir heben Bargeld vom Bankkonto ab und legen das Geld in die Geschäftskasse	1 200,00 EUR
9. Wir kaufen einen PC bar	1 350,00 EUR
10. Wir verkaufen ein ausgedientes Faxgerät bar zum Buchwert	50,00 EUR

3.2.3 Überleitung zum System der doppelten Buchführung

(1) Erfassung der doppelseitigen Auswirkungen von Geschäftsvorfällen mithilfe eines Überlegungsschemas

Anstatt die Auswirkungen eines Geschäftsvorfalles nur einseitig von einem bestimmten Konto ausgehend zu betrachten, wählen wir jetzt nicht mehr ein bestimmtes Konto zum Ausgangspunkt unserer Betrachtung, sondern den Geschäftsvorfall selbst. Wir fragen daher nicht mehr: Wie wird dieses Konto durch einen bestimmten Geschäftsvorfall verändert, sondern wir fragen jetzt: Welche Konten werden durch diesen Geschäftsvorfall verändert und erst danach: Wie verändert sich jeweils der Bestand auf den einzelnen Konten?

---

1 Bis zur Einführung des Industriekontenrahmens kann aus Vereinfachungsgründen für Vermögensgüter, die das Büro bzw. den Betrieb betreffen, dieses Sammelkonto verwendet werden. Es ist jedoch auch möglich, die Vermögensgüter schon jetzt auf die später einzuführenden Vermögenskonten des Kontenrahmens zu buchen (z.B. Büromaschinen, Büromöbel, Lager- und Transporteinrichtungen). Die Entscheidung über die Vorgehensweise trifft die Lehrerin bzw. der Lehrer.

Beispiel:

Geschäftsvorfall: Ein Kunde zahlt bar 2 000,00 EUR.

	Konto Kasse →	Bestand nimmt zu	daher → Sollseite
Konto Forderungen aus Lief. u. Leist. →		Bestand nimmt ab	daher → Habenseite

Um die Auswirkungen von mehreren Geschäftsvorfällen übersichtlich darstellen zu können, schlagen wir das folgende **Überlegungsschema** vor:

Geschäftsvorfälle	I. Welche Konten werden berührt?	II. Wie verändert sich jeweils der Bestand auf den Konten?	III. Auf welcher Kontoseite ist zu buchen?	
			Soll	Haben
1. Ein Kunde zahlt einen Rechnungsbetrag bar 2 000,00 EUR usw.	Kasse ————→ Ford. a. Lief. u. Leist.——→	Zugang ——→ Abgang ————→	2 000,00 – – – –→	2 000,00

Übungsaufgabe[1]

30 Stellen Sie anhand des obigen Überlegungsschemas fest, welche Konten durch die folgenden Geschäftsvorfälle berührt werden, welche Veränderung sich auf dem jeweiligen Konto ergibt und auf welcher Seite jeweils zu buchen ist!

1.	Ein Kunde zahlt einen Rechnungsbetrag bar	350,00 EUR
2.	Wir kaufen Büroschränke gegen Banküberweisung	1 250,00 EUR
3.	Wir verkaufen einen nicht mehr benötigten Schreibtisch bar zum Buchwert	150,00 EUR
4.	Ein Kunde bezahlt einen Rechnungsbetrag mit Bankscheck	720,00 EUR
5.	Wir heben Bargeld vom Bankkonto ab und legen das Geld in die Geschäftskasse	900,00 EUR
6.	Wir kaufen einen PC gegen Bankscheck	1 310,00 EUR
7.	Ein Kunde überweist einen Rechnungsbetrag auf unser Bankkonto	165,00 EUR
8.	Wir zahlen auf unser Bankkonto bar ein	2 200,00 EUR
9.	Wir verkaufen einen nicht mehr benötigten Büroschrank gegen Bankscheck zum Buchwert	680,00 EUR
10.	Kundenüberweisung lt. Bankauszug	910,00 EUR

---

[1] Da in diesem Buch nach dem aufwandsrechnerischen Verfahren gebucht werden soll, werden vor Einführung der Erfolgskonten keine Einkäufe von Werkstoffen, Waren oder Vorprodukten vorgenommen, weil sonst die Lernenden bei der Einführung der Erfolgskonten vom bestandsrechnerischen Verfahren zu dem aufwandsrechnerischen Verfahren umlernen müssten.

7 Speth u.a. - ISBN 978-3-8120-0465-7

(2) Buchung von Geschäftsvorfällen im System der doppelten Buchführung (im Überlegungsschema und auf Konten)

Um die Vorteile der neuen Sichtweise, bei der als Ausgangspunkt nicht ein bestimmtes Konto, sondern der Geschäftsvorfall gewählt wird, besser verstehen zu können, greifen wir auf die Übungsaufgabe Nr. 29 auf der Seite 96 zurück. Bei der alten Sichtweise, bei der wir von einem bestimmten Konto ausgingen, musste jeder Geschäftsvorfall zweimal erscheinen, da jeder Geschäftsvorfall zwei Konten berührt (vgl. in Aufgabe 29 z. B. Nr. 1 und Nr. 7, Nr. 2 und Nr. 6 usw.). Bei der neuen Vorgehensweise, bei der wir den Geschäftsvorfall als Ausgangspunkt unserer Bearbeitung wählen, kommen wir bei der gleichen Aufgabe mit der Hälfte der Geschäftsvorfälle aus. Wir wählen dabei nur eine andere Form der Aufgabenstellung und kommen zu den gleichen Ergebnissen auf den Konten.

Beispiel mit Lösung (Rückgriff auf Aufgabe 29):

I. Anfangsbestände:

Forderungen aus Lieferungen und Leistungen 4 150,00 EUR; Betriebs- und Geschäftsausstattung 3 750,00 EUR; Bank 5 150,00 EUR; Kasse 560,00 EUR.

II. Aufgaben:

1. Stellen Sie mithilfe der drei Fragen unseres eingeführten Überlegungsschemas jeweils

fest, wie sich die folgenden Geschäftsvorfälle auf die Kontenbestände auswirken!

2. Übertragen Sie die Ergebnisse Ihrer Überlegungen auf die Konten und ermitteln Sie den Schlussbestand!

Lösungen:

Zu 1. **Feststellung der Auswirkung der Geschäftsvorfälle mithilfe des eingeführten Überlegungsschemas:**

III. Geschäftsvorfälle	I. Welche Konten werden berührt?	II. Wie verändert sich jeweils der Bestand auf den Konten?	III. Auf welcher Kontoseite ist zu buchen? Soll	Haben
1. Ein Kunde zahlt einen Rechnungsbetrag bar 2 000,00 EUR	Kasse Ford. a. Lief. u. Leist.	Zugang[1] Abgang[1]	2 000,00	2 000,00
2. Ein Kunde überweist einen Rechnungsbetrag auf unser Bankkonto 1 500,00 EUR	Bank Ford. a. Lief. u. Leist.	Zugang Abgang	1 500,00	1 500,00
3. Wir kaufen einen PC bar 1 350,00 EUR	Betr.- u. G.-Ausst. Kasse	Zugang Abgang	1 350,00	1 350,00
4. Wir verkaufen ein ausgedientes Faxgerät bar zum Buchwert 50,00 EUR	Kasse Betr.- u. G.-Ausst.	Zugang Abgang	50,00	50,00
5. Wir heben Bargeld vom Bankkonto ab und legen das Geld in die Geschäftskasse 1 200,00 EUR	Kasse Bank	Zugang Abgang	1 200,00 _____ 6 100,00	1 200,00 _____ 6 100,00

---

1 **Hinweis:** Die scheinbare Gesetzmäßigkeit in Spalte II (Zugang einerseits, Abgang andererseits) haben wir bewusst nicht angesprochen. Dieses Wechselspiel gilt nur im Bereich der Aktivkonten. Nach Einbeziehung der Schuldkonten (Passivkonten) werden wir sehen, dass durchaus auf beiden Konten ein Zugang bzw. Abgang möglich ist, ohne dass dabei das aus Spalte III ableitbare Grundprinzip des Systems der doppelten Buchführung (Sollbuchung entspricht der Habenbuchung), auf das wir noch zurückkommen, durchbrochen wird.

Außerdem haben wir die Reihenfolge der Konten so gewählt, dass das Konto, auf dem auf der Sollseite zu buchen ist, immer an erster Stelle steht. An diese Ordnung sind Sie vorläufig nicht gebunden.

Zu 2. Übertragung der festgestellten Auswirkungen auf die Konten:

Soll	Forderungen a. Lief. u. Leist.		Haben		Soll	Betriebs- u. Geschäftsausst.		Haben
AB	4 150,00	Kasse	2 000,00		AB	3 750,00	Kasse	50,00
		Bank	1 500,00		Kasse	1 350,00	SB	5 050,00
		SB	650,00			5 100,00		5 100,00
	4 150,00		4 150,00					

Soll	Kasse		Haben		Soll	Bank		Haben
AB	560,00	BGA	1 350,00		AB	5 150,00	Ka	1 200,00
Ford.a.L.u.L.	2 000,00	SB	2 460,00		Ford.a.L.u.L.	1 500,00	SB	5 450,00
BGA	50,00					6 650,00		6 650,00
Bank	1 200,00							
	3 810,00		3 810,00					

Erläuterungen zu den Buchungen auf den Konten:

■ Die erforderlichen Buchungen auf den Konten sind jeweils aus dem Überlegungsschema abzulesen. Bei dem Geschäftsvorfall Nr. 1 ist z. B. ablesbar, dass auf dem Kassenkonto auf der Sollseite 2 000,00 EUR einzutragen sind und auf dem Konto Forderungen aus Lieferungen und Leistungen ebenfalls 2 000,00 EUR, allerdings auf der Habenseite.

■ Um feststellen zu können, wie es zu diesem Betrag auf dem betreffenden Konto gekommen ist, trägt man in Höhe des gebuchten Betrages jeweils das andere Konto (das sogenannte Gegenkonto) ein. Aus praktischen Gründen (Platzmangel, Zeit) kann der Kontoname abgekürzt werden.

Merke:

■ Jeder Geschäftsvorfall wird doppelt gebucht und berührt (mindestens) zwei Konten.

■ Bei jedem Geschäftsvorfall wird der Betrag auf einem Konto auf der Sollseite und auf einem anderen Konto auf der Habenseite gebucht.

■ Für jeden Geschäftsvorfall gilt:

$$\text{gebuchter Sollbetrag} \triangleq \text{gebuchter Habenbetrag}$$

Das ist das **Grundprinzip** des Systems der doppelten Buchführung.[1]

Übungsaufgaben

31 I. Anfangsbestände:

Unbebaute Grundstücke 120 000,00 EUR; Bebaute Grundstücke 300 000,00 EUR; Betriebs- und Geschäftsausstattung 20 000,00 EUR; Forderungen aus Lieferungen und Leistungen 16 450,00 EUR; Kasse 3 500,00 EUR; Bank 9 100,00 EUR.

---

1 Das System der doppelten Buchführung war bereits im Mittelalter bekannt. Es ist von dem Grundgedanken her so genial, dass es sich bis in unsere heutigen Tage bewährt hat.

II. Geschäftsvorfälle:

1. Wir kaufen ein Kopiergerät bar 3 000,00 EUR
2. Wir heben vom Bankkonto bar ab und legen das Geld
in die Geschäftskasse 2 500,00 EUR
3. Wir kaufen einen Aktenschrank und zahlen mit Bankscheck 1 750,00 EUR
4. Ein Kunde überweist einen Rechnungsbetrag auf unser Bankkonto 2 000,00 EUR
5. Wir kaufen Schreibtische gegen Banküberweisung 3 000,00 EUR
6. Ein nicht mehr benötigter Schreibtisch wird zum Buchwert bar verkauft 250,00 EUR

III. Aufgaben:

1. Richten Sie für die angegebenen Anfangsbestände die Konten ein und tragen Sie die Anfangsbestände vor!

2. Erfassen Sie die Veränderungen durch die Geschäftsvorfälle zunächst in dem eingeführten Überlegungsschema und übertragen Sie diese anschließend auf die Konten!

3. Schließen Sie die Konten ordnungsmäßig ab!

32 I. Anfangsbestände:

Betriebs- und Geschäftsausstattung 12 400,00 EUR; Forderungen aus Lieferungen und Leistungen 10 400,00 EUR; Kasse 1 700,00 EUR; Bank 4 200,00 EUR.

II. Geschäftsvorfälle:

1. Wir kaufen eine Werkbank gegen Banküberweisung 1 400,00 EUR
2. Ein Kunde zahlt den Rechnungsbetrag bar 2 200,00 EUR
3. Wir kaufen einen Aktenvernichter gegen Bankscheck 460,00 EUR
4. Wir heben vom Bankkonto bar ab und legen das Geld
in die Geschäftskasse 900,00 EUR
5. Ein Kunde zahlt einen Rechnungsbetrag durch Überweisung
auf das Bankkonto 1 050,00 EUR
6. Wir verkaufen ein gebrauchtes Lagerregal zum Buchwert bar 400,00 EUR

III. Aufgaben:

1. Richten Sie für die angegebenen Anfangsbestände die Konten ein und tragen Sie die Anfangsbestände vor!

2. Erfassen Sie die Veränderungen durch die Geschäftsvorfälle zunächst in dem eingeführten Überlegungsschema und übertragen Sie diese anschließend auf die Konten!

3. Schließen Sie die Konten ordnungsmäßig ab!

3.3 Schuldkonten (Passivkonten)

3.3.1 Buchungsregeln für die Buchungen auf den Schuldkonten (Passivkonten)

Der gegensätzliche Charakter von Vermögen und Schulden führt zwangsläufig dazu, dass auf den Schuldkonten anders zu buchen ist als auf den Vermögenskonten. Auf einem Konto, das durch die zweiseitige Verrechnungsmöglichkeit charakterisiert ist (Soll- oder Habenseite), kann das Wort „anders" nur bedeuten: „auf der anderen Kontoseite". Das führt zu der Konsequenz, dass auf den **Schuldkonten** der **Anfangsbestand** und die **Zugänge** auf der **Habenseite,** die **Abgänge** und der **Schlussbestand** auf der **Sollseite** zu buchen sind.

Soll	**Passivkonten**	Haben
Abgänge		Anfangsbestand
Schlussbestand		Zugänge

Lösung:

Der Geschäftsvorfall besagt, dass wir bei der Karl Sende OHG zunächst Schulden machen, weil wir nicht unverzüglich zahlen. Die Karl Sende OHG ist unser Lieferant. Schulden bei Lieferanten buchen wir auf dem Schuldkonto „Verbindlichkeiten aus Lieferungen und Leistungen".

Der Geschäftsvorfall berührt also die beiden Konten **Betriebs- und Geschäftsausstattung** und **Verbindlichkeiten aus Lieferungen und Leistungen.**

Betrachtungspunkt: **Konto Betriebs- u. Geschäftsausstattung**	**Betrachtungspunkt: Konto Verbindlichkeiten aus Lieferungen und Leistungen**
Durch den Kauf des PCs nimmt der Bestand auf dem Konto Betriebs- und Geschäftsausstattung **zu.** Das Konto Betriebs- und Geschäftsausstattung ist ein Aktivkonto. Der **Zugang** auf einem **Aktivkonto** wird nach den festgelegten Buchungsregeln auf der **Sollseite** erfasst.	Durch den Einkauf des PCs auf Ziel nehmen die Verbindlichkeiten **zu.** Das Konto Verbindlichkeiten aus Lieferungen und Leistungen ist ein Passivkonto. Der **Zugang** bei **Passivkonten** wird nach den geltenden Buchungsregeln auf der **Habenseite** erfasst.

Soll	Betr.- u. Geschäftsausstattung	Haben	Soll	Verbindlichkeiten a. Lief. u. Leist.	Haben
Verb. a. L. u. L. 2 500,00				BGA	2 500,00

Erläuterungen:

Wir stellen fest, dass auf beiden Konten ein Zugang zu verzeichnen ist. Damit wird klargestellt, dass das Prinzip der doppelten Buchführung nicht in einem Wechsel von Zugang und Abgang besteht. Das ist, wie dieser Fall zeigt, eben nicht so. Dagegen bleibt das Grundprinzip der doppelten Buchführung (Sollbuchung auf dem einen Konto, Habenbuchung auf dem anderen Konto) selbstverständlich erhalten. Um nachvollziehen zu können, wie es jeweils zu dem Betrag auf dem Konto gekommen ist, tragen wir vor dem Betrag jeweils das andere Konto (Gegenkonto) ein.

3.3.2 Einordnung des Eigenkapitalkontos in die Gruppe der Schuldkonten (Passivkonten)

Die **Schuldkonten** und das **Eigenkapitalkonto** gehören zu den **Passivkonten.** Für das Eigenkapitalkonto gelten somit dieselben Buchungsregeln wie für die Schuldkonten. Hier treten oft Verständnisschwierigkeiten auf.

Aus rein formaler Sicht gehört das Eigenkapitalkonto schon deshalb zu den Passivkonten, weil das Eigenkapital auf der Passivseite der Bilanz steht. Eine sachliche Begründung erhalten wir dann, wenn wir uns zwischen dem Unternehmen und den Kapitalgebern eine Trennungslinie denken. Stellen wir uns das Unternehmen als eine Person vor, eine Vorstellung, die bei Kapitalgesellschaften unter dem Begriff der juristischen Person durchaus üblich ist, dann sind die Kapitalgeber die Gläubiger des Unternehmens und das Unternehmen ist der Schuldner gegenüber den Kapitalgebern.

Aus dieser Sicht ist es gleichgültig, wer dem Unternehmen das Kapital zur Verfügung stellt. Das kann der **Unternehmer selbst sein (Eigenkapital)** oder es können auch **fremde Personen** bzw. **Institutionen wie Lieferanten oder Banken** sein **(Fremdkapital** bzw. **Verbindlichkeiten).** Das als selbstständige Einheit gedachte Unternehmen wird in jedem Fall Schuldner gegenüber den Kapitalgebern. Jeder Kapitalgeber erwartet von dem Unternehmen eine Vergütung für das zur Verfügung gestellte Kapital, die für den Eigenkapitalgeber in Form eines erwarteten Gewinnes und für die Fremdkapitalgeber im Allgemeinen in Form von Zinszahlungen besteht.

Zusammenfassung

- Um die durch die Geschäftsvorfälle hervorgerufenen Wertveränderungen an den Vermögens- und Schuldbeständen auf praktische Weise buchen zu können, sind entsprechende Konten einzurichten. Diese Konten nennen wir **Bestandskonten.**

- Da die Vermögens- und Kapitalbestände dieser Konten als Anfangsbestände aus der letzten Bilanz übernommen werden und die Schlussbestände wieder in die nächste Bilanz einmünden, spricht man auch von **Bilanzkonten,** die entsprechend der beiden Bilanzseiten in Aktivkonten und Passivkonten unterteilt werden.

- Da in den **Bilanzposten** gelegentlich verschiedene Wirtschaftsgüter zusammengefasst sind, werden innerhalb der kontenmäßigen Buchführung diese Posten der Übersicht wegen aufgefächert und auf verschiedene Konten verteilt. Insofern decken sich die Anzahl und die Bezeichnung der einzelnen Konten nicht mit der Anzahl und der Bezeichnung der einzelnen Bilanzposten.

- Um auf den Bilanzkonten (Aktiv- und Passivkonten) systemgerecht buchen zu können, muss man die **Buchungsregeln** kennen, die schematisch dargestellt wie folgt lauten:

Soll	**Aktivkonto**	Haben		Soll	**Passivkonto**	Haben
Anfangsbestand		Abgänge			Abgänge	Anfangsbestand
Zugänge		Schlussbestand			Schlussbestand	Zugänge

Bei den Aktivkonten (Vermögenskonten) erscheinen

der **Anfangsbestand** und die **Zugänge** auf der **Sollseite,**

die **Abgänge** und der **Schlussbestand** auf der **Habenseite.**

Bei den Passivkonten (Schuldkonten und Eigenkapitalkonto) erscheinen

der **Anfangsbestand** und die **Zugänge** auf der **Habenseite,**

die **Abgänge** und der **Schlussbestand** auf der **Sollseite.**

33 Stellen Sie mithilfe des unten vorgegebenen Überlegungsschemas dar, wie die nachfolgenden Geschäftsvorfälle zu buchen sind!

1.	Wir kaufen ein Notebook auf Ziel	2 400,00 EUR
2.	Wir bezahlen eine Liefererrechnung mit Bankscheck[1]	1 210,00 EUR
3.	Wir kaufen ein Lagerregal auf Ziel	980,00 EUR
4.	Wir tilgen einen Teil des Bankdarlehens durch Banküberweisung	600,00 EUR
5.	Ein Kunde zahlt einen Rechnungsbetrag bar[1]	55,00 EUR
6.	Kauf eines PCs auf Ziel	1 980,00 EUR
7.	Barabhebung vom Bankkonto	500,00 EUR
8.	Zielkauf eines Bürosessels für das Chefbüro	720,00 EUR
9.	Kauf eines Kopiergerätes auf Ziel	598,00 EUR

Bearbeitungshinweise:

Um Fehler soweit wie möglich zu vermeiden, verwenden Sie bitte das nachfolgende **Überlegungsschema**. Da wir es jetzt mit zwei unterschiedlichen Kontoarten zu tun haben, müssen wir das bereits auf Seite 97 eingeführte Überlegungsschema um eine weitere Spalte erweitern.

Geschäftsvorfälle	I. Welche Konten werden berührt?	II. Um welche Kontoart handelt es sich?	III. Wie verändert sich jeweils der Bestand auf den Konten?	IV. Auf welcher Konto-seite wird gebucht?	
				Soll	Haben
1. Wir kaufen ein Notebook auf Ziel für 2 400,00 EUR	Betr.- u. G. Ausst. Verb. a. Lief. u. Leist.	Aktivkonto Passivkonto	Zugang Zugang	2 400,00	2 400,00

34 **I. Anfangsbestände:**

Technische Anlagen und Maschinen 125 420,00 EUR; Betriebs- u. Geschäftsausstattung 45 700,00 EUR; Fuhrpark 95 810,00 EUR; Kasse 1 950,00 EUR; Bank 35 610,00 EUR; Forderungen aus Lieferungen und Leistungen 12 160,00 EUR; Rohstoffe 150 600,00 EUR; Verbindlichkeiten aus Lieferungen und Leistungen 20 625,00 EUR. Das Eigenkapital muss noch ermittelt werden.

II. Geschäftsvorfälle:

1.	Barverkauf einer nicht mehr benötigten Maschine zum Buchwert von	450,00 EUR
2.	Ein Kunde überweist einen Rechnungsbetrag auf unser Bankkonto	3 470,00 EUR
3.	Zahlung einer Liefererrechnung durch Banküberweisung	2 543,00 EUR
4.	Barabhebung vom Bankkonto zur Auffüllung der Geschäftskasse	2 000,00 EUR
5.	Barkauf eines Schreibtisches für das Chefbüro	1 780,00 EUR
6.	Ein Geschäftsfahrzeug wird zum Buchwert gegen Barzahlung verkauft	8 000,00 EUR

---

1 Bei Zahlungen an Lieferanten bzw. Zahlungseingängen von Kunden ist stets davon auszugehen, dass die entsprechenden Eingangs- bzw. Ausgangsrechnungen bereits gebucht wurden, auch wenn nicht ausdrücklich darauf hingewiesen wird.

1. Nach Festlegung der erforderlichen Buchungen der Geschäftsvorfälle mithilfe des Über- legungsschemas und den entsprechenden Buchungen auf den Konten sind die Konten ord- nungsmäßig abzuschließen!

2. Stellen Sie anschließend unter Verwendung des vereinbarten Gliederungsschemas eine Schlussbilanz auf! Wir gehen davon aus, dass die Inventur keine anderen Werte erbracht hat.

35 Buchen Sie mithilfe des Überlegungsschemas von Seite 103 die nachfolgenden Geschäftsvor- fälle für die Osnabrücker Metallwerke AG!

1.	Ein Kunde begleicht eine Rechnung bar	14 950,00 EUR
2.	Einkauf einer Maschine gegen Bankscheck	21 748,00 EUR
3.	Zahlung der Liefererrechnung durch Banküberweisung (Fall 1)	14 950,00 EUR
4.	Banküberweisung zur Tilgung eines Bankdarlehens	7 000,00 EUR
5.	Barverkauf einer nicht mehr benötigten Maschine zum Buchwert von	1 745,00 EUR
6.	Bareinzahlung auf unser Bankkonto	10 800,00 EUR
7.	Ein Kunde begleicht eine Rechnung durch Banküberweisung	14 500,00 EUR
8.	Barkauf eines PCs	920,00 EUR
9.	Aufnahme eines Darlehens bei der Bank in Höhe von Der Betrag wird uns von der Bank auf dem Kontokorrentkonto zur Verfügung gestellt.	50 000,00 EUR
10.	Wir kaufen einen Büroschrank auf Ziel	2 800,00 EUR
11.	Ein Kunde zahlt einen Rechnungsbetrag bar	900,00 EUR
12.	Wir kaufen ein Faxgerät bar	720,00 EUR
13.	Wir zahlen eine Lieferantenrechnung durch Banküberweisung	5 980,00 EUR
14.	Wir vereinbaren mit einem Lieferer, dass die (kurzfristigen) Verbindlichkeiten aus Lieferungen und Leistungen in Höhe von 25 000,00 EUR in ein langfristiges Darlehen (Konto: Sonstige Verbindlichkeiten) umgewandelt werden.	
15.	Wir zahlen die erste Tilgungsrate für das Liefererdarlehen durch Banküberweisung	2 500,00 EUR

36 I. Eröffnungsbilanz:

In dem Industrieunternehmen Max Düllberg e. Kfm. ergibt der Jahresabschluss folgende Bilanz:

Max Düllberg e. Kfm.

Aktiva	Bilanz zum 31. Dezember 20..		Passiva
I. Anlagevermögen		**I. Eigenkapital**	391 255,00
1. Grundstücke u. Bauten	250 000,00	**II. Verbindlichkeiten**	
2. and. Anl., B.- u. G.-Ausst.	154 850,00	1. Verbindlichkeiten gegen-	
II. Umlaufvermögen		über Kreditinstituten	100 000,00
1. Roh-, Hilfs- u. Betr.-Stoffe	75 920,00	2. Verb. a. Lief. u. Leist.	48 700,00
2. Ford. a. Lief. u. Leist.	26 310,00		
3. Kassenbestand	4 250,00		
4. Guth. b. Kreditinstituten	28 625,00		
	539 955,00		539 955,00

Für die erforderliche Konteneinrichtung werden die einzelnen Bilanzposten – soweit erforderlich – wie folgt erläutert:

Zu den Aktiva

Zu I. 1.: Es handelt sich um ein unbebautes Grundstück auf eigenem Grund und Boden. Der reine Grundstückswert beträgt 90 000,00 EUR, der Rest betrifft ein bebautes Grundstück (Konten: Unbebaute Grundstücke und Bebaute Grundstücke).

Zu I. 2.: In diesem Posten ist ein betriebliches Fahrzeug im Werte von 80 000,00 EUR enthalten. Der Restwert betrifft Gegenstände der Betriebs- und Geschäftsausstattung (Konten: Betriebs- und Geschäftsausstattung und Fuhrpark).

Zu II. 1.: Es handelt sich um Rohstoffe im Werte von 54 190,00 EUR (Konto: Rohstoffe) und um Betriebsstoffe im Werte von 21 730,00 EUR (Konto: Betriebsstoffe).

Zu II. 4.: Das Guthaben betrifft das Kontokorrentkonto bei unserer Geschäftsbank (Konto: Bank).

Zu den Passiva

Zu II. 1.: Es handelt sich um ein durch Grundbucheintragung gesichertes Darlehen bei einer Bank (Konto: Langfristige Bankverbindlichkeiten).

II. Geschäftsvorfälle:

1. Wir kaufen ein Kopiergerät auf Ziel	3 100,00 EUR
2. Ein Kunde zahlt einen Rechnungsbetrag bar	1 500,00 EUR
3. Wir kaufen einen Aktenschrank bar	2 150,00 EUR
4. Wir zahlen eine Lieferantenrechnung durch Banküberweisung	1 700,00 EUR
5. Wir vereinbaren mit einem Lieferer, dass die (kurzfristigen) Verbindlichkeiten aus Lieferungen und Leistungen in Höhe von 19 450,00 EUR in ein langfristiges Darlehen (Konto: Sonstige Verbindlichkeiten) umgewandelt werden.	
6. Wir zahlen die erste Tilgungsrate für das Liefererdarlehen durch Banküberweisung	500,00 EUR

III. Aufgaben:

1. Richten Sie die erforderlichen Konten ein und übernehmen Sie die Bilanzwerte als Anfangsbestände für das neue Geschäftsjahr!

2. Legen Sie für die Geschäftsvorfälle zunächst die erforderlichen Buchungen mithilfe des erweiterten Überlegungsschemas (siehe Seite 103) fest und buchen Sie anschließend entsprechend auf den eröffneten Konten!

3. Schließen Sie die Konten ordnungsmäßig ab!

4. Erstellen Sie anschließend eine Schlussbilanz unter Einhaltung des vereinbarten Gliederungsschemas!

5. Vergleichen Sie das Eigenkapital am Schluss der Geschäftsperiode mit dem am Anfang der Geschäftsperiode und ziehen Sie daraus die Schlussfolgerungen über die Art der angefallenen Geschäftsvorfälle!

3.4 Buchungssatz

3.4.1 Einfacher Buchungssatz

3.4.1.1 Theoretische Grundlagen

Das bisher benutzte „Überlegungsschema" (vgl. Seite 103) zur Festlegung der erforderlichen Buchungen auf den Konten ist recht aufwendig. Es genügt, wenn wir uns in Zukunft auf zwei Angaben beschränken:

- die Konten, auf denen zu buchen ist,
- die Angabe der Kontoseite, auf der jeweils auf dem Konto zu buchen ist.

Diese beiden Angaben sind in den Spalten I und IV unseres Überlegungsschemas enthalten. Die übrigen Spalten (II und III) sind daher entbehrlich. Eine solche auf das Mindestmaß beschränkte Buchungsanweisung nennen wir **Buchungssatz**.

Beispiel:

Geschäftsvorfall	Konten	Soll	Haben
Wir kaufen ein Kopiergerät auf Ziel für 1 500,00 EUR	Betr.- u. Geschäftsausstattung an Verbindlichkeiten a. L. u. L.	1 500,00	1 500,00

Buchungssatz

Erläuterungen:

- Da bezüglich der Kontoseite immer nur zwei Möglichkeiten infrage kommen können (Soll- oder Habenseite), hat man die Vereinbarung getroffen, dass das Konto, auf dem auf der **Sollseite** zu buchen ist, immer **zuerst** genannt wird. Des Weiteren hat man vereinbart, **vor** das Konto, auf dem auf der Habenseite zu buchen ist, das Wörtchen „an" zu setzen. Unter Beachtung dieser Vereinbarung kann ein Buchungssatz daher immer nur lauten:

> Konto mit der **Sollbuchung**
> **an** Konto mit der **Habenbuchung**.

- Zur Vereinheitlichung der Schreibweise legen wir fest, dass beim Bilden von Buchungssätzen für jedes Konto eine Zeile benutzt wird. Es sollen auch immer die drei Spalten des oben dargestellten Schemas eingerichtet werden. Nur so ist eine eindeutige Zuordnung von Konto und Betrag möglich.

Zur Bildung des richtigen Buchungssatzes müssen selbstverständlich auch weiterhin die Denkschritte 1. bis 5. vollzogen werden.

Beispiel:

Geschäftsvorfall: Wir kaufen ein Kopiergerät auf Ziel für 1 500,00 EUR.

Aufgabe:

Führen Sie für den im Beispiel genannten Geschäftsvorfall die erforderlichen Denkschritte bis zur Bildung des Buchungssatzes durch!

Lösung:

Wir fragen:	Wir antworten:
1. Welche Konten werden berührt?	Das Konto Betriebs- und Geschäftsausstattung und das Konto Verbindlichkeiten aus Lieferungen und Leistungen.
2. Um welche Kontoart handelt es sich jeweils?	Das Konto Betr.- u. G.-Ausstattung ist ein Vermögenskonto. Das Konto Verb. a. Lief. u. Leist. ist ein Schuldkonto.
3. Welche Veränderungen ergeben sich jeweils auf den Konten?	Der Bestand auf dem Konto Betriebs- und Geschäftsausstattung nimmt zu, die Verbindlichkeiten aus Lieferungen und Leistungen nehmen ebenfalls zu.
4. Welche Buchungsregeln sind jeweils anzuwenden?	Zugänge auf dem Konto Betriebs- und Geschäftsausstattung (Aktivkonto) erscheinen auf der Sollseite. Zugänge auf dem Konto Verb. a. Lief. u. Leist. (Passivkonto) gehören auf die Habenseite.

5. Wie lautet der Buchungssatz? (zuerst das Konto mit der Sollbuchung angeben!)	Konten	Soll	Haben
	Betr.- u. Geschäftsausstatt. an Verbindl. a. L. u. L.	1 500,00	1 500,00

Zusammenfassung

- Der **Buchungssatz (Buchungsanweisung, Kontierung)** ist das Verständigungsmittel unter Fachleuten. Er gibt mit kurzen und eindeutigen Hinweisen an, wie ein Geschäftsvorfall (ein Beleg) auf den Konten zu buchen ist.

- Dabei wird das Konto, auf dem auf der **Sollseite** zu buchen ist, **zuerst genannt**. Danach folgt das Konto, auf dem auf der **Habenseite** zu buchen ist.

- Vor dem Konto mit der Habenbuchung sollte das Verbindungswort **„an"** stehen. Zur Vermeidung von Missverständnissen sollte der Übersicht halber für die Eintragung der erforderlichen Daten beim Buchungssatz das folgende Drei-Spalten-Schema benutzt werden:

Konten	Soll	Haben
Konto x an Konto y	. . .	. . .

- Ein solches Schema, das auf die Belege gestempelt wird, dient auch zur Vermeidung von Buchungsfehlern.

Übungsaufgaben

37 Bilden Sie zu folgenden Geschäftsvorfällen die Buchungssätze bzw. ermitteln Sie die Geschäftsvorfälle:

1.	Wir zahlen auf unser Bankkonto bar ein	1 400,00 EUR
2.	Wir zahlen eine Lieferantenrechnung durch Banküberweisung	375,00 EUR
3.	Ein Kunde zahlt einen Rechnungsbetrag bar	570,00 EUR
4.	Wir nehmen bei unserer Bank ein Darlehen auf. Der Darlehensbetrag wird auf unserem Kontokorrentkonto gutgeschrieben	25 000,00 EUR
5.	Wir kaufen ein Kopiergerät bar	1 320,00 EUR
6.	Wir zahlen die Tilgungsrate für ein Bankdarlehen bar	2 000,00 EUR

7.	Ein Kunde zahlt einen Rechnungsbetrag durch Banküberweisung		650,00 EUR
8.	Wir heben vom Bankkonto bar ab und legen das Geld in die Kasse		750,00 EUR
9.	Welche Geschäftsvorfälle lagen folgenden Buchungssätzen zugrunde?		

Nr.	Konten	Soll	Haben
9.1	Verbindlichkeiten a. Lief. u. Leist.	900,00	
	an Bank		900,00
9.2	Kasse	500,00	
	an Bank		500,00
9.3	Fuhrpark	35 000,00	
	an Kasse		35 000,00

10.	Barverkauf eines nicht mehr benötigten Computers zum Buchwert	1 050,00 EUR
11.	Kauf einer Stanzmaschine auf Ziel	22 400,00 EUR
12.	Kauf eines Baugrundstücks gegen Bankscheck	105 900,00 EUR
13.	Wir kaufen Lagerregale auf Ziel	1 500,00 EUR
14.	Wegen eines Materialfehlers werden Lagerregale im Wert von 300,00 EUR an den Lieferer zurückgeschickt.	
15.	Ein Kunde zahlt eine Rechnung durch Banküberweisung	775,00 EUR
16.	Ein Kunde zahlt einen Rechnungsbetrag durch Bareinzahlung	700,00 EUR
17.	Eine Lieferrechnung wird durch Bankscheck beglichen	450,00 EUR

38 Bilden Sie zu folgenden Geschäftsvorfällen die Buchungssätze bzw. formulieren Sie zu den angegebenen Buchungssätzen die Geschäftsvorfälle!

1.	Kauf eines Aktenschrankes auf Ziel	890,00 EUR
2.	Zum Ausgleich eines Rechnungsbetrages sendet uns ein Kunde einen Verrechnungsscheck	4 120,00 EUR
3.	Kauf eines Lkws gegen Bankscheck	65 800,00 EUR
4.	Bareinzahlung auf das Bankkonto	5 500,00 EUR
5.	Wir verkaufen einen nicht mehr benötigten PC bar	1 500,00 EUR
6.	Barkauf einer Registrierkasse	3 120,00 EUR
7.	Kauf eines Baugrundstücks gegen Bankscheck	95 000,00 EUR
8.	Rücksendung des gekauften Aktenschrankes wegen eines Mangels (Fall 1)	890,00 EUR
9.	Eingangsrechnung ER 541 für den Kauf eines gebrauchten Kombiwagens	7 170,00 EUR
10.	Banküberweisung der Eingangsrechnung ER 541 (Fall 9)	7 170,00 EUR
11.	Aufnahme eines Darlehens bei der Bank. Die Bank stellt uns den Darlehensbetrag auf dem Girokonto zur Verfügung	50 000,00 EUR
12.	Zieleinkauf einer Verpackungsmaschine für das Lager	48 800,00 EUR
13.	Teilweise Tilgung der Darlehensschuld durch Bankabbuchung	3 800,00 EUR
14.	Wir verkaufen nicht mehr benötigte Lagerregale gegen Barzahlung	970,00 EUR
15.	Kauf einer DV-Anlage auf Ziel	17 430,00 EUR
16.	Kauf einer Fertiggarage gegen Bankscheck	15 400,00 EUR

17.	Begleichung der Eingangsrechnung mit Banküberweisung	9 190,00 EUR
18.	Zur Erhöhung unseres Bankguthabens tätigen wir eine Bareinzahlung	6 000,00 EUR
19.	Kauf von Büromöbeln auf Ziel	12 600,00 EUR
20.	Wir kaufen einen Pkw für unseren Vertreter. Wir zahlen mit Bankscheck.	40 300,00 EUR
21.	Wir zahlen eine Eingangsrechnung durch Banküberweisung	4 312,00 EUR
22.	Welche Geschäftsvorfälle liegen folgenden Buchungssätzen zugrunde?	

Nr.	Konten	Soll	Haben
22.1	Fuhrpark	44 800,00	
	an Bank		44 800,00
22.2	Langfristige Verbindl. geg. Kreditinst.	8 000,00	
	an Bank		8 000,00

3.4.1.2 Praktische Anwendung (Buchung nach Belegen)

(1) Grundsätzliches

In der Praxis existiert über jeden Geschäftsvorfall ein Beleg. Die Buchungssätze werden somit dort immer nur aufgrund von Belegen (Überweisungen, Rechnungen, Quittungen, Lohnlisten usw.) gebildet.

Merke:

In der Praxis gilt daher der Grundsatz: **Keine Buchung ohne Beleg!**

Nur durch den Beleg kann die Richtigkeit bzw. Vollständigkeit der Buchführung nachgewiesen werden. Belege sind daher die Grundvoraussetzung für eine ordnungsmäßige Buchführung. Nach der Rechtsprechung ist eine Buchführung aus steuerlicher Sicht nur in Verbindung mit den Belegen beweiskräftig und ordnungsmäßig.

Bei Prüfungen der Buchführung durch die steuerliche Betriebsprüfung oder bei betriebsinterner Revision gibt oft erst der Rückgriff auf den Buchungsbeleg Aufschluss über den zugrunde liegenden Geschäftsvorfall.

(2) Belegarten

Nach dem **Inhalt der Belege** unterscheidet man:

Fremdbelege	Darunter versteht man Belege, die von **fremden Unternehmen** erstellt werden. Dazu gehören z.B. Liefererrechnungen (Eingangsrechnungen), Bankbelege, Quittungen, Frachtbriefe.
Eigenbelege	Darunter versteht man Belege, die das **Unternehmen selbst** erstellt hat. Dazu zählen z.B. Kopien der Ausgangsrechnungen; Entnahmescheine, Lohnlisten, Buchungsanweisungen für Abschlussarbeiten usw.

Beispiel:

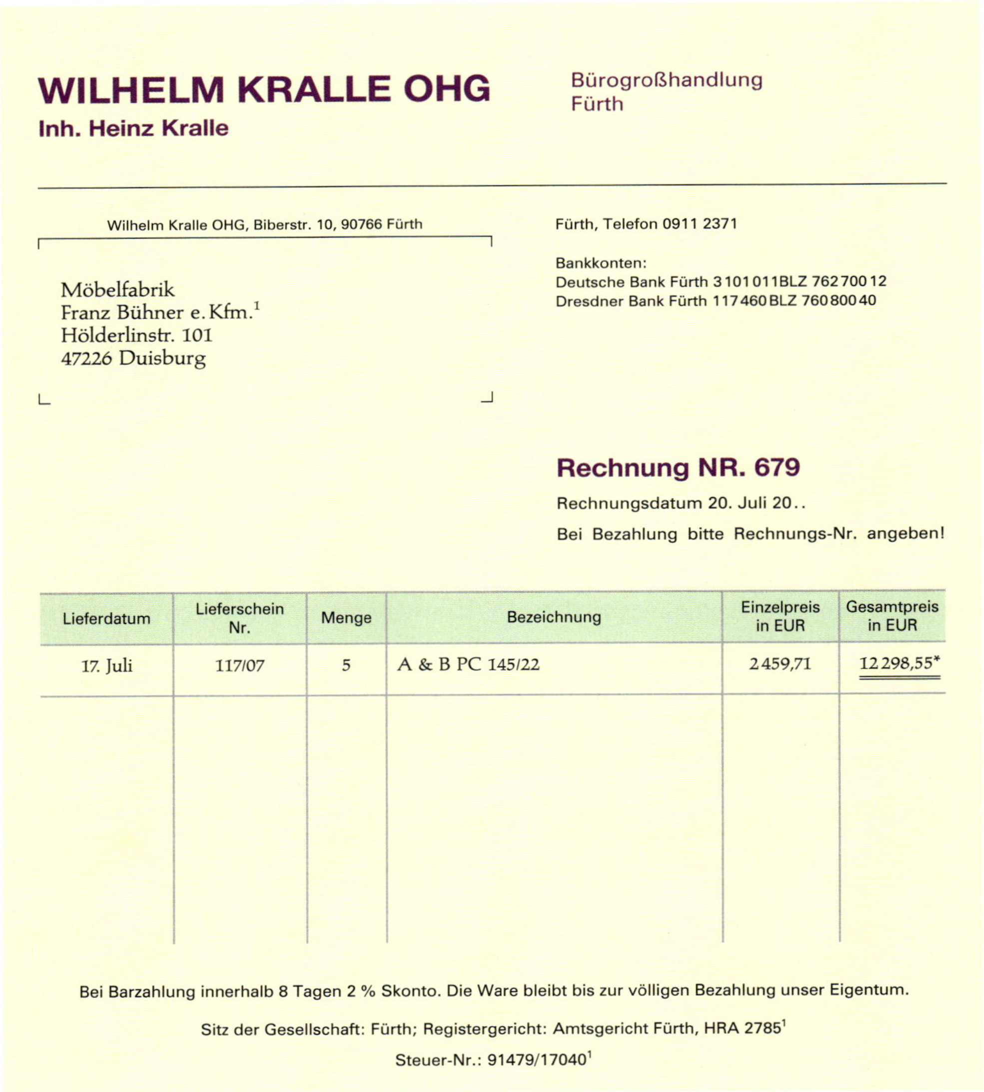

WILHELM KRALLE OHG
Inh. Heinz Kralle

Bürogroßhandlung
Fürth

Wilhelm Kralle OHG, Biberstr. 10, 90766 Fürth

Möbelfabrik
Franz Bühner e. Kfm.[1]
Hölderlinstr. 101
47226 Duisburg

Fürth, Telefon 0911 2371

Bankkonten:
Deutsche Bank Fürth 3 101 011 BLZ 762 700 12
Dresdner Bank Fürth 117 460 BLZ 760 800 40

Rechnung NR. 679

Rechnungsdatum 20. Juli 20..

Bei Bezahlung bitte Rechnungs-Nr. angeben!

Lieferdatum	Lieferschein Nr.	Menge	Bezeichnung	Einzelpreis in EUR	Gesamtpreis in EUR
17. Juli	117/07	5	A & B PC 145/22	2 459,71	12 298,55*

Bei Barzahlung innerhalb 8 Tagen 2 % Skonto. Die Ware bleibt bis zur völligen Bezahlung unser Eigentum.

Sitz der Gesellschaft: Fürth; Registergericht: Amtsgericht Fürth, HRA 2785[1]

Steuer-Nr.: 91479/17040[1]

* Da die Umsatzsteuer noch nicht behandelt wurde, bleibt sie hier unberücksichtigt.

---

1 Bei allen Kaufleuten ist auf den Geschäftsbriefen die Firma, die Bezeichnung als Kaufmann (z.B. e. Kfm., GmbH, GmbH & Co. KG), der Ort der Handelsniederlassung, das Registergericht (HRA → für Einzelunternehmen und Personengesellschaften, HRB → für Kapitalgesellschaften) und die Nummer, unter der die Firma in das Handelsregister eingetragen ist, anzugeben. Zudem muss die Steuernummer oder die Umsatzsteuer-Identifikationsnummer des Bundesamtes für Finanzen ausgewiesen werden [§ 14 IV, S. 1, Nr. 2 UStG]. Vgl. auch S. 155f.

39 1. Formulieren Sie aufgrund der Belege den jeweils zugrunde liegenden Geschäftsvorfall!

2. Bilden Sie die Buchungssätze für die Druckerei Schön & Dörfer OHG, Mozartstr. 15, 45128 Essen!

Beleg 1[1]

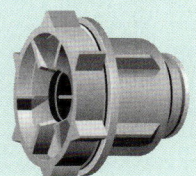

Maschinenfabrik Friedrich Pappe GmbH, Karlsruhe

Friedrich Pappe GmbH, Seegasse 4, 76228 Karlsruhe

Druckerei
Schön & Dörfer OHG
Mozartstr. 15
45128 Essen

Rechnung Nr. 65017   27. März 20..

Menge	Artikel-Nr.	Artikelbezeichnung	Preis je Artikel	Gesamtbetrag
5	234 176	Lagerregale 2 000 Stahl	3 070,00 EUR	15 350,00 EUR

Es gelten unsere umseitigen Lieferungs- und Zahlungsbedingungen.
Sitz der Gesellschaft: Karlsruhe, Registergericht Karlsruhe, HRA 748
Steuer-Nr.: 77411/95013

Beleg 2

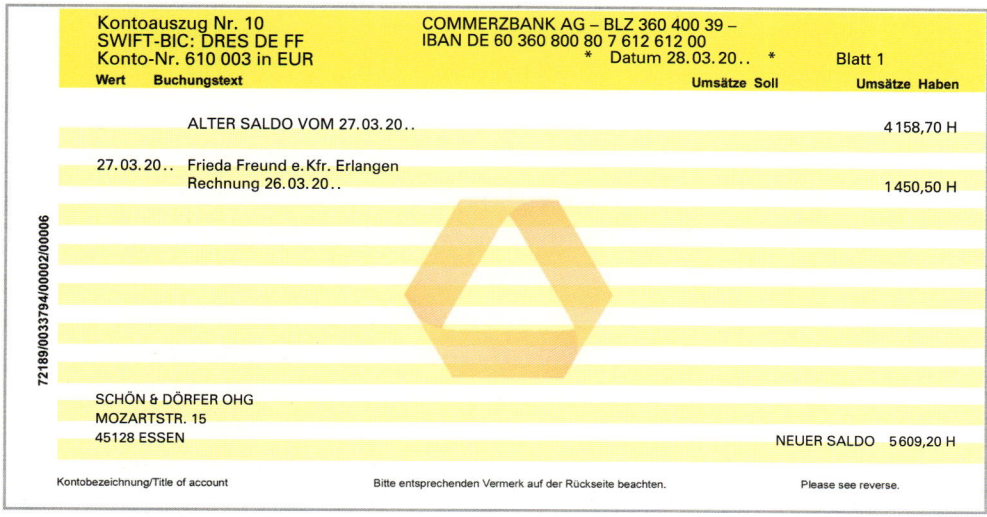

Kontoauszug Nr. 10 SWIFT-BIC: DRES DE FF Konto-Nr. 610 003 in EUR	COMMERZBANK AG – BLZ 360 400 39 – IBAN DE 60 360 800 80 7 612 612 00 * Datum 28.03.20.. *		Blatt 1
Wert **Buchungstext**		**Umsätze Soll**	**Umsätze Haben**
ALTER SALDO VOM 27.03.20..			4 158,70 H
27.03.20.. Frieda Freund e. Kfr. Erlangen Rechnung 26.03.20..			1 450,50 H
SCHÖN & DÖRFER OHG MOZARTSTR. 15 45128 ESSEN		NEUER SALDO	5 609,20 H

72189/0033794/00002/00006

Kontobezeichnung/Title of account   Bitte entsprechenden Vermerk auf der Rückseite beachten.   Please see reverse.

---

1 Bei den Belegen in dieser Aufgabe wird auf den Ausweis der Umsatzsteuer verzichtet, weil diese noch nicht behandelt wurde.

Beleg 3

F & P Computertechnik · Reinoldistr. 17-19 · 44135 Dortmund

Druckerei
Schön & Dörfer OHG
Mozartstr. 15
45128 Essen

Ihre Zeichen/Ihre Nachricht vom	Unsere Zeichen/Unsere Nachricht vom	☎ 02 31/52 35 35	44135 Dortmund
			27. März 20..

RECHNUNG Nr. 65090

Liefer-datum	Menge	Bezeichnung	Einzelpreis in EUR	Gesamtpreis in EUR
20.03.20..	2	F & P PC	1 300,00	2 600,00
	2	Monitor	654,50	1 309,00
				3 909,00
				========

Der Rechnungsbetrag ist sofort ohne Abzug zahlbar.
Die Ware bleibt bis zur vollständigen Bezahlung unser Eigentum.

Registergericht Dortmund, HRB 8382   Steuer-Nr.: 41712/54819   Bankverbindung:
Geschäftsführer: Gerhard Fraßa   Stadtsparkasse Dortmund 001 071 750 (BLZ 440 501 99)

Beleg 4

Empfangsbescheinigung
über Bareinzahlung
auf eigenes Girokonto

Kontonummer	Name des Kontoinhabers
610003	Schön & Dörfer O.HG. Essen

Name des Einzahlers, falls erforderlich

EUR

4 100,00

20. März 20..
Datum

Schön
Unterschrift

Maier
Kassierer

Beleg 5

Beleg für Kontoinhaber/Einzahler-Quittung

Commerzbank Essen

36040039

Name und Sitz des Kreditinstituts des Überweisenden — Bankleitzahl

Begünstigter: Name, Vorname/Firma (max. 27 Stellen)

Maschinenfabrik Pappe KG, Karlsruhe

Konto-Nr. des Begünstigten		Bankleitzahl
481931700		66200 20

Kreditinstitut des Begünstigten

Baden-Württemberg Bank Pforzheim

EUR — Betrag: Euro, Cent

15350,00

Kunden-Referenznummer - Verwendungszweck, ggf. Name und Anschrift des Überweisenden - (nur für Begünstigten)

Rechnung vom 23. März 20..

noch Verwendungszweck (insgesamt max. 2 Zeilen à 27 Stellen)

Kontoinhaber/Einzahler: Name, Vorname/Firma, Ort (max. 27 Stellen, keine Straßen- oder Postfachangaben)

Schön & Dörfer OHG, Essen

Konto-Nr. des Kontoinhabers

610003

II

8 Speth u.a. - ISBN 978-3-8120-0465-7

3.4.2 Zusammengesetzter Buchungssatz

Sind für einen Buchungssatz mehr als zwei Konten erforderlich, spricht man von einem zusammengesetzten Buchungssatz. Auch für den zusammengesetzten Buchungssatz gilt, dass bei jedem Buchungssatz die Summe der gebuchten Sollbeträge mit der Summe der gebuchten Habenbeträge übereinstimmen muss.

Beispiel:

I. Anfangsbestände:

Verbindlichkeiten aus Lieferungen und Leistungen 10 000,00 EUR; Bank 7 000,00 EUR; Kasse 5 000,00 EUR.

II. Geschäftsvorfall:

Wir zahlen eine bereits gebuchte Eingangsrechnung über 3 700,00 EUR, und zwar

durch Banküberweisung 3 000,00 EUR, bar 700,00 EUR.

III. Aufgaben:

1. Buchen Sie den Geschäftsvorfall auf den Konten!
2. Bilden Sie den Buchungssatz!

Lösung:

Zu 1. Buchung auf den Konten:

Soll	Bank		Haben
AB	7 000,00	Vb. a. L. u. L.	3 000,00

Soll	Verb. a. Lief. u. Leist.		Haben
Ba/Ka	3 700,00	AB	10 000,00

Soll	Kasse		Haben
AB	5 000,00	Vb. a. L. u. L.	700,00

Zu 2. Buchungssatz:

Geschäftsvorfall	Konten	Soll	Haben
Wir bezahlen eine bereits gebuchte Eingangsrechnung über 3 700,00 EUR durch Banküberweisung 3 000,00 EUR und Barzahlung 700,00 EUR	Verbindlichk. a. L. u. L. an Bank an Kasse	3 700,00	3 000,00 700,00

Merke:

Für den **einfachen Buchungssatz** wie für den **zusammengesetzten Buchungssatz** gilt:

Summe der gebuchten Sollbeträge ≙ Summe der gebuchten Habenbeträge

Übungsaufgaben

40 Bilden Sie zu den folgenden Geschäftsvorfällen die Buchungssätze bzw. ermitteln Sie die Geschäftsvorfälle!

1. Ein Kunde zahlt einen Rechnungsbetrag über 725,00 EUR
   in bar   225,00 EUR
   durch Banküberweisung   500,00 EUR

2. Wir kaufen Lagerregale für insgesamt 3 500,00 EUR
   gegen Barzahlung   1 500,00 EUR
   auf Ziel   2 000,00 EUR

3. Wir verkaufen einen nicht mehr benötigten Lieferwagen in Höhe
des Buchwertes von 3 800,00 EUR gegen Barzahlung   800,00 EUR
Restforderung   3 000,00 EUR

4. Ein Kunde zahlt einen Rechnungsbetrag über 1 750,00 EUR
durch Banküberweisung   1 000,00 EUR
bar   750,00 EUR

5. Wir bezahlen eine Lieferrechnung über 2 550,00 EUR
bar   550,00 EUR
durch Banküberweisung   2 000,00 EUR

6. Wir kaufen einen Kombiwagen zum Preise von 25 000,00 EUR
gegen Barzahlung   5 500,00 EUR
durch Banküberweisung   10 000,00 EUR
Restverbindlichkeit   9 500,00 EUR

7. Wir tilgen eine Darlehensschuld bei der Bank über 5 000,00 EUR
bar   1 500,00 EUR
durch Banküberweisung   3 500,00 EUR

8. Wir kaufen neue Lagerregale für 20 000,00 EUR
Finanzierung: Barzahlung   5 000,00 EUR
            Banküberweisung   10 000,00 EUR
            Restverbindlichkeit   5 000,00 EUR

9. Gutschriftanzeigen der Bank:
für Bareinzahlung   1 500,00 EUR
für Überweisung eines Kunden   750,00 EUR

10. Welche Geschäftsvorfälle liegen folgenden Buchungssätzen zugrunde?

Nr.	Konten	Soll	Haben
10.1	Betriebs- und Geschäftsausstattung	3 750,00	
	an Bank		3 000,00
	an Kasse		750,00
10.2	Verbindlichkeiten a. Lief. u. Leist.	2 350,00	
	an Bank		2 000,00
	an Kasse		350,00
10.3	Bank	750,00	
	Kasse	250,00	
	an Forderungen a. Lief. u. Leist.		1 000,00
10.4	Unbebaute Grundstücke	400 000,00	
	an Bank		370 000,00
	an Kasse		30 000,00

41   I. Anfangsbestände:

Betriebs- u. Geschäftsausstattung 41 355,00 EUR; Kasse 1 670,00 EUR; Bank 33 975,00 EUR;
Forderungen aus Lieferungen und Leistungen 12 150,00 EUR; Rohstoffe 24 570,00 EUR; Verbindlichkeiten aus Lieferungen und Leistungen 13 220,00 EUR; Langfristige Verbindlichkeiten gegenüber Kreditinstituten 5 000,00 EUR; Eigenkapital 95 500,00 EUR.

II. Geschäftsvorfälle:

1. Wir verkaufen nicht mehr benötigte Lagerschränke bar zum Buchwert   2 500,00 EUR
2. Neuanschaffung einer Büroeinrichtung gegen Banküberweisung   30 000,00 EUR
3. Ein Kunde überweist einen Rechnungsbetrag auf das Bankkonto   2 120,00 EUR
4. Zur Auffüllung des Kassenbestandes heben wir vom Bankkonto bar ab   500,00 EUR
5. Wir zahlen eine Lieferantenrechnung bar   1 200,00 EUR
6. Teilweise Tilgung des Bankdarlehens bar   1 000,00 EUR

1. Richten Sie für die angegebenen Anfangsbestände die Bilanzkonten ein und tragen Sie die Anfangsbestände vor!
2. Bilden Sie die Buchungssätze!
3. Buchen Sie die Geschäftsvorfälle auf den Konten und schließen Sie die Konten ordnungsmäßig ab!

3.5 Eröffnung und Abschluss der Bestandskonten (Bilanzkonten) im System der doppelten Buchführung (Eröffnungsbilanzkonto und Schlussbilanzkonto)

3.5.1 Problemdarstellung mit Beispiel und Lösung

Das Prinzip der doppelten Buchführung wurde bisher nur bei den Buchungen der Geschäftsvorfälle angewandt. Die Anfangs- und Schlussbestände auf den Konten wurden dagegen nicht doppelt gebucht, sondern nur eingetragen. Das **Prinzip der doppelten Buchführung** ist jedoch ein **generelles Prinzip** und gilt folglich auch für die Anfangs- und Schlussbestände auf den Konten.

Wenn bei der Eröffnung der Konten mit den Anfangsbeständen und beim Abschluss der Konten mit den Schlussbeständen jeweils eine Gegenbuchung erfolgen soll, benötigen wir dafür entsprechende Gegenkonten. Die systemgerechte **Buchung der Anfangsbestände** erfolgt mithilfe des **Eröffnungsbilanzkontos (EBK)** und die systemgerechte Buchung der **Schlussbestände** erfolgt über das **Schlussbilanzkonto (SBK)**.

Merke:

- Das **Eröffnungsbilanzkonto** und das **Schlussbilanzkonto** bringen die **Geschlossenheit des Systems der doppelten Buchführung** zum Ausdruck.
- Die beiden Konten bieten die Gewähr, dass sowohl bei der Erfassung der Anfangsbestände als auch bei der Erfassung der Schlussbestände **jeder Betrag** systemgerecht **doppelt gebucht** wird.

Beispiel:

Als Demonstrationsbeispiel für die systemgerechte doppelte Buchung der Anfangs- und Schlussbestände greifen wir auf die Aufgabe 41 zurück.

Aufgaben:

1. Eröffnen Sie die Konten mit den angegebenen Anfangsbeständen systemgerecht mithilfe des Eröffnungsbilanzkontos!
2. Buchen Sie die Geschäftsvorfälle auf den entsprechenden Konten!
3. Schließen Sie die Konten über das Schlussbilanzkonto ab!

Lösung:

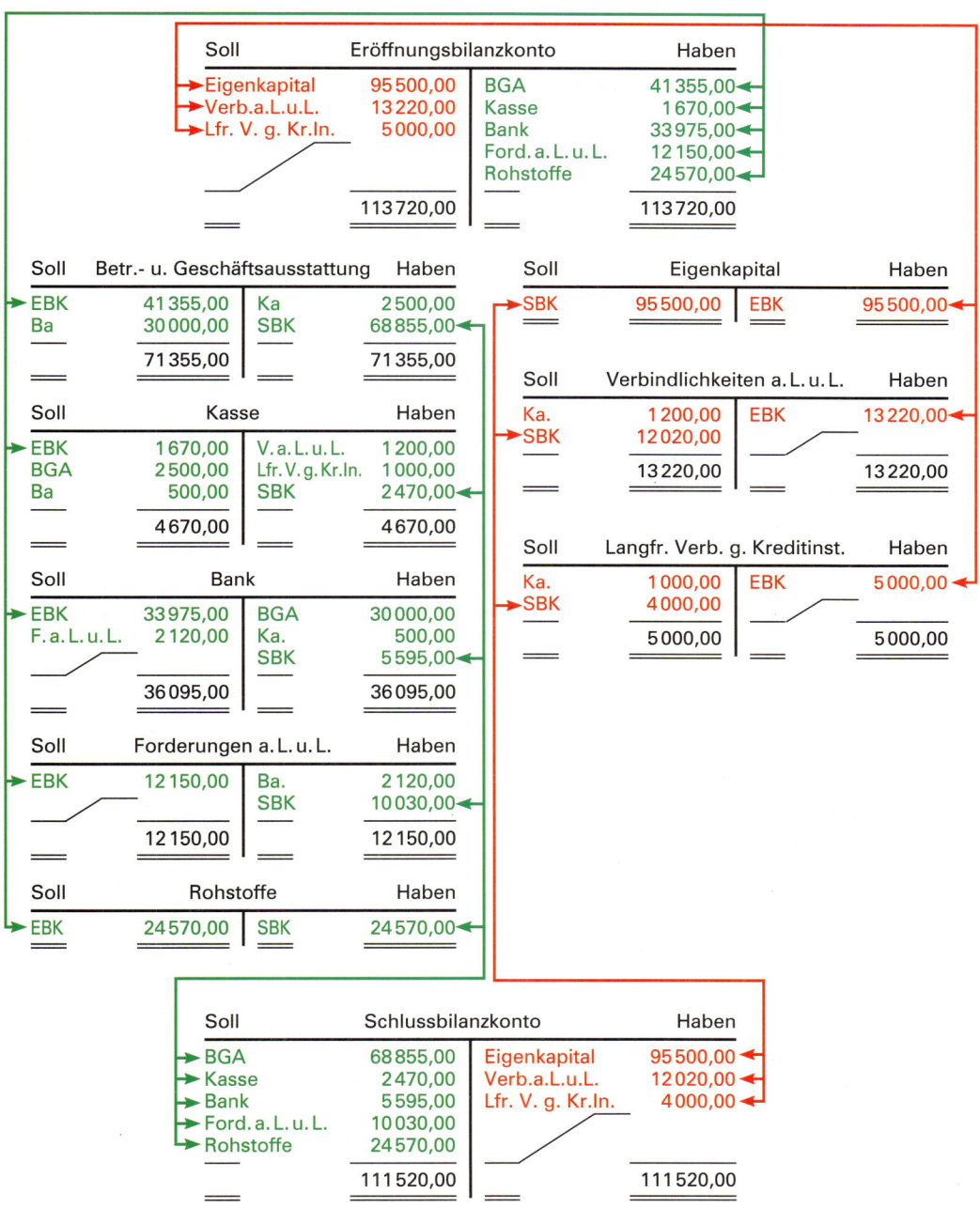

Soll	Eröffnungsbilanzkonto		Haben
Eigenkapital	95 500,00	BGA	41 355,00
Verb.a.L.u.L.	13 220,00	Kasse	1 670,00
Lfr. V. g. Kr.In.	5 000,00	Bank	33 975,00
		Ford. a. L. u. L.	12 150,00
		Rohstoffe	24 570,00
	113 720,00		113 720,00

Soll	Betr.- u. Geschäftsausstattung		Haben
EBK	41 355,00	Ka	2 500,00
Ba	30 000,00	SBK	68 855,00
	71 355,00		71 355,00

Soll	Eigenkapital		Haben
SBK	95 500,00	EBK	95 500,00

Soll	Kasse		Haben
EBK	1 670,00	V. a. L. u. L.	1 200,00
BGA	2 500,00	Lfr. V. g. Kr.In.	1 000,00
Ba	500,00	SBK	2 470,00
	4 670,00		4 670,00

Soll	Verbindlichkeiten a. L. u. L.		Haben
Ka.	1 200,00	EBK	13 220,00
SBK	12 020,00		
	13 220,00		13 220,00

Soll	Bank		Haben
EBK	33 975,00	BGA	30 000,00
F. a. L. u. L.	2 120,00	Ka.	500,00
		SBK	5 595,00
	36 095,00		36 095,00

Soll	Langfr. Verb. g. Kreditinst.		Haben
Ka.	1 000,00	EBK	5 000,00
SBK	4 000,00		
	5 000,00		5 000,00

Soll	Forderungen a. L. u. L.		Haben
EBK	12 150,00	Ba.	2 120,00
		SBK	10 030,00
	12 150,00		12 150,00

Soll	Rohstoffe		Haben
EBK	24 570,00	SBK	24 570,00

Soll	Schlussbilanzkonto		Haben
BGA	68 855,00	Eigenkapital	95 500,00
Kasse	2 470,00	Verb.a.L.u.L.	12 020,00
Bank	5 595,00	Lfr. V. g. Kr.In.	4 000,00
Ford. a. L. u. L.	10 030,00		
Rohstoffe	24 570,00		
	111 520,00		111 520,00

117

Erläuterungen:

■ Die Anfangsbestände der Aktivkonten sind auf der Habenseite des Eröffnungsbilanzkontos und die Anfangsbestände der Passivkonten auf der Sollseite des Eröffnungsbilanzkontos zu buchen. Im Vergleich zum Schlussbilanzkonto sind die Seiten vertauscht.

■ Das **Eröffnungsbilanzkonto** ist lediglich ein Hilfskonto, um das System der doppelten Buchung nicht zu durchbrechen. Gleichzeitig wird damit auch die Gleichheit der Soll- und Habenbeträge zu Beginn der Geschäftsperiode dokumentiert.

■ Es ist ein Grundprinzip des Systems der doppelten Buchführung, das zu jeder Zeit als Kontrollmechanismus in diesem System eingebaut ist, denn auch bei der Eröffnung der Konten muss sichergestellt sein, dass die Summe der gebuchten Sollbeträge mit der Summe der gebuchten Habenbeträge übereinstimmt.

■ Das Eröffnungsbilanzkonto und das Schlussbilanzkonto wurden hier aus methodischen und systematischen Überlegungen dargestellt. Ob in den nachfolgenden Übungsaufgaben das Eröffnungsbilanzkonto geführt werden soll, bleibt der individuellen Entscheidung des Lehrenden vorbehalten. In elektronischen Finanzbuchhaltungssystemen ist es allerdings aus abstimmungstechnischen Gesichtspunkten unverzichtbar. Demgegenüber wird ein Schlussbilanzkonto in der elektronischen Finanzbuchhaltung nicht geführt. Hier geht man beim Abschluss von den Konten der Buchführung direkt auf die Schlussbilanz über, was in der schulischen Buchführung jedoch nicht sinnvoll ist.

Merke:

■ Das Schlussbilanzkonto stellt beim **Abschluss der Bestandskonten** das **Gegenkonto** dar.

■ **Schlussbilanzkonto** und **Schlussbilanz** stimmen inhaltlich überein, dienen jedoch völlig **unterschiedlichen Zwecken,** haben auch andere Seitenbezeichnungen und dürfen nicht miteinander verwechselt werden.

■ Das Eröffnungsbilanzkonto ist ein **Hilfskonto für eine systemgerechte Buchung der Anfangsbestände.** Es erfüllt in dieser Rolle lediglich die Funktion einer **Kontrollrechnung,** denn es bietet gleich zu Beginn der Geschäftsperiode die Gewähr dafür, dass die Summe der gebuchten Sollbeträge gleich der Summe der gebuchten Habenbeträge ist, da die Summen auf beiden Seiten des Eröffnungsbilanzkontos gleich sein müssen.

■ Das Eröffnungsbilanzkonto und das Schlussbilanzkonto bringen die Geschlossenheit des **Systems der doppelten Buchführung** zum Ausdruck.

42 **I. Anfangsbestände:**

Unbebaute Grundstücke 965 000,00 EUR; Technische Anlagen und Maschinen 470 500,00 EUR; Betriebs- und Geschäftsausstattung 84 900,00 EUR; Rohstoffe 54 800,00 EUR; Ford. a. Lief. u. Leist. 105 450,00 EUR; Bank 17 770,00 EUR; Kasse 25 100,00 EUR; Eigenkapital 892 320,00 EUR; Langfristige Verbindlichkeiten gegenüber Kreditinstituten 450 000,00 EUR; Verb. a. Lief. u. Leist. 381 200,00 EUR.

II. Geschäftsvorfälle:

1.	Eingangsrechnung für Büromöbel	27 500,00 EUR
2.	Von der bereits gebuchten Büromöbellieferung schicken wir einen nicht bestellten Posten zurück	4 000,00 EUR
3.	Ein Kunde zahlt einen Rechnungsbetrag durch Banküberweisung	32 000,00 EUR
4.	Wir tilgen teilweise die Darlehensschuld bei der Bank durch Bareinzahlung	7 200,00 EUR
5.	Wir kaufen eine Abfüllmaschine auf Ziel	87 700,00 EUR
6.	Wir zahlen eine Lieferantenrechnung über 28 570,00 EUR bar	6 570,00 EUR
	durch Bankscheck	22 000,00 EUR
7.	Barkauf eines Schreibtisches für das Büro	2 600,00 EUR
8.	Kauf eines Grundstücks für einen Parkplatz auf Ziel	67 000,00 EUR

III. Aufgaben:

1. Eröffnen Sie die Konten mithilfe des Eröffnungsbilanzkontos!
2. Bilden Sie die Buchungssätze und buchen Sie auf den Konten!
3. Schließen Sie die Konten über das Schlussbilanzkonto ab!

43 **I. Anfangsbestände:**

Unbebaute Grundstücke 200 000,00 EUR; Bebaute Grundstücke 335 850,00 EUR; Betriebs- und Geschäftsausstattung 228 710,00 EUR; Kasse 7 350,00 EUR; Bank 62 550,00 EUR; Ford. a. Lief. u. Leist. 98 720,00 EUR; Rohstoffe 165 750,00 EUR; Verb. a. Lief. u. Leist. 154 820,00 EUR; Langfristige Verbindlichkeiten gegenüber Kreditinstituten 200 000,00 EUR; Eigenkapital 744 110,00 EUR.

II. Geschäftsvorfälle:

1.	Einkauf einer Maschine 23 500,00 EUR:	
	gegen Banküberweisung	12 000,00 EUR
	auf Ziel	11 500,00 EUR
2.	Ein Kunde bezahlt einen Rechnungsbetrag über 1 250,00 EUR, bar	750,00 EUR
	durch Banküberweisung	500,00 EUR
3.	Barkauf eines gebrauchten PCs	950,00 EUR
4.	Teilrückzahlung eines Bankdarlehens durch Banküberweisung	4 500,00 EUR
5.	Barverkauf eines nicht mehr benötigten Büroschrankes zum Buchwert	650,00 EUR
6.	Begleichung einer Eingangsrechnung in Höhe von 7 820,00 EUR, bar	2 350,00 EUR
	durch Banküberweisung	5 470,00 EUR

III. Aufgaben:

1. Eröffnen Sie die Konten mithilfe des Eröffnungsbilanzkontos!
2. Bilden Sie die Buchungssätze und buchen Sie auf den Konten!
3. Schließen Sie die Konten über das Schlussbilanzkonto ab!

44 **I. Anfangsbestände:**

Unbebaute Grundstücke 950 000,00 EUR; Technische Anlagen und Maschinen 255 800,00 EUR; Betriebs- und Geschäftsausstattung 72 800,00 EUR; Rohstoffe 470 700,00 EUR; Ford. a. Lief. u. Leist. 55 100,00 EUR; Bank 125 800,00 EUR; Kasse 52 000,00 EUR; Eigenkapital 1 241 300,00 EUR; Verb. a. Lief. u. Leist. 740 900,00 EUR.

II. Geschäftsvorfälle:

1.	Bareinzahlung auf das Bankkonto	15 000,00 EUR
2.	Ein Kunde zahlt einen Rechnungsbetrag über 25 000,00 EUR, bar	5 000,00 EUR
	durch Banküberweisung	20 000,00 EUR
3.	Barkauf einer Stanzmaschine	12 750,00 EUR
4.	Barabhebung vom Bankkonto zur Auffüllung der Geschäftskasse	5 000,00 EUR
5.	Kauf einer Maschine in Höhe von 22 500,00 EUR	
	gegen Banküberweisung	5 000,00 EUR
	auf Ziel	17 500,00 EUR
6.	Aufnahme eines Bankdarlehens. Der Betrag wird	
	auf dem Geschäftskonto gutgeschrieben	50 000,00 EUR
7.	Kauf eines Baugrundstücks für 100 000,00 EUR	
	Finanzierung: Bankscheck	30 000,00 EUR
	Barzahlung	20 000,00 EUR
	Restverbindlichkeit	50 000,00 EUR

III. Aufgaben:

1. Eröffnen Sie die Konten mithilfe des Eröffnungsbilanzkontos!
2. Bilden Sie die Buchungssätze und buchen Sie auf den Konten!
3. Schließen Sie die Konten über das Schlussbilanzkonto ab!

3.5.2 Zusammenhang zwischen Bilanzkonten, Inventur, Inventar und Bilanz

Die Konten der Buchführung (Bilanzkonten) – unter Einbeziehung des Schlussbilanzkontos und des Eröffnungsbilanzkontos – bilden jetzt eine in sich geschlossene Einheit: **Das Kontensystem der doppelten Buchführung.** Die Zahlen auf diesen Konten stellen für die Geschäftsleitung eine unentbehrliche Informationsquelle dar.

Neben der Geschäftsleitung sind auch außerhalb des Industrieunternehmens stehende Kreise (Steuerbehörden, Banken, Gesellschafter, Mitarbeiter) an den Ergebnissen der Buchführung interessiert. Die berechtigten Informationsansprüche dieser Gruppen werden unter anderem durch die **Bilanz** erfüllt.

Die Bilanz baut auf den Zahlen der Buchführung auf, wobei diese Zahlen jedoch vor ihrer Übernahme in die Bilanz durch die Inventur auf ihre Richtigkeit hin überprüft werden. Vom buchtechnischen Standpunkt aus und auch von der Tatsache ausgehend, dass die Bilanz für die Öffentlichkeit entsprechend aufbereitet werden muss [§§ 247, 266 HGB], stehen **Inventur** (bzw **Inventar**) und **Bilanz außerhalb der Buchführung.**

Die grafische Darstellung auf der Seite 121 soll den Zusammenhang zwischen dem Kontensystem der Buchführung und der Bilanz sowie der Inventur (bzw. dem Inventar) veranschaulichen.

Außerhalb der Buchführung haben wir Bilanzen:

A Eröffnungsbilanz P

| Vermögens-
posten | Eigenkapital |
| | Verbindlichk. |

Merke:

Streng genommen gibt es im Leben eines Unternehmens nur eine Eröffnungsbilanz, nämlich die bei der Gründung. Jede Schlussbilanz kann jedoch als Eröffnungsbilanz für die neue Geschäftsperiode betrachtet werden.

A Schlussbilanz P

| Vermögens-
posten | Eigenkapital |
| | Verbindlichk. |

Zielsetzung:

Informationsinstrument für Außenstehende

Innerhalb der Buchführung haben wir Konten:

(Kontensystem der doppelten Buchführung):

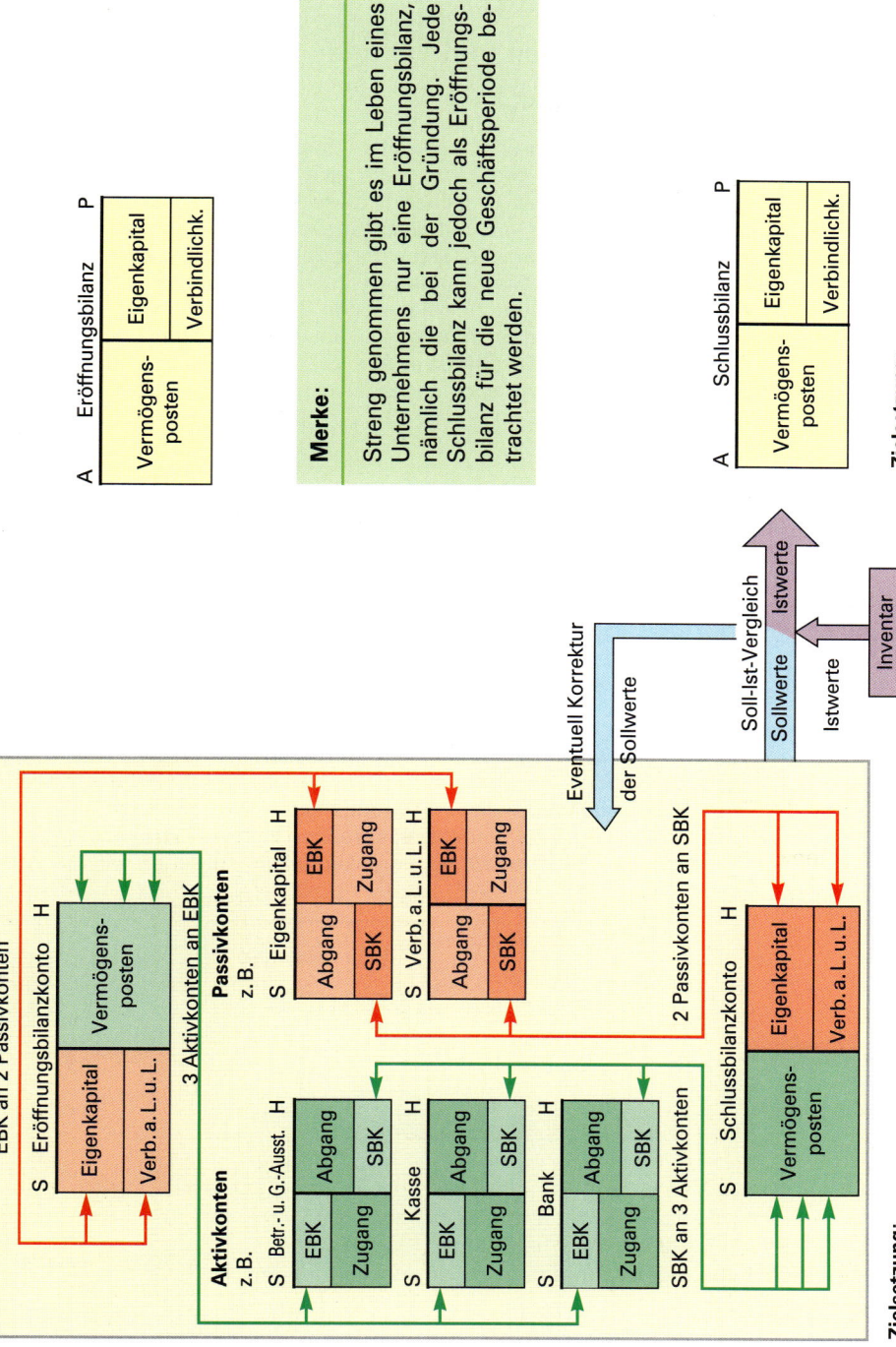

Zielsetzung:

Informationen für die Geschäftsleitung

4 Erfolgskonten (Ergebniskonten)[1]

4.1 Begriffe Aufwendungen und Erträge

4.1.1 Vorbemerkungen

Bisher haben sich in unserer Buchführung noch keine Erfolge (weder Gewinne noch Verluste) ergeben. Wir konnten das daran erkennen, dass sich das Eigenkapital innerhalb der Geschäftsperiode nicht verändert hat. Ursache für diese Erfolgsneutralität war die Art der Geschäftsvorfälle. Wir haben bisher nur mit Geschäftsvorfällen gearbeitet, durch die das Eigenkapital **nicht** verändert wurde. Solche Geschäftsvorfälle nennt man **erfolgsunwirksame (erfolgsneutrale) Geschäftsvorfälle.** Sie zeichnen sich dadurch aus, dass bei ihrer Buchung das Eigenkapital ausgeschlossen ist und nur die übrigen Bilanzkonten infrage kommen können. Soll sich das Eigenkapital verändern, müssen wir eine andere Art von Geschäftsvorfällen wählen, nämlich **erfolgswirksame Geschäftsvorfälle.** Sie zeichnen sich dadurch aus, dass sich neben einem anderen Bilanzkonto auch das Eigenkapitalkonto verändert.

Merke:

■ **Erfolgsunwirksame Geschäftsvorfälle** verändern das Eigenkapital nicht. Es werden daher immer nur die übrigen Bilanzkonten angesprochen.

■ **Erfolgswirksame Geschäftsvorfälle** verändern das Eigenkapital. Neben dem Bestand auf einem anderen Bilanzkonto verändert sich auch immer der Bestand auf dem Eigenkapitalkonto.

4.1.2 Einführung der Begriffe Aufwendungen und Erträge

Wir haben bereits festgestellt, dass sich durch erfolgswirksame Geschäftsvorfälle das Eigenkapital verändern muss. Nun kann sich das Eigenkapital nach zwei Richtungen hin verändern, es kann zunehmen oder abnehmen. Dementsprechend sind auch zwei Arten von erfolgswirksamen Geschäftsvorfällen zu unterscheiden. Nimmt durch einen erfolgswirksamen Geschäftsvorfall das Eigenkapital **zu,** sprechen wir von **Erträgen,** nimmt durch einen erfolgswirksamen Geschäftsvorfall das Eigenkapital **ab,** sprechen wir von **Aufwendungen.**

Merke:

■ **Zugänge beim Eigenkapital** nennen wir **Erträge.**

■ **Abgänge beim Eigenkapital** nennen wir **Aufwendungen.**

---

1 Die Begriffe Erfolgskonten und Ergebniskonten sind identisch (gleichwertig). Sie werden daher in den folgenden Texten entsprechend verwandt.

4.1.3 Erträge und Aufwendungen im Einzelnen

(1) Erträge

Erträge sind alle in Geld bewerteten Wertzugänge beim Eigenkapital innerhalb einer Abrechnungsperiode.

Die wichtigsten Erträge in einem Industriebetrieb sind:
- Erlöse aus dem Verkauf der selbst hergestellten Erzeugnisse;
- Erlöse aus dem Verkauf von Handelswaren, die meist als Zusatzprodukte zu den selbst hergestellten Erzeugnissen geführt werden;
- daneben können Erträge aus Wertpapieren, aus Vermietungen und Verpachtungen, aus Kursgewinnen, Provisionserträge, Zinserträge anfallen.

(2) Aufwendungen

Aufwendungen sind alle in Geld gemessenen Wertminderungen des Eigenkapitals (Gesamtverbrauch von Gütern und Dienstleistungen) innerhalb einer Abrechnungsperiode.

Die wichtigsten Aufwendungen in einem Industriebetrieb sind:
- Aufwendungen für Werkstoffe (Verbrauch an Roh-, Hilfs- und Betriebsstoffen sowie an Vorprodukten),[1]
- Aufwendungen für Handelswaren,
- Aufwendungen für den Einsatz von Arbeitskräften einschließlich der gesetzlichen und freiwilligen Sozialleistungen,
- Aufwendungen, die durch Wertminderungen des abnutzbaren Anlagevermögens entstehen (Abschreibungen),
- sonstige Aufwendungen wie z.B. für Mieten, Steuern, Versicherungen, Büromaterial.

4.1.4 Darstellung der Auswirkungen von Aufwendungen und Erträgen auf das Eigenkapital (Buchungen auf dem Eigenkapitalkonto)

Beispiel:

I. Anfangsbestand:
Eigenkapital 175 000,00 EUR.

II. Geschäftsvorfälle:

1. Verbrauch von Rohstoffen	10 800,00 EUR
2. Verbrauch von Hilfsstoffen	3 500,00 EUR
3. Banküberweisung für Löhne	12 400,00 EUR
4. Banküberweisung für Miete	5 800,00 EUR
5. Verkauf von Erzeugnissen auf Ziel	25 800,00 EUR
6. Bankgutschrift für Zinsen	850,00 EUR
7. Verbrauch von Betriebsstoffen	2 800,00 EUR

III. Aufgabe:
Erfassen Sie die Auswirkungen der Geschäftsvorfälle auf dem Eigenkapitalkonto!

---

1 Wiederholen Sie hierzu die Ausführungen auf S. 92.

Lösung:

Werden nun alle Aufwendungen (Eigenkapitalminderungen) und alle Erträge (Eigenkapitalmehrungen) direkt auf dem Eigenkapitalkonto erfasst, stellt sich das auf dem Eigenkapitalkonto in folgender Weise dar:

Soll		Eigenkapital	Haben
Aufw. f. Rohstoffe	10 800,00	Anfangsbestand	175 000,00
Aufw. f. Hilfsstoffe	3 500,00	Umsatzerlöse f. eig. Erz.	25 800,00
Löhne	12 400,00	Zinserträge	850,00
Miete, Pachten	5 800,00		
Aufw. f. Betriebsstoffe	2 800,00		

Kritische Anmerkungen zur obigen Darstellung:

Diese zwar sachlich richtige Darstellung kann aus folgenden Gründen für die Buchführungspraxis nicht zufriedenstellen:

■ wenn die unterschiedlichen Aufwendungen und Erträge, die zu unterschiedlichen Zeitpunkten wiederholt auftreten, jeweils auf dem Eigenkapitalkonto erfasst werden, würde dieses Konto unverhältnismäßig umfangreich und unübersichtlich.

■ Die einzelnen Aufwands- und Ertragsarten sowie deren Summen, für die sich der Kaufmann von Zeit zu Zeit aus Kontrollgründen interessiert, würden nicht bzw. nur mit erheblichem Suchaufwand festgestellt werden können.

Es liegt daher nahe, die verschiedenen Aufwands- und Ertragsarten zunächst auf entsprechenden Unterkonten zum Eigenkapitalkonto zu erfassen.

4.2 Buchungen auf den Erfolgskonten

4.2.1 Einführung der Erfolgskonten

Um die einzelnen Aufwands- und Ertragsarten übersichtlich und jederzeit verfügbar zu haben, werden sie getrennt auf entsprechenden Konten erfasst. Da auf diesen Konten die Quellen des Erfolges erfasst werden, nennt man sie **Erfolgskonten.** Entsprechend den beiden unterschiedlichen Auswirkungen auf das Eigenkapital (**Aufwendungen** stellen Abgänge und **Erträge** stellen Zugänge dar) sind auch zwei unterschiedliche Arten von Erfolgskonten zu unterscheiden.

> **Merke:**
>
> ■ **Aufwandskonten** erfassen die **Minderungen (Abgänge) beim Eigenkapital.**
> ■ **Ertragskonten** erfassen die **Mehrungen (Zugänge) beim Eigenkapital.**

Für jede Art von Aufwand und Ertrag wird ein eigenes Konto geführt. Lediglich für sehr geringe Aufwendungen, wie z. B. für den üblichen Bürobedarf (Schreibpapier, Schreibstifte, Radiergummi, Toner usw.), wird ein Sammelkonto mit der entsprechenden Bezeichnung **„Büromaterial"** geführt. Die Bezeichnungen der einzelnen Erfolgskonten ergeben sich im Allgemeinen aus der Formulierung des Geschäftsvorfalles. So wird z. B. der Verbrauch an Rohstoffen auf dem Aufwandskonto **„Aufwendungen für Rohstoffe"** gebucht und die Erlöse aus dem Verkauf von Erzeugnissen erfassen wir auf dem Ertragskonto **„Umsatzerlöse für eigene Erzeugnisse".** Im Zweifel ist die genaue Bezeichnung dem später einzuführenden Kontenrahmen zu entnehmen.

Die Beziehung der Aufwendungen und Erträge zum Eigenkapitalkonto ergibt sich aus der folgenden schematischen Abbildung.

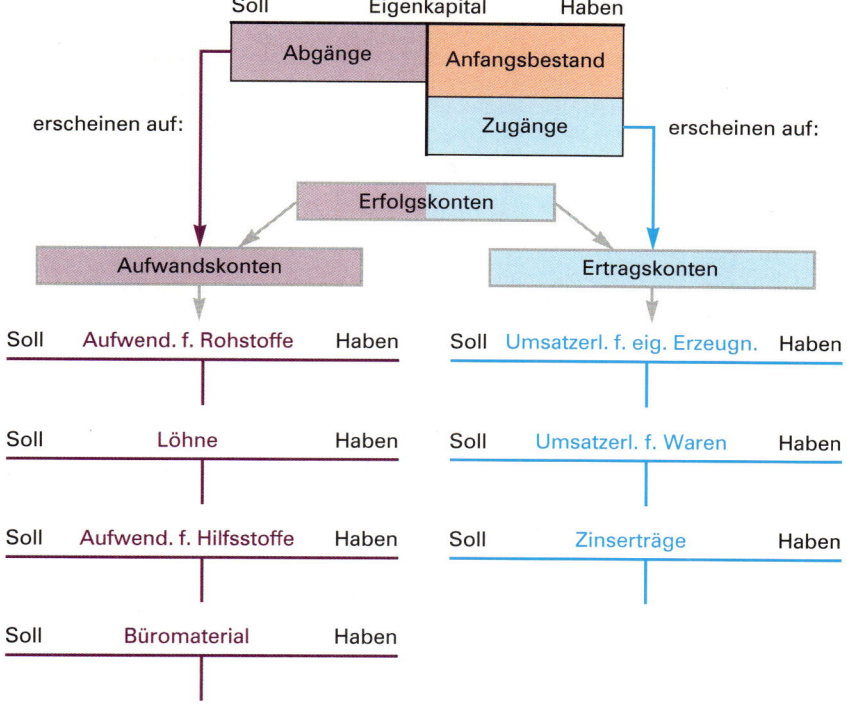

Zusammenfassung

■ Aufwendungen und Erträge verändern das Eigenkapital.

■ Durch Aufwendungen nimmt das Eigenkapital auf der Sollseite ab.

■ Durch Erträge nimmt das Eigenkapital auf der Habenseite zu.

■ **Aufwendungen** sind die in Geld ausgedrückten Wertabgänge beim Eigenkapital innerhalb einer Abrechnungsperiode.
Dazu zählen:
Aufwendungen für Werkstoffe, Aufwendungen für Handelswaren, Aufwendungen für Arbeitsleistungen, Aufwendungen für die Erfassung der Wertminderungen beim abnutzbaren Anlagevermögen durch Abschreibungen, sonstige Aufwendungen (Mieten, Steuern, Versicherungen usw.).

■ **Erträge** sind die in Geld ausgedrückten Wertzugänge beim Eigenkapital innerhalb einer Rechnungsperiode. Dazu zählen:

Verkaufserlöse, Provisionserträge, Erträge aus Vermietungen und Verpachtungen, Erträge aus Wertpapieren, Erträge aus Kursgewinnen, Zins- und Diskonterträge usw.

- Um das Eigenkapitalkonto nicht über Gebühr zu belasten und um die einzelnen Aufwands- und Ertragsarten jeweils in einer Summe verfügbar zu haben, werden in der Praxis diese Kapitalveränderungen zunächst außerhalb des Eigenkapitalkontos auf besonderen **Aufwands-** und **Ertragskonten** erfasst. Selbstverständlich müssen diese ausgelagerten Eigenkapitalveränderungen im Rahmen des Abschlusses wieder auf das Eigenkapital zurückgeführt werden, um die gesamten Eigenkapitalveränderungen innerhalb der Geschäftsperiode sowie das neue Eigenkapital am Ende der Geschäftsperiode feststellen zu können.

Übungsaufgabe

45   1.   1.1   Erläutern Sie den Zusammenhang zwischen den Erfolgskonten und dem Eigenkapitalkonto!

   1.2   Würde das System der doppelten Buchführung auch ohne die Einrichtung von Erfolgskonten funktionieren? Begründen Sie Ihre Entscheidung!

   1.3   Aus welchen Gründen werden Erfolgskonten eingerichtet?

   1.4   Warum kann es auf den Erfolgskonten keine Anfangsbestände geben?

   1.5   Wie können Aufwendungen in Bezug auf das Eigenkapital bezeichnet werden?

   1.6   Wie können Erträge in Bezug auf das Eigenkapital bezeichnet werden?

2.   Beurteilen Sie folgende Geschäftsvorfälle hinsichtlich ihrer Erfolgswirksamkeit. Sofern Sie nicht Eigentümer des Buches sind, übertragen Sie die Tabelle in Ihr Hausheft und kreuzen Sie die entsprechende Spalte in dem vorgesehenen Schema an!

Geschäftsvorfälle	erfolgs- unwirksam	erfolgs- wirksam	Aufwand	Ertrag
1. Wir zahlen eine Liefererrechnung durch Banküberweisung				
2. Wir verkaufen Handelswaren auf Ziel				
3. Wir kaufen Büromaterial bar				
4. Verbrauch von Rohstoffen				
5. Ein Kunde zahlt durch Banküberweisung				
6. Wir verkaufen Fertigerzeugnisse bar				
7. Die Bank belastet uns mit Zinsen				
8. Barzahlung für ein Werbeinserat				
9. Banküberweisung für Grundsteuer				
10. Barkauf eines Büroschrankes				
11. Barkauf von Hilfsstoffen zum sofortigen Verbrauch				

4.2.2 Buchungsregeln und Beispiele für die Buchungen auf den Erfolgskonten

(1) Buchungsregeln für die Buchungen auf den Erfolgskonten

Auch wenn es richtig bleibt, dass die Erfolgskonten nichts anderes aufnehmen als Zu- und Abgänge des Eigenkapitals, so dürfen wir diese Begriffe als Inhaltsangabe bei den Erfolgskonten nicht mehr verwenden. Die Begriffe Zu- und Abgänge setzen logischerweise einen Anfangsbestand voraus und können daher nur in Bezug zum Eigenkapitalkonto oder einem anderen Bilanzkonto, nicht dagegen in Verbindung mit einem Erfolgskonto, verwendet werden. Auf den Erfolgskonten gibt es nur Aufwendungen bzw. Erträge, wobei die Aufwendungen bei dem entsprechenden Aufwandskonto auf der gleichen Seite zu erfassen sind, auf die der Abgang auf dem Eigenkapitalkonto gehören würde, nämlich auf der Sollseite. Entsprechendes gilt für die Erträge. Daher kommen wir zu folgenden Buchungsregeln und Begriffsfestlegungen:

Soll	Aufwandskonto	Haben		Soll	Ertragskonto	Haben
Aufwendungen						Erträge

Bei den **Aufwandskonten** erscheinen die **Aufwendungen** immer auf der **Sollseite**.

Bei den **Ertragskonten** erscheinen die **Erträge** immer auf der **Habenseite**.

Merke:

■ Auf den **Erfolgskonten** gibt es **keinen Anfangsbestand, keine Zugänge, keine Abgänge** und **keinen Schlussbestand**. Diese Begriffe bleiben den Bilanzkonten (Bestandskonten) vorbehalten.

■ Bei den **Erfolgskonten** gibt es nur **Aufwendungen** und **Erträge**.

(2) Beispiele für Buchungen von Aufwendungen und Erträgen auf den Erfolgskonten

1. Geschäftsvorfall: Einkauf von Rohstoffen auf Ziel zum sofortigen Verbrauch 65 000,00 EUR.[1]

Soll	Aufwend. f. Rohstoffe	Haben		Soll	Verb. a. Lief. u. Leist	Haben
Verb.a.L.u.L. 65 000,00						Aufw.f.Rohst. 65 000,00

Buchungssatz:

Konten	Soll	Haben
Aufwendungen für Rohstoffe an Verbindl. a. Lief. u. Leist.	65 000,00	65 000,00

2. Geschäftsvorfall: Einkauf von Hilfsstoffen auf Ziel zum sofortigen Verbrauch 8 000,00 EUR.

Soll	Aufwend. f. Hilfsstoffe	Haben		Soll	Verb. a. Lief. u. Leist	Haben
Verb.a.L.u.L. 8 000,00						Aufw.f.Hilfsst. 8 000,00

Buchungssatz:

Konten	Soll	Haben
Aufwendungen für Hilfsstoffe an Verbindl. a. Lief. u. Leist.	8 000,00	8 000,00

---

1 Im Folgenden gehen wir davon aus, dass die Werkstoffe fertigungssynchron angeliefert werden, d.h., die eingekauften Werkstoffe werden sofort als Aufwand gebucht (Buchung nach dem Just-in-time-Verfahren).

3. Geschäftsvorfall: Für eine Werbeanzeige in der Fachzeitschrift zahlen wir die Rechnung über 1 250,00 EUR durch Banküberweisung.

Soll	Bank	Haben	Soll	Werbung	Haben
AB	3 000,00	Werbung 1 250,00	Bank 1 250,00		

Buchungssatz:

Konten	Soll	Haben
Werbung	1 250,00	
an Bank		1 250,00

4. Geschäftsvorfall: Wir zahlen die Reparaturrechnung für unsere PC-Anlage in Höhe von 1 750,00 EUR durch Banküberweisung.

Soll	Bank	Haben	Soll	Fremdinstandsetzung	Haben
AB	3 000,00	Fr.-Inst. 1 750,00	Bank 1 750,00		

Buchungssatz:

Konten	Soll	Haben
Fremdinstandsetzung	1 750,00	
an Bank		1 750,00

5. Geschäftsvorfall: Die Bank schreibt uns Zinsen in Höhe von 950,00 EUR gut.

Soll	Bank	Haben	Soll	Zinserträge	Haben
Zinsertr. 950,00				Bank 950,00	

Buchungssatz:

Konten	Soll	Haben
Bank	950,00	
an Zinserträge		950,00

6. Geschäftsvorfall: Wir verkaufen eigene Erzeugnisse im Wert von 8 500,00 EUR gegen Bankscheck.

Soll	Bank	Haben	Soll	Umsatzerl. f. eig. Erzeugn.	Haben
UE.f.eig.E. 8 500,00				Bank 8 500,00	

Buchungssatz:

Konten	Soll	Haben
Bank	8 500,00	
an Umsatzerl. f. eig. Erzeugnisse		8 500,00

46 Bilden Sie zu den folgenden erfolgswirksamen Geschäftsvorfällen die Buchungssätze!

1.	Wir zahlen Miete für die Lagerräume durch Banküberweisung	4 000,00 EUR
2.	Die Bank schreibt uns Zinsen gut	210,00 EUR
3.	Wir zahlen die Ausbildungsvergütung für einen kaufmännischen Auszubildenden bar	580,00 EUR
4.	Einkauf von Rohstoffen auf Ziel zum sofortigen Verbrauch	25 000,00 EUR
5.	Zinslastschrift der Bank	651,00 EUR
6.	Verkauf von Erzeugnissen auf Ziel	56 000,00 EUR
7.	Zahlung der Grundsteuer durch Banküberweisung	2 380,00 EUR
8.	Für Büromaterialien wurden bar bezahlt	123,00 EUR
9.	Banküberweisung der Kfz-Steuer für die Betriebsfahrzeuge	630,00 EUR
10.	Einkauf von Hilfsstoffen bar zum sofortigen Verbrauch	2 200,00 EUR

47 Bilden Sie für die folgenden erfolgsneutralen (erfolgsunwirksamen) und erfolgswirksamen Geschäftsvorfälle die Buchungssätze! Geben Sie in einer besonderen Spalte an, ob der Geschäftsvorfall erfolgswirksam oder erfolgsneutral ist!

1.	Verkauf von Erzeugnissen auf Ziel	75 800,00 EUR
2.	Wir zahlen die Ausbildungsvergütung für einen gewerblichen Auszubildenden durch Banküberweisung	650,00 EUR
3.	Wir kaufen Hilfsstoffe bar zum sofortigen Verbrauch	500,00 EUR
4.	Wir zahlen eine Rechnung für Gebäuderenovierung durch Banküberweisung	8 750,00 EUR
5.	Wir kaufen einen Büroschrank bar	850,00 EUR
6.	Wir zahlen Heizöl für eine Lagerhalle durch Banküberweisung	5 300,00 EUR
7.	Einkauf von Betriebsstoffen auf Ziel zum sofortigen Verbrauch	1 350,00 EUR
8.	Wir kaufen Büromöbel bar	1 500,00 EUR
9.	Bareinkauf von Betriebsstoffen zum sofortigen Verbrauch	500,00 EUR
10.	Wir zahlen Reparaturkosten für eine Produktionsmaschine durch Banküberweisung	4 000,00 EUR
11.	Ein Kunde überweist einen Rechnungsbetrag auf unser Bankkonto	250,00 EUR
12.	Bankgutschrift für erhaltene Provisionen	200,00 EUR
13.	Wir zahlen Reisekosten an unseren Vertreter durch Banküberweisung	6 000,00 EUR
14.	Wir bezahlen die Leasingrate für den Geschäfts-Pkw bar	410,00 EUR
15.	Wir überweisen für eine Lieferrerrechnung durch die Bank	2 720,00 EUR
16.	Zahlung der Garagenmiete für das Auslieferungsfahrzeug durch Bankdauerauftrag	140,00 EUR
17.	Wir kaufen einen Gabelstapler auf Ziel	7 980,00 EUR
18.	Die Bank überweist Zinsen für das Termingeld	820,50 EUR
19.	Banküberweisung der Kfz-Steuer für das Auslieferungsfahrzeug	961,70 EUR

---

1 Sofern es sich um Zahlungen handelt, die als Aufwand zu erfassen sind, ist davon auszugehen, dass die zugrunde liegende Rechnung noch nicht gebucht wurde.

9 Speth u.a. - ISBN 978-3-8120-0465-7

20. Einkauf von Hilfsstoffen zum sofortigen Verbrauch gegen Rechnung   8 730,20 EUR

21.

					Kontonummer	erstellt am		Auszug	Blatt
Dortmunder Volksbank e. G. BLZ: 441 600 14					100108800	31.03.20..		17	1
Alter Kontostand								26 271,59 +	
30.03.	300104	30.03.	Provisionen			Gutschrift		7 140,00 +	
30.03.	300105	31.03.	Zinsen für Termingeld			Gutschrift		1 000,00 +	
31.03.	300108	31.03.	Kraftfahrzeugversicherung			Lastschrift		4 651,71 –	
31.03.	300109	31.03.	Zinsen für Bankdarlehen			Lastschrift		5 000,00 –	
31.03.	300110	31.03.	Gehälter			Lastschrift		5 175,00 –	
31.03.	300112	31.03.	Leasing für Geschäftswagen			Lastschrift		1 230,00 –	
Neuer Kontostand								18 354,88 +	

Rudolf Walterbeck e. Kfm.
Bismarckstr. 101
49076 Osnabrück   **Kontoauszug**
Bitte Rückseite beachten.

4.3 Abschluss der Aufwands- und Ertragskonten und die doppelte Erfolgsermittlung

4.3.1 Abschluss der Aufwands- und der Ertragskonten über das Gewinn- und Verlustkonto

Als Unterkonten des Eigenkapitals müssten die Ergebniskonten direkt über das Eigenkapitalkonto abgeschlossen werden. Aus Gründen der Übersichtlichkeit wird auf dem
Konto Eigenkapital jedoch nur das **Gesamtergebnis,** d. h. die Differenz zwischen der Summe der Erträge und der Summe der Aufwendungen (Gewinn bzw. Verlust) in einer Summe ausgewiesen. Das bedeutet, dass die einzelnen Aufwendungen und Erträge auf einem
Zwischenkonto einander gegenübergestellt werden müssen. Da aus der Gegenüberstellung aller Erträge mit allen Aufwendungen der Gewinn oder Verlust des Unternehmens errechnet wird, heißt dieses Zwischenkonto **Gewinn- und Verlustkonto (GuV-Konto).**

Merke:

■ Auf dem **GuV-Konto** werden die **Aufwendungen** und **Erträge** einander gegenübergestellt.

■ Der **Saldo** auf dem GuV-Konto weist den **Gewinn** bzw. **Verlust** des Unternehmens
aus.

Erträge > Aufwendungen = Gewinn

Erträge < Aufwendungen = Verlust

Der auf dem GuV-Konto ermittelte Gewinn oder Verlust wird anschließend auf das Konto
Eigenkapital umgebucht. Das **GuV-Konto** ist daher ein **Unterkonto des Eigenkapitalkontos.** Dabei erhöht ein Gewinn das Eigenkapital, ein Verlust vermindert es.

Das folgende Beispiel beschränkt die kontenmäßige Darstellung auf die Erfolgskonten. Die Bilanzkonten werden bewusst ausgeklammert, um den Abschluss der Erfolgskonten deutlich herausstellen zu können.

I. Anfangsbestand auf dem Eigenkapitalkonto: 30 000,00 EUR

II. Erfolgswirksame Geschäftsvorfälle: **Buchungssätze:**

			Konten	Soll	Haben
1.	Einkauf von Rohstoffen zum sofortigen Verbrauch auf Ziel	20 000,00 EUR	1. Aufw. f. Rohstoffe an Verb. a. L. u. L.	20 000,00	20 000,00
2.	Kauf von Büromaterial bar	80,00 EUR	2. Büromaterial an Kasse	80,00	80,00
3.	Abbuchung der Stromkosten vom Bankkonto	150,00 EUR	3. Aufw. f. Energie an Bank	150,00	150,00
4.	Verkauf von Erzeugnissen auf Ziel	45 000,00 EUR	4. Ford. a. L. u. L. an UE f. eig. Erzeugn.	45 000,00	45 000,00
5.	Gutschrift der Bank für Zinsen	140,00 EUR	5. Bank an Zinserträge	140,00	140,00
				65 370,00	65 370,00

III. Aufgabe:

Führen Sie den Abschluss der Erfolgskonten und des GuV-Kontos durch!

Lösung:

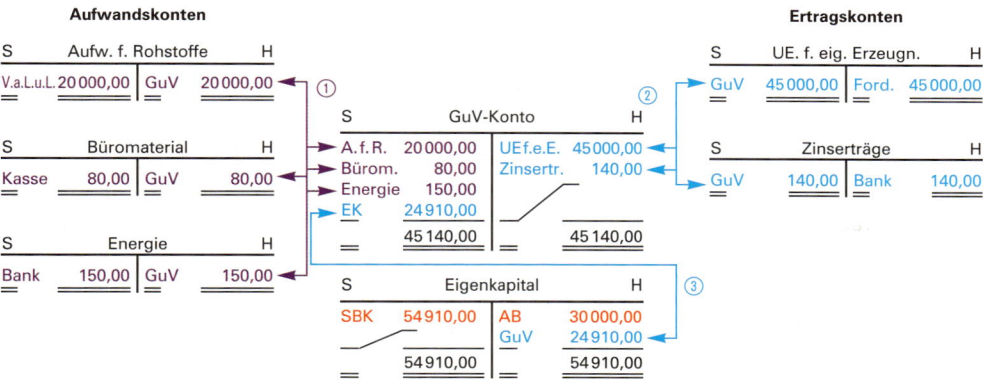

Der Abschluss der Erfolgskonten vollzieht sich in drei Schritten:

1. Schritt: Abschluss der Aufwandskonten über das GuV-Konto.

2. Schritt: Abschluss der Ertragskonten über das GuV-Konto.

3. Schritt: Abschluss des GuV-Kontos über das Eigenkapitalkonto.

48 **I. Anfangsbestände:**

Bank 150 000,00 EUR; Eigenkapital 150 000,00 EUR

II. Geschäftsvorfälle:

1.	Banküberweisung für den Beitrag zur Industrie- u. Handelskammer	2 800,00 EUR
2.	Zinsgutschrift der Bank	490,00 EUR
3.	Reparaturkosten für ein Kopiergerät werden mit Bankscheck bezahlt	512,00 EUR
4.	Lohnzahlung durch Banküberweisung	1 290,00 EUR
5.	Banküberweisung für betriebliche Steuern	950,00 EUR
6.	Mieteinnahmen per Bankscheck	4 650,00 EUR
7.	Banküberweisung für die Feuerversicherung des Lagers	460,00 EUR
8.	Büromaterial wird mit Bankscheck gekauft	370,00 EUR
9.	Verkauf von Erzeugnissen gegen Banküberweisung	9 980,00 EUR
10.	Ein Zeitungsinserat wird mit Banküberweisung beglichen	290,00 EUR

III. Aufgaben:

1. Eröffnen Sie die Konten Bank und Eigenkapital!
2. Bilden Sie für die Geschäftsvorfälle die Buchungssätze und buchen Sie auf den Konten!
3. Führen Sie den Abschluss durch!

4.3.2 Geschäftsgang mit Bestands- und Erfolgskonten

Beispiel:

I. Anfangsbestände:

Betriebs- und Geschäftsausstattung 120 000,00 EUR; Kasse 3 150,00 EUR; Bank 4 800,00 EUR; Verbindlichkeiten aus Lieferungen und Leistungen 26 000,00 EUR; Langfristige Verbindlichkeiten gegenüber Kreditinstituten 20 000,00 EUR; Eigenkapital 81 950,00 EUR.

II. Geschäftsvorfälle:

1.	Kauf von Rohstoffen gegen Banküberweisung	2 100,00 EUR
2.	Verkauf von Erzeugnissen gegen Banküberweisung	15 400,00 EUR
3.	Barzahlung eines Zeitungsinserates	160,00 EUR
4.	Die Bank schreibt uns Zinsen gut	580,00 EUR
5.	Barzahlung der Miete für das Geschäft	1 800,00 EUR
6.	Wir begleichen eine Lieferantenrechnung durch Bankscheck	750,00 EUR

III. Aufgaben:

1. Stellen Sie unter Angabe der Buchungssätze den Ablauf der buchungstechnischen Schritte dar!
2. Buchen Sie auf den Konten!
3. Schließen Sie die Konten über das Schlussbilanzkonto ab!

Lösungen:

Zu 1. Ablauf der buchungstechnischen Schritte:

Eröffnungsbuchungen

Buchung der Anfangsbestände
- Aktivkonten an Eröffnungsbilanzkonto
- Eröffnungsbilanzkonto an Passivkonten

Bildung der Buchungssätze für die Geschäftsvorfälle

Nr.	Konten	Soll	Haben
1.	Aufwend. f. Rohstoffe	2 100,00	
	an Bank		2 100,00
2.	Bank	15 400,00	
	an Umsatzerlöse für eigene Erzeugnisse		15 400,00
3.	Werbung	160,00	
	an Kasse		160,00
4.	Bank	580,00	
	an Zinserträge		580,00
5.	Mieten, Pachten	1 800,00	
	an Kasse		1 800,00
6.	Verbindlichkeiten a. L. u. L.	750,00	
	an Bank		750,00
		20 790,00	20 790,00

Abschlussbuchungen

- **Abschluss der Erfolgskonten über das GuV-Konto**
  - GuV-Konto an Aufwandskonten
  - Ertragskonten an GuV-Konto

- **Abschluss des GuV-Kontos über das Eigenkapitalkonto**
  Da Gewinnsituation: GuV-Konto an Eigenkapitalkonto

- **Abschluss der Bestandskonten über das Schlussbilanzkonto (SBK)**
  - SBK an Aktivkonten
  - Passivkonten an SBK

Zu 2. und 3. Buchungen auf den Konten und Abschluss der Konten:

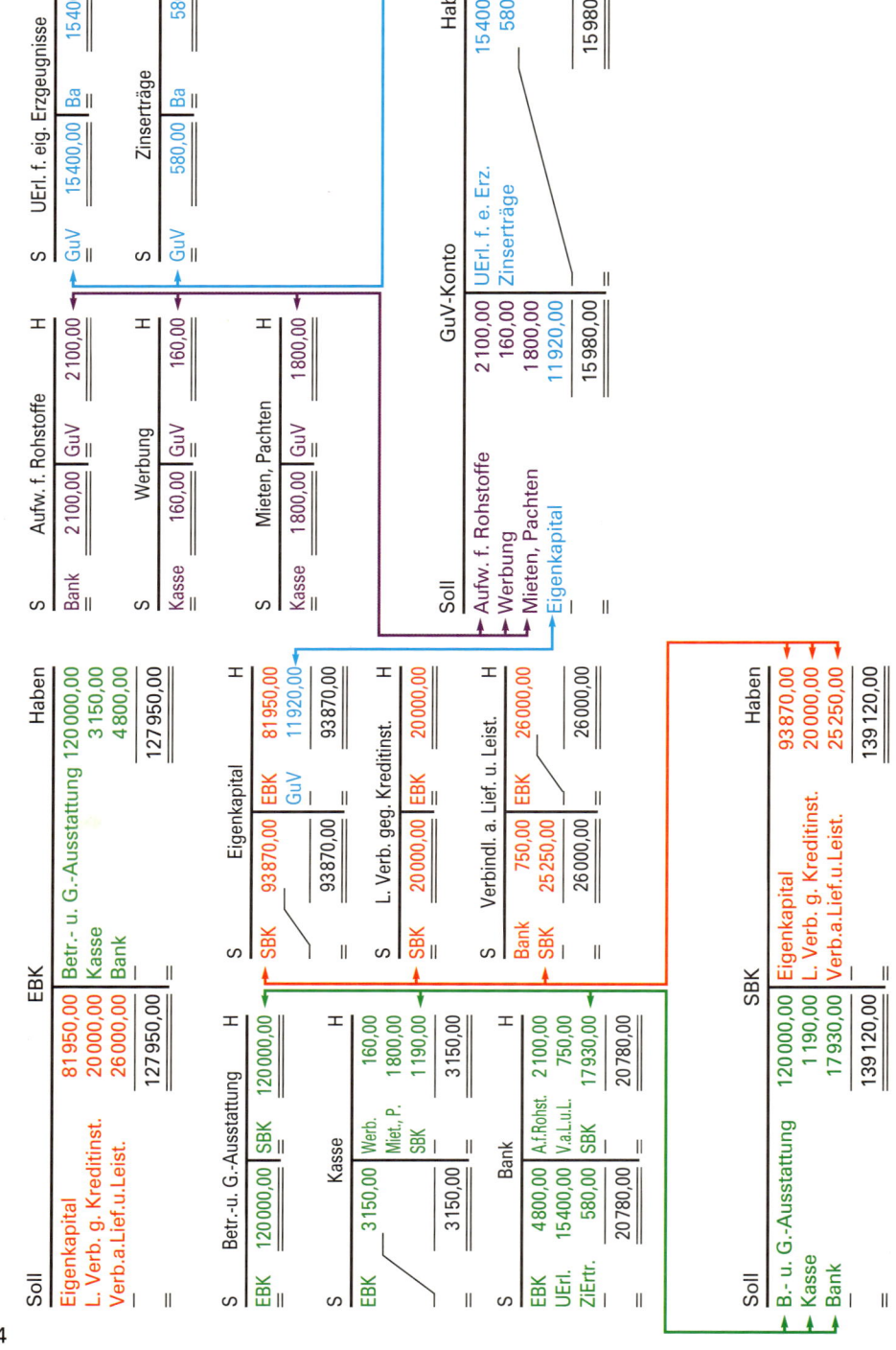

134

4.3.3 Doppelte Erfolgsermittlung (Ergebnisermittlung)

Aus dem vorhergehenden Geschäftsgang ersehen wir, dass in der doppelten Buchführung auch eine **doppelte Möglichkeit der Ergebnisermittlung** besteht:

1. Im Erfolgskontenbereich:

Hier wird das Ergebnis (Gewinn oder Verlust) durch die Gegenüberstellung der Aufwendungen mit den Erträgen auf dem GuV-Konto ermittelt. Aus dem GuV-Konto sind auch die einzelnen Ertrags- und Aufwandsarten ersichtlich.

Summe der Erträge	15 980,00 EUR			
– Summe der Aufwendungen	4 060,00 EUR			
= Erfolg (Gewinn)	11 920,00 EUR			

Soll	GuV		Haben
A. f. Rohst.	2 100,00	UErl. f. e. E.	15 400,00
Werbung	160,00	Zinserträge	580,00
Miet.,Pacht.	1 800,00		
Reingewinn	11 920,00		
	15 980,00		15 980,00

2. Im Bilanzkontenbereich:

Hier wird das Ergebnis (Gewinn oder Verlust) durch den Vergleich des Eigenkapitals am Ende des Geschäftsjahres mit dem Eigenkapital am Anfang des Geschäftsjahres ermittelt.

Eigenkapital am Ende des Geschäftsjahres	93 870,00 EUR
– Eigenkapital am Anfang des Geschäftsjahres	81 950,00 EUR
= Reingewinn	11 920,00 EUR

Soll	Eigenkapital		Haben
SBK	93 870,00	EBK	81 950,00
		Reingewinn	11 920,00
	93 870,00		93 870,00

Zusammenfassung

- Bezüglich der Geschäftsvorfälle sind zwei Gruppen zu unterscheiden:
  - **erfolgsunwirksame** Geschäftsvorfälle, bei denen **nur Bilanzkonten** angesprochen werden, wobei das Eigenkapitalkonto ausgeschlossen bleibt;
  - **erfolgswirksame** Geschäftsvorfälle, bei denen statt des Eigenkapitals immer **ein Erfolgskonto** angesprochen wird. Das Gegenkonto dazu ist immer **ein Bilanzkonto**.

- Um das Ergebnis der Erfolgsvorgänge (Gewinn oder Verlust) in einer Zahl darstellen zu können, werden die Salden der Erfolgskonten nicht direkt über das Eigenkapitalkonto, sondern über ein besonderes Abschlusskonto abgeschlossen. Da sich auf diesem Konto als Saldo der Gewinn oder der Verlust der Geschäftsperiode ergibt, nennt man dieses Konto **Gewinn- und Verlustkonto.**

- Die **Gegenbuchung zu dem Saldo auf dem Gewinn- und Verlustkonto** erscheint **auf dem Eigenkapitalkonto.** Auf diese Weise werden die Auswirkungen einer Vielzahl von Eigenkapitalveränderungen aufgrund der erfolgswirksamen Geschäftsvorfälle in einer Summe auf dem Eigenkapitalkonto erfasst.

- Nach Einführung der Erfolgskonten können wir jetzt auch unser Kontensystem der doppelten Buchführung vervollständigen. Wir haben einerseits die **Bilanzkonten** und andererseits die **Erfolgskonten.** Jede Kontengruppe hat ihr eigenes Abschlusskonto. Die Gegenbuchungen zu

den **Salden** auf den **Bilanzkonten** erscheinen auf dem **Schlussbilanzkonto,** und die Gegenbuchungen zu den **Salden** auf den **Erfolgskonten** erscheinen auf dem **Gewinn- und Verlustkonto.**

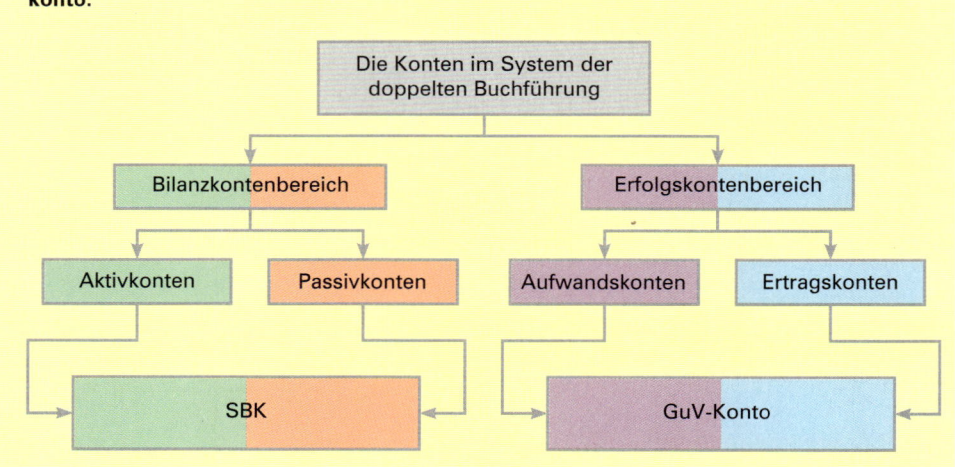

49 Bilden Sie die Buchungssätze zu folgenden Geschäftsvorfällen!

1.	Wir bezahlen eine Liefererrechnung durch Banküberweisung	1 825,30 EUR
2.	Ein Kunde begleicht eine Rechnung mit Bankscheck	841,70 EUR
3.	Die Bank belastet uns mit der Darlehensrate 2 500,00 EUR	
	den Zinsen <u>970,20 EUR</u>	3 470,20 EUR
4.	Kauf von Computerpapier gegen Bankscheck	721,70 EUR
5.	Bankabbuchung der Monatspauschale der Stadtwerke für Strom und Gas	1 140,00 EUR
6.	Ein Handelsvertreter erhält einen Bankscheck	
	für vermittelte Verkaufsgeschäfte (Konto: Vertriebsprovisionen)	1 460,00 EUR
7.	Banküberweisung für Renovierung der Büroräume	3 910,00 EUR
8.	Barkauf von neuen Büromöbeln	8 825,80 EUR
9.	Barzahlung einer Rechnung für eine Computerreparatur	571,80 EUR
10.	Banküberweisung der Miete für die Geschäftsräume	3 500,00 EUR
11.	Bareinzahlung auf das Bankkonto	4 100,00 EUR
12.	Die Steuerberatungskosten werden bar bezahlt	
	(Konto: Rechts- und Beratungskosten)	1 154,00 EUR

50 **I. Anfangsbestände:**

Unbebaute Grundstücke 120 000,00 EUR; Bebaute Grundstücke 85 000,00 EUR; Betriebs- und
Geschäftsausstattung 15 000,00 EUR; Bank 16 200,00 EUR; Kasse 5 400,00 EUR; Verbindlichkeiten aus Lieferungen und Leistungen 25 000,00 EUR; Eigenkapital 216 600,00 EUR.

II. Geschäftsvorfälle:

1.	Einkauf von Rohstoffen zum sofortigen Verbrauch	
	durch Banküberweisung	5 300,00 EUR
2.	Kauf von Schreibwaren für das Büro bar	120,00 EUR

3.	Zinsgutschrift der Bank	350,00 EUR
4.	Verkauf von fertigen Erzeugnissen gegen Banküberweisung	11 350,00 EUR
5.	Zahlung der Geschäftsmiete durch Banküberweisung	1 100,00 EUR
6.	Die Telefongebühren werden vom Bankkonto abgebucht	215,00 EUR

III. Aufgaben:

1. Erstellen Sie die Eröffnungsbilanz!
2. Bilden Sie für die Geschäftsvorfälle die Buchungssätze und buchen Sie auf den Konten!
3. Schließen Sie die Konten ab und geben Sie das neue Eigenkapital an!

51 Entscheiden Sie außerhalb des Buches, welche der folgenden Aussagen richtig sind:

1. Der Begriff Erfolg beinhaltet immer einen Gewinn.
2. Ist das Reinvermögen am Ende der Geschäftsperiode höher als am Anfang, wurde in der Geschäftsperiode ein Gewinn erzielt.
3. Vermögen – Schulden = Erfolg.
4. Ein Verlust liegt vor, wenn das Eigenkapital am Anfang der Geschäftsperiode größer ist als am Ende.
5. Die Formel für die Erfolgsermittlung lautet:

	Eigenkapital am Anfang der Geschäftsperiode
–	Eigenkapital am Ende der Geschäftsperiode
=	Erfolg

52 **I. Anfangsbestände:**

Betriebs- und Geschäftsausstattung 234 200,00 EUR; Forderungen aus Lieferungen und Leistungen 313 800,00 EUR; Kasse 22 200,00 EUR; Bank 66 500,00 EUR; Langfristige Verbindlichkeiten gegenüber Kreditinstituten 180 000,00 EUR; Verbindlichkeiten aus Lieferungen und Leistungen 136 700,00 EUR; Eigenkapital?

II. Geschäftsvorfälle:

1.	Wir begleichen eine Lieferantenrechnung durch Banküberweisung	11 100,00 EUR
2.	Barkauf von Büromöbeln für das Chefzimmer	10 460,00 EUR
3.	Wir zahlen Darlehenszinsen durch Banküberweisung	8 380,00 EUR
4.	Barkauf von Briefmarken	55,00 EUR
5.	Die Telefongebühren werden von der Bank abgebucht	1 190,00 EUR
6.	Teilweise Tilgung eines Bankdarlehens durch Banküberweisung	22 000,00 EUR
7.	Verkauf von fertigen Erzeugnissen gegen Banküberweisung	29 100,00 EUR
8.	Wir zahlen Geschäftsmiete per Bankscheck	9 900,00 EUR
9.	Zahlung einer Kfz-Reparaturrechnung bar	3 120,00 EUR
10.	Die Bank schreibt uns Zinsen gut	1 220,00 EUR

III. Aufgaben:

1. Erstellen Sie die Eröffnungsbilanz!
2. Eröffnen Sie die Konten und buchen Sie die Anfangsbestände!
3. Bilden Sie für die Geschäftsvorfälle die Buchungssätze und buchen Sie auf den Konten!
4. Schließen Sie die Konten über das Schlussbilanzkonto ab!

4.4 Abschreibungen

4.4.1 Zweck der Abschreibungen

Anlagegüter wie z. B. ein Gebäude, einen Aktenschrank, eine Maschine, einen Gabelstapler oder einen Lkw nutzt das Unternehmen langfristig. Durch den täglichen Gebrauch verlieren diese Güter an Wert (abnutzbare Güter).[1] Um ihren Wert auf dem Schlussbilanzkonto richtig darstellen zu können, ist ein bestimmter Betrag als **Wertminderung von den Anschaffungskosten** abzuschreiben (Abgang auf der Habenseite des betreffenden Anlagegutes). Die Gegenbuchung zu dieser Wertminderung erfolgt auf dem Aufwandskonto **Abschreibungen auf Sachanlagen.** Da die Wertminderung immer nur geschätzt werden kann (lediglich beim Verkauf des Anlagegutes könnte der Wertverlust genau festgestellt werden), ist der auf dem Schlussbilanzkonto ausgewiesene Rest-Vermögenswert ebenfalls nur ein Schätzwert.

> **Merke:**
>
> Durch die **Abschreibung** werden die Anschaffungskosten (aufgrund der geschätzten jährlichen Wertminderung) auf die Jahre der Nutzung als Aufwand verteilt.

Für die Bemessung der **Höhe der Abschreibung** können folgende **Gründe** eine Rolle spielen:

Gebrauch	Jeder Gebrauchsgegenstand hat eine begrenzte Lebensdauer, die u.a. von der Häufigkeit der Nutzung abhängt. Je häufiger ein Gegenstand genutzt wird, desto schneller verschleißt er und desto mehr verliert er an Wert. Ein Auto, das 100 000 km gefahren wurde, ist weniger wert als das sonst gleiche Auto, das nur 50 000 km gefahren wurde.
Technischer Fortschritt	In unserer durch hohe Technisierung und starken Konkurrenzdruck gekennzeichneten Wirtschaft werden die Produkte immer weiter verbessert. Sobald ein verbessertes Produkt auf den Markt kommt, verliert das alte Produkt schlagartig an Wert.
Wirtschaftliche Überholung	Geht die Nachfrage nach einem Gut aufgrund neuer Erfindungen oder aufgrund des Modewechsels zurück, so hat das wertmindernde Rückwirkungen sowohl auf die Güter selbst als auch auf die zu ihrer Herstellung benötigten Maschinen.
Natürlicher Verschleiß	Selbst wenn ein Gegenstand überhaupt nicht genutzt würde und auch die übrigen Ursachen der Abschreibung nicht infrage kämen, würde z.B. durch Witterungseinflüsse (Wechsel von Wärme und Kälte, Nässe und Trockenheit) eine wertmindernde Veränderung des Gegenstandes eintreten.

---

1 Nicht abnutzbare Gegenstände des Anlagevermögens sind zum Beispiel Beteiligungen, unbebaute Grundstücke und der Wert des Grund und Bodens bebauter Grundstücke. Da unbebaute Grundstücke im Allgemeinen im Wert nicht sinken, ist eine Abschreibung darauf normalerweise nicht möglich. Bei bebauten Grundstücken ist daher immer nur vom Gebäudewert abzuschreiben.

Infolge der Abschreibung vermindern sich die Anschaffungskosten jährlich um die mit der Abschreibung erfassten Wertminderung, sodass sich der Buchwert von Jahr zu Jahr verringert.

Anschaffungskosten[1] – Abschreibung = Buchwert

4.4.2 Wichtige Berechnungsmethoden der Abschreibung

Eine genaue Berechnung der Höhe der Abschreibung ist angesichts der verschiedenen Ursachen der Wertminderung kaum möglich. Man ist dabei immer auf Schätzungen angewiesen. Da aber die Berechnung der Höhe der Abschreibung Auswirkungen auf die Vermögens- und Ertragslage eines Unternehmens hat, machen Handels- und Steuerrecht aufgrund ihrer verschiedenen Interessenlage unterschiedliche Vorgaben.

4.4.2.1 Abschreibung nach Handelsrecht

Nach § 253 II HGB sind die Anschaffungskosten um planmäßige Abschreibungen zu vermindern. Der Plan muss die Anschaffungskosten auf die Geschäftsjahre verteilen, in denen der Vermögensgegenstand voraussichtlich genutzt werden kann. Eine besondere Berechnungsmethode schreibt das Handelsrecht nicht vor. Unter Beachtung der Grundsätze ordnungsmäßiger Buchführung (GoB) muss die gewählte Berechnungsmethode aber zu einer sinnvollen, nicht willkürlichen Verteilung der Anschaffungskosten auf die Nutzungsdauer führen.

Aufgrund dieser relativ offengehaltenen Berechnungsvorgaben sind handelsrechtlich folgende Berechnungsmethoden denkbar:

(1) Berechnung der Abschreibung nach der linearen Methode

Bei der linearen Abschreibung wird ein jährlich gleichbleibender Betrag von den **Anschaffungskosten** des Anlagegutes abgeschrieben. Auf diese Weise werden die gesamten Anschaffungskosten gleichmäßig auf die Nutzungsdauer verteilt. Nach Ablauf der Nutzungsdauer ist der Buchwert gleich null.

Beispiel:	
Die Anschaffungskosten eines Kombiwagens zu Beginn der Geschäftsperiode betragen 30 000,00 EUR. Es wird eine Nutzungsdauer von sechs Jahren angenommen. In diesem Fall beträgt der jährliche Abschreibungsbetrag 5 000,00 EUR und der Abschreibungssatz $16^2/_3\%$.	**Aufgabe:** Führen Sie rechnerisch die Abschreibung über die gesamte Laufzeit durch!

---

1 Die **Berechnung der Anschaffungskosten** erfolgt nach folgendem Schema:
Anschaffungspreis: Nettopreis ohne Umsatzsteuer
 – Anschaffungspreisminderungen: z.B. Rabatte, Skonti, Boni, sonstige Nachlässe
 + Anschaffungsnebenkosten: typische Beispiele sind: Transport-, Umbau-, Montagekosten, Aufwendungen für Provisionen, Notariats-, Gerichts- und Registerkosten

= Anschaffungskosten

Lösung:

Anschaffungskosten	30 000,00 EUR
− 16²/₃ % Abschreibung 1. Jahr	5 000,00 EUR
Buchwert Ende 1. Jahr	25 000,00 EUR
− 16²/₃ % Abschreibung 2. Jahr	5 000,00 EUR
Buchwert Ende 2. Jahr	20 000,00 EUR
− 16²/₃ % Abschreibung 3. Jahr	5 000,00 EUR
Buchwert Ende 3. Jahr	15 000,00 EUR
− 16²/₃ % Abschreibung 4. Jahr	5 000,00 EUR
Buchwert Ende 4. Jahr	10 000,00 EUR
− 16²/₃ % Abschreibung 5. Jahr	5 000,00 EUR
Buchwert Ende 5. Jahr	5 000,00 EUR
− 16²/₃ % Abschreibung 6. Jahr	5 000,00 EUR
Buchwert Ende 6. Jahr	0,00 EUR

$$\text{Jährlicher Abschreibungsbetrag} = \frac{\text{Anschaffungskosten}}{\text{Nutzungsdauer}}$$

$$\text{Jährlicher Abschreibungssatz} = \frac{100 \%}{\text{Nutzungsdauer}}$$

Bei der linearen Abschreibung geht man davon aus, dass sich das Wirtschaftsgut gleichmäßig abnutzt. Ein eventuell höherer Wertverlust durch technische oder wirtschaftliche Überholung oder infolge eines unterschiedlich hohen Verschleißes durch unterschiedliche Nutzung in den verschiedenen Nutzungsjahren wird dabei nicht berücksichtigt.

Die lineare Abschreibungsmethode hat insbesondere folgende Vorteile:

■ einfache und nur einmalige Berechnung des Abschreibungsbetrags;

■ gute Vergleichbarkeit der aufeinanderfolgenden Erfolgsrechnungen;

■ gleichmäßige Aufwandsbelastung bzw. Belastung der Kostenrechnung mit Abschreibungen.

Übungsaufgabe

53 1. Die Anschaffungskosten eines Warenautomaten zu Beginn der Geschäftsperiode betragen 6 550,00 EUR.

Aufgabe:
Berechnen Sie den jährlichen Abschreibungsbetrag bei linearer Abschreibung und einer angenommenen Nutzungsdauer von fünf Jahren!

2. Eine Frankiermaschine wird am Ende des 3. Nutzungsjahres linear mit 930,00 EUR abgeschrieben, Abschreibungssatz: 12¹/₂ %.

Aufgabe:
Berechnen Sie die Anschaffungskosten für die Frankiermaschine!

3.

Anlagegüter	Buchwert am 31. Dez. 20..	Anschaffungs- kosten zu Beginn des Geschäftsjahres	Nutzungs- dauer
Ladeneinrichtung für Fabrikverkauf Fuhrpark (Kombiwagen)	52 500,00 EUR 38 000,00 EUR	84 000,00 EUR 57 000,00 EUR	8 Jahre 6 Jahre

Aufgaben:

3.1 Wie viel Prozent beträgt bei linearer Abschreibung der jeweilige Abschreibungssatz?

3.2 Wie viel Jahre sind die beiden Anlagegüter bisher abgeschrieben worden?

4. Ein Bauunternehmer erwirbt zu Beginn des Geschäftsjahres einen Betonmischer. Die Anschaffungskosten betragen 6 726,00 EUR. Die geschätzte Nutzungsdauer beträgt sechs Jahre.

Aufgabe:

Erstellen Sie die Abschreibungstabelle für die gesamte Nutzungsdauer bei linearer Abschreibung!

(2) Berechnung der Abschreibungen nach der degressiven Methode

Bei der degressiven Abschreibung wird die Abschreibung durch einen gleichbleibenden Prozentsatz auf den jeweiligen Buchwert (Restbuchwert) ermittelt. Da der Buchwert von Jahr zu Jahr geringer wird, werden bei einem gleichbleibenden Prozentsatz auch die Abschreibungsbeträge von Jahr zu Jahr geringer.

Beispiel:

Die Anschaffungskosten eines Kombiwagens zu Beginn der Geschäftsperiode betragen 30 000,00 EUR. Die betriebsgewöhnliche Nutzungsdauer beträgt 6 Jahre.

Aufgaben:

1. Wie viel EUR betragen bei degressiver Abschreibung die jährlichen Abschreibungsbeträge im Laufe der Nutzungsdauer, wenn von einem Abschreibungssatz von 25 % ausgegangen wird?

2. Berechnen Sie die Abschreibungsbeträge, wenn im vierten Nutzungsjahr von der degressiven zur linearen Abschreibung übergegangen wird!

Lösung:

	Zu 1. degressive Abschreibung	Zu 2. Übergang zur linearen Abschreibung
Anschaffungskosten	30 000,00 EUR	
– 25 % Abschreibung 1. Jahr	7 500,00 EUR	
Buchwert Ende 1. Jahr	22 500,00 EUR	
– 25 % Abschreibung 2. Jahr	5 625,00 EUR	
Buchwert Ende 2. Jahr	16 875,00 EUR	
– 25 % Abschreibung 3. Jahr	4 218,75 EUR	
Buchwert Ende 3. Jahr	12 656,25 EUR →	12 656,25 EUR
– 25 % Abschreibung 4. Jahr	3 164,06 EUR	4 218,75 EUR
Buchwert Ende 4. Jahr	9 492,19 EUR	8 437,50 EUR
– 25 % Abschreibung 5. Jahr	2 373,05 EUR	4 218,75 EUR
Buchwert Ende 5. Jahr	7 119,14 EUR	4 218,75 EUR
– Abschreibung 6. Jahr (Restwert)	7 119,14 EUR	4 218,75 EUR
Buchwert Ende 6. Jahr	0,00 EUR	0,00 EUR

Erkenntnisse:

■ Bei degressiver Abschreibung sind die Abschreibungsbeträge in den ersten Jahren höher als bei linearer Abschreibung. Das ist zweifellos ein Vorteil, weil durch höhere Abschreibungsbeträge der anfängliche hohe Wertverlust des Wirtschaftsgutes ausgeglichen wird. Dieser Vorteil in den ersten Jahren wird jedoch durch den Nachteil in den späteren Jahren erkauft, in denen die Abschreibungsbeträge bei degressiver Abschreibung niedriger sind als bei linearer Abschreibung.

■ Im Gegensatz zur linearen Abschreibung, bei der nach Ablauf der Nutzungsdauer die gesamten Anschaffungskosten abgeschrieben sind, wäre bei degressiver Abschreibung noch ein erheblicher Restwert vorhanden.

■ Um auch bei (fortgesetzter) degressiver Abschreibung auf den Nullwert zu kommen, ist im letzten Jahr der zugrunde gelegten Nutzungsdauer der gesamte verbleibende Restwert abzuschreiben. Das führt dann zu einer sehr ungleichen Aufwandsbelastung.

■ Aufgrund der angesprochenen Nachteile bei degressiver Abschreibung sollte ein Wechsel von der degressiven zur linearen Abschreibung vorgenommen werden. Der Wechsel kann zu jedem beliebigen Zeitpunkt vorgenommen werden. Allerdings ist es sinnvoll, diesen Wechsel zu dem Zeitpunkt vorzunehmen, von dem ab die Abschreibungsbeträge bei linearer Abschreibung höher sind als bei der degressiven Abschreibung. In unserem Beispiel wäre dieser Übergang im vierten Jahr sinnvoll.

Die verbleibenden Abschreibungsbeträge ergeben sich dann durch die folgende Rechnung:

Restbuchwert : Restnutzungsdauer

Auf unser Beispiel angewandt, kommen wir zu folgendem Ergebnis für die gleichmäßige Verteilung des Restbuchwertes: 12656,25 EUR : 3 = 4218,75 EUR.

Für die degressive Abschreibungsmethode sprechen folgende Argumente:

■ Die degressive Abschreibung geht von der Überlegung aus, dass der Wertverlust eines Wirtschaftsgutes in den ersten Nutzungsjahren wesentlich höher ist als in den Folgejahren.

■ Dem Risiko, dass durch den technischen Fortschritt das Wirtschaftsgut schnell an Wert verlieren kann, wird durch die anfangs hohe Abschreibung entsprochen.

■ Durch die Addition der jährlich abnehmenden Abschreibungsbeträge mit den jährlich ansteigenden Wartungs- und Reparaturaufwendungen (durch die Abnutzung des Wirtschaftsgutes) wird eine etwa gleichmäßige Gesamtbelastung der Erfolgs- und Kostenrechnung in den einzelnen Jahren erreicht.

Merke:

■ Die **Berechnung der degressiven Abschreibung** erfolgt immer von dem jeweiligen **Buchwert (Restbuchwert).**

■ Bei degressiver Abschreibung werden die **Abschreibungsbeträge von Jahr zu Jahr niedriger.** Relativ hohen Abschreibungsbeträgen in den ersten Jahren stehen relativ niedrige Abschreibungsbeträge in den späteren Jahren gegenüber.

■ Zur Vermeidung eines relativ hohen Abschreibungsbetrages im letzten Jahr wird in der Regel ein **Wechsel von der degressiven zur linearen Abschreibung** vorgenommen. Der günstigste Zeitpunkt für diesen Wechsel ist dann gegeben, wenn die Abschreibungsbeträge bei linearer Abschreibung – bezogen auf die Restnutzungsdauer – höher sind als bei fortgesetzter degressiver Abschreibung.

(3) Abschreibung nach erbrachten Leistungseinheiten

Wenn es praktisch möglich und wirtschaftlich begründbar ist, kann bei beweglichen Wirtschaftsgütern des Anlagevermögens die Abschreibung auch auf der Grundlage der erbrachten Leistungseinheiten (z.B. Maschinenlaufstunden, gefahrene Kilometer, Stückzahl) berechnet werden. Voraussetzung dafür ist, dass

- der Umfang der insgesamt möglichen Leistungseinheiten (LE) geschätzt werden kann und
- die auf den Abschreibungszeitraum entfallenden Leistungseinheiten nachgewiesen werden können.

$$\text{Abschreibungsbetrag je Leistungseinheit} = \frac{\text{Anschaffungskosten}}{\text{mögliche Gesamtleistung}}$$

Jährlicher Abschreibungsbetrag = Menge der jährlichen LE · Abschreibungsbetrag je LE

4.4.2.2 Abschreibung nach Steuerrecht

(1) Abschreibungsmethode

Als Abschreibungsmethode ist prinzipiell nur die **lineare Abschreibungsmethode** erlaubt sowie – bei beweglichen Wirtschaftsgütern des Anlagevermögens – die **Abschreibung nach Maßgabe der Leistungen** (nach erbrachten Leistungseinheiten), sofern dies wirtschaftlich begründet ist und der Steuerpflichtige den auf das einzelne Jahr entfallenden Umfang der Leistung nachweisen kann.

> **Beachte:**
>
> Die **degressive Abschreibung** ist **steuerrechtlich nicht erlaubt.**
>
> **Ausnahme:** Aufgrund eines Maßnahmenbündels zur Stärkung der Konjunktur wird die degressive Abschreibung – **befristet für die Jahre 2009 und 2010** – steuerrechtlich erlaubt. Demnach ist es möglich, bewegliche Wirtschaftsgüter, die in diesem Zeitraum angeschafft werden, **steuerlich degressiv** abzuschreiben. Die degressive Abschreibung beträgt das 2,5-fache der linearen Abschreibung, maximal 25%.

(2) Beginn der Abschreibung abnutzbarer Anlagegüter im Jahr der Anschaffung

Die Abschreibung beginnt mit der **Anschaffung des Anlagegutes.** Wird ein Anlagegut im Laufe des Geschäftsjahres angeschafft, kann in diesem Jahr die **Abschreibung nur zeitanteilig** verrechnet werden, wobei allerdings in der Praxis monatsgenau gerechnet wird und der Monat der Anschaffung mitgezählt wird.

> **Beispiel:**
>
> Kauf von Lagerregalen am 30. September 2000 im Wert von 20000,00 EUR. Nutzungsdauer: 14 Jahre (Abschreibungssatz von 7,14%). Eine Abschreibung auf die Lagerregale ist nur für 4 Monate möglich.[1]
>
> $$\text{Abschreibung} = \frac{20\,000 \cdot 7,14 \cdot 4}{100 \cdot 12} = \underline{\underline{476,00 \text{ EUR}}}$$

---

1 Da im ersten Jahr die Abschreibung nur für vier Monate erfolgen konnte, fehlt im letzten Jahr 2014 noch die Abschreibung für 8 Monate. Die Abschreibungszeit für die Lagerregale läuft daher von September 2000 bis August 2014.

54 1. Die Anschaffungskosten für die Ladeneinrichtung zu Beginn der Geschäftsperiode betragen 35 000,00 EUR. Die betriebsgewöhnliche Nutzungsdauer beträgt 8 Jahre.

Aufgaben:

1.1 Führen Sie rechnerisch die degressive Abschreibung mit einem Abschreibungssatz von 20 % ohne Übergang zur linearen Abschreibung über die gesamte Laufzeit durch!

1.2 Führen Sie rechnerisch die degressive Abschreibung mit einem Abschreibungssatz von 20 % mit Übergang zur linearen Abschreibung nach dem vierten Jahr über die gesamte Laufzeit durch!

2. Ein zu Beginn der Geschäftsperiode angeschaffter Gabelstapler wird mit 15 % degressiv abgeschrieben. Sein Buchwert beträgt am Ende des 2. Jahres (nach der Abschreibung) 16 545,25 EUR.

Aufgabe:

Wie viel EUR betragen die Anschaffungskosten?

3. 3.1 Die Anschaffungskosten für einen am 15. Juli 20.. gekauften neuen Großrechner betragen 42 000,00 EUR. Die Nutzungsdauer wird auf sieben Jahre geschätzt.

Aufgaben:

3.1.1 Erstellen Sie die Abschreibungstabelle für die gesamte Nutzungsdauer bei linearer Abschreibung!

3.1.2 Warum ist die lineare Abschreibung für den Kaufmann sinnvoll?

3.2 Am 9. Juni 20.. wurde eine computergesteuerte Wasserenthärtungsanlage im Werk installiert. Die Anschaffungskosten betrugen 24 624,00 EUR. Die Nutzungsdauer beträgt zwölf Jahre.

Aufgabe:

Führen Sie rechnerisch die degressive Abschreibung mit einem Abschreibungssatz von $16^2/_3$ % mit Übergang zur linearen Abschreibung nach dem siebten Jahr durch und ermitteln Sie den Restbuchwert am 31. Dezember des 8. Nutzungsjahres!

4. Die Anschaffungskosten für ein am 17. Oktober 20.. gekauftes Reinigungsgerät betragen 4 200,00 EUR. Die Nutzungsdauer wird auf sieben Jahre geschätzt. Der Abschreibungssatz beträgt 20 %.

Aufgabe:

Erstellen Sie die Abschreibungstabelle für die gesamte Nutzungsdauer bei degressiver Abschreibung mit Übergang zur linearen Abschreibung nach dem dritten Jahr!

5. 5.1 Die Anschaffungskosten für einen am 15. September 20.. gekauften Personalcomputer betragen 3 528,00 EUR.

Aufgabe:

Ermitteln Sie den Bilanzwert des Computers per 31. Dezember 20.. bei einer Nutzungsdauer von drei Jahren!

5.2 Wodurch unterscheiden sich die lineare und degressive Abschreibung?

6. Ein Kopiergerät hat eine Nutzungsdauer von sieben Jahren. Es ist mit einem Abschreibungssatz von 20 % degressiv abgeschrieben worden. Nach der zweiten Abschreibung beträgt der Restbuchwert 8 820,00 EUR. Am Ende des vierten Nutzungsjahres wird auf die lineare Abschreibung umgestellt.

Aufgaben:

6.1 Ermitteln Sie die Anschaffungskosten des Kopiergeräts!

6.2 Berechnen Sie den Abschreibungsbetrag für das vierte Nutzungsjahr bei fortgesetzter degressiver Abschreibung!

6.3 Wie viel EUR beträgt der Abschreibungsbetrag für das vierte Nutzungsjahr bei einem Wechsel zur linearen Abschreibung?

6.4 Versuchen Sie eine Formulierung, in der das Wesen der Abschreibung zum Ausdruck kommt!

55 1. Die Anschaffungskosten einer Stanzmaschine zu Beginn der Geschäftsperiode betragen 180 180,00 EUR. Die Gesamtleistung wird während der Nutzungsdauer von 14 Jahren vom Hersteller mit 234 000 Stanzteilen angegeben.

Aufgaben:

1.1 Ermitteln Sie die Abschreibung in den ersten vier Jahren bei folgenden Jahresleistungen: 1. Nutzungsjahr: 16 000 Stück, 2. Nutzungsjahr: 18 400 Stück, 3. Nutzungsjahr 21 900 Stück, 4. Nutzungsjahr 11 500 Stück.

1.2 Was spricht betriebswirtschaftlich für eine Abschreibung nach Leistungseinheiten?

2. 2.1 Die Anschaffungskosten für einen Warenautomaten zu Beginn der Geschäftsperiode betragen 6 550,00 EUR.

Aufgabe:

Berechnen Sie den jährlichen Abschreibungsbetrag bei linearer Abschreibung und einer angenommenen Nutzungsdauer von fünf Jahren!

2.2 Ein Lagerregal wird am Ende des 3. Nutzungsjahres linear mit jährlich 3 720,00 EUR abgeschrieben, Abschreibungssatz: $12^{1}/_{2}$ %.

Aufgabe:

Berechnen Sie die Anschaffungskosten für das Lagerregal!

3. Eine Werkzeugfabrik kauft zu Beginn des Geschäftsjahres einen neuen Lkw. Der Lkw mit einer Nutzungsdauer von neun Jahren wird nach dreimaliger linearer Abschreibung in der Buchführung mit den fortgeführten Anschaffungskosten in Höhe von 52 800,00 EUR ausgewiesen.

Aufgaben:

3.1 Wie viel EUR betrugen die Anschaffungskosten?

3.2 Wie viel EUR beträgt die jährliche Abschreibung?

4. Für eine Verpackungsmaschine liegen folgende Informationen vor:

Anschaffungskosten:	15 300,00 EUR
betriebsgewöhnliche Nutzungsdauer:	13 Jahre
geschätzte Gesamtkapazität:	2 448 000 Teile
geschätzte Maschinenleistung im 1. Nutzungsjahr:	194 195 Teile
geschätzte Maschinenleistung im 2. Nutzungsjahr:	210 480 Teile
geschätzte Maschinenleistung im 3. Nutzungsjahr:	244 100 Teile

Aufgaben:

Erstellen Sie einen Abschreibungsplan für die ersten drei Nutzungsjahre

4.1 nach der linearen Abschreibung,

4.2 nach der degressiven Abschreibung mit einem Abschreibungssatz von 15 % sowie

4.3 nach der Abschreibung nach erbrachten Leistungseinheiten!

10 Speth u.a. - ISBN 978-3-8120-0465-7

4.4.3 Buchung der Abschreibung[1]

Die Wertminderung des Anlagevermögens stellt einen **betrieblichen Aufwand** dar. Er wird buchhalterisch auf dem Konto **Abschreibungen auf Sachanlagen** erfasst.

Beispiel:

Die Anschaffungskosten zu Beginn der Geschäftsperiode für eine EDV-Anlage betragen 21 000,00 EUR. Am Ende der Geschäftsperiode werden 7 000,00 EUR abgeschrieben.

Aufgaben:
1. Buchen Sie die Abschreibung auf Konten und schließen Sie die Konten ab!
2. Bilden Sie die Buchungssätze!

Lösungen:

Zu 1. Buchung auf den Konten:

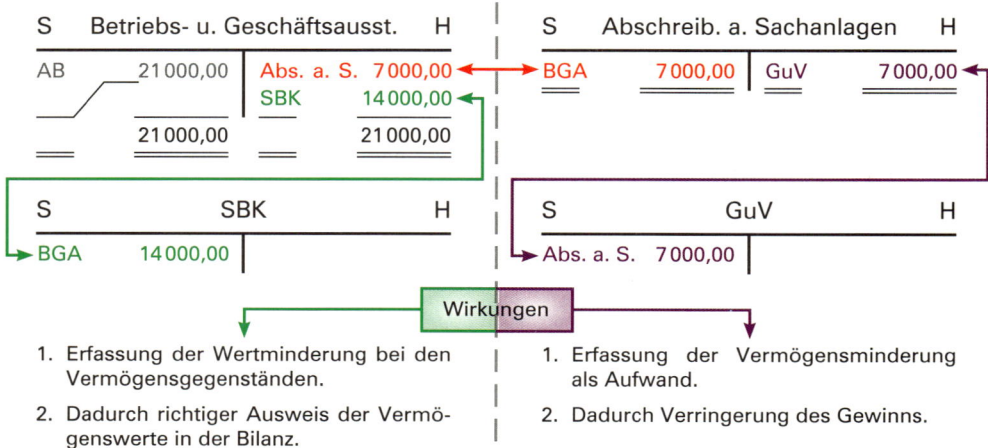

1. Erfassung der Wertminderung bei den Vermögensgegenständen.
2. Dadurch richtiger Ausweis der Vermögenswerte in der Bilanz.

1. Erfassung der Vermögensminderung als Aufwand.
2. Dadurch Verringerung des Gewinns.

Zu 2. Buchungssätze:

Geschäftsvorfälle	Konten	Soll	Haben
Buchung der Abschreibung:	Abschreib. a. Sachanlagen	7 000,00	
	an Betr.- u. Geschäftsausstattung		7 000,00
Buchungen beim Abschluss:	SBK	14 000,00	
	an Betr.- u. Geschäftsausstattung		14 000,00
	GuV	7 000,00	
	an Abschreib. a. Sachanlagen		7 000,00

Erläuterungen:

Für die ergebniswirksame Erfassung der jährlichen Abschreibungen auf das abnutzbare Anlagevermögen richten wir das Aufwandskonto **Abschreibungen auf Sachanlagen** ein. Das Abschreibungskonto erfasst am Jahresende den festgestellten Abnutzungsbetrag als Aufwand. Dieser erscheint auf der **Sollseite**.

Die **Gegenbuchung** erfolgt direkt auf dem entsprechenden **Anlagekonto auf der Habenseite,** in unserem Fall auf dem Konto Betr.- u. Geschäftsausstattung. Dort bewirkt sie, dass der entsprechende Anlageposten auf den jeweils gültigen **Zeitwert** fortgeschrieben wird.

---

1 **Wichtiger Hinweis:** Die bisher eingeführte Farbzuordnung der verschiedenen Vorgänge bei den Buchungssätzen und auf den unterschiedlichen Kontenarten diente als zusätzliche Anschauungshilfe bei der Einführung in die Buchführung. Von hier ab halten wir die konsequente Farbzuordnung nicht mehr für erforderlich. Daher dienen die Farben im Folgenden nur noch als Hervorhebung der Unterschiede.

- Die Erfassung der **Wertminderung** beim abnutzbaren Anlagevermögen erfolgt über angemessene **Abschreibungen**.

- Als **Ursachen für eine Wertminderung** (Abschreibung) kommen infrage:
  - der Gebrauch des Gegenstandes,
  - der technische Fortschritt,
  - die wirtschaftliche Überholung,
  - der natürliche Verschleiß.

- Die wichtigsten **Methoden für die Berechnung der Abschreibung** sind:
  - die **lineare Abschreibung,** bei der die Anschaffungskosten gleichmäßig auf die Jahre der geschätzten Nutzungsdauer verteilt werden. Die lineare Abschreibung ist **handelsrechtlich und steuerrechtlich erlaubt.**
  - die **degressive Abschreibung,** bei der die Abschreibungsbeträge durch Anwendung eines gleichbleibenden Prozentsatzes auf die Restwerte ermittelt werden, wodurch die Abschreibungsbeträge von Jahr zu Jahr fallen. Die degressive Abschreibung kann **handelsrechtlich** nur bei beweglichen Wirtschaftsgütern angewandt werden. Sie ist **steuerrechtlich nicht erlaubt.**

- Ein Wechsel von der degressiven Abschreibung zur linearen Abschreibung sollte vorgenommen werden. Ein solcher Wechsel ist zu dem Zeitpunkt sinnvoll, von dem ab die **Abschreibungsbeträge bei linearer Abschreibung** (ermittelt aus dem Quotienten aus Restwert und der Restnutzungsdauer) einen **höheren Betrag** ausmachen als bei **fortgesetzter degressiver Abschreibung.**

- Die Abschreibung kann auch auf der Grundlage der **erbrachten Leistungseinheiten** (z. B. Maschinenlaufstunden) bemessen werden. Diese Form der Abschreibung ist **handelsrechtlich** und **steuerrechtlich erlaubt.**

- Die **Abschreibungen** werden auf einem **Aufwandskonto** gebucht. Die **Gegenbuchung** erfolgt auf dem **abzuschreibenden Anlagekonto,** wo sie die Wertminderung bewirkt.

- Durch die **jährliche Abschreibung** wird die **erfolgsneutrale Anschaffung** über die Jahre der Nutzung **erfolgswirksam als Aufwand erfasst.**
  Buchungssatz: Abschreibungen auf Sachanlagen an Anlagekonto

56 Richten Sie folgende Konten ein: Technische Anlagen und Maschinen 580000,00 EUR; Sonstige Betriebsausstattung 371400,00 EUR; Werkzeuge 115600,00 EUR; Lager- und Transporteinrichtungen 220000,00 EUR; Fuhrpark 92000,00 EUR. Führen Sie außerdem noch die Konten Abschreibungen auf Sachanlagen, SBK und GuV!

Aufgaben:

1. Buchen Sie die folgenden Abschreibungsbeträge: auf Technische Anlagen und Maschinen 145000,00 EUR; auf Sonstige Betriebsausstattung 37140,00 EUR; auf Werkzeuge 11560,00 EUR; auf Lager- und Transporteinrichtungen 20000,00 EUR; auf Fuhrpark 18400,00 EUR.

2. Schließen Sie die Konten ab!

57 Wir kaufen zu Beginn des Geschäftsjahres einen Pkw zum Preis von 48500,00 EUR gegen Bankscheck. Der Autohändler gewährt uns einen Rabatt von 8 % sowie 2 % Skonto. Die Überführungskosten betragen 410,00 EUR, die Kosten für die Zulassung 118,40 EUR.

Aufgaben:

1. 1.1 Berechnen Sie die Anschaffungskosten!

    1.2 Wie viel EUR beträgt der jährliche Abschreibungsbetrag bei linearer Berechnung und einer angenommenen Nutzungsdauer von sechs Jahren?

2. 2.1 Buchen Sie den Geschäftsvorfall und die Abschreibung auf den Konten und schließen Sie die Konten ab!

    Hinweise: Die Konten SBK und GuV sind nicht zu führen.
    Der Anfangsbestand auf dem Konto Bank beträgt 60000,00 EUR.

    2.2 Bilden Sie die Buchungssätze für die Abschreibung und für den Abschluss der Konten!

58 1. Wie wirkt sich der Buchungssatz „Abschreibungen auf Sachanlagen an Fuhrpark" aus? (Lösung bitte unter Verwendung der entsprechenden Ziffern im Hausheft vornehmen!)

　□1 Die Handlungskosten werden niedriger.

　□2 Das Eigenkapital erhöht sich.

　□3 Die Aufwendungen verringern sich.

　□4 Der Gewinn wird niedriger.

2. Welche Wirkungen hat die Abschreibung

    2.1 im Bereich der Bilanzkonten,

    2.2 im Bereich der Erfolgskonten?

59 Für die Anschaffung einer Verpackungsmaschine erhalten wir am 25. Januar folgende Rechnung:

Listeneinkaufspreis 70 000,00 EUR. Auf den Listeneinkaufspreis erhalten wir 9 % Rabatt. Für den Transport und die Montage werden 1 794,00 EUR in Rechnung gestellt.

Aufgaben:

1. Berechnen Sie den jährlichen Abschreibungsbetrag bei linearer Abschreibung und einer angenommenen Nutzungsdauer von dreizehn Jahren!

2. 2.1 Richten Sie die folgenden Konten ein: Technische Anlagen und Maschinen, Abschreibungen auf Sachanlagen, GuV, SBK!

    2.2 Tragen Sie die Anschaffungskosten auf dem Konto Technische Anlagen und Maschinen als Anfangsbestand vor und buchen Sie die Abschreibung im ersten Jahr! Schließen Sie anschließend die Konten ab!

3. Beantworten Sie kurz die folgenden Fragen:

    3.1 Wie wirken sich die Abschreibungen auf den Gewinn bzw. Verlust eines Unternehmens aus?

    3.2 Welche Ursachen liegen der Abschreibung zugrunde?

    3.3 Welche Wirkung hat die Abschreibung auf der Aktivseite der Bilanz?

5 Organisation der Buchführung

5.1 Einführung des Kontenrahmens

(1) Allgemeines zum Kontenrahmen

Die Buchführung eines Kaufmanns besteht aus einer Vielzahl von Konten. Um hierüber die wünschenswerte Übersicht zu behalten, bedarf es einer bestimmten Ordnung. Sie wird mithilfe des Kontenrahmens erreicht. Dieses bewährte Ordnungsmittel wurde bereits 1937 in der deutschen Wirtschaft eingeführt. Neben dem genannten Zweck der Übersichtlichkeit sollte mit der Einführung des Kontenrahmens auch die Vergleichbarkeit und Kontrolle der Betriebe besser ermöglicht werden. Die Einführung eines bestimmten Kontenrahmens kann nur als Empfehlung an die Betriebe angesehen werden, eine gesetzliche Verpflichtung dazu besteht nicht.

Um den individuellen Bedürfnissen optimal zu entsprechen, hat jeder Wirtschaftszweig seinen eigenen Kontenrahmen entwickelt. Daneben haben bekannte Softwarefirmen spezielle EDV-Kontenrahmen herausgebracht. Das dabei zugrunde gelegte Ordnungsprinzip ist einheitlich. Die Gesamtmenge der Konten wird mithilfe der zehn Ziffern unseres Zahlensystems nach bestimmten Gesichtspunkten in Klassen und Gruppen gegliedert.

(2) Bedeutung des Kontenrahmens

Dadurch, dass nicht mehr jeder Unternehmer seine Buchführung nach eigenem Ermessen und Gutdünken aufbaut, werden insbesondere folgende zwei Vorteile erzielt:

■ Der Inhalt der einzelnen Konten ist genau bestimmt. Dadurch können die verschiedenen Inhalte scharf gegeneinander abgegrenzt werden. Verschiedene Industrieunternehmen buchen daher unter der gleichen Kontenbezeichnung den gleichen Inhalt. Dadurch wird die **Organisation** der Buchführung **einheitlicher** und **übersichtlicher**.

■ Durch die Vereinheitlichung der Grundkonzeption der Buchführung ist es dem Unternehmer möglich, Vergleiche vorzunehmen, und zwar
   ■ **innerhalb des Unternehmens**: Vergleich der Entwicklung der Konteninhalte von Rechnungsjahr zu Rechnungsjahr **(Zeitvergleich)**, aber auch
   ■ **außerhalb des Unternehmens**: z.B. Vergleich der eigenen Buchführungsergebnisse mit denen anderer Unternehmen **(Betriebsvergleich)**.

(3) Vom Kontenrahmen zum Kontenplan

Innerhalb des Kontenrahmens, dessen Anwendung allen Unternehmen des betreffenden Wirtschaftszweiges empfohlen wird, stellt jeder Betrieb den individuellen Bedürfnissen entsprechend seinen eigenen **Kontenplan** auf. In diesem werden jene Konten ausgelassen, die für den betreffenden Betrieb keine Bedeutung haben.

> **Merke:**
>
> ■ Der **Kontenrahmen** bezieht sich auf eine bestimmte **Wirtschaftsbranche**.
> ■ Der **Kontenplan** bezieht sich auf einen bestimmten **Betrieb**.

5.2 Allgemeines Aufbauprinzip eines Kontenrahmens

Mithilfe der zehn Ziffern unseres Zahlensystems (0 bis 9) wird die Gesamtmenge der Konten nach sachlichen Gesichtspunkten (z.B. alle Finanzanlagen, alle Ertragskonten usw.) zunächst in 10 **Kontenklassen** gegliedert.

Beispiel:

Kontenklasse 0	Kontenklasse 1	Kontenklasse 2
AKTIVA		
Anlagevermögen		Umlaufvermögen

Da es in jeder Kontenklasse mehrere Konten gibt, muss man zur eindeutigen Unterscheidung eine zweite Ziffer hinzufügen. Dabei beginnt man ebenfalls wieder mit der Ziffer 0. Diese zweistellige Kontenkennzeichnung bildet jeweils eine **Kontengruppe**.

Beispiel:

Kontenklasse 0	usw.
AKTIVA	
Anlagevermögen	
. . 02 Konzessionen, gewerbliche Schutzrechte und ähnliche Rechte und Werte sowie Lizenzen an solchen Rechten und Werten . . 05 Grundstücke, grundstücksgleiche Rechte und Bauten einschließlich der Bauten auf fremden Grundstücken	

Da auch innerhalb einer Kontengruppe im Allgemeinen unterschiedliche Konten vorkommen, muss jede Kontengruppe wieder nach dem gleichen Verfahren unterteilt werden. Man spricht dann von einer bestimmten **Kontenart**. Notfalls müssen zu einer Kontenart auch **Kontenunterarten** gebildet werden.

Beispiel:

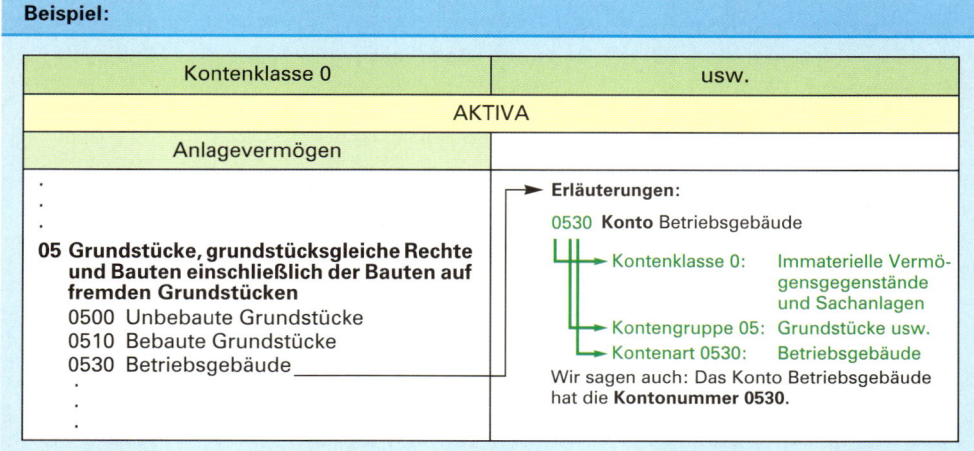

150

5.3 Aufbau des branchenübergreifenden Schulkontenrahmens für Nordrhein-Westfalen

Der Industriekontenrahmen in der Neufassung von 1986 ist ein abschlussorientierter Kontenrahmen.[1] Das bedeutet, dass sich die Reihenfolge der Kontengruppen an den Abschlussgliederungsprinzipien der Bilanz und der Gewinn- und Verlustrechnung bei Kapitalgesellschaften orientiert. Da sich diese Gliederungsprinzipien für den Jahresabschluss – besonders die für die Bilanz, wenn auch in vereinfachter und verkürzter Form – auch bei Nichtkapitalgesellschaften immer stärker durchsetzen, ist damit die Erstellung des Jahresabschlusses wesentlich erleichtert. Das gilt besonders beim Einsatz eines Finanzbuchhaltungsprogrammes. Der Computer ordnet beim Abschluss der Konten den Salden bestimmte Bilanzposten bzw. Posten der Gewinn- und Verlustrechnung zu, sodass der Jahresabschluss automatisch erstellt werden kann. Natürlich muss diese Zuordnung vorher in den Computer eingegeben werden.

In seiner (vereinfachten) Grobstruktur weist der Industriekontenrahmen in den einzelnen Kontenklassen folgende Positionen aus:

Klasse 0:	Immaterielle Vermögensgegenstände und Sachanlagen	← Bestandskonten
Klasse 1:	Finanzanlagen	← Bestandskonten
Klasse 2:	Umlaufvermögen	← Bestandskonten
Klasse 3:	Eigenkapital	← Bestandskonten
Klasse 4:	Verbindlichkeiten	← Bestandskonten
Klasse 5:	Erträge	← Erfolgskonten
Klasse 6:	Betriebliche Aufwendungen	← Erfolgskonten
Klasse 7:	Weitere Aufwendungen	← Erfolgskonten
Klasse 8:	Ergebnisrechnungen	← Abschlusskonten
Klasse 9:	Kosten- und Leistungsrechnung (KLR)[2]	

In den folgenden Kapiteln werden wir die Buchungssätze nur noch unter Zuhilfenahme des Industriekontenrahmens (IKR) bilden, d.h., bei den Buchungen im Grundbuch setzen wir vor den Kontonamen die entsprechende Kontonummer, und im Hauptbuch werden die Gegenkonten nur mit den Kontonummern angegeben.

Beispiel:

Buchungssatz:

Geschäftsvorfall	Konten	Soll	Haben
Wir bezahlen eine bereits gebuchte Eingangsrechnung über 3850,00 EUR	4400 Verb. a. L. u. L.	3850,00	
durch Banküberweisung 3000,00 EUR	an 2800 Bank[3]		3000,00
in bar 850,00 EUR	an 2880 Kasse		850,00

---

1 Die EDV-Kontenrahmen verwenden im Allgemeinen für jede Kontoart des Hauptbuchs eine vierstellige Kontoziffer. Personenkonten (Lieferer- und Kundenkonten) haben dann mindestens fünfstellige Kontoziffern. Dieser 4-stelligen Kontobezifferung wollen wir uns anschließen.

2 In der Praxis wird die Kosten- und Leistungsrechnung tabellarisch durchgeführt. Auf die Kosten- und Leistungsrechnung wird in der Jahrgangsstufe 12 eingegangen.

3 Im Schulkontenrahmen für NRW wird das Konto 2800 mit „Guthaben bei Kreditinstituten (Bank)" bezeichnet. Der Einfachheit halber bezeichnen wir das Konto weiterhin kurz mit Bank. Dieses Konto weist in diesem Lehrbuch immer ein Guthaben aus.

Buchung auf den Konten:

S	2800 Bank		H
AB	5 000,00	4400	3 000,00

S	4400 Verbindl. a. Lief. u. Leist.		H
2800/2880	3 850,00	AB	10 000,00

S	2880 Kasse		H
AB	3 140,00	4400	850,00

Zusammenfassung

- Der **Kontenrahmen** ist ein Organisationsmittel der Buchführung, mit dessen Hilfe die Konten nach einem numerisch-dekadischen System geordnet werden.

- Jeder Wirtschaftszweig hat seinen eigenen Kontenrahmen entwickelt. Diese werden durch EDV-Kontenrahmen ergänzt.

- Zur Benutzung eines bestimmten Kontenrahmens besteht kein gesetzlicher Zwang. Jedoch ist die Verwendung eines Kontenrahmens heute für alle Unternehmen eine Selbstverständlichkeit und kann wohl auch als ein Grundsatz einer ordnungsmäßigen Buchführung angesehen werden.

- Die numerische Ordnung der Konten aufgrund eines Kontenrahmens
  - erleichtert Vergleichsmöglichkeiten,
  - schafft eine bessere Übersicht,
  - beschleunigt die Bearbeitung und
  - ist eine Voraussetzung für eine EDV-gestützte Buchführung.

- Der **Kontenplan** enthält die für einen bestimmten Betrieb benötigten Konten.

Übungsaufgabe

60 Nehmen Sie zur Bearbeitung der folgenden Aufgaben den als Anlage beigefügten Industriekontenrahmen zur Hand!

1. In welchen Kontenklassen erscheinen die Aufwendungen des Betriebs?

2. Nennen Sie fünf Aufwandsarten und geben Sie jeweils die entsprechende Ziffernfolge der Kontonummern an!

3. 3.1 Mit welchem Begriff fasst der Industriekontenrahmen die Konten der Klasse 0 und 1 zusammen?

   3.2 Nehmen Sie zu dieser Begriffsbildung Stellung! Wie ist sie begründbar?

4. Ordnen Sie den folgenden Konten die richtige Kontonummer zu:
   Rohstoffe   Energie
   Umsatzerlöse für eigene Erzeugnisse   Fuhrpark
   Kasse   Aufwendungen für Rohstoffe

5. Welche Informationen erhalten Sie durch die Kontobezeichnung 0830?

   5.1 Was bedeutet die Ziffer 0?

   5.2 Was besagt die Ziffernfolge 08?

   5.3 Was drückt die Ziffernfolge 0830 aus?

6. Bilden Sie unter Angabe der Kontonummern und der Kontonamen für folgende Geschäftsvorfälle die Buchungssätze:

6.1 Kauf von Büromöbeln bar   5 000,00 EUR

6.2 Ein Kunde überweist einen Rechnungsbetrag auf unser Bankkonto   896,00 EUR

6.3 Wir kaufen Büromaterial bar   120,00 EUR

6.4 Wir verkaufen Fertigerzeugnisse auf Ziel   8 000,00 EUR

6.5 Wir zahlen eine Liefererrechnung durch Banküberweisung   560,00 EUR

6.6 Zahlung einer Handwerkerrechnung bar   1 160,00 EUR

6.7 Ein Kunde zahlt einen Rechnungsbetrag über   1 750,00 EUR
     in bar   750,00 EUR
     per Bankscheck   1 000,00 EUR

6.8 Wir kaufen eine Verpackungsmaschine   10 000,00 EUR

     Finanzierung:
     Bankscheck   3 500,00 EUR
     Barzahlung   200,00 EUR
     Restverbindlichkeit   6 300,00 EUR

6.9 Bilden Sie zu dem folgenden Beleg den Buchungssatz aus der Sicht der PETRA AG!

Überweisung	443 500 60	
⌷ Kreissparkasse Unna		
Begünstigter: Name, Vorname/Firma (max. 27 Stellen)		
Versicherung AG Berlin		
Konto-Nr. des Begünstigten		**Bankleitzahl**
344455688		60070070
Kreditinstitut des Begünstigten		
Deutsche Bank Berlin		
	EUR	**Betrag: Euro, Cent** 471,20 - - - - - - - - - - - -
Kunden-Referenznummer - Verwendungszweck, ggf. Name und Anschrift des Überweisenden - (nur für Begünstigten)		
Kfz-Versicherung 89098856		
noch Verwendungszweck (insgesamt max. 2 Zeilen à 27 Stellen)		
UL – BS 843		
Kontoinhaber: Name, Vorname/Firma, Ort (max. 27 Stellen, keine Straßen- oder Postfachangaben)		
PETRA AG, Gartenstraße 4, 59423 Unna		
Konto-Nr. des Kontoinhabers		
413795		20
20.3.20.. i. A. Ludwig		
Datum, Unterschrift		

6 Umsatzsteuer (Mehrwertsteuer)

6.1 Betriebswirtschaftliche und rechtliche Grundlagen

Bis die Waren zum Verkauf im Einzelhandel angeboten werden, durchlaufen sie häufig mehrere Unternehmen.

Beispiel:	
Bis der Kunde in einem Lebensmittelgeschäft eine Ecke Schmelzkäse kaufen kann, hat das Produkt in der Regel folgende Unternehmen durchlaufen:	Milcherzeugung im **landwirtschaftlichen Betrieb** → Verarbeitung zu Käse im **Milchwerk** → Fertigung im **Schmelzkäsewerk** → Vertrieb über den **Großhandel** zum → **Einzelhandel**.

Durch **Kosten** und **Gewinn** erhöht sich in jedem Unternehmen jeweils der **Wert** des Produktes. Diesen **Mehrwert** (Unterschied zwischen Verkaufswert und Einstandswert) besteuert der Staat, d.h., jeder **Unternehmer** hat von dem Mehrwert, der von seinem Unternehmen geschaffen wird, Umsatzsteuern zu entrichten. Aus diesem Grunde wird die **Umsatzsteuer (USt)** häufig auch als **Mehrwertsteuer** bezeichnet.

Die Umsatzsteuer gehört abgaberechtlich zu den Verkehrsteuern, weil Vorgänge des Wirtschaftsverkehrs besteuert werden. Der Wirkung nach ist die Umsatzsteuer eine Verbrauchsteuer, da die Belastung der Endverbraucher zu tragen hat. In vereinfachter und verkürzter Form dargestellt beantwortet das Umsatzsteuergesetz folgende Fragen:

(1) Wer ist umsatzsteuerpflichtig?

Steuerpflichtig ist der **Unternehmer**.

(2) Welche Umsätze sind umsatzsteuerbar?

Hier gilt es zunächst zwischen steuerbaren und nicht steuerbaren Umsätzen zu unterscheiden.

■ **Nicht steuerbare Umsätze.**

Sie fallen nicht unter das Umsatzsteuergesetz. Deshalb fällt bei diesen Umsätzen keine Umsatzsteuer an.

Beispiel:
Ein Autohändler liefert als **Privatmann** seinen gebrauchten Fernseher an einen Interessenten gegen Barzahlung.

■ **Steuerbare Umsätze**

Sie sind entweder steuerpflichtig oder steuerfrei.

■ **Steuerpflichtige Umsätze**

Folgende Umsätze unterliegen der Umsatzsteuer:

1. Lieferungen, die ein Unternehmer im Inland gegen Entgelt im Rahmen seines Unternehmens ausführt.
2. Leistungen, die ein Unternehmer im Inland gegen Entgelt im Rahmen seines Unternehmens ausführt (z.B. Reparaturen, Transport von Waren, Errichtung neuer Anlagen usw.).

■ **Steuerfreie Umsätze**

Hierbei handelt es sich um Umsätze, die dem Umsatzsteuergesetz unterliegen, für die aber keine Umsatzsteuer entsteht, da diese Umsätze vom Gesetzgeber für steuerfrei erklärt werden. Die steuerfreien Umsätze sind im Wesentlichen in § 4 Nr. 1 bis Nr. 28 UStG aufgeführt.

Beispiele:

Ausfuhrlieferungen in ein Drittland;[1] innergemeinschaftliche[2] Lieferungen; Umsätze im Geld- und Kapitalverkehr (z.B. die Gewährung und die Vermittlung von Krediten, die Umsätze von Wertpapieren); Vermietung und Verpachtung von Grundstücken; Umsätze aus der Tätigkeit als Arzt, Zahnarzt; Zahlung von Versicherungsbeiträgen.

(3) Wie viel Prozent beträgt der Steuersatz?

Der Steuersatz beträgt im Normalfall 19%, in besonderen Fällen 7%.

(4) Von welchem Betrag wird die Umsatzsteuer berechnet (Bemessungsgrundlage)?

Die Umsatzsteuer wird vom **Entgelt** berechnet. Das ist der vom Empfänger der Leistung zu **entrichtende Nettopreis**. Die Umsatzsteuer fällt im Allgemeinen bereits dann an, wenn eine Lieferung bzw. Leistung erbracht wird, also die Forderung entsteht **(Sollbesteuerung)**. Erlösminderungen (Skonti, Rabatte, Preisnachlässe usw.) vermindern die Berechnungsgrundlage für die Umsatzsteuer, in Rechnung gestellte Nebenkosten erhöhen das Entgelt.

(5) Welchen Betrag erhält das Finanzamt?

Bei der Berechnung der Umsatzsteuer wird zunächst vom **gesamten Umsatzwert** ausgegangen: 19% vom Verkaufserlös ergibt die (vorläufige) Umsatzsteuerschuld. Von dieser so berechneten Steuerschuld können die auf den **Eingangsrechnungen ausgewiesenen Umsatzsteuerbeträge** als sogenannte **Vorsteuer** abgezogen werden. Die Vorsteuer stellt somit für den Kaufmann eine **Forderung** an das Finanzamt dar. Die Differenz zwischen Umsatzsteuer und Vorsteuer ist dann die tatsächlich zu zahlende Steuerschuld. Wir nennen sie **Zahllast**.

Damit die Unternehmer und ihre Leistungsempfänger den Vorsteuerabzug erhalten, müssen die **Rechnungen** folgende **Angaben** enthalten:

- **Vollständiger Name** und **vollständige Anschrift** des leistenden Unternehmers und des Leistungsempfängers,
- die **Steuernummer** oder die **Umsatzsteuer-Identifikationsnummer,**
- das **Ausstellungsdatum,**

---

1 Drittlandstaaten sind Staaten, die nicht zur Europäischen Union (EU) gehören.
2 Gemeinschaftsgebiet umfasst das Gebiet der europäischen Staaten, die der Europäischen Union angehören. EU-Länder sind: Belgien, Bulgarien, Dänemark, Deutschland, Estland, Finnland, Frankreich, Griechenland, Großbritannien, Irland, Italien, Lettland, Litauen, Luxemburg, Malta, Niederlande, Österreich, Polen, Portugal, Rumänien, Schweden, Slowakei, Slowenien, Spanien, Tschechien, Ungarn und Zypern (griechischer Landesteil).

- eine **fortlaufende Nummer** mit einer oder mehreren Zahlenreihen, die zur Identifizierung der Rechnung vom Rechnungssteller einmal vergeben wird **(Rechnungsnummer),**
- die **Menge** und die **Art** sowie die handelsübliche Bezeichnung der gelieferten Gegenstände oder die Art und den Umfang der **sonstigen Leistung,**
- den **Zeitpunkt der Lieferung** oder **sonstigen Leistung,**
- das nach **Steuersätzen** und einzelnen **Steuerbefreiungen** aufgeschlüsselte Entgelt für die Lieferung oder sonstige Leistung sowie jede im Voraus vereinbarte Minderung des Entgelts,
- der **anzuwendende Steuersatz** sowie der auf das Entgelt entfallende Steuerbetrag oder im Falle einer Steuerbefreiung der Hinweis darauf, dass für die Lieferung oder sonstige Leistung eine Steuerbefreiung gilt.

Bei **Rechnungen** über **Kleinbeträge** von bis zu 150,00 EUR muss lediglich angegeben werden: Name und Anschrift des leistenden Unternehmens, Ausstellungsdatum, Menge und Art der gelieferten Gegenstände oder Umfang und Art der sonstigen Leistung, das Entgelt und der darauf entfallende Steuerbetrag in einer Summe sowie der anzuwendende Steuersatz [§ 33 Umsatzsteuer-Durchführungsverordnung, UStDV].

Beispiel:

Dargestellt am Beispiel Einkauf und Verkauf von Handelswaren, bei dem die Zusammenhänge am einfachsten dargestellt werden können, ergibt sich die folgende Abrechnung mit dem Finanzamt:

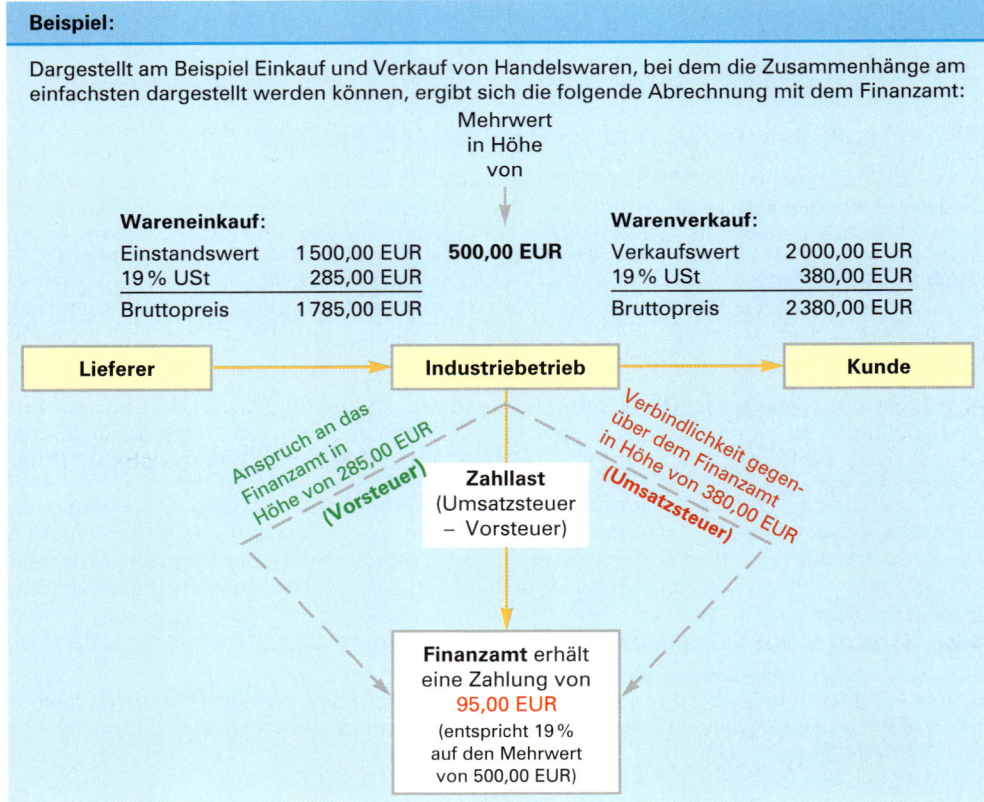

Abrechnung mit dem Finanzamt:

19 % v. Nettoverkaufspreis	2 000,00 EUR	380,00 EUR →	Umsatzsteuer →	Verbindlichkeiten
− 19 % v. Nettoeinkaufspreis	1 500,00 EUR	285,00 EUR →	Vorsteuer	Forderungen
= Mehrwert	500,00 EUR	95,00 EUR →	Zahllast →	Restschuld

■ **Auswirkungen der Umsatzsteuer auf den Erfolg am Beispiel eines Handelswarengeschäftes:**

Industriebetrieb **zahlt USt**

■ an den Lieferer lt. ER 285,00 EUR
■ an das Finanzamt   95,00 EUR
                         380,00 EUR

Industriebetrieb **erhält USt**

vom Kunden lt. AR   380,00 EUR

Merke:

■ Durch die USt entstehen dem Industriebetrieb **keine Aufwendungen**. Die USt ist daher **ergebnisunwirksam**. Was das Unternehmen auf der einen Seite einnimmt, gibt es auf der anderen Seite aus. Die Umsatzsteuer ist für das Unternehmen ein sogenannter **durchlaufender Posten**.

■ Die **Last der Umsatzsteuer trägt** allein der **Verbraucher**.

(6) Zu welchem Zeitpunkt muss die Umsatzsteuer gezahlt werden?

Der Unternehmer hat nach § 18 UStG bis zum 10. Tag nach Ablauf des Voranmeldungszeitraums eine Voranmeldung nach amtlich vorgegebenem Vordruck abzugeben, und zwar – wie heute üblich – auf elektronischem Wege. Die darin ermittelte Vorauszahlung ist zu diesem Zeitpunkt fällig.

Voranmeldungszeitraum ist das Kalendervierteljahr. Beträgt die Steuer für das vorangegangene Kalenderjahr mehr als 7 500,00 EUR, wovon im Normalfall auszugehen ist, ist der Kalendermonat der Voranmeldungszeitraum. Das bedeutet, dass der Unternehmer im Normalfall bis zum 10. des laufenden Monats für den abgelaufenen Monat eine entsprechende Voranmeldung zu übermitteln hat.

Am Jahresende erfolgt die Endabrechnung mithilfe der Jahressteuererklärung und des Jahressteuerbescheides. Nachzahlungen bzw. Rückerstattungen sind nicht ausgeschlossen, da sich die Bemessungsgrundlage aufgrund nachträglicher Skonti, Rabatte, Preisnachlässe oder aufgrund von Forderungsausfällen ändern kann.

6.2 System der Umsatzsteuerbuchungen

6.2.1 Buchhalterische Erfassung der Umsatzsteuer bei den Grundfällen (Einkauf von Werkstoffen und Handelswaren sowie Verkauf von Fertigerzeugnissen und Handelswaren)

Da dem Unternehmen durch die Umsatzsteuer **keine Kosten** (Aufwendungen) entstehen, kann für die buchhalterische Erfassung nur der Bereich der **Bilanzkonten** infrage kommen.

Beispiel:

Kauf von Rohstoffen auf Ziel
lt. folgender Eingangsrechnung:

Rohstoffe, netto	1 500,00 EUR
+ 19 % USt	285,00 EUR
Rechnungsbetrag (ER)	1 785,00 EUR

Beispiel:

Verkauf von Erzeugnissen auf Ziel
lt. folgender Ausgangsrechnung:

Erzeugnisse, netto	2 000,00 EUR
+ 19 % USt	380,00 EUR
Rechnungsbetrag (AR)	2 380,00 EUR

Aufgabe:

Buchen Sie die beiden Geschäftsvorfälle auf Konten und bilden Sie anschließend die Buchungssätze!

Lösung:

S	6000 Aufwend. f. Rohstoffe		H
4400	1 500,00		

S	2600 Vorsteuer		H
4400	285,00		

S	4400 Verbindlichkeiten a. Lief. u. Leist.		H
		6000/2600	1 785,00

Buchungssatz:

Konten	Soll	Haben
6000 Aufw. f. Rohstoffe 2600 Vorsteuer an 4400 Verb. a. L. u. L.	1 500,00 285,00	 1 785,00

Merke:

Die USt auf Eingangsrechnungen stellt eine **Forderung** des Unternehmers gegenüber dem Finanzamt dar. Sie wird auf einem Forderungskonto, genannt **Vorsteuer,** gebucht.

Das Konto **2600 Vorsteuer** ist ein **Aktivkonto.**

S	2400 Forderungen a. Lief. u. Leist.		H
5000/4800	2 380,00		

S	5000 Umsatzerlöse f. eig. Erzeugnisse		H
		2400	2 000,00

S	4800 Umsatzsteuer		H
		2400	380,00

Buchungssatz:

Konten	Soll	Haben
2400 Ford.a.L.u.L. an 5000 UE f. eig. Erz. an 4800 Umsatzsteuer	2 380,00	 2 000,00 380,00

Merke:

Die USt auf Ausgangsrechnungen stellt eine **Verbindlichkeit** des Unternehmers gegenüber dem Finanzamt dar. Sie wird auf einem entsprechenden Schuldkonto, genannt **Umsatzsteuer,** gebucht.

Das Konto **4800 Umsatzsteuer** ist ein **Passivkonto.**

61

1. Wir kaufen Handelswaren auf Ziel netto   1 350,00 EUR
   + 19 % USt   256,50 EUR 1 606,50 EUR

2. Kauf von Rohstoffen gegen Bankscheck netto   3 198,00 EUR
   + 19 % USt   607,62 EUR 3 805,62 EUR

3. Kauf von Betriebsstoffen bar netto   7 479,00 EUR
   + 19 % USt   1 421,01 EUR 8 900,01 EUR

4. Wir verkaufen Handelswaren bar netto   10 391,20 EUR
   + 19 % USt   1 974,33 EUR 12 365,53 EUR

5. Verkauf von Erzeugnissen auf Ziel netto   6 220,00 EUR
   + 19 % USt   1 181,80 EUR 7 401,80 EUR

6. Banküberweisung des Kunden zum Ausgleich
   der Rechnung (vgl. Fall 5)   7 401,80 EUR

7. Kauf von Hilfsstoffen gegen Rechnung netto   917,00 EUR
   + 19 % USt   174,23 EUR 1 091,23 EUR

8. Banküberweisung an einen Lieferer zum Ausgleich der
   Rechnung (vgl. Fall 7)   1 091,23 EUR

9. Verkauf von Erzeugnissen bar netto   778,00 EUR
   + 19 % USt   147,82 EUR 925,82 EUR

10. Erklären Sie die Richtigkeit folgender Aussagen!

 10.1 Die Umsatzsteuer zahlt letztlich der Endverbraucher.

 10.2 Die Umsatzsteuer ist ein „durchlaufender Posten" und deshalb erfolgsneutral.

6.2.2 Buchhalterische Erfassung der Umsatzsteuer bei weiteren Fällen

Die Umsatzsteuer erscheint nicht nur auf den Rechnungen der beiden vorgestellten Grundfälle, sondern ebenfalls bei einer Reihe weiterer Fälle.

(1) Auf der Eingangsseite

Neben den Eingangsrechnungen für den Einkauf von Werkstoffen oder Handelswaren erhalten wir z. B. Rechnungen für den Kauf von Anlagegegenständen (Fahrzeuge, Teilen, die zur Betriebs- und Geschäftsausstattung zählen), Rechnungen von Handwerkern für Reparaturleistungen, Rechnungen für den Einkauf von Büromaterial usw. Die Umsatzsteuer dieser Rechnungen erscheint ebenfalls auf dem **Aktivkonto Vorsteuer**.

(2) Auf der Ausgangsseite

Neben dem Verkauf von Erzeugnissen oder Handelswaren können gebrauchte Fahrzeuge oder Teile der Betriebs- und Geschäftsausstattung verkauft werden. Auch solche sogenannten Hilfsgeschäfte sind umsatzsteuerpflichtig. Beim Verkauf müssen wir Umsatzsteuer in Rechnung stellen. Sie erscheint auf dem **Passivkonto Umsatzsteuer**.

Merke:

- Die Umsatzsteuer auf **Ausgangsrechnungen** stellt eine **Verbindlichkeit gegenüber dem Finanzamt** dar.

  Das **Konto Umsatzsteuer** ist daher ein **Passivkonto**.

- Die Umsatzsteuer auf **Eingangsrechnungen**, die als **Vorsteuer** bezeichnet wird, stellt eine **Forderung gegenüber dem Finanzamt** dar.

  Das **Konto Vorsteuer** ist daher ein **Aktivkonto**.

Übungsaufgaben

62 Buchen Sie im Grundbuch (Buchungssätze) der Möbelfabrik Bruno Bernhardt GmbH folgende Geschäftsvorfälle:

1. Wir kaufen 100 Zeituhren zum Einbau in Küchenmöbel auf Ziel netto 1430,00 EUR zuzüglich 19 % USt.

2. Wir bezahlen die bereits gebuchte Liefererrechnung Nr. 21 über 1700,00 EUR bar.

3. Einkauf von Spanplatten lt. Eingangsrechnung Nr. 56 2737,00 EUR einschließlich 19 % USt gegen Bankscheck.

4. Ein Kunde bezahlt die Ausgangsrechnung Nr. 45 durch Überweisung auf unser Bankkonto 2464,45 EUR.

5. Barzahlung einer noch nicht gebuchten Handwerkerrechnung für Malerarbeiten im Büro netto 300,00 EUR zuzüglich 19 % USt.

6. Wir kaufen einen Personalcomputer gegen Barzahlung netto 1300,00 EUR zuzüglich 19 % USt.

7. Verkauf von Bürotischen auf Ziel. Rechnungsbetrag einschließlich 19 % USt 10 055,50 EUR.

8. Kauf von Schreibwaren für das Büro bar 685,00 EUR zuzüglich 19 % USt.

9. Bankabbuchung für Telefongebühren einschl. 19 % Umsatzsteuer 1 195,95 EUR.

10. Banküberweisung für Stromverbrauch lt. vorliegender Rechnung: Nettowert 2210,00 EUR zuzüglich 19 % USt.

11. Einkauf von Leim für die Fertigung 890,00 EUR zuzüglich 19 % USt gegen Bankscheck.

12. Einkauf von Schmieröl 1420,00 EUR zuzüglich 19 % USt auf Ziel.

13. Bareinkauf von Schrauben und Nägeln in Höhe von 275,00 EUR zuzüglich 19 % USt.

14. Barverkauf von zugekauften Bilderrahmen in Höhe von 851,09 EUR einschl. 19 % USt.

63 Buchen Sie im Grundbuch der Papierfabrik Siegbert Schlor KG die folgenden Geschäftsvorfälle:

1. Barzahlung der Leasingrate für das Geschäftsfahrzeug   370,00 EUR
   + 19 % USt   <u>70,30 EUR</u>   440,30 EUR

2. Wir zahlen Miete für die Geschäftsräume
   durch Banküberweisung   3 720,00 EUR

3. Banklastschrift zum Ausgleich der Stromrechnung
   für das Geschäft   745,00 EUR
   + 19 % USt   <u>141,55 EUR</u>   886,55 EUR

4. Wir kaufen einen Büroschrank und zahlen
   mit Bankscheck 900,00 EUR
   + 19 % USt 171,00 EUR   1 071,00 EUR

5. Einkauf von Handelswaren auf Ziel 1 560,00 EUR
   + 19 % USt 296,40 EUR   1 856,40 EUR

6. Wir zahlen die Reparaturrechnung für die Wartung
   der EDV-Anlage einschließlich 19 % USt durch
   Banküberweisung   2 769,40 EUR

7. Wir zahlen die Ausbildungsvergütungen für unsere
   kaufmännischen Auszubildenden bar   4 950,00 EUR

8. Barzahlung der Rechnung des Kundendienst-Monteurs
   für die Reparatur einer Maschine 275,00 EUR
   + 19 % USt 52,25 EUR   327,25 EUR

64 Folgende noch nicht gebuchten Rechnungen einschließlich 19 % USt wurden am 1. März per Bankscheck beglichen:

Werbegeschenke	172,55 EUR
Büromaterial	117,22 EUR
Wartungsarbeiten am Geschäftswagen	157,68 EUR
Kauf von Computerpapier	208,25 EUR

Aufgaben:

1. Berechnen Sie jeweils den Nettobetrag und die VSt!

2. Bilden Sie die Buchungssätze!

6.2.3 Ermittlung und Buchung der Zahllast

(1) Ermittlung und Begleichung der Zahllast

Nach dem Umsatzsteuergesetz ist der Kaufmann verpflichtet, monatlich eine Umsatzsteuervoranmeldung abzugeben. Hierbei ermittelt er die Zahllast. Bei der Berechnung der Zahllast, das ist der Betrag, der an das Finanzamt abgeführt werden muss, wird die Vorsteuer von der Umsatzsteuer des Monats **abgezogen**. Buchhalterisch erfolgt das in der Weise, dass das Vorsteuerkonto über das Umsatzsteuerkonto abgeschlossen wird. Der Saldo, der sich danach auf dem Umsatzsteuerkonto ergibt, stellt die Zahllast dar. Die Zahllast ist innerhalb von 10 Tagen nach Ablauf des Kalendermonats zu begleichen.

Beispiel für den Monat Januar:

2600 Vorsteuer: Summe 1800,00 EUR; 4800 Umsatzsteuer: Summe 6000,00 EUR. Die Zahllast von 4200,00 EUR wird an das Finanzamt durch die Bank überwiesen.

Aufgaben:

1. Stellen Sie die Vorgänge auf Konten dar!

2. Bilden Sie die Buchungssätze!

11 Speth u.a. - ISBN 978-3-8120-0465-7

Zu 1. Buchung auf den Konten:

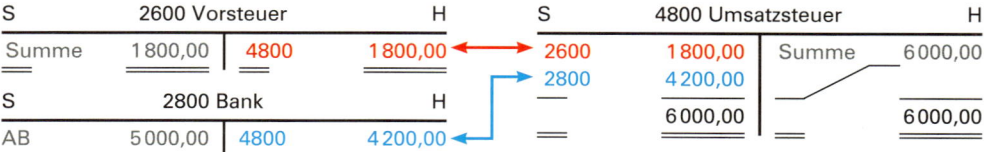

S	2600 Vorsteuer		H
Summe	1 800,00	4800	1 800,00

S	4800 Umsatzsteuer		H
2600	1 800,00	Summe	6 000,00
2800	4 200,00		
	6 000,00		6 000,00

S	2800 Bank		H
AB	5 000,00	4800	4 200,00

Zu 2. Buchungssätze:

Geschäftsvorfälle	Konten	Soll	Haben
Ermittlung der Zahllast	4800 Umsatzsteuer an 2600 Vorsteuer	1 800,00	1 800,00
Banküberweisung der Zahllast	4800 Umsatzsteuer an 2800 Bank	4 200,00	4 200,00

(2) Ermittlung und Passivierung der Zahllast am Ende des Geschäftsjahres

Weil am Bilanzstichtag die Zahllast noch nicht überwiesen ist, muss sie passiviert werden, d.h. als Schuld gegenüber dem Finanzamt in das Schlussbilanzkonto übernommen werden.

Beispiel für den Monat Dezember:

2600 Vorsteuer: Summe 4 000,00 EUR; 4800 Umsatzsteuer: Summe 9 000,00 EUR. Passivierung der Zahllast am 31. Dezember.

Aufgaben:

1. Ermitteln Sie buchhalterisch die Zahllast!
2. Bilden Sie die Buchungssätze!

Zu 1. Buchung auf den Konten:

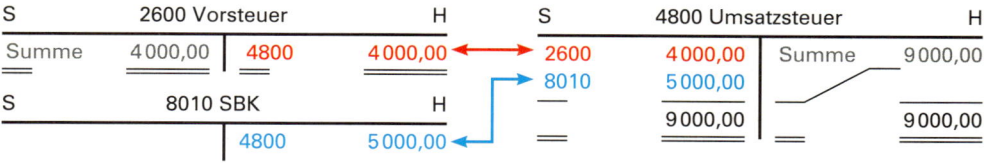

S	2600 Vorsteuer		H
Summe	4 000,00	4800	4 000,00

S	4800 Umsatzsteuer		H
2600	4 000,00	Summe	9 000,00
8010	5 000,00		
	9 000,00		9 000,00

S	8010 SBK		H
		4800	5 000,00

Zu 2. Buchungssätze:

Geschäftsvorfälle	Konten	Soll	Haben
Ermittlung der Zahllast	4800 Umsatzsteuer an 2600 Vorsteuer	4 000,00	4 000,00
Passivierung der Zahllast	4800 Umsatzsteuer an 8010 SBK	5 000,00	5 000,00

Ist innerhalb eines Abrechnungszeitraums (Monats) die Vorsteuer höher als die Umsatzsteuer, was z. B. aufgrund von saisonbedingten Einkäufen durchaus vorkommen kann, entsteht ein sogenannter **Vorsteuerüberhang**. In diesem Fall ist die Forderung gegenüber dem Finanzamt höher als die Verbindlichkeit. Diesen Vorsteuerüberhang muss das Finanzamt auszahlen bzw. verrechnen.

Logischerweise erscheint der Saldo dann nicht auf dem Passivkonto „Umsatzsteuer", sondern auf dem Aktivkonto „Vorsteuer". Das Vorsteuerkonto wird dann über das Schlussbilanzkonto abgeschlossen.

Zusammenfassung

- Die **Umsatzsteuer** gehört zur Gruppe der Verkehrsteuern, weil Umsätze (Verkehrsvorgänge) der Unternehmen besteuert werden. Wirtschaftlich gesehen ist sie eine Verbrauchsteuer, weil allein der Endverbraucher die Umsatzsteuer zu tragen hat. Für den Unternehmer ist die Umsatzsteuer erfolgsunwirksam.

- Häufig wird die Umsatzsteuer auch als Mehrwertsteuer bezeichnet, weil der Unternehmer nur den Betrag an das Finanzamt abzuführen hat, der auf den von ihm geschaffenen Mehrwert entfällt. Diese sogenannte **Zahllast** errechnet sich wie folgt:

	Umsatzsteuer der Ausgangsrechnungen
−	Umsatzsteuer der Eingangsrechnungen (Vorsteuer)
=	Zahllast

- Die **Umsatzsteuer** auf den **Ausgangsrechnungen** hat den Charakter einer **Verbindlichkeit**. Daher erscheint sie auch bis zur Abrechnung mit dem Finanzamt auf einem entsprechenden Verbindlichkeitskonto (das **Konto 4800 Umsatzsteuer** ist ein **Passivkonto**).

- Die **Umsatzsteuer** auf den **Eingangsrechnungen** hat den Charakter einer **Forderung**. Daher ist das **Konto 2600 Vorsteuer** ein Forderungskonto (Aktivkonto).

- Bei der Abrechnung mit dem Finanzamt wird im Fall einer **Zahllast** (Normalfall) das Vorsteuerkonto über das Umsatzsteuerkonto abgeschlossen. Auf dem Umsatzsteuerkonto ergibt sich dann als Saldo die Zahllast, für die im Fall der Zahlung die Gegenbuchung auf dem entsprechenden Zahlungskonto erscheint. Für den Fall, dass beim Abschluss der Konten die **Zahllast noch nicht beglichen ist,** wird sie **passiviert,** d. h., die Gegenbuchung erscheint auf der Habenseite des Schlussbilanzkontos bzw. auf der Passivseite der Bilanz.

- Übersteigt ausnahmsweise innerhalb eines Monats (Voranmeldungszeitraum) der gebuchte Vorsteuerbetrag den gebuchten Umsatzsteuerbetrag, tritt ein **Vorsteuerüberhang** auf. In diesem Fall muss das Umsatzsteuerkonto über das Vorsteuerkonto abgeschlossen werden. Der Saldo erscheint dann auf dem Vorsteuerkonto. Das Finanzamt muss ihn auszahlen. Ist die **Auszahlung** beim Abschluss der Konten **noch nicht erfolgt,** ist sie zu **aktivieren,** d. h., die Gegenbuchung zu diesem Saldo auf der Habenseite des Vorsteuerkontos erscheint auf der Sollseite des Schlussbilanzkontos bzw. auf der Aktivseite der Bilanz.

65 1.

S	2600 Vorsteuer	H		S	4800 Umsatzsteuer	H
2800	991,80				2880	4 870,00
4400	3 431,40				2800	12 130,70

Aufgaben:

1.1 Übertragen Sie die Konten in Ihr Hausheft und ermitteln Sie buchhalterisch die Zahllast!

1.2 Die Zahllast ist zu passivieren.

1.3 Bilden Sie zu 1. und 2. die Buchungssätze!

2.

S	2600 Vorsteuer	H		S	4800 Umsatzsteuer	H
Su	12 900,00				Su	8 300,00

Aufgaben:

2.1 Übertragen Sie die Konten in Ihr Hausheft und ermitteln Sie buchhalterisch den Vorsteuerüberhang!

2.2 Der Vorsteuerüberhang wird vom Finanzamt auf unser Bankkonto überwiesen.

2.3 Bilden Sie zu 1. und 2. die Buchungssätze!

3. Bilden Sie den Buchungssatz aus Sicht der Maschinenfabrik Wachter GmbH für den folgenden Beleg!

Einzahlungs/Überweisungsauftrag an
Bayrische
Hypo- und Vereinsbank

HypoVereinsbank
UniCredit Group

Begünstigter

Finanzamt Köln

Konto.Nr. des Begünstigten

0814720

Bankleitzahl

37070060

bei (Kreditinstitut)

Deutsche Bank

EUR   Betrag   16330,00 - - - - - - - -

Kunden-Referenznummer - noch Verwendungszweck, ggf. Name und Anschrift des Auftraggebers - (nur für Empfänger)

USt. VI/20..   St.Nr. 571/8054

Kontoinhaber

Maschinenfabrik Wachter GmbH Köln

Konto-Nr. des Kontoinhabers

1473972

10. Juli 20..   i.A. Wecker

Datum   Unterschrift

1 Beschaffungsplanung im Industriebetrieb

1.1 Beschaffungsmarktforschung

1.1.1 Begriff Beschaffungsmarktforschung

Aufgabe der Beschaffungsplanung ist es, Pläne zu erstellen, damit die für die Produktion benötigten Güter und Dienstleistungen nach Mengen und Qualitäten zur Bedarfszeit am Produktionsort bereitgestellt werden können. Alle hierfür benötigten Informationen stützen sich auf Informationen, die durch die Beschaffungsmarktforschung gewonnen werden.

Merke:

Beschaffungsmarktforschung ist die systematische Beschaffung von Informationen über die

- **Verhältnisse auf den Beschaffungsmärkten** des Unternehmens,
- die **anbietenden Lieferer,**
- die **Beschaffungskonkurrenten** und
- die **angebotenen Materialien.**[1]

1.1.2 Informationen über Lieferer

(1) Überblick

Besteht Bedarf nach bestimmten Materialien, muss sich der Einkäufer zunächst darüber klar werden, bei welchen Lieferern (sofern mehrere auf dem Markt sind) er anfragen möchte. Diese **Vorauswahl** trifft der Einkäufer nicht nur danach, welche Lieferer erfahrungsgemäß am **preisgünstigsten** sind. Vielmehr kommt es auch entscheidend darauf an, welche Lieferer bisher die **kürzesten Lieferfristen** und die besten **Qualitäten** anboten. Ein weiteres wichtiges Entscheidungskriterium sind darüber hinaus die Erfahrungen, die mit der **Zuverlässigkeit** der Lieferer gemacht wurden.

Bei der Liefererauswahl können **Checklisten** und **Punktebewertungstabellen** Entscheidungshilfen geben.

---

[1] Aus Vereinfachungsgründen beschränken wir uns im Folgenden auf die Erhebung von **Informationen über die Lieferer** und die Erfassung von möglichen **Informationsquellen.**

(2) Checklisten[1] zur Liefererauswahl

Nachfolgend wird ein Beispiel für eine Checkliste zur Liefererauswahl vorgestellt.

Checkliste	
Alter und Image des Unternehmens	▪ Seit wann besteht das Unternehmen? ▪ Welchen Ruf genießt das Unternehmen (z.B. Auskünfte der Auskunfteien, Eindrücke und Informationen unserer Außendienstmitarbeiter)? ▪ Seit wann bestehen Geschäftsbeziehungen mit dem Unternehmen?
Konkurrenzverhältnisse	▪ Wie viel Lieferer haben wir derzeit? ▪ Wie viel zusätzliche Lieferer kommen derzeit in Betracht?
Leistungsfähigkeit und -bereitschaft, Aktualität und Kreativität	▪ Entsprechen die Produktqualitäten – auch hinsichtlich ihrer Umweltfreundlichkeit – unseren Anforderungen? ▪ Sind ausreichende Lieferkapazitäten vorhanden? ▪ Kann der Lieferer auf Abruf liefern? ▪ Entspricht das Personal unseren Anforderungen (Beratung, Lösungsvorschläge bei bestimmten technischen Problemen)? ▪ In welchem Umfang werden Kundendienstleistungen angeboten? ▪ Werden vorhandene Produkte weiterentwickelt? ▪ Werden neue Produkte entwickelt?
Pünktlichkeit und Zuverlässigkeit	▪ Werden vereinbarte Lieferfristen eingehalten? ▪ Werden die zugesagten Qualitäten eingehalten? ▪ Welche Qualitätsgarantien werden übernommen?
Preise und Zahlungsziele	▪ Wie hoch sind die Bezugspreise im Vergleich zu den Bezugspreisen anderer Lieferer? ▪ Wie lange sind die Zahlungsziele? ▪ Können günstigere Konditionen durch Verhandlungen erreicht werden (z.B. Sonderrabatte, Mengenrabatte)? ▪ Werden Sonderangebote unterbreitet?
Einhalten von Sozialstandards	▪ Dient das Produktangebot der Verbesserung der Situation von Beschäftigten und dem Schutz der Umwelt? ▪ Sind die Produkte, die aus einem Entwicklungsland bezogen werden, mit einem sozialen Gütesiegel ausgestattet?
Sonstige Beurteilungskriterien	▪ Wo befinden sich Gerichtsstand und Leistungsort? ▪ Gibt es Haftungsausschlüsse?

---

1 To check (engl.): prüfen, abhaken.

(3) Punktebewertungstabellen zur Liefererauswahl

Die mithilfe der Checkliste geprüften Gesichtspunkte (Kriterien) können bewertet werden. Für die Summe aller Kriterien werden z. B. 100 Bewertungspunkte vergeben. Die Gesamtpunkte werden auf die einzelnen Kriterien verteilt. Wie die Punkte zu verteilen sind, hängt von der Bedeutung ab, die das Unternehmen den Bewertungskriterien beimisst.

Wird z. B. auf Leistungsfähigkeit, Leistungsbereitschaft, Kreativität und Aktualität der größte Wert gelegt, wird diesem Gesichtspunkt auch die höchste Punktzahl zugeteilt. Werden in zweiter Linie die Kriterien Pünktlichkeit und Zuverlässigkeit für wichtig gehalten, erhalten diese die zweithöchste Punktzahl.

Beispiel: [1]

Die aufgrund der Checkliste (S. 166) ermittelten Bewertungspunkte werden in einer Punktebewertungstabelle (Entscheidungsbewertungstabelle) festgehalten. Der Lieferer mit der höchsten Punktzahl wird ausgewählt. In diesem Beispiel ist das der Lieferer Nr. 4715.

Punktebewertungstabelle						
Kriterien	Höchst-punkt-zahl	Lieferer-Nummern				
		4713	4714	4715	4716	4717
1. Alter und Image des Unternehmens	5	2	3	1	1	1
2. Konkurrenzverhältnisse	10	5	4	8	2	2
3. Leistungsfähigkeit und -bereitschaft, Aktualität und Kreativität	30	15	20	30	20	28
4. Pünktlichkeit und Zuverlässigkeit	25	25	25	22	15	15
5. Preise und Zahlungsziele	20	20	10	15	10	12
6. Sonstige Beurteilungskriterien	10	10	5	8	5	5
Summen	100	77	67	(84)	53	63

1.1.3 Informationsquellen

(1) Externe Informationen

Ist man mit den bisherigen Lieferern nicht mehr zufrieden oder müssen bisher noch nicht bezogene Güter beschafft werden, weil das Fertigerzeugnisprogramm geändert wurde, müssen die Bezugsquellen außerhalb des Betriebs (extern) ermittelt werden.

---

1 Ein ausführliches Beispiel finden Sie auf S. 192f.

Bei den **externen Informationsquellen** kann man zwischen **primären** und **sekundären Informationsquellen** unterscheiden.

Informationsquelle	Beispiele
Primäre (direkte, unmittelbare) Informationsquellen Die zur Beschaffung erforderlichen Informationen werden direkt (unmittelbar) auf den Beschaffungsmärkten eingeholt.	■ schriftliche Informationen, telefonische Anfragen und/oder persönliche Gespräche bei Lieferern und Kunden, ■ Besuche von Messen, Ausstellungen und Warenbörsen (Produktenbörsen), ■ Berichte der Einkaufs- und Verkaufsreisenden sowie der selbstständigen Absatzvermittler,[1] ■ Betriebsbesichtigungen bei Lieferern und Kunden, ■ Testanzeigen (für Kauf und Verkauf), ■ Vertreterbesuche, ■ elektronische Marktplätze.[2]
Sekundäre (indirekte, mittelbare) Informationsquellen Hier werden keine speziellen Erhebungen durchgeführt, sondern zu anderen Zwecken erfolgte Aufzeichnungen zur Beschaffung ausgewertet.	■ Statistiken (z.B. Umsatz- und Preisstatistiken der Verbände, des Statistischen Bundesamts, der Deutschen Bundesbank und Europäischen Zentralbank, der Ministerien, Statistiken über die Kostenstruktur/Materialanteile), ■ Adressbücher, Branchenhandbücher, Einkaufsführer (z.B. „Wer liefert was?", „Einkaufs-1x1 der deutschen Industrie", „ABC der deutschen Wirtschaft" usw.), „Gelbe Seiten" der Deutschen Telekom Medien GmbH, ■ Fachbücher und Fachzeitschriften, Verkaufskataloge, -prospekte, Markt- und Börsenberichte, Geschäftsberichte, Hauszeitschriften, Messekataloge, Tages- und Wirtschaftszeitungen, ■ Einschaltung ausländischer Handelskammern und deutscher Handelsmissionen im Ausland, ■ Internetseiten (z.B. http://www.gelbeseiten.de; http://www.werliefertwas.de).

Dateien von externen Bezugsquelleninformationen können vom Betrieb selbst angelegt werden. Sie können aber auch in vielen Ausführungen und Größen gekauft werden. Werden diese Informationen in eine Datenbank integriert, dann stehen deren unterstützende Funktionalitäten zur Datenfassung, Datenauswertung und -gruppierung zur Verfügung.

(2) Interne Informationen

Wurden die zu beschaffenden Güter bereits früher schon einmal eingekauft, sind die Bezugsquellen bekannt. Die erforderlichen Informationen können im Betrieb selbst (intern) beschafft werden, sofern die organisatorischen Voraussetzungen vorliegen, z.B. die entsprechenden Tabellen in einer Datenbank angelegt wurden.

---

1 Selbstständige Absatzvermittler sind z.B. die Handelsvertreter (siehe §§ 84ff. HGB), die Kommissionäre (siehe §§ 383ff. HGB) und die Handelsmakler (siehe §§ 93ff. HGB). Zu Einzelheiten siehe S. 371ff.

2 Auf **elektronischen Marktplätzen** treffen mehrere Anbieter und Nachfrager zusammen. Die Transparenz unterstützt den Lieferanten darin, jederzeit seine Verhandlungsposition erkennen zu können, während der Kunde den günstigsten Preis erhält. Beide Partner verkürzen und beschleunigen in erheblichem Maß ihre Geschäftsprozesse.

Dateien (Tabellen), die bei der internen Informationsbeschaffung benutzt werden:

Dateien mit internen Bezugsquelleninformationen	
Materialdatei	Sie enthält für jede Materialposition (Roh-, Hilfs-, Betriebsstoff, Einzelteil, Baugruppe, Enderzeugnis) ■ das identifizierende Element (Primärschlüssel), z. B. Teilenummer, ■ die klassifizierenden Elemente (z. B. Teileart, Beschaffungsart, ABC-Klasse), ■ die beschreibenden Elemente (z. B. Bezeichnung, Preis, Bestand).
Liefererdatei	Sie enthält alle Attribute (identifizierend, klassifizierend, beschreibend) über den Lieferanten, z. B. Lieferernummer, Name, Straße, PLZ, Ort, Bonität.
Konditionendatei	In ihr werden die Lieferungs- und Zahlungsbedingungen (Konditionen) der Lieferer erfasst.
Bezugsquellendatei	Sie ist die elektronische Version des „Wer liefert was?", stellt also die Verbindung her zwischen der Materialtabelle und der Liefererstabelle.

Zusammenfassung

- Der Beschaffung sollte eine **Beschaffungsmarktforschung** vorausgehen.

- **Beschaffungsmarktforschung** ist die systematische Beschaffung von Informationen über die **Verhältnisse auf den Beschaffungsmärkten** des Unternehmens, die **anbietenden Lieferer,** die **Beschaffungskonkurrenten** und die **angebotenen Materialien.**

- Sollen Materialien beschafft werden, muss man sich auf jeden Fall über die möglichen **Bezugsquellen** informieren.

- Zu unterscheiden sind **externe** und **interne Informationsmittel.**

Übungsaufgaben

66 Die Geschäftsleitung der Elektromotorenfabrik Ehrmann GmbH möchte den Lagerbestand an Werkstoffen möglichst niedrig halten. Die Leiter der Bereiche Produktion und Absatz wollen indessen möglichst weitreichende Lagerbestände.

Aufgaben:

1. Welche Ziele verfolgt die Geschäftsleitung?
2. Welche Ziele verfolgen die Leiter der Bereiche Produktion und Absatz?
3. Zwischen den Zielen der Geschäftsleitung und den Bereichsleitern bestehen weitere Zielkonflikte. Erläutern Sie einen Zielkonflikt!

1.2 Bedarfsplanung

1.2.1 Grundlegendes

> **Merke:**
>
> Die **Bedarfsplanung** legt die für einen bestimmten Termin und eine bestimmte Periode zur Fertigung benötigten Materialien nach Art, Qualität, Menge und Zeitraum fest.

Als Erstes hat die Bedarfsplanung die benötigten Güter **(Bedarfsermittlung)** und Dienstleistungen **(Bedarfsarten)** zu ermitteln. Anschließend sind die **Kriterien zur Materialauswahl** festzulegen. Es schließt sich die **Mengenplanung** an, die bestimmt, welche Mengen von jedem Material beschafft werden. Die anschlie-

Bearfsplanung			
Bedarfs-ermittlung	Material-auswahl	Mengen-planung	Zeit-planung
		unter Berücksichtigung der ABC-Ananlyse	

ßende **Zeitplanung** setzt den Zeitpunkt fest, zu welchem die zu beschaffenden Materialien zur Verfügung stehen müssen. Für die Mengen- und Zeitplanung ist es dabei von Bedeutung, die Bedarfsarten nach ihrem **Wertanteil am Gesamtbeschaffungswert (Einfluss auf das Betriebsergebnis)** zu gliedern. Es werden drei Gruppen von Gütern unterschieden: A-Güter, B-Güter und C-Güter. Dieses Verfahren bezeichnet man als **ABC-Analyse.**

1.2.2 Bedarfsarten und Bedarfsermittlung

1.2.2.1 Bedarfsarten

(1) Primärbedarf, Sekundärbedarf und Tertiärbedarf

Im Rahmen der Bedarfsplanung werden die Materialbedarfsmengen, die zur Auftragsabwicklung erforderlich sind, ermittelt. Nach dem **Ursprung des Bedarfs** und **der Erzeugnisebene** unterscheidet man in Primärbedarf, Sekundärbedarf und Tertiärbedarf.

Primär-bedarf	Ausgangspunkt aller Mengenplanungen ist die Ermittlung des Primärbedarfs. Unter Primärbedarf versteht man die **Menge an verkaufsfähigen Gütern und Dienstleistungen** (Marktbedarf). Bei Ersatzteilaufträgen kann ein Primärbedarf auch für Baugruppen oder Einzelteile bestehen. (Beispiel: Ein Nutzfahrzeughersteller liefert an einen Wohnmobilhersteller das Grundfahrzeug ohne Aufbauten mit Kabine und Fahrwerk, auf welches dann das Wohnmobil montiert wird.)
	Datenbasis zur Ermittlung des Primärbedarfs sind vorliegende Kundenaufträge und/oder Vorgaben aus der Absatzplanung. Die Vorgaben aus der Absatzplanung betreffen in der Regel Standardprodukte. Die ausreichende Produktion von Standardprodukten versetzt das Unternehmen in die Lage, auftretende Kundenwünsche nach einem Erzeugnis „von der Stange" direkt aus dem Lagervorrat zu bedienen.
Sekundär-bedarf	In der Regel besteht ein Enderzeugnis aus Komponenten (Baugruppen, Einzelteilen, Rohstoffen). Die zur Fertigung des Primärbedarfs erforderlichen **Komponenten** bezeichnet man als Sekundärbedarf. Der Sekundärbedarf wird aus den Stücklisten entnommen.
Tertiär-bedarf	Dies ist der Bedarf an **Hilfs- und Betriebsstoffen,** der zwar zur Herstellung der Erzeugnisse benötigt wird, dessen Mengen aber nicht über die Stücklistenauflösung ermittelt werden können.

(2) Bruttobedarf und Nettobedarf

In aller Regel müssen nicht jeweils alle ermittelten Erzeugnisse und Komponenten hergestellt bzw. bezogen werden, da ein Teil von ihnen sich in aller Regel am Lager befinden. Gliedert man den Güterbedarf unter **Berücksichtigung der Lagerbestände,** so spricht man von Bruttobedarf und Nettobedarf.

Bruttobedarf	Dies ist der Bedarf einer Periode, der aufgrund der unterschiedlichen Verfahren der Bedarfsermittlung als Primär-, Sekundär- und Tertiärbedarf berechnet wurde. Vorhandene Lagerbestände werden dabei nicht berücksichtigt. Der Bruttobedarf gibt an, wie viel von einer Komponente für die Herstellung der nächst höheren Komponente zur Verfügung gestellt werden muss.
Nettobedarf	Er wird dadurch ermittelt, indem vom Bruttobedarf der disponierbare Lagerbestand abgezogen wird. Der Nettobedarf ist der Bedarf, der bei Eigenteilen durch entsprechende Fertigungsaufträge abgedeckt werden muss bzw. bei Fremdteilen zu Beschaffungsaufträgen führt.

1.2.2.2   Bedarfsermittlung

(1) Erzeugnisstruktur

■ Erfassung des strukturellen Aufbaus[1]

Die Fragestellung heißt: Aus welchen Komponenten (Einzelteilen, Baugruppen) besteht das Erzeugnis und wie lässt sich der Aufbau des Erzeugnisses stufenweise gliedern? Beantwortet wird diese Fragestellung dadurch, dass über jedes Erzeugnis zunächst eine **Konstruktionszeichnung** angefertigt wird (siehe nebenstehendes Beispiel). Auf der Basis der Konstruktionszeichnung erstellt der Konstrukteur verschiedene Arten von **Stücklisten.**

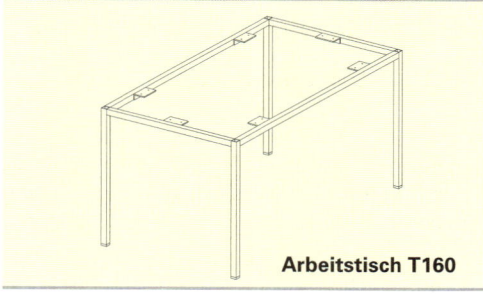

Arbeitstisch T160

■ Stücklisten

Die Materialwirtschaft und die Lagerhaltung benötigen Informationen über den mengenmäßigen Bedarf von Baugruppen und Teilen sowie über deren Verwendungsmöglichkeit. Diese Informationen erhalten sie über die Stücklisten.

Eine Stückliste hat folgenden grundsätzlichen Aufbau:

Teile-Nummer	210104	
Bezeichnung	Seitenkomponente	

Kopfteil mit Angaben zu dem Erzeugnis, das zergliedert wird.

Teile-Nummer	Bezeichnung	Menge
210112	Querträger	1
210105	Fußrohr	2

Tabellenteil mit Angaben zu den Komponenten, die im Erzeugnis des Kopfteils enthalten sind.

---

1 Der strukturelle Aufbau eines Erzeugnisses wird in der Jahrgangsstufe 12 behandelt.

Als Beispiel für eine Stückliste wird die **Mengenübersichtsstückliste** des Arbeitstisches T 160 (siehe S. 171) vorgestellt. Mengenübersichtsstücklisten weisen alle Baugruppen und Einzelteile auf, die direkt oder indirekt in das Produkt eingehen. Allerdings geben sie keine Auskunft über den konstruktiven Aufbau des Erzeugnisses.

Mengenübersichtsstückliste des Arbeitstisches T 160		
Teile-Nr.	220 100	
Bezeichnung	**Arbeitstisch**	
Teile-Nr.	**Bezeichnung**	**Menge**
210 101	Untergestell	1
200 102	Kunststoffplatte	1
202 103	Stöpsel	4
210 104	Seitenkomponente	2
210 105	Fußrohr	4
210 106	Querrohr	2
210 107	Längsträger	2
210 108	Längsrohr	2
200 109	Lasche	6
200 110	Vierkantstahlrohr	15
202 111	Schrauben	12
210 112	Querträger	2

(2) Verfahren der Bedarfsermittlung

■ Verbrauchsgesteuerte Bedarfsermittlung

Datenbasis zur verbrauchsgesteuerten Bedarfsermittlung sind die Verbrauchswerte aus den früheren Perioden und keine konkreten Einzelaufträge. Mithilfe statistischer Verfahren werden aus den Vergangenheitswerten zukünftige Bedarfe vorhergesagt. Dieses Verfahren wird insbesondere angewandt beim Tertiärbedarf, da dieser ohne Bezug zum Produktionsprogramm ermittelt wird. Unsicherheiten, die mit diesem Verfahren verbunden sind, werden dadurch aufgefangen, dass entsprechende Sicherheitsbestände im Lager eingeplant werden.

Beispiel:

Der Materialbedarf der Franz Knabe OHG für Kunststoffplatten betrug im vergangenen Geschäftsjahr je Quartal 1500, 2500, 1900 und 2700 Stück. Der Durchschnittsverbrauch betrug somit 2150 Kunststoffplatten. Bei einer geplanten Produktionssteigerung von 5 % wird der Bedarf an Kunststoffplatten pro Quartal auf 2258 festgelegt.

■ Auftragsgesteuerte Bedarfsermittlung

Bei dieser Form der Bedarfsermittlung liefern die vorliegenden Kundenaufträge und die lt. Absatzplan vorgesehenen Vorratsaufträge die **Mengenvorgaben.** Der so festgelegte Primärbedarf wird in einem weiteren Verfahren anhand von Stücklisten über alle Stufen aufgelöst. Dadurch sind auch die Sekundärbedarfe auftragsorientiert ermittelt. Die auftragsgesteuerte Bedarfsermittlung setzt in ihrer Planung die Kenntnis über die künftige Leistungserstellung voraus.

(3) Verfahren der Bedarfsrechnung

Die Bedarfsrechnung hat die Aufgabe, den ermittelten Mengenbedarf an Baugruppen und Einzelteilen zur jeweiligen Produktionszeit bereitzustellen. Bei der Bedarfsrechnung sind zwei Verfahren von Bedeutung: die **Bruttobedarfsrechnung** und die **Nettobedarfsrechnung**.

■ Bruttobedarfsrechnung

Bei der Bruttobedarfsrechnung wird der Bedarf über die Stücklisten erfasst. Die ermittelten Mengen ergeben, wie viel Stück jeweils bereitgestellt werden müssen. Bei der Bruttobedarfsrechnung werden **keine Lagerbestände** berücksichtigt. Der Bruttobedarf ergibt sich jeweils aus der Menge des Primärbedarfs (z. B. eines Kundenauftrags) multipliziert mit der Menge der benötigten Komponenten lt. Stückliste.

Beispiel:

Zum Produktprogramm der Franz Knabe OHG gehört auch eine höhenverstellbare Pinwand. Vom Konstrukteur liegt folgende Mengenübersichtsstückliste vor:

Pos.	Bezeichnung	Menge	Einheit
1	Fußteil	4	Stück
2	Untere Teleskopstange	2	Stück
3	Obere Teleskopstange	2	Stück
4	Querträger	1	Stück
5	Sterngriff	4	Stück
6	Kunststoffplatte	1	Stück

Es liegt ein Kundenauftrag über 500 Pinwände vor.

Aufgabe:
Berechnen Sie den Bruttobedarf für alle Komponenten der Pinwand!

Lösung:

Fußteile:	2 000 Stück	Querträger:	500 Stück
Untere Teleskopstange:	1 000 Stück	Sterngriff:	2 000 Stück
Obere Teleskopstange:	1 000 Stück	Kunststoffplatte:	500 Stück

■ Nettobedarfsrechnung

Um den Nettobedarf für die Pinwand zu ermitteln, müssen die **Lagerbestände berücksichtigt** werden.

Der Nettobedarf wird berechnet indem man vom Bruttobedarf die **verfügbaren Lagerbestände** (tatsächlicher Lagerbestand abzüglich des Sicherheitsbestands) sowie die Bestellrückstände (Zugang aus bestellten aber noch nicht gelieferten Baugruppen und Einzelteilen) abzieht und die **Reservierungen für andere Aufträge** sowie den **Zusatzbedarf** (z. B. für Ausschuss, Ersatzteile) addiert.

Wir führen das oben angeführte Beispiel fort. Unter Berücksichtigung der angetroffenen Lager-bestandsangaben ergibt sich für die Pinwand die nachfolgende Nettobedarfsrechnung.

	Fußteil	Untere Teles-kopstange	Obere Teles-kopstange	Querträger	Sterngriff	Kunststoff-platte
Bruttobedarf	2 000	1 000	1 000	500	2 000	500
− verfügbare Lagerbestände	800	400	500	150	900	100
− Bestellrückstände	50	0	0	100	400	150
+ Reservierungen für andere Aufträge	80	200	200	300	700	200
+ Zusatzbedarf	0	20	20	10	40	10
= Nettobedarf	1 230	820	720	560	1 440	460

Zusammenfassung

■ Eine wichtige Voraussetzung für die optimale Beschaffung von Werkstoffen, Handelswaren und Dienstleistungen ist die möglichst genaue Ermittlung des voraussichtlichen **Bedarfs (Bedarfsplanung)**.

■ Die **Bedarfsplanung** legt die für einen bestimmten Termin und eine bestimmte Periode zur Fertigung benötigten Materialien nach Art, Qualität, Menge und Zeitraum fest.

■ Man unterscheidet folgende **Bedarfsarten**:

(1) Nach dem **Ursprung des Bedarfs** und der **Erzeugnisebene**

■ **Primärbedarf:** Menge an verkaufsfähigen Einheiten. Basis hierfür sind die vorliegen-den Kundenaufträge und die Vorgaben aus der Absatzplanung.

■ **Sekundärbedarf:** Bedarf an nachrangigen Komponenten. Er wird ermittelt durch die Stücklistenauflösung.

■ **Tertiärbedarf:** Bedarf an Hilfs- und Betriebsstoffen.

(2) Gliederung des Bedarfs unter **Berücksichtigung der Lagerbestände**

■ **Bruttobedarf:** Gesamter Primär-, Sekundär- und Teritärbedarf, der auf der jeweiligen Dispositionsstufe zur Verfügung gestellt werden muss.

■ **Nettobedarf:** Bruttobedarf abzüglich Lagerbestand. Er muss durch Fertigungsauf-träge (oder Beschaffungsaufträge) abgedeckt werden.

■ Um die **Bedarfe** zu ermitteln, unterscheidet man folgende Verfahren:

■ **Verbrauchsgesteuerte Bedarfsermittlung**
Der Blick richtet sich in die Vergangenheit und ermittelt mit statistischen Methoden auf der Basis früherer Verbrauchsmengen den voraussichtlichen Bedarf in der Zukunft.

■ **Auftragsgesteuerte Bedarfsermittlung**
Dieses Verfahren geht von fest bestimmten (determinierten) Mengen aufgrund von Kun-denaufträgen oder Vorratsaufträgen aus. Der Blick ist in die Zukunft gerichtet.

■ Die **Bedarfsrechnung** hat die Aufgabe, den ermittelten Mengenbedarf an Baugruppen und Einzelteilen zur jeweiligen Produktionszeit bereitzustellen. Man unterscheidet **zwei Verfahren:** die **Bruttobedarfsrechnung** und die **Nettobedarfsrechnung.**

67 Die Geschäftsleitung der Elektromotorenfabrik Ehrmann GmbH überlegt sich, wie die Liefererauswahl effektiver organisiert werden kann. Im Gespräch sind die Einführung von Checklisten und Punktebewertungstabellen.

Aufgaben:

1. Begründen Sie, warum Checkliste und Punktebewertungstabelle ein wesentliches Hilfsmittel bei der Liefererauswahl sein können!

2. Kritiker sagen, die Punktebewertungstabelle sei ein Instrument, subjektiv begründete Entscheidungen scheinbar objektiv zu untermauern. Was meinen Sie dazu?

3. Man unterscheidet zwischen internen und externen Bezugsquelleninformationen. Erklären Sie diese Begriffe und nennen Sie Beispiele!

68 Auszug aus der Mengenübersichtsstückliste und den Lagerdaten für einen Schultisch:

Pos.	Bezeichnung	Menge	Einheit	Verfügbare Lagerbestände	Reservierte Teile	Zusatz-bedarf	Bestell-rückstände
1	Untergestell	1	Stück	40	30	2	10
2	Kunststoffplatte	1	Stück	120	80	5	50
3	Querträger	2	Stück	320	110	10	140
4	Schrauben	12	Stück	1800	400	50	400
5	Seitenkomponenten	4	Stück	300	40	20	60

Aufgrund einer Bestellung entsteht ein Bedarf von 200 Schultischen.

Aufgaben:

1. Berechnen Sie den Bruttobedarf für die angegebenen Komponenten des Schultisches!

2. Berechnen Sie den Nettobedarf für die angegebenen Komponenten des Schultisches!

1.2.3 Kriterien für die Materialauswahl

Merke:

Wichtige Kriterien, die es bei der Planung der Materialauswahl zu berücksichtigen gilt, sind

- die Qualität,
- die Kosten,
- die Marktentwicklung und
- der Umweltschutz.

(1) Qualität und Kosten

Die Qualität der Endprodukte wird, wenn man von den produktionstechnischen Einflüssen absieht, in hohem Maße von der Qualität der eingesetzten Materialien geprägt. Insoweit hängt die benötigte Qualität der Materialien unmittelbar von den geforderten Gebrauchseigenschaften der Endprodukte ab.

Aus **technischer Sicht** werden häufig die Materialien bevorzugt, die ein Mehrfaches der geforderten Sicherheit bieten. Daneben werden gerne Materialien beschafft, die in vielfältiger Weise eingesetzt werden können, unbegrenzt haltbar sind und zudem eine unproblematische Entsorgung der Abfallstoffe, Ausschussprodukte oder Altprodukte garantieren. Mit der Einbeziehung der Altproduktrücknahme(-verpflichtungen) in die Aufgaben der Abfallbewältigung hat dieses Gebiet große wirtschaftliche Bedeutung erlangt.

Die technische Entwicklung hat dazu geführt, bisher verwendete Einsatzstoffe durch entsprechende Einsatzstoffsubstitutionen[1] (z.B. synthetischer Kautschuk anstelle von Naturkautschuk, synthetische Öle statt tierische oder pflanzliche Öle) zu ersetzen. Sobald aber technologisch gesicherte Alternativen bei der Stoffauswahl vorliegen, ist der **Kostengesichtspunkt** für die Beschaffungsentscheidung bestimmend. Der Kostengesichtspunkt ist auch bei der Bestimmung des tolerablen Fehleranteils von Bedeutung. Wird ein höherer Fehleranteil akzeptiert, führt dies zu einer Absenkung des Beschaffungspreises.

(2) Marktentwicklung

Die Marktentwicklung spielt bei der Beschaffungsplanung in zweifacher Weise eine Rolle. Zum einen wird ein Unternehmen seine **(Lager-)Sicherheitsbestände** erhöhen, wenn es **Versorgungsengpässe** (z.B. Naturkatastrophen, Krieg, Handelsbeschränkungen, steigende Nachfrage) erwartet. Die Höhe der Sicherheitsbestände hängt dabei von der Risikobereitschaft der Entscheidungsträger ab. Zum anderen kann es für das Unternehmen wirtschaftliche Vorteile bringen, die Bestände im Hinblick auf zu **erwartende Preissenkungen bzw. -erhöhungen** ab- oder aufzubauen. Beim Auf- bzw. Abbau von sogenannten spekulativen Beständen sind die zu erwartenden Preisänderungen ins Verhältnis zu den Lagerhaltungskosten zu setzen, sofern nicht zusätzliche qualitative Gesichtspunkte (Veralten, technische Überholung) zu berücksichtigen sind.

Kriterien für die Materialauswahl
▪ Qualität
▪ Kosten
▪ Marktentwicklung
▪ Umweltschutz

(3) Umweltschutz

Aus ökologischer Sicht ist darauf zu achten, dass zum einen die bezogenen Materialien möglichst **umweltfreundlich** gewonnen werden und zum anderen ist sicherzustellen, dass durch die Kombination der Materialien im Rahmen des Produktionsprozesses **keine gesundheits- und umweltgefährdende Substanzen** entstehen. Bereits bei der Auswahl der zu beschaffenden Materialien kann darauf hingewirkt werden, dass die unvermeidlich anfallenden Abfallstoffe entweder wieder verwertet werden können (z.B. Rücklaufmaterial, Nutzung in einem anderen Produktionsprozess, Verkauf nach einer Bearbeitung) oder aber einer umweltfreundlichen Entsorgung zugeführt werden können.

---

1 Substitution (lat.): Stellvertretung.

1.2.4 ABC-Analyse

(1) Begriff ABC-Analyse

Merke:

Die **ABC-Analyse** ist ein Verfahren zur Erkennung solcher Materialien, die aufgrund ihres **hohen wertmäßigen Anteils** am Gesamtbedarf von **besonderer Bedeutung** sind. Die aus der Analyse gewonnenen Informationen helfen dabei,

- die Transparenz[1] der Materialwirtschaft zu erhöhen,
- sich auf wirtschaftlich bedeutende Materialien zu konzentrieren,
- hohen Arbeitsaufwand bei Materialien untergeordneter Bedeutung (C-Güter) zu vermeiden und damit
- die Effizienz (Wirtschaftlichkeit) der gesamten Materialwirtschaft zu steigern.

In vielen (größeren) Unternehmen wird meistens eine große Anzahl verschiedenartiger Fertigungsmaterialien (Roh-, Hilfs-, Betriebsstoffe, Halbfabrikate) bzw. Handelswaren beschafft, die nur einen **geringen Anteil** (Prozentsatz) **am gesamten Wert (Beschaffungswert) der eingekauften Materialien** haben.

Die ABC-Analyse wurde entwickelt, um festzustellen, bei welchen eingekauften und/oder lagernden Materialien es wirtschaftlich sinnvoll ist, eine intensive Beschaffungsmarktforschung und Einkaufsverhandlungen, eine genaue Mengen- und Zeitdisposition sowie Überwachung der Lagerbestände durchzuführen. Diese Maßnahmen verursachen den Unternehmen viel Zeit und Kosten.

Ein Beispiel für eine ABC-Analyse finden Sie auf S. 178.

Erläuterungen zu den Arbeitsschritten für eine ABC-Analyse (Tabelle 2):

1. Materialien nach dem Rang ihres Verbrauchswertes ordnen.
2. Prozentanteil jedes Materials an der Gesamtverbrauchsmenge berechnen.
3. Errechnete Prozentanteile schrittweise aufaddieren (kumulieren).
4. Verbrauchswert berechnen.
5. Prozentanteil jedes Materials am Gesamtverbrauchswert berechnen.
6. Errechnete Prozentanteile schrittweise aufaddieren (kumulieren).
7. Nach den kumulierten Prozentanteilen Gruppen bilden.

---

1 Transparenz: Durchscheinen, Durchsichtigkeit.

12 Speth u.a. - ISBN 978-3-8120-0465-7

Tabelle 1:

Material-art	Verbrauchs-menge in Stück	Verbrauchsmenge in % des Gesamt-verbrauchs	Einstandspreis je Stück in EUR	Verbrauchswert in EUR	Verbrauchswerte in % des gesamten Verbrauchswertes	Rang nach Verbrauchs-wert
T_1	4500	13,24	25,00	112 500,00	15,85	2
T_2	700	2,06	145,00	101 500,00	14,30	3
T_3	2700	7,94	15,00	40 500,00	5,71	7
T_4	600	1,76	300,00	180 000,00	25,36	1
T_5	450	1,32	150,00	67 500,00	9,51	6
T_6	3000	8,82	25,00	75 000,00	10,57	5
T_7	8200	24,12	2,00	16 400,00	2,31	8
T_8	1000	2,94	95,00	95 000,00	13,38	4
T_9	7150	21,03	1,00	7 150,00	1,01	10
T_{10}	5700	16,76	2,50	14 250,00	2,01	9
	34 000	100,00[1]		709 800,00	100,00[1]	

Tabelle 2:

Rang nach Verbrauchswert	[1] Materialart	Verbrauchsmenge in Stück	[2] Verbrauchs-menge in Prozent des gesamt-verbrauchs	[3] Kumulierte Verbrauchs-menge in Prozent	Einstandspreis je Stück in EUR	[4] Verbrauchs-wert in EUR	[5] Verbrauchs-werte in Pro-zent der gesam-ten Verbrauchs-wertes	[6] Kumulierter Verbrauchs-wert in Prozent	[7] ABC-Klasse
1	T_4	600	1,76	1,76	300,00	180 000,00	25,36	25,36	A
2	T_1	4500	13,24	15,00	25,00	112 500,00	15,85	41,21	A
3	T_2	700	2,06	17,06	145,00	101 500,00	14,30	55,51	A
4	T_8	1000	2,94	20,00	95,00	95 000,00	13,38	68,89	A
5	T_6	3000	8,82	28,82	25,00	75 000,00	10,57	79,46	B
6	T_5	450	1,32	30,15	150,00	67 500,00	9,51	88,97	B
7	T_3	2700	7,94	38,09	15,00	40 500,00	5,71	94,68	B
8	T_7	8200	24,12	62,21	2,00	16 400,00	2,31	96,99	C
9	T_{10}	5700	16,76	78,97	2,50	14 250,00	2,01	98,99	C
10	T_9	7150	21,03	100,00	1,00	7 150,00	1,01	100,00	C
		34 000	100,00[1]			709 800,00	100,00[1]		

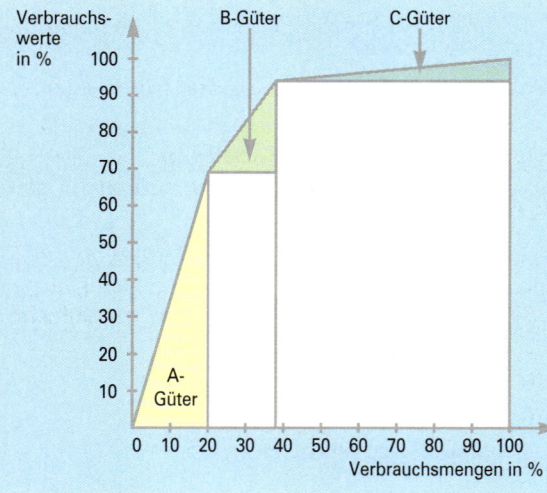

Auswertung:

A-Güter: 20 % des mengenmäßigen Materialverbrauchs haben einen Anteil von fast 70 % (genau: 68,9 %) am gesamten wertmäßigen Materialver-brauch (Beschaffungswert).

B-Güter: 18,1 % des mengenmäßi-gen Materialverbrauchs entsprechen einem Anteil von 25,8 % am gesam-ten wertmäßigen Materialverbrauch.

C-Güter: Die meisten Materialien (61,9 %) sind C-Güter. Auf sie entfällt nur ein Verbrauchswertanteil von 5,3 %.

---

1 Bedingt durch die Beschränkung auf zwei Nachkommastellen können geringe Rundungsdifferenzen in der Summenzeile auf-treten.

(2) Bedeutung der ABC-Analyse

Die Auswertung der ABC-Analyse zeigt dem Unternehmen, bei welchen Gütern ein größerer Beschaffungsaufwand wirtschaftlich sinnvoll und größere Kostensenkungen (z.B. durch vereinbarte Rabatte bei größeren Bestellmengen, Einsatz billigerer Substitutionsgüter) erwartet werden können.

Die Festlegung der Schranken, mit deren Hilfe eine **Zuordnung zu den einzelnen Klassen** getroffen wird, liegt im **Ermessen der Unternehmen,** da es hierfür keine objektiv richtigen Maßstäbe gibt. Erfahrungsgemäß liegt die Schranke für A-Güter bei den ersten 75–80 % der kumulierten Verbrauchswerte in Prozent, die C-Güter bei den letzten 5 % der kumulierten Verbrauchswerte in Prozent. Dazwischen liegen die B-Güter.

(3) Schlussfolgerungen aus der ABC-Analyse für die Materialwirtschaft

Die Tätigkeiten (Aktivitäten) in der Materialwirtschaft konzentrieren sich in erster Linie auf die **A-Güter.** Sie bestehen zwar aus wenigen Lagerpositionen, verkörpern aber den überwiegenden Teil des Verbrauchswertes. Daher führen bereits geringe prozentuale Verbesserungen zu Einsparungen in hohen absoluten Euro-Beträgen.

Die Aktivitäten können sich z.B. auf folgende Maßnahmen richten:

- Intensive Bemühungen um Preis- und Kostensenkungen.
- Exakte Untersuchungsergebnisse darüber, ob Eigenproduktion oder Fremdbezug günstiger ist.
- Bedarfsgesteuerte (deterministische) Materialdisposition.
- Möglichst geringer Lagerbestand in Verbindung mit Sondervereinbarungen über Lieferzeiten.
- Beschaffung in bedarfsnahen, auftragsspezifischen kleinen Losen (Liefermengen).
- Verzicht auf Wareneingangskontrolle im eigenen Haus und Verlagerung der Qualitätsprüfung zum Lieferanten unter Vorgabe von Qualitätsstandards.
- Überlegungen, ob durch materialtechnische oder konstruktionstechnische Änderungen Kostenvorteile erzielt werden können.
- Strenge Kontrolle der Bestände, des Verbrauchs und gegebenenfalls der Lagerverluste.

Bei den **B-Gütern** darf der Berechnungsaufwand für eine optimale Bestellung nicht so hoch sein. Hier kann es sinnvoll sein, optimale Bestellmengen und Lagermengen für ganze **Materialgruppen** zu berechnen und Fehler in Kauf zu nehmen.

Die **C-Güter** bestehen aus vielen Lagerpositionen, verkörpern aber nur einen geringen Verbrauchswert. Zu hohe Lagerbestände beeinflussen daher die Wirtschaftlichkeit des Materialwesens in geringerem Umfang. Sie können daher großzügiger und mit einfacheren Verfahren disponiert werden durch:

- verbrauchsorientierte Materialdisposition,
- vereinfachtes Beschaffungsprogramm, z.B. Bestellrhythmusverfahren,[1]
- großzügigere Lagerhaltung,
- gelockerte Überwachung.

---

1 Vgl. hierzu die Ausführungen auf S. 184 ff.

Die ABC-Analyse wird nicht nur in der Beschaffungswirtschaft, sondern (mit gleichen Berechnungsmethoden) auch in allen anderen Unternehmensbereichen zur Einsparung von Kosten angewendet (z. B. ABC-Bewertung der Kunden).

Zusammenfassung

■ **Kriterien für die Materialauswahl** sind die **Qualität,** die **Höhe der Kosten,** die voraussichtliche **Marktentwicklung** sowie der **Umweltschutz.**

■ Die **ABC-Analyse** ermittelt die Fertigungsmaterialien und Handelswaren, welche den höchsten Anteil am Gesamtwert der Erzeugnisse haben.

■ Die Materialien mit einem **hohen wertmäßigen Anteil am Gesamtbedarf** sind für die Beschaffung von **hoher Bedeutung.**

■ Die ABC-Analyse ist ein **Hilfsmittel** zur Aktivierung der in der Beschaffung liegenden Gewinnreserven.

Übungsaufgaben

69 1. Beschreiben Sie an einem Beispiel den Zusammenhang zwischen Qualität und Kosten im Rahmen der Materialauswahl!

2. Ein Industriebetrieb ermittelt zur Durchführung einer ABC-Analyse für seine Artikelgruppen A01 bis A10 folgende Zahlenwerte:

Artikel-gruppe	Jahresbedarf in Stück	Preis je ME in EUR
A01	100	290,00
A02	9 000	1,60
A03	5 000	2,80
A04	5 000	1,50
A05	700	5,50
A06	700	7,10
A07	100	22,00
A08	18 000	0,05
A09	20 000	0,08
A10	32 500	0,07

Aufgaben:

2.1 Führen Sie – gegebenenfalls mithilfe einer Tabellenkalkulation – eine ABC-Analyse entsprechend der Vorgabe von S. 178 durch!

ABC-Analyse, Tabelle 1

Artikel-gruppe	Jahres-bedarf in Stück	Preis je ME in EUR	Verbrauchs-menge in % des Gesamt-verbrauchs	Verbrauchs-wert in EUR	Verbrauchs-werte in % des gesamten Verbrauchs-wertes	Rang nach Verbrauchs-wert
A01	100	290,00				
A02	9 000	1,60				
A03	5 000	2,80				
A04	5 000	1,50				
A05	700	5,50				
A06	700	7,10				
A07	100	22,00				
A08	18 000	0,05				
A09	20 000	0,08				
A10	32 500	0,07				
Summe						

ABC-Analyse, Tabelle 2

Artikel-gruppe nach Rang	Jahres-bedarf in Stück	Preis je ME in EUR	Verbrauchs-menge in % des Gesamt-verbrauchs	Ver-brauchs-wert in EUR	Verbrauchs-werte in % des gesamten Verbrauchs-wertes	Kumulier-ter Wert-anteil in %	Kumulier-ter Men-genanteil in %
Summe							

2.2 Legen Sie fest, welche Artikelgruppen jeweils in die Klasse der A-, B- bzw. der C-Güter gehören und begründen Sie Ihre Entscheidung!

2.3 Setzen Sie die gewonnenen Erkenntnisse in eine aussagefähige Grafik um!

2.4 Nach Durchführung der ABC-Analyse ergeben sich für den Betrieb zwangsläufig Schlussfolgerungen im Bereich der Materialwirtschaft, die geeignet sind, einen Beitrag zur Kostensenkung zu erbringen. Nennen Sie – getrennt für die A- und die C-Güter – jeweils solche Maßnahmen!

1.2.5 Mengenplanung

(1) Überblick

Das Hauptproblem der Mengenplanung im Beschaffungsbereich liegt in der Festlegung der **kostengünstigsten (optimalen) Bestellmenge**. Dabei muss ein Ausgleich zwischen den **Lagerhaltungskosten** und den **auflagefixen Bestellkosten** gefunden werden.

(2) Ermittlung der optimalen Bestellmenge

■ **Bestellkosten**

Sie fallen bei jeder Bestellung an, gleichgültig wie groß die Menge bzw. wie hoch der Wert der bestellten Werkstoffe bzw. Waren ist.

> **Beispiele:**
>
> Kosten der Bearbeitung der Bedarfsmeldung, der Angebotseinholung, der Wareneingangsprüfung und der Rechnungsprüfung.

■ **Lagerhaltungskosten[1]**

Zu den Lagerhaltungskosten zählen z. B. die Personalkosten für die im Lager beschäftigten Personen, die im Wert der gelagerten Güter gebundenen Zinsen und die Kosten des Lagerrisikos.

> **Beispiel für die Ermittlung der optimalen Bestellmenge:**
>
> Die fixen Bestellkosten je Bestellung betragen 50,00 EUR. Der Einstandspreis je Stück beläuft sich auf 30,00 EUR und der Lagerhaltungskostensatz[2] auf 25 %. Der Jahresbedarf beträgt 3 600 Stück.
>
> Außer Betracht bleibt, dass mit zunehmender Bestellgröße i. d. R. Mengenrabatte in Anspruch genommen werden können. Außerdem wird nicht berücksichtigt, dass bei größeren Bestellungen häufig Verpackungs- und Transportkosten eingespart werden können.
>
> **Aufgaben:**
>
> 1. Ermitteln Sie rechnerisch die optimale Bestellmenge bei den vorgegebenen Bestellmengen und der vorgegebenen Anzahl der Bestellungen je Periode!
> 2. Stellen Sie die optimale Bestellmenge grafisch dar!

---

1 Die fixen (festen) Lagerhaltungskosten bleiben bei den folgenden Überlegungen außer Acht, weil sie unabhängig von der Größe des Lagerbestands anfallen. Hierzu gehören z. B. die Abschreibungskosten für die Lagerräume und Lagereinrichtungen.

2 Der Lagerhaltungskostensatz gibt an, wie groß die Lagerkosten sind gemessen am durchschnittlichen Lagerbestand, ausgedrückt in Prozent.

Lösungen:

Zu 1.: Berechnung der optimalen Bestellmenge

Bestell-menge in Stück	Anzahl der Bestel-lungen	Bestellkosten in EUR	Durchschn. Lagerbestand in Stück	Durchschn. Lagerbestand in EUR	Lagerhaltungs-kosten in EUR	Gesamtkosten in EUR
50	72	3 600,00	25	750,00	187,50	3 787,50
100	36	1 800,00	50	1 500,00	375,00	2 175,00
150	24	1 200,00	75	2 250,00	562,50	1 762,50
200	18	900,00	100	3 000,00	750,00	1 650,00
250	14,4	720,00	125	3 750,00	937,50	1 657,50
300	12	600,00	150	4 500,00	1 125,00	1 725,00
350	10,29	514,29	175	5 250,00	1 312,50	1 826,79
400	9	450,00	200	6 000,00	1 500,00	1 950,00
450	8	400,00	225	6 750,00	1 687,50	2 087,50
500	7,2	360,00	250	7 500,00	1 875,00	2 235,00

Erläuterung:

Werden z. B. 50 Stück bestellt, muss der Bestellvorgang 72-mal wiederholt werden. Die Bestellkosten betragen dann 3 600,00 EUR und die Lagerhaltungskosten 187,50 EUR. Mit zunehmender Bestellmenge verringert sich die Anzahl der Bestellungen und damit sinken auch die Bestellkosten, während im Gegenzug die Lagerhaltungskosten steigen. Da der Betrieb beide Kostenarten berücksichtigen muss, ist das Optimum erreicht, wenn die Summe beider Kosten das Minimum erreicht hat. Dieses Minimum liegt bei den vorgegebenen Mengenintervallen bei 200 Stück. Eine exakte Berechnung (mithilfe der Andler-Formel)[1] ermittelt eine optimale Bestellmenge von 219 Stück bei Gesamtkosten von 1 643,17 EUR.

Zu 2.: Grafische Darstellung der optimalen Bestellmenge

Trägt man an der x-Achse die jeweilige Bestellmenge und an der y-Achse die Kosten ab, erhält man folgendes Bild:

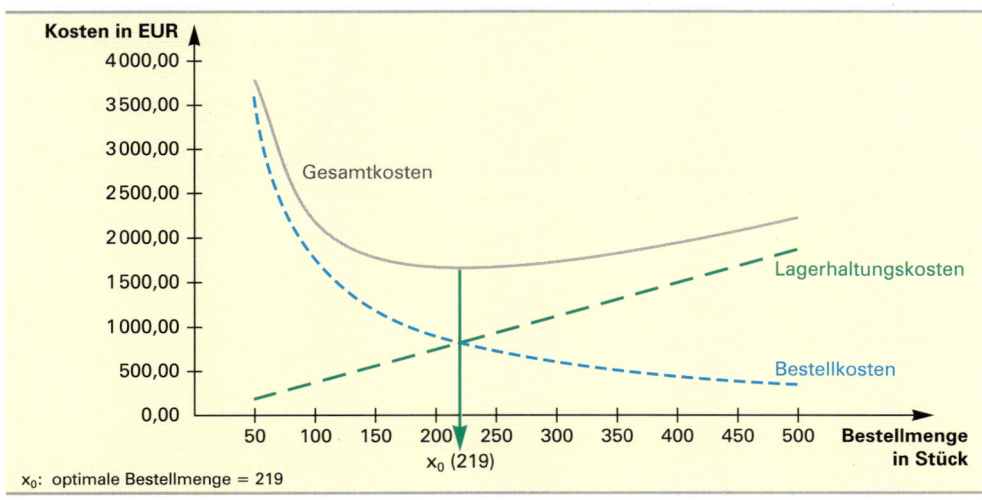

x_0: optimale Bestellmenge = 219

---

1 Siehe S. 187.

Merke:

- Die **optimale Bestellmenge** ist die Beschaffungsmenge, bei der die **Gesamtkosten** (Bestell- **und** Lagerhaltungskosten) am **niedrigsten** sind.
- Bei dieser Menge gleichen sich die bei steigenden Bestellmengen je Bestellung **sinkenden Bestellkosten** und die **steigenden Lagerhaltungskosten** aus.

Werden bei steigender Bestellgröße Liefererrabatte gewährt und/oder Transport- und Verpackungskosten gespart, vergrößert sich die optimale Bestellmenge. An der grundsätzlichen Aussage des Modells ändert sich nichts.

Die Anwendung dieser Modellrechnung in der Praxis ist ungleich komplizierter, weil zahlreiche Bedingungen berücksichtigt werden müssen, die hier vernachlässigt wurden (z.B. unterschiedliche Zahlungs- und Lieferungsbedingungen bei verschiedenen Lieferern). Außerdem ist die Ermittlung der optimalen Bestellmenge teuer, zumal sich verändernde Daten (z.B. Veränderungen der durchschnittlichen täglichen Materialentnahme) zu Neuberechnungen führen müssen. Die Ermittlung der optimalen Bestellmenge wird sich daher nur bei solchen Gütern lohnen, die einen hohen wertmäßigen Jahresverbrauch haben (A-Güter). Voraussetzung zur Berechnung und Verwirklichung (Realisierung) der optimalen Bestellmenge ist außerdem, dass der Lieferer die „optimale" Menge auch tatsächlich liefern kann, was nicht immer der Fall sein muss. Außerdem muss die Lagergröße ausreichen, die optimale Bestellmenge aufzunehmen.

1.2.6 Zeitplanung

(1) Problemstellung

Aufgabe der Zeitplanung ist es, die Bestellzeitpunkte für die Werkstoffe unter Berücksichtigung der Wiederbeschaffungszeit so zu bestimmen, dass einerseits die Kundenwunschtermine nicht gefährdet sind, andererseits aber auch keine unnötigen Lagerzeiten in Kauf genommen werden müssen.

Unterstellt man die typische kundenauftragsbezogene Fertigung der Klein- und Mittelbetriebe, so ergeben sich die Bestelltermine für bedarfsgesteuerte Teile im Rahmen der Produktionsplanung durch die Nettobedarfsrechnung.[1]

Für B- und C-Teile (siehe S. 178) genügen einfachere Bestellstrategien. Hierbei unterscheidet man zwischen Bestellpunkt- und Bestellrhythmusverfahren.

(2) Bestellpunkt- und Bestellrhythmusverfahren

- **Grundlegendes**

Merke:

- Beim **Bestellpunktverfahren** wird mit jeder Entnahme geprüft, ob damit der Meldebestand unterschritten wurde. Ist dies der Fall, wird eine Nachbestellung ausgelöst.
- Beim **Bestellrhythmusverfahren** erfolgt die Nachbestellung in bestimmten Zeitintervallen.

---

1 Wiederholen Sie hierzu die Ausführungen auf S. 173f.

Für beide Verfahren gilt, dass entweder mit einer festen Bestellmenge (i.d.R. mit der optimalen Bestellmenge) oder mit einer variablen Menge bis zu einem bestimmten Höchstbestand aufgefüllt wird. Durch die Kombination der beiden Bestellverfahren mit den beiden Möglichkeiten in der Wahl der Bestellmenge ergeben sich insgesamt vier Strategien, die sich in folgender Tabelle darstellen lassen.

	Bestellpunktverfahren	Bestellrhythmusverfahren
Auffüllen mit optimaler Bestellmenge	Bei Errreichen des Meldebestands wird mit der konstanten, optimalen Bestellmenge aufgefüllt.	In einem festen Zeitintervall wird immer mit der konstanten optimalen Bestellmenge aufgefüllt.
Auffüllen bis zum Höchstbestand	Bei Erreichen des Meldebestands wird die Fehlmenge bis zum Höchstbestand aufgefüllt.	In einem festen Zeitintervall wird bis zum Höchstbestand aufgefüllt.

Exemplarisch sollen zwei der vier Möglichkeiten grafisch dargestellt werden.

■ **Strategie 1: Bestellpunktverfahren, bei welchem immer bis zu einem bestimmten Höchstbestand aufgefüllt wird**

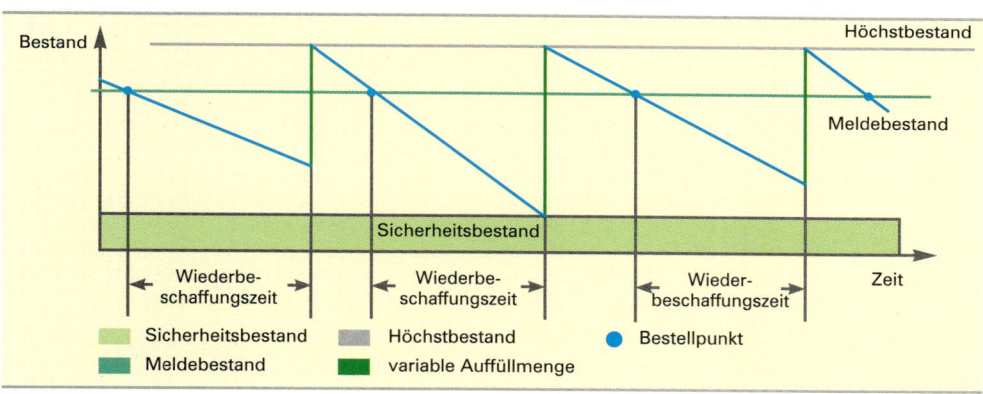

Erläuterungen:

■ **Sicherheitsbestand:**   Er dient zur Abdeckung von Bestands-, Bedarfs- und Bestellunsicherheiten. Er steht nur für unvorhergesehene Ereignisse zur Verfügung und darf daher nicht zur laufenden Disposition verwendet werden.

■ **Meldebestand:**   Erreicht der Lagerbestand diese Bestandshöhe, dann ist eine neue Bestellung auszulösen.

■ **Höchstbestand:**   Er gibt an, welcher Warenbestand maximal eingelagert wird. Der Höchstbestand wird immer nach Eintreffen der bestellten Ware erreicht.

■ **Variable Auffüllmenge:**   Es handelt sich um die Warenmenge, die bestellt werden muss, um das Lager bis zum Höchstbestand aufzufüllen.

● **Bestellpunkt:**   Zeitpunkt, zu welchem bestellt werden muss, um die Versorgung während der Wiederbeschaffungszeit sicherzustellen.

■ **Wiederbeschaffungszeit:**   Zeitbedarf für eigene Überlegungszeit (z.B. Liefererauswahl), Durchführung der Bestellung, Transportzeit, Lieferzeit, Zeit für Wareneingangskontrolle und Einlagerung.

- **Strategie 2: Bestellrhythmusverfahren, bei welchem immer mit der optimalen Losgröße aufgefüllt wird.**

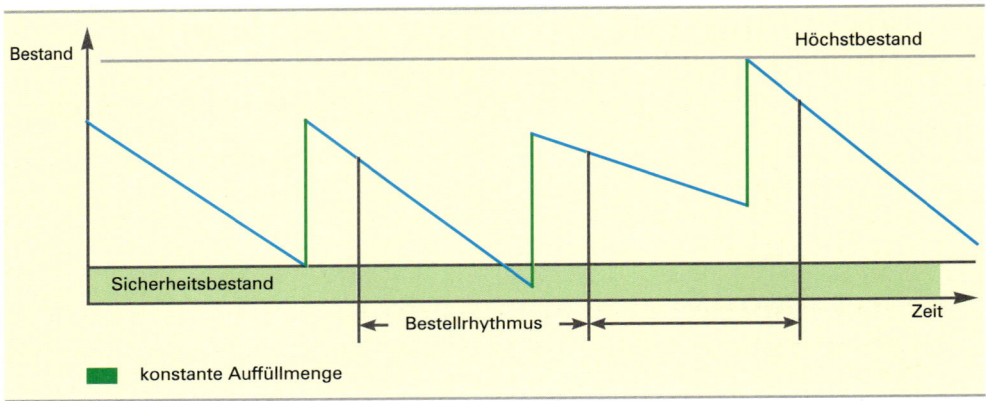

Stellt man die beiden Verfahren einander gegenüber, dann lassen sie sich durch folgende Merkmale kennzeichnen:

Bestellpunktverfahren	Bestellrhythmusverfahren
▪ Es handelt sich um eine sehr sichere Strategie. Dadurch, dass mit jeder Entnahme geprüft wird, ob der Meldebestand erreicht ist, ist auch die Gefahr der Unterdeckung sehr gering. ▪ Es ist geeignet für Güter, bei denen ein hoher Servicegrad verlangt wird. ▪ Wird bis auf die Lagerobergrenze aufgefüllt, dann führt dies tendenziell zu hohen Beständen. ▪ Der Kontrollaufwand ist relativ hoch. ▪ Durch ständige Bestandskontrolle ist das Verfahren auch geeignet für Güter mit unregelmäßigem Bedarf.	▪ Es wird nur in festen Zeitintervallen (Bestellrhythmus) nachbestellt. ▪ Muss mit unregelmäßigem Bedarf gerechnet werden, dann besteht hier die große Gefahr der Unterdeckung. ▪ Das Verfahren ist daher nur sinnvoll, wenn die Lagerabgangsraten relativ konstant sind. ▪ Der Verwaltungsaufwand ist gering.

Zusammenfassung

- Die **Bestellmengenplanung** ist im Grunde identisch mit der Mengenplanung der Produktionsprozessplanung.

- Das **Hauptproblem der Bestellmengenplanung** ist die Festlegung der optimalen Bestellmenge, denn es besteht ein Spannungsverhältnis zwischen den hohen Lagerkosten bei großen Bestellmengen einerseits und hohen Bestellkosten bei niedrigen Bestellmengen (und damit hoher Bestellhäufigkeit) andererseits.

- Die **optimale Bestellmenge** ist die Beschaffungsmenge, bei der die Gesamtkosten (Bestell- und Lagerhaltungskosten) am niedrigsten sind.

- Die **Hauptaufgabe der Zeitplanung** ist es, den **Bestellzeitpunkt** optimal festzulegen, damit Fertigung und/oder Absatz reibungslos durchgeführt werden können.

70 Das Hauptproblem der Mengenplanung ist die Ermittlung der optimalen Bestellmenge.

Aufgaben:

1. Erläutern Sie, was unter der optimalen Bestellmenge zu verstehen ist!

2. Berechnen Sie mithilfe einer Tabelle die optimale Bestellmenge aufgrund des Zahlenbeispiels von S. 183, wenn

   2.1 die Bestellkosten sich auf 100,00 EUR verdoppeln und die übrigen Bedingungen gleich bleiben!

   2.2 der Lagerhaltungskostensatz auf 45 % steigt und die übrigen Bedingungen gleich bleiben!

3. Zeichnen Sie die entsprechenden Kostenkurven zu den Aufgaben 2.1 und 2.2!

4. Fassen Sie Ihre Erkenntnisse aus den Aufgaben 2. und 3. in Form von Regeln zusammen!

5. Mithilfe der **Andler-Formel** lässt sich der exakte Wert für die optimale Bestellmenge bestimmen. Die Andler-Formel lautet:

$$Q_{opt} = \sqrt{\frac{200 \cdot F \cdot M}{P \cdot L}}$$

Q_{opt}:	Optimale Bestellmenge
F:	Fixe Bestellkosten
M:	Jahresbedarf
P:	Einstandspreis je Stück
L:	Lagerhaltungskostensatz in Prozent

Überprüfen Sie die Richtigkeit Ihrer Ergebnisse!

71 1. Nennen Sie je drei Beispiele für Bestellkosten und Lagerhaltungskosten!

2. Geben Sie Argumente an, welche die exakte Ermittlung der optimalen Bestellmenge in der Praxis erschweren!

72 Eine Artikeldatei liefert folgende Zahlen:

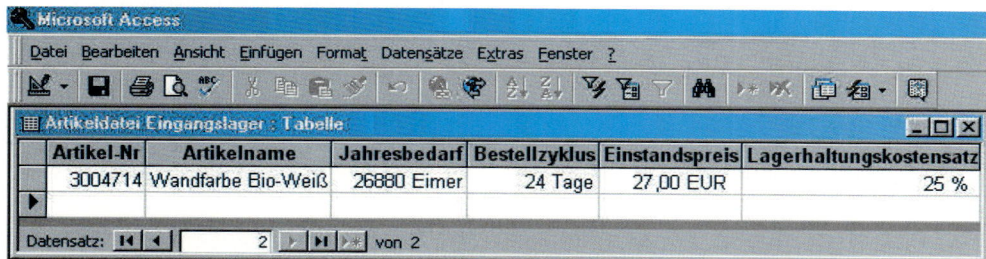

Artikel-Nr	Artikelname	Jahresbedarf	Bestellzyklus	Einstandspreis	Lagerhaltungskostensatz
3004714	Wandfarbe Bio-Weiß	26880 Eimer	24 Tage	27,00 EUR	25 %

Die Bestellkosten je Bestelleinheit belaufen sich auf 80,00 EUR. Die Geschäftsleitung möchte den Bestellzyklus auf 30 Tage erhöhen.

Aufgabe:

Prüfen Sie, ob diese Erhöhung zu einer Kostenersparnis führt!

73 Der Bedarf für das Fremdteil B 312 beträgt 30 Stück je Kalendertag, die Wiederbeschaffungszeit 8 Tage und der eiserne Bestand 80 Stück. Die optimale Bestellmenge beträgt 480 Stück. Am Abend des 4. März beträgt der Lagerbestand 440 Stück.

Aufgaben:

1. Planen Sie die Bestellzeitpunkte (Daten angeben) für den Monat März!

2. Zeichnen Sie die Bestandsentwicklung in ein Diagramm ein (vgl. S. 185)!

1.2.7 Materialbereitstellungsverfahren

Grundsätzlich gibt es zwei Möglichkeiten, das Problem der Bereitstellung von Werkstoffen und Handelswaren zu lösen, nämlich die **Bedarfsdeckung durch Vorratshaltung** und die **Bedarfsdeckung ohne Vorratshaltung.** Bei der Bedarfsdeckung ohne Vorratshaltung wird unterschieden, ob die Bereitstellung aufgrund eines **Einzelbedarfs** oder aufgrund eines **Periodenbedarfs** erfolgt.

1.2.7.1 Bedarfsdeckung durch Vorratshaltung

Merke:

Die **Vorratshaltung** ist vor allem dann anzutreffen, wenn **Schwankungen des Beschaffungsmarkts** abgesichert werden müssen. Außerdem kann die Lagerung **geringwertiger Güter** mit relativ hohen Anschaffungsaufwendungen sinnvoll sein.

Die **Vorteile** der Vorratshaltung sind vor allem die günstigeren Beschaffungs- und Frachtkosten beim Bezug größerer Materialmengen sowie die größere Sicherheit der Bedarfsdeckung bei Beschaffungsschwierigkeiten.

Die **Nachteile** der Vorratshaltung sind vor allem die hohen Kapitalbindungskosten und Lagerrisiken. Somit besteht ein ständiger Zielkonflikt zwischen dem Ziel, die Lagerkosten und Lagerrisiken möglichst niedrig zu halten und dem Ziel, den **Servicegrad** zu sichern oder zu verbessern.

Beispiel:

Von einem Lager werden vierteljährlich 2700 Stück des Teils T34 abgerufen. Sofort bzw. in einem ausreichenden Zeitraum werden 2592 Stück ausgeliefert. Der Servicegrad beträgt 96%.

$$\text{Servicegrad} = \frac{\text{Anzahl der bedienten Lageranforderungen} \cdot 100}{\text{Gesamtzahl der Lageranforderungen}}$$

In der Praxis ist es kaum möglich, einen hundertprozentigen Servicegrad zu erreichen, wenn (zu) teure Sicherheitsbestände vermieden werden sollen. Welcher Servicegrad anzustreben ist, hängt vor allem von der Art der Produktion ab. Ist der Produktionsablauf starr, kann die Fertigung bereits beim Fehlen eines einzelnen Teils nicht weiterlaufen. Ist der Produktionsablauf flexibel, kann bei Fehlen eines oder mehrerer Teile mit der Fertigung anderer Produkte fortgefahren werden, wie dies z.B. bei der Fertigung nach dem **Baukastensystem**[2] der Fall sein kann.

---

1 Just in time (engl.): gerade rechtzeitig.

2 Beim Baukastensystem werden einzelne Teile (Baugruppen) wie z.B. Motoren und Karosserien eines Autoherstellers typisiert (vereinheitlicht), um sie dann (z.B. dem Bedarf entsprechend) kombinieren zu können.

1.2.7.2 Bedarfsdeckung ohne Vorratshaltung

(1) Einzelbeschaffung im Bedarfsfall (Delivery on demand)

Merke:

Bei der **Einzelbeschaffung** erfolgt die Materialbeschaffung erst dann, wenn ein Auftrag vorliegt, der einen Bedarf auslöst.

Beispiel:

Ein Warenhaus bestellt bei der Möbelfabrik Rohrer GmbH Gartenmöbel aus Robinienholz.	Die Möbelfabrik Rohrer GmbH bestellt das Holz erst nach Bestätigung des Auftrags.

Die **Vorteile** der Einzelbeschaffung sind, dass die Kapitalbindungs- und Lagerkosten gesenkt werden oder ganz entfallen, weil die Materialien nach der Wareneingangs- und Qualitätsprüfung nur sehr kurze Zeit im Lager bleiben oder sofort in die Fertigung gehen. Außerdem sind Verderb und Veralten ausgeschlossen (geringere Lagerrisiken).

Die **Nachteile** der Einzelbeschaffung sind darin zu sehen, dass mit dem Bezug kleiner Mengen mit höheren Preisen, höheren Verpackungskosten und höheren Transportkosten (Bezugskosten) zu rechnen ist. Je nach Material kann es auch schwierig sein, die benötigten Mengen termingerecht und in der erforderlichen Qualität zu beschaffen.

(2) Lagerlose Sofortverwendung (Just-in-time-Verfahren; fertigungssynchrone Beschaffung)

Merke:

Die **lagerlose Sofortverwendung** ist Bestandteil eines Logistiksystems, bei dem die Materialbereitstellung genau zu dem von der Fertigungsplanung vorher bestimmten Zeitpunkt erfolgt. Man spricht von **fertigungssynchroner Beschaffung** oder vom **Just-in-time-Verfahren**.

Das Prinzip der lagerlosen Sofortverwendung wird vor allem von Industriebetrieben angewendet, die ihren Bedarf an großvolumigen und hochwertigen Teilen genau vorausberechnen können (z. B. Automobilindustrie). Die Kapitalbindungs- und Lagerkosten werden auf die Zulieferbetriebe abgewälzt. Zur Reduzierung des Planungsrisikos für den Lieferanten wird mit ihm häufig ein **Kauf auf Abruf** vereinbart, d. h., die **Bezugsmenge** für den nächsten Planungszeitraum wird fest vereinbart, während der Bezugstermin kurzfristig festgelegt wird.

Die **Vorteile** einer konsequenten Anwendung der fertigungssynchronen Anlieferung sind, dass alle **Lagerkosten und -risiken entfallen,** weil das benötigte Material sofort zum Ort der Weiterverarbeitung bzw. -verwendung gebracht wird.

Die **Nachteile** der lagerlosen Sofortverwendung liegen in der Verwundbarkeit des Unternehmens gegenüber Störungen im Nachschub, z.B. durch Streiks, Zugverspätungen, Staus **(Terminrisiko),** sowie in der Umweltbelastung bei der Belieferung durch

Lastkraftwagen, z. B. durch Versiegelung der Landschaft durch Straßenbau, Belastung der Luft durch Reifenabrieb und Abgase **(Umweltrisiko)**. Außerdem besteht die Gefahr, dass es zu Produktionsstörungen bzw. zu Folgeschäden kommt, da schadhafte Teile nicht durch eine Lagerentnahme ausgewechselt werden können **(Qualitätsrisiko)**. Daneben steigen die Bestell- und Transportkosten wegen häufiger Bestellungen an **(Kostenrisiko)**.

(3) Kanban-Verfahren

Eine andere Form der fertigungssynchronen Beschaffung verfolgt das **KANBAN-Verfahren.**[1] Es beruht auf der **Holpflicht (Pull-Prinzip)** und besagt, dass bei Entnahme eines Teils oder bei Unterschreitung der zuvor festgelegten Mindestmenge in einem Lager die entsprechende Differenzmenge von der **vorgelagerten Arbeitsstation** nachzuliefern ist. Hierdurch entstehen selbstgesteuerte Kanban-Regelkreise, wobei die Vorstufe sicherstellen muss, dass das angeforderte Material in der vorgegebenen Zeit und in der vorgeschriebenen Menge beschafft bzw. hergestellt wird. Diese flexible Organisationsform soll vermeiden, dass unnötige Zwischenläger geführt werden.

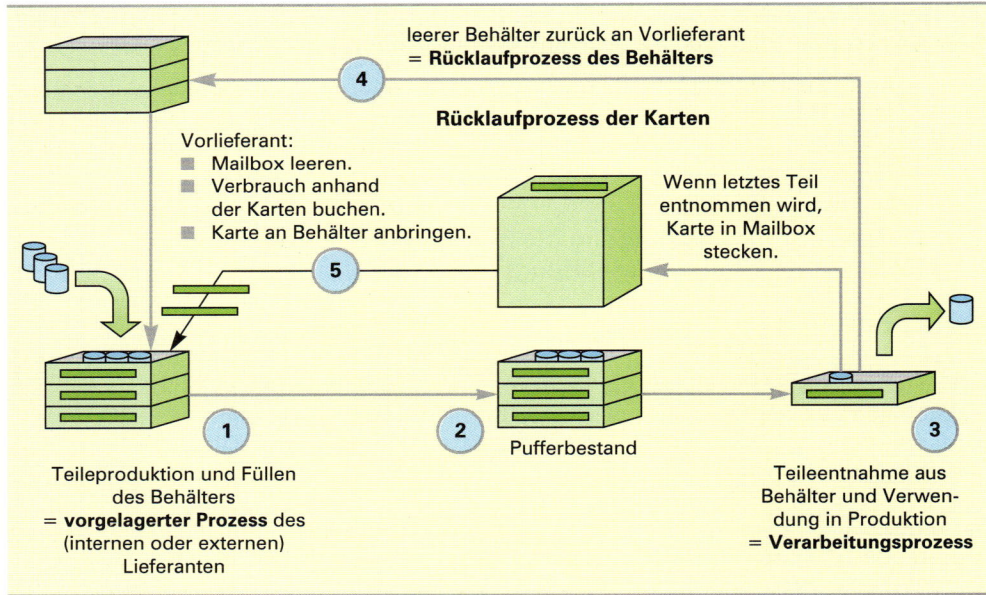

Kanban ist ein sich selbst regulierender Beschaffungskreislauf, der sich sowohl für interne als auch für externe Lieferanten eignet. Der Vorteil liegt darin, dass es ein einfaches, leicht zu durchschauendes Prinzip ist. Die Arbeitskräfte verstehen sehr schnell den Zusammenhang: Werden Karten nicht in die Mailbox gesteckt, fehlt das Material. Aufwendige und intransparente Software-Lösungen sind nicht erforderlich. Im Grunde genügt eine Kiste mit einem Zettel. Erweiterungen um elektronische Medien wie Intranet oder Internet dienen der Beschleunigung des Informationsflusses und zur Überbrückung größerer Entfernungen zum Lieferanten. Das Kanban-System bleibt im Grunde unverändert – im vorgelagerten Prozess wird nicht mehr produziert als im Verarbeitungsprozess benötigt wird.

---

1 KANBAN bedeutet Karte. Das KANBAN-Verfahren stammt ursprünglich aus Japan.

Die Bestellung erfolgt mithilfe der **KANBAN-Karte.** Zwischen der angeforderten Stelle und der vorgelagerten Arbeitsstation besteht eine Art Kunden-Lieferanten-Beziehung. Beim KANBAN-Verfahren steuert somit die letzte Stufe der Fertigung den Beschaffungsvorgang. In der Praxis hat es sich gezeigt, dass eine solche rein **dezentrale Beschaffungssteuerung** (Produktionsprozesssteuerung) nur bei bis zu maximal acht Arbeitsgängen möglich ist. Bei einer größeren Anzahl von Arbeitsvorgängen muss das KANBAN-Verfahren durch eine zentrale Steuerung ergänzt werden.

Zusammenfassung

- Grundsätzlich gibt es zwei Möglichkeiten, Materialien herzustellen, nämlich die **Bedarfsdeckung durch Vorratshaltung** und die **Bedarfsdeckung ohne Vorratshaltung.**

- Die Bedarfsdeckung ohne Vorratshaltung kann als **Einzelbeschaffung im Bedarfsfall**, nach dem **Just-in-time-Verfahren** oder nach dem **KANBAN-Verfahren** erfolgen.

Übungsaufgabe

74
1. Stellen Sie in einer Tabelle die Vor- und Nachteile der Vorratshaltung und des Just-in-time-Verfahrens einander gegenüber!

2. Beschreiben Sie den Unterschied zwischen dem Just-in-time-Verfahren und dem KANBAN-Verfahren!

3. Beschreiben Sie an einem Beispiel den Zusammenhang zwischen Qualität und Kosten im Rahmen der Materialauswahl!

1.3 Liefererauswahl

1.3.1 Grundsätzliches

Die Suche nach neuen Bezugsquellen und die Ermittlung potenzieller Lieferer haben für die Unternehmen einen hohen Stellenwert. Mit dieser Aufgabe beschäftigt sich die **Beschaffungsmarktforschung**.

Hat die Beschaffungsmarktforschung einen möglichen Lieferer ermittelt, schließt sich die **Liefererbewertung** an. Für die Liefererbewertung kann ein einziges Kriterium (z. B. der Preis) oder aber eine Kombination von Kriterien herangezogen werden. Für die Lieferer-bewertung können

- **quantitative,** d. h. **messbare Kriterien** (z. B. Preis, Zahlungsbedingungen, Lieferbedin-gungen) und/oder

- **qualitative,** d. h. **nicht messbare Kriterien** (z. B. Qualität, Lieferertreue, Image, techni-sches Know-how, Unterstützung bei Problemlösungen)

herangezogen werden. Als Instrumentarium zur Analyse der Kriterien kann der **Einfakto-renvergleich** oder der **Mehrfaktorenvergleich (Scoring-Modell)** dienen.

1.3.2 Einfaktorenvergleich mit Bezugskalkulation

Legt man nur einen einzigen Auswahlgesichtspunkt (ein Kriterium) zugrunde, dann kommt man sehr schnell zu einer Lieferantenauswahl. Solche Einfaktorenvergleiche sind z. B. möglich in Bezug auf den Preis, die Liefer- und Zahlungsbedingungen oder die Pro-duktqualität.

Beispiel für einen Einfaktorenvergleich (Preisvergleich von Angeboten):

Ein Betrieb erhält vier Angebote. Die angebotenen Waren sind qualitätsmäßig vollkommen gleich. Die Lieferzeit beträgt in allen Fällen 14 Tage. Die Angebote lauten:

1. 620,00 EUR ab Werk,[1] Ziel 30 Tage, bei Zahlung innerhalb von 14 Tagen 2 % Skonto.

2. 608,00 EUR ab Werk, zahlbar netto Kasse.

3. 680,00 EUR frei Haus,[1] 5 % Sonderrabatt, Ziel 2 Monate, 2 % Skonto innerhalb von 14 Tagen.

4. 632,50 EUR frei Haus, zahlbar netto Kasse.

Die Frachtkosten betragen 20,00 EUR, die An- und Abfuhr je 3,00 EUR.

Unter der Voraussetzung, dass Skonto ausgenutzt wird, gelten folgende Vergleichsrechnungen:

1. Angebot		Listeneinkaufspreis	620,00 EUR
	−	2 % Skonto	12,40 EUR
		Bareinkaufspreis	607,60 EUR
	+	Fracht, An- und Abfuhr	26,00 EUR
		Einstandspreis	633,60 EUR
2. Angebot		Listeneinkaufspreis	608,00 EUR
	+	Fracht, An- und Abfuhr	26,00 EUR
		Einstandspreis	634,00 EUR

---

1 Vgl. hierzu die Grafik auf S. 228.

3. Angebot

3. Angebot	Listeneinkaufspreis	680,00 EUR
	– 5 % Sonderrabatt	34,00 EUR
	Zieleinkaufspreis	646,00 EUR
	– 2 % Skonto	12,92 EUR
	Einstandspreis	633,08 EUR
4. Angebot	Listeneinkaufspreis ≙ Einstandspreis	632,50 EUR

Aufgabe:

Berechnen Sie das günstigste Angebot!

Lösung:

Es scheint, als ob das 4. Angebot das günstigste sei. Berücksichtigt man jedoch die Tatsache, dass der Lieferer beim 3. Angebot eine Skontierungsfrist von 14 Tagen einräumt, so bedeutet das, dass die Verzinsung der 632,50 EUR, die bei vorzeitiger Zahlung finanziert werden müssen, berücksichtigt werden muss. Legt man z. B. einen Zinssatz von 8 % zugrunde, belaufen sich die Zinsen für 632,50 EUR auf 1,97[1] EUR. Das vierte Angebot ist somit mit 632,50 EUR + 1,97 EUR = 634,47 EUR im Angebotsvergleich zu berücksichtigen.

Ergebnis: Das dritte Angebot ist mit 633,08 EUR am günstigsten.

1.3.3 Mehrfaktorenvergleich (Scoring-Modell)[2]

Ist für die Auswahl des Lieferanten nicht nur ein Kriterium entscheidend, dann entsteht sehr schnell eine komplexe[3] Situation, da die Kriterien unter Umständen einander zuwider laufen, wie z. B. Qualität und Preis. Ein günstiger Preis ist zumeist mit geringerer Qualität verbunden und umgekehrt.

Derart komplexe Situationen sind typisch für langfristige unternehmerische Entscheidungen, sie sind zudem mit Unsicherheiten behaftet und daher schwer durchschaubar. Um dennoch tragfähige Lösungen zu finden, die z. B. gegenüber den Vorgesetzten gerechtfertigt werden können, benötigt man ein Instrumentarium, das die Entscheidung unabhängig macht von Vorurteilen, Sympathien oder Antipathien, sondern sie auf nachvollziehbare, vernünftige Argumente stützt. Damit wird die Entscheidung zugunsten eines bestimmten Lieferanten auch nachträglich begründbar und kontrollierbar.

Eines dieser Instrumentarien ist das **Scoring-Modell** oder auch **Weighted-Point-Method**[4] genannt (siehe S. 194). Dabei werden den Auswahlkriterien zunächst Gewichtungen zugeordnet (Spalte 2), die für alle Lieferanten gleichermaßen gelten. Danach werden die Lieferanten einzeln dahingehend analysiert, inwieweit sie die Auswahlkriterien erfüllen. Hierfür werden Punkte vergeben, z. B. 5: hohe Zielerfüllung, 0: keine Zielerfüllung (z. B. Spalte 3). Durch Multiplikation der Gewichtungen mit den einzelnen Punkten erhält man je Auswahlkriterium die gewichteten Punkte (z. B. Spalte 4). Ausgewählt wird jener Lieferant, dessen Summe der gewichteten Punkte maximal ist.

---

1 Zinsen = $\dfrac{632,50 \cdot 8 \cdot 14}{100 \cdot 360}$ = $\underline{\underline{1,97 \text{ EUR}}}$

2 Scoring-Modell kann übersetzt werden mit Punktebewertungsmodell.

3 Komplex: vielfältig verflochten.

4 Weighted-Point-Method: wörtlich, Methode der gewichteten Punkte.

13 Speth u.a. - ISBN 978-3-8120-0465-7

Zur Auswahl stehen die drei Lieferanten Abel, Bebel und Krüger. Als Entscheidungsfaktoren spielen die Qualität, der Preis, die Liefertreue, der technische Kundendienst und die Unterstützung bei Problemlösungen eine Rolle. Die Gewichtungen für die Entscheidungsfaktoren sind der Spalte 2 zu entnehmen. Eine Beurteilung der Lieferanten ergab jeweils die in den Spalten 3, 5 und 7 dargestellten Punkte.

Auswahl-Kriterien	Gewich-tung	Abel		Bebel		Krüger	
		Punkte Abel	Gewichtete Punkte Abel	Punkte Bebel	Gewichtete Punkte Bebel	Punkte Krüger	Gewichtete Punkte Krüger
(1)	(2)	(3)	(4) = (2) · (3)	(5)	(6) = (2) · (5)	(7)	(8) = (2) · (7)
Qualität	0,30	5	1,5	4	1,2	3	0,9
Preis	0,30	4	1,2	5	1,5	5	1,5
Liefertreue	0,10	3	0,3	4	0,4	5	0,5
Technischer Kundendienst	0,20	5	1,0	3	0,6	4	0,8
Unterstützung bei Problemlösungen	0,10	2	0,2	2	0,2	3	0,3
Summe der Punkte	**1,00**		**4,2**		**3,9**		**4,0**

Erläuterung (am Beispiel Abel):

Die zeilenweise Multiplikation der Gewichtungen mit den Punkten Abels für die einzelnen Kriterien ergibt jeweils die gewichteten Punkte. Deren Summe beträgt bei Abel 4,2. Bebel und Krüger erhielten je 3,9 bzw. 4,0 Punkte. Somit fällt die Entscheidung zugunsten von Abel.

Die Verwendung des Scoring-Modells, das im Betrieb auch anderweitig verwendet werden kann (z. B. Standortbestimmung für eine neue Filiale, Mitarbeiterbeurteilung usw.), hat den Vorteil, dass neben rein quantifizierbaren Größen (z. B. Preise) auch die Einbeziehung von qualitativen Kriterien (z. B. Qualität, Liefertreue usw.) möglich ist.

Zusammenfassung

- Mit der Aufgabe, potenzielle Lieferer zu ermitteln, beschäftigt sich die **Beschaffungsmarktforschung.**

- Für die **Liefererbewertung** kann **ein einziges Kriterium (quantitative Liefererbewertung)** oder eine **Summe von Kriterien (qualitative Liefererbewertung)** herangezogen werden.

- Ein **Einfaktorenvergleich** berücksichtigt nur ein einzelnes Auswahlkriterium, in der Regel den Einstandspreis. Er wird durch die **Bezugskalkulation** ermittelt.

- Ein **Mehrfaktorenvergleich** erlaubt es, neben quantitativen auch qualitative Faktoren zu berücksichtigen. Eines dieser Verfahren ist das sogenannte **Scoring-Konzept**. Das Scoring-Konzept dient der Entscheidungsfindung zwischen mehreren Alternativen bei mehreren gegebenen Zielen.

- Welche Gründe für die Einkaufsentscheidung maßgebend sind (z. B. der besonders niedrige Angebotspreis, die Lieferzeit oder Qualität der Werkstoffe, Handelswaren oder Betriebsmittel) hängt vor allem von der **Dringlichkeit des Bedarfs** und der **Art der einzukaufenden Güter** (z. B. komplizierte Investitionsgüter oder problemlose, von vielen Verkäufern angebotene Verbrauchsgüter) ab.

75 Unter qualitativ gleichwertigen Handelswaren gleich zuverlässiger Verkäufer soll ein rechneri-scher Angebotsvergleich vorgenommen werden. Folgende Angebote liegen vor:

Lieferer Nr. 3102: 3 500,00 EUR frei Haus, Ziel 2 Monate, 3 % Skonto innerhalb 3 Wochen;

Lieferer Nr. 3103: 3 360,00 EUR frachtfrei, zahlbar netto Kasse;

Lieferer Nr. 3108: 3 700,00 EUR ab Bahnhof hier, $12^{1}/_{2}$ % Rabatt und 2 % Skonto innerhalb 14 Tagen, Ziel 4 Wochen.

Die Fracht beträgt 200,00 EUR, die Kosten für die An- und Zulieferung belaufen sich auf je 30,00 EUR. Es ist – falls notwendig – mit einem Jahreszinssatz von 10 % zu rechnen!

Aufgaben:

1. Ermitteln Sie das günstigste Angebot!
   Es wird beim rechnerisch günstigsten Verkäufer bestellt. Da es sich um Gattungsware han-delt, werden lediglich Vereinbarungen über die zu liefernden Mengen und Preise getroffen.

2. Wer trägt bei fehlenden vertraglichen Vereinbarungen die Verpackungsaufwendungen und wer die Beförderungsaufwendungen? Begründen Sie Ihre Antworten mit dem Gesetz!

3. Binnen welcher Frist ist nach dem BGB bei einem Kaufvertrag zu liefern und zu zahlen? Begründen Sie Ihre Antworten mit dem Gesetz!

4. Welche weiteren Vereinbarungen können in einem Kaufvertrag beispielsweise hinsichtlich der Verpackungs- und Beförderungsaufwendungen getroffen werden?

76 **Fallstudie: Angebotsvergleich**

Dem Vertriebsbüro der Topsound GmbH, Hannover, wird am 10. Januar 20.. der Kundenauf-trag Nr. C 732 über 1 000 Stück unserer neuen Stereoanlage „Crash-micro-line" erteilt. In Zu-sammenarbeit mit dem Lager wird ermittelt, dass 300 Stück des Transistors TC 472 am Lager sind, aber insgesamt 5 000 Stück benötigt werden.

Dem Einkauf liegen bis heute drei Angebote vor:

(1) Elektronik Werke Freiburg AG vom 15. Januar 20..:

> „Wir bieten Ihnen, befristet bis zum 15. Februar 20.. Transistoren TC 472 für 2,87 EUR/ Stück ab Werk an. Bei Abnahme ab 1 000 Stück gewähren wir 5 % und ab 5 000 Stück 10 % Mengenrabatt. Die Zahlung soll erfolgen innerhalb 10 Tagen nach Rechnungser-halt unter Abzug von 2 % Skonto oder innerhalb 30 Tagen netto Kasse."
>
> **Hinweis:** Die Frachtkosten von Freiburg bis Hannover betragen für 4 700 Stück 200,00 EUR.

(2) Elektroteile Hannover GmbH vom 27. Januar 20..:

> Lieferung für 3,10 EUR/Stück, frei Haus, innerhalb vier Wochen nach Bestelleingang; Mengenrabatt ab 500 Stück 10 %, ab 1 000 Stück 15 %, ab 5 000 Stück 20 %; zahlbar in-nerhalb 20 Tagen unter Abzug von 2 % Skonto oder innerhalb 60 Tagen rein netto.

(3) Hans Haas e.Kfm., Köln, vom 25. Januar 20.:

> Sonderangebot bis 10. Februar gültig. Bei Lieferung von 500 oder mehr Transistoren 3,00 EUR/Stück, frei Haus. Bei Abnahme von weniger als 500 Stück werden für Verpa-ckung, Fracht und Bearbeitungsgebühr 50,00 EUR gesondert in Rechnung gestellt. Ab 1 000 Stück werden 10 %, ab 5 000 Stück 15 % Mengenrabatt gewährt; Rechnungen sind zahlbar innerhalb von 30 Tagen ohne Abzug.

Um die optimale Bezugsquelle zu ermitteln, werden vom Lager, von der Fertigung und vom Einkauf **Berichte über die Geschäftsverbindung mit den Verkäufern** zusammengestellt. Den Qualitätsanforderungen (mindestens vier von acht Punkten) genügen alle Anbieter:

Elektronik Werke Freiburg AG

Die Qualität ist mit acht Punkten sehr hoch. Geliefert wurde meistens fehlerfrei, nur einmal enthielt eine Lieferung einen beachtlichen Teil falscher Artikel. Die verwaltungstechnische Abwicklung der Einkäufe verlief stets ohne Beanstandungen. Liefertermine wurden allerdings mehrmals nicht eingehalten; einmal mussten sogar drei Mahnungen gesandt werden. Verpackung und Auslieferung hingegen waren makellos. Die technische Beratung seitens der Elektronik Werke Freiburg AG lässt zu wünschen übrig. Direkte, persönliche Auskünfte sind nicht zu erhalten; der zuständige Fachmann ist „nie zu erreichen". Auch werden Rückfragen nachlässig behandelt. Die Elektronik Werke Freiburg AG liefern frei Haus ab 150 km Entfernung an.

Elektroteile Hannover GmbH

Die Elektroteile GmbH, Hannover, praktisch in Sichtweite gelegen, hat die Produktion erst vor etwa 15 Monaten aufgenommen. Die Qualitätsstufe ist 6. Angenehm ist die räumliche Nähe bei Rückfragen und technischer Beratung. Letztere allerdings ist nicht allzu qualifiziert. Auch der Fax- und Telefonverkehr sind billig. Aufgrund der geografischen Nähe legt die Elektroteile GmbH keinen Wert auf Verpackung bei Anlieferung. Lieferzusagen werden eingehalten. Bei schriftlichen Unterlagen (Auftragsbestätigung, Rechnung etc.) sind jedoch fast immer Beanstandungen aufgetreten, manchmal sogar sehr ärgerliche. Auf den schriftlichen Informationsverkehr ist wenig Verlass.

Hans Haas e. Kfm.

Obwohl die Qualität mit 7 hoch ist, reicht die schriftlich angeforderte Beratung nicht aus. Dafür werden Verpackung und Anlieferung stets besonders gelobt. Auch Liefertermine wurden – ausgenommen eine unverschuldete Verzögerung – pünktlich eingehalten. Rückfragen jeder Art werden schnell bearbeitet und beantwortet. In zwei Fällen musste die Auftragsbestätigung angemahnt werden. Sonst waren keine besonderen Beanstandungen festgestellt worden.

Aufgaben:

1. Führen Sie anhand der Entscheidungsbewertungstabelle einen Angebotsvergleich durch!

   Hinweise:

   – Neben dem Preis und der Qualität sind für den Vergleich anhand des Informationsmaterials weitere Kriterien festzulegen.

   – Bei der Kriteriengewichtung sind im ersten Schritt aus einer Zehnerstaffel (10, 20. . .) entsprechend der „Wichtigkeit" Punkte zu verteilen. Die Punktsumme ist auf 100 anzupassen.

   – Im Folgenden wird jede Information kriterienbezogen bewertet und erhält zwischen 1 und 5 Punkte, wobei die als Beste angesehene nicht unbedingt volle 5 Punkte und die als Schlechteste betrachtete nicht unbedingt 1 Punkt bekommen muss.

   – Die Informationspunkte werden durch Multiplikation mit den Punkten aus der Kriteriengewichtung relativiert.

   – Nach Abschluss der Bewertung werden die Summen der gewichteten Punkte gebildet.

Entscheidungsbewertungstabelle: Angebotsvergleich

Kriterien	Gewichtung d. Kriterien	Elektronik Werke Freiburg AG		Elektroteile Hannover GmbH		Hans Haas e. Kfm.	
		Punkte	gewichtete Punkte	Punkte	gewichtete Punkte	Punkte	gewichtete Punkte

1. Preis für 4 700 Stück
  – Rabatt
  = Zieleinkaufspreis
  – Skonto
  = Bareinkaufspreis
  + Fracht
  = Einstandspreis							

2. Qualität							
3.							
4.							
5.							
6.							
7.							
Summe der Punkte	**100**						

Hinweis zur Spalte: Punkte 5 ≙ sehr gut; 4 ≙ gut; 3 ≙ befriedigend; 2 ≙ ausreichend; 1 ≙ schlecht.

2. Welcher Verkäufer wird aufgrund der Summe aller relativierten Punkte den Auftrag erhalten?

1.4 Eigenfertigung oder Fremdbezug (Make or Buy)

(1) Grundlegendes

Im Rahmen der Beschaffungsplanung sind wir bisher davon ausgegangen, den Bedarf an Teilen und Baugruppen von Zulieferern zu beziehen. Dies entspricht nicht der Realität, denn eine bestimmte Anzahl von Teilen und Baugruppen wird ein Unternehmen immer selbst herstellen. Inwieweit ein Unternehmen die Eigenfertigung vorantreibt oder aber zur Fremdvergabe (Outsourcing) übergeht, ist zum einen eine strategische und zum anderen eine operative Planungsentscheidung.

■ Die **strategische Planungsentscheidung** ist langfristig angelegt und wird bereits im Rahmen der Produktentwicklung gefällt. Indem der Konstrukteur die Materialart und die Toleranzen in der Bearbeitungsgenauigkeit festlegt, bestimmt er bereits über die Fertigungstechnologie. Verlässt er bei der Wahl des Werkstoffs die Materialien, mit denen der Betrieb umzugehen gewohnt ist (z.B. Stoßstange aus Kunststoff statt aus Metall), ergibt sich zwangsläufig die Frage, ob die erforderliche Fertigungskapazität auch vorhanden ist.

Konstrukteure entwickeln die Produkte der Zukunft und arbeiten daher auch an der Zukunft des Unternehmens. Andererseits sind sie in ihrer Gestaltungsfreiheit nicht ungebunden. Sie müssen bestrebt sein, die geplante Funktionalität mit dem günstigsten Werkstoff und der günstigsten Fertigungstechnik herzustellen. Daher sind es in der Regel Konstrukteure, Fertigungstechniker, Einkäufer und Mitarbeiter des Rechnungswesens, die als Team bei der Entwicklung neuer Produkte zusammenarbeiten. So ist sichergestellt, dass alle technischen und kaufmännischen Gesichtspunkte ausreichend berücksichtigt werden.

■ Die **operative Planungsentscheidung** für eine Eigenfertigung bzw. den Fremdbezug ist kurzfristig ausgerichtet und hängt insbesondere von der jeweiligen Beschaffungssituation ab. Ist beispielsweise Eigenfertigung geplant, die Kapazitätsgrenze jedoch erreicht, dann wird die Unternehmensleitung, um die kurzfristige Lieferbereitschaft bei den Erzeugnissen zu sichern, einen Wechsel zum Fremdbezug vornehmen. Bei geringer Auslastung der vorhandenen Kapazität wird die Unternehmensleitung dagegen versuchen, kurzfristig vom Fremdbezug zur Eigenfertigung zu wechseln.

Grundsätzlich kann man jedes Erzeugnis selbst fertigen bzw. kaufen. Die Entscheidung fällt in der Regel nicht aufgrund eines kurzfristigen Kostenvorteils, sondern aufgrund längerfristiger, strategischer Fragestellungen, wie z.B.:

■ Wodurch kann sich das eigene Unternehmen technologisch von den übrigen Wettbewerbern unterscheiden?

■ Inwieweit trägt eine Baugruppe bzw. eine Leistungskomponente dazu bei, Kundennutzen zu schaffen und damit einen Wettbewerbsvorteil zu erringen?

■ Kann der Lieferant Forschungs- und Entwicklungsarbeit übernehmen?

■ Entstehen durch den Bezug Abhängigkeiten vom Lieferanten?

■ Wird durch die Fremdfertigung dem Zulieferer ein Know-how geliefert, das selbst nur schwer und teuer aufzubauen oder zu halten ist?

(2) Make-or-Buy-Entscheidung unter den Entscheidungskriterien „Höhe der Kosten" und „Auslastung der Kapazität"

Im Folgenden werden für die Entscheidung Eigenfertigung oder Fremdbezug **zwei quantitative Entscheidungskriterien** herangezogen: die „Höhe der Kosten" und die „Kapazitätsauslastung". Dies führt zu folgenden Grundfällen:

■ **Fall 1:** Ein Industriebetrieb hat noch **freie Kapazität.** Er plant daher, bisher fremdbezogene Vorprodukte/Erzeugnisse zur Kapazitätsauslastung selbst herzustellen.

■ **Fall 2:** Die **Kapazität** eines Industriebetriebs ist **ausgelastet.** Um Kapazität für ein neues Produkt zu schaffen, plant der Betrieb, bisher selbst hergestellte Fertigteile/Erzeugnisse in Zukunft von einem Zulieferer zu beziehen.[1]

Beispiel: Freie Kapazität

Ein Industriebetrieb hat noch freie Kapazität. Die Geschäftsleitung überlegt daher, ob sie das Getriebe für die neue Maschine selbst herstellen oder von einem Zulieferer beziehen soll. Folgende Daten liegen vor:

Fremdbezug: Bareinkaufspreis 226,10 EUR je Stück, Frachtkosten pauschal 1,50 % des Bareinkaufspreises.

Eigenfertigung: Verbrauch von Fertigungsmaterial 140,00 EUR, variable MGK 8 %, Fertigungslöhne 45,00 EUR, variable FGK 62 %.

Aufgabe: Entscheiden Sie, ob sich die Eigenfertigung lohnt!

---

1 Aus Vereinfachungsgründen wird im Folgenden nur der Fall 1 dargestellt. Eine differenzierte Darstellung der Entscheidung über Eigenfertigung oder Fremdbezug unter Kostengesichtspunkten erfolgt in der Jahrgangsstufe 12 im Rahmen der Deckungsbeitragsrechnung.

Lösung:

Kosten bei Fremdbezug

Bareinkaufspreis	226,10 EUR
+ 1 $^1/_2$ % Frachtkosten pauschal	3,39 EUR
Einstandspreis je Getriebe	229,49 EUR

Kosten bei Eigenfertigung

Materialeinzelkosten	140,00 EUR
+ 8 % variable MGK	11,20 EUR
Fertigungslöhne	45,00 EUR
+ 62 % variable FGK	27,90 EUR
Variable Herstellkosten je Getriebe	224,10 EUR

Eigenfertigung oder Fremdbezug?

Einstandspreis je Getriebe bei Fremdbezug	229,49 EUR
– variable Herstellkosten je Getriebe bei Eigenfertigung	224,10 EUR
Kostenvorteil bei Eigenfertigung	5,39 EUR

Ergebnis: Bei der Eigenfertigung entsteht gegenüber dem Fremdbezug ein Kostenvorteil in Höhe von 5,39 EUR. Die Eigenfertigung ist daher vorteilhafter.

Erläuterungen zur Eigenfertigung:

Die fixen Kosten sind durch die bisherige Beschäftigung bereits in voller Höhe abgedeckt. Relevante Kosten sind daher ausschließlich die variablen Kosten.

> **Merke:**
>
> Bei **freier Kapazität** ist die Eigenfertigung dem Fremdbezug dann vorzuziehen, wenn die variablen Herstellkosten unter dem Einstandspreis bei Fremdbezug liegen.

(3) Argumente für und gegen Fremdbezug

Für den Fremdbezug[1]	Gegen den Fremdbezug[1]
■ Konzentration auf das Kerngeschäft.	■ Gefahr der Abhängigkeit vom Zulieferer.
■ Verkürzt die Durchlaufzeit eines Auftrags, sodass in der gleichen Zeit mehr Erzeugnisse hergestellt werden können.	■ Mangelnde Einflussnahme auf Qualität und die termingerechte Bereitstellung der benötigten Teile.
■ Flexible Kapazitätsanpassung bei verändertem Bedarf. Produktions- und Beschäftigungsrisiko wird auf die Zulieferer abgewälzt.	■ Kompetenzverlust und Gefahr der Übertragung von Know-how an Mitwettbewerber.
■ Geringere Investitionsaufwendungen für die Teilefertigung.	■ Verzicht auf Zusatzgewinne durch die Teilefertigung.
■ Geringere Kosten, da spezialisierte Zulieferer oft billiger produzieren können (z.B. bei Massenprodukten wie Schrauben, Nägel, Spanplatten).	■ Eventuell höhere Kosten durch geringe Produktionsmengen.

1 Die Argumente für und gegen Fremdbezug gelten im umgekehrten Sinn für die Eigenfertigung.

1.5 Ökologische Auswirkungen der Beschaffung

Die ökologische Verantwortung des Unternehmens ist nicht auf einen einzelnen Unternehmensbereich beschränkt, sondern ist das Zusammenspiel ökologisch orientierter Handlungsweisen in allen Bereichen.

Betrachtet man ganz gezielt die ökologischen Auswirkungen im Beschaffungsbereich, dann ist eine Auswirkung des Kreislaufwirtschafts- und Abfallgesetzes die, dass die Unternehmen bei der Beschaffung eines Werkstoffes oder einer Handelsware streng auf deren Umweltverträglichkeit achten. Beschafft werden nur noch Güter, die entweder recycelbar sind oder umweltverträglich entsorgt werden können. Wie bedeutsam der Beschaffungsvorgang für den Erhalt der Umwelt ist, zeigt die nachfolgende Abbildung.

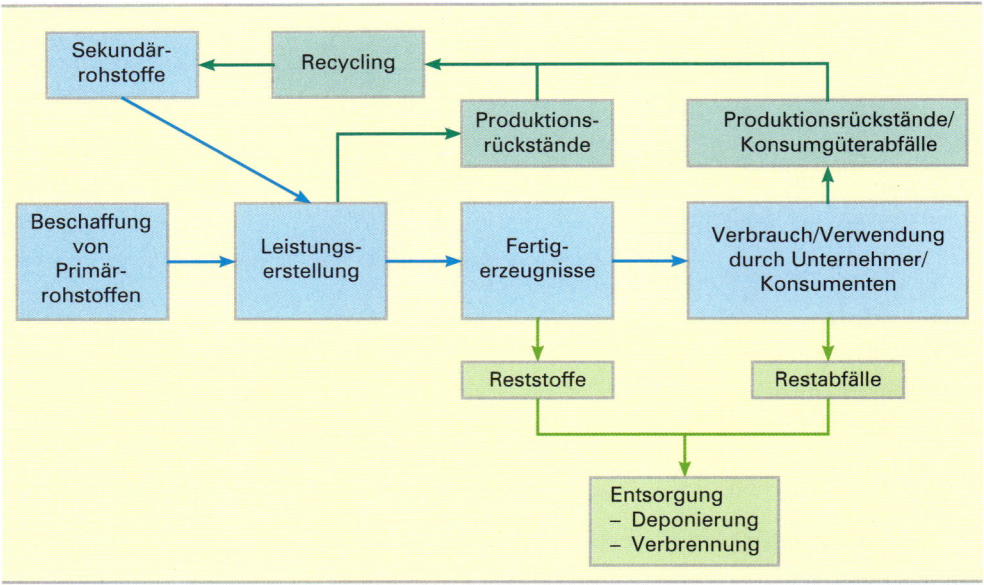

Dass ein ökologischer Beschaffungsvorgang nicht eine freiwillige Leistung der Unternehmen bleibt, dafür sorgen das Kreislaufwirtschafts- und Abfallgesetz, die Altfahrzeugverordnung, das Elektro- und Elektronikgerätegesetz sowie die Verpackungsverordnung. Sie enthalten zwingende Vorschriften, nach denen gebrauchte Produkte und Verpackungen vom Hersteller bzw. Vertreiber zurückgenommen werden müssen.

Zusammenfassung

- **Eigenfertigung oder Fremdbezug** (Make or Buy) ist nicht nur eine operative Frage (z.B. Höhe der Kosten, Erhalt der Lieferbereitschaft), sondern auch eine Fragestellung von längerfristiger, strategischer Natur.

- Wichtige **quantitative Entscheidungskriterien** für die Frage, ob ein Produkt selbst hergestellt oder von einem Zulieferer bezogen werden soll, sind die **„Höhe der Kosten"** und der **„Grad der Beschäftigung"**.

77 Das Unternehmen Werner Simon GmbH kann von einem Zulieferer ein Zubehörteil zu folgenden Bedingungen beziehen: Listeneinkaufspreis 72,00 EUR je Stück, Liefererrabatt 12 %, Liefererskonto 3 %. Die Frachtkosten werden pauschal verrechnet: 2 % des Bareinkaufspreises.

Die Eigenfertigung des Zubehörteils ist bei freier Kapazität zu folgenden Bedingungen möglich: Verbrauch von Fertigungsmaterial 8,80 EUR, Fertigungslöhne 23,40 EUR, sonstige variable Kosten 22,16 EUR.

Aufgaben:

1. Lohnt sich die Eigenfertigung?

2. Hat die Tatsache, dass die Facharbeiter bei vollem Lohnausgleich unterbeschäftigt sind, Auswirkungen auf die Kosten der Eigenfertigung?

3. Weshalb muss die Entscheidung zwischen Eigenfertigung und Fremdbezug bereits bei der langfristigen Produktprogramm- und Produktionsprogrammplanung berücksichtigt werden?

78 Ein Industrieunternehmen hat folgende Kostenstruktur ermittelt:

Nettoverkaufserlöse	1 503 000,00 EUR
Fixkosten	551 986,00 EUR
maximale Kapazität	14 400 Stück
Kapazitätsauslastung	85 %
variable Selbstkosten je Stück	64,79 EUR
variable Herstellkosten je Stück	52,20 EUR

Aufgaben:

1. Berechnen Sie die hergestellte Menge!

2. Berechnen Sie den gegenwärtigen Stückgewinn und das Betriebsergebnis!

3. Ein Zulieferer bietet weitere benötigte Stücke zu einem Preis von 56,40 EUR je Stück an, wobei noch 1,15 EUR Bezugskosten hinzukommen. Entscheiden Sie mit Begründung zwischen Eigenfertigung und Fremdbezug!

4. Wir gehen von der eingangs dargestellten Kapazitätsauslastung in Höhe von 85 % aus. In dieser Situation möchte ein neuer Kunde einen größeren Posten von diesem Artikel zu einem Preis von 96,00 EUR kaufen.

    4.1 Entscheiden Sie über die Annahme dieses Zusatzauftrages!
    Geben Sie auch die Voraussetzungen an, unter denen Sie gegebenenfalls bereit wären, diesen Auftrag anzunehmen!

    4.2 Berechnen Sie das Betriebsergebnis und den Stückgewinn für den Fall, dass durch den Zusatzauftrag die Kapazität voll genutzt wird!

2 Rechtlicher Rahmen der Beschaffung

2.1 Rechtsobjekte und Rechtssubjekte

2.1.1 Rechtsobjekte

(1) Begriff

> **Merke:**
>
> ■ Die „Gegenstände" des Rechtsverkehrs bezeichnet man als **Rechtsobjekte.**
> ■ Zu den Rechtsobjekten gehören **Sachen** (körperliche Rechtsobjekte) und **Rechte** (nicht körperliche Rechtsobjekte).

(2) Arten von Rechtsobjekten

■ Sachen im Sinne des BGB sind nur körperliche Gegenstände [§ 90 BGB]. Man unterscheidet in **unbewegliche Sachen** (z.B. Grundstücke, Gebäude) und in **bewegliche Sachen** (z.B. Möbel, Lebensmittel, Kunstgegenstände). **Bewegliche Sachen** wiederum werden in **vertretbare Sachen** und **nicht vertretbare Sachen** untergliedert.

■ **Vertretbare Sachen** werden im Rechtsverkehr nach Maß, Zahl oder Gewicht bestimmt [§ 91 BGB].

> **Beispiele:**
>
> Heizöl, Zement, Papier, Werkzeuge, Nägel, Schrauben, Werkstoffe.

■ **Nicht vertretbare Sachen** können nicht nach Maß, Zahl und Gewicht bestimmt werden, weil hier eine genau bestimmte Sache zur Lieferung geschuldet wird.

> **Beispiele:**
>
> Ein Originalgemälde, eine bestimmte Maschine (Sonderanfertigung), ein bestimmtes Rennpferd.

■ **Rechte** sind alle nicht körperlichen Gegenstände wie beispielsweise Forderungen, Patent- und Lizenzrechte, Miet- und Pachtrechte usw.

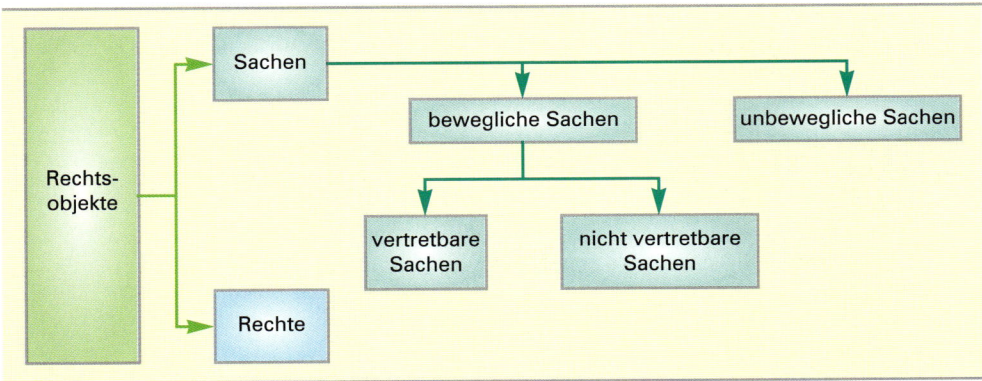

2.1.2 Rechtssubjekte

Rechtssubjekte sind Personen, die durch die Rechtsordnung mit Rechten und Pflichten ausgestattet sind bzw. ausgestattet werden können. Zu unterscheiden sind natürliche Personen und juristische Personen.

(1) Natürliche Personen

Natürliche Personen sind **alle Menschen**. Der Gesetzgeber verleiht ihnen **Rechtsfähigkeit**.

Beispiele:
Das Recht des Erben, ein Erbe antreten zu dürfen. – Das Recht des Käufers, Eigentum zu erwerben. – Die Pflicht, Steuern zahlen zu müssen. (Das Baby, das ein Grundstück erbt, ist Steuerschuldner, z.B. in Bezug auf die Grundsteuer.)

Die **Rechtsfähigkeit des Menschen** (der **natürlichen Personen**) beginnt mit der Vollendung der Geburt [§ 1 BGB] und endet mit dem Tod. Jeder Mensch ist rechtsfähig, auch Personen, die sich in einem dauernden Zustand krankhafter Störung der Geistestätigkeit befinden.

(2) Juristische Personen[1]

Juristische Personen sind „künstliche" Personen, denen der Staat die Eigenschaft von Personen kraft Gesetzes verliehen hat. Sie sind damit rechtsfähig, d.h. Träger von Rechten und Pflichten. Beispiele für juristische Personen sind: **privatrechtliche Personenvereinigungen** (z.B. eingetragene Vereine, Gesellschaft mit beschränkter Haftung [GmbH]), **Vermögensmassen** (z.B. Stiftungen), **Körperschaften des öffentlichen Rechts** (z.B. Ärzte- und Rechtsanwaltskammern, Gemeinden, Handwerkskammern, öffentlichrechtliche Hochschulen) und **Anstalten des öffentlichen Rechts** (z.B. öffentliche Rundfunkanstalten).

2.2 Rechts- und Geschäftsfähigkeit

2.2.1 Rechtsfähigkeit

Merke:
Rechtsfähigkeit ist die Fähigkeit von Personen, Träger von Rechten und Pflichten sein zu können.

Rechtsfähig sind natürliche Personen (Menschen) und juristische Personen.

---

1 Juristisch: rechtlich.

2.2.2 Geschäftsfähigkeit

(1) Begriff Geschäftsfähigkeit

Merke:

Geschäftsfähigkeit ist die Fähigkeit von Personen, Willenserklärungen rechtswirksam abgeben, entgegennehmen (empfangen) und widerrufen zu können.

Zum Schutz Minderjähriger hat der Gesetzgeber die folgenden Vorschriften erlassen:

(2) Gesetzliche Regelungen zur Geschäftsfähigkeit

■ **Geschäftsunfähigkeit**

Kinder vor Vollendung des siebten Lebensjahres sind **geschäftsunfähig** [§ 104, Nr. 1 BGB]. Den Kindern sind Menschen, die sich in einem dauernden Zustand krankhafter Störung der Geistestätigkeit befinden, gleichgestellt [§ 104, Nr. 2 BGB].

Rechtsfolge:

Geschäftsunfähige können keine Willenserklärungen abgeben. Verträge mit Kindern und Personen, die sich in einem dauernden Zustand krankhafter Störung der Geistestätigkeit befinden sind **immer nichtig,** d. h. von vornherein ungültig.

Da Geschäftsunfähige keine Rechtsgeschäfte abschließen können, brauchen sie einen **Vertreter,** der für sie handeln kann. Bei Kindern sind dies in der Regel kraft Gesetzes die Eltern. Man bezeichnet die Eltern daher auch als **„gesetzliche Vertreter".**

■ **Beschränkte Geschäftsfähigkeit**

Minderjährige, die zwar das siebte Lebensjahr, aber noch nicht das achtzehnte Lebensjahr vollendet haben, sind **beschränkt geschäftsfähig** [§ 106 BGB].

Rechtsgeschäfte mit einem beschränkt Geschäftsfähigen bedürfen der Zustimmung des gesetzlichen Vertreters. Diese Zustimmung kann **im Voraus** erteilt werden. Sie heißt dann **Einwilligung** [§§ 107; 183, S. 1 BGB]. Sie kann aber auch **nachträglich** gegeben werden. Die nachträglich erfolgte Zustimmung heißt **Genehmigung** [§§ 108, 184 I BGB].

Rechtsfolge:

Solange die Genehmigung des gesetzlichen Vertreters fehlt, ist ein durch den beschränkt Geschäftsfähigen abgeschlossenes **Rechtsgeschäft schwebend unwirksam.** Dies bedeutet, dass z. B. ein Vertrag (noch) nicht gültig, wohl aber genehmigungsfähig ist. Wird die **Genehmigung verweigert,** ist der **Vertrag von Anfang an ungültig.** Wird sie erteilt, ist der Vertrag **von Anfang an wirksam** [§§ 108 I, 184 I BGB].

Keiner Zustimmung bedürfen folgende Rechtsgeschäfte:

■ Verträge, die dem beschränkt Geschäftsfähigen lediglich einen **rechtlichen Vorteil** bringen [§ 107 BGB].

■ Verträge, bei denen die vertragsgemäßen Leistungen (z. B. die Kaufpreiszahlung) mit Mitteln erfüllt werden, die der beschränkt geschäftsfähigen Person vom gesetzlichen Vertreter zur freien Verfügung oder zur Erfüllung des Vertrags oder mit Zustimmung des gesetzlichen Vertreters von einem Dritten (z. B. den Großeltern, Patenonkel) überlassen wurden **(Taschengeldparagraf)** [§ 110 BGB].

- Rechtsgeschäfte, welche die Eingehung, Erfüllung (Verpflichtungen) oder Aufhebung eines **Arbeits- oder Dienstverhältnisses** betreffen, wenn der gesetzliche Vertreter des Minderjährigen diesen zur Eingehung eines Dienst- oder Arbeitsverhältnisses ermächtigt hat [§ 113 I, S. 1 BGB].[1]

- Rechtsgeschäfte, die der Betrieb eines **selbstständigen Erwerbsgeschäfts** (z. B. Handelsgeschäfts) mit sich bringt, wenn der gesetzliche Vertreter den beschränkt geschäftsfähigen Minderjährigen mit der erforderlichen Genehmigung des Vormundschaftsgerichts zum selbstständigen Betrieb eines Erwerbsgeschäfts ermächtigt hat [§ 112 I, S. 1 BGB].

- **Unbeschränkte Geschäftsfähigkeit**

Personen, die das achtzehnte Lebensjahr vollendet haben, sind **unbeschränkt geschäftsfähig** [§ 2 BGB]. Ausnahmen bestehen nur für Personen, die sich in einem dauernden Zustand krankhafter Störung der Geistestätigkeit befinden.

Rechtsfolge:

Die unbeschränkte Geschäftsfähigkeit bedeutet, dass von dem Erklärenden (der natürlichen Person) jedes Rechtsgeschäft, soweit dies gesetzlich erlaubt ist, rechtsgültig abgeschlossen werden kann. Eine Zustimmung gesetzlicher Vertreter und/oder die Genehmigung eines Vormundschaftsgerichts ist nicht (mehr) erforderlich.

Zusammenfassung

- Zu den **Rechtsobjekten** zählen **Sachen** und **Rechte**.

- Inhaber von Rechten bezeichnet man als **Rechtssubjekte (Personen)**. Man unterscheidet **natürliche** und **juristische Personen**.

- **Rechtsfähigkeit** bedeutet, Rechte und Pflichten haben zu können.

- **Unbeschränkte Geschäftsfähigkeit** bedeutet, Rechtsgeschäfte ohne Zustimmung des gesetzlichen Vertreters abschließen, ändern und auflösen zu können.

- **Beschränkte Geschäftsfähigkeit** bedeutet, dass Rechtsgeschäfte eines beschränkt Geschäftsfähigen grundsätzlich der Zustimmung des gesetzlichen Vertreters bedürfen. Ausgenommen sind folgende Rechtsgeschäfte:

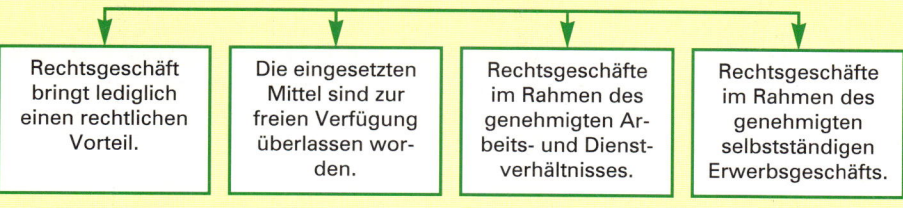

| Rechtsgeschäft bringt lediglich einen rechtlichen Vorteil. | Die eingesetzten Mittel sind zur freien Verfügung überlassen worden. | Rechtsgeschäfte im Rahmen des genehmigten Arbeits- und Dienstverhältnisses. | Rechtsgeschäfte im Rahmen des genehmigten selbstständigen Erwerbsgeschäfts. |

- **Geschäftsunfähigkeit** heißt, dass die Willenserklärungen geschäftsunfähiger Personen rechtlich unerheblich sind. Geschäftsunfähige können z. B. keine Rechtsgeschäfte abschließen und auflösen.

---

1 Ausgenommen sind Verträge (Rechtsgeschäfte), zu denen der Vertreter der Genehmigung des Vormundschaftsgerichts bedarf [§§ 112 I, S. 2; 113 I, S. 2 BGB].

79

1. Unterscheiden Sie die Begriffe Rechtsfähigkeit und Geschäftsfähigkeit!

2. Erklären Sie, welche Rechtsgeschäfte eine beschränkt geschäftsfähige Person ohne Einwilligung des gesetzlichen Vertreters abschließen darf! Bilden Sie hierzu jeweils ein eigenes Beispiel!

3. Begründen Sie, warum das BGB bei den Stufen (Arten) der Geschäftsfähigkeit feste Altersgrenzen zugrunde legt! Nennen Sie die Altersgrenzen!

4. Erklären Sie, welche Rechtsfolgen eintreten, wenn geschäftsunfähige, beschränkt geschäftsfähige oder voll geschäftsfähige Personen Willenserklärungen abgeben!

5. Lösen Sie folgende Rechtsfälle! Prüfen Sie jeweils die Rechtslage und begründen Sie Ihre Lösungen ausführlich mit den gesetzlichen Vorschriften (§§) des BGB:

   Aufgaben:

   5.1 Ein Kranker, der sich in einem Zustand dauernder Störung der Geistestätigkeit befindet, erhält von seinem Bruder ein Mietshaus geschenkt. Kann der Kranke Eigentümer des Hauses und wegen der Mieteinkünfte steuerpflichtig werden?

   5.2 Das Finanzamt verlangt von einem 4 Jahre alten Kind die Bezahlung rückständiger Steuern. Ist dies überhaupt möglich?

6. Der 17-jährige Schüler Franz entnimmt seiner Sparbüchse 400,00 EUR und kauft sich davon einen Compact Disc-Player, welchen er auch gleich mitnimmt.

   Aufgaben:

   6.1 Wie ist die Rechtslage, wenn (1) keine Einwilligung der Eltern vorliegt, (2) eine Einwilligung der Eltern vorliegt und (3) die Eltern den Kauf nachträglich genehmigen,

   6.2 die Eltern nach Aufforderung durch den Verkäufer

       6.2.1 die Genehmigung verweigern,

       6.2.2 schweigen,

       6.2.3 erst nach drei Wochen den Kauf genehmigen und der Compact Disc-Player inzwischen (ohne dass dies die Eltern wissen konnten) stark beschädigt ist?

7. Der 17-jährige Auszubildende Karl wohnt und arbeitet mit Zustimmung seiner Eltern in Köln, während seine Eltern in Mannheim zu Hause sind.

   Aufgaben:

   7.1 Am Monatsende ist die Miete zu zahlen. Darf Karl aus rechtlicher Sicht mit seiner Ausbildungsvergütung sein Zimmer bezahlen?

   7.2 Karl möchte sich von seiner Vergütung eine Stereoanlage kaufen. Wie ist die Rechtslage?

   7.3 Kann sich Karl von seinem Entgelt ein Los der Fernsehlotterie zu 5,00 EUR kaufen?

   7.4 Kann er, falls er 750,00 EUR gewinnt, eine Stereoanlage kaufen?

   7.5 Wie ist im Fall 7.1 zu entscheiden, wenn Karl von zu Hause fortgelaufen ist und seit mehreren Monaten ohne Wissen der Eltern unter falschem Namen in Düsseldorf arbeitet?

2.3 Rechtsgeschäfte

2.3.1 Zustandekommen und Arten von Rechtsgeschäften[1]

2.3.1.1 Willenserklärung als wesentlicher Bestandteil eines Rechtsgeschäfts

Wir schließen tagtäglich Verträge ab, ohne uns dessen bewusst zu sein. Wenn wir beim Bäcker Brot kaufen, liegt ein Kaufvertrag vor. Mieten wir ein Zimmer oder eine Wohnung, haben wir einen Mietvertrag abgeschlossen. Leihen wir unserem Freund ein paar Euro, handelt es sich um einen Gelddarlehensvertrag. In jedem dieser Fälle handelt es sich um ein Rechtsgeschäft.

(1) Willenserklärungen und Rechtsgeschäfte

Wenn wir Rechtsgeschäfte abschließen wollen (z.B. einen Kauf tätigen möchten), müssen wir unseren Willen äußern (erklären). Dies geschieht durch sog. **Willenserklärungen.**

> **Merke:**
>
> **Rechtsgeschäfte** kommen durch **Willenserklärungen** zustande.

Die Rechtsfolgen einer Willenserklärung können unterschiedlicher Art sein. Mithilfe von Willenserklärungen werden z.B. neue Rechtsverhältnisse geschaffen (z.B. durch einen Kaufvertrag), bestehende Rechtsverhältnisse abgeändert (z.B. durch Vereinbarung einer Mietpreiserhöhung) oder bestehende Rechtsverhältnisse aufgelöst (z.B. durch eine Kündigung).

> **Merke:**
>
> **Willenserklärungen** sind solche Äußerungen (Handlungen) einer Person (oder mehrerer Personen), die mit der Absicht vorgenommen werden, eine **rechtliche Wirkung** herbeizuführen.

(2) Bestandteile der Willenserklärung

Die Willenserklärung besteht aus dem **Willen** (dem Motiv), der den Erklärenden zu einer Willensäußerung veranlasst, und der tatsächlichen **Erklärung.**

Dabei müssen folgende **Willenselemente** gegeben sein:

Handlungswille	Die Erklärung muss **gewollt** sein. Keine Willenserklärung liegt z.B. vor, wenn eine Erklärung unter Zwang oder unter Drogeneinfluss abgegeben wird.
Geschäftswille	Der Erklärende muss eine **rechtsverbindliche Wirkung** beabsichtigen. Eine ausgesprochene Einladung ins Theater ist z.B. keine Willenserklärung.

---

1 Die Rechtsordnung der Bundesrepublik Deutschland beruht auf dem **Grundsatz der Vertragsfreiheit.** Die Vertragsfreiheit ist im Grundgesetz [GG] verfassungsrechtlich verbrieft [Art. 2 GG].

(3) Äußerungsformen (Mittel) der Willenserklärungen

Die äußere Form der Willenserklärung kann unterschiedlich sein. Wir unterscheiden:

unmittelbare Handlungen	mittelbare (schlüssige) Handlungen	ausnahmsweise Schweigen
Unmittelbare oder ausdrückliche Willenserklärungen (mündlich, fernmündlich, schriftlich, per FAX, E-Mail, telegrafisch).	Konkludente[1] Willenserklärungen (z.B. Einsteigen in die Straßenbahn, Münzeinwurf in einen Automaten, Kopfnicken auf ein Angebot).	Grundsatz: Schweigen gilt als Ablehnung [§§ 108 II, S. 2; 177 II, S. 2 BGB]. Schweigen gilt z.B. als Zustimmung, wenn dies vertraglich vereinbart war.

2.3.1.2   Arten von Rechtsgeschäften

Ein Rechtsgeschäft kann aus **einer Willenserklärung** oder aus **mehreren Willenserklärungen** bestehen.

(1) Einseitige Rechtsgeschäfte

Merke:

Rechtsgeschäfte, die nur **eine Willenserklärung** benötigen, bezeichnet man als **einseitige Rechtsgeschäfte.**

Einseitige Rechtsgeschäfte sind z.B. die Kündigung, die Rücktrittserklärung und das Testament.

Beispiel:

■ Die **Kündigung** ist eine empfangsbedürftige Willenserklärung, die in der Regel keiner bestimmten gesetzlichen Form bedarf, d.h. auch mündlich erklärt werden kann. (Empfangsbedürftige Willenserklärungen sind solche, die einer bestimmten anderen Person gegenüber geäußert werden müssen und erst dann gültig [rechtswirksam] sind, wenn sie dem Erklärungsempfänger **rechtzeitig zugegangen** sind.) Durch eine rechtswirksame Kündigung wird ein Dauerschuldverhältnis (z.B. ein Mietvertrag, ein Arbeitsverhältnis) für die Zukunft aufgelöst (siehe §§ 542 I, 620 II BGB).

■ Das **Testament** ist eine vom Erblasser (Person, durch deren Tod die Erbschaft auf den oder die Erben übergeht) einseitig getroffene Verfügung von Todes wegen, in der dieser in der Regel seine Erben bestimmt. Das Testament ist ein Beispiel für eine **nicht empfangsbedürftige Willenserklärung** [§ 2064 BGB]. Sie ist bereits wirksam mit der Vollendung des Testaments und nicht erst dann, wenn der Erbe das Testament empfangen oder gelesen hat.

---

1 Konkludent (lat.): was eine bestimmte Schlussfolgerung zulässt.

(2) Zweiseitige Rechtsgeschäfte

Merke:

Rechtsgeschäfte, die zu ihrer Gültigkeit mindestens **zwei sich inhaltlich deckende Willenserklärungen** benötigen, bezeichnet man als **mehrseitige (zweiseitige) Rechtsgeschäfte**. Sie werden allgemein als **Verträge** bezeichnet.

■ **Einseitig verpflichtende Verträge**

Sie liegen vor, wenn nur **einem Vertragspartner** eine Verpflichtung zur Leistung auferlegt ist.

Beispiel:

Ein **einseitig verpflichtender Vertrag** ist der Schenkungsvertrag. Der Schenker verpflichtet sich, dem Beschenkten das Geschenk zu übereignen und zu übergeben, während der Beschenkte keine Gegenleistung zu erbringen hat [§ 516 BGB].

■ **Mehrseitig verpflichtende Verträge**

Es handelt sich um Rechtsgeschäfte, bei denen **jeder Vertragsteil** zu einer Leistung als Entgelt für die Gegenleistung des anderen Vertragsteils verpflichtet ist. Die weitaus meisten Rechtsgeschäfte sind zweiseitig verpflichtende Verträge.

Beispiele:

Kaufvertrag, Mietvertrag, Pachtvertrag, Darlehensvertrag, Berufsausbildungsvertrag, Reisevertrag.

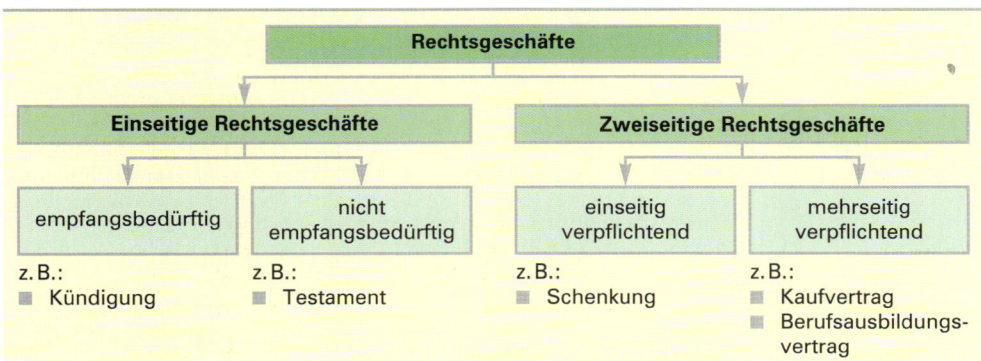

2.3.1.3 Wirksamwerden von Willenserklärungen

Unter Anwesenden	Wenn die Erklärung des Willens unter Anwesenden erfolgt, so besteht kein Problem, ab welchem Zeitpunkt die Willenserklärung rechtswirksam ist. Die Äußerung der Willenserklärung und die Wahrnehmung der Willenserklärung fallen zeitlich zusammen. Unter Anwesenden abgegebene Willenserklärungen sind deshalb mit ihrer **Abgabe rechtswirksam** (gültig).
Unter Abwesenden	Unter Abwesenden abgegebene Willenserklärungen sind hingegen nicht bei Abgabe, sondern erst zu dem Zeitpunkt rechtswirksam, in welchem sie dem Empfänger zugehen [§ 130 I, S. 1 BGB], von dem ab er somit normalerweise von ihnen **Kenntnis nehmen kann.** Die Willenserklärung muss in den Herrschaftsbereich des Empfängers gelangt sein. Ob er die Willenserklärung liest, ist seine Sache.

14 Speth u.a. - ISBN 978-3-8120-0465-7

Solange eine Willenserklärung noch nicht rechtswirksam geworden ist, kann sie widerrufen werden. Es reicht, wenn der Widerruf dem Empfänger spätestens gleichzeitig mit der Erklärung zugeht [§ 130 I, S. 2 BGB].

2.3.2 Wichtige Vertragsarten des Bürgerlichen Gesetzbuches[1]

Dienstvertrag [§§ 611 ff. BGB]	Hier verpflichtet sich ein Vertragspartner zur Leistung der versprochenen Dienste, der andere Vertragspartner zur Zahlung der vereinbarten Vergütung, wobei Dienste jeder Art geschuldet sein können [§ 611–630 BGB].
	Beispiele: Herr Langhaar arbeitet beim Friseur Schnittken e.Kfm. als Friseurgehilfe. – Herr Bau stellt den Architekten Schön als Bauleiter zur Beaufsichtigung der Baustellen ein.
	Ein Spezialfall des Dienstvertrags ist der **Arbeitsvertrag**. Er liegt vor, wenn Arbeitnehmer mit Weisungsbefugnissen und Fürsorgepflichten ihres Dienstherrn (Arbeitgebers) in ein Unternehmen eingeordnet sind.
Mietvertrag [§§ 535 ff. BGB]	Abschluss zwischen **Mieter** und **Vermieter**. Der Vermieter verpflichtet sich, dem Mieter gegen **Entgelt** (Mietzins) die vermietete bewegliche und unbewegliche Sache während der Mietzeit zum **Gebrauch** zu überlassen. Keine Fruchtziehung, d.h. keine Gewinnerzielung mit der Mietsache [§§ 535 – 580 a BGB].
	Beispiele: Vermietung einer Datenverarbeitungsanlage. – Vermietung eines Einfamilienhauses.
Pachtvertrag [§§ 581 ff. BGB]	Abschluss zwischen **Pächter** und **Verpächter**. Der Verpächter verpflichtet sich, dem Pächter den **Gebrauch** des verpachteten Gegenstands und den **Genuss der Früchte** (den Ertrag) während der Pachtzeit zu gewähren. Der Pächter ist verpflichtet, dem Verpächter den vereinbarten **Pachtzins** zu zahlen [§§ 581 – 597 BGB]. Auch Rechte können Gegenstand eines Pachtvertrags sein.
	Beispiele: Verpachtung eines landwirtschaftlich genutzten Ackers. – Verpachtung eines Ladengeschäfts. – Verpachtung der Nutzungsrechte aus einem Patent.
Leihvertrag [§§ 598 ff. BGB]	Abschluss zwischen **Verleiher** und **Entleiher**. Der Verleiher verpflichtet sich, dem Entleiher den Gebrauch der Sache **unentgeltlich** zu gestatten. Der Entleiher ist verpflichtet, die geliehene Sache nach Ablauf der bestimmten Zeit zurückzugeben [§§ 598 – 606 BGB].
	Beispiel: Die Schülerin Erna S. leiht ihrer Freundin ein Buch.

---

1 Der Kaufvertrag wird im Kapitel 2.4.4, S. 234 ff. behandelt.

Werkvertrag [§§ 631 ff. BGB]	Abschluss zwischen **Unternehmer** und **Besteller**. Der Unternehmer verpflichtet sich zur **Herstellung** des versprochenen (vereinbarten) **Werks** und der Besteller zur Entrichtung der vereinbarten Vergütung. Der Unternehmer schuldet den **versprochenen Erfolg,** nicht die Arbeitsleistung an sich [§§ 631 – 650 BGB]. Hierin liegt der Unterschied zum Dienstvertrag, der allein die Dienstleistung als solche zum Gegenstand hat. **Beispiel:** Das Werkvertragsrecht bezieht sich z. B. auf unbewegliche Sachen (z. B. Errichten von Gebäuden), auf Verträge, deren Gegenstand keine Sachen sind (z. B. Erstellen von Gutachten, Planungsleistungen, künstlerische Aufführungen) und auf „reine" Reparaturaufträge (z. B. Reparatur eines Autos).
Werklieferungs-vertrag [§ 651 BGB]	Auf Verträge über die Lieferung noch **herzustellender** (oder zu **erzeugender**) beweglicher Sachen (z. B. Herstellung eines Möbelstücks aus dem vom Besteller oder Schreiner gelieferten Holz) finden die **Vorschriften über den Kauf** Anwendung [§ 651 I, S. 1 BGB]. Auch bei diesem Vertrag schuldet der Unternehmer den **versprochenen Arbeitserfolg.**[1]
Darlehens-vertrag [§§ 488 ff. BGB] [§§ 607 ff. BGB]	Das BGB kennt zwei Arten von Darlehensverträgen, den (Geld-)Darlehensvertrag und den Sachdarlehensvertrag. ■ **(Geld)-Darlehensvertrag:** Vertragsparteien sind der Darlehensgeber und der Darlehensnehmer. Durch den Darlehensvertrag wird der Darlehensgeber verpflichtet, dem Darlehensnehmer einen Geldbetrag in der vereinbarten Höhe zur Verfügung zu stellen. Der Darlehensnehmer übernimmt die Verpflichtung, den ihm vom Darlehensgeber überlassenen Geldbetrag bei Fälligkeit zurückzuerstatten und – falls es sich nicht um ein unentgeltliches Darlehen handelt – den geschuldeten Zins zu zahlen. Die Zinsen sind, soweit nichts anderes vereinbart ist, nach Ablauf eines Jahres bzw., wenn das Darlehen vor Ablauf eines Jahres zurückerstattet ist, bei Darlehenstilgung zu entrichten. Das verzinsliche Darlehen ist der gesetzliche Regelfall. Auch in der Geschäftspraxis sind die meisten Darlehen zu verzinsen. ■ **Sachdarlehensvertrag:** Hier verpflichtet sich der Darlehensgeber dem Darlehensnehmer vertretbare Sachen (oder Wertpapiere) zu überlassen. Der Darlehensnehmer ist bei Fälligkeit zur Rückerstattung von Sachen (bzw. Wertpapieren) gleicher Art, Güte und Menge verpflichtet. Auch das Sachdarlehen kann entgeltlich [§ 607 I, S. 2 BGB] oder unentgeltlich sein. **Beispiele:** Effekten (z. B. Aktien, Staatsanleihen), Edelmetalle (z. B. Gold, Silber, Kupfer), standardisierte Produkte, sodass sie börsenmäßig gehandelt werden können (z. B. Baumwolle, Getreide), Mehl eines bestimmten Typs (z. B. Weizenmehl Type 405), Superbenzin bleifrei, Serienmaschinen, Kunstdrucke.
Reisevertrag [§§ 651 a ff. BGB]	Vertragsparteien sind der **Reiseveranstalter** und der **Reisende**. Der Reiseveranstalter ist verpflichtet, dem Reisenden eine **Gesamtheit von Reiseleistungen** (Reise) zu erbringen. Der Reisende ist verpflichtet, dem Reiseveranstalter den vereinbarten Reisepreis zu zahlen [§§ 651 a – 651 m BGB].

---

1 Der § 651 BGB unterscheidet nicht nach der Herkunft des Materials und nach der Art der herzustellenden beweglichen Sache (nicht vertretbare oder vertretbare Sachen). Der Begriff „Werklieferungsvertrag" ist deshalb ein überholter (übernommener) Begriff.

2.3.3 Form der Rechtsgeschäfte

(1) Formfreiheit und Formzwang

■ Formfreiheit

Formfreiheit bedeutet, dass die Rechtsgeschäfte in jeder möglichen Form abgeschlossen werden können. Im Rahmen
unserer geltenden Rechtsordnung besteht
für die weitaus meisten Rechtsgeschäfte
der Grundsatz der Formfreiheit.

> **Beispiel:**
>
> Die meisten Rechtsgeschäfte können mit be-
> liebigen Mitteln, z.B. durch **Worte** (mündlich,
> fernmündlich, per Fax oder E-Mail), durch
> **schlüssige (konkludente) Handlungen**
> (Kopfnicken, Handheben, Einsteigen in ein
> Taxi usw.) und in bestimmten Fällen sogar
> durch Schweigen abgeschlossen werden.

■ Formzwang

Abweichend von dem Grundsatz der Formfreiheit gibt es bestimmte Gruppen von Rechtsgeschäften, für die das Gesetz bestimmte Formen vorschreibt **(gesetzliche Formen),** oder
für die zwischen den Vertragsparteien eine bestimmte Form vereinbart wurde **(vertragliche Formen** genannt). Dieser sogenannte Formzwang dient vor allem der Beweissiche-
rung (Rechtssicherheit), dem Schutz vor voreiligen Verpflichtungen (z.B. des Schenkers
und des Bürgen) und einer genauen Abgrenzung zwischen unverbindlichen Vorverhand-
lungen und verbindlichen Aufzeichnungen (z.B. beim Testament und Erbvertrag).

(2) Gesetzliche Formen[1]

■ Schriftform

Die Schriftform verlangt, dass die Erklärung niedergeschrieben und vom Erklärenden
eigenhändig durch Namensunterschrift oder **mittels notariell beglaubigtem Hand-
zeichen unterzeichnet** wird [§ 126 I BGB]. Bei mehrseitigen Rechtsgeschäften (z.B.
Verträgen) muss die Vertragsurkunde grundsätzlich von beiden Vertragsparteien unterschrieben sein [§ 126 II BGB].

Gesetzlich vorgeschrieben ist die Schriftform beispielsweise für das Bürgschaftsverspre-
chen [§ 766 BGB] und die Beendigung von Arbeitsverhältnissen durch Kündigung oder
Aufhebungsvertrag [§ 623 BGB].

■ Elektronische Form

Die **gesetzliche Schriftform** kann grundsätzlich (soweit im Gesetz nichts abweichendes
bestimmt ist) durch die **elektronische Form ersetzt werden** [§ 126 III BGB]. Zur Rechtswirksamkeit muss der Aussteller der Erklärung seinen Namen hinzufügen und das elektronische Dokument mit einer qualifizierten elektronischen Signatur nach dem Signatur-
gesetz versehen werden [§ 126 a BGB].

---

1 Die jeweils strengere („höhere") Form kann die weniger strenge („niedere") Form generell ersetzen, ohne dass hierauf in
einem Gesetz besonders hingewiesen werden muss. Wird z.B. die Textform gefordert, dann kann diese durch eine elektronische Form nach § 126a BGB oder (erst recht) auch durch die gesetzliche Schriftform nach § 126 BGB ersetzt werden.
Rechtsgeschäfte, die nicht in der gesetzlich vorgeschriebenen Form erfolgen, sind grundsätzlich ungültig. Dies gilt im Zweifel auch für die Nichteinhaltung vertraglich vereinbarter Formen [§ 125 BGB].

■ Textform

Unter Textform versteht man die Fixierung einer Erklärung in **lesbar zu machenden Schriftzeichen.** Diesen Anforderungen genügt die elektronische Speicherung. Doch das bloße Lesbarmachen reicht nicht aus. Vielmehr muss eine „dauerhafte Wiedergabe" in Schriftzeichen **bei dem Empfänger** möglich sein. Zur dauerhaften Wiedergabe von Schriftzeichen geeignet sind z.B. eine Website im Internet, eine E-Mail oder ein Computerfax.

Die Textform verlangt, dass die Erklärung in einer Urkunde abgegeben, die Person des Erklärenden genannt und der Abschluss der Erklärung durch eine Nachbildung der Namensunterschrift (Faksimile) oder anders erkennbar gemacht wird [§ 126 b BGB]. Geeignet ist die Textform für Erklärungen, bei denen die Informations- und Dokumentationsfunktion im Vordergrund steht und bei denen die Rechtsfolgen einer Erklärung nicht erheblich oder leicht rückgängig zu machen sind.

> **Beispiel:**
>
> Im BGB ist die Textform z.B. in folgenden Fällen vorgeschrieben: Wenn ein Verbraucher z.B. nach den §§ 312 I, 312 d I, 495 I BGB von seinem Widerrufsrecht [§ 355 I BGB] Gebrauch macht und bei Garantieerklärungen [§ 443 BGB] beim Verbrauchsgüterkauf [§ 477 BGB].

■ Öffentliche Beglaubigung

Die öffentliche Beglaubigung ist eine Schriftform, bei der die Echtheit der eigenhändigen Unterschrift des Erklärenden von einem hierzu befugten Notar beglaubigt wird [§ 129 I BGB]. Der Notar beglaubigt nur die **Echtheit der Unterschrift,** nicht jedoch den Inhalt der Urkunde. Die öffentliche Beglaubigung wird durch die notarielle Beurkundung der Erklärung ersetzt [§ 129 II BGB].

Beispiel für die Beglaubigung einer Unterschrift[1]

Urkundenrolle Nummer: 333

Vorstehende, vor mir vollzogene (bzw. anerkannte) Unterschrift des Herrn Franz Müller, Kaufmann, wohnhaft in Aachen, Herderstr. 57, geboren am 1. Januar 1952, beglaubige ich. Herr Müller wies sich durch seinen Personalausweis aus.

Aachen, den 5. März 20. .
(Ort und Datum)

■ Notarielle Beurkundung

Sie erfordert ein Protokoll, in welchem der Beurkundungsbeamte die vor ihm abgegebenen Erklärungen beurkundet [§ 128 BGB]. Die Willenserklärungen werden also in einer öffentlichen Urkunde aufgenommen. Der Notar beurkundet die **Unterschrift** und den **Inhalt der Erklärungen.**

> **Beispiele:**
>
> Die notarielle Beurkundung ist für Grundstückskaufverträge [§ 311 b I, S. 1 BGB], für Schenkungsversprechen [§ 518 I, S. 1 BGB], für Erbverzichtsverträge [§ 2348 BGB] oder für Erbverträge [§ 2276, S. 1 BGB] gesetzlich vorgeschrieben.

---

1 Einer öffentlichen Beglaubigung bedürfen z.B. auch die Anmeldungen zum Handelsregister [§ 12 I HGB], zum Vereinsregister [§ 77 BGB] und zum Güterrechtsregister [§ 1560 BGB].

Merke:

Rechtsgeschäfte, die **nicht** in der vom **Gesetz vorgeschriebenen Form** erfolgt sind, sind grundsätzlich **nichtig** [§ 125, S. 1 BGB].

Wird die in einem Rechtsgeschäft vereinbarte Form nicht eingehalten, hat dies im Zweifel ebenfalls die Nichtigkeit dieses Rechtsgeschäfts zur Folge [§ 125, S. 2 BGB]. Hierdurch sollen die Rechtssubjekte zur Einhaltung der Formvorschriften gezwungen werden.

Zusammenfassung

- **Willenserklärungen** sind solche Äußerungen einer Person (oder mehrerer Personen), die mit der Absicht abgegeben werden, eine **rechtliche Wirkung** herbeizuführen.

-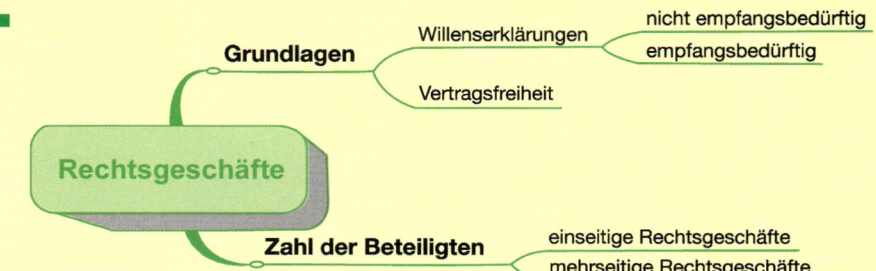

- Die meisten Willenserklärungen sind **empfangsbedürftig**, d.h., sie sind an bestimmte Personen zu richten. Sie werden rechtswirksam, wenn sie der Erklärungsempfänger rechtzeitig erhalten hat.

- Die Willenserklärung ist **rechtswirksam**:
  - bei **Abwesenden**: wenn sich die Willenserklärung im Zugriffsbereich des Empfängers befindet.
  - bei **Anwesenden**: mit der Abgabe der Willenserklärung.

- Zu wichtigen **Vertragsarten des BGB** siehe Tabelle S. 210f.

- Das Grundgesetz garantiert **Vertragsfreiheit**, d.h. Abschlussfreiheit („ob und mit wem"), Auflösungsrecht („wie lange"), Inhaltsfreiheit („was") und in der Regel auch Formfreiheit („wie").

- An einen gültigen Vertrag sind alle Beteiligten grundsätzlich gebunden **(Vertragsbindung)**. Ausnahmen bestehen beim gesetzlichen Widerrufsrecht oder einem Anfechtungsgrund.

- Für bestimmte Gruppen von Rechtsgeschäften schreibt das Gesetz (z.B. BGB) eine bestimmte Form vor **(gesetzlicher Formzwang)**. Zu den gesetzlichen Formen zählen die **gesetzliche Schriftform**, die **elektronische Form**, die **Textform**, die **öffentliche Beglaubigung** und die **notarielle Beurkundung**.

- Rechtsgeschäfte, die nicht in der vom Gesetz vorgeschriebenen Form erfolgt sind, sind **grundsätzlich nichtig**.

80   1. Erklären Sie den Begriff „Rechtsgeschäft"!

2. Begründen Sie, warum eine Willenserklärung zugleich ein Rechtsgeschäft sein kann und sich in anderen Fällen die Begriffe Willenserklärung und Rechtsgeschäft nicht decken!

3. Begründen Sie, ob in folgenden Fällen eine Willenserklärung vorliegt! Wenn ja, in welcher Form wurde die jeweilige Willenserklärung geäußert?

   3.1 Sie werden von Ihrem Onkel zu einer Ferienfahrt eingeladen.

   3.2 Sie steigen in Köln in die Straßenbahn ein.

   3.3 Sie möchten mit Ihrem Freund nach dem Kinobesuch mit dem Taxi nach Hause fahren. Durch „Handheben" veranlassen Sie ein vorbeifahrendes Taxi zu halten, in das Sie dann unter Angabe Ihrer Wohnung einsteigen.

   3.4 Sie entnehmen in einem Selbstbedienungsladen im Regal lagernde Waren und legen diese in den Korb.

4. Erklären Sie anhand selbst gebildeter Beispiele, in welcher Form Willenserklärungen abgegeben werden können!

5. Prüfen Sie, ob ein- oder zweiseitige Rechtsgeschäfte vorliegen und wie die Willenserklärungen abgegeben wurden:

   5.1 Der Hauseigentümer schließt mit Ihren Eltern einen Vertrag über die Benutzung von Wohnräumen ab.

   5.2 Thomas Müller steigt in Bonn in die U-Bahn ein.

   5.3 Renate Kaiser bestellt beim „Deutschen Bücherbund GmbH" CDs.

   5.4 Der Angestellte Max Lehmann kündigt seinen Arbeitsvertrag.

   5.5 Herr Thein verliert seinen wertvollen Ring und lässt öffentlich bekanntgeben, dass er dem ehrlichen Finder 150,00 EUR Finderlohn zahlt (man nennt dies „Auslobung"; siehe § 657 BGB!).

   5.6 Ein Unternehmen nimmt eine ohne Auftrag gelieferte Maschine in Betrieb.

6. 6.1 Erklären Sie den Unterschied zwischen einseitig verpflichtenden und zweiseitig verpflichtenden Verträgen!

   6.2 Nennen Sie zwei einseitig und drei zweiseitig verpflichtende Verträge!

7. Inwieweit ist es rechtlich von Bedeutung, ob eine empfangsbedürftige Willenserklärung unter Anwesenden oder unter Abwesenden abgegeben wurde? Begründen Sie Ihre Antwort mit dem Gesetz!

8. Lösen Sie folgende Rechtsfälle (begründen Sie Ihre Antworten):

   8.1 Ein Arbeitgeber kündigt einem Angestellten. Die schriftliche Kündigung erfolgt mit Übergabe-Einschreiben vom 16. August. Am 19. August erhält der Angestellte die Kündigung per Einschreiben von der Zustellkraft der Deutschen Post AG ins Haus gebracht. Wann hätte ein Widerruf der Kündigung spätestens beim Angestellten eingetroffen sein müssen?

   8.2 Paul Motz ist als Auszubildender beim Möbelfachgeschäft Mann GmbH in Dortmund beschäftigt. Herr Mann gibt ihm den Auftrag, bei der Möbelfabrik Ilse Huber e.Kfr. in Uslar bei Hannover 8 Wohnzimmerschränke nach Katalog Nr. W/41.1 zu bestellen. Am 24. April wird der schriftliche Auftrag um 18:00 Uhr zur Post gebracht. Am nächsten Morgen kommt Herr Mann zu Paul Motz und beauftragt ihn, den Auftrag zu widerrufen. Er habe festgestellt, dass von den bestellten Schränken noch genügend im Lager stehen. Überlegen Sie, ob Paul Motz den Auftrag noch widerrufen kann; wenn ja, wie könnte ihm dies gelingen?

9. Begründen Sie die Notwendigkeit gesetzlicher Formvorschriften!

10. Erklären Sie, welchen Zweck die Vertragsparteien verfolgen, wenn diese für die abzuschließenden Rechtsgeschäfte eine bestimmte Form vereinbaren!

11. Erklären Sie den Unterschied zwischen der öffentlichen Beglaubigung und notariellen Beurkundung!

12. Nennen Sie jeweils zwei Rechtsgeschäfte, die zu ihrer Rechtswirksamkeit der gesetzlichen Schriftform oder der notariellen Beurkundung bedürfen!

13. Welchen Zweck verfolgt das BGB, wenn es bestimmt, dass Rechtsgeschäfte, die nicht in der vorgeschriebenen gesetzlichen Form erfolgt sind, grundsätzlich nichtig sind?

81 Überlegen Sie, welche Verträge zwischen den Vertragspartnern abgeschlossen wurden. Begründen Sie Ihre Entscheidung!

1. Beim Backen des „Geburtstagskuchens" stellen Sie fest, dass Sie vergessen haben, Butter einzukaufen. Sie gehen deshalb zur Nachbarin Müller und borgen sich zwei Pfund Butter.

2. Ihr Vater holt die zum Geburtstag eingeladene Oma mit dem Auto ab. Unterwegs „baut" Ihr Vater einen Unfall, weshalb das Auto zur Reparatur in die Werkstatt abgeschleppt wird. Ihr Vater erteilt dem Inhaber, Herrn Ketterer, gleich den Reparaturauftrag, um die entstandene „Blechbeule" auszubessern. Herr Ketterer nimmt den Auftrag an.

3. Auf Vorschlag Ihres Bruders Karl holt sich Ihr Vater für einen Tag bei einem Autoverleiher einen Pkw. Bei Rückgabe des Wagens zahlt Ihr Vater 70,00 EUR.

4. Von Ihrer Oma erhalten Sie zum Geburtstag einen Ring geschenkt.

5. Um bei der Geburtstagsfeier tüchtig tanzen zu können, stellt Ihnen Ihr Freund Franz seine Stereoanlage zur Verfügung.

6. Mit dem von den Eltern und Großeltern erhaltenen Geld kaufen Sie sich am nächsten Tag zwei Compact Disc.

7. Mit den restlichen 840,00 EUR „buchen" Sie beim „Reiseunternehmen Sonnenschein" eine Studienfahrt nach Italien.

8. Die Holzer OHG nimmt bei ihrer Bank ein Darlehen über 15000,00 EUR, Laufzeit zwei Jahre, Zinssatz 6 %, auf, um eine notwendige Gebäudereparatur durchführen zu können.

2.3.4 Nichtigkeit und Anfechtbarkeit von Rechtsgeschäften

2.3.4.1 Nichtigkeit von Rechtsgeschäften

> **Merke:**
>
> **Rechtsgeschäfte,** die nach dem **Gesetz ungültig** sind, gelten als **von Anfang an nichtig** (ungültig).

Die Rechtsordnung verweigert Rechtsgeschäften, die nach dem Gesetz ungültig sind, jede Rechtsfolge. Sie möchte damit von derartigen Rechtsgeschäften (Willenserklärungen) abschrecken. Die Rechtssubjekte sollen von vornherein wissen, dass sie die Erfüllung nichtiger Rechtsgeschäfte gerichtlich nicht erzwingen können.

Die folgenden **Mängel** führen dazu, dass Verträge von Anfang an nichtig sind:

Arten der Mängel	Beispiele
Mangel in der Geschäftsfähigkeit	■ Rechtsgeschäfte von Geschäftsunfähigen [§ 105 I BGB]; ■ Rechtsgeschäfte **beschränkt Geschäftsfähiger**, sofern die **Zustimmung vom gesetzlichen Vertreter verweigert wird.**
Mangel im rechtsgeschäftlichen Willen	■ Zum Schein abgegebene Willenserklärungen (**„Scheingeschäfte"**), die ein anderes Rechtsgeschäft verdecken sollen [§ 117 BGB], z. B. Grundstückskaufvertrag über 230 000,00 EUR, wobei mündlich ein Kaufpreis von 280 000,00 EUR vereinbart wird, um Grunderwerbsteuer zu sparen;[1] ■ Offensichtlich nicht ernst gemeinte Willenserklärungen (**„Scherzgeschäfte"**) [§ 118 BGB], z. B. das Angebot eines Witzbolds, seine Fahrkarte zum Mond für 5 000,00 EUR verkaufen zu wollen; ■ Rechtsgeschäfte, die im **Zustand der Bewusstlosigkeit** oder **vorübergehender Störung der Geistestätigkeit** abgeschlossen werden [§ 105 II BGB], (z. B. ein Betrunkener verkauft sein Auto).
Mangel im Inhalt des Rechtsgeschäfts	■ Rechtsgeschäfte, die ihrem **Inhalt nach gegen ein gesetzliches Verbot verstoßen** [§ 134 BGB], z. B. Rauschgift- und Waffengeschäfte. ■ Rechtsgeschäfte, die ihrem **Inhalt nach gegen die guten Sitten verstoßen** [§ 138 I BGB], insbesondere Wuchergeschäfte. Ein Wuchergeschäft liegt vor, wenn die Zwangslage (z. B. Notlage), die Unerfahrenheit, ein mangelndes Urteilsvermögen oder eine erhebliche Willensschwäche (z. B. der Leichtsinn) eines anderen vorsätzlich ausgenutzt wird **(subjektiver Tatbestand)** und ein auffälliges Missverhältnis zwischen der Leistung und Gegenleistung besteht **(objektiver Tatbestand)** [§ 138 II BGB].
Mangel in der Form	Rechtsgeschäfte, die gegen die **gesetzlichen Formvorschriften verstoßen** (z. B. ein mündlich abgeschlossener **Verbraucherdarlehensvertrag**), sind grundsätzlich nichtig [§§ 125, S. 1; 492 BGB].

2.3.4.2 Anfechtbarkeit von Rechtsgeschäften (Willenserklärungen)

Merke:

■ Die **Anfechtung** ist eine **empfangsbedürftige Willenserklärung** (ein **einseitiges Rechtsgeschäft**).

---

1 Das Scheingeschäft (Kaufvertrag über 230 000,00 EUR) ist nichtig. Das gewollte Geschäft wäre gültig, wenn die Formerfordernisse gewahrt worden wären. Da in diesem Beispiel aber nur eine mündliche Absprache vorliegt, ist das gewollte Geschäft wegen Formmangels ebenfalls nichtig. Der Mangel wird aber durch eine nachfolgende Übereignung durch Einigung (Auflassung) und Grundbucheintragung [§§ 873 I; 925 BGB] des Grundstücks geheilt, sodass der Käufer 280 000,00 EUR zu zahlen hat [§ 311 b I, S. 2 BGB].

- **Anfechtbare Rechtsgeschäfte** sind **bis zu der erklärten Anfechtung** voll **rechtswirksam** (gültig). **Nach einer rechtswirksamen** (gesetzlich zugelassenen und fristgemäßen) **Anfechtung** wird das Rechtsgeschäft jedoch **von Anfang an nichtig (ungültig)** [§ 142 I BGB].

(1) Anfechtung wegen Irrtums

Eine Anfechtung wegen Irrtums ist nur bei folgenden gesetzlich geregelten Fällen möglich [§§ 119, 120 BGB]:

Formen des Irrtums	Beispiele
Irrtum in der Erklärungshandlung. Hier verspricht oder verschreibt sich der Erklärende.	Der Verkäufer eines Autos will dieses für 12000,00 EUR anbieten, schreibt in seinem Angebot jedoch nur 10000,00 EUR.
Irrtum über den Erklärungsinhalt. In diesem Fall hat sich der Erklärende über den Inhalt seiner Willenserklärung geirrt.	Jemand möchte ein Auto mieten, unterschreibt jedoch keinen Miet-, sondern einen Kaufvertrag.
Irrtum bei der Übermittlung einer Willenserklärung.	Ein Vertreter übermittelt ein Angebot falsch. Statt des richtigen Angebotspreises von 500,00 EUR enthält das Fax nur einen Preis von 50,00 EUR, weil sich die Sekretärin des Vertreters vertippt hat.
Irrtum über verkehrswesentliche Eigenschaften einer Person oder einer Sache.	Eine Bank stellt einen Kassierer ein, über den sie nachträglich erfährt, dass dieser bereits Unterschlagungen bei seinem früheren Arbeitgeber begangen hat.[1]

In den genannten Fällen muss die Anfechtung unverzüglich[2] nach Entdeckung des Anfechtungsgrunds erfolgen [§ 121 I, S. 1 BGB]. Der Anfechtende (der Irrende) ist höchstens

---

1 Hier liegt ein rechtserheblicher **Motivirrtum** vor. Unter einem Motiv versteht man in diesem Zusammenhang einen Beweggrund, einen Antrieb, eine Handlung vorzunehmen oder zu unterlassen.
2 **Unverzüglich** bedeutet **ohne schuldhaftes Zögern** [§ 121 I, S. 1 BGB].

zum Ersatz des Schadens verpflichtet, den der andere dadurch erlitten hat, dass er auf die Gültigkeit der Erklärung vertraute (sogenannter **Vertrauensschaden**) [§ 122 I BGB].[1]

(2) Anfechtung wegen arglistiger Täuschung

Eine **arglistige Täuschung** liegt beim **Vorspiegeln falscher** oder bei der **Unterdrückung wahrer Tatsachen** vor.

Beispiele:

Ein Verkäufer verkauft einen Unfallwagen, verschweigt dem Käufer jedoch den Unfall, da dieser den Wagen bei Kenntnis des Unfalls nicht gekauft hätte. Der Käufer kann den Kaufvertrag nach § 123 I BGB wegen arglistiger Täuschung durch den Verkäufer anfechten.

Ein Werbekaufmann wird aufgrund gefälschter Zeugnisse als Werbeleiter angestellt. Das Unternehmen kann den Anstellungsvertrag nach Kenntnis der Täuschung anfechten.

Ein Kunde erhält unter Vorlage unwahrer Bauunterlagen einen Bankkredit. Die Bank kann den Kreditvertrag anfechten.

Die Anfechtung wegen arglistiger Täuschung muss innerhalb eines Jahres nach Entdeckung der Täuschung erfolgen [§ 124 I, II, S. 1, 1. HS BGB].

(3) Anfechtung wegen widerrechtlicher Drohung

Damit eine widerrechtliche Drohung vorliegt, müssen folgende Tatbestandsmerkmale vorliegen: Dem Erklärungsempfänger wird, falls er sich weigert, ein **„Übel"** (z. B. eine Körperverletzung) angedroht. Die Drohung muss **widerrechtlich** sein und der Drohende muss sich außerdem bewusst sein, dass seine Drohung den **Willensentschluss des Bedrohten herbeiführt** oder mitbestimmt hat.

Beispiele:

Ein Räuber droht Ihnen: „Geld her oder das Leben!"

Ein Gläubiger droht: „Bezahlung der Schulden oder das Leben"; oder er droht „sanft": „Wenn Sie nicht zahlen, erzähle ich Ihrer Frau, dass ich Sie am letzten Sonntag mit Ihrer Sekretärin gesehen habe."

Die Anfechtung wegen widerrechtlicher Drohung muss innerhalb eines Jahres, vom Wegfall der Zwangslage an gerechnet, angefochten werden [§ 124 I, II, S. 1, 2. HS BGB].

---

1 Wenn die Erfüllung des Kaufvertrags bereits erfolgt ist (Übergabe und Übereignung der Kaufsache, Zahlung des Kaufpreises [§§ 929 f. BGB]), sind Verkäufer und Käufer verpflichtet, das Geld bzw. die Ware wegen ungerechtfertigter Bereicherung wieder herauszugeben [§ 812 BGB].

Zusammenfassung

- **Nichtige Rechtsgeschäfte** sind von Anfang an nichtig (ungültig). Sie kommen erst gar nicht zustande. Das BGB versagt ihnen jede Rechtswirkung (Rechtsfolge).

- **Anfechtbare Rechtsgeschäfte** sind bis zur Anfechtung voll rechtswirksam (gültig).

- Nach einer rechtswirksamen (gesetzlich zugelassenen und fristgemäßen) **Anfechtung** werden die anfechtbaren **Rechtsgeschäfte rückwirkend, d.h. von Anfang an, nichtig.**

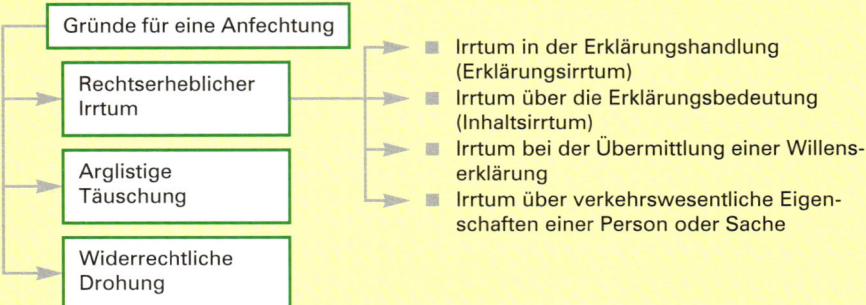

- Rechtsgeschäfte (Willenserklärungen), die einen der nachfolgenden Mängel aufweisen, sind von Anfang an nichtig.

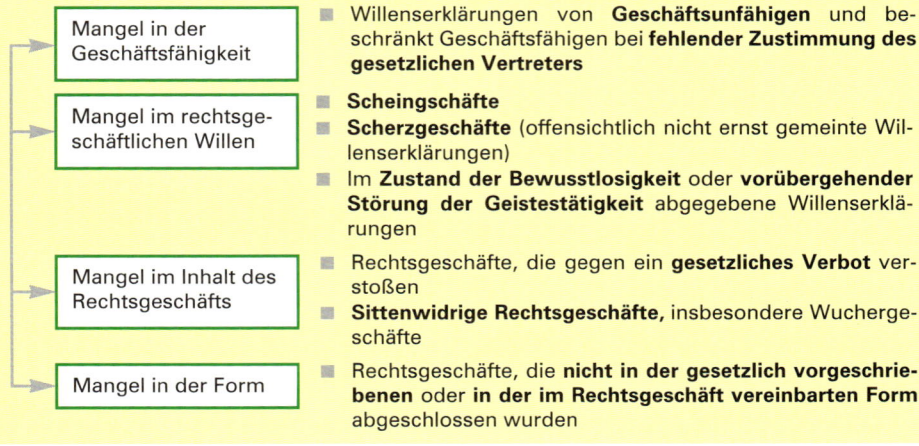

82

1. Worin unterscheiden sich Nichtigkeit und Anfechtbarkeit von Rechtsgeschäften, insbesondere hinsichtlich der Rechtsfolgen?

2. Erklären Sie, welchen Zweck das BGB mit der Nichtigkeit bestimmter Rechtsgeschäfte verfolgt!

3. Erklären Sie den Unterschied zwischen Scheingeschäft und Scherzgeschäft!

4. Erklären Sie, unter welchen Voraussetzungen ein sittenwidriges Rechtsgeschäft vorliegt!

5. Bilden Sie vier verschiedenartige „Irrtumsfälle", die eine Anfechtung des Irrenden zulassen!

6. Begründen Sie, warum bei einem Motivirrtum grundsätzlich keine Anfechtung möglich ist, in bestimmten Fällen das BGB jedoch dem Irrenden eine Anfechtung wegen eines Motivirrtums nicht verweigert!

7. Entscheiden Sie in folgenden Rechtsfällen und begründen Sie Ihre Lösung mit den §§ des Gesetzes:

   7.1 Der Kreis Arnsberg nimmt das preisgünstige Angebot der Dortmunder Baugesellschaft mbH über 18,2 Mio. EUR zum Bau eines neuen Berufsschulzentrums an. Nach Abschluss des Werkvertrags stellt die Dortmunder Baugesellschaft mbH fest, dass sie sich bei der Abgabe ihres Kostenvoranschlags (Angebots) geirrt hat. Die voraussichtliche Entwicklung der Einkaufspreise für die benötigten Baumaterialien (Zement, Ziegel, Kies, Baustahl usw.) wurde falsch eingeschätzt. Durch die angezogene Baukonjunktur sind die Preise der Baumaterialien stärker als erwartet gestiegen. Ein kostendeckendes Angebot müsste 20 Mio. EUR betragen. Die Dortmunder Baugesellschaft mbH ficht deshalb ihr Angebot über 18,2 Mio. EUR wegen Irrtums in der Erklärungshandlung nach § 119 I BGB an.
   Was halten Sie davon?

   7.2 Wie würden Sie die Rechtslage beurteilen, wenn der Dortmunder Baugesellschaft mbH bei der Addition der Angebotssumme ein Fehler unterlaufen wäre und deshalb der Angebotspreis nicht 20 Mio. EUR, sondern nur 18,2 Mio. EUR beträgt?

   7.3 Zimmermann kauft von Schulze ein Grundstück. In dem notariell beurkundeten Kaufvertrag wird ein Kaufpreis von 85 000,00 EUR angegeben, obgleich sich Zimmermann und Schulze darüber einig sind, dass 142 000,00 EUR gezahlt werden sollen. Kommt ein Kaufvertrag zustande? Lesen Sie hierzu die §§ 117 I, 311 b I, 125 BGB!

   7.4 Konrad kauft aufgrund eines schriftlichen Angebots – „einmalige Gelegenheit" – von Bergmann eine antike Kredenz.[1] Als Anzahlung überlässt er Bergmann einen Barocktisch zum Preis von 600,00 EUR. Bei Lieferung stellt Konrad fest, dass er von dem Möbel eine falsche Vorstellung hatte. Unter „Kredenz" verstand er eine Vitrine. Er ficht den Kaufvertrag an und fordert den Barocktisch zurück.

   7.5 Herr Huber möchte seinem Nachbarn, Herrn Schreiner, schriftlich einen gebrauchten Pkw für 8 500,00 EUR zum Verkauf anbieten, vertippt sich jedoch und schreibt statt 8 500,00 EUR nur 6 500,00 EUR. Schreiner nimmt das Angebot an. Der Wagen wird am folgenden Tag übergeben.
   Als Schreiner kurz darauf bezahlen will, klärt sich alles auf. Was kann Huber unternehmen?

   7.6 Herr Huber bekommt seinen Pkw nicht los. Unter der Drohung, er werde ihn wegen Fahrens ohne Führerschein anzeigen, zwingt Huber seinen Freund Wolf zur Unterschrift des Vertrags. Der Wagen wird übergeben und sofort bezahlt.
   Was kann Wolf, dessen Mut erst einige Zeit später erwacht, gegen Huber unternehmen?

---

1 Kredenz: Anrichte, Schranktisch.

8. Im Vertragsrecht unterscheidet man zwischen Nichtigkeit und Anfechtbarkeit. In welchem Fall liegt Nichtigkeit vor?

8.1 Verstoß gegen gesetzliche Formvorschriften,

8.2 Fehlen einer zugesicherten Eigenschaft,

8.3 Irrtum in der Erklärungshandlung,

8.4 arglistige Täuschung,

8.5 widerrechtliche Drohung.

2.4 Zustandekommen eines Kaufvertrags

2.4.1 Anfrage

(1) Begriff Anfrage

> **Merke:**
>
> Durch die **Anfrage** soll der Verkäufer in aller Regel zur **Abgabe** eines **verbindlichen Angebots** aufgefordert werden. Die Anfrage ist **rechtlich unverbindlich** (keine Willenserklärung), d.h., die angefragten Güter müssen nicht gekauft werden.

Der Käufer ist durch seine Anfrage **rechtlich nicht gebunden.** Er kann deshalb auch gleichzeitig bei mehreren möglichen Verkäufern anfragen.

(2) Inhalt der Anfrage

Arten der Anfragen	Inhalt der Anfragen
Allgemeine Anfragen (unbestimmt gehaltene Anfragen)	Hier wird der Anbieter unter allgemeiner Schilderung des Problems gebeten, z.B. die aus seiner Sicht geeignetsten Materialien und Qualitäten anzubieten. Allgemeine Anfragen sind besonders dann sinnvoll, wenn neue Sachgüter beschafft werden sollen, mit denen der Anfragende noch keine Erfahrung hat.
Bestimmte Anfragen	Sie beziehen sich auf ein bestimmtes Erzeugnis bzw. auf eine bestimmte Dienstleistung. Eine bestimmte Anfrage sollte folgende Angaben enthalten: ▪ genaue (ausreichende) **Beschreibung** der erfragten Sachgüter und/oder Dienstleistung (Anlagen beifügen), ▪ **Mengenangabe** in der üblichen Maß- und/oder Gewichtseinheit, ▪ **Leistungsort** (Bedarfsstelle), z.B. Werk, Fachabteilung oder Magazin, ▪ geforderte **Liefertermine** bzw. Termine der Leistungserstellung, ▪ erforderlichenfalls **Fristsetzung für die Angebotsabgabe,** ▪ zwingend vorgeschriebene **Versand- und/oder Verpackungsbedingungen** (Transportmittel, Transportwege, Verpackungsart, Verpackungshilfsmittel).

Bei der Brändle-Druck KG, Zöllerstraße 102, 64291 Darmstadt, meldet die integrierte Unternehmenssoftware am 5. Juni 20.. einen Bedarf von 500 Mehrwegpaletten, 100 x 120 cm, Holz, gehobelt, gebeizt, verschraubt, mit abgerundeten Kanten. Daraufhin erstellt die Einkaufsabteilung die Anfrage. Der gewünschte Liefertermin ist der 22. Juni 20.. Die letzten Paletten von Gebhardt & Söhne OHG, Urbanstraße 4, 73728 Esslingen, wurden am 28. Januar 20.. zum Preis von 4,25 EUR/Stück gekauft.

BRÄNDLE-DRUCK KG
ZÖLLERSTR. 102
64291 DARMSTADT

Brändle-Druck KG, Postfach 100101, 64291 Darmstadt

Gebhardt & Söhne OHG
Palettenfabrik
Urbanstraße 4
73728 Esslingen

Telefax
06151 6666-
44

Ihr Zeichen, Ihre Nachricht vom	Unser Zeichen, Unsere Nachricht vom	Name, Telefon 06151 6666-	Datum
	hä-zi	28 Frau Härer	5. Juni 20..

Anfrage Nr. 81/03609

Sehr geehrte Damen und Herren,

für unsere Produktion benötigen wir

500 Mehrwegpaletten, 100 x 120 cm, Holz, gehobelt, gebeizt, verschraubt mit abgerundeten Kanten.

Wir brauchen alle Paletten spätestens am 22. Juni 20..; wenn Sie früher liefern können, nennen Sie uns bitte einen verbindlichen Termin. Wir werden dies bei unserer Entscheidung berücksichtigen.

Bitte senden Sie uns Ihr Angebot bis zum 12. Juni 20.. zu. Vielen Dank.

Mit freundlichen Grüßen

Brändle-Druck KG

ppa. *Doris Härer*

Doris Härer

Geschäftsräume	Geschäftszeit	Deutsche Bank Ag Darmstadt	Postbank Frankfurt
Zöllerstr. 102	07:00 Uhr – 12:30 Uhr	Kto.-Nr. 1007855	Kto.-Nr. 38116-602
64291 Darmstadt	14:00 Uhr – 16:00 Uhr	BLZ 508 700 50	BLZ 500 100 60
Sitz der Gesellschaft	Registergericht	STEUER-Nr. 12740510	
Darmstadt	Darmstadt HRA 879	FA: Darmstadt	

(3) Form der Anfrage

Für die Anfrage ist gesetzlich **keine bestimmte Form** vorgeschrieben (Grundsatz der **Formfreiheit**). Ob diese mündlich, fernmündlich, schriftlich oder elektronisch (per Fax, E-Mail) erfolgt, hängt vor allem vom Umfang der Anfrage und der Art der angefragten Güter ab.

(4) Prüfung der Anfrage

Die Prüfung der Anfrage erfolgt in zweierlei Hinsicht. Zum einen prüft der Lieferer, ob das angefragte Produkt im Produktprogramm geführt wird und wenn ja, ob die Lieferung zu den angefragten Bedingungen erfolgen kann. Zum anderen prüft der Lieferer, ob die Bonität des Kunden gegeben ist. Nur bei einem positiven Prüfungsergebnis wird der Lieferer bereit sein, ein Angebot abzugeben.

2.4.2 Angebot

2.4.2.1 Begriff Angebot

Merke:

Das **Angebot** ist eine bestimmte, verbindliche Willenserklärung[1] des Verkäufers, die an eine **bestimmte Person** oder **Personengruppe** – **nicht an die Allgemeinheit** – gerichtet ist. Das Angebot ist rechtlich eine **empfangsbedürftige Willenserklärung.**

Inserate in Zeitungen, im Internet, Schaufensterauslagen, Verkaufsprospekte, Wurfsendungen, Plakate sowie das Aufstellen von Waren in Selbstbedienungsläden sind an die Allgemeinheit gerichtet, somit **nicht bestimmt.** Sie sind deshalb keine Angebote, sondern Aufforderungen an den möglichen Käufer, seinerseits einen **Antrag** (z. B. eine Bestellung) auf Abschluss eines Kaufvertrags zu machen.

Eine bestimmte **Form ist gesetzlich nicht vorgeschrieben.** Zur Vermeidung von Irrtümern (aus Gründen der Rechtssicherheit) ist jedoch die **Schriftform** angebracht und auch praxisüblich.

2.4.2.2 Bindung an das Angebot

Merke:

Gibt ein Anbieter ein **Angebot ohne Einschränkung** ab, so ist er an dieses **Angebot gebunden.**

---

1 **Willenserklärungen** sind solche Äußerungen (Handlungen) einer Person (oder mehrerer Personen), die mit der Absicht vorgenommen werden, eine **rechtliche Wirkung** herbeizuführen. Vgl. hierzu S. 207f.

Bindungsfristen	Beispiele
Gesetzliche Bindungsfrist unter Anwesenden (auch fernmündlich) Die Angebote müssen sofort, d.h. solange das Gespräch dauert, angenommen werden [§ 147 I BGB].	Verlässt z.B. ein Kunde einen Laden, weil er sich noch nicht zum Kauf der angebotenen Waren entschließen kann und deshalb weitere Geschäfte aufsucht, muss er mit dem Verkauf der ihm angebotenen Ware an einen anderen Kunden rechnen.
Gesetzliche Bindungsfrist unter Abwesenden[1] Die Bindungsfrist für den Anbieter besteht, solange er unter regelmäßigen Umständen mit dem Eingang der Antwort (z.B. Bestellung) rechnen kann [§ 147 II BGB]. Dabei muss das Angebot mindestens mit dem gleich schnellen Nachrichtenmittel angenommen werden wie es abgegeben wurde.	Ein Angebot per E-Mail erfordert z.B. mindestens eine Annahme (Bestellung) auf gleichem Weg. Ein Briefangebot im Expressdienst erfordert mindestens eine Annahme (Bestellung) durch den Expressdienst.
Vertragliche Bindungsfrist Die Annahme bei einem befristeten Angebot kann nur **innerhalb der gesetzten Frist** erfolgen [§ 148 BGB]. Die Bestellung muss dem Anbieter bis zur gesetzten Frist zugegangen sein.	Das vorliegende Angebot ist gültig bis zum 28. Juli 20..
Freiklauseln Der Anbieter kann die Bindung an das Angebot durch Freiklauseln ausdrücklich ganz ausschließen oder einschränken [§ 145 BGB].[2]	Das vorliegende Angebot ist unverbindlich. Zwischenverkauf vorbehalten.

Wird das Angebot vom Empfänger **abgelehnt, abgeändert** oder **nicht rechtzeitig** angenommen, so erlischt die Bindung an das Angebot [§§ 146, 150 BGB]. Ein abgeändertes Angebot bzw. eine verspätete Annahme des Angebots gilt als **neuer Antrag** [§ 150 BGB].

Die Bindung an ein Angebot entfällt auch, wenn der Anbieter sein Angebot **rechtzeitig widerruft**. Das ist möglich, da das Angebot erst mit Zugang beim Empfänger wirksam wird. Der Widerruf muss jedoch vor, spätestens **zusammen mit dem Angebot** beim Empfänger eingehen [§ 130 I, S. 2 BGB].

2.4.2.3 Inhalt des Angebots

Es gibt keinen gesetzlich vorgeschriebenen Inhalt. Es ist aber vorteilhaft, wenn der Verkäufer alle Einzelheiten im Angebot so festlegt, dass der Käufer nur noch zuzustimmen braucht. Wird eine Einzelheit im Angebot nicht geregelt (z.B. wer die Verpackungskosten zu tragen hat), so gilt für diesen Fall die **gesetzliche Regelung** des BGB und HGB. Wichtige Inhalte des Angebots sind Art, Güte, Menge und Beschaffenheit der Produkte.

---

1 Die Annahmefrist setzt sich zusammen aus der Zeit für die **Übermittlung** des Angebots, einer angemessenen **Überlegungs-** und **Bearbeitungszeit** beim Empfänger und der Zeit für die **Übermittlung der Antwort** an den Anbieter.

2 Erklärungen, bei denen sich eine Freiklausel auf das ganze Angebot bezieht (z.B. unverbindlich, freibleibend), sind rechtlich **keine Anträge,** sondern Aufforderungen zur Abgabe eines Antrags (z.B. Bestellung).

15 Speth u.a. - ISBN 978-3-8120-0465-7

2.4.2.3.1 Art, Güte, Menge und Beschaffenheit der Produkte

(1) Art der Produkte

Genaue Bezeichnung der Produkte wie z. B. Verpackungsmaschine MX3, Faxgerät SF 515 usw.

(2) Güte (Qualität) und Umweltverträglichkeit der Produkte

Hinsichtlich der **Produktqualität** sind insbesondere Angaben zu machen in Bezug auf die **Haltbarkeit** (z. B. bei Lebensmitteln), auf den **Geschmack** (z. B. Wein, Schokolade), auf die **äußere Form** (z. B. Möbel, Büromaschinen, Autos), auf die **Leistungsfähigkeit** (z. B. Maschinen), auf **Menge und Art des Energieverbrauchs** (einschl. Benzin und Strom), auf **Abgas** (gr. CO_2), auf die **Nutzungsdauer** (z. B. Maschinen, Autos), auf die **Belastungsfähigkeit** (z. B. Zerbrechlichkeit von Glas oder Kunststoff) usw.

Zu beachten ist, dass nicht die schlechthin bestmögliche Qualität zu beschaffen ist, sondern die Qualität, die dem gewünschten Zweck entspricht.

Immer wichtiger bei der Entscheidungsfindung der Käufer ist die Frage der **Umweltverträglichkeit** der einzukaufenden Pro-

Beispiel:

Es ist nicht nötig (und überdies zu teuer), in eine Maschine, die für eine Nutzungsdauer von 10 Jahren gebaut ist, Teile mit einer Lebensdauer von 15, 20 oder noch mehr Jahren einzubauen.

duktionsanlagen und Werkstoffe. Entscheidend hierfür sind nicht allein ethische, sondern vielmehr auch wirtschaftliche Gründe, denn durch die Verschärfung der Gesetze, die dem Schutz der Umwelt dienen (z. B. Bundes-Immissionsschutzgesetz, Wasserhaushaltsgesetz, Kreislaufwirtschafts- und Abfallgesetz, Bundesnaturschutzgesetz, Umwelthaftungsgesetz), wurde die Haftung der Unternehmen für ihre Produkte und ihre Produktionsstätten ständig erhöht.

So leitet z. B. das Umwelthaftungsgesetz allein aus dem Betrieb einer Anlage eine Schadensersatzpflicht für Umweltschäden ab. Wir sprechen hier von einer **verschuldensunabhängigen Gefährdungshaftung**.

(3) Menge der Produkte

(z. B. t Kohle, l Heizöl, Stück Maschinen, m^3 Spanplatten usw.)

(4) Beschaffenheit der Produkte

Bei **Gattungssachen (Gattungsschulden)** braucht im Kaufvertrag keine ausdrückliche Regelung hinsichtlich Güte und Beschaffenheit getroffen zu werden, weil BGB und HGB hier bestimmen, dass bei fehlender Vereinbarung Sachen (Produkte) mittlerer Art und Güte zu liefern sind [§ 243 I BGB und § 360 HGB]. Gattungssachen (Gattungswaren) sind **bewegliche Sachen,** die nur der **Art nach bestimmt** sind (z. B. Mehl einer bestimmten Type, serienmäßig hergestellte Autos eines bestimmten Typs, Eier einer bestimmten Handelsklasse). Dem Käufer ist es also gleichgültig, welche Teilmenge aus der Gattung geliefert wird.

Anders ist es bei **Speziessachen (Stückschulden).** Hier wird eine ganz genau bestimmte Sache geschuldet (z. B. **dieses** Ölgemälde, **das** Springpferd „Rex", **dieser** Modellmantel).

226

2.4.2.3.2 Preis der Produkte

Der Preis der Produkte muss **unbedingt** im Angebot angegeben und zum Vertragsabschluss **unverändert** in der Annahme akzeptiert werden. Mögliche **Preisstellungen**:

(1) Nettopreise

Hier sind keinerlei Preisabzüge mehr möglich. Der Anbieter hat knapp kalkuliert, d.h. mögliche Abzüge bereits vorgenommen. Die Klausel (Formulierung) lautet z.B. „Zahlbar netto Kasse" oder „Zahlbar ohne jeden Abzug".

(2) Bruttopreise

In diesem Fall lässt der Anbieter noch Preisabzüge zu, die allerdings an bestimmte Bedingungen geknüpft sind. Mögliche Abzüge sind Rabatte und Boni:

■ **Rabatte (Abschläge)**

Der Rabatt ist ein Preisnachlass, der **unabhängig von der Zahlungsfrist** gewährt wird. Wichtige Rabattarten sind:

Mengenrabatt	Preisnachlass, der bei Abnahme größerer Mengen gewährt wird. Steigt der Rabattsatz mit zunehmenden Abnahmemengen an, spricht man von „Staffelrabatt".
Sonderrabatt	Preisnachlass, der aus besonderen Anlässen (z.B. Geschäftsjubiläen) oder aufgrund einer einmaligen Vereinbarung mit dem Kunden eingeräumt wird.
Treuerabatt	Preisnachlass, der langjährigen Kunden gewährt wird.
Wiederverkäufer-rabatt	Preisnachlass, den der Lieferer (Verkäufer) solchen Kunden einräumt, die die Ware weiterverkaufen oder -verarbeiten.
Naturalrabatt	Indirekter (mittelbarer) Preisnachlass, indem der Kunde unberechnet eine Draufgabe erhält (z.B. erhält ein Kunde zu den gekauften fünf Artikeln noch einen Artikel zusätzlich ohne Berechnung).

■ **Boni (Einzahl: Bonus)**

Hier handelt es sich um Preisnachlässe, die **nachträglich** gewährt werden. Ein Bonus liegt z.B. vor, wenn der Verkäufer seinem Kunden bei Erreichen einer bestimmten Umsatzsumme im vergangenen Geschäftsjahr eine Rückvergütung leistet.

2.4.2.3.3 Lieferungs- und Zahlungsbedingungen

Ein Preisvergleich aufseiten des Kunden kann erst abgeschlossen werden, wenn alle Lieferungs- und Zahlungsbedingungen in den Vergleich mit einbezogen worden sind, die den tatsächlich aufzubringenden Betrag – den sogenannten **Bezugs-** oder **Einstandspreis** – beeinflussen.

(1) Skonti

Unter **Skonti** (Einzahl: Skonto) versteht man einen Preisnachlass, der dann gewährt wird, wenn der Schuldner innerhalb einer bestimmten Frist bezahlt. Die Klausel lautet z. B.: „3 % Skonto bei Zahlung innerhalb von 10 Tagen, 30 Tage netto ab Rechnungsdatum". (Zweck: Anreiz für den Kunden, früher zu zahlen, d. h. in diesem Fall am 10. anstatt am 30. Tag.)

(2) Beförderungsaufwendungen

> Ist im Angebot nichts anderes gesagt und wird das Angebot unverändert angenommen, so hat der **Käufer** grundsätzlich die **Beförderungsaufwendungen** (z. B. Frachten, Porti) **zu bezahlen.**

Warenschulden sind **gesetzlich im Zweifel[1] Holschulden** [§ 269 BGB].[2] Das bedeutet: Der Verkäufer kann im Angebot andere Regelungen vorschlagen.

Im Kaufvertrag sind z. B. folgende andere Regelungen denkbar:

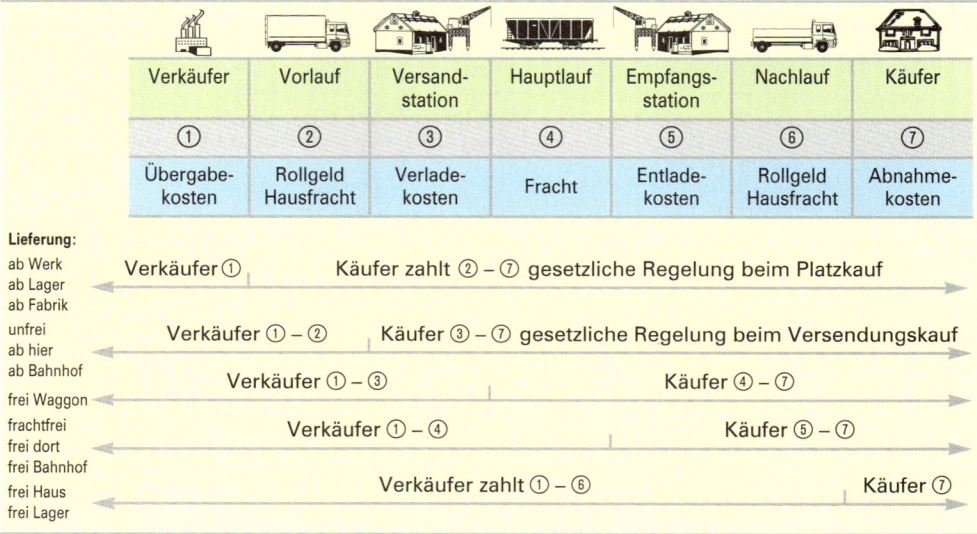

(3) Verpackungsaufwendungen

Eine unmittelbare Vorschrift darüber, wer die Verpackungsaufwendungen zu tragen hat, sieht das BGB nicht vor. § 448 I BGB sagt aber, dass der Käufer die Kosten der Abnahme und der Versendung der Sache nach einem anderen Ort als dem Leistungsort zu tragen habe. Daraus folgt:

> Ist im Angebot nichts anderes gesagt und wird das Angebot unverändert angenommen, trägt der **Käufer** die **Aufwendungen** für die **Versandverpackung.**

---

1 Im **Zweifel** bedeutet, dass es sich um eine Auslegungsregel handelt, die dann nicht gilt, wenn durch vertragliche Vereinbarungen etwas anderes bestimmt ist.

2 In der Geschäftspraxis sind die Warenschulden bei zweiseitigen Handelskäufen jedoch meistens **Schickschulden.**

Im Geschäftsleben sind nähere Vereinbarungen über die Frage, wer die Aufwendungen für die Verpackung tragen soll, zweckmäßig. In einem Angebot könnten sich z.B. folgende Angaben finden:

- „32,00 EUR je Verkaufspackung", d.h., die Verpackung wird nicht getrennt berechnet.
- „Leihpackung! Bei Rücksendung erhalten Sie den berechneten Wert gutgeschrieben." Hier trägt der Verkäufer die gesamten Verpackungsaufwendungen.
- „Die Verpackungskosten gehen zulasten des Käufers".
- Eine andere handelsübliche Klausel ist „brutto für netto", abgekürzt „bfn" (z.B. auf Farbdosen), d.h., der Kunde zahlt das Verpackungsgewicht (Tara) wie das Inhaltsgewicht (Nettogewicht).

(4) Lieferfrist

Der Vergleich der Lieferfristen verschiedener Anbieter kann im Einzelfall von großer Bedeutung sein. Auf schnelle Lieferung ist ein Betrieb z.B. dann angewiesen, wenn er selbst (unerwartete) zusätzliche Aufträge erhält, oder wenn Sonderaufträge gefertigt werden müssen, für die Materialien benötigt werden, die normalerweise nicht am Lager vorrätig gehalten werden.

Ist im Angebot die Leistungszeit nicht bestimmt und diese auch nicht aus den Umständen des Rechtsgeschäfts zu entnehmen und wird das Angebot unverändert angenommen, muss der **Verkäufer** auf Verlangen des **Käufers sofort liefern** [§ 271 I BGB].

(5) Zahlungsfristen

Die sofortige bare Zahlung ist nur möglich, wenn der Käufer die Produkte am Geschäftssitz des Verkäufers abholt. Werden die Produkte verschickt, muss der Käufer die Zahlung auf andere Weise vornehmen. Möglich ist beispielsweise die Einschaltung einer Bank, die den Betrag vom Konto des Zahlers auf das Konto des Zahlungsempfängers überweist. Die Aufwendungen, die mit dem „Geldtransport" zusammenhängen, muss der Geldschuldner tragen (z.B. die Überweisungsgebühren der Bank) (siehe § 270 BGB).

- Ist im Angebot der Zahlungszeitpunkt nicht bestimmt und dieser auch nicht aus den Umständen des Rechtsgeschäfts zu entnehmen und wird das Angebot unverändert angenommen, muss der Käufer **sofort nach Übergabe der Ware** bezahlen [§ 271 I BGB].
- Ist nichts anderes vereinbart, muss der Geldschuldner alle Aufwendungen tragen, die mit der Zahlung verbunden sind, denn **Geldschulden sind Schickschulden** [§ 270 BGB].

Der Anbietende kann bestimmte Zahlungsbedingungen vorschlagen, die von der gesetzlichen Regelung abweichen:

- **Teilweise oder vollständige Zahlung vor der Lieferung.** Die Zahlungsbedingungen können z. B. lauten: „Nur gegen Vorauskasse", „Nur gegen Vorauszahlung", „Anzahlung $\frac{1}{3}$ des Kaufpreises bei Auftragserteilung, $\frac{1}{3}$ bei Lieferung, $\frac{1}{3}$ drei Monate nach Erhalt der Ware".
- **Zahlung nach der Lieferung.** In diesem Fall erhält der Käufer ein **Zahlungsziel.** Die Klauseln im Angebot können z.B. lauten: „Zahlbar innerhalb 4 Wochen nach Rechnungserhalt", „Zahlbar innerhalb 8 Tagen mit 2 % Skonto", „14 Tage Ziel".

Die Gebhardt & Söhne OHG hat die Anfrage der Brändle-Druck KG (siehe S. 223) erhalten und macht am 11. Juni 20.. das folgende schriftliche Angebot.

Gebhardt & Söhne OHG

Palettenfabrik   Esslingen

Gebhardt & Söhne OHG, PF 193, 73702 Esslingen

Brändle-Druck KG
Postfach 100101
64291 Darmstadt

Telefax
0711 4980-

33

Telefon, Name
0711 4980-

Ihr Zeichen, Ihre Nachricht vom	Unser Zeichen: Unsere Nachricht vom		Datum
hä-zi 5. Juni 20..	g-wi	22, Gebhardt	11. Juni 20..

Angebot 97/188/..1

Sehr geehrte Frau Härer,

vielen Dank für Ihre Anfrage. Wir bieten Ihnen an:

500 Mehrwegpaletten aus Holz,
100 x 120 cm, gehobelt und gebeizt, mit abgerundeten Kanten.

Preis je Stück   4,50 EUR
zuzgl. 19% Umsatzsteuer

Die Lieferung erfolgt ab Werk Esslingen.
Unsere Verkaufsbedingungen finden Sie auf der Rückseite.

Was Sie besonders interessieren wird: Wir können kurzfristig liefern. Über Ihren Auftrag würden wir uns freuen.

Mit freundlichen Grüßen

Gebhardt & Söhne OHG

ppa.   *Gebhardt*

Gebhardt

Geschäftsräume	Geschäftszeit	Volksbank Esslingen e.G.	Kreissparkasse Esslingen
Urbanstraße 4	07:00 Uhr – 16:00 Uhr	Kto.-Nr. 98765	Kto.-Nr. 45768
73728 Esslingen		BLZ 611 901 10	BLZ 611 500 20
Sitz der Gesellschaft	Registergericht	STEUER-Nr. 25172008	
Esslingen	Esslingen HRA 554	FA Esslingen	

2.4.2.3.4 Leistungsort und Gerichtsstand

In einem Angebot muss festgelegt werden, wo der Anbieter seine Leistung zu erbringen hat.

> Der Ort, an dem der Anbieter (Schuldner) seine Leistung zu erbringen hat, ist der **Leistungsort.**[1]

Gleichzeitig wird in der Regel im Angebot festgelegt, welcher Gerichtsort[1] bei eventuellen Streitigkeiten zuständig sein soll.

2.4.3 Bestellung (Kundenauftrag) und Bestellungsannahme

(1) Begriff Bestellung

> **Merke:**
>
> - Die **Bestellung**[2] ist eine **empfangsbedürftige Willenserklärung des Käufers,** bestimmte Güter (z.B. Erzeugnisse) zu den im Angebot **angegebenen Bedingungen** zu kaufen.
> - Zu den **Bedingungen** gehören Angaben über die Art, Güte, Beschaffenheit der Güter, Bestellmenge, Preise mit Preiszu- und/oder -abschlägen, Zahlungsbedingungen usw.

Gesetzlich ist für die Bestellung **keine bestimmte Form** vorgeschrieben. Um ein „Beweismittel" in der Hand zu haben und möglichen Irrtümern vorzubeugen, sollten vor allem mündliche und fernmündliche Bestellungen schriftlich wiederholt werden.

(2) Rechtliche Bindung an die Bestellung

Grundsatz	Der Kunde ist rechtlich an seine Bestellung gebunden. Diese Bindung tritt mit Zugang der Bestellung beim Empfänger (z.B. Verkäufer) ein [§ 131, S. 1 BGB].
Einschränkungen	Die **Einschränkung der rechtlichen Bindung** an die Bestellung entspricht den im Kapitel zur rechtlichen Bindung an das Angebot gemachten Ausführungen (vgl. S. 224f.). Auch die Bestellung ist somit kein Vertragsantrag, wenn in ihr die rechtliche Bindung ganz oder teilweise ausgeschlossen ist.
Widerruf	Der Widerruf einer Bestellung muss vor, spätestens gleichzeitig mit der Bestellung beim Empfänger (z.B. Verkäufer) eingehen [§ 130 I, S. 2 BGB].

---

1 Leistungsort und Gerichtsstand werden auf S. 237f. behandelt.

2 Aus der Sicht des Käufers handelt es sich bei der Bestellung um einen **Auftrag.** Bestellung und Kundenauftrag sind somit zwei verschiedene Begriffe für ein und denselben Vorgang – je nach Standpunkt des Betrachters.

(3) Bestellungsannahme (Auftragsbestätigung)

Rechtlich erforderlich ist die Bestellungsannahme (Auftragsbestätigung), wenn die Bestellung die erste Willenserklärung ist. Die Bestellungsannahme stellt dann die zweite Willenserklärung (Annahme des Antrags) dar, es sei denn, sie enthält Abweichungen von der Bestellung. Die Annahme ist deswegen notwendig, weil das **Schweigen auf eine Bestellung i. d. R. als Ablehnung gilt.**

Rechtlich nicht erforderlich ist die Bestellungsannahme dann, wenn der Kaufvertrag bereits durch Angebot (erste Willenserklärung) und Bestellung (zweite Willenserklärung) zustande gekommen ist.

Zusammenfassung

- Durch **Anfragen** werden Angebote eingeholt.

- **Anfragen sind erforderlich,** wenn die zur Bestellung erforderlichen Beschaffungskonditionen (z. B. Preise, Lieferqualitäten, Lieferfristen) nicht bekannt oder überholt sind (z. B. alte Preislisten), zum günstigen Einkauf Konkurrenzangebote eingeholt, der Liefererkreis zur Absicherung der Bedarfsdeckung erweitert und/oder völlig neue Güter eingekauft werden sollen.

- **Zur Vermeidung von Rückfragen** und unvollständigen Angeboten müssen die Anfragen alle für den Käufer wesentlichen Punkte enthalten (z. B. Art, Qualität, Menge, geforderte Lieferzeit der benötigten Produkte).

- Der Anfragende ist durch seine **Anfrage rechtlich nicht gebunden,** er muss die angefragten Erzeugnisse oder Fremdleistungen nicht bestellen (kaufen).

- Für die Anfrage besteht **kein gesetzlicher Formzwang.** Bei komplizierten Gütern und einem umfangreichen Bedarf sollen die Anfragen zur Vermeidung von Fehlern möglichst schriftlich erfolgen.

- Das **Angebot** ist eine bestimmte, verbindliche Willenserklärung des Verkäufers an eine bestimmte Person. Es handelt sich um eine empfangsbedürftige Willenserklärung.

- Der Anbieter ist **rechtlich** an sein Angebot **gebunden.** Die rechtliche Bindung an das Angebot **kann eingeschränkt werden.**

- Der **Inhalt eines Angebots** sollte alle Einzelheiten festlegen, sodass der Käufer nur noch zuzustimmen braucht. Wichtige Inhalte des Angebots sind:

Art, Güte, Beschaffenheit und Menge der Produkte	Preis der Produkte	Lieferungs- und Zahlungsbedingungen	Leistungsort und Gerichtsstand

- Die **Bestellung** ist eine **empfangsbedürftige Willenserklärung des Käufers,** bestimmte Sachen zu dem in der **Bestellung** und/oder im **Angebot enthaltenen Bedingungen** (z. B. Preise, Qualitäten, Mengen, Zahlungsbedingungen) **zu kaufen.** Aus der Sicht des Käufers handelt es sich bei dem Auftrag um einen **Auftrag.**

- Für die Bestellung besteht **keine gesetzliche Form** und **kein gesetzlich vorgeschriebener Inhalt.** Um Irrtümer und Streitigkeiten zu vermeiden (aus Gründen der Rechtssicherheit), sollten jedoch umfangreiche und wichtige Bestellungen grundsätzlich schriftlich erfolgen.

- Der Besteller (z. B. Käufer) ist an seine Bestellung **grundsätzlich rechtlich gebunden.** Bei einem vorausgegangenen verbindlichen Angebot muss er somit die bestellten Sachgüter abnehmen und bezahlen.

- Die **Bindung des Bestellers** an seine Bestellung **entfällt** bei einer **verspäteten Annahme der Bestellung,** bei einer von der Bestellung **abweichenden Bestellungsnahme** des Verkäufers, wenn der **Verkäufer die erhaltene Bestellung ablehnt** oder **der Besteller seine Bestellung rechtzeitig widerruft.**

Übungsaufgabe

83
1. Erklären Sie die wirtschaftliche Notwendigkeit der Anfrage!

2. Nennen Sie die wichtigsten Punkte einer Anfrage!

3. Begründen Sie, warum die Anfrage keine Willenserklärung ist!

4. Erläutern Sie, unter welchen Bedingungen Sie eine Anfrage schriftlich abfassen würden!

5. Erklären Sie, welche rechtlichen Voraussetzungen erfüllt sein müssen, damit ein Angebot eine Willenserklärung (ein Vertragsantrag) ist!

6. Was bedeutet die rechtliche Bindung an ein Angebot?

7. Begründen Sie die Notwendigkeit der gesetzlichen Annahmefristen des BGB und erklären Sie, bis zu welchem Zeitpunkt der Anbieter an sein Angebot unter Anwesenden bzw. Abwesenden und bei einer bestimmten Annahmefrist rechtlich gebunden ist!

8. Der Inhaber einer Bekleidungsfabrik informiert sich auf der Modemesse über Neuheiten und Modetrends für die Sommersaison. Er führt mit mehreren Stoffherstellern Einkaufsgespräche, wobei ihm ein günstiges Angebot unterbreitet wird.

   Aufgaben:

   8.1 Wie lange ist der Hersteller an das mündliche Angebot gebunden?

   8.2 Welche wesentlichen Bestandteile beinhaltet ein vollständiges schriftliches Angebot? Nennen Sie vier!

   8.3 Nennen Sie zwei weitere Gründe, die für die Kaufentscheidung des Geschäftsinhabers von Bedeutung sind!

   8.4 Bei welchen Gütern wird der Einkaufspreis der wichtigste Entscheidungsgrund bei der Beschaffung sein? Begründen Sie Ihre Antwort!

9. Erklären Sie die wirtschaftlichen und rechtlichen Merkmale der Bestellung!

10. Begründen Sie, warum der Besteller an seine Bestellung rechtlich gebunden ist!

11. Erläutern Sie mit den §§ des BGB, unter welchen Bedingungen die rechtliche Bindung des Bestellers an seine Bestellung entfällt!

12. Erläutern Sie die Rechtswirkungen, wenn eine Bestellung vom Angebot abweicht, der Empfänger das erhaltene Angebot ablehnt oder der Anbieter sein Angebot nach dessen Zugang beim Empfänger widerruft! Geben Sie bei Ihrer Antwort die entsprechenden §§ des BGB an!

13. Im Kaufvertrag wurde vereinbart: „Lieferung frachtfrei"

    13.1 Erläutern Sie diesen Begriff!

    13.2 Wer müsste die Beförderungskosten übernehmen, wenn vertraglich nichts vereinbart worden wäre?

14. Im Kaufvertrag wurde außerdem vereinbart: „Zahlungsziel 30 Tage, bei Zahlung innerhalb von 8 Tagen 2 % Skonto ... Bei Abnahme von 800 Stück gewähren wir 5 % Rabatt."

    14.1 Erklären Sie den Unterschied zwischen Rabatt und Skonto!

    14.2 Erklären Sie den Unterschied zwischen Rabatt und Bonus!

    14.3 Begründen Sie, warum ein Verkäufer Skonti gewährt!

2.4.4 Kaufvertrag

2.4.4.1 Begriff und Zustandekommen von Verträgen

(1) Begriff

> **Merke:**
>
> ■ Ein **Vertrag** liegt vor, wenn
>   - ■ zwei oder mehr Personen **inhaltlich übereinstimmende, rechtsgültige Willenserklärungen** abgeben,
>   - ■ die auf einen **einheitlichen Rechtserfolg abzielen** und
>   - ■ die zweite Willenserklärung dem Erklärungsempfänger („Antragenden") **rechtzeitig zugegangen** ist [§§ 145 ff. BGB].
> ■ Der Vertrag ist ein **mehrseitiges (zweiseitiges) Rechtsgeschäft.**

(2) Zustandekommen von Verträgen (Vertragsabschluss)

Ein Vertrag kommt **schrittweise** zustande. Die zeitlich vorausgehende (zuerst abgegebene) Willenserklärung ist der sogenannte **Vertragsantrag** (kurz: **Antrag**), die zeitlich nachfolgende (zweite) Willenserklärung ist die sogenannte **Vertragsannahme** (kurz: **Annahme**). Durch den Vertragsantrag wird dem anderen Teil der Abschluss eines Vertrags angetragen (angeboten), mit der Vertragsannahme wird der Vertragsantrag angenommen. Mit der **rechtzeitigen** (innerhalb der vertraglichen oder gesetzlichen Annahmefrist) und **unveränderten** Annahme eines Antrags ist der Vertrag geschlossen.

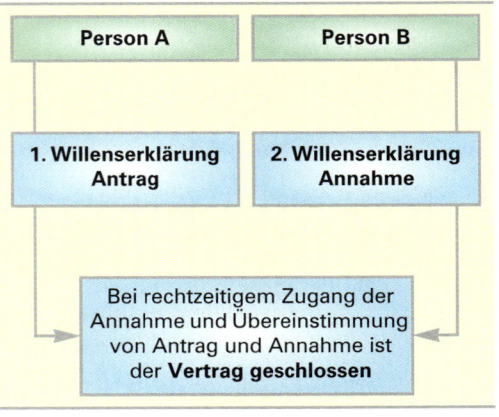

Durch den Vertragsabschluss **(Verpflichtungsgeschäft)** verpflichten sich die Vertragspartner, den Vertrag zu erfüllen **(Erfüllungsgeschäft)**.

2.4.4.2 Abschluss des Kaufvertrags (Verpflichtungsgeschäft)

2.4.4.2.1 Begriff und Zustandekommen von Kaufverträgen

Das Kaufvertragsrecht unterscheidet grundsätzlich in **allgemeines Kaufvertragsrecht** [§§ 433 ff. BGB] und in den **Verbrauchsgüterkauf**.[1] Ein Verbrauchsgüterkauf liegt vor, wenn ein **Verbraucher** von einem **Unternehmer** eine bewegliche Sache kauft [§§ 474 ff. BGB]. Diese Unterscheidung wurde unter anderem deshalb notwendig, weil der Gesetzgeber die stark am Verbraucherschutz orientierten Regelungen nicht auf alle Kaufverträge (z. B. nicht auf den zweiseitigen Handelskauf) angewendet haben wollte.

---

1 Der Lehrplan sieht die Behandlung des Verbrauchsgüterkaufs nicht vor.

(1) Begriff Kaufvertrag

Merke:

Ein **Kaufvertrag** kommt durch **inhaltlich übereinstimmende, rechtsgültige Willenserklärungen** von mindestens **zwei Personen** – Käufer und Verkäufer – und durch **rechtzeitigen Zugang** der zweiten Willenserklärung beim Erklärungsempfänger zustande [§§ 145 ff., 433 BGB].

Beide Willenserklärungen müssen in allen wesentlichen Vertragsbedingungen übereinstimmen. Die Vertragspartner müssen sich also über alle wichtigen Einzelheiten geeinigt haben [§ 154 I, S. 1 BGB].

(2) Verschiedene Möglichkeiten des Kaufvertragsabschlusses

■ **Der Verkäufer macht ein verbindliches Angebot, der Käufer bestellt (unter Bezugnahme auf das Angebot) rechtzeitig und ohne Änderung.**

Der Kaufvertrag ist zustande gekommen (geschlossen), sobald der Verkäufer die Bestellung erhalten hat, diese ihm **rechtzeitig zugegangen** ist [§§ 146 ff. BGB].

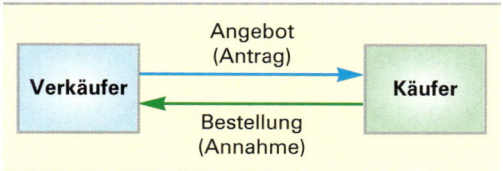

■ **Der Käufer bestellt ohne vorhergehendes verbindliches Angebot des Verkäufers und der Verkäufer nimmt die Bestellung rechtzeitig und ohne Änderung an.**

Dies kann z.B. der Fall sein, wenn der Käufer den Verkäufer (seine Waren, Preise) aus früheren Lieferungen kennt und aufgrund gültiger Verkaufsprospekte mit Preislisten oder aufgrund eines freibleibenden (unverbindlichen) Angebots bestellt.

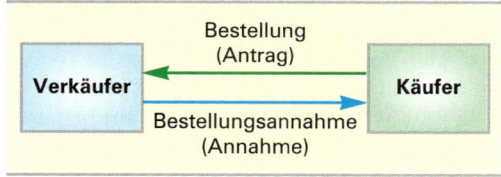

Der Kaufvertrag ist zustande gekommen (geschlossen), sobald die Annahme der Bestellung (Bestellungsannahme) des Verkäufers dem Käufer rechtzeitig zugegangen ist [§§ 146 ff. BGB].

■ **Der Verkäufer macht ein verbindliches Angebot, der Käufer bestellt jedoch zu spät oder mit Abänderungen des Angebots, z.B. mit kürzerer Lieferzeit, höheren Mengen, niedrigeren Preisen.**

Der Kaufvertrag kommt erst zustande, wenn der Verkäufer die verspätete oder abgeänderte Bestellung des Käufers (neuer Antrag) angenommen hat, d.h. durch die Bestellungsannahme des Verkäufers und nach deren rechtzeitigem **Zugang** beim Käufer.

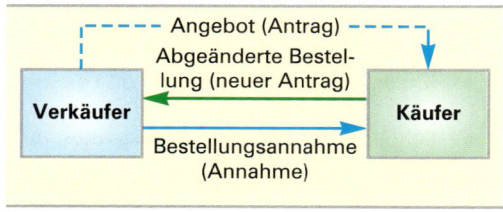

Die Bestellungsannahme ist deshalb erforderlich, weil die verspätete Annahme eines Antrags oder eine Annahme mit Erweiterungen, Einschränkungen oder sonstigen Änderungen als Ablehnung gilt, verbunden mit einem neuen Antrag [§ 150 I, II BGB].

2.4.4.2.2 Rechte und Pflichten aus dem Kaufvertrag

Mit dem Abschluss des Kaufvertrags ist nichts weiter bewirkt, als dass sich der Verkäufer verpflichtet hat, die verkaufte bewegliche Sache dem Käufer frei von Sach- und Rechtsmängeln zu liefern (zu übergeben und zu übereignen) und der Käufer die Verpflichtung eingegangen ist, die gekaufte bewegliche Sache abzunehmen und vor allem zu bezahlen [§ 433 BGB]. Der Abschluss des Kaufvertrags (nach §§ 145 ff. BGB) ist daher ein **Verpflichtungsgeschäft,** dem ein **Erfüllungsgeschäft** folgen muss.

Der **Kaufvertrag** umfasst damit **zwei Rechtsgeschäfte:**

(1) Verpflichtungsgeschäft: Übernahme von Rechten und Pflichten

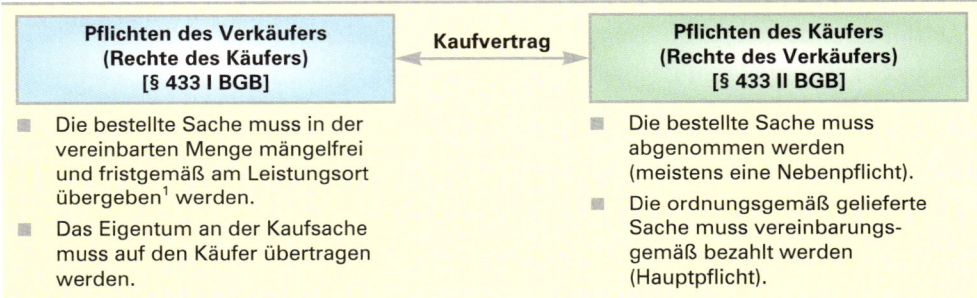

Pflichten des Verkäufers (Rechte des Käufers) [§ 433 I BGB]	Kaufvertrag	Pflichten des Käufers (Rechte des Verkäufers) [§ 433 II BGB]
▪ Die bestellte Sache muss in der vereinbarten Menge mängelfrei und fristgemäß am Leistungsort übergeben[1] werden. ▪ Das Eigentum an der Kaufsache muss auf den Käufer übertragen werden.		▪ Die bestellte Sache muss abgenommen werden (meistens eine Nebenpflicht). ▪ Die ordnungsgemäß gelieferte Sache muss vereinbarungsgemäß bezahlt werden (Hauptpflicht).

Merke:

■ Der **Verkäufer** ist zum einen **Schuldner** (er schuldet die Übergabe und Übereignung der mangelfreien Sache) **und** zum anderen **Gläubiger** (er hat Anspruch darauf, dass der Käufer die gelieferte Sache abnimmt und bezahlt).

■ Der **Käufer** ist zum einen **Schuldner** (er schuldet die Abnahme der Sache und die Zahlung des Kaufpreises) **und** zum anderen **Gläubiger** (er hat Anspruch auf die Übergabe und Übereignung der mangelfreien Sache durch den Verkäufer).

(2) Erfüllungsgeschäft: Erfüllung der eingegangenen Verpflichtungen

Das durch den Kaufvertrag bewirkte Schuldverhältnis (das Verpflichtungsgeschäft) erlischt, wenn die geschuldeten Leistungen nach den Vereinbarungen des Kaufvertrags durch das **Erfüllungsgeschäft** an den **Gläubiger erfüllt sind** [§ 362 I BGB].[2] Das ist der Fall, wenn die Übergabe und Übereignung der Kaufsache durch den Verkäufer sowie die Abnahme der Kaufsache und Kaufpreiszahlung durch den Käufer vereinbarungsgemäß erfolgt ist [§§ 929 ff., 854 BGB].

---

1 **Übergabe:** Verschaffung des unmittelbaren Besitzes nach § 854 I oder II BGB.

2 Bei **„Zug-um-Zug-Geschäften"** (z. B. Käufe im Ladengeschäft, bei denen Waren und Geld „Zug um Zug" übergeben werden) fallen Vertragsabschluss und Erfüllung des Vertrags zeitlich zusammen.

 Bei **Zielgeschäften** (Warenlieferung später oder Zahlung später) wird jedoch deutlich, dass hinter dem Kauf **zwei Rechtsgeschäfte** unterschiedlicher Art stehen, nämlich ein **Verpflichtungsgeschäft** und ein **Erfüllungsgeschäft.**

2.4.4.3 Erfüllung des Kaufvertrags

2.4.4.3.1 Erfüllung des Kaufvertrags durch den Verkäufer

Die **Erfüllung** des **Kaufvertrags** durch den **Verkäufer** umfasst

- die **Lieferung (Besitzverschaffung** durch **Übergabe** der **Kaufsache** an den **Käufer)** und
- die **Eigentumsübertragung** an den Käufer [§ 433 I BGB].

(1) Lieferung der Kaufsache

■ Leistungszeit

Ist eine Zeit für die Leistung weder bestimmt noch aus den Umständen zu entnehmen, so kann der Käufer die vertragliche Leistung **sofort verlangen,** der Verkäufer sie **sofort bewirken** [§ 271 I BGB]. In der Regel wird die Leistungszeit zwischen dem Käufer und Verkäufer vertraglich geregelt oder (im Geschäftsleben) durch **Handelsbräuche** bestimmt.

■ Begriff Leistungsort

Bei einem Kaufvertrag muss – wie bei jedem anderen Vertrag auch – feststehen, **wo** der Schuldner seine geschuldete Leistung zu erbringen hat.

Merke:

Der Ort, an dem ein Schuldner seine Leistungshandlung vorzunehmen hat, ist der **Leistungsort**. Das BGB bezeichnet den Leistungsort auch als **Erfüllungsort** (siehe §§ 447 I, 644 II BGB).[1]

■ Arten von Leistungsorten

Leistungsort	Erläuterung	Beispiele
Gesetzlicher Leistungsort	Da es mit dem Abschluss des Kaufvertrags **zwei Schuldner** gibt (Verkäufer → Warenschuldner; Käufer → Geldschuldner), gibt es auch **zwei gesetzliche Leistungsorte.** Der gesetzliche Leistungsort für den **Verkäufer** und den **Käufer** ist ihr **Wohnsitz** oder – bei gewerblichen Schulden – der **Ort ihrer gewerblichen Niederlassung** zum Zeitpunkt der Entstehung des Schuldverhältnisses (z.B. zum Zeitpunkt des Abschlusses des Kaufvertrags).	Hat der Verkäufer seine gewerbliche Niederlassung in Kaiserslautern und der Käufer seine Niederlassung in Koblenz, so ist der gesetzliche Leistungsort für den Warenschuldner Kaiserslautern, der gesetzliche Leistungsort für den Geldschuldner Koblenz.
Vertraglicher Leistungsort	Käufer und Verkäufer haben die Möglichkeit, den Leistungsort vertraglich zu regeln **(vertraglicher Leistungsort).**	Die Maschinenfabrik Kaiser KG in Mainz und die Möbelfabrik Raimann GmbH in Neustadt vereinbaren Mainz als Leistungsort für beide Vertragsparteien.

---

1 Aus Vereinfachungsgründen wird nicht zwischen Erfüllungsort und Leistungsort unterschieden.

Leistungsort	Erläuterung	Beispiele
Natürlicher Leistungsort	Dieser Leistungsort wird durch die Umstände, insbesondere durch die Natur des Schuldverhältnisses bestimmt [§ 269 I BGB].	Werksverträge über Reparaturarbeiten im Haus des Auftraggebers, sogenannte Handkäufe in Ladengeschäften.

■ **Bedeutung des Leistungsorts für den Warenschuldner (Verkäufer)[1]**

Der Leistungsort bezeichnet den Ort, an dem sich der Schuldner von seiner Leistungspflicht befreit. Aus diesem Grund sind **Warenschulden** gesetzlich im **Zweifel**[2] **Holschulden** [§ 269 BGB]. Wenn nichts anderes vereinbart ist, „reisen die Waren auf Gefahr und Kosten des Käufers".

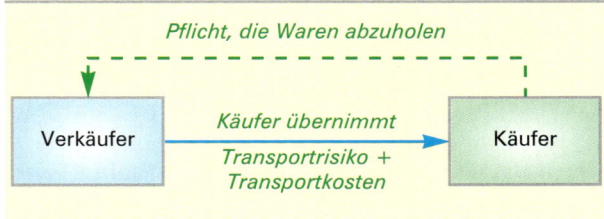

Der **Käufer** trägt somit beim gesetzlichen Leistungsort mit der **Übergabe** der **Kaufsache** das **Transportrisiko** (Gefahr des zufälligen Untergangs oder der zufälligen Verschlechterung der Ware auf dem Weg vom Verkäufer zum Käufer) und die **Transportkosten**[3] [§ 446 S. 1 BGB].

Beachte:

Werden die Waren **mit dem unternehmenseigenen Fahrzeug transportiert,** dann befinden sich die Waren beim Transport noch in der Verfügungsgewalt des Verkäufers. Deswegen hat in diesem Fall der Verkäufer erst erfüllt, wenn die Waren dem Käufer übergeben worden sind.

Das Gleiche gilt übrigens für den sogenannten **„Fernkauf".** Hier haben Käufer und Verkäufer als Leistungsort den **Wohn- bzw. Niederlassungsort des Käufers** vereinbart (vertraglicher Leistungsort). Folglich hat der Verkäufer erst dann erfüllt, wenn die Ware beim Empfänger eingetroffen ist.

■ **Bedeutung des Leistungsorts für den Geldschuldner (Käufer)**

Der gesetzliche Leistungsort für den Zahlungsschuldner ist in der Regel dessen Wohn- bzw. Niederlassungsort [§ 269 I, II i.V.m. § 270 IV BGB]. Der Zahlungsschuldner (Geldschuldner) hat jedoch das geschuldete Geld im **Zweifel** auf **seine Gefahr** und **seine Kosten** dem

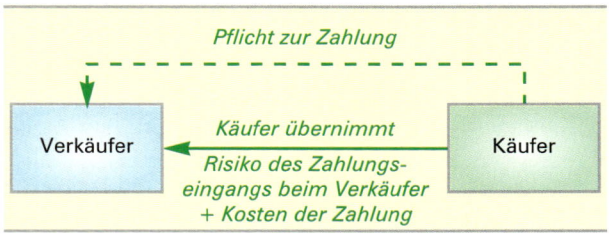

---

1 In der Geschäftspraxis wird der Leistungsort meistens durch die vereinbarten „Allgemeinen Geschäftsbedingungen" geregelt. Im **Handelsverkehr** sind **Warenschulden oft Schickschulden.** Der Verkäufer versendet die Kaufsache auf Verlangen des Käufers nach einem anderen Ort als dem Leistungsort. Mit der Übergabe der Kaufsache durch den Verkäufer an den Spediteur, Frachtführer oder an eine andere mit der Versendung beauftragte Person geht die Gefahr auf den Käufer über [§ 447 I BGB].

2 Im **Zweifel** bedeutet, dass es sich um eine Auslegungsregel handelt, die dann nicht gilt, wenn durch vertragliche Vereinbarungen oder Gesetz (z. B. Steuergesetz) etwas anderes bestimmt ist.

3 Beim **Versendungskauf** [§ 447 BGB] trägt der Käufer die Transportkosten ab Versandstation des Verkäufers.

Gläubiger an dessen Wohn- bzw. Geschäftssitz zu übermitteln (Sonderregelung für Geldschulden gemäß § 270 I, II BGB). **Geldschulden** sind demnach gesetzlich im Zweifel **Schickschulden**. Der Geldschuldner hat den Kaufvertrag erfüllt, wenn er z. B. den **Überweisungsauftrag** seiner Bank **rechtzeitig übergeben** hat. Die Verspätungsgefahr trägt der Geldgläubiger.[1]

■ **Bedeutung des Leistungsorts für den Gerichtsstand und über dessen Bestehen**

Für Streitigkeiten aus einem Vertragsverhältnis und über dessen Bestehen ist das Gericht des Ortes zuständig, an dem die streitige Verpflichtung zu erfüllen ist [§ 29 I ZPO],[2] also der Leistungsort.

Merke:

Der gesetzliche Leistungsort zieht den **gesetzlichen Gerichtsstand** nach sich.

Dies bedeutet, dass der **Käufer** (wenn er klagen will) den Verkäufer bei dem **Gericht** verklagen muss, das für den **Leistungsort des Verkäufers** zuständig ist. Will hingegen der **Verkäufer** den Käufer verklagen (z. B. auf Zahlung des Kaufpreises), so muss er die Klage bei dem **Gericht** einreichen, das für den **Leistungsort des Käufers** zuständig ist.

Beachte:

Zum Käuferschutz sind Vereinbarungen über den **Gerichtsstand** mit **Nichtkaufleuten** grundsätzlich **unzulässig** (zu den Ausnahmen siehe §§ 29 II, 38 ZPO). Vertragliche Vereinbarungen über den Gerichtsstand sind daher nur unter **Kaufleuten** möglich.

(2) Eigentumsübertragung

■ **Begriffe Besitz und Eigentum**

Merke:

Besitz ist die **tatsächliche Gewalt** einer Person über eine Sache [§ 854 BGB].

Der Besitz wird bei **beweglichen Sachen** durch **Übergabe**, bei **unbeweglichen Sachen** (z. B. Grundstücke) durch **Gebrauchsüberlassung** verschafft. Im Unterschied zum Eigen-

---

1 Die Gefahr, die der Geldschuldner zu tragen hat, ist die Tansportgefahr/Übermittlungsgefahr (Verlustgefahr). Bei außergewöhnlichen Störungen, z. B. stecken gebliebenen Banküberweisungen, kann jedoch nach § 242 BGB eine Teilung des Verlusts zwischen dem Geldschuldner und Geldgläubiger gerechtfertigt sein. Die Pflicht des Geldschuldners zur Tragung der Kosten umfasst z. B. die Überweisungsentgelte und Zustellkosten, nicht jedoch die vom Geldgläubiger an seine Bank zu zahlenden Kontoführungsgebühren.

2 ZPO: Zivilprozessordnung.

tum kann man sich den Besitz auch unrechtmäßig verschaffen, z. B. durch Diebstahl oder durch Unterschlagung des Fundes.

Merke:

Im Privatrecht (BGB) ist **Eigentum** die **rechtliche Verfügungsgewalt** einer Person über Sachen [§ 903 BGB].

■ **Eigentumsübertragung an beweglichen Sachen**

Wir unterscheiden vier Möglichkeiten der Eigentumsübertragung an beweglichen Sachen:

Möglichkeiten der Eigentumsübertragung	Beispiele
Befindet sich die Sache noch beim Eigentümer, so erfolgt die Eigentumsübertragung durch **Einigung** und **Übergabe** [§ 929, S. 1 BGB].	Die Inhaberin des Modegeschäfts Klinger e. Kfr. übergibt Frau Sigg das gekaufte Kleid. Mit der Einigung und der Übergabe des Kleids ist Frau Sigg Eigentümerin geworden.
Es kommt vor, dass sich die Sache, an der das Eigentum übertragen werden soll, bereits im Besitz des künftigen Eigentümers befindet. Hier **genügt** für die Eigentumsübertragung die **Einigung** zwischen Eigentümer (z. B. Verkäufer) und Erwerber (z. B. Käufer), dass das **Eigentum auf den Käufer übergehen** soll [§ 929, S. 2 BGB].	Herr Leonhard hat sich von einem Fernsehfachgeschäft ein Farbfernsehgerät ins Wohnzimmer stellen lassen, um dieses auszuprobieren. Nach 8 Tagen teilt er dem Händler mit, dass er das Gerät erwerben möchte. Stimmt der Händler zu, wird Herr Leonhard Eigentümer des Geräts. (Wohlgemerkt: Der Eigentumsübergang hat nichts damit zu tun, ob Herr Leonhard das Gerät bereits bezahlt hat oder nicht!)
Möglich ist auch, dass der bisherige Eigentümer (z. B. der Verkäufer) im Besitz der Sache bleiben soll, an der der Erwerber (z. B. Käufer) Eigentümer werden möchte. In diesem Fall müssen sich beide Vertragspartner darüber **einigen**, dass das **Eigentum auf den Erwerber (Käufer) übergeht**, der **Veräußerer (Verkäufer)** aber im unmittelbaren **Besitz der Sache** bleibt (sog. **Besitzkonstitut**) [§§ 929, S. 1, 930 BGB].	Frau Detzel ist begeisterte Reiterin. Sie kauft einem Pferdezüchter ein Reitpferd ab mit der Vereinbarung, das Pferd in den Stallungen des Züchters zur dortigen Pflege zu lassen. Frau Detzel ist Eigentümerin (und „mittelbare" Besitzerin), der Pferdezüchter ist der unmittelbare Besitzer des Pferdes.
Die vierte Möglichkeit besteht darin, dass der Eigentümer selbst nicht im Besitz der veräußerten Sache ist, sondern ein Dritter. Auch in diesem Fall müssen sich der bisherige Eigentümer und der Erwerber über den **Eigentumsübergang** geeinigt haben [§ 929, S. 1 BGB]. Außerdem muss der **Eigentümer (z. B. Verkäufer)** den **Herausgabeanspruch an den Erwerber (z. B. Käufer) abtreten** [§ 931 BGB].	Der Heizölhändler Stefan Dorner e. Kfm. in Donaueschingen hat das von ihm gekaufte Heizöl bei einer Lagergesellschaft in Karlsruhe gelagert. Er verkauft mehrere tausend Liter Heizöl an einen Heizölhändler in Sigmaringen. Damit der Heizölhändler aus Sigmaringen das gekaufte Heizöl bei der Lagergesellschaft in Karlsruhe abholen kann, muss er Eigentümer sein. Dies wird er durch Einigung und Abtretung des Herausgabeanspruchs [§§ 929, 931 BGB].

■ Eigentumsübertragung an unbeweglichen Sachen

Das Eigentum an Grundstücken, Gebäuden und Eigentumswohnungen wird durch **Einigung (Auflassung** genannt) [§ 925 I BGB] und **Eintragung des Eigentumsübergangs im Grundbuch** übertragen [§ 873 I BGB]. Die Einigung zwischen dem Eigentümer und dem Erwerber ist auch hier ein zweiseitiges Rechtsgeschäft mit dem Inhalt, dass das Eigentum vom bisherigen Eigentümer (Verkäufer) auf den Käufer übergehen soll. Da ein Grundstück nicht wie eine bewegliche Sache „übergeben" werden kann, tritt anstelle der körperlichen Übergabe die Eintragung ins Grundbuch, aus dem jeder, der ein berechtigtes Interesse hat, ersehen kann, wie die Eigentumsverhältnisse bei einem bestimmten Grundstück sind.

■ Eigentumsübertragung an Rechten

Die Eigentumsübertragung an Rechten erfolgt durch **Einigung** und **Abtretung des Forderungsrechts (Zession)** [§§ 398 ff. BGB].

■ Sonderfall: Gutgläubiger Eigentumserwerb

Konnte ein Erwerber nicht wissen, dass sich der erworbene Gegenstand nicht im Eigentum des Veräußerers befand, wird er Eigentümer (gutgläubiger Eigentumserwerb nach § 932 I BGB).

Gutgläubiger Erwerb ist **nicht möglich,** wenn es sich um **gestohlene, verlorene** oder **sonst abhandengekommene** (z. B. unterschlagene) **Sachen** handelt.

> **Beispiel:**
>
> Lebensmittelhändler Kempter e. Kfm. hat Nudeln unter Eigentumsvorbehalt gekauft und noch nicht bezahlt. Hausfrau Fröhlich kauft diese Nudeln. Mit der Einigung darüber, dass das Eigentum an den Nudeln übergehen soll, und der Übergabe wird sie Eigentümerin der Nudeln [§§ 929 ff. BGB].

Eine **Ausnahme** von der Regel, dass an gestohlenen Sachen trotz guten Glaubens kein Eigentum erworben werden kann, besteht bei Sachen, die **öffentlich versteigert** werden. Diese Sachen sowie **Geld** oder **Inhaberpapiere** (z. B. „Inhaberaktien") können aus Gründen der Rechtssicherheit auch dann gutgläubig erworben werden, wenn sie gestohlen bzw. verloren wurden oder sonst abhandengekommen sind [§ 935 II BGB].

(3) Eigentumsvorbehalt[1]

■ Wesen des Eigentumsvorbehalts

Will der Käufer sofort in den Besitz der Kaufsache kommen, aber erst zu einem späteren Zeitpunkt bezahlen, so können Verkäufer und Käufer vereinbaren, dass der Verkäufer bis zur Zahlung des Kaufpreises Eigentümer der Kaufsache bleibt [§ 449 I BGB].

> **Merke:**
>
> Der **Eigentumsvorbehalt** ist eine zusätzliche Vereinbarung beim Abschluss eines Kaufvertrags, wonach der **Käufer** mit der Übergabe der Kaufsache zunächst nur **unmittelbarer Besitzer,** nicht aber Eigentümer werden soll.

---

1 Ein Eigentumsvorbehalt kann nur beim Kauf beweglicher Sachen und beim Werkvertrag, nicht jedoch beim Grundstückskauf [§ 925 II BGB], bei Forderungen und sonstigen Rechten vereinbart werden.

16 Speth u. a. - ISBN 978-3-8120-0465-7

Die Einigung über den Eigentumsübergang ist zwar erfolgt, der Käufer erwirbt jedoch durch die sogenannte **aufschiebend bedingte Einigung** [§§ 929, 158 I BGB] nur ein Recht auf Erlangung des vollständigen Eigentums an der Kaufsache. Die Vereinbarung des Eigentumsvorbehalts bedarf keiner bestimmten Form. Allerdings muss der Käufer in irgendeiner Art und Weise sein Einverständnis zum Ausdruck bringen.

■ Zweck des Eigentumsvorbehalts

Der Eigentumsvorbehalt sichert den Anspruch des Verkäufers auf Zahlung des Kaufpreises durch den Käufer **(Mittel der Kreditsicherung).** Der Eigentumsvorbehalt gibt dem Verkäufer einen **Rückforderungsanspruch** (Herausgabeanspruch auf das „Vorbehaltseigentum") wenn der Käufer nicht zahlt und der Verkäufer vom Kaufvertrag zurückgetreten ist [§§ 449 II, 323 BGB].[1]

■ Ende des Eigentumsvorbehalts

Der Eigentumsvorbehalt erlischt z. B., wenn die Ware
- ■ vom Käufer bezahlt wird,
- ■ verarbeitet oder umgebildet wird [§ 950 BGB],
- ■ mit einem Grundstück als wesentlicher Bestandteil fest verbunden wird [§ 946 BGB],
- ■ an einen gutgläubigen Dritten veräußert wird [§ 932 BGB],
- ■ zerstört wird, oder wenn
- ■ der Verkäufer nach §§ 449 II, 323 I BGB vom Kaufvertrag zurücktritt und die Kaufsache zurückverlangt.

■ Arten des Eigentumsvorbehalts

Da im Wirtschaftsleben die unter Eigentumsvorbehalt gelieferten Waren in aller Regel weiterveräußert, vermischt oder verarbeitet werden, reicht der „einfache Eigentumsvorbehalt" nicht aus. Der Eigentumsvorbehalt muss ausgeweitet werden.

Verlängerter Eigentumsvorbehalt	Ein verlängerter Eigentumsvorbehalt liegt vor, wenn beim Weiterverkauf der Vorbehaltsware die dadurch entstehende **Forderung im Voraus an den Verkäufer abgetreten wird (Vorausabtretung** nach §§ 398 ff. BGB). Eine Verlängerung des Eigentumsvorbehalts ist auch dann gegeben, wenn unter Eigentumsvorbehalt gelieferte Waren verarbeitet und die daraus hergestellten Gegenstände zur Sicherung an den Verkäufer **übereignet** werden [§§ 929 f. BGB].
Erweiterter Eigentumsvorbehalt	Beim erweiterten Eigentumsvorbehalt vereinbart der Verkäufer mit dem Käufer, dass der Eigentumsvorbehalt an **allen (oder mehreren) gelieferten Kaufsachen** erst erlischt, wenn die **gesamten Kaufpreisforderungen** (Summe aller Einzelforderungen) des Verkäufers beglichen sind.

---

1 Voraussetzung für den Rücktritt des Verkäufers ist, dass der Käufer eine angemessene Frist zur Leistung setzt und diese Frist erfolglos abgelaufen ist.

2.4.4.3.2 Erfüllung des Kaufvertrags durch den Käufer

Die **Erfüllung des Kaufvertrags durch den Käufer umfasst**
- die **Abnahme des Kaufgegenstands** (meistens eine Nebenpflicht) und
- die **Zahlung des Kaufpreises** (Hauptpflicht).

(1) Abnahme[1] des Kaufgegenstands

■ Warenabnahme und Warenannahme

Vertragsgemäß gelieferte Waren muss der Käufer **abnehmen** (körperliche Entgegennahme, § 433 II BGB). Für die Warenabnahme sind meistens die Lagerverwalter zuständig und verantwortlich. In größeren Unternehmen ist hierfür aus Gründen der Kostenersparnis (Rationalisierungsgründen) in der Regel eine besondere Warenannahmestelle (die eigentlich Warenabnahmestelle heißen sollte) eingerichtet. Von dieser werden dann alle angelieferten Waren in Empfang genommen und nach deren Prüfung an das Lager oder – bei dezentraler Lagerung – an die Lager weitergeleitet.

Die Versendung der Ware teilt der Verkäufer dem Käufer meist durch eine **Lieferanzeige** mit. Dadurch kann der Käufer rechtzeitig die zur Warenabnahme erforderlichen Vorkehrungen treffen (z.B. Anmieten eines Kranes bei schweren Gütern, Räumen des Lagers für die neuen Waren).

> **Beachte:**
>
> Bereits bei der Übergabe der Ware muss die Abnahmestelle die Unversehrtheit der Verpackung, die Übereinstimmung der gelieferten Stückzahlen, Gewichte und/oder Volumeneinheiten mit den auf den Warenbegleitpapieren (z.B. Lieferscheine, Frachtbriefe) angegebenen Zahlen und, soweit möglich, die unverpackten Waren selbst prüfen.

Zur ordnungsgemäßen Warenabnahme gehört auch das Ausfüllen eines **Wareneingangsscheins.** Ist von vornherein erkennbar, dass die Ware beschädigt oder unvollständig ist, ist die Abnahme zu verweigern. In diesem Fall wird vom Überbringer eine Bescheinigung über den festgestellten Mangel verlangt (Tatbestandsaufnahme).

■ Warenprüfung

Alle übergebenen Waren müssen vor ihrer endgültigen Einlagerung (z.B. Einsortieren in die Lagerregale) unverzüglich einer genauen Prüfung unterzogen werden. Nur dadurch kann vermieden werden, dass mangelhafte Waren auf Lager genommen werden.

- Die **Warenprüfung (Materialprüfung)** erstreckt sich vor allem auf die Liefermenge, die Art, Güte, Beschaffenheit und Funktionsfähigkeit der Ware.
- **Unterlagen für die Warenprüfung** sind: Warenbegleitpapiere (z.B. Packzettel, Lieferscheine, Versandanzeigen, Frachtbriefe), Bestelldurchschriften und Auftragsbestätigungen, Rechnungen, Muster und Proben, besondere Prüfvorschriften, die vor allem bei den sogenannten „Stichproben" oft mit dem Verkäufer abgestimmt sind.

---

1 Die Abnahme und Annahme des Kaufgegenstands ist rechtlich scharf zu trennen.
   - Die **Abnahme** ist die tatsächliche Entgegennahme der Ware, wodurch der Käufer (unmittelbaren) Besitz erlangt.
   - Die **Annahme** des Kaufgegenstands ist hingegen eine Willenserklärung und bedeutet die Erklärung der vertragsmäßigen Erfüllung des Kaufvertrags. Auf die Annahme der Leistung durch den Käufer hat der Verkäufer keinen Anspruch.

Da die Warenprüfung meistens während der Übergabe der Ware zeitlich nicht abgeschlossen werden kann, ist es angebracht, eine Empfangsbestätigung stets mit einem Vermerk zu versehen, der darauf hinweist, dass mit dieser Bestätigung nicht die vertragsgemäße (ordnungsgemäße) Lieferung bescheinigt wird (übliche Klausel z.B. „Vorbehaltlich der noch nicht abgeschlossenen Warenprüfung ..."). Werden Mängel festgestellt, so muss der Käufer diese Mängel dem Verkäufer **unverzüglich** (ohne schuldhaftes Zögern) anzeigen.

(2) Zahlung des Kaufpreises

Der Käufer ist nach § 433 II BGB verpflichtet, dem Verkäufer den vereinbarten Kaufpreis zu zahlen. Geldschulden sind gesetzlich im Zweifel **Schickschulden** [§ 270 BGB], d.h., der Käufer übernimmt im Zweifel die Gefahr und die Kosten der Geldübertragung (vgl. S. 238 f.). Die Zahlungsart ist in der Regel dem Käufer überlassen.

Zusammenfassung

- Abschluss des Kaufvertrags
  - Der **Kaufvertrag** kommt durch mindestens **zwei inhaltlich übereinstimmende** und rechtzeitig aufeinanderfolgende empfangsbedürftige Willenserklärungen zustande.
  - Die erste Willenserklärung ist der **Antrag,** die auf den Antrag folgende zweite Willenserklärung die **Annahme.**
  - Da die erste Willenserklärung sowohl vom Verkäufer als auch vom Käufer abgegeben werden kann, kann ein Kaufvertrag sowohl durch ein **Angebot** (1. Willenserklärung) und die **Bestellung** (2. Willenserklärung) als auch durch eine **Bestellung** (1. Willenserklärung) und die **Bestellungsannahme** (2. Willenserklärung) zustande kommen.
  - Durch den Abschluss eines Kaufvertrags ist zunächst ein gegenseitiges Schuldverhältnis entstanden, das zu gegenseitigen Leistungen verpflichtet, das sogenannte **Verpflichtungsgeschäft**.

- Erfüllung des Kaufvertrags
  - Dem **Verpflichtungsgeschäft** muss das **Erfüllungsgeschäft** folgen, weil erst durch das Erfüllungsgeschäft die tatsächlichen Rechtsänderungen (z.B. Besitz- und Eigentumsübertragung), d.h. die Erfüllung erfolgt.
  - Der **Verkäufer ist verpflichtet,** dem Käufer die verkaufte Sache in der richtigen Art und Weise, mängelfrei, rechtzeitig und am richtigen Ort zu übergeben und dem Käufer das Eigentum an dem Kaufgegenstand frei von Rechtsmängeln zu übertragen.
  - Der **Käufer ist verpflichtet,** den vereinbarten Kaufpreis zu zahlen und die ordnungsgemäß (mängelfrei) gelieferte Kaufsache abzunehmen.
  - Ist über die **Leistungszeit** nichts vereinbart und ist diese auch nicht aus den Umständen des Rechtsgeschäfts zu entnehmen, kann der Gläubiger die vereinbarte Leistung sofort verlangen, der Schuldner sie sofort bewirken.
  - Der **Leistungsort** ist der Ort, an dem die geschuldete **Leistung zu erbringen** ist.
  - Der **gesetzliche Leistungsort** gilt nur, wenn kein Leistungsort vereinbart ist und ein Leistungsort auch nicht durch die Natur bzw. die Umstände des Schuldverhältnisses bestimmt wird. Er liegt grundsätzlich beim **Wohnsitz** bzw. **Niederlassungsort** des **Schuldners** zur Zeit der Entstehung des Schuldverhältnisses.

- Der Leistungsort hat folgende **Bedeutung**:

Am Leistungsort befreit sich der Schuldner von seiner Leistungspflicht	Der Leistungsort bestimmt den Gefahrenübergang (Ausnahme: Geldschulden)	Ab Leistungsort trägt der Gläubiger die Versendungskosten (Ausnahme: Geldschulden)	Der Leistungsort bestimmt den Gerichtsstand (Ausnahme: Geschäfte mit Nichtkaufleuten)

- Unter **Besitz** versteht man die tatsächliche Gewalt über eine Sache. („Besitz hat man").

- Unter **Eigentum** versteht man das Recht über eine Sache (oder eine Forderung) im Rahmen der gesetzlichen Vorschriften frei verfügen zu können. („Eigentum gehört einem").

- Wichtige **Möglichkeiten des Eigentumserwerbs** sind
  - an **beweglichen Sachen:**
    - – Einigung und Übergabe,
    - – Einigung (wenn die Sache bereits im Besitz des Erwerbers ist),
    - – Einigung und Vereinbarung eines Besitzkonstituts,
    - – Einigung und Abtretung des Herausgabeanspruchs an den Erwerber.
  - an **unbeweglichen Sachen:**
    - – Einigung (Auflassung) und Eintragung im Grundbuch.
  - an **Rechten:**
    - – Einigung und
    - – Abtretung des Forderungsrechts (Zession).

- Beim **Eigentumsvorbehalt** vereinbaren Verkäufer und Käufer, dass der **Käufer** mit der Übergabe der Kaufsache zunächst nur **unmittelbarer Besitzer** und **nicht Eigentümer** werden soll.

  - Mit der vollständigen Zahlung des Kaufpreises geht das Eigentum (im Zweifel) ohne weitere Willenserklärungen (automatisch) auf den Käufer über.

  - Der Eigentumsvorbehalt muss vereinbart werden. Eine einseitige Erklärung des Verkäufers, nur unter Eigentumsvorbehalt zu liefern, reicht nicht.

- Vertragsgemäß gelieferte Waren muss der Käufer **abnehmen,** die erhaltenen Waren **unverzüglich untersuchen** und **festgestellte Mängel unverzüglich rügen.**

- Der Käufer ist verpflichtet, dem Verkäufer den vereinbarten **Kaufpreis zu zahlen** und die gekaufte **mängelfreie Sache abzunehmen.**

- Die **Auftragsbestätigung** ist ein Dokument des Lieferers. Es bestätigt gegenüber dem Kunden die Annahme seines Auftrags und gibt ihm Informationen über den voraussichtlichen Liefertermin und die Versandart.

Übungsaufgabe

84 1. Unter welchen Bedingungen kommt ein Kaufvertrag bereits mit der Bestellung zustande?

2. Unter welchen Bedingungen kommt ein Kaufvertrag erst mit der Bestellungsannahme zustande?

3. Die Lehmann Maschinenfabrik GmbH macht der Bruno Bernhard KG unter dem 24. April 20.. ein vollständiges Verkaufsangebot über eine Bohrmaschine zum Preis von 3 100,00 EUR. Unter Bezugnahme auf das Angebot bestellt die Bruno Bernhard KG unter dem 28. Mai 20.. zum Preis von 3 100,00 EUR. Die Lehmann Maschinenfabrik GmbH nimmt die Bestellung der Bruno Bernhard KG vom 28. Mai 20.. am 2. Juli 20.. an.

Aufgabe:

Wie kommt im vorliegenden Fall ein Kaufvertrag zustande?

4. Erklären Sie den Unterschied zwischen Verpflichtungsgeschäft und Erfüllungsgeschäft!

5. Erläutern Sie die Bedeutung des gesetzlichen Leistungsorts für den Warenschuldner!

6. Welche Abweichungen bestehen beim gesetzlichen Leistungsort zwischen Waren- und Geldschulden?

7. Die Möbelfabrik Franz Baier e.K. bestellt aufgrund eines freibleibenden Angebots Eichenholz bei dem Sägewerk Wattenbach GmbH.

Aufgaben:

7.1 Erläutern Sie, wie der Kaufvertrag zwischen den beiden Unternehmen zustande kommt!

7.2 Welche Pflichten hat die Möbelfabrik Franz Baier e.K. aus diesem Kaufvertrag?

7.3 Begründen Sie, wo sich der gesetzliche Leistungsort für die Holzlieferung befindet!

8. Betrachten Sie die nachstehende Skizze! In welchen Fällen (8.1, 8.2) muss der Käufer den Kaufpreis für die auf dem Transport durch den Unfall vernichtete oder beschädigte Ware zahlen? Muss der Verkäufer nochmals liefern?

Aufgaben:

8.1 Über den Leistungsort wurden keine Vereinbarungen getroffen.

8.2 Der vereinbarte Leistungsort ist Osnabrück.

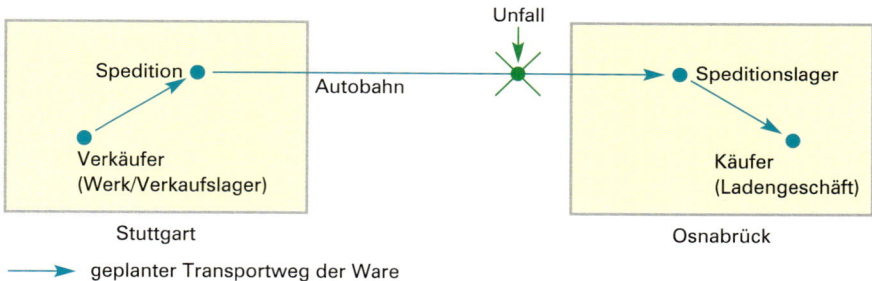

geplanter Transportweg der Ware

8.3 Wie wäre die Rechtslage, wenn der Käufer die Ware abholt und der Unfall auf der Wegstrecke zwischen dem Werk des Verkäufers und der Bahnstation des Verkäufers passieren würde?

9. Das Eigentum wird vom Gesetz grundsätzlich geschützt. Der Besitz auch?

10. Warum ist Eigentum nicht gleich Vermögen?

11. Erklären Sie Wesen und Zweck des Eigentumsvorbehalts!

12. Begründen Sie, warum ein Eigentumsvorbehalt nur durch eine Vereinbarung zwischen dem Verkäufer und Käufer und nicht allein durch die Willenserklärung des Verkäufers, nur unter Eigentumsvorbehalt zu liefern, rechtswirksam werden kann!

13. Nennen Sie Gründe, bei deren Vorliegen der Eigentumsvorbehalt erlischt!

2.4.4.4 Kaufvertragsarten

Unterscheidung nach der Rechtsstellung der Vertragspartner	
Bürgerlicher Kauf	Der Kauf ist für beide Teile kein Handelsgeschäft.
Einseitiger Handelskauf	Ein Vertragspartner ist **Kaufmann**, der den Kaufvertrag für **seine geschäftlichen Zwecke** abschließt; der andere Vertragspartner schließt den Vertrag für seine **privaten Zwecke** ab.
Zweiseitiger Handelskauf	Kauf, den **beide** Vertragspartner als **Kaufleute** für ihre geschäftlichen Zwecke abschließen.

Unterscheidung nach der Bestimmung des Kaufgegenstands	
Stückkauf	Hier ist eine **individuell bestimmte** Sache vom Verkäufer zu liefern.
	Beispiele: Kauf eines Originalgemäldes, eines bestimmten Grundstücks.
Gattungskauf	Er liegt vor, wenn die vom Verkäufer geschuldete bewegliche Sache nur der „Gattung" nach, d.h. nur allgemein nach Zahl, Maß oder Gewicht bestimmt wird. Es handelt sich um den Kauf **vertretbarer (gleichartiger) Sachen** [§ 91 BGB].
	Beispiele: Serienkühlschrank, ein bestimmter Autotyp, Mehl Type 405.
Kauf nach Probe (Kauf nach Muster)	Fester (endgültiger) Kauf mit der Vereinbarung, dass die Lieferung den Eigenschaften einer z.B. vom Verkäufer zuvor zugesandten Probe (oder eines Musters) entsprechen muss. Die Eigenschaften der Probe sind als **zugesichert** anzusehen [§ 494 BGB].
	Beispiele: Käufe von Kaffee, Tee, Tabak, Wein, Tapeten und Stoffen.
Kauf auf Probe	Hier überlässt der Verkäufer dem Käufer die gekauften Waren für eine bestimmte Zeit auf Probe. Der Kauf auf Probe ist ein Kauf mit **Rückgaberecht** [§ 495 BGB].
	Beispiele: Kauf einer neu entwickelten Maschine auf Probe, Kauf eines Teppichs auf Probe.
Kauf auf Abruf	Bei diesem Kauf hat der Käufer das Recht und die Pflicht, binnen einer vereinbarten Frist den **Zeitpunkt** der Lieferung als Ganzes oder in Teilmengen zu bestimmen.
	Beispiel: Bestellung von 50 Fuhren Kies, Abruf in Teilmengen von 25, 15 und 10 Fuhren bei jeweiligem Bedarf an der Baustelle.
Bestimmungskauf (Spezifikationskauf)	Hier wird über eine bestimmte Menge eines Gutes ein Kaufvertrag abgeschlossen, wobei bestimmte Merkmale der Kaufsache wie z.B. Maße, Qualität, Farbe vom Käufer erst bei Abruf spezifiziert (bestimmt, festgelegt) werden [§ 375 HGB]. Die meisten Spezifikationskäufe sind zweiseitige Handelsgeschäfte.
	Beispiel: Kauf von 20 t Eisenträger mit dem Vorbehalt, die genauen Längen und Profile später (bei Bedarf) zu bestimmen.

2.4.4.5   Allgemeine Geschäftsbedingungen

(1) Zielsetzungen und Begriff der „Allgemeinen Geschäftsbedingungen"

■ Zielsetzungen

Die Verkäufer (Unternehmer) sind unter Berufung auf den Grundsatz der Vertragsfreiheit bestrebt, durch **verbindliche allgemeine Geschäftsbedingungen** für sie günstigere vertragliche Vereinbarungen zu erzielen. Es geht den Verkäufern z. B. darum, die den Käufern nach dem BGB zustehenden Gewährleistungsrechte einzuschränken, die im Vertrag versprochenen Leistungen abzuändern oder die Rechte des Käufers auf Nacherfüllung zu beschränken. Außerdem werden allgemeine Geschäftsbedingungen formuliert, um nicht immer wieder dieselben Dinge neu regeln zu müssen (z. B. Festlegung des Leistungsortes, der Zahlungsbedingungen).

Die §§ 305 – 310 BGB haben daher zum Ziel, einen Missbrauch der allgemeinen Geschäftsbedingungen (AGB) zu verhindern und die Verbraucher vor Übervorteilung zu schützen.

■ Begriff „Allgemeine Geschäftsbedingungen"

> **Merke:**
>
> **A**llgemeine **G**eschäfts**b**edingungen **(AGB)** sind alle für eine **Vielzahl von Verträgen** vorformulierte **Vertragsbedingungen,**[1] die **eine** Vertragspartei (Verwender) der anderen Vertragspartei bei Abschluss eines Vertrags stellt [§ 305 I, S. 1 BGB].

Werden „Allgemeine Vertragsbedingungen" zwischen den Vertragsparteien im Einzelnen ausgehandelt, liegen keine AGB vor [§ 305 I, S. 3 BGB]. Solche **Individualvereinbarungen** gehen den AGB immer vor [§ 305 b BGB].

(2) AGB und Verbraucherschutz

■ Gültigkeit der allgemeinen Geschäftsbedingungen

Ein „Trick" mancher Verwender allgemeiner Geschäftsbedingungen ist, diese möglichst klein[2] in für Kunden unverständlicher juristischer Sprache in einer blassen Farbe auf die Rückseite der Angebote oder gar Auftragsbestätigungen bzw. Rechnungen zu drucken. Solche Unterschiebungen sind nach dem BGB verboten. Allgemeine Geschäftsbedingungen werden vielmehr nur dann Vertragsbestandteil, wenn der Verwender beim Vertragsabschluss die andere Vertragspartei **ausdrücklich** auf sie hinweist und der andere Vertragspartner in zumutbarer Weise vom Inhalt der AGB Kenntnis nehmen kann und mit deren Geltung **einverstanden** ist [§ 305 II BGB].

---

1 Allgemeine Geschäftsbedingungen werden vor allem von den Wirtschaftsverbänden der Industrie, des Handels, der Banken, der Versicherungen, der Spediteure usw. normiert (vereinheitlicht) und den Verbandsmitgliedern zur Verwendung empfohlen (z. B. „Allgemeine Lieferbedingungen für Erzeugnisse und Leistungen der Elektroindustrie", „Allgemeine Deutsche Spediteurbedingungen").

2 Deswegen werden die AGB in der Umgangssprache auch als das „Kleingedruckte" bezeichnet.

■ **Allgemeine Vorschriften**

Aus den Vorschriften des BGB zur Gestaltung rechtsgeschäftlicher Schuldverhältnisse durch allgemeine Geschäftsbedingungen sollen zwei wesentliche Bestimmungen herausgegriffen werden:

■ In der **Generalklausel**[1] schreibt das BGB vor [§ 307 I BGB], dass Bestimmungen von allgemeinen Geschäftsbedingungen dann unwirksam (ungültig) sind, wenn sie den Vertragspartner des Verwenders entgegen den Geboten von Treu und Glauben (siehe § 242 BGB) unangemessen benachteiligen. Ob eine unangemessene Benachteiligung vorliegt, muss von Fall zu Fall geprüft werden.

> **Beispiele:**
>
> Unangemessen kurze Rügefristen („Reklamationen können nur innerhalb von 8 Tagen nach Warenempfang angenommen werden"), unzumutbare Liefer- und Nachfristen, Rücktritts- und Änderungsvorbehalte des Verwenders.

■ **Individuelle Vertragsvereinbarungen** haben Vorrang vor allgemeinen Geschäftsbedingungen [§ 305 b BGB].

> **Beispiele:**
>
> In den allgemeinen Geschäftsbedingungen eines Unternehmens steht: „Liefertermine sind unverbindlich". Haben sich Käufer und Verkäufer auf den Liefertermin 15. Juli geeinigt, so gilt diese Vereinbarung.

■ **Klauselverbote**[2]

In den §§ 308 und 309 BGB sind Klauseln formuliert, die im Falle ihrer Anwendung mit oder ohne richterliche Wertung die Rechtsunwirksamkeit der AGB zur Folge haben. Dabei sind zwei Gruppen von Klauseln zu unterscheiden:

■ **Klauselverbote ohne Wertungsmöglichkeit** [§ 309 BGB]

Hier handelt es sich um Klauseln, deren Unwirksamkeit auch **ohne richterliche Wertung** feststeht. Beispielhaft werden folgende Klauseln vorgestellt:

■ Eine **Schadenspauschalierung ist stets unwirksam,** wenn dem anderen Vertragsteil z.B. nicht ausdrücklich der Nachweis gestattet wird, dass ein Schaden oder eine Wertminderung gar nicht oder nur in wesentlich niedrigerer Höhe eingetreten ist [§ 309, Nr. 5 b BGB].

> **Beispiel:**
>
> In den AGB einer Autovermietung steht: Bei jedem Unfall, bei dem ein Schaden an dem gemieteten Pkw entsteht, wird, ohne dass der Vermieter einen Nachweis zu führen hat, ein Mindestentgelt von 750,00 EUR fällig.

---

1 Generalklausel: Bestimmung, die generell (d.h. allgemein, ohne Ausnahme) gültig ist.
2 Bei gegenüber einem Unternehmer, einer juristischen Person des öffentlichen Rechts oder einem öffentlich-rechtlichen Sondervermögen verwendeten AGB gelten die Bestimmungen der §§ 305 II, III, 308 und 309 BGB jedoch nicht [§ 310 I, S. 1 BGB].

- Räumen die allgemeinen Geschäftsbedingungen die Möglichkeit ein, dass bei einer Warenlieferung innerhalb von 4 Monaten nach Abschluss des Kaufvertrags eine **kurzfristige Preiserhöhung** erlaubt ist, so ist diese **für Verbraucher unwirksam** [§ 309, Nr. 1 BGB].

Beispiel:

In einem am 2. März abgeschlossenen Kaufvertrag über die Lieferung eines Pkw ist als Liefertermin der 15. Mai festgelegt. Eine in der Zwischenzeit eingetretene Preiserhöhung ist für den Käufer ohne Bedeutung.

- Ein **Gewährleistungsausschluss bei neu hergestellten Waren** und eine **Einschränkung des Leistungsverweigerungsrechts** sind unwirksam (Näheres siehe § 309, Nr. 2 und 8 BGB).

Beispiele:

Die AGB eines Elektrofachgeschäfts legen fest, dass der Kunde im Fall einer zu Recht bestehenden Beanstandung lediglich ein Recht auf Beseitigung des Mangels haben soll.

Die AGB eines Baumarkts enthalten folgende Klausel: „Bei Ratenkäufen entbindet auch eine berechtigte Reklamation den Käufer nicht von seiner Verpflichtung zur pünktlichen Ratenzahlung."

- **Klauselverbote mit Wertungsmöglichkeit** [§ 308 BGB]

Für diese nach § 308 BGB verbotenen Klauseln ist kennzeichnend, dass sie **unbestimmte Rechtsbegriffe** verwenden, weshalb die Unwirksamkeit erforderlichenfalls eine **richterliche Wertung** notwendig macht.

Beispiele:

Bestimmungen, durch die sich der Verwender unangemessen lange oder nicht hinreichend bestimmte Fristen für die Annahme oder Ablehnung eines Angebots oder die Erbringung einer Leistung vorbehält; Bestimmungen, durch die sich der Verwender für die von ihm zu erbringenden Leistungen eine von Rechtsvorschriften abweichende unangemessen lange oder nicht hinreichend bestimmte Nachfrist vorbehält; sachlich nicht gerechtfertigte Rücktrittsvorbehalte (Näheres siehe § 308 BGB).

(3) Rechtsfolgen bei Nichteinbeziehung und Unwirksamkeit allgemeiner Geschäftsbedingungen

Wenn allgemeine Geschäftsbedingungen ganz oder teilweise kein Vertragsbestandteil geworden oder rechtsunwirksam sind, dann bleiben die anderen Vertragsbestandteile wirksam. Für den Vertragsinhalt gelten dann die gesetzlichen Vorschriften [§ 306 I, II BGB].

2.5 Störungen des Erfüllungsgeschäfts

2.5.1 Begriff Leistungsstörungen und Überblick über mögliche Leistungsstörungen

(1) Begriff Leistungsstörungen

Die meisten Schuldverhältnisse verpflichten den jeweiligen Schuldner, eine Leistung zu erbringen [§ 241 I, S. 1 BGB]. Sie erlöschen im Normalfall durch die ordnungsmäßige Erfüllung der geschuldeten Leistung [§ 362 I BGB]. Allerdings können auch Unregelmäßigkeiten auftreten, und zwar sowohl beim **Abschluss** von Schuldverhältnissen als auch bei der **Erfüllung** rechtswirksam abgeschlossener Schuldverhältnisse.

Nicht alle Schuldverhältnisse werden nämlich den getroffenen Vereinbarungen entsprechend erfüllt. Es kommt zu **Leistungsstörungen**.

> **Merke:**
>
> Zu einer **Leistungsstörung** kommt es, wenn der Schuldner z.B. die geschuldete Leistung gar nicht, nicht rechtzeitig, nicht in der geschuldeten Qualität erbringt oder im Rahmen der Leistungserbringung die Interessen des Gläubigers auf andere Weise verletzt [§ 241 II BGB].

Die nachfolgenden Ausführungen beschränken sich auf die Leistungsstörungen beim Kaufvertrag.

(2) Mögliche Leistungsstörungen beim Kaufvertrag

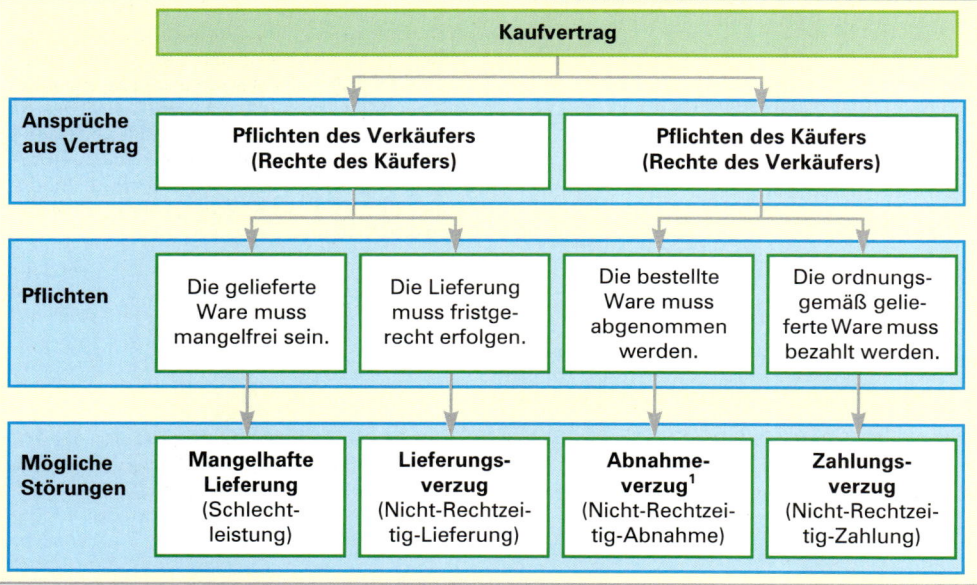

---

1 Auf den Abnahmeverzug wird im Folgenden nicht eingegangen.

2.5.2 Mangelhafte Lieferung (Schlechtleistung)

2.5.2.1 Begriff mangelhafte Lieferung

> **Merke:**
>
> Übergibt und übereignet der Verkäufer dem Käufer die im Kaufvertrag vereinbarte Sache (Leistung) mit **Sach- und/oder Rechtsmängeln** behaftet, so liegt eine **mangelhafte Lieferung** vor. Die Lieferung einer mangelhaften Sache stellt eine **Pflichtverletzung** im Sinne des § 280 BGB dar. Es handelt sich um einen **Schuldnerverzug**.

Eine **Pflichtverletzung** des **Schuldners** (z. B. Verkäufers) kann darin bestehen, dass er

- **überhaupt nicht leistet** (z. B. weil die Leistung unmöglich geworden ist),
- **schlecht leistet** (Schlechtleistung, mangelhafte Lieferung),
- **zu spät leistet** (die Sache wird vom Verkäufer zu spät geliefert [Lieferungsverzug] oder der fällige Zahlungsbetrag wird vom Käufer nicht oder zu spät entrichtet [Zahlungsverzug]).

2.5.2.2 Arten von Mängeln

(1) Sachmängel

Die Sachmängel sind in § 434 BGB geregelt. Man unterscheidet Mängel in der Beschaffenheit, fehlerhafte Montageanleitungen und Montagemängel sowie Falsch- und Minderlieferungen.

- **Mängel in der Beschaffenheit**

Mängel	Beispiele
Vereinbarte Beschaffenheit fehlt [§ 434 I, S. 1 BGB] Maßgeblich dafür, ob ein Mangel vorliegt, ist ausschließlich die ausdrücklich oder stillschweigend getroffene **vertragliche Vereinbarung**.	Im Kaufvertrag ist vereinbart, dass die maximale Leistung der Stanzmaschine 1 200 Teile je Maschinenstunde betragen soll. Die tatsächliche Leistung der Stanzmaschine beträgt jedoch nur 1 080 Stück je Maschinenstunde.
Die Sache eignet sich nicht für die nach dem Vertrag vorausgesetzte Verwendung [§ 434 I, S. 2, 1. HS BGB] Damit werden die Fälle angesprochen, bei denen die Beschaffenheit zwar nicht konkret vereinbart worden ist, diese jedoch z. B. im Vorfeld des Vertrags oder aufgrund langjähriger Geschäftsbeziehungen als selbstverständlich vorausgesetzt ist.	Die Farben Müller KG bestellt bei der Farbenfabrik Bunt GmbH einen Lack, wobei sie der Farbenfabrik Bunt GmbH lediglich mitteilt, dass der Lack zum Anstrich einer Witterungseinflüssen ausgesetzten Stahlkonstruktion verwendet wird. Nach dem Anstrich zeigt sich jedoch bereits nach vier Wochen, dass der gelieferte Lack nicht witterungsbeständig ist. In diesem Fall ergibt sich der Sachmangel (Beschaffenheitsmangel) aus der fehlenden Eignung (Eigenschaft) für die nach dem Kaufvertrag vorausgesetzte Verwendung des Lacks [§ 434 I, S. 2, 1. HS BGB].

Mängel	Beispiele
Die Sache eignet sich nicht für eine gewöhnliche Verwendung und weist nicht die übliche und vom Käufer zu erwartende Beschaffenheit auf [§ 434 I, S. 2, 2. HS BGB] Das bedeutet, die Qualität der Ware unterschreitet die allgemeinen Standards und Gepflogenheiten.	Der Wäschetrockner hat eine defekte Steuerungselektronik, der PC-Schrank entspricht nicht der entsprechenden DIN-Norm, die fabrikneue CD hat einen Kratzer.
Die Beschaffenheit der Sache entspricht nicht den Eigenschaften, die der Käufer nach öffentlichen Äußerungen des Verkäufers, des Herstellers [§ 4 I, II ProdHaftG] **oder seiner Gehilfen, insbesondere aufgrund der Werbung oder Kennzeichnung der Sache, erwarten kann** [§ 434 I, S. 3 BGB] Entspricht die Sache nicht der konkreten Eigenschaftsbeschreibung einer Werbung, einer Kennzeichnung (z. B. Marke) bzw. einer Produktbeschreibung, so ist die Sache mangelhaft. Dabei haftet der Verkäufer auch für die Erklärungen seines Lieferanten oder des Herstellers.	Der Energieverbrauch eines Herdes wird als besonders niedrig beschrieben, obwohl er nur geringfügig unter dem durchschnittlichen Energieverbrauch von vergleichbaren Herden liegt.

■ **Fehlerhafte Montageanleitungen bzw. Montagemängel**

Ein Sachmangel ist auch dann gegeben, wenn die vereinbarte **Montage** durch den Verkäufer oder dessen Erfüllungsgehilfen **unsachgemäß** durchgeführt wurde.

> **Beispiel:**
>
> Der Käufer übernimmt den Zusammenbau eines Büroschranks. Aufgrund einer falschen Montageanleitung gelingt der Zusammenbau nicht. Außerdem werden einige Elemente beschädigt.

Führt eine **fehlerhafte Montageanleitung** zu einem falschen Zusammenbau durch den Käufer oder einen Dritten, bedeutet dies ebenfalls einen Sachmangel. Ein Sachmangel entsteht jedoch dann nicht, wenn die Sache durch den Käufer gleichwohl fehlerfrei montiert wurde. Einer fehlerhaften Montageanleitung steht eine falsche Betriebsanleitung gleich.

■ **Falschlieferung (Aliud) oder Lieferung einer Mindermenge (Minderlieferung)**

Ein Sachmangel liegt auch vor, wenn eine andere Sache oder eine zu geringe Menge geliefert wird.

> **Beispiele:**
>
> Anstelle der bestellten 100 Silberlöffel werden 100 Silbermesser geliefert (Falschlieferung). – Statt 20 Stück eines bestimmten Posters werden nur 15 Stück geliefert (Minderlieferung).

> **Merke:**
>
> Für **alle Sachmängel** gilt: Es gibt gesetzlich keine Bagatellgrenze,[1] d. h., auch geringfügige Mängel sind Sachmängel.

---

1 Bagatelle: Kleinigkeit, Nebensächlichkeit.

(2) Rechtsmängel

Die Rechtsmängel sind in § 435 BGB geregelt. Ein Rechtsmangel liegt vor, wenn ein Dritter in Bezug auf die Sache Rechte gegen den Käufer geltend machen kann, die im Kaufvertrag nicht vereinbart wurden.

Beispiel:

Der Verkauf von Marken-Jeans ohne Lizenz stellt einen Rechtsmangel dar, da dem Käufer verschwiegen wird, dass die Rechte Dritter (hier Recht an einer Marke) verletzt werden.

(3) Arten der Mängel im Hinblick auf ihre Entdeckbarkeit

Offene Mängel	Hier handelt es sich um Mängel, die bei gewissenhafter Prüfung der Kaufsache **sofort** entdeckbar sind.
Versteckte Mängel	Diese Mängel sind bei der Übergabe der Sachen (z.B. Waren) trotz gewissenhafter Prüfung zunächst **nicht** entdeckbar. Sie werden erst später, z.B. während ihres Gebrauchs oder ihrer Verarbeitung, erkennbar.
Arglistig[1] verschwiegene Mängel	Es sind versteckte Mängel, die der Verkäufer dem Käufer **absichtlich** verschweigt.

2.5.2.3   Rechte des Käufers (Gewährleistungsrechte)[2]

(1) Überblick

Hat der Verkäufer den Kaufvertragsgegenstand bereits übergeben und übereignet, dann stehen dem **Käufer** nach § 437 BGB **folgende Rechte zu**:

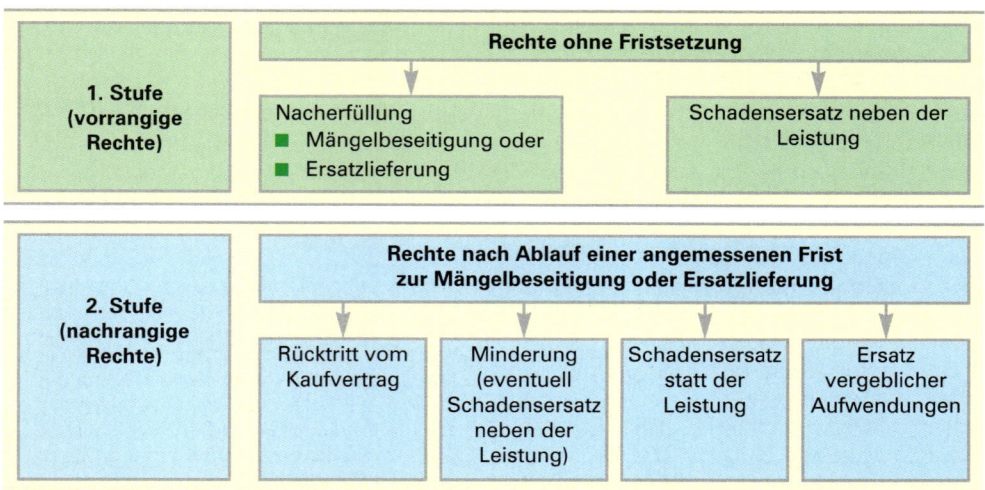

---

1 **Arglistig** handelt, wer wahre Tatsachen unterdrückt (der Verkäufer kennt z.B. den erheblichen Mangel der Kaufsache bereits bei Übergabe der Kaufsache an den Käufer) oder falsche Tatsachen „vorspiegelt" (der Verkäufer erklärt z.B. wahrheitswidrig, dass das verkaufte Auto für 100 km Fahrstrecke auch bei Höchstgeschwindigkeit höchstens 8,0 Liter Treibstoff verbraucht).

2 Im Folgenden werden sowohl die **Rechte beim Verbrauchsgüterkauf** als auch die **Rechte beim zweiseitigen Handelskauf** behandelt.

(2) Rechte ohne Fristsetzung

■ **Nacherfüllung** [§ 439 BGB]

Ohne Fristsetzung kann der Käufer auf **Nacherfüllung** bestehen. Dabei kann der **Käufer** nach **seiner Wahl** die **Beseitigung des Mangels** oder die **Lieferung einer mangelfreien Sache (Ersatzlieferung)** verlangen. Er hat hierfür dem Verkäufer eine angemessene[1] Zeit einzuräumen. Die Aufwendungen, die zum Zweck der Nacherfüllung anfallen, hat der Verkäufer zu tragen. Der **Verkäufer** kann allerdings die Leistung **verweigern,** wenn die vom Käufer gewählte Art der Nacherfüllung für ihn nur mit **unverhältnismäßigen Kosten** verbunden ist.

Der Anspruch auf Nacherfüllung kann vom Käufer nicht „übersprungen" werden. Der Käufer kann somit nicht unmittelbar vom Kaufvertrag zurücktreten, Minderung oder (gegebenenfalls auch) Schadensersatz statt der Leistung verlangen. Erst wenn die Nacherfüllung verweigert oder erfolglos ist, kann der Käufer erneut wählen. Für die Nacherfüllung sollte der Käufer dem Verkäufer sofort eine Frist setzen.

■ **Schadensersatz neben der Leistung** [§ 280 I BGB]

Neben dem Recht auf Nacherfüllung hat der Käufer **zusätzlich** noch einen **Anspruch auf Schadensersatz neben der Leistung. Voraussetzungen** für den einfachen Schadensersatz sind: **Pflichtverletzung** und **Verschulden des Verkäufers.** Die Art der Pflichtverletzung ist völlig unerheblich (z. B. schlecht, zu viel oder zu wenig, am falschen Ort geleistet, Verletzung einer Haupt- oder einer Nebenpflicht). Steht die Pflichtverletzung fest, muss der Gläubiger (z. B. das Industrieunternehmen gegenüber dem Rohstoffhändler [Warenschuldner]) beweisen, dass er die Pflichtverletzung nicht zu vertreten hat.

Regelung der Beweislast beim Verbrauchsgüterkauf:[2]

Dem Verbraucher ist es oft nicht möglich, einem Unternehmer zu beweisen, dass die Kaufsache bereits beim Vertragsabschluss und/oder bei deren Übergabe mangelhaft war (einen Sachmangel aufweist). Beim **Verbrauchsgüterkauf** besteht deshalb eine (auf diesen Kauf beschränkte) sogenannte (gewährleistungsrechtliche) **Beweislastumkehr.**

Schadensersatz neben der Leistung wird der Käufer verlangen, wenn er den Kaufgegenstand behält und einen eventuell angefallenen Schaden ersetzt haben will.

---

1 **Angemessen** besagt, dass die Frist so lange sein muss, dass der Schuldner die Leistung tatsächlich noch erbringen kann. Allerdings muss sie dem Schuldner nicht ermöglichen, mit der Leistungserbringung erst zu beginnen. Der Schuldner soll nur die Gelegenheit bekommen, die bereits in Angriff genommene Leistung zu beenden.

2 Ein **Verbrauchsgüterkauf** liegt vor, wenn ein Verbraucher [§ 13 BGB] von einem Unternehmer [§ 14 BGB] eine bewegliche Sache kauft [§ 474 I, S. 1 BGB].

(3) Rechte nach Ablauf einer angemessenen Fristsetzung (erfolglose Nacherfüllung)

■ **Rücktritt vom Kaufvertrag** [§§ 323 – 326 BGB]

Der Gläubiger kann von einem **Vertrag** zurücktreten, wenn eine **Pflichtverletzung** des **Schuldners** vorliegt und die **Frist zur Nacherfüllung** erfolglos **abgelaufen ist**. Eine vom Käufer verlangte Nacherfüllung durch Mängelbeseitigung gilt z.B. grundsätzlich dann als erfolglos, wenn der Verkäufer **zweimal** vergeblich eine Nachbesserung versucht hat [§ 440, S. 2 BGB]. Das Rücktrittsrecht des Käufers ist **nicht von einem Verschulden des Verkäufers abhängig.**

> **Beispiel:**
>
> Die Heinz Fromm KG hat für das Weihnachtsgeschäft eine bestimmte Hi-Fi-Anlage gekauft und zum vereinbarten Termin auch erhalten. Die Anlage ist jedoch defekt. Weil diese Anlage nicht mehr hergestellt wird und der Lieferer auch keinen Ersatz auf Lager hat, verlangt die Heinz Fromm KG zunächst eine Reparatur der Anlage. Weil die Anlage auch nach einer zweimaligen Reparatur noch nicht einwandfrei funktioniert, tritt die Heinz Fromm KG vom Kaufvertrag zurück.

Wegen der einschneidenden Wirkung des Rücktritts wird das **Rücktrittsrecht eingeschränkt.** Der Rücktritt des Gläubigers ist z.B. ausgeschlossen, wenn im Falle der Schlechtleistung die Pflichtverletzung des Schuldners **unerheblich** ist.

> **Beispiel:**
>
> Befindet sich an einem neuen Pkw ein kleiner Kratzer unter der Motorhaube, ist kein Rücktritt möglich, weil die Schlechtleistung unerheblich ist.

Bei vertraglichem wie bei gesetzlichem Rücktrittsrecht sind im Falle des Rücktritts die empfangenen Leistungen zurückzugewähren und der gezogene Nutzen herauszugeben.

> **Beispiel:**
>
> Ein Käufer, der einen mangelhaften Pkw erhalten und genutzt hat, muss zum einen den Pkw zurückgeben und zum anderen sich vom Verkäufer ein Nutzungsentgelt anrechnen lassen.

Trotz seines Rücktritts kann der Käufer zusätzlich Ersatz des ihm entstandenen Schadens verlangen [§ 325 BGB]. Es handelt sich um einen Anspruch auf **Schadensersatz statt der Leistung.** Er kann jedoch keine Erfüllung des Kaufvertrags mehr verlangen.

■ **Minderung** [§ 441 BGB]

Der Käufer kann statt vom Kaufvertrag zurückzutreten auch den Kaufpreis durch eine Erklärung gegenüber dem Verkäufer herabsetzen, d.h. **Minderung** verlangen. Minderung bedeutet, dass der Kaufpreis der Sache um den Betrag gekürzt wird, um den der Mangel den Wert der Sache, gemessen am Kaufpreis, mindert. Erforderlichenfalls ist die Minderung durch Schätzung zu ermitteln. Das Recht auf Minderung gilt auch für **unerhebliche Mängel.**

> **Beispiel:**
>
> Eine Musikanlage, die von einem Medienhaus für 300,00 EUR bar gekauft wurde, leistet nicht wie vertraglich vorgesehen 50 Watt, sondern nur 40 Watt. Da es nicht innerhalb einer gesetzten Frist zur Nacherfüllung durch den Lieferer kommt, verlangt das Medienhaus Minderung. Eine Musikanlage mit einer Leistung von 40 Watt könnte es für 200,00 EUR erwerben. Dem Medienhaus steht ein Minderungsanspruch in Höhe von 100,00 EUR zu.

Minderung wird in der Regel verlangt, wenn die Sache nur kleinere Mängel aufweist, sodass der Käufer die Sache weiter verwenden (z. B. verarbeiten oder weiterveräußern) kann.

Ist ein zusätzlicher Schaden entstanden und liegt ein Verschulden des Verkäufers vor, kann der Käufer neben der Minderung auch noch **Schadensersatz neben der Leistung** [§ 280 I BGB] verlangen. Schadensersatz neben der Leistung wird der Käufer verlangen, wenn er den Kaufgegenstand behält und einen eventuell angefallenen Schaden ersetzt haben will.

■ **Schadensersatz statt der Leistung** [§§ 280 I, III; 281 BGB]

Ein Schadensersatz statt der Leistung bei mangelhafter Leistung kann nur verlangt werden, wenn neben einer Pflichtverletzung und dem Verschulden des Verkäufers **zusätzlich** noch eine **erfolglose angemessene** Fristsetzung zur Nacherfüllung vorliegt.

Einen Schadensersatz statt der Leistung wählt der Käufer, wenn er den gelieferten Kaufgegenstand zurückgibt und ihm ein Schaden entstanden ist. Abgedeckt wird sowohl der eigentliche Mangelschaden als auch ein sich anschließender eventueller Mangelfolgeschaden. Mit der Forderung nach Schadensersatz statt der Leistung verliert der Käufer nach § 281 IV BGB seinen Anspruch auf die Leistung.

Beispiel:	
Wegen eines Mangels ist in einer Bäckerei eine Kaffeemaschine nicht einsatzfähig. Nach Ablauf einer erfolglosen Fristsetzung zur Nacherfüllung erwirbt der Käufer bei einem anderen Verkäufer eine gleichartige Maschine (sogenannter **Deckungskauf**). Dabei entstehen Mehrkosten in Höhe von 180,00 EUR. Außer-	dem kann zwei Tage lang kein Kaffee ausgeschenkt werden. Der entstandene Schaden (Mangelfolgeschaden) beträgt 250,00 EUR. Die gesamte Schadenssumme in Höhe von 430,00 EUR kann als Schadensersatz geltend gemacht werden.

■ **Aufwendungsersatzansprüche** [§ 284 BGB]

Anstelle des Schadensersatzes statt der Leistung kann der Gläubiger **Ersatz der Aufwendungen** verlangen, die er im Vertrauen auf den Erhalt der Leistungen gemacht hat.

Beispiel:	
Das Teppichhaus Mutler KG hat eine spezielle Waschmaschine für Teppiche bestellt und die entsprechenden Strom-, Wasser- und Fliesenarbeiten im Voraus ausgeführt. Die Waschmaschine kann aus technischen Gründen nicht geliefert werden.	Das Teppichhaus Mutler KG kann in diesem Fall alle seine entstandenen Kosten vom Verkäufer zurückverlangen.

Sonderregelungen zu den Gewährleistungspflichten beim Verbrauchsgüterkauf

■ **Gefahrübergang**

Beim Verbrauchsgüterkauf tritt der Gefahrübergang erst ein, wenn der Verbraucher die Kaufsache erhalten hat. Die Gefahrübergangsregelung beim Versendungskauf findet auf den Verbrauchsgüterkauf keine Anwendung.

17 Speth u.a. - ISBN 978-3-8120-0465-7

■ **Eigenständiger Rückgriffsanspruch des Unternehmers**

Werden neu hergestellte Sachen an Verbraucher verkauft, machen diese grundsätzlich ihre Gewährleistungsansprüche gegenüber dem Verkäufer (z.B. Einzelhändler) geltend.

Der Händler hat in diesem Fall einen Rückgriffsanspruch gegen seinen Lieferanten, dieser gegen den Vorlieferanten bis hin zum Hersteller.

Ein Rückgriff des Letztverkäufers (und auch seiner Vorlieferanten auf deren Vorlieferanten) ist jedoch grundsätzlich nur möglich,

■ wenn z.B. der Verbraucher wegen eines Sachmangels der Kaufsache den Kaufpreis gemindert hat,

■ wenn der Letztverbraucher die gekaufte Sache von seinem Kunden zurücknehmen musste (z.B. bei Nacherfüllung oder Rücktritt des Verbrauchers) und

■ wenn es sich bei der verkauften Sache um eine **neu hergestellte Sache** handelt.

■ **Ausschluss der Gewährleistungsrechte**[1]

Ein mit einem **Unternehmer** erfolgter einzelvertraglicher **Ausschluss** der Gewährleistungsrechte des Verbrauchers oder ein Ausschluss durch allgemeine Geschäftsbedingungen der Unternehmen ist **rechtswirksam nicht möglich**.

2.5.2.4   Verjährungsfristen[2] von Mängelansprüchen

Der Käufer muss seine Gewährleistungsansprüche innerhalb bestimmter Fristen geltend machen. Werden diese Fristen vom Käufer nicht beachtet, kann er seine Rechte, die sich aus der mangelhaften Lieferung ergeben, nicht mehr gerichtlich durchsetzen.

Die beiden wichtigsten **Verjährungsfristen** von **Mängelansprüchen** sind in der nachfolgenden Tabelle zusammengestellt.

Verjährungsgegenstand	Verjährungsfrist	Beginn der Verjährung
Ansprüche auf Nacherfüllung, Schadensersatz, Ersatz vergeblicher Aufwendungen bei **offenen** und **versteckten Mängeln**.	2 Jahre (Regelfall) [§ 438 I, Nr. 3 BGB]	Unmittelbar mit Ablieferung einer beweglichen Sache [§ 438 II, 2. HS BGB]
Mängelansprüche, bei denen der Verkäufer einen **Mangel arglistig verschwiegen** hat.	3 Jahre (regelmäßige Verjährungsfrist, §§ 438 III, S. 1; 195 BGB)	Mit Schluss des Jahres, in dem der Anspruch entstanden ist und der Gläubiger davon und vom konkreten Schuldner Kenntnis erlangt oder grob fahrlässig nicht erlangt hat [§ 199 I BGB]

---

1 Zwischen Verbrauchern (Privatpersonen) ist jedoch ein Ausschluss der Gewährleistungsrechte möglich.

2 Unter **Verjährung** versteht man den Ablauf der Frist, innerhalb der ein Anspruch erfolgreich gerichtlich geltend gemacht werden kann. Nach Eintritt der Verjährung ist dies z.B. nur noch dann möglich, wenn der Gläubiger den Schuldner verklagt, der Beklagte während der Gerichtsverhandlung die Einrede der Verjährung unterlässt und der Beklagte z.B. zur Zahlung verurteilt wird. Der Richter muss die Verjährung von Amts wegen nicht berücksichtigen. Vgl. hierzu Kapitel 2.7, S. 280ff.

■ Eine **mangelhafte Lieferung** liegt vor, wenn die im Kaufvertrag vereinbarte Leistung zum **Zeitpunkt** der **Übergabe (Gefahrübergang)** der Sache mit einem **Sach-** und/oder einem **Rechtsmangel** behaftet ist.

■ Wir unterscheiden folgende **Sachmängel:**

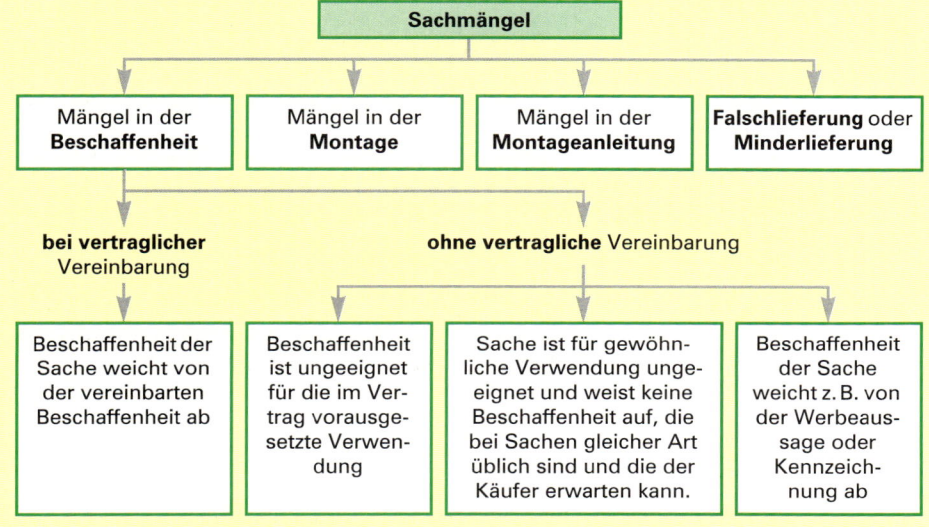

Sachmängel

| Mängel in der **Beschaffenheit** | Mängel in der **Montage** | Mängel in der **Montageanleitung** | **Falschlieferung** oder **Minderlieferung** |

bei vertraglicher Vereinbarung

ohne vertragliche Vereinbarung

| Beschaffenheit der Sache weicht von der vereinbarten Beschaffenheit ab | Beschaffenheit ist ungeeignet für die im Vertrag vorausgesetzte Verwendung | Sache ist für gewöhnliche Verwendung ungeeignet und weist keine Beschaffenheit auf, die bei Sachen gleicher Art üblich sind und die der Käufer erwarten kann. | Beschaffenheit der Sache weicht z. B. von der Werbeaussage oder Kennzeichnung ab |

■ Bei der Lieferung mangelhafter Sachen hat der Käufer folgende **Gewährleistungsrechte:**

I. Ohne Fristsetzung: Nacherfüllung

Mangelbeseitigung* oder **Ersatzlieferung*** + (bei Verschulden) **Schadensersatz neben der Leistung**

(Nacherfüllung ist fehlgeschlagen)
+
II. Angemessene Frist ist erfolglos abgelaufen.

* Ausnahme: unverhältnismäßig hohe Kosten

(Mangel ist **nicht** geringfügig)

(Unabhängig davon, ob der Mangel geringfügig ist oder nicht)

Rücktritt

Minderung

+
(bei Pflichtverletzung und Verschulden)

+

Schadensersatz statt der Leistung oder **Ersatz vergeblicher Aufwendungen**

Schadensersatz neben der Leistung

■ Der Käufer muss seine Gewährleistungsansprüche innerhalb bestimmter Fristen geltend machen. Ansonsten unterliegen sie der **Verjährung**.

Übungsaufgaben

85 1. Welchen Zweck verfolgen die Vorschriften des BGB zur Gestaltung rechtsgeschäftlicher Schuldverhältnisse durch allgemeine Geschäftsbedingungen [§§ 305–310 BGB]?

2. Prüfen Sie, ob folgende Klauseln in allgemeinen Geschäftsbedingungen gegenüber Nichtkaufleuten rechtswirksam sind: Lesen Sie hierzu §§ 308, 309 BGB!

   2.1 „Vereinbarte Liefertermine sind unverbindlich. Wir sind jedoch bemüht, die Liefertermine pünktlich einzuhalten."

   2.2 „Erfolgt die Lieferung nicht zum vereinbarten Termin, so kann uns der Käufer eine dreimonatige Nachfrist setzen mit der Erklärung, dass er nach deren fruchtlosem Ablauf vom Kaufvertrag zurücktreten werde."

   2.3 „Wir sind jederzeit berechtigt, vom Kaufvertrag zurückzutreten."

   2.4 „Kleinere fabrikationstechnisch bedingte Farbabweichungen müssen wir uns vorbehalten."

   2.5 „Verlangt ein Käufer aufgrund berechtigter Reklamation Nacherfüllung, müssen wir eine Nutzungsgebühr in Höhe von 50 % des Barverkaufspreises verlangen."

86 1. Begründen Sie, warum der Verkäufer auch für Sachmängel haftet, die ohne sein Verschulden entstanden sind!

2. Welche Gewährleistungsrechte hat der Käufer bei einer mangelhaften Lieferung?

3. Überlegen Sie, warum der Käufer bei mangelhafter Lieferung nicht zunächst statt Nacherfüllung zu verlangen, vom Kaufvertrag zurücktreten oder Minderung des Kaufpreises verlangen kann!

4. Unter welchen wirtschaftlichen Voraussetzungen würden Sie Ersatzlieferung, Mängelbeseitigung oder den Rücktritt vom Kaufvertrag verlangen?

5. Das Möbelhaus Klaus Walter e.K. bestellt bei der Möbelfabrik Fuchs GmbH 50 Stühle in Kirschbaumholz.
   Bei der Überprüfung der Stühle wurde festgestellt:
   (1) Fünf Stühle wurden in Nussbaum geliefert.
   (2) Drei Stühle weisen leichte Lackfehler auf.

   Aufgaben:
   5.1 Um welche Mängelarten handelt es sich bei den Fällen (1) und (2)?
   5.2 Welches Recht sollte Ihrer Meinung nach das Möbelhaus Klaus Walter e.K. geltend machen? Begründen Sie Ihre Ansicht!
   5.3 Was muss das Möbelhaus Klaus Walter e.K. unternehmen, um diese Rechte nicht zu verlieren?

6. Die Lagerhaus Essen e.G. kauft am 15. Oktober beim Autohaus Hagel GmbH einen Transporter, der am 20. Oktober ausgeliefert wird. Nach einer Fahrleistung von wenigen hundert Kilometern entsteht ein Getriebeschaden, der zweifelsfrei auf einen Fabrikationsfehler zurückzuführen ist.

   Aufgaben:
   6.1 Was muss die Lagerhaus Essen e.G. unternehmen, um seine Rechte gegenüber dem Autohaus Hagel GmbH zu wahren?

6.2 Die Lagerhaus Essen e. G. besteht auf der Reparatur des Schadens. Das Autohaus Hagel GmbH tauscht das beanstandete Getriebe gegen ein neues aus. Nach zwei Wochen ist das neue Getriebe ebenfalls defekt. Die Warenauslieferung der Lagerhauses Essen e. G. erfolgt deshalb mit einem Mietfahrzeug, das täglich 80,00 EUR höhere Kosten verursacht als der Transport mit dem eigenen Fahrzeug.

Welche Rechte kann die Lagerhaus Essen e. G. gegenüber dem Autohaus Hagel GmbH geltend machen?

7. Die Vorschrift des BGB, dass auch eine mangelhafte Montageanleitung einem Sachmangel gleichsteht, wird von den Juristen als „IKEA-Klausel" bezeichnet.

Aufgabe:

Können Sie sich den Grund für diese Bezeichnung denken?

8. Bei der Überprüfung einer Getreidesendung stellt der Händler fest, dass 40 % des Getreides feucht sind. Das Getreide kann an die Mühlen nur weiterverkauft werden, wenn es unter erheblichem Aufwand getrocknet wird.

Aufgaben:

8.1 Welcher Mangel liegt vor?

8.2 Nennen und begründen Sie zwei Gewährleistungsrechte, die aufgrund der Feuchtigkeit des Getreides geltend gemacht werden können!

87 1. Franz Fuchs hat am 8. April 20.. im Baumarkt Baufix KG einen neuen Rasenmäher gekauft. Am 22. Mai 20.. brach beim Rasenmähen der Gashebel ab. Nun verlangt er von der Baufix KG einen neuen Rasenmäher.

Aufgaben:

1.1 Erklären Sie unter Angabe des entsprechenden Paragrafen, warum der Rasenmäher wegen des Abbrechens des Gashebels einen Sachmangel hat!

1.2 Wie kann die Baufix KG auf die Forderung von Herrn Fuchs nach einem neuen Rasenmäher reagieren? Begründen Sie Ihre Antwort!

1.3 Angenommen, die Baufix KG lehnt alle Gewährleistungsrechte von Herrn Fuchs ab. Sie verweist auf ihre allgemeinen Geschäftsbedingungen, in denen sich folgende Klausel befindet:

> „Unsere Produkte unterliegen einer strengen Qualitätskontrolle. Rechte wegen Mängeln an unseren Produkten können nur gegenüber den Herstellern geltend gemacht werden."

Zeigen Sie mit Paragrafenangabe auf, ob die Baufix KG einen Anspruch von Herrn Fuchs auf Nachlieferung und/oder Schadensersatz ablehnen darf!

2. Falko Luchs fährt mit seinem neuen Rennrad auf einer Trainingsfahrt steil bergab. Als plötzlich der rechte Bremsgriff (Hinterradbremse) abbricht, stürzt er schwer. Ein entgegenkommendes Auto muss, um Schlimmeres zu verhindern, ausweichen und fährt dabei gegen einen Baum. Schaden am Auto: 3500,00 EUR. Falko Luchs muss im Krankenhaus behandelt werden. Kosten des Krankenhausaufenthaltes: 4800,00 EUR.

Aufgabe:

Überprüfen Sie ausführlich, welche Ansprüche/Rechte Falko Luchs gegen wen geltend machen kann!

2.5.3 Lieferungsverzug (Nicht-Rechtzeitig-Lieferung)

2.5.3.1 Begriff und Voraussetzungen des Lieferungsverzugs

(1) Begriff

> **Merke:**
>
> Wenn der Schuldner seine geschuldete Leistung (z.B. der Verkäufer die rechtzeitige und mängelfreie Übergabe der Kaufsache, § 433 I BGB) nicht oder nicht rechtzeitig erfüllt und er diese Nichtleistung oder zu späte Leistung zu vertreten (verschuldet) hat, dann kommt er in Verzug. Ist der Schuldner ein Verkäufer (Lieferant), dann bezeichnet man diesen **Schuldnerverzug** auch als **Lieferungsverzug.**

Ein Lieferungsverzug liegt jedoch nur vor, wenn die geschuldete Leistung – trotz ihrer nicht rechtzeitigen Bewirkung – noch möglich ist (Nachholbarkeit der unterbliebenen rechtzeitigen Leistung). Ist dies nicht der Fall, dann liegt kein Lieferungsverzug, sondern eine **Unmöglichkeit der Leistung** vor, für die andere gesetzliche Vorschriften des BGB gelten (siehe z.B. §§ 275, 283, 285, 311 a, 326 BGB).[1]

Beispiel für Unmöglichkeit:

Durch die Unachtsamkeit eines Verkäufers zerbricht eine verkaufte wertvolle alte chinesische Vase vor deren Übergabe an den Käufer. Weil dem Verkäufer und auch anderen Personen die Leistung objektiv nicht mehr möglich ist, wird der Verkäufer nach § 275 I BGB von seiner Leistungspflicht befreit. Der Verkäufer verliert jedoch, weil den Käufer kein Verschulden an der Unmöglichkeit der Leistung trifft, seinen Anspruch auf die Gegenleistung. Der Käufer muss somit den Kaufpreis nicht zahlen [§ 326 I BGB].

(2) Voraussetzungen

■ **Fälligkeit der Leistung (Lieferung)**

Unter Fälligkeit einer Leistung versteht man den Zeitpunkt, von dem ab der Gläubiger eine Leistung (z.B. der Käufer die Übergabe und Übereignung der Kaufsache) verlangen kann. Soweit im Kaufvertrag über die Leistungszeit keine Vereinbarung getroffen wurde und diese nicht gesetzlich oder durch die Umstände des Kaufvertrags bestimmt ist, hat der Käufer das Recht, die Lieferung sofort zu verlangen [§ 271 BGB]. Dies bedeutet, dass die Leistung so schnell erbracht werden muss, wie dies den Umständen nach möglich ist.

■ **Mahnung des Verkäufers (Lieferers) durch den Käufer**

Ist der **Kalendertag,** an dem der Verkäufer die Übergabe und Übereignung der Kaufsache zu leisten hat, **kalendermäßig** weder direkt noch indirekt genau bestimmt (z.B. eine Bestellung zur „sofortigen Lieferung", „sobald wie möglich", „ab 20. Juli 20.."), so muss der Verkäufer durch eine **Mahnung** in **Verzug** gesetzt werden [§ 286 I, S. 1 BGB]. Durch die Mahnung wird der Warenschuldner (Verkäufer) unmissverständlich zur Leistung aufgefordert. Die Form der Mahnung bestimmt der Käufer. Die Mahnung muss nach Fälligkeit der Leistung erfolgen.

---

1 Auf die Rechtsfolgen der Unmöglichkeit der Leistung wird im Folgenden nicht eingegangen.

Ausnahmen: In folgenden Fällen ist nach § 286 II BGB z. B. **keine Mahnung** erforderlich

- **Kalendermäßige Bestimmtheit der Leistungszeit.** In diesem Fall ist die Leistungszeit gesetzlich oder vertraglich kalendermäßig so (genau) bestimmt, dass hierdurch als Leistungszeit (Leistungstermin) ein **bestimmter Kalendertag** festgelegt ist (z. B. Warenlieferung am 24. April 20.., Lieferung Ende Mai 20..).

- **Bloße kalendermäßige Bestimmbarkeit der Leistungszeit.** Eine kalendermäßige Bestimmbarkeit der Leistungszeit ist gegeben, wenn der Leistung ein (beliebiges) Ereignis vorausgegangen ist und eine angemessene Zeit für die Leistung in der Weise bestimmt ist, dass sich die Leistungszeit von dem Ereignis an nach dem **Kalender berechnen lässt.**

  Beispiele:

  Die Lieferung der Kaufsache erfolgt innerhalb von vierzehn Kalendertagen nach Erhalt der Bestellung. Der Kaufpreis ist sechs Kalendertage nach dem Eingang der Rechnung zu zahlen. Spätestens 30 Kalendertage, nachdem der Notar die Beurkundung des Grundstückskaufvertrags mitgeteilt hat, ist der Kaufpreis auf das vom Verkäufer angegebene Konto zu überweisen.

- **Ernsthafte und endgültige Verweigerung** der **geschuldeten Leistung** durch den Verkäufer (Schuldner).

■ **Verschulden des Verkäufers**

Der Schuldner (z. B. Verkäufer) kommt nicht in Verzug, solange die Leistung infolge eines Umstands unterbleibt, den er nicht zu vertreten (verschuldet) hat [§ 286 IV BGB]. Der Verzug setzt somit voraus, dass der Verkäufer die Nichtleistung zu vertreten hat. Der Verkäufer hat die unterbliebene Leistung zu **vertreten,** wenn die Lieferungsverzögerung durch **fahrlässiges** oder **vorsätzliches Handeln des Verkäufers** selbst, seines gesetzlichen Vertreters oder seines Erfüllungsgehilfen eingetreten ist [§§ 276 – 278 BGB].

Fahrlässig handelt, wer die verkehrsübliche Sorgfaltspflicht außer Acht lässt [§ 276 II BGB]. Bei einer besonders schweren Verletzung der im Geschäftsverkehr erforderlichen Sorgfaltspflicht liegt **grobe Fahrlässigkeit**[1] **vor.**

Der Verkäufer hat solche Lieferungsverzögerungen **nicht zu vertreten,** die z. B. auf höhere Gewalt zurückzuführen sind (z. B. Unwetter, Hochwasser, Streik).

Beispiel:

Der Verkäufer kann deshalb nicht termingerecht liefern, weil er sich nicht rechtzeitig bei seinem Verkäufer mit den Waren, die er verkauft, eingedeckt hat oder weil er es als Geschäftsinhaber versäumt hat, für den Fall seiner Abwesenheit eine Vertretung zu bestimmen.

(3) Erweiterte Haftung (Verantwortlichkeit) des Schuldners (Verkäufers) während des Verzugs

Nach dem Eintritt des Lieferungsverzugs haftet der Verkäufer nicht nur für Vorsatz und jede (auch leichte) Fahrlässigkeit. Er haftet während des Verzugs auch für Zufall (z. B. für die durch Zufall eingetretene Unmöglichkeit der Leistung), es sei denn, dass der Schaden auch bei rechtzeitiger Leistung eingetreten sein würde [§ 287 BGB]. Die Beweislast dafür, dass der Schaden auch bei rechtzeitiger Leistung eingetreten wäre, trägt der Verkäufer. Die Haftung ist verschuldensunabhängig und bezieht sich nur auf die eigentlichen Leistungspflichten.

---

1 Wer fahrlässig handelt, der handelt schuldhaft. **Fahrlässigkeit** liegt vor, wenn die im Verkehr (z. B. Straßenverkehr) erforderliche Sorgfalt nicht beachtet wird.

2.5.3.2 Rechte des Käufers

(1) Überblick

Gemeinsamer Anknüpfungspunkt für die Rechte des Käufers beim Lieferungsverzug ist – wie für alle Leistungsstörungen – die **Pflichtverletzung** im Sinne von § 280 I BGB. Die Ansprüche aus § 280 I BGB gelten daher grundsätzlich auch für den Lieferungsverzug. Die erfolglose Bestimmung einer angemessenen Frist zur Nacherfüllung wird dabei immer als eine Mahnung im Sinne des § 286 BGB verstanden.

Neben den Rechten aus der Pflichtverletzung nach § 280 I BGB legt der Gesetzgeber im § 280 II BGB in Verbindung mit § 286 BGB noch einen besonderen Anspruch fest, der sich allein aus der Verspätung der geschuldeten Leistung ableitet: den **Ersatz von Verzögerungsschäden** [§ 280 II BGB].

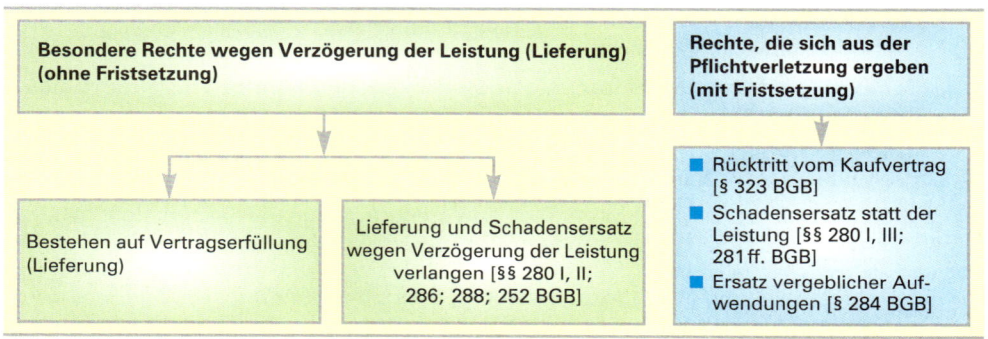

Besondere Rechte wegen Verzögerung der Leistung (Lieferung) (ohne Fristsetzung)

Rechte, die sich aus der Pflichtverletzung ergeben (mit Fristsetzung)

Bestehen auf Vertragserfüllung (Lieferung)

Lieferung und Schadensersatz wegen Verzögerung der Leistung verlangen [§§ 280 I, II; 286; 288; 252 BGB]

- Rücktritt vom Kaufvertrag [§ 323 BGB]
- Schadensersatz statt der Leistung [§§ 280 I, III; 281 ff. BGB]
- Ersatz vergeblicher Aufwendungen [§ 284 BGB]

(2) Rechte, die der Käufer ohne Fristsetzung geltend machen kann

■ **Bestehen auf Vertragserfüllung (Lieferung)**

Da der Verkäufer seiner Leistungspflicht aus dem Kaufvertrag [§ 433 I BGB] noch nicht nachgekommen ist, hat der Käufer das Recht, weiterhin auf **Vertragserfüllung** zu bestehen.

Gründe des Käufers, keine weitergehenden Rechte geltend zu machen, sind z. B.

- langjährige gute Geschäftsbeziehungen mit dem Verkäufer,
- die Lieferungsverzögerung ist für den Käufer von untergeordneter Bedeutung,
- bei anderen Verkäufern bestehen längere Lieferfristen, höhere Preise und/oder ungünstigere Zahlungsbedingungen als beim säumigen Verkäufer.

■ **Bestehen auf Vertragserfüllung (Lieferung) und Schadensersatz wegen Verzögerung der Leistung (Lieferung)**

Besteht der Käufer auf Erfüllung der Leistung und möchte er gleichzeitig den durch die Verzögerung der Leistung verursachten Schaden ersetzt haben, so kann er zusätzlich noch **Schadensersatz wegen Verzögerung der Leistung** (Verzugsschaden, Verspätungsschaden) nach §§ 280 I, II; 286 BGB verlangen.

Gefordert werden können insbesondere der Einsatz aller Mehraufwendungen, die durch die Verzögerung angefallen sind, wie die Kosten einer Ersatzbeschaffung für die Dauer des Verzugs (z. B. Miete einer Ersatzmaschine) sowie ein entgangener Gewinn wegen Produktionsausfalls (z. B. infolge der verspäteten Lieferung einer Maschine, von Ersatzteilen oder Rohstoffen).

Beispiel:

Erwin Schröder betreibt ein Kiosk im Freibad von Bad Homburg. Rechtzeitig zum Beginn der Badesaison an Pfingsten bestellte er eine Softeismaschine bei der Firma Gastro-Bedarf Hessen GmbH. Die Firma Gastro-Bedarf Hessen GmbH lieferte die Eismaschine allerdings ver- spätet erst eine Woche nach den Pfingstferien. Abzüglich aller Kosten entging Erwin Schröder ein Gewinn von 350,00 EUR. Gemäß § 252 BGB kann er daher diesen Betrag als Verzugsschaden geltend machen.

(3) Rechte, die der Käufer nach erfolglosem Ablauf einer dem Verkäufer gesetzten angemessenen Frist[1] zur Leistung oder Nacherfüllung geltend machen kann

■ Rücktritt vom Kaufvertrag

Der Käufer kann vom Kaufvertrag zurücktreten, wenn die dem Verkäufer vorher gesetzte angemessene Frist zur Leistung oder Nacherfüllung (siehe § 439 BGB) erfolglos abgelaufen ist. Diese Fristsetzung ist z. B. entbehrlich, wenn der Verkäufer die Leistung ernsthaft und endgültig verweigert, beim Fixkauf oder wenn vorliegende Umstände unter Abwägung der beiderseitigen Interessen den sofortigen Rücktritt recht-

Beispiel:

Der Vertragspartner liefert nach Ablauf der angemessenen Frist nicht. Der Käufer tritt vom Kaufvertrag zurück, weil er die bestellte Sache inzwischen anderweitig zu einem günstigeren Preis kaufen kann. Trotz des nicht mehr bestehenden Vertrags wird der Warenschuldner (Verkäufer) mit den bereits entstandenen Verzugskosten belastet.

fertigen (Näheres siehe § 323 II, III BGB). Der Käufer ist trotz Wahrnehmung des Rücktrittsrechts berechtigt, für die verzugsbedingten Schäden Ersatz zu verlangen [§ 325 BGB].

Wenn offensichtlich ist, dass der Verkäufer in Verzug geraten wird, dann kann der Käufer auch vor dem Eintritt der Fälligkeit der Leistung vom Kaufvertrag zurücktreten [§ 323 IV BGB].

■ Schadensersatz statt der Leistung

Ist die Leistung oder Nacherfüllung nach Ablauf der gesetzten angemessenen Frist nicht erfolgt, so kann der Käufer nach §§ 280 I, III; 281 ff. BGB **Schadensersatz statt der Leistung** verlangen. Ersatzfähig sind in diesem Fall insbesondere die Mehrkosten eines **Deckungsgeschäfts.** Daneben kann der Käufer auch Ersatz für solche Schäden verlangen, die dadurch entstanden sind, dass er Aufträge nicht ausführen kann und es daraufhin zu Gewinneinbußen kommt (entgangener Gewinn, [§ 252 BGB]). Verlangt der Käufer Schadensersatz statt der Leistung, hat er keinen Anspruch mehr auf die Leistung [§ 281 IV BGB].

Bei der **Schadensberechnung** sind drei Vorgehensweisen zu unterscheiden: die konkrete Schadensberechnung, die abstrakte Schadensberechnung und die Konventionalstrafe.

---

1 **Angemessen** ist eine Frist, wenn der Verkäufer die Leistung innerhalb der gesetzten Frist erbringen kann, ohne jedoch die geschuldete Kaufsache erst selbst anfertigen oder bei einem anderen Lieferanten kaufen zu müssen.

Konkrete Schadensberechnung	Musste sich der Käufer die Waren anderweitig zu einem höheren Preis beschaffen, kann er von dem säumigen Verkäufer anhand der quittierten Rechnung den Preisunterschied zwischen dem Vertragspreis und dem Preis des **Deckungskaufs** verlangen.
Abstrakte Schadensberechnung	Falls der Käufer keinen Deckungskauf getätigt hat, kann er Schadensersatz für den ihm durch den Lieferungsverzug wahrscheinlich „entgangenen" Gewinn geltend machen.
Konventionalstrafe	Um den Verkäufer zum pünktlichen Einhalt der Lieferfrist anzuhalten und um Schäden nicht nachweisen zu müssen, wird manchmal eine Vertragsstrafe vereinbart. Der Geldbetrag wird dann im Allgemeinen vom Verkäufer bei einer Bank hinterlegt. Die Auszahlung an den Käufer wird fällig, sobald der Verkäufer in Verzug gerät.

■ **Ersatz notwendiger vergeblicher Aufwendungen**

Der Käufer kann unter den Voraussetzungen des § 284 BGB anstelle des Schadensersatzes statt der Leistung auch Ersatz vergeblicher Aufwendungen verlangen. Die Aufwendungen müssen aber angemessen sein und nachgewiesen werden.

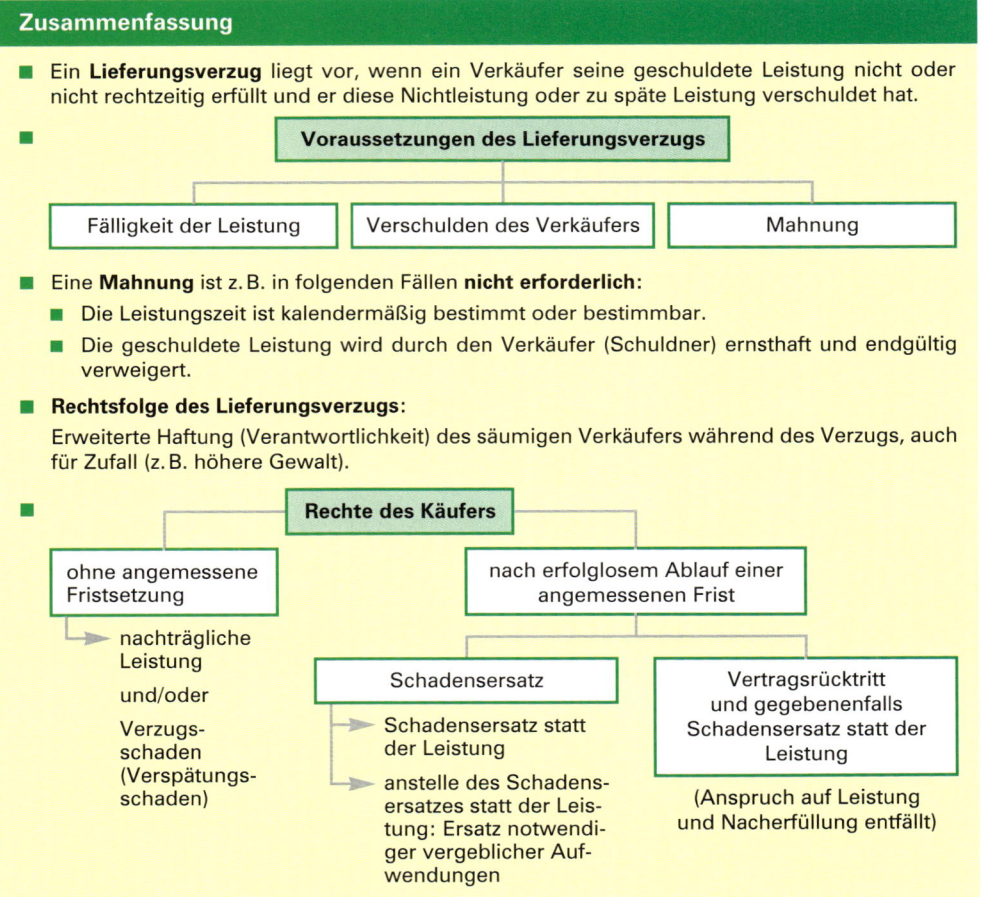

Zusammenfassung

■ Ein **Lieferungsverzug** liegt vor, wenn ein Verkäufer seine geschuldete Leistung nicht oder nicht rechtzeitig erfüllt und er diese Nichtleistung oder zu späte Leistung verschuldet hat.

■

Voraussetzungen des Lieferungsverzugs

| Fälligkeit der Leistung | Verschulden des Verkäufers | Mahnung |

■ Eine **Mahnung** ist z. B. in folgenden Fällen **nicht erforderlich**:
  ■ Die Leistungszeit ist kalendermäßig bestimmt oder bestimmbar.
  ■ Die geschuldete Leistung wird durch den Verkäufer (Schuldner) ernsthaft und endgültig verweigert.

■ **Rechtsfolge des Lieferungsverzugs**:
  Erweiterte Haftung (Verantwortlichkeit) des säumigen Verkäufers während des Verzugs, auch für Zufall (z. B. höhere Gewalt).

■

Rechte des Käufers

ohne angemessene Fristsetzung

nachträgliche Leistung
und/oder
Verzugsschaden (Verspätungsschaden)

nach erfolglosem Ablauf einer angemessenen Frist

Schadensersatz

Schadensersatz statt der Leistung

anstelle des Schadensersatzes statt der Leistung: Ersatz notwendiger vergeblicher Aufwendungen

Vertragsrücktritt und gegebenenfalls Schadensersatz statt der Leistung

(Anspruch auf Leistung und Nacherfüllung entfällt)

88 1. Die Holzhandlung Hubert Spieß e. Kfm. bestellte am 15. März aufgrund eines verbindlichen Angebots vom 13. März bei der Holzgroßhandlung Spallek GmbH 60 m³ Eichenschnittholz. Lieferung: sofort. Nach 14 Tagen ist die Lieferung noch nicht erfolgt. Es liegt ein Versehen der Versandabteilung vor.

Aufgaben:

1.1 Prüfen Sie, ob die Holzgroßhandlung Spallek GmbH in Verzug ist! Begründen Sie Ihre Entscheidung!

1.2 Ändert sich die Rechtslage, wenn die Holzgroßhandlung Spallek GmbH die Lieferung bis 25. März fix zugesagt hat?[1]

1.3 Wir gehen davon aus, dass die Lieferung bis zum 25. März hätte erfolgen müssen (Fall 1.2), die Lieferung aber noch nicht bei der Holzhandlung Hubert Spieß e. Kfm. eingetroffen ist. Welche Rechte stehen der Holzhandlung Hubert Spieß e. Kfm. mit und ohne Fristsetzung zu, falls die Holzgroßhandlung Spallek GmbH in Verzug ist?

1.4 Von welchem Recht wird die Holzhandlung Hubert Spieß e. Kfm. Gebrauch machen, wenn – ausgehend von Fall 1.3 – der Preis für Eichenschnittholz inzwischen gefallen ist?

2. Kann der Käufer beim Lieferungsverzug vom Kaufvertrag zurücktreten und zusätzlich noch Schadensersatz verlangen?

3. Unter welchen wirtschaftlichen Bedingungen wird der Käufer beim Lieferungsverzug:

3.1 nur auf Erfüllung der vertraglichen Verpflichtungen bestehen,

3.2 Erfüllung und Verzugsschaden fordern,

3.3 vom Kaufvertrag zurücktreten und

3.4 Schadensersatz statt der Leistung verlangen?

4. Entscheiden Sie bei folgenden Angaben der Leistungszeit, ob der Verkäufer vom Käufer durch eine Mahnung in Verzug gesetzt werden muss:

4.1 Heute in drei Monaten,	4.5 14 Tage nach Weihnachten 20..,
4.2 im Juli 20..,	4.6 8 Tage nach Abruf,
4.3 im Laufe des März 20..,	4.7 sofort,
4.4 am 28. Juli 20..,	4.8 20 Tage nach Erhalt der Bestellung.

5. Das Sägewerk Gnädinger e. Kfm. hat am 29. Juni 20.. 60 m³ Eichenschnittholz zu liefern. Weil man den Termin vergessen hat, liefert man nicht vereinbarungsgemäß. Am 4. Juli 20.. verbrennt das Holzlager des Sägewerks durch Brandstiftung.

Aufgabe:

Ist Gnädinger hierdurch von seiner Leistungspflicht befreit?

6. Die Thorsten Stiefenhofer KG (Verkäufer) und Maria Kieble e. Kfr. (Käuferin) vereinbaren im Kaufvertrag den 20. April 20.. als Liefertermin.

Maria Kieble e. Kfr. schreibt der Thorsten Stiefenhofer KG am 10. April 20.., sie würde sich in Lieferungsverzug befinden, da die Lieferung bis jetzt noch nicht bei ihr eingegangen sei.

Aufgaben:

6.1 Was würden Sie der Thorsten Stiefenhofer KG raten, Maria Kieble e. Kfr. zu schreiben?

6.2 Die Thorsten Stiefenhofer KG hat bis 20. April 20.. (vereinbarter Liefertermin) nicht geliefert. Befindet sich die Thorsten Stiefenhofer KG in Lieferungsverzug, wenn sie die Kaufsache wegen eines mehrwöchigen Streiks nicht produzieren kann?

---

1 Ein **Fixkauf** liegt dann vor, wenn mit der genauen Einhaltung bzw. Nichteinhaltung des vereinbarten Liefertermins das Geschäft steht oder fällt. Die Einhaltung der vereinbarten Lieferzeit muss ein so wesentlicher Bestandteil des Kaufvertrags sein, dass eine nachträgliche Leistung nicht mehr als Erfüllung des Vertrags angesehen werden kann.

„Ich weiß auch nicht, warum unser Verkäufer …"

Über den Versuch eines Kunden, bestellte Möbel auch geliefert zu bekommen.

Der Kunde, der an einem schönen Mittwochmorgen am 23. August ein Möbelhaus betritt, wendet sich an einen Verkäufer: „Guten Tag, ich hätte gerne die 4 Regalteile dort, diesen Schreibtisch, beides in Kirschbaum, und dazu noch einen solchen Bürostuhl." Zunächst irritiert über die Entschlussfreudigkeit des Kunden, greift der Verkäufer sofort zum Auftragsbuch, nimmt die Wünsche entgegen, rechnet den Gesamtpreis aus und weist den Kunden auf die übliche Anzahlung von 20 % hin. „Kein Thema", sagt der Kunde. Bis zu diesem Zeitpunkt also nahezu ein Bilderbuchfall. Dann versteigt sich der Verkäufer zu einer Äußerung, die sich im nachhinein als fatal[1] erweisen sollte: „Dieser Hersteller liefert nach meinen Erfahrungen sehr zügig, die Möbel sind in ungefähr drei Wochen da."

Am 19. September mahnt der Kunde das Möbelhaus an, um sich nach dem Verbleib seiner Möbel zu erkundigen, auf die er bereits seit einer Woche wartet. Die Antwort: „Der Hersteller hat uns die Lieferung der Möbel bis zum Ende dieser Woche, also bis zum 24. September versprochen. Wir liefern Ihnen dann unverzüglich am 27. September."

Nächster Anruf des Kunden am 28. September. Eine Schreckensnachricht: Die Möbel sollen jetzt erst in der 41. Woche ankommen, also Mitte Oktober, glatte 4 Wochen nach dem vorgesehenen Termin. Als der Kunde seinen Unmut darüber äußert, entgegnet ihm seine Gesprächspartnerin, sie „könne ja nichts dafür", wenn der Hersteller nicht pünktlich liefere. „Ich vermittle doch nur zwischen Ihnen und dem Hersteller." Der Käufer stellt klar: „Ich will die Möbel bis zum 5. Oktober haben!"

Am 5. Oktober sind die Möbel endlich beim Kunden eingetroffen. Beim Auspacken stellt der Kunde fest, dass die Möbel bis in das kleinste Teil nach Lego-Art zerlegt sind, kein Teil ist montiert. Zum Zusammenbau der Regale benötigt der Kunde vier Stunden.

Den Höhepunkt bildet jedoch der Schreibtisch: In den Holzplatten sind nicht einmal Löcher gebohrt! „Wie soll ich denn die Schrauben hineindrehen ohne Löcher?", stöhnt der Kunde. Entnervt wendet er sich seiner letzten Neuerwerbung zu. Endlich klappt alles. Der Bürostuhl ist äußerst bequem. Am nächsten Tag sitzt der Käufer auf seinem Stuhl und ruft wieder beim Möbelhaus an, um seinen Schreibtisch zu reklamieren. Plötzlich bricht die Rückenlehne ab und er stürzt schwer zu Boden und bricht sich beide Arme.

In Anlehnung an Martin T. Roth, FAZ 28.11.2000.

Aufgaben:

1. Beschreiben Sie verbal oder mithilfe einer Skizze, wie in vorliegendem Fall ein Kaufvertrag zustande kommt!

2. Der Kunde wartet auf seine Möbel.
   2.1 Ab wann ist das Möbelhaus in Verzug? Begründen Sie Ihre Antwort!
   2.2 Welche Rechte hat der Kunde zu diesem Zeitpunkt?
   2.3 Was erreicht der Käufer mit seiner Fristsetzung am 28. September?

3. Beurteilen Sie die Aussage: „Ich vermittle doch nur zwischen Ihnen und dem Hersteller" aus rechtlicher Sicht!

4. Begründen Sie, ob der Kunde die Zeit zum Aufbau der Regale dem Möbelhaus in Rechnung stellen kann!

5. Um welchen Sachmangel handelt es sich beim Fehlen von Montagebohrungen?

---

1 Fatal: verhängnisvoll.

2.5.4 Zahlungsverzug (Nicht-Rechtzeitig-Zahlung)

2.5.4.1 Begriff und Eintritt des Zahlungsverzugs

(1) Begriff

> **Merke:**
>
> Ein **Zahlungsverzug** liegt vor, wenn der Zahlungsschuldner (z.B. der Käufer) trotz Mahnung durch den Gläubiger (z.B. der Verkäufer) die vertragsmäßig vereinbarte und fällige Zahlung des Kaufpreises nicht rechtzeitig, nicht vollständig oder gar nicht leistet. Ein **Verschulden** des Zahlungsschuldners (z.B. Käufers) ist **keine Voraussetzung** des Zahlungsverzugs.[1] Es handelt sich um einen **Schuldnerverzug.**

(2) Eintritt des Zahlungsverzugs

Von welchem Zeitpunkt an der Käufer in Zahlungsverzug ist, hängt maßgeblich von den Zahlungsbedingungen ab.

■ **Zahlungszeitpunkt nach dem Kalender genau bestimmt oder berechenbar**

Ist der **Zahlungszeitpunkt** nach dem Kalender **genau bestimmt** oder lässt sich der Zahlungszeitpunkt (anhand eines der Leistung vorangehenden Ereignisses) **kalendermäßig genau berechnen,** so tritt der Zahlungsverzug **unmittelbar nach Überschreiten** des genau bestimmten oder berechneten Zahlungstermins ein [§ 286 II, Nr. 1, 2 BGB].[2] Das (beliebige) Ereignis kann auch die Lieferung einer Sache, die Erbringung einer Dienstleistung (z.B. Reparatur) oder die Kündigung (z.B. eines Darlehensvertrags) sein.

Ein **Zahlungstermin** ist nur dann **genau bestimmt,** wenn er auf einem **Gesetz** oder **Urteil** beruht oder **vertraglich vereinbart** ist. Eine Leistungszeit kann also nicht durch eine einseitige Erklärung bestimmt werden. Durch den bloßen Aufdruck des Zahlungstermins durch den Verkäufer auf einer Rechnung kann somit der Zahlungstermin nicht festgelegt werden.

Beispiele für genau bestimmte Zahlungszeitpunkte:	Beispiele für kalendermäßig berechenbare Zeitpunkte (anhand eines vorangegangenen Ereignisses):
■ Im Vertrag ist vereinbart: *„Der Kaufpreis ist bis zum 15. Januar auf das vom Verkäufer genannte Konto zu überweisen."* Der Käufer kommt mit Ablauf des 15. Januar in Verzug. ■ *„Der Kaufpreis ist zahlbar im Mai 20.."* Der Käufer kommt mit Ablauf des 31. Mai 20.. in Verzug.	■ Im Vertrag ist vereinbart: *„Der Kaufpreis ist innerhalb von zehn Kalendertagen nach Rechnungszugang zu leisten."* Erfolgt der Rechnungszugang am 17. Juni, dann ist der Käufer mit Ablauf des 27. Juni in Zahlungsverzug. ■ *„Der Kaufpreis ist innerhalb von 8 Kalendertagen nach Mitteilung des Notars vom Vorliegen der Eintragungsvoraussetzungen auf das vom Verkäufer benannte Konto zu überweisen."* Erhält der Käufer die Mitteilung des Notars am 1. Juli, so befindet sich der Käufer mit Ablauf des 9. Juli in Zahlungsverzug.

---

1 Die **Geldschuld** ist eine sogenannte **Wertverschaffungsschuld:** Der Grundsatz, dass der Zahlungsschuldner (z.B. Käufer) stets für seine finanzielle Leistungsfähigkeit einzustehen hat, ist ein in unserer Rechts- und Wirtschaftsordnung allgemein anerkannter Rechtsgrundsatz. („Geld hat man zu haben.")

2 Die nach dem Kalender zu berechnende Leistungszeit muss **angemessen** sein. Eine Klausel „Zahlbar sofort nach Erhalt der Ware" oder „Zahlbar sofort nach Erhalt der Rechnung" kann demnach keinen Zahlungsverzug auslösen.

■ **Zahlungszeitpunkt nicht genau bestimmt (vereinbart) und nicht berechenbar**

Ist der Zahlungszeitpunkt weder genau bestimmt noch kalendermäßig berechenbar, dann kommt der Käufer in Zahlungsverzug, wenn er auf eine vom Verkäufer **nach der Fälligkeit erfolgte Mahnung** nicht zahlt [§ 286 I, S. 1 BGB]. Der Zahlungsverzug tritt auch ein, wenn der Verkäufer den Käufer rechtzeitig auf Zahlung verklagt oder dem Käufer rechtzeitig einen gerichtlichen Mahnbescheid zukommen lässt [§ 286 I, S. 2 BGB].

> **Beachte:**
>
> Verzichtet der Verkäufer auf eine Mahnung oder verweigert der Käufer die Zahlung ernsthaft und endgültig, so befindet sich der Käufer **spätestens 30 Tage nach Fälligkeit und Zugang einer Rechnung** (oder einer gleichwertigen Zahlungsaufstellung) in Zahlungsverzug [§ 286 III, S. 1 BGB].[1] Diese 30-Tage-Regelung gilt **gegenüber einem Verbraucher** nur, wenn auf die Folgen des „automatischen" Verzugseintritts (30 Tage nach Fälligkeit und Zugang einer Rechnung oder Zahlungsaufstellung) in der Rechnung oder Zahlungsaufstellung **besonders** hingewiesen worden ist.

> **Beispiel:**
>
> | | |
> |---|---|
> | Die Elektrogroßhandlung Heinz Strom e. K. erhält am 2. August 20.. von der Tele-AG Meppen eine Rechnung über gelieferte Fernseher. Bei Nichtzahlung ist die Elektrogroßhandlung Heinz Strom e. K. **ohne Mahnung am 2. September 20..** in Zahlungsverzug. | Erhält die Elektrogroßhandlung Heinz Strom e. K. am 17. August eine **Mahnung** der Tele-AG Meppen wegen Nichtzahlung, dann ist sie **ab dem 17. August** in Zahlungsverzug, sofern sie auf die Mahnung nicht zahlt. |

Der **Verkäufer kann** somit **wählen,** ob er z. B.

■ nach Zugang einer Rechnung beim Käufer durch eine **rasche Mahnung nach Fälligkeit** schon **vor Ablauf von 30 Tagen** den Zahlungsverzug herbeiführen will oder ob er

■ durch **bloßes Zuwarten** den Verzug **erst nach 30 Tagen** eintreten lässt.

2.5.4.2 Rechtsfolgen (Rechte des Verkäufers)

(1) Überblick

Beim Zahlungsverzug handelt es sich um einen **Schuldnerverzug**. Der Gläubiger (z. B. Verkäufer) hat nach dem BGB folgende Ansprüche:

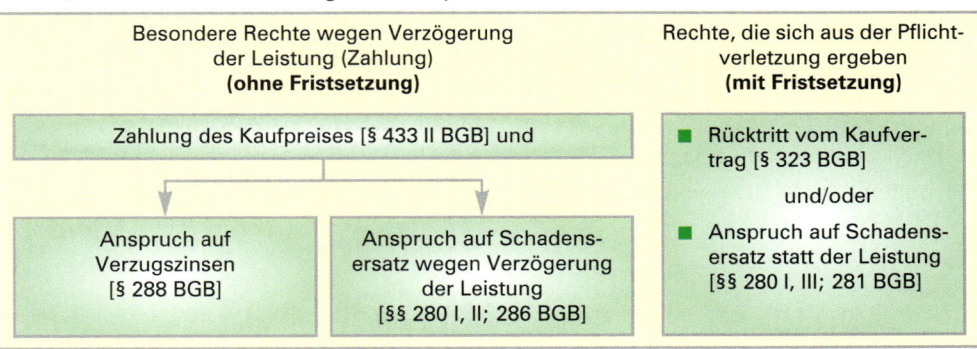

---

1 Die **30-Tage-Regelung** gilt nur für **Entgeltforderungen**.

(2) Rechte ohne Fristsetzung: Besondere Rechte wegen Verzögerung der Zahlung

■ Anspruch auf Verzugszinsen [§ 288 BGB]

Eine Geldschuld ist während des Verzugs zu verzinsen. Der Verzugszinssatz für Entgeltforderungen aus Rechtsgeschäften, an denen ein Verbraucher beteiligt ist, beträgt für das Jahr **fünf** Prozentpunkte **über** dem Basiszinssatz [§§ 288 I; 247 BGB].[1] Der Verzugszinssatz für Entgeltforderungen aus Rechtsgeschäften, an denen ein **Verbraucher nicht beteiligt** ist, liegt **acht** Prozentpunkte **über** dem Basiszinssatz [§§ 288 II; 247 BGB].

Diese gesetzlich festgelegten Verzugszinsen können auch dann geltend gemacht werden, wenn der Zahlungsschuldner (Käufer) dem Gläubiger (Verkäufer) nachweist, dass geringere Zinsaufwendungen entstanden sind. Das bedeutet, dass der Gläubiger eine gesetzlich festgelegte Mindestentschädigung erhält.

Wurde zwischen den Vertragsparteien (z.B. zwischen Käufer und Verkäufer) ein höherer Zinssatz vereinbart oder musste der Gläubiger wegen des Zahlungsverzugs einen Kredit zu einem höheren Zinssatz aufnehmen, kann er die höheren Zinsen verlangen [§ 288 III BGB]. Darüber hinaus kann der Gläubiger nach § 288 IV BGB noch weitere Schäden geltend machen. Als weitere Schäden im Sinne dieser Vorschrift kommen vor allem entgangene Anlagezinsen oder die Aufwendungen für notwendige Kredite in Betracht.

■ Schadensersatz wegen Verzögerung der Leistung [§§ 280 I, II; 286 BGB]

Ist der Schuldner (z.B. der Käufer) in Zahlungsverzug, so ist der Gläubiger (z.B. der Verkäufer) berechtigt, den angemessenen Ersatz **aller** durch den Zahlungsverzug des Schuldners bedingten **Verzugsschäden** zu fordern. Der Gläubiger kann beispielsweise die Erstattung der Kosten eines Inkassobüros[2] und des Verwaltungsaufwands, die zur Geltendmachung der Forderung erforderlich waren, sowie der Gerichtskosten und der Anwaltskosten verlangen. Der Anspruch auf **Schadensersatz wegen Verzögerung der Leistung** tritt neben den Erfüllungsanspruch, d.h., der Gläubiger kann weiterhin die Zahlung fordern und gegebenenfalls den Käufer auf Zahlung verklagen.

(3) Gläubigerrechte nach erfolglosem Ablauf einer angemessenen Frist zur Zahlung[3]

■ Rücktritt vom Kaufvertrag

Der Verkäufer ist berechtigt, vom Kaufvertrag zurückzutreten [§ 323 BGB]. Trotz des Rücktritts ist der Verkäufer berechtigt, zusätzlich noch Schadensersatz zu verlangen [§ 325 BGB].

Beispiel:

Ein Käufer zahlt nicht. Der Verkäufer tritt vom Kaufvertrag zurück, wenn er diesem Käufer Waren geliefert hat, die er anderweitig zu einem höheren Preis verkaufen kann. Der Käufer wird jedoch z.B. mit Rücknahmekosten (z.B. Frachtkosten) und Verzugszinsen belastet.

---

1 Der Basiszinssatz wird von der Europäischen Zentralbank bestimmt. Beispiel: Basiszinssatz 3,5%, Verzugszinssatz 8,5%.

2 Inkasso: Einzug von Geldforderungen.

3 Beim Zahlungsverzug ist eine Fristsetzung nicht erforderlich, wenn z.B. der Käufer die Zahlung ernsthaft und endgültig verweigert oder ein Fixgeschäft vorliegt [§§ 281 II; 323 II, Nr. 1 und Nr. 2 BGB].

■ **Schadensersatz statt der Leistung**

Lehnt der Verkäufer die verspätete Zahlung ab und besteht auf Ersatz des entstandenen Schadens, so kann er nach Ablauf einer erfolglosen angemessenen Fristsetzung Schadensersatz statt der Leistung verlangen [§§ 280 I, III; 281 BGB].

Zusammenfassung

■ Wenn ein Schuldner seine Zahlungsverpflichtungen nicht wie vereinbart oder gesetzlich bestimmt rechtzeitig erfüllt, dann kommt er in **Zahlungsverzug**. Der Zahlungsverzug ist ein **Schuldnerverzug**.

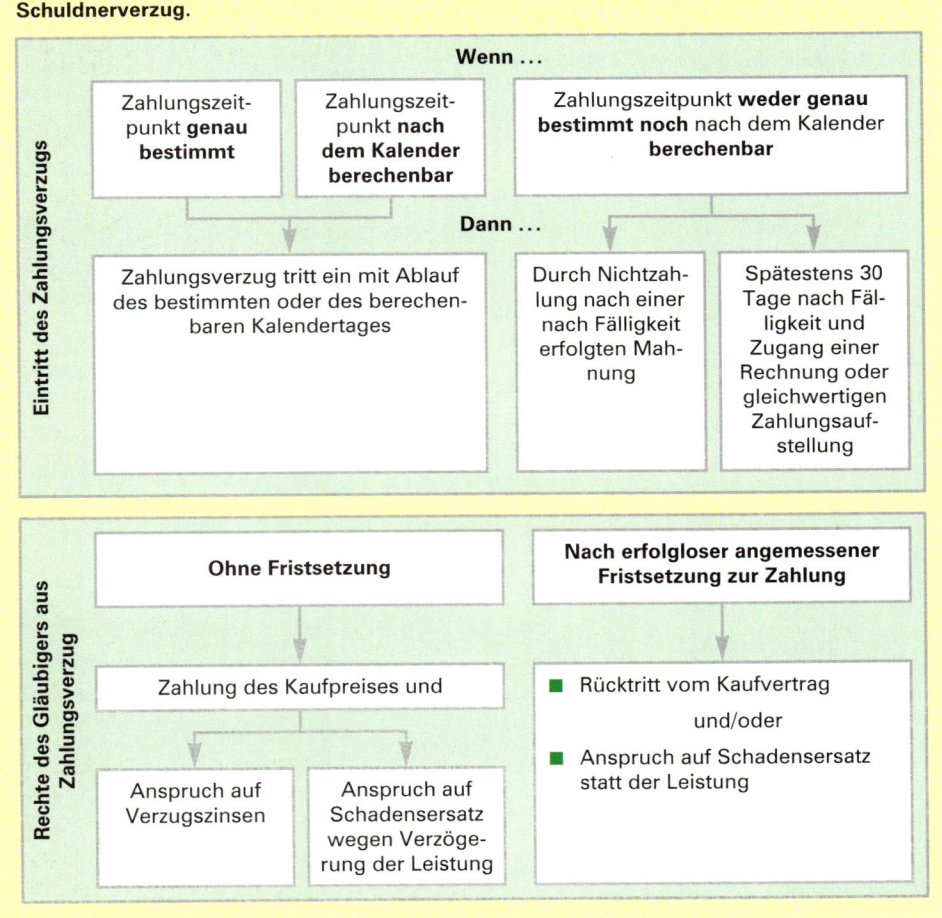

Eintritt des Zahlungsverzugs

Wenn ...

| Zahlungszeitpunkt **genau bestimmt** | Zahlungszeitpunkt **nach dem Kalender berechenbar** | Zahlungszeitpunkt **weder genau bestimmt noch** nach dem Kalender berechenbar |

Dann ...

| Zahlungsverzug tritt ein mit Ablauf des bestimmten oder des berechenbaren Kalendertages | Durch Nichtzahlung nach einer nach Fälligkeit erfolgten Mahnung | Spätestens 30 Tage nach Fälligkeit und Zugang einer Rechnung oder gleichwertigen Zahlungsaufstellung |

Rechte des Gläubigers aus Zahlungsverzug

| Ohne Fristsetzung | Nach erfolgloser angemessener Fristsetzung zur Zahlung |

Zahlung des Kaufpreises und

| Anspruch auf Verzugszinsen | Anspruch auf Schadensersatz wegen Verzögerung der Leistung |

■ Rücktritt vom Kaufvertrag

und/oder

■ Anspruch auf Schadensersatz statt der Leistung

90 1. Erklären Sie die Rechtsfolgen des Zahlungsverzugs!

2. Begründen Sie, warum „Verschulden" des Zahlungsschuldners keine Voraussetzung des Zahlungsverzugs ist!

3. Die Baumaschinenhandlung Feutbeiner e.Kfm. erhält am 2. Juni 20.. von ihrem Lieferer folgende Rechnung: 44 000,00 EUR zuzüglich 19 % USt., zahlbar innerhalb von 10 Tagen ab Rechnungsdatum mit 2 % Skonto oder 30 Tage netto Kasse. Rechnungsdatum ist der 1. Juni 20..

Aufgaben:

Ist Feutbeiner in Zahlungsverzug, wenn

3.1 er den Rechnungsbetrag abzüglich 2 % Skonto am 12. Juni 20.. überweist,

3.2 er die Rechnung ohne Skonto am 15. Juli 20.. bezahlt hat?

4. Rechnungsdatum: 10.05.20.. Der Rechnungseingang erfolgt zusammen mit der Warenlieferung am 12.05.20..

Aufgaben:

Entscheiden Sie, ab wann sich der Käufer in Zahlungsverzug befindet, wenn folgende Zahlungsbedingungen als vertraglich vereinbart gelten:

4.1 sofort,

4.2 20 Tage ab heute,

4.3 am 20. Mai 20..,

4.4 14 Tage ab Rechnungszugang.

5. Die Schreinerei Baumeister e.K. hat folgende Schuldner:

Kunden	Betrag	Rechnungs-datum	Rechnungs-eingang	Zahlungs-bedingung	Zahlungs-eingang
Frau Sabine Frost Lehrerin i.R.	2 450,00 EUR	16. Februar (Schaltjahr)	18. Februar	sofort nach Rechnungserhalt	31. März
Marianne Fischer OHG	18 600,00 EUR	1. März	2. März	3 % Skonto innerhalb 8 Tagen oder 4 Wochen nach Rechnungsdatum netto Kasse	15. Mai

Aufgabe:

5.1 Ermitteln Sie den aktuellen Basiszinssatz!

5.2 Mit wie viel Euro Verzugszinsen kann die Schreinerei Baumeister e.K. die oben genannten Kunden belasten? Angenommen, der Basiszinssatz beträgt 1,62 %. Die Zinsen sind tagegenau zu berechnen. Die Verbraucher wurden auf die rechtlichen Folgen einer verspäteten Zahlung ausdrücklich hingewiesen.

91 Jan Svenson, Inhaber des Feinkostgeschäfts „Jans Spezialitätenhaus e.K.", lieferte am 17. Mai 20.. im Rahmen des Party-Bringdienstes ein Menü für 40 Personen an die Eheleute Britta und Alfred Menke, Gesellschafter der Menke OHG, für ihre private Geburtstagsfeier zum Preis von 1 980,00 EUR, zahlbar 14 Tage nach Rechnungserhalt. Die Rechnung ging bei den Eheleuten Menke am 20. Mai 20.. ein.

Am 20. Juni 20.. haben die Eheleute Menke immer noch nicht bezahlt. Jan Svenson schickt ihnen deshalb am 24. Juni 20.. eine Mahnung und verlangt Zahlung bis zum 30. Juni 20.. einschließlich der gesetzlichen Verzugszinsen. Als Basiszinssatz werden 4,26 % angenommen.

18 Speth u.a. - ISBN 978-3-8120-0465-7

Aufgaben:

1. Kann Jan Svenson Verzugszinsen von den Eheleuten Menke verlangen? Wenn ja, in welcher Höhe?

2. Ändert sich die Rechtslage, wenn die Eheleute das Menü für eine Jubiläumsfeier der Menke OHG bestellt und die Rechnung bis zum 30. Juni 20.. nicht bezahlt hätten?

92 Fallstudie: Allgemeine Geschäftsbedingungen, Zahlungsverzug

Elke Frisch will einen Gebrauchtwagen kaufen. Im Autohaus Walk werden ihr am 10. Oktober 20.. verschiedene Modelle angeboten. Sie entschließt sich zum Kauf eines gebrauchten Golf 2.0 TDI und unterschreibt eine verbindliche Bestellung. Die Abholung des Wagens und die Zahlung des Rechnungsbetrags wird für den 13. Oktober 20.. vereinbart. Am 12. Oktober 20.. sieht Elke Frisch im Anzeigenteil der Zeitung ein günstigeres Angebot. Kurz entschlossen kauft sie diesen Wagen. Ihrer Meinung nach ist mit dem Autohaus Walk kein Kaufvertrag zustande gekommen. Am 12. Oktober 20.. teilt Frau Frisch diese Entscheidung dem Autohaus Walk mit.

Aufgaben:

1. Hat Elke Frisch mit ihrer Meinung recht?

   Begründen Sie Ihre Antwort!

2. Herr Walk ist mit der Entscheidung von Elke Frisch nicht einverstanden. Er verweist auf seine allgemeinen Geschäftsbedingungen (AGB) (siehe unten angeführte Anlage) auf der Rückseite des Bestellformulars.

   2.1 Erklären Sie den Begriff „Allgemeine Geschäftsbedingungen"!

   2.2 Welche drei Voraussetzungen müssen erfüllt sein, damit die allgemeinen Geschäftsbedingungen zum Vertragsbestandteil werden?

   2.3 Klären Sie, ob die AGB hier gelten!

3. 3.1 Erläutern Sie die Bedeutung der in den AGB (siehe Anlage) formulierten Lieferungs- und Zahlungsbedingungen aus der Sicht des Käufers!

   3.2 Geben Sie an, wann der Käufer in diesem Fall in Zahlungsverzug gerät!

   3.3 Nennen Sie die Rechte, die dem Verkäufer bei Zahlungsverzug laut BGB zustehen!

   3.4 Erläutern Sie zwei Vorteile, die die AGB über die Verzugszinsen bieten!

4. Erläutern Sie die Sicherheiten, die der Verkäufer aufgrund der allgemeinen Geschäftsbedingungen für die Zeit bis zur vollständigen Bezahlung hat!

5. Erläutern Sie die Ziele, die der Gesetzgeber mit der Regelung des Rechts der allgemeinen Geschäftsbedingungen im BGB verfolgt und verdeutlichen Sie dies anhand von vier Beispielen!

6. Der Käufer eines laut Kaufvertrag unfallfreien Gebrauchtwagens erfährt neun Monate nach Kauf, dass das Fahrzeug bei einem Unfall stark beschädigt worden war und der Verkäufer von dem Schaden wusste.

   Das Autohaus Walk lehnt mit Hinweis auf die AGB jeglichen Schadensersatz ab.

   Beurteilen Sie die Rechtslage!

Anlage:

ALLGEMEINE GESCHÄFTSBEDINGUNGEN

Die allgemeinen Geschäftsbedingungen des Autohauses Walk beinhalten auszugsweise folgende Regelungen:

1. „Der Käufer ist an die Bestellung 10 Tage gebunden. Der Kaufvertrag ist abgeschlossen, wenn der Verkäufer die Annahme der Bestellung des Kaufgegenstands innerhalb dieser Frist schriftlich bestätigt oder die Lieferung ausführt.

2. Der Preis des Kaufgegenstands versteht sich rein netto einschließlich Mehrwertsteuer.

3. Der Kaufpreis ist bei Übergabe des Kaufgegenstands, spätestens jedoch 8 Tage nach Übersendung der Rechnung zur Zahlung in bar fällig. Verzugszinsen werden mit 6 Prozentpunkten über dem Basiszinssatz berechnet. Sie sind höher oder niedriger anzusetzen, wenn der Verkäufer eine Belastung mit einem höheren Zinssatz oder der Käufer eine geringere Belastung nachweist.

4. Der Kaufgegenstand bleibt bis zum Ausgleich der dem Verkäufer aufgrund des Kaufvertrags zustehenden Forderungen Eigentum des Verkäufers.

5. Der Käufer hat für diese Zeit eine Vollkaskoversicherung abzuschließen. Kommt der Käufer trotz schriftlicher Mahnung des Verkäufers dieser Verpflichtung nicht nach, kann der Verkäufer die Vollkaskoversicherung auf Kosten des Käufers abschließen.

6. Bei Gebrauchtwagen bestehen keinerlei Gewährleistungsansprüche des Käufers."

2.6 Mahnverfahren

2.6.1 Außergerichtliches Mahnverfahren

(1) Form und Stufen der Mahnung

Es gibt keine gesetzlich vorgeschriebene Form der kaufmännischen (außergerichtlichen) Mahnung. Die meisten Mahnungen erfolgen jedoch aus Gründen der Beweissicherheit in **schriftlicher Form.**

In der Praxis erfolgen die kaufmännischen Mahnungen im Allgemeinen in folgenden Stufen:

Erste Mahnung (Zahlungs-erinnerung)	Sie ist eine höfliche Erinnerung an die fällige Zahlung (meistens mit einer **Rechnungskopie** oder einem **Kontoauszug**), die häufig mit einem neuen Angebot verbunden wird.
Zweite Mahnung (ausdrückliche Mahnung)	In ihr wird ausdrücklich auf die Fälligkeit der Schuld (Zahlung) hingewiesen und eine **neue Zahlungsfrist** gesetzt. Wie bei der „ersten Mahnung" können die entsprechenden Zahlungsformulare beigelegt werden.
Dritte Mahnung	In dieser Mahnung wird dem Schuldner unter Hinweis auf die ihm entstehenden zusätzlichen Kosten angedroht, die überfällige Zahlung durch eine **Nachnahme** oder ein **Inkassoinstitut** einziehen zu lassen, falls die Zahlung nicht innerhalb der nächsten Tage eingeht. In großen Unternehmen wird oft auch angedroht, die Rechtsabteilung einzuschalten. Geht die Zahlung nicht innerhalb einer intern festgelegten kurzen Frist von z.B. 3–6 Tagen ein, erfolgt der Einzug der Zahlung durch Nachnahme oder ein Inkassoinstitut.
Vierte Mahnung	Ist die Zahlung auch aufgrund der dritten Mahnung noch nicht erfolgt, hat der Schuldner eine Nachnahme nicht eingelöst oder die Zahlung an das Inkassoinstitut verweigert, so erfolgt eine letzte verschärfte Mahnung mit letzter Fristsetzung. In dieser wird eine **Klage auf Zahlung** oder ein **gerichtlicher Mahnbescheid** angedroht.

2.6.2 Gerichtliches Mahnverfahren (Mahnbescheid)

(1) Wesen des gerichtlichen Mahnverfahrens

Wenn das kaufmännische (außergerichtliche) Mahnverfahren keinen Erfolg hat, wenn der Schuldner also nicht zahlt, kann der Gläubiger zur Durchsetzung seiner Forderungen gerichtliche Maßnahmen ergreifen. Mit dem gerichtlichen Mahnverfahren, das vom Amtsgericht durchgeführt wird, hat der Gläubiger die Möglichkeit, seine Forderungen schnell und Kosten sparend einzutreiben. Mit diesem Verfahren können allerdings nur **Geldschulden** eingefordert werden.

(2) Abwicklung des gerichtlichen Mahnverfahrens

Zur Einleitung des gerichtlichen Mahnverfahrens ist es notwendig, dass der **Gläubiger** (im § 688 ZPO **Antragsteller** genannt) den Erlass eines **Mahnbescheids** beantragt, durch den der **Schuldner (Antragsgegner)** zur Zahlung aufgefordert wird (Näheres siehe §§ 690, 692 ZPO).

In Nordrhein-Westfalen ist der Antrag auf Erlass eines Mahnbescheids[1] von allen Antragstellern entweder beim Amtsgericht Euskirchen (zuständig für Antragsteller mit Sitz in dem Oberlandesgerichtsbezirk Köln) oder beim Amtsgericht Hagen (zuständig für Antragsteller mit Sitz in den Oberlandesgerichtsbezirken Düsseldorf und Hamm) zu stellen. Wird ein Antrag bei einem anderen Gericht eingereicht, so kann ihn dieses Gericht nur an diese Amtsgerichte weiterleiten. Rechtliche, insbesondere fristwahrende Wirkung hat ein Antrag erst, wenn er bei den zuständigen Amtsgerichten eingeht. (Anträge können jedoch zu Protokoll der Geschäftsstelle eines jeden Amtsgerichts erklärt werden.) Die Anträge werden maschinell bearbeitet. Die Verwendung besonderer Vordrucke ist daher zwingend vorgeschrieben.[2]

Der Mahnbescheid wird vom Rechtspfleger erlassen und dem Antragsgegner von Amts wegen zugestellt [§ 693 ZPO]. Das Gericht prüft nicht, ob die Forderung zu Recht erhoben wird. Der Mahnbescheid enthält die Aufforderung an den Antragsgegner (Schuldner), innerhalb von zwei Wochen nach Zustellung zu zahlen oder Widerspruch einzulegen.

Der Ablauf des gerichtlichen Mahnverfahrens kann der Übersicht auf S. 277 entnommen werden.

(3) Wesen der Zwangsvollstreckung[3]

Wenn ein Schuldner seine Verpflichtungen nicht freiwillig vertragsgemäß erfüllt (der Käufer z. B. nicht vertragsgemäß zahlt), so muss er dazu gezwungen werden. Eine gewaltsame Durchsetzung seiner Forderungen im Wege der Selbsthilfe kann die Rechtsordnung dem Berechtigten (dem Gläubiger) jedoch nicht gestatten. Während sich der wirtschaftlich Schwache nicht durchsetzen könnte, besteht beim wirtschaftlich Starken die Gefahr, dass er die wirtschaftliche Existenz des Schuldners durch Übergriffe vernichtet.

Anstelle der Selbsthilfe muss deshalb der Staat die Durchsetzung der unbefriedigten Ansprüche übernehmen. Dieses Verfahren, mit dem Ansprüche des Gläubigers durch **staatlichen Zwang** durchgesetzt werden, wird **Zwangsvollstreckung** genannt [§§ 704 ff. ZPO].

---

1 Der Inhalt des **Mahnantrags** [§ 690 ZPO] und der Inhalt des Mahnbescheids [§ 692 ZPO] sind gesetzlich festgelegt.

2 Seit 2008 dürfen Rechtsanwälte den **Mahnbescheidsantrag** nur noch in **maschinell lesbarer Form** – also auf elektronischem Wege – einreichen. Für Verbraucher und Unternehmer gilt weiterhin der amtliche Vordruck, wenngleich sie auch über das Portal **http://www.online-mahnantrag.de** den Antrag ausfüllen können.

3 Aufgrund des Lehrplans wird die Durchführung der Zwangsvollstreckung im Folgenden nicht behandelt.

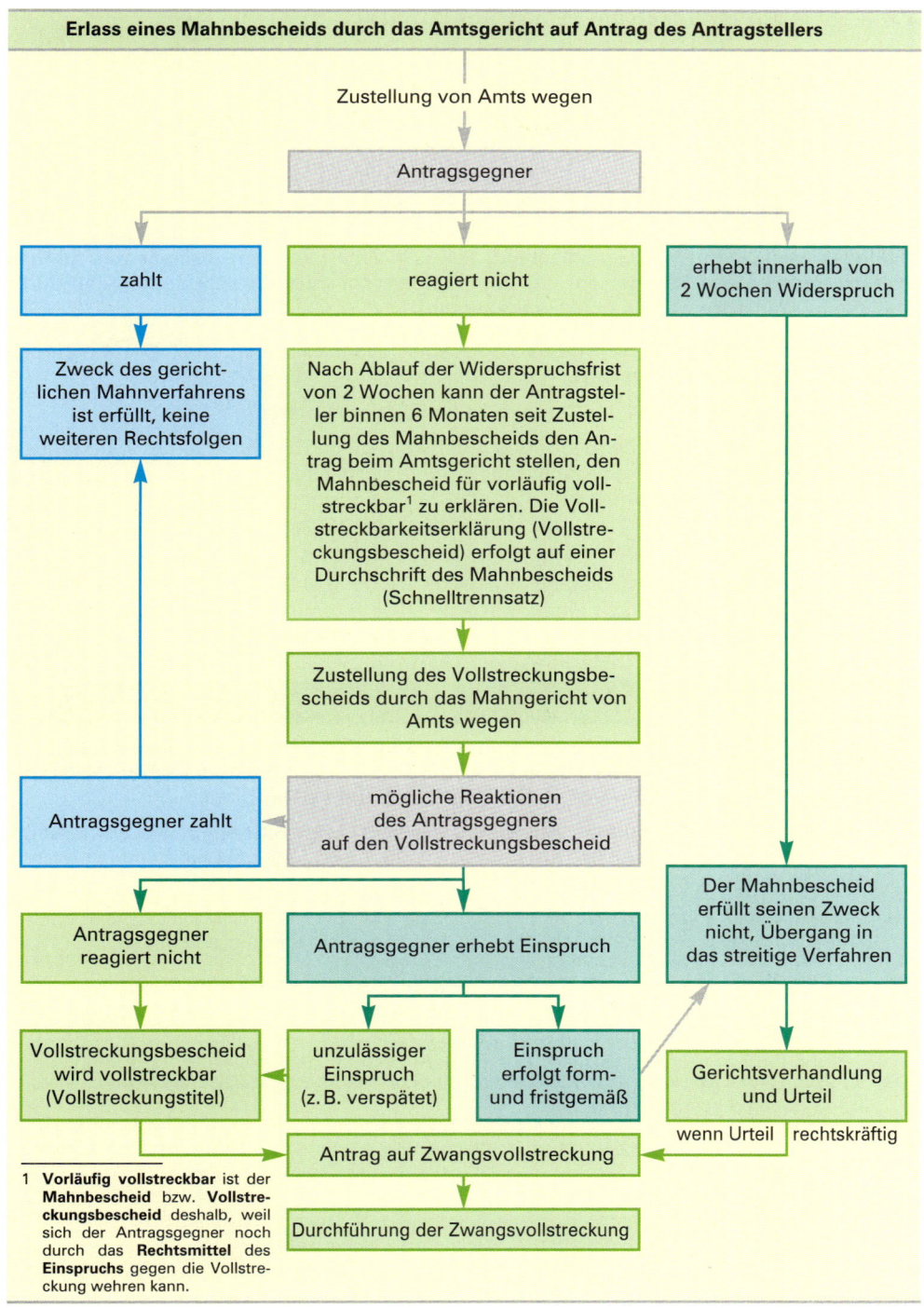

Erlass eines Mahnbescheids durch das Amtsgericht auf Antrag des Antragstellers

Zustellung von Amts wegen

Antragsgegner

zahlt

Zweck des gericht-lichen Mahnverfahrens ist erfüllt, keine weiteren Rechtsfolgen

reagiert nicht

Nach Ablauf der Widerspruchsfrist von 2 Wochen kann der Antragstel-ler binnen 6 Monaten seit Zustel-lung des Mahnbescheids den An-trag beim Amtsgericht stellen, den Mahnbescheid für vorläufig voll-streckbar[1] zu erklären. Die Voll-streckbarkeitserklärung (Vollstre-ckungsbescheid) erfolgt auf einer Durchschrift des Mahnbescheids (Schnelltrennsatz)

erhebt innerhalb von 2 Wochen Widerspruch

Zustellung des Vollstreckungsbe-scheids durch das Mahngericht von Amts wegen

mögliche Reaktionen des Antragsgegners auf den Vollstreckungsbescheid

Antragsgegner zahlt

Antragsgegner reagiert nicht

Antragsgegner erhebt Einspruch

Der Mahnbescheid erfüllt seinen Zweck nicht, Übergang in das streitige Verfahren

Vollstreckungsbescheid wird vollstreckbar (Vollstreckungstitel)

unzulässiger Einspruch (z. B. verspätet)

Einspruch erfolgt form- und fristgemäß

Gerichtsverhandlung und Urteil

wenn Urteil | rechtskräftig

Antrag auf Zwangsvollstreckung

Durchführung der Zwangsvollstreckung

1 **Vorläufig vollstreckbar** ist der **Mahnbescheid** bzw. **Vollstre-ckungsbescheid** deshalb, weil sich der Antragsgegner noch durch das **Rechtsmittel** des **Einspruchs** gegen die Vollstre-ckung wehren kann.

2.6.3 Streitiges Verfahren (Klage auf Zahlung)

Ist der Antragsteller der Meinung, dass der Schuldner dem Mahnbescheid widersprechen wird, ist es zweckmäßig, auf das gerichtliche Mahnverfahren zu verzichten und sofort **Klage auf Zahlung (Klageverfahren; streitiges Verfahren)** zu erheben.

Beim **streitigen Verfahren** handelt es sich um ein Gerichtsverfahren (Prozess). **Sachlich** zuständig für die Klageerhebung ist bei vermögensrechtlichen Ansprüchen in der Regel das Amtsgericht (über 5000,00 EUR Streitwert das Landgericht) [§ 23 GVG]. **Örtlich** zuständig ist i. d. R. das Prozessgericht, in dessen Bezirk der **Beklagte** seinen Geschäfts- oder Wohnsitz hat (allgemeiner Gerichtsstand) [§§ 12ff. ZPO]. Vor dem Amtsgericht können sich die Parteien selbst vertreten. Vor dem Landgericht müssen sich die Parteien durch Rechtsanwälte vertreten lassen **(Anwaltszwang).**

Ein Gerichtsurteil wird **rechtskräftig** (vollstreckbar), wenn es weder durch **Berufung** noch durch **Revision** angefochten wird.

- **Berufung** bedeutet, dass der Tatbestand **von Neuem** untersucht wird.

- Bei der **Revision** (z. B. beim Bundesgerichtshof gegen Endurteile des Oberlandesgerichts) wird der Tatbestand **nicht mehr neu** untersucht und geprüft. Die Tatsachen werden als gegeben betrachtet. Aufgabe des Revisionsgerichts ist es vielmehr, das Urteil der Berufungsinstanz in **rechtlicher Hinsicht** zu prüfen, z. B. ob das Gericht mit den zuständigen Richtern besetzt war.[1]

Zusammenfassung

- Das **außergerichtliche (kaufmännische) Mahnverfahren** vollzieht sich in mehreren „Stufen". In der Regel werden drei bis vier Mahnungen versandt, die sich von der höflichen Zahlungserinnerung bis zur Androhung gerichtlicher Maßnahmen steigern.

- Die **Mittel des außergerichtlichen Mahnverfahrens** sind – außer den Mahnschreiben – die Zusendung von Rechnungskopien, Kontoauszügen sowie der Forderungseinzug durch Nachnahme oder durch ein Inkassoinstitut.

- Das **gerichtliche Mahnverfahren** umfasst den Erlass eines gerichtlichen Mahnbescheids und – soweit der Schuldner nicht reagiert – die Erwirkung eines Vollstreckungsbescheids.

- Der **Mahnbescheid** ist eine gerichtliche Zahlungsaufforderung an den Antragsgegner.

- Der **Vollstreckungsbescheid** ist, sofern er für vollstreckbar erklärt worden ist, neben den rechtskräftigen Urteilen der wichtigste Vollstreckungstitel.

- Die **Zwangsvollstreckung** ist ein Verfahren, mit dem Ansprüche des Gläubigers durch staatlichen Zwang durchgesetzt werden.

---

[1] Näheres zur **Berufung** finden Sie in den §§ 511ff. ZPO; 59 ff., 115 ff. GVG, Näheres zur **Revision** finden Sie in den §§ 542ff. ZPO; §§ 115ff., 123ff. GVG.

93

1. Erläutern Sie die Gründe, warum die Unternehmen auf eine pünktliche Bezahlung ihrer Ausgangsrechnungen angewiesen sind!

2. Beschreiben Sie die „Stufen" des kaufmännischen (außergerichtlichen) Mahnverfahrens!

3. Erklären Sie mögliche Vor- und Nachteile des Forderungseinzugs durch Nachnahme und Inkassoinstitute aus der Sicht des Geldgläubigers!

4. Die Maschinenfabrik Meister & Co. KG in Saulgau lieferte am 24. Februar 20.. an die Rotthal Ex- und Importgesellschaft GmbH in Hamburg Werkzeugmaschinen im Wert von 940000,00 EUR. Laut Lieferungs- und Zahlungsbedingungen sind die Maschinen 4 Wochen nach Rechnungseingang zu bezahlen. Erfüllungsort und Gerichtsstand ist Saulgau. Die Rechnung wurde am 24. Februar 20.. abgesandt und ging am 26. Februar 20.. bei der Rotthal Ex- und Importgesellschaft GmbH ein. Die Lieferung wurde ordnungsgemäß ausgeführt und ohne Beanstandungen von der Rotthal GmbH an- und abgenommen.

   Am 30. März 20.. hat die Rotthal Ex- und Importgesellschaft GmbH die Rechnung noch nicht beglichen. Die Mahnabteilung der Maschinenfabrik Meister & Co. KG schickte daher am 2. April 20.., am 10. April 20.. und am 20. April 20.. je eine Mahnung, die alle ergebnislos blieben.

   Aufgaben:

   4.1 Warum wurde dreimal gemahnt?

   4.2 Ist eine Mahnung überhaupt notwendig, um die Rotthal GmbH in Verzug zu setzen?

94

1. Welche Zwecke verfolgt das gerichtliche Mahnverfahren?

2. Bei welchem Gericht muss der Antrag auf Erlass eines Mahnbescheids gestellt werden?

3. Wie kann der Antragsgegner auf die Zustellung eines Mahnbescheids reagieren? Nennen Sie zwei Möglichkeiten und beschreiben Sie die Rechtsfolgen, die sich daraus ergeben!

4. Nennen Sie die „Rechtsmittel", mit denen sich der Antragsgegner gegen einen Mahnbescheid und einen Vollstreckungsbescheid wehren kann! Welche Fristen hat er dabei zu beachten?

5. Überlegen Sie, warum beim gerichtlichen Mahnverfahren die Beteiligten „Antragsteller" und „Antragsgegner" genannt werden und nicht - wie dies früher der Fall war - „Gläubiger" und „Schuldner"!

6. Unter welchen Bedingungen wird ein Gläubiger nicht das gerichtliche Mahnverfahren in Anspruch nehmen, sondern den Schuldner sofort verklagen? Bilden Sie ein Beispiel!

7. Erklären Sie das Wesen der Zwangsvollstreckung!

2.7 Verjährung

2.7.1 Gegenstand, Begriff und Zweck der Verjährung[1]

Als **Gegenstände** der **Verjährung** kommen ausschließlich **Ansprüche** (im Sinne eines Rechts) in Betracht [§ 194 I BGB]. Unter einem Anspruch versteht man das Recht, von einem anderen (z. B. Unternehmer, Verbraucher) ein **Tun** oder ein **Unterlassen** zu verlangen, also ein Handeln oder Nichthandeln (einschließlich des Duldens).

Beispiele:

Anspruch des Käufers auf Übergabe und Übereignung der Kaufsache (geschuldet wird ein „Tun" des Verkäufers). Der Grundstückseigentümer (Bauherr) verpflichtet sich seinem

Grundstücksnachbarn gegenüber, kein Mehrfamilienhaus mit mehr als zwei Wohnungen zu bauen (geschuldet wird ein „Unterlassen" des Bauherrn).

Ansprüche können nur innerhalb bestimmter Fristen erfolgreich gerichtlich geltend gemacht werden.

Merke:

Unter **Verjährung** versteht man den **Ablauf** der **Frist,** innerhalb der ein **Anspruch erfolgreich gerichtlich geltend gemacht werden kann.**

Die Verjährung bedeutet jedoch nicht, dass der Anspruch nach vollendeter Verjährung erloschen ist. Dem Schuldner wird nach Ablauf der Verjährungsfrist gesetzlich lediglich das Recht eingeräumt, sich nach seinem freien Ermessen auf die vollendete Verjährung zu berufen und die Leistung zu verweigern [§ 214 I BGB]. Er hat das Recht zur „Einrede der Verjährung". Erfüllt ein Schuldner also einen bereits verjährten Anspruch, kann er die Leistung nicht mehr erfolgreich zurückfordern [§ 214 II BGB].

Beispiel:

In Unkenntnis der bereits eingetretenen Verjährung des Zahlungsanspruchs seines Verkäufers zahlt der Käufer den Kaufpreis. Der Käufer kann die Zahlung nicht nach den Grundsätzen der ungerechtfertigten Bereicherung (siehe §§ 812 ff. BGB) vom Verkäufer zurückfordern [§ 214 II, S. 1 BGB].

Zweck der **Verjährung** ist vor allem die **Rechts- und Beweissicherheit** des **Rechtsverkehrs** zu erhöhen. Durch die zu beachtenden Verjährungsfristen werden z. B. die Vertragsparteien eines Kaufvertrags zu einer möglichst schnellen und reibungslosen Abwicklung des Kaufvertrags veranlasst.[2]

---

1 Zur Verjährung von Ansprüchen aus Sachmängeln siehe S. 258.

2 Das Verjährungsrecht berücksichtigt sowohl die Interessen des Schuldners (nach Ablauf einer bestimmten Zeit mit der Durchsetzung von Ansprüchen gegen ihn nicht mehr rechnen zu müssen) als auch die Interessen des Gläubigers (bei der Feststellung und Durchsetzung seiner Ansprüche gegen den Schuldner nicht in „Zeitnot" zu kommen).

2.7.2 Regelmäßige Verjährungsfrist [§§ 195, 199 BGB][1]

(1) Dauer

Die **regelmäßige Verjährungsfrist** beträgt **drei Jahre** [§ 195 BGB]. Sie gilt immer dann, wenn **besondere Verjährungsfristen** fehlen. Die regelmäßige Verjährungsfrist geht von einer Einheitsverjährung aus, d.h., sie unterscheidet nicht zwischen vertraglichen und außervertraglichen Ansprüchen. Der betreffende Anspruch kann ebenso schuld-, sachen-, familien- und erbrechtlicher Natur sein.

(2) Anwendungsbereich

Unter die **regelmäßige Verjährungsfrist** fallen z. B.

- Ansprüche, die durch rechtsgeschäftliche oder rechtsgeschäftsähnliche Schuldverhältnisse entstehen,
- gesetzliche Ansprüche wie Ansprüche aus ungerechtfertigter Bereicherung [§§ 812 ff. BGB] und Geschäftsführung ohne Auftrag [§§ 677 ff. BGB],
- Ansprüche aus unerlaubter Handlung (z. B. wegen Körperverletzung) [§§ 832 ff. BGB],
- alle sachenrechtlichen Ansprüche mit Ausnahme der Herausgabeansprüche aus Eigentum und anderen dinglichen Rechten,
- regelmäßig wiederkehrende Leistungen oder Unterhaltsleistungen, die auf familien- und erbrechtlichen Ansprüchen beruhen [§ 197 II BGB].

(3) Fristbeginn und Höchstfristen

Der **Beginn der regelmäßigen Verjährungsfrist** hängt von einem **objektiven und einem subjektiven Tatbestand** ab: Beide müssen vorliegen, um die Frist in Lauf zu setzen:

- Die regelmäßige Verjährungsfrist beginnt mit dem **Schluss des Jahres,** in dem der **Anspruch entstanden ist** (objektiver Tatbestand) und
- der **Gläubiger** von den den **Anspruch begründenden Umständen** und der **Person des Schuldners tatsächlich Kenntnis erlangt** oder ohne grobe Fahrlässigkeit erlangen musste (subjektiver Tatbestand) [§ 199 I BGB].

Beispiel:

Das Kaufhaus Velter GmbH verkauft an das Einzelhandelsgeschäft Josef Krieger e. K. mit Vertrag vom 15. Februar 2007 seinen zwei Jahre alten Kombiwagen. Zu welchem Zeitpunkt verjähren die Ansprüche auf Zahlung des Kaufpreises und Lieferung des Fahrzeugs?

Die Ansprüche sind am 15. Februar 2007 entstanden. Das Kaufhaus Velter GmbH und Josef Krieger e. K. haben jeweils Kenntnis von den den Anspruch begründenden Umständen und der Person des Schuldners erlangt.

Die Verjährung beginnt daher gemäß § 199 I BGB am 31. Dezember 2007. Für das Rechtsgeschäft kommt die dreijährige regelmäßige Verjährungsfrist in Betracht. Die Ansprüche verjähren mit Ablauf des 31. Dezember 2010.

---

1 Auf Abweichungen von der regelmäßigen Verjährungsfrist wird im Folgenden nicht eingegangen.

Die Abhängigkeit des Beginns der **regelmäßigen „Verjährungsfrist"** von dem subjektiven Kriterium „Kenntnis oder grob fahrlässige Unkenntnis" des Gläubigers kann zu einem endlosen Aufschub des Fristbeginns führen. Der Gesetzgeber hat deshalb **Verjährungshöchstfristen** festgelegt, nach deren Ablauf in jedem Fall (**unabhängig** von der **Anspruchsentstehung** oder **Anspruchskenntnis**) die Verjährung eintritt. Für Schadensersatzansprüche z.B. aus der Verletzung des Lebens, des Körpers oder der Freiheit von Personen beträgt die Maximalfrist 30 Jahre, für die sonstigen Schadensersatzansprüche 10 Jahre oder 30 Jahre für andere Ansprüche.

Beispiel:

Das Versandhaus Wurm GmbH lieferte am 21. April 2002 einem betrügerischen Käufer teure Wohnmöbel. Der Käufer zahlt nicht und ist, wie Nachfragen des Versandhauses ergeben, an einen unbekannten Wohnort verzogen. Erst am 12. Januar 2008 ermittelt die Polizei die neue Anschrift des „Betrügers". Das Versandhaus hat dann, ab dem 31. Dezember 2008 gerechnet, drei Jahre Zeit, das Geld (z.B. durch einen gerichtlichen Mahnbescheid) einzutreiben [§§ 195, 199 I BGB]. Aufgrund der zehn Jahre bestehenden Höchstfrist, gerechnet ab Entstehung des Anspruchs [§ 199 III, S. 1 Nr. 1; IV BGB], könnte das Versandhaus den geschuldeten Kaufpreis (zuzüglich angefallener Mahnkosten, Verzugszinsen) auch noch zehn Jahre nach der Bestellung bzw. Möbellieferung (also bis zum 21. April 2012) einfordern, unabhängig davon, wann der betrügerische Käufer in der Zwischenzeit gefunden wird.

2.7.3 Hemmung und Neubeginn der Verjährung

2.7.3.1 Hemmung der Verjährung

(1) Begriff Hemmung

Merke:

Die **Hemmung** bewirkt, dass der Ablauf der Verjährung für eine bestimmte Zeit aufgehalten wird [§ 209 BGB]. Nach Beendigung der Hemmung läuft die **Verjährungsfrist weiter.** Der Zeitraum der Hemmung, während dessen die Verjährung gehemmt ist, wird somit nicht in die Verjährungsfrist eingerechnet.

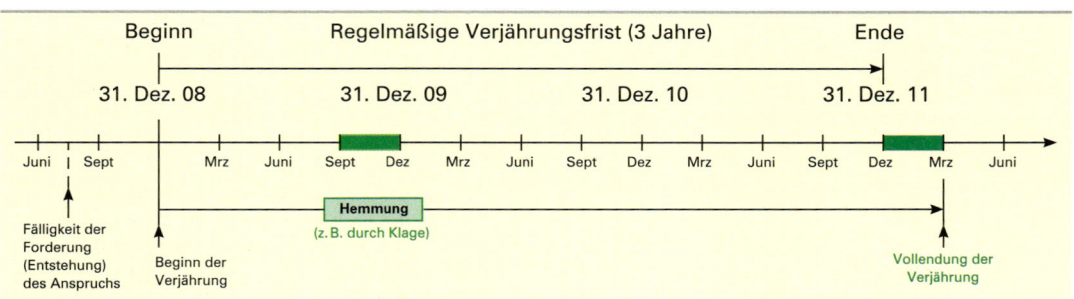

Die **Hemmung** dient dem **Gläubigerschutz.** Es können nämlich Umstände eintreten, die einen Gläubiger gewollt oder ungewollt an der Wahrnehmung (Durchsetzung) seiner Ansprüche hindern können. Der Gläubiger soll deshalb den Ablauf der Verjährung hinauszögern können.

(2) Hemmungsgründe

Hemmungsgründe sind z.B. noch **nicht abgeschlossene (schwebende) Verhandlungen** zwischen Gläubiger und Schuldner, die **Erhebung einer Leistungsklage, Zustellung eines gerichtlichen Mahnbescheids** und das Vorliegen eines **Leistungsverweigerungsrechts des Schuldners** (Näheres siehe §§ 203 ff. BGB).

2.7.3.2 Neubeginn der Verjährung

> **Merke:**
>
> Der **Neubeginn** der **Verjährung** bewirkt nach § 212 BGB, dass die bereits abgelaufene Verjährungsfrist vom Zeitpunkt des Neubeginns der Verjährung an nicht beachtet wird. Die **Verjährungsfrist** beginnt vom Zeitpunkt des Neubeginns der Verjährung an in voller Länge **erneut** zu laufen.

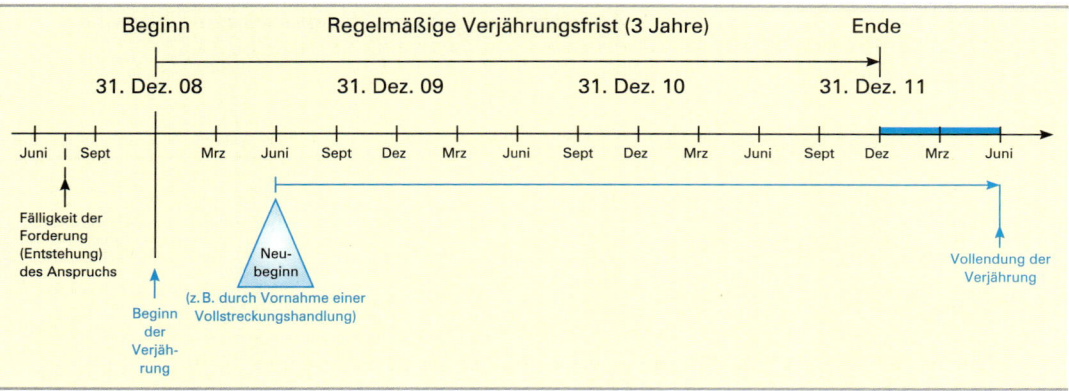

Auch der **Neubeginn** dient dem **Gläubigerschutz**. Dem Gläubiger soll die Möglichkeit gegeben werden, die Vollendung der Verjährung seiner Ansprüche zu verhindern. Im Unterschied zur Hemmung wird somit die Zeit vor dem Neubeginn nicht auf die Gesamtzeit der Verjährung angerechnet.

Der § 212 BGB sieht zwei Fälle des **Neubeginns** der **Verjährung** vor:

- Bei einer Anerkenntnis des Anspruchs gegenüber dem Gläubiger durch den Schuldner (z.B. durch Abschlagszahlung, Zinszahlung, Sicherheitsleistung oder in anderer Weise [z.B. durch ausdrückliche Schuldanerkenntnis]) [§ 212 I, Nr. 1 BGB] und

- wenn der Gläubiger eine gerichtliche oder behördliche Vollstreckungshandlung beantragt oder wenn sie vorgenommen wird [§ 212 I, Nr. 2 BGB].

> **Beispiel:**
>
> Ein in drei Jahren verjährender Anspruch des Gläubigers wäre ohne Hemmung und Neubeginn der Verjährung am 31. Dezember 2010 verjährt. Am 31. Dezember 2010 leistet der Schuldner eine Teilzahlung auf die Schuld. Damit liegt ein Neubeginn der Verjährung vor. Die Verjährung ist somit erst am 31. Dezember 2013 abgelaufen [§ 212 I, Nr. 1 BGB].

- Nur **Ansprüche** unterliegen der Verjährung.

- Die **Verjährung** dient vor allem der **Rechts- und Beweissicherheit.**

- **Nach Vollendung der Verjährung** kann ein Anspruch bei einer berechtigten Einrede der Verjährung durch den Schuldner gerichtlich nicht mehr erfolgreich durchgesetzt werden.

-

Regelmäßige Verjährungsfrist

↓

Die regelmäßige Verjährungsfrist beträgt 3 Jahre

↓

Höchstfristen

30 Jahre	**10 Jahre**
■ Schadensersatzansprüche aus Verletzung des Lebens, des Körpers, der Gesundheit und der Freiheit einer Person.	■ Sonstige Schadensersatzansprüche.
	■ Andere Ansprüche als Schadensersatzansprüche.
■ Sonstige Schadensersatzansprüche.	
Beginn: Ohne Rücksicht auf ihre Entstehung und die Kenntnis oder grob fahrlässige Unkenntnis; z.B. von der Begehung der Handlung, der Pflichtverletzung an	Beginn: Ohne Rücksicht auf die Kenntnis oder grob fahrlässige Unkenntnis mit Entstehung des Anspruchs

Maßgeblich für die sonstigen Schadensersatzansprüche ist die früher endende Frist

95 1. 1.1 Erklären Sie den Begriff Verjährung!

1.2 Begründen Sie die Notwendigkeit (den Zweck) und den Gegenstand der Verjährung!

2. Warum beginnt die regelmäßige Verjährungsfrist erst mit Ablauf des Jahres, in dem eine Forderung fällig wurde, d. h. der Anspruch entstand?

3. Warum muss die „Regelverjährungsfrist" (regelmäßige Verjährungsfrist) des § 195 BGB durch Höchstfristen begrenzt werden?

4. Die Biehler Baustoffhandel KG in Bochum lieferte einem Tapezier- und Polstergeschäft mit Rechnung vom 20. April 10 Nadelfilz, Rechnungsbetrag 12300,00 EUR.

Aufgaben:

4.1 Wann verjährt diese Forderung?

4.2 Welche Folgen hat die Verjährung für den Gläubiger?

4.3 Welche Maßnahme muss „Biehler" ergreifen, damit die Verjährung der Forderung erneut beginnt?

4.4 Welche Rechtswirkung hat die Hemmung auf die Verjährung einer Forderung?

96 1. Karl Lahm kaufte sich am 18. Juni 09 einen LCD-Fernseher für 820,00 EUR bei der Elektro-Fisch KG, zahlbar am 1. Juli 09. Da Karl Lahm Ende 09 immer noch nicht bezahlt hatte, erhielt er von der Elektro-Fisch KG am 3. Januar 10 eine (kaufmännische) Mahnung. Daraufhin zahlte Lahm am 15. Januar 10 200,00 EUR an und bat um Stundung des Restbetrags bis 30. Juni 10. Die Elektro-Fisch KG gewährte Stundung bis 30. Mai 10 mit der Maßgabe, dass am 15. Februar 10 weitere 320,00 EUR abzuzahlen seien. Lahm überwies den geforderten Betrag tatsächlich am 15. Februar 10.

Aufgaben:

1.1 Wann ist die Restforderung verjährt, falls weder Lahm noch die Elektro-Fisch KG etwas unternehmen?

1.2 Ändert sich an der Vollendung der Verjährung etwas, wenn die Elektro-Fisch KG am 15. Juni 10 mahnt, weil Lahm nach Ablauf der Stundungsfrist nicht bezahlt? (Begründen Sie Ihre Antwort!)

1.3 Ändert sich der Verjährungszeitpunkt, wenn die Elektro-Fisch KG die Geduld verliert und auf ihren Antrag hin am 15. Juni 10 eine gerichtliche Vollstreckungshandlung vorgenommen wird?

2. Das Schreibwarengeschäft Franz Fritzmaier e.Kfm. schuldet der Großhandlung Karl Klein OHG einen Rechnungsbetrag über 1465,20 EUR, fällig am 14. April 09. Die Rechnung ist dem Schreibwarengeschäft Franz Fritzmaier e.Kfm. am 6. April 09 zugegangen.

Aufgaben:

2.1 Von welchem Tag an befindet sich Fritzmaier im Zahlungsverzug?

2.2 Wann wäre die Forderung der Großhandlung gegen Fritzmaier verjährt, wenn Fritzmaier am 5. Februar 10 eine Teilzahlung von 500,00 EUR einschließlich der bis dahin aufgelaufenen Zinsen leistet?

2.3 Wie würde sich eine schriftliche Stundungsbitte des Schreibwarengeschäfts Franz Fritzmaier e.Kfm. auf die Verjährung auswirken?

3 Zahlungsverkehr

3.1 Überblick über die Geld- und Zahlungsarten

(1) Geldarten

Im Zahlungsverkehr unterscheidet man drei Geldarten: das Bargeld, das Buchgeld und das elektronische Geld.

■ Bargeld

Zum Bargeld zählen Banknoten und Münzen.

Banknoten	Das alleinige Recht zur Ausgabe von Banknoten besitzt die Europäische Zentralbank[1] **(Notenprivileg)**. Die Banknoten sind die gesetzlichen Zahlungsmittel der Bundesrepublik Deutschland. Für sie besteht Annahmezwang, d.h., ein Gläubiger muss sie mit schuldenbefreiender Wirkung grundsätzlich in unbegrenzter Höhe entgegennehmen.
Münzen	Die in der Bundesrepublik Deutschland umlaufenden Euro-Münzen sind durchweg **Scheidemünzen,** weil ihr Materialwert geringer als ihr Nennwert ist (unterwertig ausgeprägte Münzen). Eurocent-Münzen müssen bis zu fünfzig Münzen im Gesamtbetrag von höchstens 100,00 EUR in Zahlung genommen werden. Die deutschen Euro-Münzen werden im Auftrag der Bundesregierung von den staatlichen Prägeanstalten geprägt **(Münzenregal)** und von der Deutschen Bundesbank in Umlauf gebracht.

■ Buchgeld (Giralgeld)

Das Buchgeld (Giralgeld) entsteht durch Bareinzahlung der Kunden auf Girokonten[2] und durch Kreditgewährung der Kreditinstitute. Vernichtet wird es durch Barabhebung und Kredittilgung durch die Bankkunden. Man spricht daher auch von Kreditgeld, Bankgeld oder Schreibgeld.

Wesentliches Merkmal des Buchgelds ist, dass es **jederzeit verfügbar** ist. Soweit es sich dabei um verfügbare **Guthaben der Kunden** bei den Kreditinstituten handelt, spricht man von **Sichteinlagen**. Das Buchgeld ist somit „echtes" Geld, das alle Aufgaben (Funktionen) des Papiergelds erfüllen kann.

■ Elektronisches Geld

„Elektronische Geld" (E-Geld) sind Werteinheiten in Form einer Forderung gegen die ausgebende Stelle, die

- ■ auf **elektronischen Datenträgern** gespeichert sind,
- ■ gegen **Entgegennahme eines Geldbetrags** ausgegeben werden (wobei der Eintauschpreis nicht geringer sein darf als der Wert des ausgegebenen E-Geld-Betrags) und
- ■ von **Dritten als Zahlungsmittel angenommen** werden, ohne gesetzliches Zahlungsmittel zu sein [§ 1 XIV KWG].

---

1 Die Europäische Zentralbank (EZB) mit Sitz in Frankfurt (Main) ist verantwortlich für die Geldpolitik (Steuerung der Geldmenge und der Zinssätze) in den Mitgliedstaaten der Wirtschafts- und Währungsunion (WWU).

2 Das Wort „Giro" kommt von „Kreis", „Ring". Gelder, die auf Girokonten liegen, kann man nämlich von Konto zu Konto überweisen, weil die Kreditinstitute gewissermaßen „ringförmig" miteinander in Verbindung stehen.

Der Inhaber von elektronischem Geld kann von der ausgebenden Stelle (i.d.R. eine Bank) den Rücktausch zum Nennwert in Münzen und Banknoten oder in Form einer Überweisung auf sein Konto verlangen [§ 22a KWG]. Die zur Durchführung des Rücktausches anfallenden Kosten dürfen in Rechnung gestellt werden. Ein Beispiel für elektronisches Geld ist die Geldkarte[1].

Kein elektronisches Geld liegt vor, wenn die Werteinheiten lediglich Vorauszahlungen für bestimmte Sach- und Dienstleistungen darstellen (z.B. Telefonkarten).

(2) Zahlungsarten[2]

Je nachdem, ob der **Zahler** (z.B. Schuldner) mit **Bargeld** oder mit **Buchgeld** zahlt und der **Zahlungsempfänger** (z.B. ein Gläubiger) **Bargeld** oder **Buchgeld** erhält, unterscheidet man folgende Zahlungsarten (Zahlungsformen):

Barzahlung	Die Zahlung erfolgt mit Banknoten und/oder Münzen. Sie ist erforderlich, wenn weder der Zahler noch der Zahlungsempfänger ein Girokonto haben. Die Barzahlung sollte nur gegen Ausstellung einer Quittung erfolgen.
Halbbare Zahlung	Die Zahlung erfolgt mit Bargeld und mit Buchgeld. Diese Zahlungsart ist beispielsweise dann erforderlich, wenn **nur** der **Zahler oder nur** der **Zahlungsempfänger** ein Girokonto hat.
Bargeldlose (unbare) Zahlung	Die Zahlung erfolgt **ausschließlich** mit **Buchgeld**. Sie ist möglich, wenn sowohl der Zahler als auch der Zahlungsempfänger ein Konto haben.

3.2 Bargeldlose (unbare) Zahlung

3.2.1 Eröffnung eines Girokontos

(1) Begriff Girokonto

Voraussetzung für die Teilnahme am bargeldlosen Zahlungsverkehr ist die Eröffnung eines Kontos bei einer Bank. Hauptaufgabe dieser Konten – man nennt sie **Girokonten** – ist es, Geldzahlungen allein durch Umbuchungen abzuwickeln.

Auf dem **Girokonto** der Banken werden die Forderungen und Verbindlichkeiten der Banken gegenüber dem Kunden einander gegenübergestellt.

- Forderungen der Bank (Schulden des Kunden) werden im Soll, Verbindlichkeiten der Bank (Guthaben des Kunden) werden im Haben gebucht.[3]
- Der Kontoinhaber kann über die auf dem Girokonto gebuchten Gelder bzw. über einen eingeräumten Kredit täglich und uneingeschränkt verfügen.

---

1 Die Geldkarte wird auf S. 295 dargestellt.
2 Im Folgenden wird nur auf den bargeldlosen Zahlungsverkehr eingegangen.
3 Auf dem Kontoauszug weist die Bank statt des Begriffs „Soll" häufig nur ein Minuszeichen und statt des Begriffs „Haben" ein Pluszeichen aus.

(2) Kontovertrag

■ Begriff

Mit der Eröffnung eines Kontos wird ein Vertrag abgeschlossen, der die rechtlichen Pflichten und Ansprüche (Rechte) für die Bank und ihre Kunden regelt. Es handelt sich um ein Dauervertragsverhältnis, das durch Zusatzverträge (z.B. Kreditverträge, Dienstleistungsverträge) ergänzt werden kann.

■ Kriterien zum Leistungsvergleich zwischen den Banken

Bevor sich der Antragsteller zur Eröffnung eines Girokontos entscheidet, gilt es, einen Leistungsvergleich zwischen den infrage kommenden Banken vorzunehmen. Hierzu sollten insbesondere folgende Kriterien herangezogen werden:

■ Die Höhe der anfallenden **Kosten**.

Die Höhe der anfallenden Entgelte für Bankleistungen divergiert (divergieren: auseinandergehen) bei den einzelnen Banken teilweise sehr stark, sodass es sich sehr wohl lohnen kann, vor der Eröffnung eines Girokontos einen Kostenvergleich anzustellen.

■ Wie viel **Kreditspielraum** gewährt die Bank dem Inhaber eines Girokontos?

Die Höhe des Kreditspielraums muss in jedem Einzelfall mit der Bank vereinbart werden. Bei Gehaltskonten gewähren die Banken in der Regel einen Kreditspielraum in Höhe von 2 bis 3 Monatsgehältern, ohne dass Kreditsicherheiten gestellt werden müssen.

■ Welchen **Service** bietet die Bank?

Beispiele:	
Werden alle modernen Zahlungssysteme angeboten (z.B. Homebanking, Point-of-Sale-System; Geldautomaten, Geräte zum Ausdrucken der Kontoauszüge; Datenträgeraustausch, Softwareprogramm für Vereine)? Stehen kompetente Kundenberater zur Verfügung	(z.B. für Wertpapiergeschäfte, Vermögensanlage, Immobilien, Versicherungen)? Wird eine Kreditfinanzierung aus einer Hand angeboten? Können alle Auslandsgeschäfte abgewickelt werden u.Ä.?

■ Wie dicht ist das **Filialnetz** am Ort, in der Region und überregional?

3.2.2 Überweisung

(1) Überweisung innerhalb Deutschlands

Beim bargeldlosen Zahlungsverkehr wird mit Buchgeld gezahlt, indem der entsprechende Geldbetrag vom Konto des Zahlungspflichtigen abgebucht und dem Konto des Empfängers gutgeschrieben wird. Diesen Vorgang nennen wir Überweisung.

Merke:
Bei einer **Überweisung** wird ein Geldbetrag vom Girokonto des Zahlers auf das Konto (z.B. Girokonto, Sparkonto) des Zahlungsempfängers umgebucht.

Der **Zahlungsvorgang** ist folgender:

- Der Zahler (Karl Müller e.Kfm.) füllt den Überweisungsvordruck aus und unterschreibt diesen.

- Der Zahler gibt den Überweisungsvordruck mit oder ohne Durchschlag am Bankschalter ab oder wirft ihn in den Briefkasten der Bank ein.[1]

- Das mit der Unterschrift des Zahlers versehene Original verbleibt bei der Bank des Zahlers als Buchungsbeleg.

- Die Bank des Zahlers (die Kreissparkasse Ravensburg) erteilt über die zuständigen Zentralen der Bank des Zahlungsempfängers (der Commerzbank AG in Nürnberg) den Auftrag, dem Zahlungsempfänger (dem Krammer-Verlag GmbH) den Überweisungsbetrag gutzuschreiben.

- Dem Zahler wird der überwiesene Betrag belastet (Sollbuchung). Der Zahlungsempfänger erhält den Kontoauszug mit der Gutschrift über 87,15 EUR. Ein Vermerk im Kontoauszug informiert ihn über die Person des Überweisenden (den Zahler) und den Zweck der Zahlung.

Bei allen Zahlungen mittels Überweisung werden Zahler und Zahlungsempfänger durch entsprechende Angaben in den Kontoauszügen über die Herkunft und über den Zweck der Zahlung informiert.

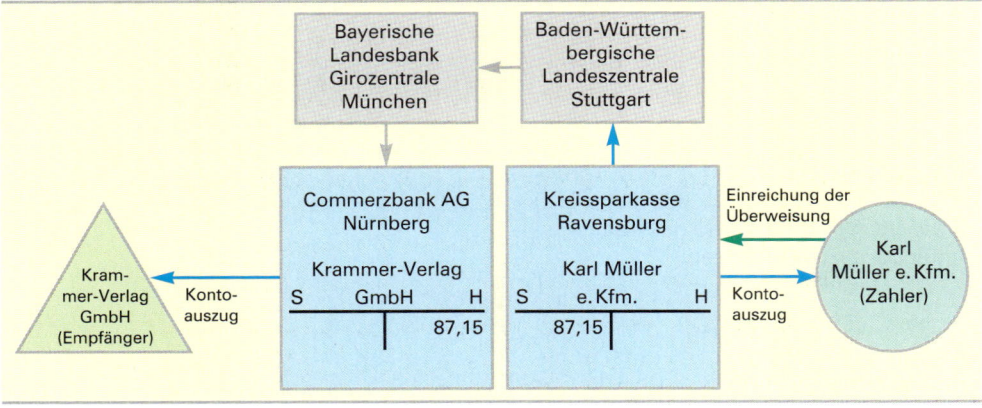

---

1 Die Banken führen die Überweisungen allein anhand der angegebenen Kontonummer und Bankleitzahl aus. Ein Abgleich von Kontonummer und Empfängername wird von der Bank nicht vorgenommen. Ein Widerruf der Überweisung ist nicht möglich. Der Bankkunde kann das Geld nur noch beim falschen Empfänger zurückfordern.

19 Speth u.a. - ISBN 978-3-8120-0465-7

```
Überweisung        615 510 00                       ●
Kreissparkasse Ravensburg                          🔴

Begünstigter: Name, Vorname/Firma (max. 27 Stellen)
Krammer-Verlag GmbH, Nürnberg
Konto-Nr. des Begünstigten                          Bankleitzahl
3010776                              76040061
Kreditinstitut des Begünstigten
Commerzbank AG Nürnberg
                                     Betrag: Euro, Cent
                         EUR         87,15
Kunden-Referenznummer - Verwendungszweck, ggf. Name und Anschrift des Überweisenden - (nur für Begünstigten)
Rg.-Nr. 408123
noch Verwendungszweck (insgesamt max. 2 Zeilen à 27 Stellen)
vom 30. Juni 20..
Kontoinhaber: Name, Vorname/Firma, Ort (max. 27 Stellen, keine Straßen- oder Postfachangaben)
Buchhandlung Karl Müller e.Kfm., Ravensburg
Konto-Nr. des Kontoinhabers
1031039                                            20

                    8. Juli 20..    Karl Müller
                    Datum, Unterschrift
```

(2) Dauerauftrag

Hier erteilt der Zahlungspflichtige seiner Bank einen **einmaligen** Überweisungsauftrag (Dauerauftrag), bis auf Widerruf regelmäßig von seinem Konto einen **feststehenden Betrag** zu **bestimmten Terminen** (z.B. jeweils zum 1. jeden Monats) auf das angegebene Konto des Zahlungsempfängers zu überweisen.

Beispiel:

Die Werkzeugfabrik Erika Plauel GmbH überweist die Miete für die Büroräume von dem Geschäftskonto monatlich per Dauerauftrag auf das Konto des Vermieters.

(3) SEPA-Überweisung[1]

Die SEPA-Überweisung (Euro-Überweisung) ist eine Überweisung innerhalb Deutschlands in einen anderen EU-/EWR-Staat oder in die Schweiz. Für SEPA-Überweisung gilt:

■ IBAN/BIC sind Leitwegkriterien,

■ Entgeltregelung: der Zahlungspflichtige trägt die Entgelte und Auslagen bei seinem Kreditinstitut, der Zahlungsempfänger trägt die übrigen Entgelte und Auslagen,

■ Ausführungsfrist maximal drei Arbeitstage (D+3)[2] bis 2012, danach nur noch einen Arbeitstag (beleghaft eingereichte Aufträge einen Tag mehr),

■ Ausstellung in Euro.

---

1 SEPA: Single Euro Payments Area.
2 „**D**": One **d**ay (engl.: ein Tag, hier: Fälligkeitstag).

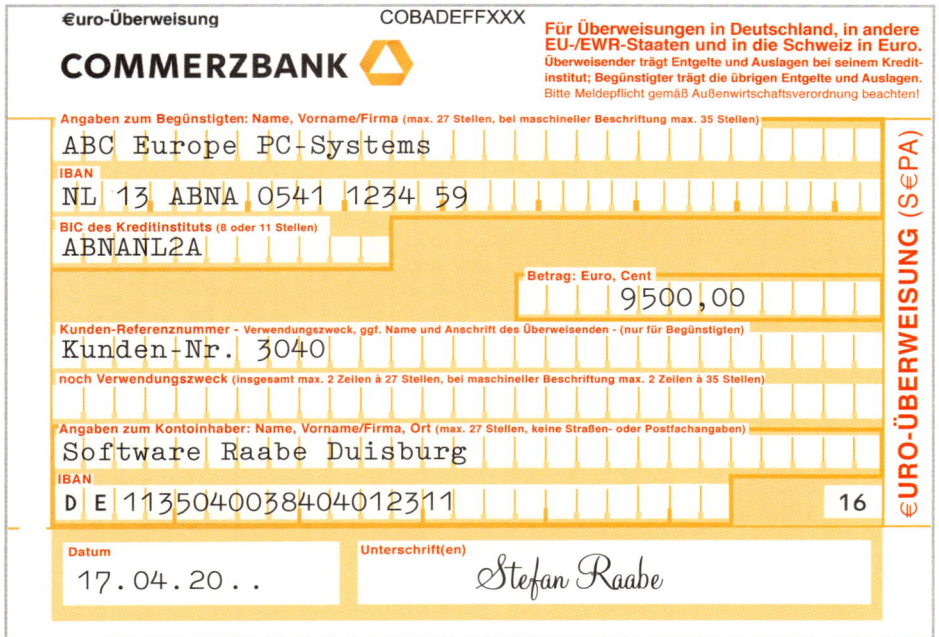

Erläuterungen:

- **BIC (Bank Identifier Code):** Er wird im grenzüberschreitenden Zahlungsverkehr als **Bankleitzahl** verwendet. Er ermöglicht eine weltweit eindeutige **Identifikation eines Kreditinstituts**. Der BIC ist acht oder elf Stellen lang.

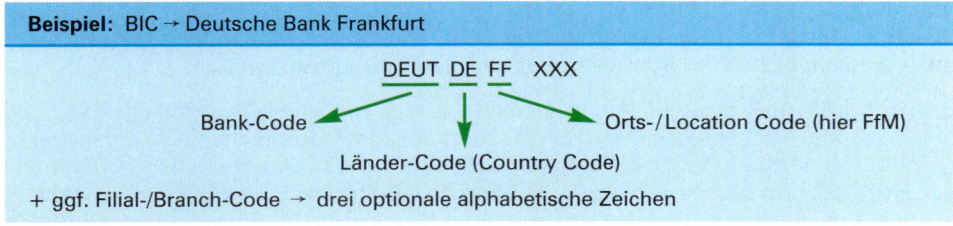

- **IBAN-Code (International Bank Account Number):** Es handelt sich hier um eine international standardisierte **Bank- und Kundenkontonummer**. Sie dient der **Identifikation des Kontos des Zahlungsempfängers**.

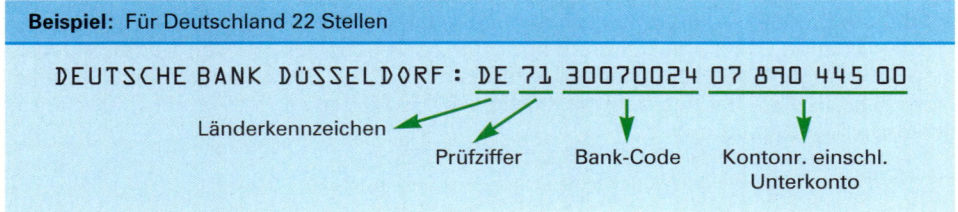

3.2.3 Lastschriftverfahren

(1) Begriff Lastschriftverfahren

Im Gegensatz zur Überweisung bzw. zum Dauerauftrag geht hier die **Initiative** nicht vom Zahlungspflichtigen, sondern vom **Zahlungsempfänger** aus. Der Zahlungsempfänger füllt die Lastschriftbelege aus und reicht diese seiner Hausbank ein.

Diese schreibt die Beträge gut und zieht sie bei den Banken der Zahlungspflichtigen ein. Das Lastschriftverfahren wird angewandt, wenn Beträge abgebucht werden sollen, die im Zeitablauf in **wechselnder Höhe** und/oder zu **verschiedenen Zeitpunkten** anfallen.

Beispiele:

Gas-, Wasser-, Fernsprechentgelte, Feuerversicherungsumlagen.

Merke:

Beim **Lastschriftverfahren** ist ein Kontoinhaber damit einverstanden, dass von seinem Konto wiederkehrende, jedoch unterschiedlich hohe Zahlungen zu verschiedenen Zeitpunkten vom Zahlungsempfänger (Gläubiger) abgerufen werden.

(2) Arten von Lastschriftverfahren

Der Zahlungsempfänger hat dafür zu sorgen, dass der Zahlungspflichtige mit dem Lastschriftverfahren einverstanden ist. Dafür gibt es zwei Auftragsformen, die schriftlich zu erteilen sind: die Einzugsermächtigung und den Abbuchungsauftrag.

■ **Einzugsermächtigung**

Durch die Einzugsermächtigung hat der **Zahlungspflichtige den Zahlungsempfänger dazu ermächtigt,** bestimmte Beträge durch Lastschriften einzuziehen.

Beim Einzugsermächtigungsverfahren hat der Kontoinhaber die Möglichkeit, Belastungen binnen sechs Wochen ohne Angabe von Gründen zu **widersprechen**. Die Zahlstelle (z. B. die „Hausbank" des Zahlungspflichtigen) zieht bei einem Widerspruch den Geldbetrag bei der Bank des Zahlungsempfängers (Inkassostelle) ein und schreibt ihn dem Zahlungspflichtigen wieder gut. Die Inkassostelle haftet für die Erstattung des belasteten Betrags.

■ **Abbuchungsauftrag**

Durch den Abbuchungsauftrag teilt der Zahlungspflichtige seiner Bank mit, dass Lastschriften eines bestimmten Zahlungsempfängers ohne vorherige Rückfrage abgebucht werden können. Gleichzeitig unterrichtet der Zahlungspflichtige den betreffenden Zahlungsempfänger über den erteilten Abbuchungsauftrag. Beim Abbuchungsauftragsverfahren ist ein Widerspruch ausgeschlossen. Dieses Verfahren hat in der Praxis nur eine relativ geringe Bedeutung.

3.2.4 Zahlungen mit der Bankkarte

(1) Bankkarte (BankCard)[1]

In Deutschland sind die von den Banken ausgegebenen Bankkarten (BankCards) am meisten verbreitet. Bankkarten sind mit einer Geheimzahl (**P**ersonal **I**dentification **N**umber; **PIN**) ausgestattet. Sie können zur Zahlung an elektronischen Kassen genutzt werden. Jeder Karte ist ein Girokonto zugeordnet, das bei einer Zahlung sofort belastet wird. Für Bankkarten gilt somit der Grundsatz „Zahle gleich".

(2) Electronic Cash (bargeldloses Zahlen an automatisierten Kassen)

■ **Begriff Electronic Cash (girocard[2])**

> **Merke:**
>
> **Electronic Cash** ist eine bargeld- und beleglose Zahlungsart, bei der die Zahlung an einer automatisierten Ladenkasse unter Verwendung einer Bankkarte, Kreditkarte oder Kundenkarte direkt am Verkaufsort (**P**oint **o**f **S**ale; **POS**)[3] vorgenommen wird.

Die elektronischen Zahlungen mithilfe der maschinell lesbaren Karten sind möglich, weil die Einzelhandelsgeschäfte, Kaufhäuser und Tankstellen in Verbindung mit den Banken elektronische Kassen (Electronic-Cash-Terminals) eingerichtet haben. Werden die Karten bei der Zahlung vertragsgemäß verwendet, garantieren die Banken die Einlösung der Kartenzahlung. Die Electronic-Cash-Zahlung kann online oder offline abgewickelt werden.

■ **Arten von Electronic-Cash-Zahlungen**

■ **Electronic-Cash-Zahlung online**

Ist die Kaufsumme vom Verkäufer in die Kasse eingegeben und vom Kunden kontrolliert, gibt der Kunde seine BankCard (EC/MaestroCard) und die Geheimnummer (PIN) in einen

---

1 Die Bankkarte bezeichnet man auch als Debitkarte. Debit (engl.): Schulden, Belastung (des Kontos).
   Wenn eine Bankkarte gestohlen wird und die Kriminellen damit Geld abheben, **können** die Banken dem Kunden mit bis zu 150,00 EUR an dem Schaden beteiligen, selbst wenn dieser nicht grob fahrlässig gehandelt hat.

2 Mit der Einführung der SEPA-Überweisung wird gleichzeitig die „Electronic-Cash-Zahlung" **umbenannt** in „**Girocard-Zahlung**". Das Electronic-Cash-Logo wird damit ersetzt durch das **Girocard-Logo**. Im Folgenden werden die Begriffe „Electronic Cash" und „Girocard" synonym (sinnverwandt) verwendet.

3 Point of Sale (POS): „Punkt des Verkaufs"; Verkaufsort.

Kartenleser ein, der mit dem Rechenzentrum des betreffenden Netzbetreibers verbunden ist. Das Rechenzentrum überprüft bei der Bank, die die Karte ausgestellt hat, in Sekundenschnelle die Geheimnummer, die Echtheit der Karte, eine mögliche Sperre sowie das Guthaben bzw. das Kreditlimit **(Autorisierungsprüfung)**.[1] Wird die Zahlung genehmigt (autorisiert), erhält der Kunde den quittierten Kassenbeleg ausgehändigt. Die Summe wird zunächst im Kassenterminal gespeichert und in der Regel täglich an die Bank weitergeleitet. Der Verkäufer erhält automatisch von seiner Bank die Gutschrift (abzüglich Gebühren). Der Käufer erhält automatisch die Lastschrift von seiner Bank.

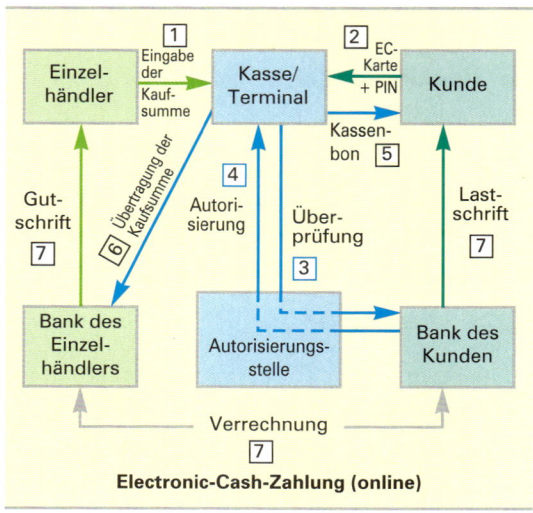

Electronic-Cash-Zahlung (online)

■ Electronic-Cash-Zahlung mit Chip (offline)

Bei diesem Verfahren wird der Microchip mit einem Verfügungsrahmen (z. B. 500,00 EUR) geladen. Beim Bezahlvorgang prüft das Terminal nach Eingabe der Geheimzahl (PIN) im Chip den noch zur Verfügung stehenden Rahmen und bucht den Kaufbetrag ab. Die Prüfung des Verfügungsrahmens erfolgt im Regelfall offline, d. h. ohne Onlineverbindung. Ist bei dieser Prüfung der Verfügungsrahmen überschritten oder der Bereitstellungszeitraum verstrichen, baut das Terminal automatisch eine Onlineverbindung auf und autorisiert den Umsatz. In beiden Fällen erhält der Verkäufer eine garantierte Zahlung.

■ Kosten

Die Kosten für den Händler (ohne Geräte-, Netzbetreiber-, Verbindungsentgelte) betragen in der Regel 0,3 % der Kaufsumme, mindestens jedoch 0,08 EUR je Zahlungsvorgang. Die Electronic-Cash-Zahlung mit Chip ist für den Händler vorteilhaft, da eine Autorisierung nur in Einzelfällen erforderlich ist und somit weniger Kosten anfallen.

■ Vorteile für die Unternehmen

■ Elektronische Zahlungssysteme **verkürzen** die **Durchlaufzeiten an den Kassen**. Zeitaufwendige Arbeiten wie die Herausgabe des Wechselgeldes oder die Erstellung von Einzahlungsformularen entfallen bzw. werden vermindert.

■ Die Unabhängigkeit von Bargeld fördert die Bereitschaft der Kunden zu Spontankäufen und **erhöht** dadurch die **Umsatzzahlen**.[2]

■ Durch die Entlastung an der Kasse kommt es zu einer **Steigerung der Servicequalität,** da die Mitarbeiter mehr Zeit für das eigentliche Verkaufen und die Kundenberatung haben. Dadurch entfällt das Risiko des fehlerhaften „Herausgebens" (zu viel oder zu wenig), was in beiden Fällen dem Händler Nachteile bringt (materieller Verlust und/ oder Verlust des Rufes).

---

1 Autorisieren: ermächtigen.

2 Spontankäufe können aber auch dazu führen, dass es zu Verbraucherüberschuldungen kommt.

- Es kommt zu einer **Kosteneinsparung,** da die Kosten für die Abwicklung elektronischer Zahlungen deutlich niedriger sind als für die Bargeldabwicklung.

- Die elektronische Zahlungsabwicklung gibt **Sicherheit,** da Probleme mit Falschgeld, Diebstahl, Überfall oder Unterschlagung durch sinkende Bargeldsummen in der Kasse reduziert werden.

- Bei automatisierten Electronic-Cash-Zahlungen besteht kein Ausfallrisiko, d.h., die **Zahlung** ist **garantiert.**

(3) EC-Lastschriftverfahren (ELV)

Beim EC-Lastschriftverfahren werden die Kontodaten elektronisch von der EC-Karte gelesen und auf einer Lastschrift mit Einzugsermächtigung ausgedruckt. Diese wird dann vom Kunden unterschrieben. Der Zahlungsempfänger (z.B. Einzelhändler) zieht die Lastschrift in der Regel über seine Hausbank ein. Diese Zahlungsform ist für den Händler zwar kostengünstig, aber auch risikoreich, da weder eine Autorisierungs- noch eine Sperrprüfung der EC-Karte vorgenommen wird. Für den Händler besteht kein Anspruch auf Adressenangabe bei Nichtbezahlung der Lastschrift.

(4) Geldkarte

■ Bargeldlose Zahlung mit der Geldkarte

Der in der BankCard/EC-Karte integrierte Chip kann an speziellen Ladegeräten (Ladeterminals), die sich in den Banken befinden, bis zu einem Betrag von 200,00 EUR aufgeladen werden. Mit dem gespeicherten Bargeld („elektronische Geldbörse") können die Kunden ohne Eingabe einer PIN und ohne Unterschrift bezahlen. Beim Zahlungsvorgang wird der Kaufbetrag vom Chip abgebucht. Der Zahler kann mithilfe eines Lesegeräts (als Schlüsselanhänger) stets kontrollieren, wie viel Geld noch im Speicherchip ist.

Das Händlerterminal protokolliert die Umsätze. Bei Kassenabschluss werden die gespeicherten Umsätze online an die Hausbank übertragen. Diese veranlasst die Zahlung des kartenausgebenden Kreditinstituts an den Händler (Einzug per Lastschrift). Dem Händler ist die Zahlung garantiert. Die Kosten, die der Händler zu tragen hat, betragen in der Regel 0,3 % der Kaufsumme, mindestens jedoch 0,01 EUR je Vorgang.[1]

■ Aufladen und Entladen der Geldkarte

Ist der auf dem Chip geladene Betrag verbraucht, kann der Karteninhaber seine Geldkarte an einem Ladeterminal bzw. am Geldautomaten unter Eingabe seiner persönlichen Geheimzahl (PIN) zulasten des auf der Karte angegebenen Kontos **aufladen.**

Aufgeladene Geldbeträge, die z.B. nach Ablauf der Gültigkeit einer BankCard (Geldkarte) noch in der Geldkarte gespeichert sind oder über die der Karteninhaber nicht mehr mittels Geldkarte verfügen möchte, können vom Karteninhaber bei der kartenausgebenden Bank auf sein Konto **entladen** werden. Eine Entladung von Teilbeträgen ist jedoch nicht möglich.

Die **Gültigkeit der Geldkartenfunktion** richtet sich nach der Gültigkeit der BankCard.

---

1 Ohne Geräte-, Netzbetreiber-, Verbindungsentgelte.

■ **Haftung bei Verlust der Geldkarte**

Bei einer Funktionsuntüchtigkeit der Geldkarte – die nicht bewusst vom Karteninhaber verursacht wurde – wird der nicht verbrauchte Betrag von der kartenausgebenden Bank erstattet. Bei **Verlust der Geldkarte** hat der Karteninhaber hingegen keinen Anspruch auf die Erstattung des noch in der Geldkarte gespeicherten Geldbetrags. Jeder, der im Besitz der Geldkarte bzw. BankCard ist, kann nämlich den in der Geldkarte gespeicherten Betrag ohne Einsatz der PIN verbrauchen. Die aus der Vorbezahlung entstehenden Risiken beim Verlust einer Geldkarte entsprechen den Risiken bei Bargeldverlusten.

3.2.5 Kreditkarte

(1) Ablauf eines Einkaufs mit Kreditkarte

Wer eine Kreditkarte erwerben will, schließt sich einem bestimmten Kreditkartensystem (z. B. Diners Club, VISA, American Express, MasterCard) an. Von der gewählten Kreditkartengesellschaft erhält der Kunde gegen Zahlung einer **jährlichen Gebühr**[1] eine Kreditkarte (Ausweiskarte), mit der er bei allen Unternehmen und Institutionen, die **Vertragspartner** der betreffenden Kreditkartengesellschaft sind, Rechnungen bargeldlos bis zu einem bestimmten Verfügungsrahmen begleichen kann. Die Kreditkarte besitzt eine Nummer, die der Vertragsunternehmer (der Zahlungsempfänger) zusammen mit der vom Karteninhaber unterschriebenen Rechnung zur Bezahlung an die betreffende Gesellschaft einreicht.

Die Gesellschaft überweist den Rechnungsbetrag an den Zahlungsempfänger unter Abzug eines Disagios (Abschlags) in Höhe von i. d. R. 2 – 4 % und belastet den Karteninhaber im Normalfall monatlich. Gleichzeitig wird dem Karteninhaber eine **Zusammenstellung** über die in dem Abrechnungszeitraum angefallenen Beträge zugestellt.

(2) Vorteile der Kreditkarte

Vorteile der Kreditkarte sind:

■ **begrenzte Haftung** des Kreditkarteninhabers bei Verlust oder Diebstahl der Karte (z. B. bis zu 50,00 EUR),

■ **Mietwagenservice** (der Mieter muss z. B. keine Kaution leisten),

■ zusätzliche **Unfallversicherung** bei Reisen, die mit der Kreditkarte bezahlt wurden,

■ **weltweite Hilfe** in Notfällen.

Die Kreditkarten sind nicht übertragbar. Sie sind nur für den auf der Kreditkarte angegebenen Zeitraum gültig.

(3) Haftung bei Verlust der Kreditkarte

Bei einem Verlust der Kreditkarte oder bei einer missbräuchlichen Verfügung mit einer Kreditkarte muss der Karteninhaber dies **unverzüglich** seiner Bank (möglichst der kontoführenden Stelle) oder dem **Sperrannahmedienst** (24-Stunden-Service) mitteilen, damit die Kreditkarte gesperrt werden kann. Eine missbräuchliche Nutzung der Kreditkarte hat

---

1 Bei vielen Banken entfällt die Jahresgebühr bei einem bestimmten Jahresumsatz.

der Karteninhaber außerdem **unverzüglich** bei der **Polizei** anzuzeigen. Nach dem Eingang der Verlustanzeige haftet der Karteninhaber nicht für Schäden, die nach diesem Zeitpunkt durch eine missbräuchliche Verfügung mit seiner abhandengekommenen Kreditkarte entstanden sind. Die Haftung für die vor dem Eingang der Verlustanzeige durch den Kontoinhaber schuldhaft verursachten Schäden ist auf einen bankindividuell festgelegten Höchstbetrag beschränkt.

3.2.6 Onlinebanking (Homebanking)

Homebanking[1] kann über Onlinedienste wie z. B. AOL, 1und1 oder T-Online durchgeführt werden. Den Zugang zum Rechner der Bank bekommt der Kunde mithilfe eines Internetanschlusses unter Verwendung einer speziellen Software oder direkt über die Internetseiten der entsprechenden Bank.

So können von der Wohnung aus rund um die Uhr **Bankgeschäfte getätigt werden,** z. B.

- Überweisungsaufträge erteilen,
- Kontostände der eigenen Konten abfragen,
- Daueraufträge erteilen, ändern oder widerrufen,
- Bankformulare bestellen,
- Wertpapiere kaufen und verkaufen.

Damit die durch Onlinebanking getätigten Geschäfte vor dem Zugriff Unberechtigter geschützt bleiben, bekommt jeder Teilnehmer von seiner Bank

- eine PIN (persönliche Identifikationsnummer) und
- eine Liste mit TAN (Transaktionsnummern).

Um Zugang zum Bankrechner zu bekommen, gibt der Kunde seine Kontonummer und seine persönliche Identifikationsnummer ein. Damit ist z. B. die Kontostandsabfrage möglich. Bei jeder Aktion, wie etwa eine Überweisung, das Einrichten eines Dauerauftrags oder das Bestellen von Überweisungsformularen, muss der Kunde eine TAN (Transaktionsnummer) aus der ihm zur Verfügung gestellten TAN-Liste eingeben, zu der er aufgefordert wird (z. B. 65. TAN). Jede TAN wird nur einmal verwendet. Die TAN bekommt der Kunde von seiner Bank versiegelt mitgeteilt. Die TAN ist gewissermaßen die „elektronische Unterschrift" des Kontoinhabers.

3.2.7 Zahlungsformen beim E-Commerce

Zunehmend werden Waren und Dienstleistungen über das Internet angeboten, gekauft und bezahlt. Man spricht vom **E-Commerce**.[2] Business-to-Business, kurz B2B, liegt vor, wenn der Geschäftsverkehr zwischen Unternehmen gemeint ist. Vom Business-to-Consumer, kurz B2C, ist die Rede, wenn es um die Geschäfte zwischen Unternehmen und Konsumenten (Verbrauchern) geht. Wegen der besonderen Sicherheitsprobleme im Onlinehandel entstanden und entstehen im Bereich des elektronischen Handels immer wieder neue Zahlungsarten, von denen einige beispielhaft genannt werden:

---

1 Home (engl.): Heim, Wohnung. Banking (engl.): Bankgeschäfte betreiben. Homebanking ist somit die Durchführung von Bankgeschäften von zu Hause aus.
2 E-Commerce (electronic commerce, engl.): elektronischer Handel.

(1) Vorauskasse

Nach Eingang des Überweisungsbetrags versendet der Anbieter die vom Kunden im Internet oder per E-Mail bestellte Ware bzw. erbringt die Dienstleistung. Für den Anbieter ist die Vorauszahlung die sicherste Zahlungsweise. Die Vorauskasse wird bei den meisten Internet-Auktionen (z.B. eBay, Preiswalze) verlangt.

(2) Nachnahme

Diese traditionelle (althergebrachte) Zahlungsart hat durch den E-Commerce wieder an Bedeutung gewonnen. Die vom Anbieter als Nachnahmesendung z.B. mit der Post versandte Ware wird erst dann ausgehändigt, wenn die Barzahlung an die Zustellkraft erfolgt ist.

(3) Lastschrift

Hier übermittelt der Kunde bei seiner Bestellung dem Anbieter elektronisch eine einmalige Ermächtigung zum Einzug des Kaufpreises.

(4) Kauf mit Kreditkarte

Hier gibt der Zahler dem Anbieter seinen Namen, seine Kreditkartennummer und das Verfalldatum der Kreditkarte an. Die Unterschrift des Zahlers ist nicht erforderlich. Für den Käufer besteht das Risiko, dass der Anbieter z.B. unberechtigte Zahlungen veranlasst. Außerdem können Kreditkartendaten von „Hackern" ausgespäht (entziffert) und anschließend missbräuchlich verwendet werden. Um Internetzahlungen sicherer zu machen, können sich Anbieter, Nachfrager und Kreditkartengesellschaften ihre Identität und Bonität von einem Trust Center (einer Zertifizierungsstelle) bestätigen lassen. Das in einer Datei als Verschlüsselungscode gespeicherte Zertifikat ist praktisch ein elektronischer Personalausweis, der eine gesicherte elektronische Unterschrift (Signatur) ermöglicht.

Eine weitere Möglichkeit, Zahlungen im Internet sicherer zu machen, stellt das **Sicherheitsverfahren (Secure Socket Layer [SSL])** dar. Es **verschlüsselt die Kreditkartendaten** bei dem Transport durch das Internet und stellt einen sicheren Übertragungsweg zwischen Zahlungspflichtigem (Sender) und Zahlungsempfänger dar. Das SSL-Verfahren wird heute von den meisten Online-Shops angeboten.

(5) Giropay

Die Kunden, die bei einem Unternehmen kaufen, das dem Internetbezahlsystem „Giropay" angeschlossen ist, werden nach dem Kaufabschluss mit einem Klick auf die **Online-Banking-Seite ihrer Hausbank** geleitet. Dort steht eine ausgefüllte Überweisung zur Genehmigung (Autorisierung) durch eine Transaktionsnummer (TAN) bereit. Der Händler erteilt die Bestätigung, dass die Überweisung vorgenommen wurde. Das Internet-Bezahlsystem „Giropay" wird von den Sparkassen, Volks- und Raiffeisenbanken sowie der Postbank angeboten.

(6) PayPal

PayPal ist das Internetbezahlverfahren von eBay. Bei PayPal-Zahlungen z.B. per Banküberweisung überweist der Käufer von seinem Bankkonto den entsprechenden Betrag auf das PayPal-Konto. Nach Eingang des Betrags auf dem PayPal-Konto wird dieses sofort automatisch dem PayPal-Konto des Verkäufers gutgeschrieben.

PayPal-Zahlungen können auch per Kreditkarte vorgenommen werden, sofern dies der Verkäufer akzeptiert. Vorteil des PayPal-Systems ist, die Bank- oder Kreditkartendaten der Kunden werden nicht an den Verkäufer weitergegeben. Damit soll das Kaufen und Verkaufen bei eBay sicherer gemacht und die Zahlungsabsicherung erleichtert werden.

(7) Karten mit Geldkartenfunktion

Für die Zahlung von Kleinstbeträgen (Micropayments) sind Karten mit einer Geldkartenfunktion (z. B. Bankkarten und andere SmartCards, die mit einem Geldbetrag aufgeladen werden können) besonders geeignet. Um diese Karten im Internet nutzen, d. h. Geldbeträge im Internet übertragen zu können, brauchen die Kunden einen speziellen Chipkartenleser mit Anschlussmöglichkeit an den PC. Mit der aufgeladenen Geldkarte kann dann mithilfe des Chipkartenlesers bezahlt werden. Der Zahlungsempfänger erfährt lediglich die Nummer der Geldkarte.

3.2.8 Vorteile der bargeldlosen Zahlung

Der bargeldlose Zahlungsverkehr ist aus unserer hoch spezialisierten Wirtschaft, in der täglich Milliardenbeträge gezahlt werden, nicht mehr wegzudenken. Undenkbar, dass solche Beträge täglich bar gezahlt und über weite Entfernungen in Briefen oder Päckchen mit der Post versandt werden. Die Diebstahlgefahr wäre viel zu groß. Es ist daher leicht verständlich, dass der Umfang des bargeldlosen Zahlungsverkehrs im Laufe der Zeit die Bargeldzahlung um ein Vielfaches überstiegen hat.

Die bargeldlose Zahlung bringt für die Kunden und für die Banken Vorteile.

Vorteile für den Kunden	Vorteile für die Banken
▪ Erleichterung der Zahlung: Zahlung ohne großen Aufwand mit einem Formular; ▪ Zahlung kann terminiert werden, Terminüberwachung übernimmt die Bank; ▪ billiger als Barzahlung; ▪ keine Aufbewahrung und Sicherung von Bargeld.	▪ Kreditquelle: Da die Einlagen der Kunden nicht alle zur gleichen Zeit abgehoben werden, kann ein Teil der Giroeinlagen für Kredite verwendet werden; ▪ Ertragsquelle (Zinsen, Gebühren); ▪ Informationsquelle über Zahlungsverhalten (Seriosität) des Bankkunden.

Zusammenfassung

- Bei der **bargeldlosen Zahlung** erfolgt die Zahlung **ausschließlich** mit **Buchgeld**.

- Voraussetzung für den bargeldlosen Zahlungsverkehr ist das Vorhandensein eines **Girokontos** bei einer Bank.

- Ein wichtiges Zahlungsinstrument des bargeldlosen Zahlungsverkehrs ist die **Überweisung**. Bei der Überweisung wird der Zahlende belastet, der Empfänger erhält eine Gutschrift.

  Bei Überweisungen in einen anderen EU-/EWR-Staat oder in die Schweiz ist die **SEPA-Überweisung** zu verwenden.

- Beim **Dauerauftrag** führen Banken wiederkehrende Zahlungen in fester Höhe zu bestimmten Terminen aufgrund einer einmaligen Auftragserteilung an bestimmte Empfänger aus.

- Eine wichtige Art des Einzugsauftrags ist das **Lastschriftverfahren**. Der Zahlungspflichtige erteilt beim Lastschriftverfahren gegenüber seiner Bank **(Abbuchungsauftrag)** oder gegenüber dem Zahlungsempfänger **(Einzugsermächtigung)** die Genehmigung, fällige Beträge auf seinem Konto zu belasten. Dem Zahlungsempfänger wird der Betrag unter „Eingang vorbehalten" gutgeschrieben.

  - Beim **Einzugsermächtigungsverfahren** steht dem Zahlungspflichtigen innerhalb von 6 Wochen ein Widerspruchsrecht zu (Rückbuchung des eingezogenen Betrags).

  - Beim **Abbuchungsauftragsverfahren** steht dem Zahlungspflichtigen kein Widerspruchsrecht zu.

- Zu den Vorteilen des bargeldlosen Zahlungsverkehrs für den Kunden bzw. den Banken siehe Tabelle S. 299.

- Die **elektronische Zahlung** mit BankCard und Kreditkarte ist durch folgende Eigenschaften gekennzeichnet:

Verfahren Eigenschaften	Electronic Cash online	Electronic Cash mit Chip	Elektronische Geldbörse (Geldkarte)	EC-Last-schrift-Verfahren (ELV)	Kreditkarte
Karte	BankCard	BankCard	BankCard	BankCard	je nach Händler-wunsch
Unterschrift	nein	nein	nein	ja	ja
Geheimzahl	ja	ja	nein	nein	nein
Online ■ Sperrabfrage ■ Autorisierungs-prüfung	ja ja	bei Bedarf bei Bedarf	nein nein	nein nein	ja ja
Zahlungsgarantie	ja	ja	ja	nein	ja
Händler-Risiko	nein	nein	nein	hoch	nein

Übungsaufgaben

97 1. Beschreiben Sie den Weg, den eine Überweisung von einer Sparkasse in Essen zu einer Volksbank in Hamburg nehmen kann!

2. Unterscheiden Sie den Dauerauftrag vom Lastschriftverfahren und bilden Sie zu jeder Überweisungsart drei Beispiele!

3. Beantworten Sie in Stichworten folgende Fragen:

   3.1 Lohnt sich ein Girokonto auch für einen Schüler, der nicht viel Geld zur Verfügung hat?

   3.2 Welche Möglichkeiten bietet das Girokonto neben der Geldaufbewahrung noch?

4. 4.1 Sie sind Kassierer eines Fußballvereins und möchten die Mitglieder dazu auffordern, dem Verein eine Einzugsermächtigung für die Entrichtung des Vereinsbeitrags zu erteilen. Schreiben Sie diesen Brief!

   4.2 Entwerfen Sie das Formular für die Einzugsermächtigung!

5. Welchen gemeinsamen Vorteil haben die Zahlungen mit Dauerauftrag und Lastschriftverfahren für den Zahlenden?

98

1. Welchem Zweck dient die Kreditkarte?

2. Erläutern Sie die Zahlung mit der Geldkarte (elektronische Geldbörse)!

3. Erläutern Sie folgende Zahlungsarten:

   3.1 Girocard-/Point-of-Sale-Zahlungen,

   3.2 Bezahlung von Internetkäufen,

   3.3 Homebanking.

4. Erklären Sie die Unterrichtungs- und Anzeigepflichten des Karteninhabers (Kontoinhabers) beim Verlust oder bei einer missbräuchlichen Verfügung mit seiner BankCard!

5. Herr Häfner entschließt sich, die bargeldlose Zahlungsmöglichkeit mittels BankCard (EC-/Maestro-Service) in seinem Fachgeschäft einzuführen. Lediglich über die Art des Verfahrens hat Herr Häfner noch keine Entscheidung getroffen.

   Aufgabe:

   Stellen Sie die Abläufe bei der Zahlung mit EC-online- bzw. EC-offline-Verfahren und dem EC-Lastschrift-Verfahren (ELV) dar und nennen Sie je einen Vor- und Nachteil für jedes der beiden Zahlungssysteme!

6. Weitere Möglichkeiten der Kartenzahlung sind die Kreditkarte und die Geldkarte.

   Aufgabe:

   Nennen Sie je zwei Vor- und Nachteile zu diesen beiden Karten aus Sicht des Einzelhändlers!

99

Susanne Nigbur, Ruhrallee 28, 45128 Essen, Kundin der Commerzbank Essen, BLZ 360 400 39, Konto-Nr. 656 868 319, wünscht am Montag, dem 05.04.20.. an Herrn Sven Sörensen, Kopenhagen, Dänemark, 750,00 Euro als Anzahlung für die Miete eines Ferienhauses zu überweisen.[1]

Dazu legt sie nachstehende Buchungsbestätigung (Auszug) vor:

Sven Sörensen
Taarbakvej 6

DK-2100 Kobenhavn   28.03.20..
Tlf. 702010120

Sehr geehrte Frau Nigbur,

bitte überweisen Sie die Anzahlung in Höhe von 750,00 EUR für den in der Zeit vom 20.07. bis 03.08.20.. gemieteten Bungalow auf das unten angeführte Konto.

Danske Bank Kobenhavn
Amagertopvej 24,1
Kobenhavn
IBAN: DK 50 0040 0440 1162 43
BIC (SWIFT-Code): DAHADKKISPE

Aufgaben:

1. Füllen Sie den Überweisungsauftrag für die Kundin aus! Die IBAN der Kundin Susanne Nigbur lautet: DE23360400390656868319.

2. Informieren Sie die Kundin über die Bedeutung und den Aufbau der IBAN und der BIC – siehe auch die Eintragung auf dem Überweisungsauftrag! (Die Stellen 3 und 4 der IBAN sind Prüfziffern.)

3. Erklären Sie der Kundin, warum die Kreditwirtschaft die International Bank Account Number (IBAN) und den Bank Identifier Code (BIC) eingeführt hat!

---

1 Die Angaben der Bank sind nur als Beispiel anzusehen. Bitte besorgen Sie sich eine EU-Standardüberweisung von einer Bank in Ihrer Stadt.

4 Entscheidungsprobleme der Lagerwirtschaft

4.1 Funktionen und Arten des Lagers

4.1.1 Funktionen des Lagers

Merke:

Unter einem **Lager** versteht man einen Raum oder eine Fläche zum Aufbewahren von Sachgütern. Die Sachgüter werden mengen- und/oder wertmäßig erfasst.

Die Sachgüter werden im Wesentlichen aus vier Gründen gelagert:

Funktionen[1] des Lagers	Erläuterungen
Sicherungsfunktion	Die einzelnen Verbrauchsstellen eines Industriebetriebs müssen jederzeit über die notwendigen Werkstoffe verfügen, wenn die Produktion störungsfrei ablaufen soll. Aus diesem Grund wird in den Industriebetrieben meistens ein Sicherheitsbestand (eiserner Bestand) gehalten.
Zeitüberbrückungs-funktion/ Mengenausgleichs-funktion	▪ Witterungseinflüsse (z.B. verspätete Ernten), Liefererausfälle, Transportschwierigkeiten, politische Entscheidungen (z.B. Ausfuhrstopps) können die Produktion zum Erliegen bringen. Ein Roh-, Hilfs- und Betriebsstofflager sichert die Funktionsfähigkeit des Betriebs. ▪ Ein plötzlicher Nachfrageanstieg kann die Lieferbereitschaft beeinträchtigen. Das Lager an Fertigerzeugnissen gleicht die Marktschwankungen aus. Bei steigender Nachfrage werden die Lager abgebaut, bei sinkender Nachfrage aufgestockt.
Umformungs-funktion	Bei bestimmten Gütern hat die Lagerhaltung auch die Aufgabe, die Eigenschaften der Güter an die Anforderungen der Produktion und/oder des Absatzes anzupassen. Hierzu gehört z.B. das Austrocknen von Holz, das Aushärten von Autoreifen oder das Reifen alkoholischer Getränke (z.B. Bier, Wein).
Spekulations-funktion	Durch Großeinkäufe (z.B. durch das Ausnutzen von Mengenrabatten, Transportkostenvergünstigungen und Verbilligungen bei den Verpackungskosten) sowie durch Gelegenheitskäufe werden die Betriebe in die Lage versetzt, die Preise auch bei steigender Nachfrage stabil zu halten.

4.1.2 Arten des Lagers

(1) Lagerarten nach der räumlichen Gestaltung

Offene Lager. Wirtschaftliche Güter, die in ihrer Qualität durch Witterungseinflüsse nicht leiden, werden in kostengünstigen offenen, d.h. nicht überdachten Lagern untergebracht (z.B. Kohle, Sand, Steine, Röhren, Ziegel usw.).

---

1 Funktionen: hier Aufgaben.

Geschlossene Lager. Die weitaus meisten Güter müssen in geschlossenen (umbauten) Lagern eingelagert werden, um sie vor Witterungseinflüssen (Kälte, Wärme, Feuchtigkeit) sowie Diebstahl zu schützen. Bei vielen Gütern sind **Speziallagerräume** (z. B. Kühlräume, Öltanks, Silos) erforderlich. **Getrennte Lagerräume** können aus Zweckmäßigkeitsgründen (leichterer Zugriff) oder aus Gründen, die in der Natur der Güter liegen, notwendig sein (z. B. Trennung von Lebensmitteln mit Geruchsbildung wie Käse von sonstigen Lebensmitteln, Trennung von Chemikalien von Lebensmitteln).

(2) Lagerarten nach dem Bearbeitungszustand der Erzeugnisse

- **Roh-, Hilfs- und Betriebsstofflager (kurz Stofflager).** Diese Lager haben die Aufgabe, die Zeitspanne zwischen Beschaffung und Produktion (Verbrauch der Roh-, Hilfs- und Betriebsstoffe) zu überbrücken.

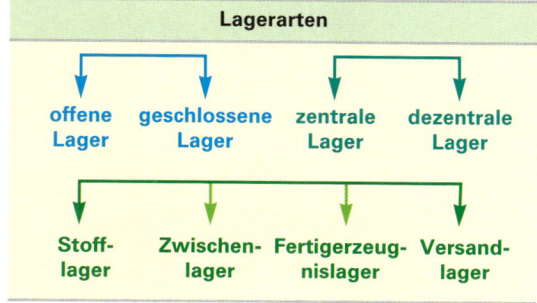

- **Zwischenlager.** Sie nehmen unfertige, noch weiter zu bearbeitende Erzeugnisse auf. Zwischenlager sind häufig deshalb erforderlich, weil die Fertigungsstufen innerhalb des Produktionsprozesses – besonders in Mehrproduktunternehmen – selten so genau aufeinander abgestimmt werden können, dass in jeder Produktionsstufe die erforderlichen Teile in der benötigten Menge zur Verfügung stehen. Außerdem würde ohne Zwischenlager bei der geringsten Betriebsstörung in einer Vorstufe (z. B. aufgrund eines Maschinenschadens) der gesamte Produktionsprozess zum Stillstand kommen.

- **Fertigerzeugnislager.**[1] In diesen Lagern werden die fertiggestellten Erzeugnisse gelagert, um sie für den Absatz bereitzuhalten.

- **Versandlager.** Hierbei handelt es sich um die kurzfristige Lagerung von Gütern, die versandfertig gemacht (z. B. seemäßig verpackt) werden. Versandlager sind Durchgangslager bereits bestellter Erzeugnisse.

(3) Lagerarten nach dem Lagerort (Lagerstandort)

Zentrale Lager sind solche, bei denen alle im Betrieb benötigten Güter in einem Gesamtlager untergebracht sind. Zentrale Lager haben den Vorteil, dass sie verhältnismäßig wenig Raumkosten verursachen.

Eine Minimierung auch der Transportkosten setzt voraus, dass die Verbrauchsstätten entsprechend dem Produktionsfluss um das Lager angeordnet sind. Da die meisten Betriebe jedoch historisch gewachsen sind, liegen die Produktionsstätten (z. B. Werkstätten, Werkhallen) häufig hinter-, über- und/oder nebeneinander, sodass die Raumkostenersparnis eines zentralen Lagers durch die Transportkostenverteuerung aufgehoben oder übertroffen wird. Lediglich bei Umbauten, Betriebserweiterungen und Neugründungen lassen sich die günstigsten Bedingungen für eine zentrale Lagerung schaffen.

---

1 Industriebetriebe, die neben ihren Erzeugnissen auch Handelswaren anbieten, führen auch ein Handelswarenlager.

Dezentrale Lager sind erforderlich, wenn die Vorteile der geringen Raumkosten bei zentraler Lagerung durch erhöhte Transportkosten aufgezehrt werden. Jede Verbrauchsstätte enthält dann ein eigenständiges Lager für die Roh-, Hilfs-, Betriebsstoffe und Fertigteile, die sie benötigt (Nebenlager). Dies schließt nicht aus, dass dennoch ein zentrales Lager (Hauptlager) geführt wird, von dem aus die Nebenlager bei Bedarf beliefert werden. Der Vorteil ist, dass Transportkosten eingespart werden. Von Nachteil ist, dass die Raumkosten und die Verwaltungskosten steigen.

4.2 Lagerplatzvergabe

(1) Systematische Lagerplatzordnung

Die systematische Lagerplatzordnung ist dadurch gekennzeichnet, dass das Lagergut nach einem bestimmten Lagerplatzsystem gelagert wird.

Das Lagergut muss entsprechend seiner jeweiligen Eigenschaft so aufbewahrt werden, dass es **jederzeit griffbereit** ist und **keine Schäden** entstehen. Zu diesem Zweck wird für größere Räume ein **Lagerplan** erstellt, mit dessen Hilfe die benötigten Güter schnell gefunden werden können. Jeder einzelne Raum (bzw. jede Abteilung) erhält eine Nummer (oder einen Buchstaben), jede Unterabteilung und jeder Platz (z.B. Regal, Schrank) eine Unternummer.

> **Beispiel:**
>
> Der Auszubildende Neu erhält den Auftrag, aus dem Lager fünf Schraubzwingen zu holen. Er weiß weder was das ist, noch kann er die Schraubzwingen finden. Die Auszubildende Frisch sagt ihm, er solle im Lagerplan nachschauen. Dort findet er unter dem Begriff „Schraubzwingen" den Vermerk 4/15/8. Frisch erklärt: „Die Schraubzwingen befinden sich im Lagerraum 4, Regal 15, Fach 8." Jetzt kann wirklich nichts mehr schiefgehen.

Solange bei der systematischen Lagerung keine organisatorischen Veränderungen vorgenommen werden, befindet sich ein bestimmtes Lagergut stets am gleichen Lagerort. Ziel der systematischen Lagerplatzordnung ist die **Optimierung[1] der Beschickungs- und Entnahmewege.**

(2) Chaotische Lagerplatzordnung

Die chaotische Lagerplatzordnung kennt **keinen Lagerplan.** Eingehende Güter werden mittels EDV den jeweils gerade frei gewordenen Lagerplätzen zugewiesen, sodass es keine festen Lagerplätze für bestimmte Güterarten gibt. Der Lagerort wird von der elektronischen Führungseinrichtung gespeichert. Ziel der chaotischen Lagerplatzordnung ist die **Optimierung der Lagerkapazität.**

Voraussetzung für die Funktionsfähigkeit jeder Lagerplatzordnung ist, dass die jeweils erforderlichen **Verlade-** und **Beförderungsmittel** vorhanden sind. Hierzu gehören z.B. Förderbänder, Rutschen, Hand- und Elektrokarren sowie Gabelstapler. Hochregallager (10 bis 30 Meter Höhe) haben Kapazitäten (Fassungsvermögen) von 1000 bis 20000 und mehr Palettenplätzen. Hier führt ein automatisch gesteuerter Stapelkran das Ein- und Ausräumen der Paletten mit Kisten, Schachteln, Bündeln usw. durch.

---

1 Optimieren (lat.): die günstigste Lösung für eine bestimmte Zielsetzung ermitteln.

(3) Freie Lagerplatzvergabe innerhalb fester Bereiche

Die Strategie der freien Lagerplatzvergabe innerhalb fester Bereiche trägt dazu bei, dass Wege und Zeiten bei der Ein- und Auslagerung verringert werden können. Hierbei werden innerhalb des Lagers Zonen nach Umschlagshäufigkeit (Langsamdreher, Schnelldreher) gebildet. Die Schnelldreher lagern nahe am Ein- und Auslagerungspunkt, während die Langsamdreher fern von diesem Punkt gelagert werden.

4.3 Bestandsoptimierung in der Lagerhaltung auf der Basis von Lagerkennzahlen

4.3.1 Arten der Lagerhaltungskosten

(1) Personalkosten

Für das im Lager arbeitende Personal entstehen Personalkosten. Diese setzen sich aus den Löhnen und Gehältern, den gesetzlichen Sozialkosten (Arbeitgeberanteil an der Sozialversicherung) und den freiwilligen Sozialleistungen des Arbeitgebers (z.B. Essenskostenzuschüsse, Fahrtkostenzuschüsse, betriebliche Altersversicherung) zusammen.

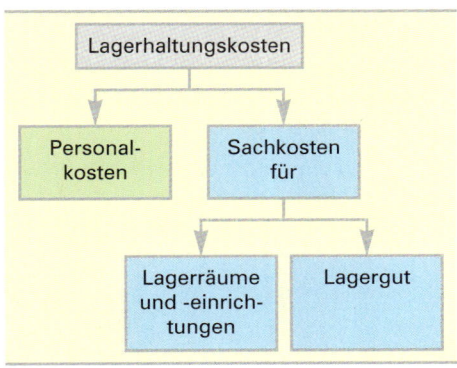

(2) Sachkosten

■ **Raumkosten**

Während für die Benutzung fremder Lagerräume Miete zu bezahlen ist, entstehen durch die Lagerung in eigenen Räumen eine ganze Reihe von sachlichen Kosten. Zunächst müssen **Abschreibungen** für den Wertverlust, dem die Gebäude im Zeitablauf und durch Nutzung unterliegen, berücksichtigt werden. Hinzu treten die Kosten für die **Verzinsung** des in den Räumlichkeiten investierten Kapitals. Zur Erhaltung der Lagerräume fallen **Reparaturkosten** an. Schließlich sind noch die anteiligen **Steuerkosten** (Grundsteuer) und **Versicherungskosten** zu berücksichtigen.

■ **Kosten der Lagereinrichtung**

Ebenso wie für die Baulichkeiten fallen auch bei den Lagereinrichtungen (z.B. Regale, Fördereinrichtungen, Büroausstattung) **Abschreibungskosten, Zinskosten, Reparaturkosten, Steuerkosten** und **Versicherungskosten** an. Hinzu kommen die **Energiekosten** (z.B. für Belüftung, Heizung, Kühlung, Beleuchtung).

■ **Risiko- und Versicherungskosten**

Die Lagerung von Waren, Hilfs-, Betriebs- und Rohstoffen, Fertigteilen usw. ist risikobehaftet. Abgesehen vom Schwund, Verderb, Diebstahl oder Veralten besteht das Hauptrisiko im Spannungsverhältnis von unsicherer Absatzerwartung einerseits und dem

305

20 Speth u.a. - ISBN 978-3-8120-0465-7

Zwang andererseits, eine Entscheidung über die Art und Höhe der Lagerbestände treffen zu müssen. Auch die Preisrisiken gehören zu diesem Bereich.

Versicherbare Risiken	Einige Risiken wie Diebstahl, Einbruchdiebstahl, Veruntreuung sowie Wasser- und Feuerschäden lassen sich versichern (**spezielle Risiken**).
Nicht versicherbare Risiken	Mengenverluste durch Schwund, Verderb (Fäulnis) und Qualitätseinbußen (z. B. Geschmacks- und Geruchseinbußen) sind nicht versicherbar. Auch Preisrisiken sowie Risiken, die durch Änderung der Verbrauchergewohnheiten entstehen (z. B. Modewechsel), können nicht versichert werden (**allgemeines Unternehmerrisiko**).

Für Lagerrisiko und Lagerdauer gilt: Je kürzer die Lagerdauer ist, desto niedriger sind die Wagniskosten für die Lagerbestände. Auch aus dieser Sicht wird die Wirtschaftlichkeit des Lagers durch eine Verkürzung der Lagerdauer erhöht. Aus dieser Tatsache leitet sich auch die zunehmende Bedeutung für das sogenannte Just-in-time-Verfahren ab.

4.3.2 Festlegung von Mindest- und Meldebeständen

(1) Mindestbestand

In den meisten Industrieunternehmen werden für produktionswichtige Rohstoffe, Fabrikationsmaterialien, Ersatzteile, Handelswaren usw. Mindestbestände festgelegt, die ohne Genehmigung des Leiters der Materialwirtschaft, oft sogar ohne Zustimmung der Unternehmensleitung, nicht unterschritten werden dürfen.

> **Merke:**
>
> Die **Mindestbestände,** auch **eiserne Bestände** genannt, sind so hoch zu bemessen, dass sie auch bei vorübergehenden Beschaffungsschwierigkeiten eine reibungslose Betriebsfortführung garantieren.

Die Mindestbestände sollten umso größer sein, je größer das Risiko von Beschaffungsstockungen für die Produktion ist. Sie müssen für jede Stoffart (jedes Sachgut) gesondert festgestellt werden. Ändern sich die Beschaffungskonditionen (insbesondere der Lieferfristen) und die Bedarfsmengen, ist auch die Höhe der Mindestbestände an die neuen Bedingungen anzupassen.

(2) Meldebestand

> **Merke:**
>
> Der **Meldebestand** ist jene Lagermenge, bei deren Erreichung beim „Bestellpunktverfahren" dem Einkauf Meldung (Bedarfsmeldung) zur Neuanschaffung (Auffüllung der Läger) zu machen ist. Der Meldebestand bestimmt somit den Zeitpunkt der Bestellung.

Der Meldebestand muss so hoch sein, dass das Auffüllen des Lagers vor Erreichung des Mindestbestands möglich ist. Der Meldebestand liegt um die Bedarfsmenge während der Wiederbeschaffungszeit über dem Mindestbestand.

Der Meldebestand wird wie folgt berechnet:

Meldebestand = Tagesverbrauch · Wiederbeschaffungszeit + Mindestbestand

Bei der Bestimmung der Wiederbeschaffungszeit sind unbedingt die Lieferfrist, die Transportzeit, aber auch die gesamte Bearbeitungszeit der Bedarfsmeldung, vor allem im Einkauf (Angebotseinholung, Angebotsprüfung, Verhandlungen, Schreiben der Bestellungen), und die Laufzeit der Bestellungen zum Lieferer zu berücksichtigen (zu addieren).

Beispiel:

100 Stück Verbrauch täglich, 6 Tage Wiederbeschaffungszeit insgesamt,
600 Stück Mindestbestand

Meldebestand: 100 · 6 + 600 = 1 200 Stück

4.3.3 Berechnung von Lagerkennzahlen

(1) Durchschnittlicher Lagerbestand

Der durchschnittliche Lagerbestand bildet die Grundlage für die Bestimmung der Lagerumschlagshäufigkeit und der durchschnittlichen Lagerdauer. Der durchschnittliche Lagerbestand kann z.B. als arithmetisches Mittel (Durchschnitt) aus dem **Jahresanfangsbestand** und dem **Jahresschlussbestand** berechnet werden.

Beispiel:

Der Jahresanfangsbestand in einem Lager beträgt 72 000,00 EUR, der Schlussbestand 68 000,00 EUR.

$$\text{Durchschnittlicher Lagerbestand} = \frac{72\,000 + 68\,000}{2} = 70\,000{,}00 \text{ EUR}$$

Außerdem gibt es z.B. folgende Berechnungsmöglichkeiten:

$$\text{Durchschnittlicher Lagerbestand} = \frac{\text{Jahresanfangsbestand} + 12 \text{ Monatsendbestände}}{13}$$

Merke:

Der **durchschnittliche Lagerbestand** sagt aus, welcher Werkstoffwert (oder Handelswarenwert) zu Einstandspreisen durchschnittlich auf Lager ist. In dieser Höhe ist ständig Kapital des Unternehmens gebunden.

(2) Lagerumschlagshäufigkeit

Sie gibt an, wie oft die Menge oder der Wert des durchschnittlichen Lagerbestands in einer Zeitperiode, z.B. in einem Jahr, „abgegangen", d.h. Werkstoffe verbraucht bzw. Handelswaren verkauft worden sind. Die Lagerumschlagshäufigkeit schwankt je nach Branche, Warenart und Organisationsstandard der Lagerwirtschaft eines Unternehmens.

$$\text{Lagerumschlags-häufigkeit}^{1} = \frac{\text{Lagerabgang (z.\,B. Verbrauch von Werkstoffen) zu Einstandspreisen}}{\text{durchschnittlicher Lagerbestand zu Einstandspreisen}}$$

Beispiel:

Beträgt der Lagerabgang zu Einstandspreisen z.\,B. 840 000,00 EUR und der durchschnittliche Lagerbestand 70 000,00 EUR (siehe Beispiel auf S. 307), so ergibt sich die Lagerumschlagshäufigkeit wie folgt:

$$\text{Lagerumschlagshäufigkeit} = \frac{840\,000}{70\,000} = \underline{\underline{12}}$$

Ergebnis: Die Zahl 12 besagt, dass der durchschnittliche Lagerbestand in der Rechnungsperiode zwölfmal umgeschlagen wurde.

Merke:

Durch die **Lagerumschlagshäufigkeit** erfährt der Unternehmer, wie oft sich der durchschnittliche Lagerbestand in einer Rechnungsperiode umgeschlagen hat.[2]

(3) Durchschnittliche Lagerdauer

Sie ist die Zeit (z.\,B. in Tagen ausgedrückt) zwischen dem Eingang der Werkstoffe (oder Handelswaren) im Lager und deren Abgabe an die Produktion (bzw. den Verkauf), und zwar im Durchschnitt gerechnet. Die Lagerdauer soll so kurz wie möglich sein, um z.\,B. die Lagerzinsen zu senken sowie Schwund, Diebstahl und technische und wirtschaftliche Überholung zu vermeiden.

$$\text{Durchschnittliche Lagerdauer in Tagen} = \frac{360 \text{ Tage}}{\text{Lagerumschlagshäufigkeit}}$$

Beispiel:

Bei einer im vorherigen Beispiel ermittelten Lagerumschlagshäufigkeit von 12 errechnet sich die durchschnittliche Lagerdauer wie folgt:

$$\text{Durchschnittliche Lagerdauer} = \frac{360 \text{ Tage}}{12} = \underline{30 \text{ Tage}}$$

Ergebnis: Das Lagergut liegt durchschnittlich 30 Tage im Lager.

Merke:

Aus der **durchschnittlichen Lagerdauer** sieht der Unternehmer, wie lange die Werkstoffe (oder Handelswaren) im Durchschnitt im Lager waren.

Wichtig: Je höher die Lagerumschlagshäufigkeit, desto kürzer ist die durchschnittliche Lagerdauer und umgekehrt.

---

1 Außerdem gibt es folgende Berechnungsmöglichkeiten:

$$\text{Lagerumschlagshäufigkeit} = \frac{\text{Verbrauch pro Jahr}}{\text{durchschnittlicher Lagerbestand}} \text{ oder } \frac{360}{\text{durchschnittliche Lagerdauer}}$$

2 Häufiger Trugschluss: Das Lager wurde zwölfmal „gefüllt" und nicht geleert. **Beispiel:** Wird das Lager nur einmal jährlich zum 01.01. gefüllt, ergibt sich eine Umschlagshäufigkeit von zwei.

308

(4) Lagerzinssatz

Der Lagerzinssatz (Lagerzinsfuß) gibt an, wie viel Prozent Zinsen für das in den Lagervorräten investierte Kapital z. B. in die Verkaufspreise einkalkuliert werden müssen.

$$\text{Lagerzinssatz}^1 = \frac{\text{Marktzinssatz} \cdot \text{durchschnittliche Lagerdauer}}{360 \text{ Tage}}$$

Je kürzer die durchschnittliche Lagerdauer ist, desto niedriger sind die auf den Werkstoffeinsatz (oder Handelswareneinsatz) entfallenden Zinskosten der Lagerhaltung, d. h. desto niedriger ist der Lagerzinssatz.

Beispiel:

Bei einer im vorherigen Beispiel ermittelten Lagerdauer von 30 Tagen und einem angenommenen Jahreszinssatz von 9 % beträgt der Lagerzinssatz:

$$\text{Lagerzinssatz} = \frac{9 \cdot 30}{360} = \underline{\underline{0,75 \%}}$$

(5) Sinkender Lagerhaltungskostenanteil mit steigender Lagerumschlagshäufigkeit

Mit zunehmender Lagerumschlagshäufigkeit (abnehmender durchschnittlicher Lagerdauer) verringert sich die durchschnittliche Lagerkostenbelastung des Materialeinsatzes (z. B. des Einsatzes von Roh-, Hilfs- und Betriebsstoffen) bzw. des Handelswareneinsatzes sowie die Kostenbelastung für das im Lager gebundene Kapital.

Beispiel:

Der Wareneinsatz beträgt konstant 600 000,00 EUR. Der Jahreszinssatz beträgt 9 %.

Wareneinsatz in EUR	600 000,00	600 000,00	600 000,00	600 000,00	600 000,00	600 000,00
Umschlagshäufigkeit	1	2	4	6	8	10
Durchschnittliche Lagerdauer	360	180	90	60	45	36
Durchschnittlicher Lagerbestand	600 000,00	300 000,00	150 000,00	100 000,00	75 000,00	60 000,00
Lagerzinsen/Umschlag	54 000,00	13 500,00	3 375,00	1 500,00	843,75	540,00
Lagerzins/Jahr	54 000,00	27 000,00	13 500,00	9 000,00	6 750,00	5 400,00

Da der Lagerabgang eine Größe ist, die vom Unternehmen nicht ohne Weiteres vergrößert werden kann, liegen die beeinflussbaren Kostenpotenziale darin, dasselbe Absatzziel mit höherer Umschlagshäufigkeit und damit kürzerer Lagerdauer zu erreichen.

---

1 Außerdem gibt es folgende Berechnungsmöglichkeit: $\text{Lagerzinssatz} = \frac{\text{Marktzinssatz}}{\text{Umschlagshäufigkeit}}$

2 $\text{Lagerzinsen} = \frac{\text{Wert des durchschnittlichen Lagerbestands} \cdot \text{Lagerzinssatz}}{100}$

Es ist nachvollziehbar, dass die damit verbundene Senkung des durchschnittlichen Lagerbestands auch einhergeht mit einer Senkung der übrigen Lagerkosten. Zwar verläuft die Senkung dieser Lagerkosten nicht direkt proportional zur Verringerung des Lagerbestands (z. B. bleiben die Raumkosten weitestgehend fix). Dennoch gewinnt das Unternehmen dadurch einen Kostenvorteil, der genutzt werden kann zur Verbesserung der Gewinnsituation oder zur Senkung der Preise und damit zur Verbesserung der eigenen Marktposition.

4.4 Risiken einer fehlerhaften Lagerplanung

Zu **hohe Lagerbestände** binden Kapital und verursachen Kosten. Ein zu großes Lager bringt außerdem die Gefahr mit sich, dass infolge technischer Änderungen und/oder infolge Geschmackswandels das Lagergut veraltet.

Zu **niedrige Lagerbestände** können zu Produktions- und Absatzstockungen führen.

Beispiele:

Muss die Produktion z. B. wegen zu geringer Rohstoffvorräte eingeschränkt werden, dann sind die im Unternehmen anfallenden Kosten (z. B. Löhne, die für die weiterhin benötigten Facharbeiter bezahlt werden müssen; Zinsen für die aufgenommenen Kredite; Abschreibungskosten für das im Unternehmen investierte Sachkapital der Gebäude, Maschinen, Lagereinrichtungen usw.) nicht mehr voll durch den möglichen Verkauf der Fertigerzeugnisse gedeckt.

Besonders nachteilig wirken sich zu niedrige Lagervorräte aus, wenn hierdurch fest zugesagte Liefertermine nicht eingehalten werden können und deshalb Kunden nicht mehr bei dem Unternehmen kaufen. Absatzstockungen führen mittel- bis langfristig auch zu Zahlungsschwierigkeiten. Während die Aufwendungen im Wesentlichen in unveränderter Höhe weiterlaufen, stagnieren oder sinken die Erträge bei Absatzstockungen.

Zusammenfassung

- Das Lager erfüllt vier **Aufgaben (Funktionen)**: Sicherungs-, Zeitüberbrückungs-/Mengenausgleichs-, Umformungs- und Spekulationsfunktion.

- Das Lager kann nach verschiedenen Gesichtspunkten unterteilt werden **(Lagerarten)**:

Gliederungsgesichtspunkt	Lagerart
Nach der räumlichen Gestaltung	▪ offene Lager ▪ geschlossene Lager
Nach dem Bearbeitungszustand der Erzeugnisse	▪ Stofflager ▪ Zwischenlager ▪ Fertigerzeugnislager ▪ Versandlager
Nach dem Lagerort	▪ Zentrale Lager ▪ Dezentrale Lager

- Für produktionswichtige Rohstoffe, Halbfabrikate, Ersatzteile und Handelswaren werden **Mindest-** und **Meldebestände** festgelegt.

- Bei Erreichen des Meldebestands muss das Lager dem Einkauf eine **Bedarfsmeldung** zwecks Auffüllung des Lagers (Neuanschaffung) machen. Beim **Bestellpunktverfahren** bestimmt der Meldebestand die „Bestellzeitpunkte" der im Lager geführten Materialien.

- Die wichtigsten **Lagermesszahlen** sind der **durchschnittliche Lagerbestand**, die **Lagerumschlagshäufigkeit**, die **durchschnittliche Lagerdauer** und der **Lagerzinssatz**.

- Je **höher** die **Lagerumschlagshäufigkeit** ist, desto **niedriger** sind die **durchschnittliche Lagerdauer** und der **Lagerkostenanteil** (und umgekehrt).

Übungsaufgaben

100 1. Eine Erweiterung des Produktprogramms bedeutet häufig gleichzeitig eine Erweiterung des Lagerraums.

Aufgaben:

1.1 Welche zusätzlichen Kosten treten dabei auf? (Drei Beispiele!)

1.2 Für die Lagerkosten gilt stets: „Je kürzer die Lagerdauer, desto geringer die Kosten." Nennen Sie zwei Maßnahmen, durch die eine Verkürzung der durchschnittlichen Lagerdauer erreicht werden kann!

1.3 Berechnen Sie den durchschnittlichen Lagerbestand, die Lagerumschlagshäufigkeit, die durchschnittliche Lagerdauer, den Lagerzinssatz (landesüblicher Zinsfuß 9 %) nach den folgenden Angaben:

Anfangsbestand an Handelswaren am 1. Januar 20..	150 000,00 EUR
Zugänge an Handelswaren	700 000,00 EUR
Schlussbestand an Handelswaren am 31. Dezember 20..	250 000,00 EUR

1.4 Begründen Sie, wie sich eine Erhöhung der Lagerumschlagshäufigkeit auf die Lagerkosten und das Lagerrisiko auswirkt!

2. Der Jahresanfangsbestand eines Rohstoffs beträgt 590 000,00 EUR, der Jahresschlussbestand 670 000,00 EUR und der Verbrauch an Rohstoffen (Lagerabgang) zu Einstandspreisen 6 300 000,00 EUR.

Aufgaben:

2.1 Berechnen Sie

2.1.1 den durchschnittlichen Lagerbestand,

2.1.2 die Lagerumschlagshäufigkeit und

2.1.3 die durchschnittliche Lagerdauer!

2.2 Machen Sie Vorschläge, wie die durchschnittliche Lagerdauer verkürzt werden kann!

3. Die Lagerzinsen sind von der Lagerdauer des eingelagerten Guts abhängig.

Aufgabe:

Beweisen Sie diese Aussage anhand folgender Zahlen, indem Sie die Lagerzinsen bei einer Lagerdauer von 14, 16, 18 und 20 Tagen berechnen! Zugrunde gelegter Zinssatz 10 %; Wert des durchschnittlichen Lagerbestands 400 000,00 EUR.

101 Die Düsseldorfer Polstermöbelwerke AG haben in letzter Zeit dank neuer und besonders ansprechender Modelle Produktion und Absatz wesentlich steigern können. Immer wieder gab es aber empfindliche Engpässe, besonders bei der Versorgung der Polsterabteilung mit Bezugsleder. Die Einhaltung von Lieferfristen gegenüber Kunden bereitete deshalb oft Schwierigkeiten. Folglich sollen Lagerhaltung und Beschaffung neu überdacht werden. Die Bestandskarte für Bezugsleder weist aus: Mindestlagerbestand 1 000 m²; Meldebestand 4 000 m².

Aufgaben:

1. Zunächst soll geprüft werden, ob die bisher üblichen Mindestlagerbestände an Fertigungsmaterial ausreichen:

   1.1 Nennen Sie vier Gründe, weshalb es notwendig ist, einen Mindestlagerbestand zu halten!

   1.2 Unter welchen Voraussetzungen darf der Mindestlagerbestand angegriffen werden?

2. Der Lagerverwalter soll künftig Neubestellungen rechtzeitig bei der Einkaufsabteilung veranlassen.

   2.1 Bei welchem Lagerbestand muss er die Einkaufsabteilung informieren?

   2.2 Berechnen Sie die Wiederbeschaffungszeit bei einem durchschnittlichen Tagesbedarf von 100 m²!

   2.3 Nennen Sie zwei Gründe, die dazu führen können, dass der Meldebestand erhöht werden muss!

3. Im Hinblick auf die Wettbewerbssituation sollen die Kosten und die Risiken der Lagerhaltung untersucht werden.

   3.1 Nennen Sie fünf Kostenarten, die durch die Lagerhaltung verursacht werden!

   3.2 Erläutern Sie drei Risiken, die mit der Lagerhaltung verbunden sind!

4. Lagerkosten und Lagerrisiko stehen in engem Zusammenhang mit den Lagermesszahlen. Die Lagerbuchhaltung liefert für das Holzlager folgende Informationen:

Anfangsbestand am 1. Januar	120 000,00 EUR
12 Monatsschlussbestände insgesamt	1 180 000,00 EUR

   Berechnen Sie den durchschnittlichen Lagerbestand!

5. Begründen Sie, wie sich eine Erhöhung der Lagerumschlagshäufigkeit auf die Lagerkosten und das Lagerrisiko auswirkt!

102 Eine Lageranalyse bei der Kleiner OHG ergab folgende Situation:

Lagerabgang zu Einstandspreisen:	600 000,00 EUR
Der Lagerkostensatz beträgt	30 %

Hinweis:

Der Lagerkostensatz ist ein %-Satz, der angibt, wie hoch die Lagerkosten, gemessen am durchschittlichen Lagerbestand, sind.

Aufgabe:

Stellen Sie tabellarisch dar, wie sich die Lagerkosten ändern, wenn es dem Betrieb gelingt, die Umschlagshäufigkeit schrittweise zu steigern von 3, über 4, 6, 8 bis 10!

1 Analyse des Kaufverhaltens

1.1 Grundlagen, Ziele und Aufgaben des Marketings

1.1.1 Grundlagen des Marketings

(1) Vom Verkäufermarkt zum Käufermarkt[1]

Durch die zunehmende Sättigung der Bedürfnisse, den technischen Fortschritt und die Liberalisierung der Märkte kommt es zu einem Überhang des Leistungsangebots. Die Märkte entwickeln sich vom **Verkäufermarkt** zum **Käufermarkt**.

> **Merke:**
>
> - Der **Verkäufermarkt** ist ein Markt, in dem die Nachfrage nach Gütern größer ist als das Güterangebot. Es besteht ein **Nachfrageüberhang**. Die **Marktmacht** hat der **Verkäufer.**
> - Der **Käufermarkt** ist ein Markt, in dem das Angebot an Gütern größer ist als die Nachfrage nach Gütern. Es besteht ein **Angebotsüberhang**. Die **Marktmacht** hat der **Käufer.**

Der Wandel vom Verkäufer- zum Käufermarkt führt dazu, dass weniger die Produktion und ihre Gestaltung, sondern der Absatz der erzeugten Produkte zur Hauptaufgabe der Unternehmen wird. Diese Veränderungen bleiben nicht ohne nachhaltige Auswirkungen auf die Durchführung des Absatzes. Während zu Zeiten des Verkäufermarktes vorrangig die Verteilung der Erzeugnisse das Problem war, kommt es nun darauf an, den Absatzmarkt systematisch zu erschließen. Dies erfordert für das Erreichen der Unternehmensziele zunehmend die Ausrichtung aller Unternehmensfunktionen auf die tatsächlichen und die zu erwartenden Bedürfnisse der Abnehmer. Für diese Führungskonzeption wird das aus dem Amerikanischen übernommene Wort **Marketing**[2] verwendet.

(2) Begriff Marketing

> **Merke:**
>
> **Marketing** ist eine **marktorientierte Führungskonzeption** (Denkhaltung), bei der **alle Aktivitäten** eines Unternehmens konsequent auf die gegenwärtigen und künftigen **Erfordernisse der Märkte** ausgerichtet werden.

---

1 Die Ausführungen dieses Kapitels lehnen sich an die folgende Literatur an:
Nieschlag, R./Dichtl, E./Hörschgen, H.: Marketing, 19. Aufl., Berlin 2002.
Meffert, H.: Marketing, Grundlagen marktorientierter Unternehmensführung, 9. Aufl., Wiesbaden 2005.
Weis, H. Ch.: Marketing, 9. Aufl., Ludwigshafen (Rhein) 1995.
2 Marketing (engl.): Markt machen, d.h. einen Markt für seine eigenen Produkte schaffen bzw. ausschöpfen.

1.1.2 Marketingziele

(1) Begriff Marketingziele

Merke:

Marketingziele formulieren eine angestrebte künftige **Marktposition,** die vor allem durch den **Einsatz der absatzpolitischen Instrumente** erreicht werden soll.

Beispiel:

Eine Möbelhauskette hat im Produktprogramm Wohnzimmermöbel, Schlafzimmermöbel sowie Küchenmöbel. Die Möbelhauskette ist nur im Inland tätig. Für den Inlandsmarkt setzt sich die Möbelhauskette als Unternehmensziele:

(1) Ausschöpfung des Absatzpotenzials innerhalb der nächsten 5 Jahre, (2) Erwirtschaftung eines Jahresumsatzes von 800 Mio. EUR.

Als Marketingziele strebt die Möbelhauskette (1) für das Gesamtproduktprogramm einen Marktanteil von 20 % in 2 Jahren an. (2) Der Marktanteil von 40 % soll im Segment der Selbstbedienungsmöbelhäuser erhalten blei-

ben. Im Produktprogramm Wohnzimmermöbel wird (1) eine Umsatzsteigerung von 15 % innerhalb von 2 Jahren angestrebt. (2) Schließlich soll ein Jahresgewinn von 1,5 Mio. EUR erwirtschaftet werden. Für die Produktprogramme Küchen- und Schlafzimmermöbel werden die bisherigen Marketingziele beibehalten.

Aufgabe:

Formulieren Sie unter Berücksichtigung der Unternehmens- und Marketingziele für das Produktprogramm Wohnzimmermöbel preispolitische, produktpolitische, distributionspolitische und werbepolitische Teilziele!

(2) Gliederung der Marketingziele nach der Messbarkeit

■ **Ökonomische (quantitative) Marketingziele**

Ökonomische Marketingziele zielen darauf ab, die wirtschaftliche Situation eines Unternehmens zu verbessern. Ökonomische Marketingziele sind quantitative Ziele, d.h., sie sind rechnerisch bestimmbar.

Beispiele:

Umsatzziele, Gewinnziele, Wachstumsziele, Marktanteilsziele, Kostenziele, Marktführerschaft.

■ **Psychografische[1] (qualitative) Marketingziele**

Die Verfolgung psychografischer Ziele soll beim Nachfrager eine Präferenz[2] für das Unternehmen und/oder seine Produkte erzeugen. Psychografische Marketingziele sind qualitative Ziele, d.h., sie sind rechnerisch nicht bestimmbar.

Beispiele:

Bekanntheitsgrad, Image,[3] Vertrauen, Qualität der Erzeugnisse, Zuverlässigkeit.

---

1 Psychologie: Seelenlehre, Seelenkunde.
2 Präferenz: Bevorzugung (z.B. eines Verkäufers oder eines Produktes).
3 Image: Ansehen.

Lösung zum Beispiel auf S. 314 (oben):

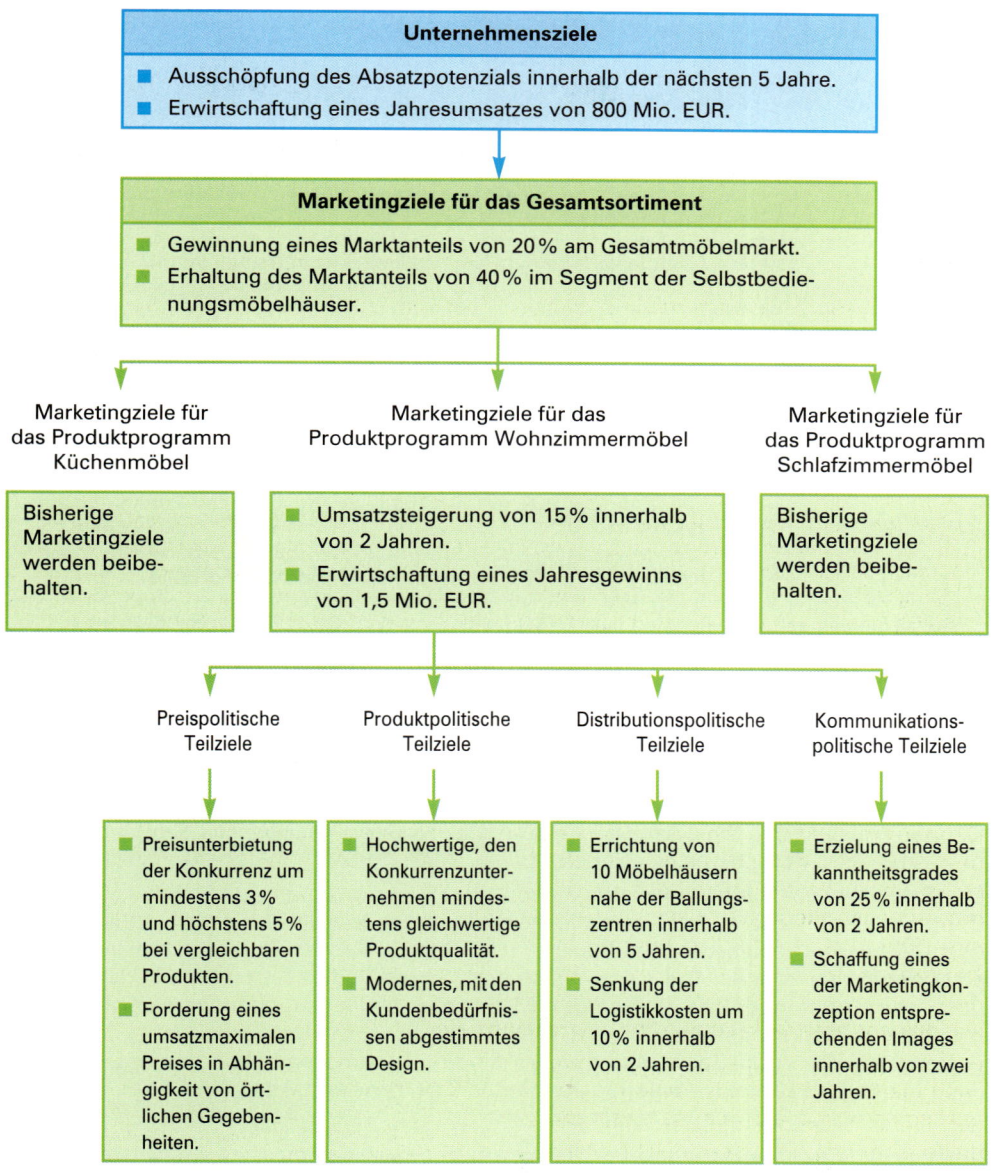

Unternehmensziele
- Ausschöpfung des Absatzpotenzials innerhalb der nächsten 5 Jahre.
- Erwirtschaftung eines Jahresumsatzes von 800 Mio. EUR.

Marketingziele für das Gesamtsortiment
- Gewinnung eines Marktanteils von 20 % am Gesamtmöbelmarkt.
- Erhaltung des Marktanteils von 40 % im Segment der Selbstbedie-nungsmöbelhäuser.

Marketingziele für das Produktprogramm Küchenmöbel

Marketingziele für das Produktprogramm Wohnzimmermöbel

Marketingziele für das Produktprogramm Schlafzimmermöbel

Bisherige Marketingziele werden beibehalten.

- Umsatzsteigerung von 15 % innerhalb von 2 Jahren.
- Erwirtschaftung eines Jahresgewinns von 1,5 Mio. EUR.

Bisherige Marketingziele werden beibehalten.

Preispolitische Teilziele

Produktpolitische Teilziele

Distributionspolitische Teilziele

Kommunikations-politische Teilziele

- Preisunterbietung der Konkurrenz um mindestens 3 % und höchstens 5 % bei vergleichbaren Produkten.
- Forderung eines umsatzmaximalen Preises in Abhängigkeit von örtlichen Gegebenheiten.

- Hochwertige, den Konkurrenzunternehmen mindestens gleichwertige Produktqualität.
- Modernes, mit den Kundenbedürfnissen abgestimmtes Design.

- Errichtung von 10 Möbelhäusern nahe der Ballungszentren innerhalb von 5 Jahren.
- Senkung der Logistikkosten um 10 % innerhalb von 2 Jahren.

- Erzielung eines Bekanntheitsgrades von 25 % innerhalb von 2 Jahren.
- Schaffung eines der Marketingkonzeption entsprechenden Images innerhalb von zwei Jahren.

315

1.1.3 Aufgaben des Marketings

Die konkrete Bewältigung der Marketingaufgaben ist als ein Prozess zu verstehen, der sich in folgende (idealtypische) Phasen untergliedern lässt:

Phasen des Marketingprozesses	Erläuterungen
Marktforschung (Situationsanalyse)	In dieser Phase gilt es, die gegenwärtige und zukünftige Situation des Unternehmens, des Marktes und des Umfeldes planmäßig und systematisch zu erforschen.
Planung der Marketingstrategie	Im Allgemeinen werden vier Marketing-Instrumentenbündel unterschieden, die es je nach Marktgegebenheiten zu kombinieren gilt (**Marketing-Mix**): ■ Produktpolitik ■ Kontrahierungspolitik (Entgeltpolitik) ■ Kommunikationspolitik ■ Distributionspolitik Der Einsatz einer bestimmten Marketingstrategie (Marketingmaßnahme) hängt insbesondere von zwei Faktoren ab: (1) von dem „Lebensalter" der Produkte (**Konzept des Produkt-Lebenszyklus**) und (2) vom Marktanteil des Produkts und den damit verbundenen Wachstumsaussichten (**Marktwachstums-Marktanteil-Portfolio**).
Entwicklung eines Marketingkonzepts (Marketing-Mix)	Im Rahmen des Marketingkonzepts wird die Art und Weise festgelegt, wie das Unternehmen das absatzpolitische Instrumentarium einsetzt. Die jeweilige Kombination der Marketinginstrumente bezeichnet man als **Marketing-Mix**.
Marketing-Controlling	Diese Phase liefert der Unternehmensleitung zum einen Informationen über den Grad der Zielverwirklichung (**ergebnisorientiertes Controlling**) und zum anderen über die Effizienz[1] der verschiedenen Phasen des Produkt-Lebenszyklus (**Marketing-Audit**).[2] Darüber hinaus gibt das Marketing-Controlling Auskunft über weiteren Planungs- und Handlungsbedarf.

Die Erfüllung des Marketingkonzepts von der Situationsanalyse bis zum Marketing-Controlling soll sicherstellen, dass die Veränderungen auf den Märkten und im Umfeld und die hieraus resultierenden Chancen und Risiken für das Unternehmen rechtzeitig erkannt werden können. Auf diese Weise werden die Voraussetzungen für die Bewältigung neu auftretender bzw. veränderter Markt- bzw. Umfeldsituationen geschaffen. Marketingziele, Marketingstrategien und Marketingmaßnahmen müssen dabei immer so gestaltet werden, dass Spannungen zwischen dem Unternehmen und den unterschiedlichen Markt- und Umfeldsituationen vermieden bzw. reduziert werden.

Zusammenfassung

■ Unter **Marketing** versteht man eine Konzeption des Planens und Handelns, bei der alle Aktivitäten eines Unternehmens konsequent auf die gegenwärtigen und künftigen Erfordernisse der Märkte und der weiteren Umwelt ausgerichtet werden.

---

1 Effizienz: Wirtschaftlichkeit.
2 Audit (lat.-engl.): Prüfung betrieblicher Qualitätsmerkmale.

- **Marketingaufgaben** sind als ein Prozess zu verstehen, der idealtypisch in folgenden Phasen abläuft: (1) **Marktforschung**, (2) **Planung der Marketingstrategien** (Produktpolitik, Kontrahierungspolitik, Kommunikationspolitik, Distributionspolitik), (3) **Entwicklung eines Marketingkonzepts (Marketing-Mix)** und (4) **Marketing-Controlling**.

Übungsaufgabe

103
1. Welche Gründe waren für das Entstehen des Marketings maßgebend?

2. Charakterisieren Sie den Begriff Marketing mit eigenen Worten!

3. Die Bewältigung der Marketingaufgaben vollzieht sich in idealtypischen Phasen.

   Aufgabe:
   Nennen Sie diese Phasen in ihrer chronologischen Abfolge und skizzieren Sie jeweils ihre grundlegenden Aufgaben!

4. Die Ziele, die im Marketing angestrebt werden, leiten sich aus den Unternehmenszielen ab.

   Aufgabe:
   Erläutern Sie diesen Sachverhalt anhand von zwei selbst gewählten Beispielen!

5. Warum ist es unverzichtbar, Marketingziele operationalisiert zu formulieren? Formulieren Sie je zwei operationalisierte[1] ökonomische und psychografische Marketingziele!

6. In der Abbildung auf S. 315 ist eine Zielaufgliederung und -ableitung für das Produktprogramm Wohnzimmermöbel einer Möbelhauskette dargestellt.

   Aufgabe:
   Bestimmen Sie in Gruppenarbeit ein neues Unternehmensziel und leiten Sie hieraus Marketingziele für das Produktprogramm Küchenmöbel ab!

1.2 Marktforschung

1.2.1 Begriff Marktforschung, Gebiete der Marktforschung und die Träger der Marktforschung

(1) Begriff Marktforschung

Merke:

- **Marktforschung** ist die systematische Erforschung, Beschaffung und Aufbereitung von Marktinformationen.
- Marktforschung geschieht durch **Marktanalyse** und **Marktbeobachtung**.

Marktanalyse

Merke:

Die **Marktanalyse** untersucht die Marktgegebenheiten zu einem **bestimmten Zeitpunkt**.

---

1 Operationalisiert besagt, dass die Zielbeschreibung aus einem Inhalts- und einem Verhaltensteil bestehen muss. Beispiel: Die Umsatzsteigerung von 10 % **(Inhaltsteil)** soll durch die Einstellung von zwei neuen Mitarbeitern im Außendienst **(Verhaltensteil)** erreicht werden.

Eine Marktanalyse wird z. B. vorgenommen, wenn **neue Produkte** oder **weiterentwickelte (veränderte) Produkte** auf den Markt gebracht werden sollen. Untersuchungsgegenstände sind z. B.:

- Anzahl der Personen, Unternehmen und Verwaltungen, die als Käufer infrage kommen;
- Einkommens- und Vermögensverhältnisse der mutmaßlichen Käufer;
- persönliche Meinung der (möglichen) Käufer zum angebotenen Produkt;
- Beschaffung von Daten über die Konkurrenzunternehmen, die den zu untersuchenden Markt bereits beliefern (z. B. deren Preise, Lieferungs- und Zahlungsbedingungen, Qualitäten der angebotenen Erzeugnisse, Werbung).

- **Marktbeobachtung**

Merke:

Die **Marktbeobachtung** hat die Aufgabe, Veränderungen auf den Märkten **laufend** zu registrieren (zu erfassen) und auszuwerten. Die Marktbeobachtung befasst sich daher einmal mit den vorhandenen bzw. neu zu gewinnenden Kunden, zum anderen aber vor allem mit dem Verhalten der Konkurrenz.

Die Fragestellungen lauten z. B.:

- Wie entwickelt sich die Zahl der Nachfrager, wie die mengen- und wertmäßige Nachfrage nach einem bestimmten Produkt?
- Wie entwickeln sich die Einkommen, wie die Vermögensverhältnisse der Abnehmer?
- Wie verändert sich die Einstellung der Käufer zum angebotenen Produkt?
- Wie reagieren die Konkurrenzunternehmen auf absatzpolitische Maßnahmen (z. B. Preisänderungen, Werbemaßnahmen)?

Ziel ist die Ermittlung von Tendenzen, Veränderungen sowie Trends innerhalb eines bestimmten Zeitraums.

(2) Gebiete der Marktforschung

Die wichtigsten Gebiete der Marktforschung sind in der nachfolgenden Tabelle zusammengefasst.

Bedarfsforschung	Sie sammelt Informationen über tatsächliche und mögliche Nachfrager. Ziel ist es, die Absatzchancen für die Erzeugnisse, Handelswaren oder Dienstleistungen herauszufinden.
Konkurrenz-forschung	Sie sammelt Informationen über die wichtigsten Konkurrenten sowie zur Branchenentwicklung. Wichtig sind z. B. Informationen über die Konkurrenzprodukte; die Größe des Marktanteils; die Angebotspalette, Kapitalstärke, Absatzorganisation der Konkurrenzanbieter; Marketingverhalten der Konkurrenten.
Volkswirtschaftliche Entwicklung	Erfasst werden vor allem die Konjunkturentwicklung, wirtschafts- und umweltpolitische Maßnahmen der Regierung, Saisonschwankungen, Entwicklung des Arbeitsmarktes u. a.

Absatzforschung	Sie dient der Überprüfung absatzpolitischer Maßnahmen. Überprüft werden z.B. Auswirkungen von Produktveränderungen, von Änderungen der Preise, der Kundenrabatte oder der Lieferbedingungen, die Effektivität von Werbemaßnahmen, der Erfolg der eingesetzten Absatzorgane wie Reisende, Handelsvertreter, Filialen oder der Absatzwege etwa über den Groß- und Einzelhandel.

(3) Marktprognose

Marktanalyse und Marktbeobachtung haben letztlich den Zweck, das **Marktrisiko zu vermindern**. Dies ist nur möglich, wenn die Gegenwartsentscheidungen der Geschäftsleitung auf Daten beruhen, die die zukünftige Entwicklung auf den Märkten mit einiger Sicherheit aufzeigen können.

Merke:

Marktprognosen sind Vorhersagen über künftige Entwicklungen am Absatzmarkt, z.B. über den Absatz bestimmter Produkte oder Leistungen.

Eine wichtige Aufgabe der Marktprognose ist es auch, für die einzelnen Produkte jeweils eine **Entwicklungsprognose** zu erstellen. Hierzu wird der bisherige Absatz des Produkts statistisch erfasst und daraus ein erwarteter **Absatztrend** abgeleitet. Die **Trendverlängerung** ist allerdings nur dann gerechtfertigt, wenn man aus gutem Grund davon ausgehen kann, dass die Entwicklungsrichtung weder durch eine nachhaltige **Änderung der Umweltfaktoren,** insbesondere **konjunkturelle Bewegungen** und **technische Entwicklungen,** noch durch einen grundsätzlichen **Wandel der Absatzkonzeption** für das betrachtete Produkt (z.B. Verschiebungen im Produktprogramm des Unternehmens) **gestört wird.**

(4) Träger der Marktforschung

Die Träger der Marktforschung sind die Großbetriebe mit ihren wissenschaftlichen Stäben, wissenschaftliche Institute und vor allem Marktforschungsinstitute.

Marktforschungsinstitute sind gewerbliche Einrichtungen und Unternehmen, die sich im Auftrag von Industrie und Handel der Meinungsforschung und der Marktforschung widmen.

Beispiele:

EMNID-Institut GmbH & Co. KG, Bielefeld; Institut für Demoskopie Allensbach GmbH, Allensbach (Bodensee); INFRA-TEST-Marktforschung, Wirtschaftsforschung, Motivforschung, Sozialforschung GmbH & Co. KG, München.

1.2.2 Methoden der Marktforschung

Merke:

Die Marktforschung kann auf zweierlei Weisen betrieben werden.
- **Primärforschung (Feldforschung)** liegt vor, wenn unmittelbar am Markt Informationen gezielt zu diesem Zweck gewonnen und anschließend ausgewertet werden.
- Von **Sekundärforschung (Schreibtischforschung)** spricht man, wenn aus bereits vorhandenen Zahlenmaterialien (Daten) Erkenntnisse für die Marktanalyse, Marktbeobachtung und Marktprognose gewonnen werden.

(1) Primärforschung (Feldforschung)

Angenommen, ein Schokoladenhersteller möchte wissen, welche Verpackungsfarbe die Kunden auf dem deutschen Markt mehr anspricht: Rot, Blau oder Grün. Man sollte nun glauben, dass der Schokoladenhersteller jeden einzelnen Verbraucher darüber befragen müsste, welche Farbe er bevorzuge bzw. nach welcher Farbe er beim Kauf gegriffen hätte. Praktisch ist diese Methode jedoch deswegen unmöglich, weil sie zu zeitraubend und zu kostspielig ist. Deswegen kann in solchen Fällen immer nur ein Teil der zu untersuchenden Personen bzw. Personengruppen befragt werden, also nicht die Gesamtmasse, sondern nur eine Teilmasse.

Mit der Befragung einer Teilmasse können sehr genaue Informationen über das Verhalten der Gesamtmasse gewonnen werden, denn die Befragung einiger tausend – manchmal sogar erheblich weniger – Personen reicht aus, um zu einigermaßen zuverlässigen Ergebnissen zu kommen. Bedingung ist, dass die Teilmasse die gleichen Wesensmerkmale in Bezug auf ihre Zusammensetzung (Struktur) wie die Gesamtmasse aufweist (z.B. Einkommen, Alter, Beruf, Geschlecht, Religionszugehörigkeit, politische Einstellung). Wird die Teilmasse nach diesem Kriterium (Maßstab) ausgewählt, sprechen die Marktforscher von einer **repräsentativen Teilmasse**.

Die Befragung kann mithilfe von **Fragebögen** vorgenommen werden. Dabei können die Fragebögen zugesandt werden (schriftliche Befragung), durch einen Beauftragten des Marktforschungsinstituts bei einem Hausbesuch (mündliche Befragung) oder im Verlauf eines Telefongesprächs ausgefüllt werden (telefonische Befragung).

Eine andere Möglichkeit besteht darin, dass die ausgewählten Personen durch einen **Interviewer (Befrager)** besucht werden. Der Interviewer hat dann die Aufgabe, in einem freien Gespräch die Meinung des **Interviewten (Befragten)** herauszufinden. Dabei ist klar, dass die statistische Auswertung freier Interviews erheblich schwieriger ist als die von standardisierten Fragebögen.

(2) Sekundärforschung (Schreibtischforschung)

Für die Schreibtischforschung stehen dem Marktforscher die unterschiedlichsten Zahlenmaterialien zur Verfügung. Auswertbar sind z.B. Vertreterberichte, die Finanzbuchhaltung einschließlich Kundenbuchhaltung, Absatz- und Umsatzstatistiken, veröffentlichte Statistiken des Statistischen Bundesamtes, der Bundesregierung (z.B. des Finanzministeriums), der Konjunkturforschungsinstitute, der Wirtschaftsverbände und der Meinungsforschungsinstitute. Sehr intensiv wird in diesem Zusammenhang das Internet genutzt (z.B. Analyse der Internetauftritte von Konkurrenten, Kunden und Lieferanten sowie die Nutzung der Suchmaschinen für Recherchen[1] aller Art).

Zusammenfassung

- Die **Marktforschung** bedient sich wissenschaftlicher Methoden, um die Gegebenheiten und die Entwicklungen auf den Absatzmärkten zu erforschen. Dies geschieht durch **Marktanalyse** und **Marktbeobachtung.**

- Eine wichtige **Aufgabe der Marktforschung** ist die **Kunden- und Konkurrenzstruktur** zu ermitteln.

---

1 Recherche (lat., frz.): Nachforschung, Ermittlung.

- Die Marktforschung kann auf zweierlei Weisen betrieben werden.

  - **Primärforschung** liegt vor, wenn unmittelbar am Markt Informationen gewonnen und anschließend ausgewertet werden.

  - Von **Sekundärforschung** spricht man, wenn aus bereits vorhandenen Daten Erkenntnisse für die Marktanalyse, Marktbeobachtung und Marktprognose gewonnen werden.

Übungsaufgaben

104 Textauszug:

„Kundenorientierung" ist das neue Zauberwort im Kampf um Märkte und Absatz

Der Chef der Berliner Software AG ist auf seine Mitarbeiter nicht gut zu sprechen. „Zufriedene Aktionäre setzen zufriedene Kunden voraus", sagt er. Aber die Service-Qualität sei ein Schwachpunkt seines Unternehmens, bemängelte er gestern im Frankfurter Presse-Club. Schon auf der CeBit hatte er wissen lassen, die Mitarbeiter der Berliner Software AG müssten jetzt beharrlich und notfalls mit Härte darauf hinwirken, dass konsequente Kundenorientierung gelebte Praxis wird.

„Kundenorientierung" ist aber nicht nur bei der Berliner Software AG die Losung. Es ist für viele Unternehmen das neue Zauberwort im schärfer werdenden Konkurrenzkampf um Märkte und Kunden. Porsche hat eine Aktion „Liebe deinen Kunden" gestartet, selbst der Infodienst für Landwirtschaft verteilt eine Broschüre „Kommunikation mit Urlaubsgästen auf Bauernhöfen". In den Wirtschaftsmagazinen häufen sich Seminarangebote. Der Kontakt zum Kunden wird nicht mehr der Willkür von Charakter oder Laune der Mitarbeiter überlassen ...

Weil so (wenig freundliche) Appelle wie die des Chefs der Berliner Software AG den Mitarbeitern keine Service-Mentalität vermitteln, lernen sie in Seminaren, freundlich und verbindlich zu sein ...

Wie viele Mitarbeiter die Berliner Software AG jährlich schult, bleibt Betriebsgeheimnis vor der Konkurrenz. Die Berliner Software AG macht sozusagen im Kleinen durch, was die allgemeine wirtschaftliche Entwicklung ist: Den Wandel zur Dienstleistungsgesellschaft ...

Folgende Grundmotive hat die Verkaufspsychologie beim Kunden festgestellt: Geltungsbedürfnis und Gewinnstreben, Sicherheitsbedürfnis und Selbsterhaltung, Bequemlichkeit, Wissensdrang und Kontakt.

Aufgaben:

1. Welcher Zusammenhang besteht zwischen „zufriedenen Kunden" einerseits und „zufriedenen Aktionären" andererseits?

2. Erklären Sie mit eigenen Worten, was Sie unter Kundenorientierung verstehen!

3. Aus welchen Gründen sollten, bevor Primärerhebungen durchgeführt werden, Sekundärerhebungen vorgenommen werden?

105 Der französische Käsehersteller Dubois S.A. möchte die neue Käsesorte „Tête de Chèvre" auf den deutschen Markt bringen. Um die Absatzchancen zu untersuchen, wird intensive Marktforschung betrieben.

Aufgaben:

1. Erläutern Sie, warum die Marktforschung die Grundlage für Entscheidungen im Marketing liefert!

2. Nennen und erläutern Sie kurz zwei Methoden der Marktforschung!

3. Nennen Sie vier Merkmale der neuen Käsesorte, die den Verkaufserfolg fördern könnten!

4. Warum muss der Käsehersteller vor allem Primärforschung betreiben?

5. Begründen Sie, warum die Dubois S.A. zunächst vor allem Marktanalyse (und nicht Marktbeobachtung) betreiben muss!

21 Speth u.a. - ISBN 978-3-8120-0465-7

2 Marketingpolitisches Instrumentarium

2.1 Produktpolitik

2.1.1 Begriff Produkt

Das **Produkt** stellt die Leistung (Sachgüter und/oder Dienstleistungen) eines Anbieters dar, die dieser erbringt, um die Bedürfnisse und Ansprüche der Abnehmer (Problemlösungsanspruch) zu befriedigen. Die Gesamtheit der Leistungen eines Unternehmens bildet dessen **Angebotspalette.** In der Industrie spricht man, soweit sich die Angebotspalette auf das Erzeugnis bezieht, vorzugsweise von **Produktprogramm,** während der Begriff **Sortiment** Handelsbetrieben vorbehalten ist. Der ökonomische Erfolg eines Anbieters ist dabei umso größer, je besser die von ihm angebotene Leistung das Bedürfnis- und Anspruchsbündel der Nachfrager befriedigt.

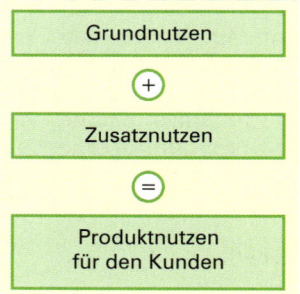

Inwieweit das Produkt dem Bedürfnis- und Anspruchsbündel entspricht, ist immer auch eine subjektive Entscheidung der Nachfrager. Insoweit umfasst das Produkt einen **Grundnutzen (objektiven Nutzen),** z. B. ein T-Shirt dient der Bekleidung, und einen **Zusatznutzen (subjektiven Nutzen),** z. B. das T-Shirt einer bestimmten Marke befriedigt das Modebewusstsein bzw. das Geltungsstreben des Trägers.

Merke:

Aus der **Sicht des Marketings** stellt ein **Produkt** (Sachgüter und/oder Dienstleistungen) eine Summe von nutzenstiftenden Eigenschaften dar.

2.1.2 Konzept des Produkt-Lebenszyklus

Auf den Absatzerfolgen eines Erzeugnisses kann ein Unternehmen sich nicht ausruhen, denn kein Produkt kann ewig „leben". Es muss daher jeweils überlegt werden, ob die Lebensdauer des Produkts verlängert und damit Gewinne erwirtschaftet werden können.

Merke:

Das **Modell des Lebenszyklus von Produkten** möchte den „Lebensweg" eines Produktes, gemessen an Umsatz und Gewinnhöhe, zwischen der Markteinführung des Produktes und dem Ausscheiden aus dem Markt darstellen.

Die Theorie unterteilt die Lebensdauer eines Produkts in verschiedene charakteristische Phasen und ermöglicht somit Hinweise dafür, wie sich der Absatz der einzelnen Produkte voraussichtlich entwickeln wird, falls **keine besonderen Marketinganstrengungen** erfolgen. Kann man ermitteln, in welcher Phase sich ein Produkt gerade befindet, lassen sich die marketingpolitischen Instrumente gezielter planen und einsetzen.

(1) Phasen des Produkt-Lebenszyklus

Formuliert man das Konzept des Produkt-Lebenszyklus in allgemeiner Form, so lässt sich der **Lebenszyklus eines Produkts** in idealtypischer Weise in **vier unterscheidbare Phasen** gliedern.

■ Einführungsphase

Die Einführungsphase beginnt mit dem Eintritt des Produktes in den Markt. In dieser Phase dauert es einige Zeit bis die Kunden ihr bisheriges Konsumverhalten geändert haben und das Produkt am Markt eingeführt ist. In diesem Stadium werden zunächst Verluste oder nur geringe Gewinne erwirtschaftet, da das Absatzvolumen niedrig und die Aufwendungen für die Markteroberung hoch sind. Handelt es sich um ein wirklich neues Produkt, gibt es zunächst noch keine Wettbewerber.

Um dem Produkt den Durchbruch auf dem Markt zu ermöglichen, ist die Werbung das wirksamste Instrument. Daneben gilt es, das Distributionsnetz auszubauen. Allgemeine Aussagen zur Preispolitik sind schwierig. In der Regel wird so verfahren, dass Massenkonsumartikel für eine befristete Einführungszeit zu einem niedrigen Preis angeboten werden und bei höherwertigen Gebrauchsgütern eine „Abschöpfungsstrategie" betrieben wird, bei der man später dann die Preise langsam senkt. Das neue Produkt wird meist nur in der Grundausführung hergestellt.

> **Merke:**
>
> **Marketingziel** ist es, das Produkt bekannt zu machen und Erstkäufe herbeizuführen.

■ Wachstumsphase

Die Wachstumsphase tritt ein, wenn die Absatzmenge rasch ansteigt. Die Mehrheit der infrage kommenden Kunden beginnt zu kaufen. Die Chance auf hohe Gewinne lockt neue Konkurrenten auf den Markt. Die Preise bleiben aufgrund der regen Nachfrage stabil oder fallen nur geringfügig. Da sich die Kosten der Absatzförderung auf ein größeres Absatzvolumen verteilen und zudem die Fertigungskosten aufgrund der größeren Produktionszahlen sinken, steigen die Gewinne in dieser Phase.

Die Werbung wird in dieser Phase noch nicht nennenswert herabgesetzt. Die Preise werden erhöht, sofern bei Markteintritt eine Niedrigpreispolitik betrieben wurde bzw. abgesenkt, wenn zunächst eine Hochpreispolitik vorgenommen wurde. In der Produktpolitik wird in der Regel so verfahren, dass die Produktqualität verbessert, neue Ausstattungsmerkmale entwickelt und das Design aktualisiert wird.

> **Merke:**
>
> **Marketingziel** ist es, einen größtmöglichen Marktanteil zu erreichen.

■ Reife- und Sättigungsphase

Die Reife- und Sättigungsphase lässt sich in drei Abschnitte untergliedern. Im ersten Abschnitt verlangsamt sich das Absatzwachstum, im zweiten Abschnitt kommt es zur Marktsättigung, sodass der Umsatz in etwa konstant bleibt. Im dritten Reifeabschnitt wird der Prozess des Absatzrückgangs eingeleitet. Die Kunden fangen an, sich anderen Produkten zuzuwenden. Dies führt in der Branche zu Überkapazitäten und löst einen verschärften

Wettbewerb aus. Die Gewinne gehen zurück. Die schwächeren Wettbewerber scheiden aus dem Markt aus.

Die Wettbewerber versuchen in der Reife- und Sättigungsphase insbesondere durch Produktmodifikationen[1] wie Qualitätsverbesserungen (z. B. bessere Haltbarkeit, Zuverlässigkeit, Geschmack, Geschwindigkeit), Verbesserung der Produktausstattung (z. B. Schiebedach, heizbare Sitze, Klimaanlage) und/oder Differenzierung des Produktprogramms (z. B. Schokolade mit unterschiedlichem Geschmack, Formen, Verpackungen) neue Nachfrager zu gewinnen. Daneben werden preispolitische Maßnahmen (z. B. Sonderverkauf, hohe Rabatte, Hausmarken zu verbilligten Preisen) und servicepolitische Maßnahmen (z. B. Einrichtung von Beratungszentren, kürzere Lieferzeiten, großzügigere Lieferungs- und Zahlungsbedingungen) ergriffen. Außerdem werden spezielle Werbemaßnahmen eingesetzt, um bestehende Präferenzen[2] zu erhalten bzw. neue aufzubauen.

Merke:

Marketingziel ist es, einen größtmöglichen Gewinn zu erzielen, indem die Umsatzkurve „gestreckt" wird, bei gleichzeitiger Sicherung des Marktanteils. Da die hohen Kosten der Markteinführung und des Wachstums weitestgehend entfallen, verspricht diese Phase eine hohe Rentabilität.

■ Rückgangsphase (Degenerationsphase)

In der Rückgangsphase sinkt die Absatzmenge stark ab und Gewinne lassen sich nur noch in geringerem Umfang bzw. gar nicht mehr erwirtschaften. Die Anzahl der Wettbewerber sinkt. Die übrig gebliebenen Anbieter verringern systematisch ihr Produktprogramm, die Werbung wird zunehmend eingeschränkt, die Distributionsorganisation wird ausgedünnt und die Preise werden oft angehoben. Auch starke Preissenkungen können sinnvoll sein.

Als Ursachen für einen Rückgang der Absatzzahlen können der technische Fortschritt, ein veränderter Verbrauchergeschmack oder Änderungen in der Einkommensverteilung, die ihrerseits zu Verschiebungen der Bedarfsstrukturen führt, angesehen werden.

Merke:

Marketingziel ist es, die Kosten zu senken und gleichzeitig den möglichen Gewinn noch „mitzunehmen".

(2) Gesamtdarstellung

Den Beginn und das Ende der einzelnen Abschnitte festzulegen ist Ermessenssache. Je nach Produkttyp ist die Dauer der einzelnen Phasen und der Verlauf der Umsatz- und Gewinnkurven unterschiedlich. Der abgebildete S-förmige und „eingipflige" Kurvenverlauf ist daher als ein Spezialfall unter verschiedenen möglichen Verläufen anzusehen. In der Praxis kommt es zu einer Vielzahl davon abweichender Kurvenverläufe (z. B. kann der Verlauf auch steil bzw. flach ansteigend oder steil bzw. flach abfallend sein). Außerdem kann der Kurvenverlauf auch „mehrgipflig" sein.

---

1 Modifikation: Abwandlung, Veränderung. Vgl. hierzu auch die Ausführungen auf S. 332.
2 Präferenz: Bevorzugung (z. B. bestimmte Produkte und/oder Verkäufer).

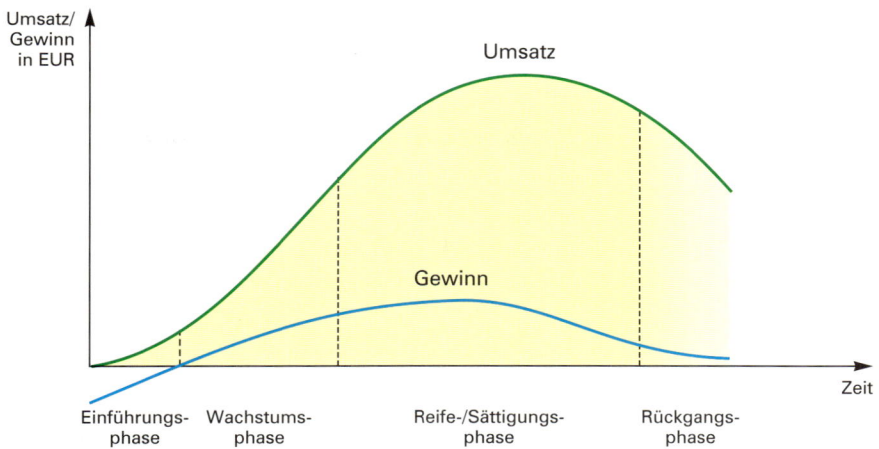

Umsatz- und Gewinnverlauf[1] im Produkt-Lebenszyklus

Die beschriebenen Merkmale, Marketingziele und Marketingstrategien in den Phasen des Produkt-Lebenszyklus sind in der nachfolgenden Übersicht zusammengestellt.[2]

	Phasen des Produkt-Lebenszyklus			
	Einführungs- phase	**Wachstums- phase**	**Reife- und Sättigungsphase**	**Rückgangs- phase**
Merkmale				
Absatzvolumen	gering	schnell ansteigend	Spitzenabsatz	rückläufig
Kosten	hohe Kosten pro Kunde	durchschnittliche Kosten pro Kunde	niedrige Kosten pro Kunde	niedrige Kosten pro Kunde
Gewinne	negativ	steigend	hoch	fallend
Konkurrenten	nur einige	Zahl der Konkurrenten nimmt zu	gleichbleibend, Tendenz nach unten setzt ein	Zahl der Konkurrenten nimmt ab
Marketing- ziele	Produkt bekannt machen, Erstkäufe herbeiführen	größtmöglicher Marktanteil	größtmöglicher Gewinn bei gleich- zeitiger Sicherung des Marktanteils	Kostensenkung und „Gewinn- mitnahme"
Marketing- investitionen	sehr hoch	hoch (degressiv ansteigend)	mittel (sinkend)	gering
Kernbotschaft der Werbung	neu, innovativ	Bestätigung des Verhaltens	verlässlich, bewährt	Schnäppchen

---

1 Der **reale** Gewinn errechnet sich als Differenz zwischen dem Umsatz zu konstanten Preisen und den Kosten zu konstanten Preisen.

2 Die Tabelle ist angelehnt an Kotler, P., Bliemel, F.: Marketing-Management, 8. Aufl., Stuttgart 1995, S. 586.

2.1.3 Portfolio-Analyse

2.1.3.1 Konzept der Portfolio-Analyse und -Planung

Die Portfolio-Analyse[1] sieht das Unternehmen als eine Gesamtheit von strategischen Geschäftseinheiten (SGE).

> **Merke:**
>
> ■ Eine **strategische Geschäftseinheit (SGE)** umfasst eine genau abgrenzbare Gruppe von Produkten, für die es einen eigenen Markt und spezifische Konkurrenten gibt.
>
> ■ Die strategische Geschäftseinheit bildet eine in sich **homogene Planungseinheit.**

Um die Position der strategischen Geschäftseinheit im Unternehmen bzw. am Markt zu erfassen, wird üblicherweise eine **unternehmensexterne Erfolgsgröße** (z. B. Marktvolumen, Marktwachstum) auf der Ordinate und ein **unternehmensinterner Faktor** (z. B. Marktanteil, relative Wettbewerbsvorteile) auf der Abszisse eingetragen. Durch eine Untergliederung der beiden Komponenten (z. B. hoch, mittel, niedrig) ergeben sich in der Darstellung verschiedene Felder-Matrizen (z. B. bei drei Untergliederungspunkten 9 Felder-Matrizen).

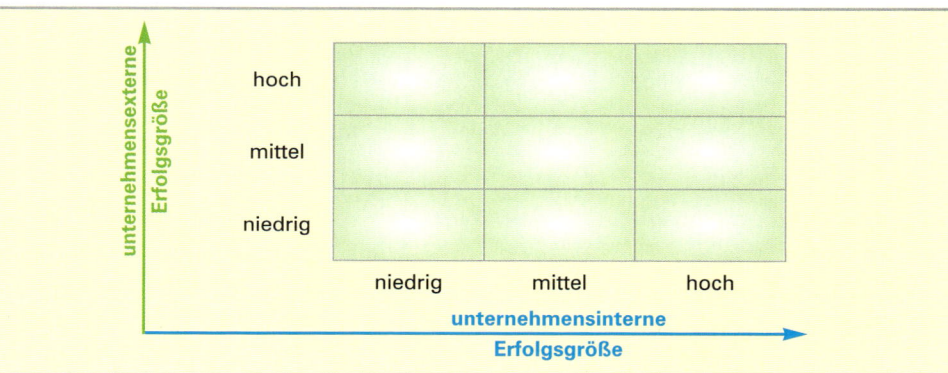

Sind die Erfolgsgrößen bestimmt und die notwendigen Daten erfasst, werden die verschiedenen Geschäftseinheiten beurteilt und in der Matrix positioniert. Ist die Position einer strategischen Geschäftseinheit bestimmt, lassen sich hieraus Marketingstrategien entwickeln, mit deren Hilfe das Management die strategische Geschäftseinheit plant und steuert. Die langfristige, auf eine Geschäftseinheit (auf ein Produkt bzw. eine Produktgruppe) bezogene Planung, bezeichnet man als **Strategieplanung.**

> **Merke:**
>
> ■ Die **Portfolio-Methode** ist ein **Analyse-Instrument,** mit dem die gegenwärtige Marktsituation einer strategischen Geschäftseinheit sowie deren Entwicklungsmöglichkeiten untersucht und visualisiert[2] werden.

---

1 Der Name Portfolio geht auf den Begriff „Portefeuille" zurück, der oft im Zusammenhang mit Wertpapieren benutzt wird. Er bezeichnet einen Wertpapierbestand, der sich aus verschiedenen Titeln zusammensetzt. So umfasst z. B. das Portefeuille des Georg Arnoldy 10 VW-Aktien, 20 BASF-Aktien und 30 Bundesanleihen usw.

2 Visuell: das Sehen betreffend.

- Mithilfe der Portfolio-Methode lassen sich **Strategien** entwickeln, mit deren Hilfe das Management eines Unternehmens entscheidet, welche **strategischen Geschäftseinheiten (SGE)** gefördert, welche erhalten und welche abgebaut werden.

2.1.3.2 Marktwachstum-Marktanteil-Portfolio[1]

(1) Aufbau

Die **Vier-Felder-Portfolio-Matrix,** die dem Marktwachstum-Marktanteil-Portfolio zugrunde liegt, gliedert die SGE nach den Kriterien **Marktanteil** und **Marktwachstum** in eine Matrix ein. In der Matrix können die einzelnen SGE vier grundlegend unterschiedliche Positionen einnehmen, die in der Portfolio-Terminologie mit den Bezeichnungen **Questionmarks, Stars, Cashcows** und **Poor Dogs** belegt werden.

Die **horizontale Achse** zeigt den (relativen) **Marktanteil der strategischen Geschäftseinheit** auf, d.h. den eigenen Marktanteil im Verhältnis zu dem größten Konkurrenten. Der Marktanteil dient als Maßstab für die Stärke des Unternehmens im Markt.

Die **vertikale Achse** zeigt den **Grad der Wachstumsphase** der Produkte an.

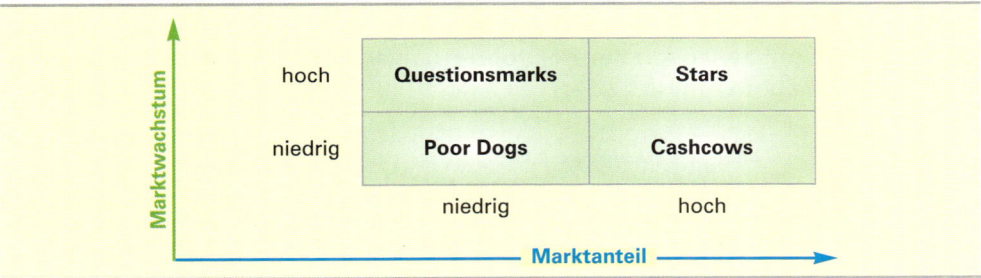

Jeder dieser vier Typen von SGE, die durch diese Art der Matrix gebildet werden, ist eindeutig charakterisiert und mit Strategieempfehlungen als grobe Verhaltensregeln **(Normstrategien)** versehen.

(2) Darstellung des Modells im Einzelnen

■ Questionmarks (Fragezeichen)

Hierunter versteht man Nachwuchsprodukte, die neu auf dem Markt sind. Diese Produkte befinden sich in der **Einführungs- bzw. frühen Wachstumsphase** des Produkt-Lebenszyklus. Der relative Marktanteil ist (noch) gering. Man verspricht sich bei ihnen gute Wachstumschancen. Sie sollen daher besonders stark (jedoch selektiv) gefördert werden, was bedeutet, dass die Questionmarks einen hohen Finanzmittelbedarf haben. Der Begriff „Fragezeichen" ist äußerst treffend, denn die Unternehmensleitung muss sich nach einer gewissen Zeit fragen, ob sie weiterhin viel Geld in diese SGE stecken oder den fraglichen Markt verlassen soll **(Offensivstrategie)**.

---

1 Dieser Portfolio-Ansatz wurde von dem amerikanischen Beratungsunternehmen „Boston-Consulting-Group" entwickelt.

■ **Stars (Sterne)**

Das sind Produkte, die sich noch in der **Wachstumsphase** befinden. Aus dem anfänglichen „Fragezeichen", das Erfolg hat, wird ein „Star". Ein „Star" ist der Marktführer in einem Wachstumsmarkt. Er erfordert umfangreiche Finanzmittel, um mit dem Marktwachstum Schritt halten zu können. Im Allgemeinen bringen „Stars" schon Gewinne. Die generelle Strategie heißt, den Marktanteil leicht zu erhöhen bzw. zu halten (**Investitionsstrategie**).

■ **Cashcows (Kühe, die bares Geld bringen)**

Diese Produkte befinden sich in der **Reifephase**. Da der Markt kaum wächst, kommt es darauf an, durch gezielte Erhaltungsinvestitionen die erreichte Marktposition zu halten. Dadurch lassen sich Finanzmittel erwirtschaften. Cashcows stellen deshalb die Finanzquelle eines Unternehmens dar. Man lässt sie so lange „laufen", wie sie noch Gewinn bringen (**Abschöpfungsstrategie**).

■ **Poor Dogs (arme Hunde)**

Sie weisen nur noch einen geringen Marktanteil und eine geringe Wachstumsrate auf. Es bestehen keine Wachstumschancen mehr. Die Produkte befinden sich in der späten **Reifebzw. Degenerationsphase**. Die Produktion der Poor Dogs sollte eingestellt werden (**Desinvestitionsstrategie**).

(3) Beziehungen zwischen der Portfolio-Analyse und dem Konzept des Produkt-Lebenszyklus

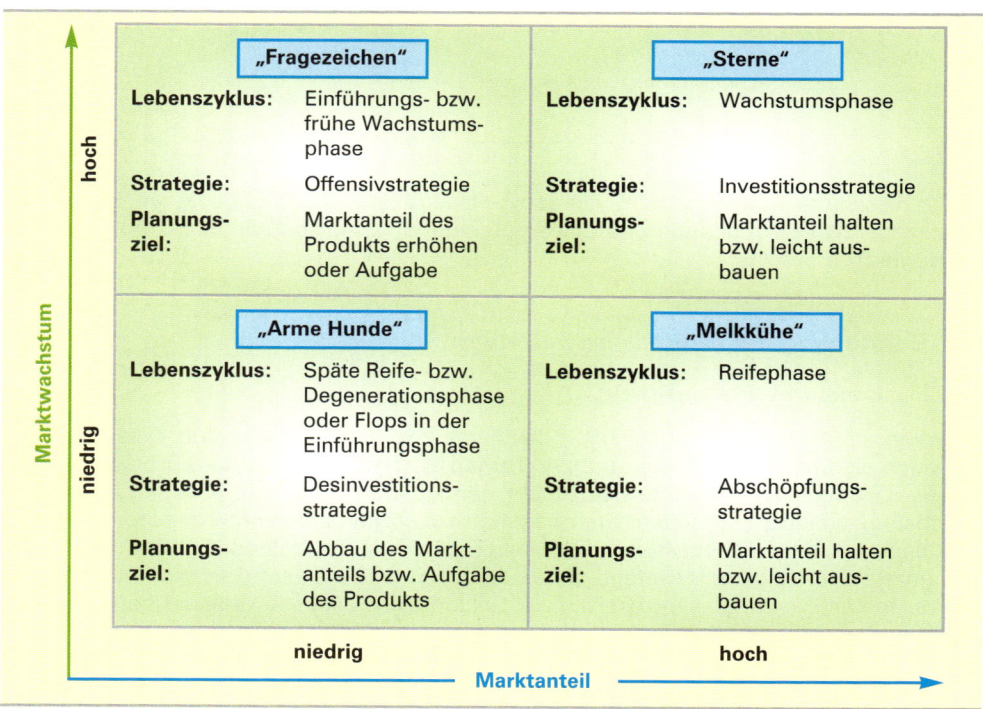

Die Darstellung auf S. 328 zeigt, dass durch die Portfolio-Analyse das Konzept des Produkt-Lebenszyklus ergänzt wird. Die Matrix zeigt den Zusammenhang zwischen den beiden Konzeptionen sowie die inhaltliche Aussage des Marktwachstum-Marktanteil-Portfolios auf.

(4) Generelle Zielsetzung des Modells

Nachdem das Unternehmen alle seine strategischen Geschäftseinheiten in die Marktwachstum-Marktanteil-Matrix eingeordnet hat, gilt es festzustellen, ob das Portfolio ausgeglichen ist.

Das Portfolio ist dann **ausgeglichen,** wenn das Wachstum eines Unternehmens gesichert ist und ein Risikoausgleich zwischen den verschiedenen SGE besteht. Ein Portfolio wäre dann **nicht ausgeglichen,** wenn in der Matrix zu viele „arme Hunde" oder „Fragezeichen" bzw. zu wenig „Sterne" und „Melkkühe" existieren.

Ziel eines Unternehmens muss es daher sein, die einzelnen SGE so zu positionieren, dass es zu einer möglichst optimalen Kombination von „kapitalliefernden" SGE in zurückgehenden Märkten und „kapitalverbrauchenden" SGE in Wachstumsmärkten kommt. Nur in diesem Fall kann der Unternehmenserfolg langfristig als gesichert angesehen werden.

(5) Vorteile und Nachteile des Marktwachstum-Marktanteil-Portfolios

Vorteile	Der Unternehmensleitung wird z.B. dazu verholfen, ■ zukunfts- und strategieorientiert zu denken, ■ die aktuelle Geschäftssituation zu erfahren, ■ Chancen und Risiken zu erkennen, ■ die Planungsqualität zu steigern, ■ die Kommunikation zwischen der Unternehmensleitung und den einzelnen strategischen Geschäftseinheiten zu verbessern, ■ die anstehenden Probleme schneller auszumachen, ■ die schwachen Geschäftseinheiten zu eliminieren und die vielversprechenden durch gezielte Investitionen zu fördern.
Nachteile	■ Eine Eingliederung der SGE in die Matrix hängt von der Gewichtung der einzelnen Faktoren ab und diese ist teilweise subjektiv. Man kann also eine SGE in eine gewünschte Position hineinmanipulieren. ■ Es kann geschehen, dass sich die Unternehmensleitung zu stark auf die Wachstumsmärkte konzentriert und dabei andere Geschäftseinheiten vernachlässigt. ■ Die (synergetischen)[1] Verflechtungen zwischen den einzelnen SGE bleiben völlig unberücksichtigt. Es kann somit riskant sein, für eine SGE unabhängige, von den übrigen Bereichen „losgelöste" Entscheidungen zu treffen. Eine solche Entscheidung kann nämlich für eine SGE eine positive und für eine andere SGE eine negative Wirkung haben.

---

1 **Synergie:** Ein Synergieeffekt liegt vor, wenn sich Maßnahmen, die in die gleiche Richtung wirken, in der Kombination verstärken.
   Beispiel: Durch die Kombination der Vertriebsmannschaften zweier Geschäftseinheiten wird der Absatz größer, als wenn beide Geschäftseinheiten getrennt vorgehen würden.

2.1.4 Entscheidungen zum Produktprogramm

2.1.4.1 Überblick

Bei der Erstellung eines Produktprogramms sind insbesondere folgende zentrale Fragestellungen zu lösen:

- Mit welchen neuen Produkten kann die Position des Unternehmens am Markt gefestigt werden **(Produktinnovation)**?

- Mit welchen Anpassungen kann die Produktlebenskurve verlängert werden **(Produktmodifikation, Produktvariation)**?

- Welches Erzeugnis soll aus dem Produktprogramm entfernt werden **(Produkteliminierung)**?

2.1.4.2 Produktinnovation

(1) Begriff Produktinnovation

> **Merke:**
>
> Unter **Produktinnovation** versteht man die Änderung des Leistungsprogramms durch Aufnahme neuer Produkte.

Die Motivation hierzu liegt darin, dass einerseits dem technischen Fortschritt Rechnung getragen werden muss, andererseits muss auf veränderte Kundenwünsche reagiert werden, weil sich sonst Nachfrageverschiebungen zugunsten der Mitbewerber ergeben. Die Produktinnovation begegnet uns in Form der **Produktdiversifikation** und der **Produktdifferenzierung.**

(2) Produktdiversifikation

> **Merke:**
>
> Unter **Produktdiversifikation** versteht man die Erweiterung des Produktprogramms durch Aufnahme weiterer Produkte.

Um die Wirkung der produktpolitischen Maßnahmen zu veranschaulichen, wird angenommen, dass ein Hersteller die beiden Erzeugnisgruppen A und B produziert mit den jeweiligen Varianten A_1 und A_2 bzw. B_1, B_2 und B_3.

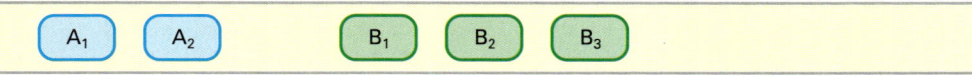

Grafisch lässt sich damit die Produktdiversifikation gegenüber der Ausgangssituation wie folgt darstellen:

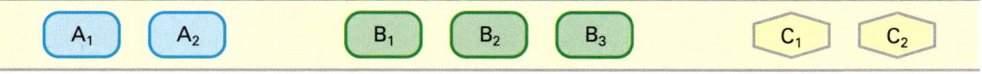

Das Erzeugnisangebot erhält eine Ausweitung in der Breite, hier die Erzeugnisgruppe C mit den Varianten C_1 und C_2. Die Angebotspalette wird gezielt ausgedehnt durch neue Produkte auf neuen Märkten. Damit erhält das Unternehmen ein weiteres „Standbein" auf dem Markt. Diese Handlungsstrategie beruht auf der Erkenntnis, dass eine Risikostreuung notwendig ist und dadurch erreicht wird, dass der Umsatz aus mehreren voneinander unabhängigen Quellen geschöpft wird. Die Produktdiversifikation ist das wirksamste und nachhaltigste Mittel zur Wachstumssicherung der Unternehmung.

Es ist üblich zwischen horizontaler, vertikaler und lateraler Diversifikation zu unterscheiden.

■ Horizontale Diversifikation

Hierbei wird die Angebotspalette um Produkte der gleichen Fertigungsstufe erweitert. Die Vorteile liegen darin, dass

- häufig dieselben Absatzkanäle genutzt werden können,
- die Markenbezeichnung sich problemlos und glaubwürdig auf das neue Produkt übertragen lässt, und dass

Beispiele:

Ein Hersteller von Skiern bietet nunmehr auch Tennisschläger an. Ein Hersteller von klassischer Hautcreme führt in seinem Angebot auch Parfüms, Shampoos, Seifen. Der Hersteller von Backpulver erweitert sein Produktprogramm um Trockenhefe, Fertigteige, Backzubehör.

- die Kunden dem Hersteller die Kompetenz auch für das zusätzliche Produktfeld quasi von vornherein schon zutrauen.

■ Vertikale Diversifikation

In das Angebot werden Leistungen einer vor- und/oder nachgelagerten Fertigungsstufe aufgenommen.

Beispiele:

Eine Kleiderfabrik gründet eigene Modefachgeschäfte. Eine Handelskette für Öko-Produkte erwirbt zur Sicherung des Qualitätsstandards auch eigene landwirtschaftliche Betriebe.

■ Laterale[1] Diversifikation

Zwischen dem bisherigen und dem neuen Produkt besteht kein sachlicher Zusammenhang. Es handelt sich somit um eine Form der Quasi-Innovation. Besonders durch diese Form der Diversifikation wird das Ziel der Risikostreuung und der Erschließung neuer Wachstumsfelder verwirklicht.

Beispiele:

Ein Hersteller von Backpulver erwirbt Brauereien. Ein Autohersteller bietet auch die Finanzierung an.

(3) Produktdifferenzierung

■ Begriff Produktdifferenzierung

Merke:

Bei der **Produktdifferenzierung** wird das **Grundprodukt** technisch, im Erscheinungsbild oder im Statuswert (Image) **verändert**. Es wird eine Mehrzahl von Produkten mit variierenden Merkmalen auf den Markt gebracht, um eine **zusätzliche** Nachfrage zu schaffen, wobei die Hauptcharakteristika der Produkte **gleichartig** bleiben.

---

1 Lateral: seitlich.

Die Produktdifferenzierung lässt sich grafisch im Vergleich zur Ausgangssituation wie folgt darstellen:

Die Motivation für die Produktdifferenzierung liegt darin, dass bisher noch nicht erreichte Käuferschichten durch die verschiedenen Produktvarianten eines bereits auf dem Markt vorhandenen Produkts angesprochen werden können, welches in der Regel auf derselben Fertigungsapparatur hergestellt werden kann. Es handelt sich um eine Ausweitung des Erzeugnisangebots in die Tiefe, da das bisherige Erzeugnis nicht ersetzt, sondern durch weitere ergänzt wird. Das Basisprodukt wird in seinem wesentlichen Zweck nicht verändert. Wenn die Möglichkeiten der sachlichen Differenzierung begrenzt sind, erfolgt häufig eine Differenzierung des Produkts über Dienstleistungen, um sich von den Erzeugnissen der Konkurrenz abzuheben und Präferenzen zu schaffen, z.B. über besondere Leistungen des Kundendienstes, über Finanzdienstleistungen, kürzere Lieferzeiten.

■ **Arten der Produktdifferenzierung**

Vertikale Produkt-differenzierung	Das Produkt unterscheidet sich **qualitätsmäßig** von den anderen Varianten. Auf diese Weise schöpfen z.B. Automobilhersteller durch Differenzierung in unterschiedliche Ausstattungsvarianten die Kaufkraft zahlungskräftiger Käufer ab. Insbesondere diese Art der Produktdifferenzierung lässt sich vorteilhaft mit der Preisdifferenzierung verknüpfen, wenn die Mehrkosten für das qualitativ bessere und prestigeträchtigere Erzeugnis (Premium-Version) mit deutlichen Mehrerlösen verbunden werden können.
Horizontale Produkt-differenzierung	Hier erfolgt die Differenzierung **innerhalb eines Qualitätsniveaus** durch unterschiedliche Farben, Formen, Materialien (z.B. Eis, Schokolade, Stoffe).

2.1.4.3   Produktmodifikation (Produktvariation)

> **Merke:**
>
> Bei der **Produktmodifikation (Produktvariation)** wird das Produkt verändert (modifiziert), um es in den Augen der Verbraucher weiterhin attraktiv erscheinen zu lassen.

Grafisch lässt sich die Produktmodifikation gegenüber der Ausgangssituation folgendermaßen darstellen:

Das Produkt B$_3$ hat neue Eigenschaften.

Die Motivation für die Produktmodifikation ergibt sich durch die Änderung des Nachfrageverhaltens in einem Marktsegment. Geänderte rechtliche Rahmenbedingungen, technischer Fortschritt, verbesserte Produkte der Konkurrenz, Änderung des Geschmacks, neue Formensprache machen eine Anpassung der Produkte notwendig („Facelifting", „Relaunch"). Ziel ist es, die Lebensdauer (den „Lebenszyklus") für ein Erzeugnis möglichst zu verlängern. Die mühsam aufgebauten positiven Einstellungen der Käufer zu einem Produkt lassen sich mit relativ geringem Aufwand auch auf das Nachfolgemodell übertragen.

2.1.4.4 Produkteliminierung

> **Merke:**
>
> Unter **Produkteliminierung** versteht man die Herausnahme von Erzeugnissen und/
> oder Dienstleistungen aus dem Produktprogramm.

Grafisch ergibt sich bei der Eliminierung einer Variante folgende Situation:

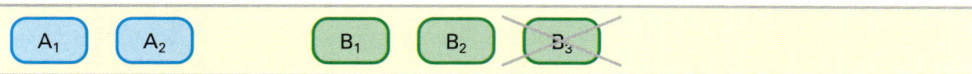

Der Eliminierung unterliegen insbesondere Produkte in der Endphase des „Lebenszyklus" oder jene, die sich nach der Markteinführung als Flops erwiesen haben. Die gezielte Aufgabe eines Erzeugnisses, insbesondere die Bestimmung des richtigen Zeitpunktes, ist eine produktpolitische Entscheidung, die in ihrer Schwierigkeit im Vergleich zu den anderen Maßnahmen leicht unterschätzt wird. Ohne bewusste Eliminierung auf der Basis einer systematischen Programmüberwachung würde die Angebotspalette eines Unternehmens immer größer werden mit verheerenden Folgen für die Kostenstruktur. Wenige „Stammabnehmer" für ein bestehendes Produkt, der Glaube, durch ein umfangreiches Programm „Kompetenz" beweisen zu müssen, sind emotionale Gründe für eine Verschiebung der Eliminierung. Verspätete Korrekturen sind schwieriger, teurer (Bevorratung von Ersatzteilen), bedeuten Imageverluste und belasten die Zukunftsperspektiven des Unternehmens.

2.1.5 Produktmix

(1) Länge des Produktangebots

Produktlinien können in **Untergruppen** eingeteilt werden (in einer Möbelfabrik z. B. die Hauptproduktlinie Wohnzimmer in die Untergruppen Wandschränke, Einbauschränke, Vitrinen und Regale). Die Untergruppen werden als **Produkttypen** bezeichnet. Je **größer** die Anzahl aller angebotenen Produkttypen ist, desto **länger** ist das Produktangebot. (Im Handel spricht man statt von Produkttypen von **Artikeln**.)

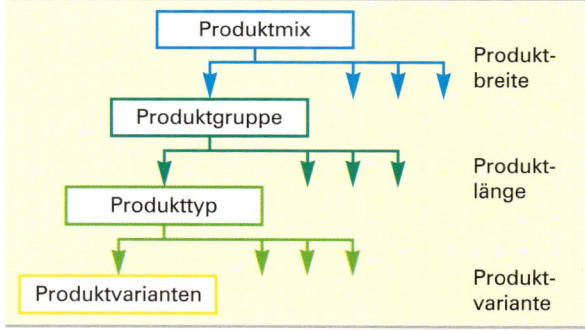

(2) Breite des Produktangebots

Produkte, die in ihrer Grundstruktur zusammengehören, bezeichnet man als **Produktgruppen** oder auch als **Produktlinien** (in einer Möbelfabrik z. B. Küchen, Schlafzimmer, Wohnzimmer, Arbeitszimmer, Büromöbel und der Dienstleistungsbereich Montage und Kundendienst). Welche Produkte zu Produktgruppen bzw. Produktlinien zusammengefasst werden, hängt davon ab, welche betrieblichen (z.B. planerischen) Zwecke mit der Zuordnung verfolgt werden. Allgemein kann man sagen: Je **größer** die Zahl der Produktlinien ist, desto **breiter** ist das Produktangebot.

(3) Tiefe des Produktangebots

Je nach Wirtschaftszweig können die einzelnen Produkttypen in weiteren **Produktvarianten** hergestellt und angeboten werden. (Eine Möbelfabrik kann z.B. die Vitrinen in verschiedenen Holzarten und in verschiedenen Größen anbieten.) Vor allem im Handel bezeichnet man die einzelnen Varianten einer Handelsware als **Sorten**. (Die Sorte ist die kleinste Einheit einer Handelsware.) Je **größer** die Anzahl der Produktvarianten ist, desto **tiefer** ist das Produktangebot.

> **Merke:**
>
> Die Gesamtheit aller Produktlinien (Erzeugnisse und Dienstleistungen) bezeichnet man als **Produktmix**.

2.1.6 Anbieten von Sekundärdienstleistungen

(1) Überblick

Mit dem Anbieten von Dienstleistungen als Sekundärleistung[1] – entgeltlich oder unentgeltlich – wird versucht, gegenüber den Konkurrenten einen Wettbewerbsvorteil zu erringen.

> **Beispiel:**
>
> Die Apotheker verkaufen den Patienten nach der Verordnung der Ärzte verschreibungspflichtige Medikamente. Apotheken können sich bei diesen Medikamenten über die Qualität oder den Preis nicht voneinander abgrenzen, denn beide Kriterien sind bei allen Apotheken gleich. Eine Abgrenzung ist aber möglich über zusätzliche Dienstleistungen, z.B. höherer Beratungsaufwand, Lieferung der Medikamente frei Haus, Bereitstellung von Impfplänen für Auslandsreisen der Kunden.

In der Regel zählen zu den angebotenen **Sekundärdienstleistungen** die **Beratung,** der **Kundendienst** und die **Garantien**.

(2) Beratung

Die Zielrichtung der Beratung besteht zunächst darin, dass der Anbieter einem potenziellen Abnehmer hilft zu erkennen, dass und woran er genau Bedarf hat. In der Nutzungsphase muss dem Käufer dann die Sicherheit gegeben werden, dass ihm im Störungsfall geholfen wird. Am Ende der Nutzungszeit schließlich zielt die Beratung darauf ab, dem Kunden beim Kauf eines neuen Produkts bzw. bei der Entsorgung des alten Produkts zu helfen.

---

1 Sekundär: an zweiter Stelle stehend, zweitrangig; in zweiter Linie in Betracht kommend.

(3) Kundendienst

■ Technischer Kundendienst

Der technische Kundendienst umfasst z. B. die **Einpassung** (z. B. von Büromöbeln) und die **Installation** (z. B. von Maschinen und maschinellen Anlagen), die **Wartung** und **Pflege** (z. B. bei Heizungsanlagen, EDV-Anlagen) sowie die **Reparatur.** Wichtig dabei ist, dass die Reparaturleistungen (unter Umständen unter Einschaltung des Reparaturhandwerks) schnell erfolgen. Dies gilt vor allem für Investitionsgüter, denn Produktionsunterbrechungen sind teuer.

Als eine weitere wichtige Leistung des technischen Kundendienstes schiebt sich derzeit verstärkt die Rücknahme und umweltgerechte sowie preisgünstige **Entsorgung des alten Produkts** in den Vordergrund. Oftmals verwandelt sich ein solcher Service in den Kern der Leistung, d. h., der Käufer erwirbt das Produkt nur dann, wenn er sicher sein kann, dass später die Entsorgung des Produktes sichergestellt ist.

Beispiel:

Der Computerhersteller A wirbt u. a. damit, dass seine Geräte zu 90 % wiederverwertbar seien. Er verpflichtet sich darüber hinaus, die Geräte nach Ablauf der Nutzungsdauer wieder zurückzunehmen. Falls der Hersteller B diese Zusicherungen nicht geben kann, hat A einen Wettbewerbsvorteil bei umweltbewussten Abnehmern. Er kann möglicherweise einen höheren Preis verlangen als B, ohne dass seine Kunden „abspringen".

Die Ausweitung des technischen Kundendienstes ist auch unter ökologischen Gesichtspunkten von Bedeutung, weil sie einen Schritt „weg von der Wegwerfgesellschaft" bedeutet.

■ Kaufmännischer Kundendienst

Der kaufmännische Kundendienst hat das Ziel, dem Käufer den Kauf vor, während und nach dem Erwerb des Produktes zu erleichtern. Zu diesen Kundendienstleistungen werden im Allgemeinen gezählt: der **Zustelldienst,** die **Inzahlungnahme** eines alten Produktes, die Bereitstellung **zusätzlicher Informationen.**

Die Grenzen zwischen technischem und kaufmännischem Kundendienst sowie der Beratung sind fließend.

(4) Garantien

Im Falle der **Garantie** übernimmt der Verkäufer oder ein Dritter (z. B. der Hersteller) unabhängig vom Bestehen oder Nichtbestehen eines Mangels bei Gefahrübergang die Gewähr für die Beschaffenheit **(Beschaffenheitsgarantie)** oder dafür, dass die Sache für eine bestimmte Dauer eine bestimmte Beschaffenheit behält **(Haltbarkeitsgarantie)** [§ 443 I BGB].

Nach § 443 II BGB wird bei Übernahme einer **Haltbarkeitsgarantie** vermutet, dass ein

Beispiele:

Der Hersteller bezeichnet das von ihm produzierte wertvolle Essgeschirr als „garantiert spülmaschinenfest" **(Beschaffenheitsgarantie).**

Der Hersteller eines Pkw gibt eine Garantie, dass seine Produkte innerhalb von sechs Jahren nicht durchrosten **(Haltbarkeitsgarantie).**

während ihrer Geltungsdauer auftretender Sachmangel die Rechte aus der Garantie begründet. Insoweit braucht der Käufer nur den Abschluss des Kaufvertrages, das Bestehen einer Haltbarkeitsgarantiezusage und das Auftreten eines Mangels entsprechend der Garantiezusage in der von der Garantieerklärung erfassten Frist darzulegen und zu beweisen. Sache des Verkäufers ist es dann, das Vorliegen eines Garantiefalles zu entkräften, z.B. durch Nachweis einer sachwidrigen Behandlung des Kaufgegenstandes durch den Käufer.

Eine großzügige Garantiepolitik trägt dazu bei, ein positives Unternehmens- und Produktimage aufzubauen. Freiwillige Leistungen nach Ablauf der Garantiezeit **(Kulanzleistungen)**[1] stärken ebenfalls den guten Ruf eines Unternehmens.

Zusammenfassung

- Aus Sicht des Marketings stellt ein **Produkt** eine Summe von **nutzenstiftenden Eigenschaften** dar.

- In Zeiten gesättigter Märkte rücken bei der **Gestaltung des Produktprogramms** absatzwirtschaftliche Überlegungen in den Vordergrund, wie z.B. Kaufmotive, Zusatznutzen, Marktnischen.

- Produktpolitische Entscheidungen orientieren sich am **Lebenszyklus eines Erzeugnisses.** Das Nachfolgeprodukt muss am Markt eingeführt werden, solange sich das aktuelle Erzeugnis noch in der Reifephase befindet.

- Die **Portfolio-Analyse** ist ein Instrument der strategischen Planung. Sie ergänzt die Erkenntnisse aus der Lebenszyklusanalyse und unterstützt die Unternehmensleitung bei programmpolitischen Entscheidungen.

- Die Änderung des Produktprogramms durch Aufnahme neuer Produkte bezeichnet man als **Produktinnovation.**

- Bei der Erstellung des Produktprogramms sind insbesondere folgende zentrale Fragestellungen zu lösen:

  - Mit welchen weiteren Produkten **(Produktdiversifikation)** bzw. mit welchen Produktveränderungen **(Produktdifferenzierung)** kann die Position des Unternehmens am Markt gefestigt werden?

  - Mit welchen Anpassungen kann die Produktlebenskurve verlängert werden **(Produktmodifikation, -variation)?**

  - Welches Erzeugnis soll aus dem Produktprogramm entfernt werden **(Produkteliminierung)?**

- Als **Produktmix** bezeichnet man die Gesamtheit aller Produktlinien.

- Er erringt gegenüber seinen Konkurrenten einen **Wettbewerbsvorteil** aufgrund einer **kundennäheren Position.**

---

1 Kulanz: Entgegenkommen, Zuvorkommenheit.

- Der **Kundendienst** dient besonders als „Frühwarnsystem" zur Aufdeckung von „Kinderkrank-heiten" neu eingeführter Produkte.

- Die Gewährung großzügiger **Garantie- und Kulanzleistungen** signalisieren dem Konsumen-ten, dass der Hersteller Vertrauen in seine Erzeugnisse hat und verringern damit die Hemm-schwelle beim Kauf.

Übungsaufgaben

106 1. Welche Zielsetzung verfolgt das Konzept des Produkt-Lebenszyklus?

2. Wie kann der Lebenszyklus eines Produkts verlängert werden? Beantworten Sie diese Frage, indem Sie ein Beispiel bilden!

3. Die Hamburger Lebensmittel AG hat einen neuen Vollmilch-Schoko-Riegel auf den Markt gebracht. Der Schoko-Riegel hat die Einführungsphase glänzend überstanden und befindet sich jetzt am Beginn der Wachstumsphase.

   Aufgabe:

   Formulieren Sie mindestens drei Marketingstrategien, die in der Wachstumsphase von Bedeutung sind!

4. Beschreiben Sie die Grundidee der Portfolio-Methode!

5. Skizzieren Sie die Grundaussage der vier strategischen Geschäftseinheiten des Markt-wachstum-Marktanteil-Portfolios!

6. Beschreiben Sie die generelle Strategie, die in den einzelnen Matrix-Feldern jeweils ange-messen ist!

7. Die acht Kreise in dem vorgegebenen Marktwachstum-Marktanteil-Portfolio symbolisieren die acht Geschäftseinheiten der Chemie Chemnitz AG.

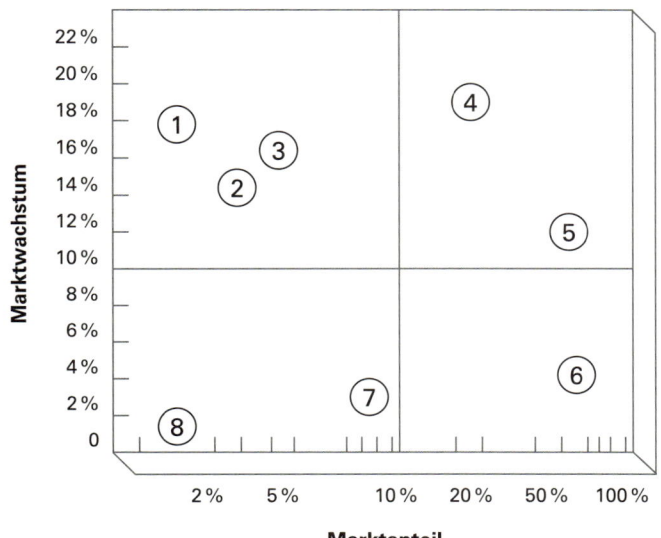

Hinweis:

– Die **vertikale Achse** zeigt das jährliche Marktwachstum der einzelnen Märkte.

– Die **horizontale Achse** zeigt den Marktanteil im Verhältnis zu dem des größten Marktführers.

(Nachweis: Kotler/Bliemel: Marketing-Management, S. 99)

Aufgabe:

Bewerten Sie die langfristigen Erfolgsaussichten der Chemie Chemnitz AG!

22 Speth u.a. - ISBN 978-3-8120-0465-7

8. Übertragen Sie das Portfolio von Aufgabe 4 (ohne Kreise) in Ihr Hausheft. Tragen Sie anschließend die folgenden Daten der Limonadenwerke Leberer GmbH in das Portfolio ein:

Nr.	Produkt	Marktanteil	Marktwachstum
1	Zitronengetränk	40 %	16 %
2	Orangengetränk	5 %	14 %
3	Multivitaminsaft	2 %	12 %
4	Grapefruitsaft	8 %	5 %
5	Apfelsaft	20 %	6 %

Aufgaben:

8.1 Beurteilen Sie das Produktprogramm der Limonadenwerke Leberer GmbH!

8.2 Formulieren Sie Empfehlungen für die zukünftig anzuwendenden Marketingstrategien!

9. Worin unterscheidet sich das Marktwachstum-Marktanteil-Portfolio von der Theorie der Lebenszyklen der Produkte?

107 1. Erläutern Sie die folgenden Maßnahmen der Produktpolitik: Produktdifferenzierung, Produktinnovation, Produkteliminierung!

2. Was versteht man unter horizontaler, vertikaler und lateraler Diversifikation? Bilden Sie jeweils ein Beispiel!

3. Der Produktmix eines Büromaterialherstellers hat eine bestimmte Länge, Breite und Tiefe.

Aufgabe:

Erläutern Sie diese Kennzeichnungen anhand folgender Darstellung:

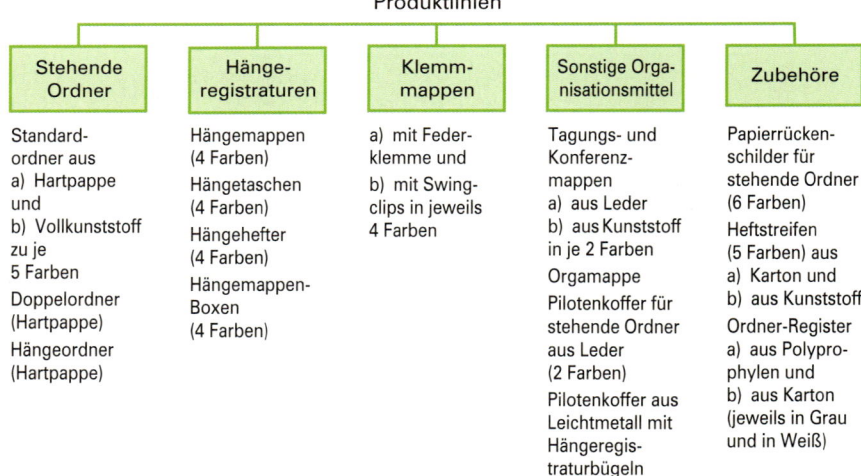

Produktlinien

Stehende Ordner	Hänge-registraturen	Klemm-mappen	Sonstige Organisationsmittel	Zubehöre
Standard-ordner aus a) Hartpappe und b) Vollkunststoff zu je 5 Farben Doppelordner (Hartpappe) Hängeordner (Hartpappe)	Hängemappen (4 Farben) Hängetaschen (4 Farben) Hängehefter (4 Farben) Hängemappen-Boxen (4 Farben)	a) mit Feder-klemme und b) mit Swing-clips in jeweils 4 Farben	Tagungs- und Konferenz-mappen a) aus Leder b) aus Kunststoff in je 2 Farben Orgamappe Pilotenkoffer für stehende Ordner aus Leder (2 Farben) Pilotenkoffer aus Leichtmetall mit Hängeregis-traturbügeln	Papierrücken-schilder für stehende Ordner (6 Farben) Heftstreifen (5 Farben) aus a) Karton und b) aus Kunststoff Ordner-Register a) aus Polypro-phylen und b) aus Karton (jeweils in Grau und in Weiß)

4. Ein Unternehmer erzeugt als einziges Produkt ein Vitamingetränk, das in Portionsfläschchen zu drei Stück pro Packung über Fitnesscenter vertrieben wird.

Aufgabe:

Geben Sie jeweils ein konkretes Beispiel dafür an, wie das Unternehmen Produktdifferenzierung, Mehrmarkenpolitik und Produktdiversifikation durchführen könnte!

5. Ein Unternehmen produziert Futter für Haustiere. In der letzten Rechnungsperiode wurde das Vogelfutter „Schrill" eliminiert.

   Aufgabe:

   Nennen Sie Gründe, die zu dieser Maßnahme geführt haben könnten!

6. 6.1 Erläutern Sie, warum Unternehmen durch eine umweltverträgliche Produktpolitik einen Wettbewerbsvorteil erlangen können!

   6.2 Nennen Sie drei Beispiele für eine umweltverträgliche Produktpolitik! Geben Sie auch an, welchen Zweck die genannten Maßnahmen verfolgen!

7. Viele Hersteller verpflichten sich gegenüber ihren Kunden zu Garantieleistungen.

   Aufgaben:

   7.1 Wie kommt eine Garantie rechtlich zustande?

   7.2 Welche Rechtswirkungen können mit einer Garantieleistung verbunden sein?

   7.3 Aus welchen Motiven heraus übernimmt ein Hersteller Garantieleistungen?

8. Erläutern Sie, was unter dem Begriff Sekundärdienstleistungen zu verstehen ist!

108 Die Angebotspalette der Flügge GmbH setzt sich aus eigenen Erzeugnissen (Dübel) und Handelswaren (Bohrmaschinen) zusammen. In einer Abteilungsleiterkonferenz wird über eine Verbesserung des Produktprogramms gesprochen. Unter anderem fallen folgende Fachbegriffe: Produktpflege, Produktfortschreibung, Produkterweiterung.

Aufgaben:

1. Erklären Sie diese Begriffe und bilden Sie je ein eigenes Beispiel!

2. In der Konferenz wird weiterhin über die Vor- und Nachteile eines breiten oder tiefen Produktprogramms gesprochen.

   2.1 Erläutern Sie die Vor- und Nachteile!

   2.2 Nach welchem Gestaltungsprinzip setzt sich das Angebotsprogramm der Flügge GmbH zusammen?

3. Die Leiterin der Vertriebsabteilung, Frau Lanz, möchte das Angebotsprogramm erweitern. Sie schlägt vor, nicht nur Plastikdübel herzustellen, sondern auch Gips- und Metalldübel. Die Kapazität des Unternehmens müsse allerdings erweitert werden.

   3.1 Wie kann man diese Erweiterung der Angebotspalette bezeichnen?

   3.2 Welchen Zweck bzw. welche Zwecke verfolgt Frau Lanz mit ihrem Vorschlag?

   3.3 Nennen Sie weitere Arten der Produktvielfalt!

4. In der oben genannten Konferenz sagt Frau Lanz, dass das Angebotsprogramm keine feststehende Größe sein dürfe. Es müsse vielmehr immer wieder infrage gestellt und verändert werden.

   Warum muss sich die Unternehmensleitung ständig überlegen, ob das Angebotsprogramm bereinigt und durch die Aufnahme neuer Produkte ergänzt werden soll?

5. Der Leiter des Fertigungsbereichs, Herr Moll, meint, dass die Aufgabe eines Erzeugnisses leichter sei als die Aufnahme neuer Erzeugnisse in das Produktprogramm.

   Begründen Sie diese Aussage!

6. Die Flügge GmbH möchte auch ihre Kundendienstpolitik verbessern.

   Beschreiben Sie die Aufgaben der Kundendienstpolitik!

7. In der im Sachverhalt beschriebenen Konferenz sagt Frau Lanz: „Je umfangreicher unser Service-Angebot ist, desto größer wird unser preispolitischer Spielraum."

   7.1 Prüfen Sie diese Aussage auf ihre Richtigkeit!

   7.2 Machen Sie Vorschläge, wie der Kunden-Service der Flügge GmbH gestaltet werden könnte!

2.2 Kontrahierungspolitik (Entgeltpolitik)

Merke:

Unter **Kontrahierungspolitik** werden im Folgenden alle marketingpolitischen Instrumente zusammengefasst, die der Preispolitik und der Gestaltung der Lieferbedingungen zugerechnet werden. Im Rahmen der Kontrahierungspolitik werden die monetären (in Geld ausgedrückten) Vereinbarungen getroffen, die für den Kaufvertrag gelten sollen.

2.2.1 Begriffe Preispolitik und Preisstrategien

Ein zentrales Problem der Preispolitik besteht in der Frage, welche Kriterien (z.B. Kosten, Wettbewerber, Verhalten der Kunden) ein Verkäufer bei der Bestimmung des Angebotspreises berücksichtigen soll. Diese Frage stellt sich einem Investitionsgüterhersteller, der z.B. eine Mobilfunkanlage im Wert von 300 Mio. EUR verkauft, ebenso wie einem kleinen Einzelhändler, der den Preis für eine Zahnbürste festlegen muss und sich für 1,20 EUR entscheidet.

Merke:

Unter **Preispolitik** (Preisgestaltung) versteht man das Bestimmen der Absatzpreise unter Berücksichtigung der Unternehmensziele.

Zur Preispolitik gehören auch die **Gestaltung der Preisnachlässe** (Rabatte, Boni und Skonti) und die **Einräumung von Kundenzielen** (Zahlungsbedingungen). Die Erhöhung der Preisnachlässe kommt einer Senkung der Absatzpreise gleich und umgekehrt. Die Verlängerung der Kundenziele (Kundenkredit) entspricht einer Preissenkung. Besonders im internationalen Handel spielt die Kreditgewährung als absatzpolitisches Mittel oft eine größere Rolle als die Höhe der Angebotspreise.

Preisstrategien gehören zu den langfristigen Unternehmensentscheidungen. Sie orientieren sich nicht an einem bestimmten Anhaltspunkt, sondern verfolgen eine generelle Preiszielsetzung, z.B. grundsätzlich mit einem hohen bzw. niedrigen Preis auf den Markt zu gehen.

Merke:

Unter **Preisstrategien** versteht man ein planvolles Vorgehen zur Durchsetzung eines bestimmten Preisniveaus auf dem Markt.

2.2.2 Preisstrategien

(1) Hochpreisstrategie

Bei der **Hochpreisstrategie** versucht der Anbieter langfristig einen hohen Preis für seine Produkte zu erzielen, indem er die Produkte mit einer „Prämie" ausstattet, z.B. gleichbleibend hoher Qualitätsstandard, hohes Image, Distribution in Exklusivläden bzw. Beratungszentren, langfristige Garantiezeiten für Ersatzteile, Reparaturservice innerhalb 24 Stunden u.Ä. Diese Art der Hochpreisstrategie bezeichnet man als **Prämienpreisstrategie**. Voraussetzung für diese Preisstrategie ist, dass das Produkt eine Alleinstellung hat und die Preiselastizität der Nachfrage zumindest sehr gering ist.

> **Beispiele:**
>
> Champagner, Hummer, Kaviar, Tafelsilber, Rolls-Royce, Porsche, Rolex-Uhren, Cartier-Schmuck, Bogner-Kleidung usw.

Eine Sonderart der Hochpreisstrategie stellt die **Skimming-Strategie**[1] dar. Diese Preisstrategie setzt, insbesondere bei Innovationsgütern, den Einführungspreis hoch an, um die Forschungs- und Entwicklungskosten schnell abzudecken. Das Unternehmen senkt den Preis aber jedesmal, wenn der Absatz zurückgeht, um jeweils die nächste Schicht preisbewusster Kunden für sich zu gewinnen. Ziel dieser Preisstrategie ist das Abschöpfen des Marktes.

Die Skimming-Strategie ist unter folgenden Bedingungen sinnvoll: (1) Es besteht eine ausreichend große Kundenzahl, die bereit ist, das Produkt zu einem hohen Preis zu erwerben. (2) Die kleine Absatzmenge bringt trotz hoher Stückkosten eine höhere Gewinnspanne. (3) Der hohe Einführungspreis lockt keine weiteren Konkurrenten auf den Markt. (4) Der hohe Preis unterstützt den Anspruch, dass die Ausstattungselemente des Produktes eine Alleinstellung einnehmen.

(2) Niedrigpreisstrategie

Bei der **Niedrigpreisstrategie** strebt der Anbieter an, dass der geforderte Preis dauerhaft unter dem Preis vergleichbarer Produkte liegt. Ziele einer Niedrigpreisstrategie können sein: Verdrängung von Wettbewerbern, Verhinderung des Markteintritts neuer Anbieter, Auslastung der Kapazität, Aufbau eines Niedrigpreisimages. Die Niedrigpreisstrategie wird vor allem zur Verkaufsförderung (Promotion) von Massenwaren, die keinen hohen Serviceanspruch haben, herangezogen. Diese Art von Preisstrategie bezeichnet man als **Promotionspreispolitik**.[2]

> **Beispiele** für Unternehmen, die eine Niedrigpreisstrategie betreiben, sind:
>
> Aldi, Norma, OBI, Ratiopharm (Herstellung von Generika).[3]

Die **Penetrationspreispolitik**,[4] als eine Sonderart der Niedrigpreisstrategie, versucht mit kurzfristig niedrigen Preisen für neue Produkte schnell einen hohen Marktanteil zu erreichen. Nach der Markteinführung werden die Preise dann angehoben.

---

1 To skim: abschöpfen, absahnen.

2 Promotion: Förderung.

3 Werden Medikamente, deren Schutzrechte abgelaufen sind, in der gleichen Zusammensetzung wie das Original hergestellt, so spricht man von Generikapräparaten.

4 Penetration (lat.): Durchdringung, Durchsetzung.

Die Festsetzung eines niedrigen Preises ist zweckmäßig,

- wenn die Preissensibilität[1] des Marktes hoch ist,
- niedrige Preise ein Marktwachstum stimulieren und
- ein niedriger Preis den Markteintritt von Konkurrenten verhindert.

2.2.3 Preispolitik

2.2.3.1 Ziele der Preispolitik

Im Folgenden werden **fünf wesentliche Unternehmensziele** vorgestellt, denen die Preispolitik dienen kann.

Unternehmensziele	Erläuterungen
Fortbestand des Unternehmens	Um die Produktion fortführen zu können, werden häufig die Preise gesenkt. Dann ist das „nackte Überleben" wichtiger als Gewinne. Der bloße Fortbestand des Unternehmens kann jedoch nur ein kurzfristiges Ziel sein.
Kurzfristige Gewinnmaximierung	In diesem Fall werden die voraussichtliche Nachfrage und die voraussichtlichen Kosten für jede Preisalternative abgeschätzt. Man entscheidet sich dann für den Preis, der den größtmöglichen kurzfristigen Gewinn verspricht.
Maximales Absatzwachstum	Hier wird unterstellt, dass eine Erhöhung des Absatzvolumens niedrigere Stückkosten und später höhere Gewinne zur Folge hat. Die Preise werden bei dieser Zielsetzung so niedrig wie möglich angesetzt **(Preispolitik der Marktpenetration).**
Maximale Marktabschöpfung	Hierbei werden für eine (echte) Produktinnovation hohe Preise festgesetzt, um den Markt abzuschöpfen (Skimming-Strategie). Jedes Mal, wenn der Absatz rückläufig ist, senkt das Unternehmen den Preis, um die nächste Schicht preisbewusster Kunden zu gewinnen.
Qualitätsführerschaft	Das Unternehmen nimmt bei dieser Zielsetzung einen höheren Preis, um die Kosten für die hohe Produktqualität und den hohen Forschungs- und Entwicklungsaufwand zu decken.

Für die Preisfindung haben sich insbesondere drei Entscheidungskriterien als nützlich erwiesen:

- die kostenorientierte Preisfindung,
- die abnehmerorientierte (nachfrageorientierte) Preisfindung und
- die wettbewerbsorientierte (konkurrenzorientierte) Preisfindung.

2.2.3.2 Kostenorientierte Preispolitik

Sollen im Unternehmen **alle anfallenden** Kosten auf die Erzeugnisse (Kostenträger) verteilt werden, so spricht man von einer **Vollkostenrechnung.** Werden hingegen zunächst nur solche Kosten berücksichtigt, die in einem direkten Verursachungszusammenhang

---

1 Sensibilität: Empfindlichkeit; sensibel: empfindsam, feinfühlig.

mit den Kostenträgern stehen **(variable Kosten),** handelt es sich um eine **Teilkostenrechnung.**[1]

Das nachfolgende Beispiel stellt eine Kalkulation auf Vollkostenbasis dar.

Beispiel:

Bei der Maschinenfabrik Nieder GmbH geht eine Anfrage nach einer Spezialmaschine (Sonderanfertigung) ein. Es soll ein verbindliches Preisangebot gemacht werden.

Der Auftrag für die Maschine erfordert 50 000,00 EUR Fertigungsmaterial und 60 000,00 EUR Fertigungslöhne.

Die Gemeinkostenzuschlagsätze betragen:

Materialgemeinkostenzuschlag	5 %		Der Gewinnzuschlag beträgt	7,5 %,
Fertigungsgemeinkostenzuschlag	150 %		der Kundenskonto	2 %,
Verwaltungsgemeinkostenzuschlag	7 %		die Vertreterprovision	6 %
Vertriebsgemeinkostenzuschlag	8 %		vom Zielverkaufspreis	
			und der Kundenrabatt	10 %.

Aufgabe:
Berechnen Sie den Listenverkaufspreis!

Lösung:

	100 %		Materialeinzelkosten	50 000,00 EUR	
	5 %	+	Materialgemeinkosten	2 500,00 EUR	
	105 %	=	**Materialkosten**		52 500,00 EUR
100 %			Fertigungslöhne	60 000,00 EUR	
150 %		+	Fertigungsgemeinkosten	90 000,00 EUR	
250 %		=	**Fertigungskosten**		150 000,00 EUR
	100 %		**Herstellkosten**		202 500,00 EUR
	15 %	+	Verwaltungs- und Vertriebsgemeinkosten		30 375,00 EUR
100 %	115 %	=	**Selbstkosten**		232 875,00 EUR
7,5 %		+	Gewinn		17 465,63 EUR
107,5 %	98 %	=	**Barverkaufspreis**		250 340,63 EUR
	2 %	+	Kundenskonto		5 108,99 EUR
90 %	100 %	=	**Zielverkaufspreis**		255 449,62 EUR
10 %		+	Kundenrabatt		28 383,29 EUR
100 %		=	**Listenverkaufspreis**		283 832,91 EUR

2.2.3.3 Abnehmerorientierte (nachfrageorientierte) Preispolitik

(1) Überblick

Um eine abnehmerorientierte Preispolitik betreiben zu können, bedarf es zuverlässiger Informationen über die Wechselwirkung zwischen der Höhe des Preises und der zu erwartenden Nachfrage. Mithilfe einer **Preis-Absatz-Funktion** wird die Veränderung der Nachfragemenge nach einem Gut bei variierenden Preisen erfasst.

---

1 Auf die Teilkostenrechnung wird hier nicht eingegangen. Sie wird in der Jahrgangsstufe 12 behandelt.

In den nachfolgenden Beispielen werden die Daten der Preis-Mengenentwicklung jeweils vorgegeben. Es werden zwei abnehmerorientierte preispolitische Maßnahmen (Entscheidungen) vorgestellt:

■ die Festlegung der **preispolitischen Obergrenze** und

■ die **Preisdifferenzierung**.

(2) Festlegung der preispolitischen Obergrenze

Bei Preisänderungen ist im Normalfall mit folgenden Nachfragerreaktionen zu rechnen: Bei Preiserhöhungen springen die Kunden ab, bei Preissenkungen werden neue Kunden gewonnen (preisreagible Nachfrage).

Beispiel:

Ein Unternehmen bietet nur ein Produkt an. Aufgrund exakter Marktforschung kennt es die Reaktionen seiner Kunden auf Preisänderungen. Es stellt fest, dass es sich einer normalen Nachfrage gegenübersieht, d.h., bei Preiserhöhungen nimmt die mengenmäßige Nachfrage ab, bei Preissenkungen nimmt sie zu.

Die fixen Kosten belaufen sich auf 10 000,00 EUR je Periode, die variablen Kosten auf 6,00 EUR je Stück. Der Verkaufserlös beträgt 10,00 EUR je Stück. Die Preis-Mengenentwicklung (Nachfragefunktion) ist der nachfolgenden Tabelle (Spalte 1 und 2) zu entnehmen.

Aufgabe:
Ermitteln Sie die preispolitische Obergrenze!

Lösung:

Erlös/St. in EUR	Absetzbare Menge	Umsatz in EUR	Kosten fK: 10 000,00 EUR vK: 6,00 EUR/St.	Gewinn/ Verlust in EUR
13,00	2 000	26 000,00	22 000,00	4 000,00
12,50	2 500	31 250,00	25 000,00	6 250,00
12,00	3 000	36 000,00	28 000,00	8 000,00
11,50	3 500	40 250,00	31 000,00	9 250,00
11,00	4 000	44 000,00	34 000,00	10 000,00
10,50	4 500	47 250,00	37 000,00	10 250,00
10,00	5 000	50 000,00	40 000,00	10 000,00
9,50	5 500	52 250,00	43 000,00	9 250,00
9,00	6 000	54 000,00	46 000,00	8 000,00
8,50	6 500	55 250,00	49 000,00	6 250,00

Ergebnis:

Den maximalen Gewinn in Höhe von 10 250,00 EUR erzielt das Unternehmen bei einem Preis von 10,50 EUR pro Stück.

(3) Preisdifferenzierung

■ Begriff Preisdifferenzierung

Merke:

Preisdifferenzierung bedeutet, dass ein und dasselbe Produkt zu unterschiedlichen Preisen angeboten wird.

Die Preisdifferenzierung knüpft an die Erfahrung an, dass es Marktsegmente[1] gibt, in denen ein hoher Preis durchsetzbar ist und dass es Marktsegmente gibt, in denen nur niedrige Preise akzeptiert werden (können). Deshalb bietet es sich an, in den jeweiligen Marktsegmenten unterschiedlich hohe Preise zu verlangen.

Voraussetzung für eine wirkungsvolle Preisdifferenzierung ist, dass sich der Gesamtmarkt (die Nachfrager) in Teilmärkte (Nachfragegruppen) mit unterschiedlichem Nachfrageverhalten aufteilen lässt und die Teilmärkte so strukturiert sind, dass ein Wechsel der Käufer zwischen den Teilmärkten nur schwer möglich ist.

Beispiel:

In Deutschland sind die Medikamentenpreise in der Regel höher als in den Entwicklungsländern. Diese Preisstrategie der Arzneimittelindustrie lässt sich problemlos durchführen, da die Märkte scharf getrennt werden können. Der Kauf von Medikamenten durch deutsche Nachfrager in einem Entwicklungsland ist nicht die Regel. Die Bereitschaft und vor allem die finanzielle Möglichkeit, in Deutschland höhere Medikamentenpreise zu akzeptieren, ist höher als in den Entwicklungsländern.

■ Arten der Preisdifferenzierung

Begriffe	Beispiele
Preisdifferenzierung in Verbindung mit Produktdifferenzierung	Relativ geringfügige Produktunterschiede mit erheblich unterschiedlichem Prestigewert, z.B. Ausstattung, Lackierung, PS-Zahl eines Pkw
Preisdifferenzierung nach Abnehmergruppen oder nach Verwendungszweck	Strom für private Haushalte – Strom für gewerbliche Verbraucher; normale Fahrkarten – Schülerfahrkarten; Alkohol – Spiritus; Dieselkraftstoff – Heizöl
Räumliche Preisdifferenzierung	Pkw-Preise im Ausland günstiger als im Inland Benzin an Autobahntankstellen
Zeitliche Preisdifferenzierung	Tarifstruktur der Deutschen Telekom AG Tag-/Nachtstrom
Zeitlich gestaffelte Preisdifferenzierung	Ein erfolgreiches Buch wird zunächst als Leinenband, dann in Halbleinen und anschließend als Taschenbuch verkauft
Preisdifferenzierung durch Bildung von Herstellerpräferenzen	Schaffung eines Markennamens, Bildung von Erst- und Zweitmarken, Herstellermarke, Händlermarke
Preisdifferenzierung nach Abnahmemenge	Großabnehmer erhalten Sonderpreise im Vergleich zu Kleinabnehmern, insbesondere im Energiesektor (Aluminiumherstellung)

---

1 Ein **Marktsegment** ist ein Teilmarkt, auf dem die Marktteilnehmer in Bezug auf mindestens ein Kriterium (z.B. Familienstand, Lebensstil, Einkommen, Geschlecht) eine homogene (gleichartige) Gemeinschaft bilden.

(4) Preisdifferenzierung am Beispiel umweltorientierter Preispolitik

Viele Unternehmen setzen die Preisdifferenzierung ein, um die höhere Zahlungsbereitschaft umweltbewusster Abnehmer (das umweltbewusste Marktsegment) auszuschöpfen. Die umweltorientierte Preispolitik kann auch umgekehrt vorgehen, indem der Anbieter für die umweltschädlichen Produkte einen höheren Preis als für die umweltfreundlicheren verlangt.

Beispiel:

Ein bedeutender Automobilhersteller bot serienmäßig Mitte der achtziger Jahre – Katalysatoren waren gesetzlich noch nicht vorgeschrieben – ausschließlich Fahrzeuge mit Katalysator an. Wer ein Fahrzeug ohne Katalysator wünschte, musste einen Aufpreis bezahlen.

Die Preisdifferenzierung, die das umweltbewusste Marktsegment ausnutzt, kann zugleich umsatz- und gewinnsteigernd sein: Ökologische und ökonomische Ziele müssen sich keineswegs widersprechen.

Beispiel:

Ein Hersteller kann das Produkt A (ein Reinigungsmittel) in sowohl umweltbelastender Qualität (A_1) als auch in umweltschonender Qualität (A_2) herstellen. Das Produkt A_2 wurde bisher nicht angeboten.

Die Kunden reagieren auf Preisänderungen des Produkts A wie folgt:

Preis in EUR je Stück:	12,00	11,50	11,00	10,50	10,00	9,50	9,00
Absetzbare Menge in Stück:	3 000	3 500	4 000	4 500	5 000	5 500	6 000

Der bisherige Verkaufspreis betrug 10,50 EUR. Die Marktforschung ergab, dass zwei Drittel der Kunden bereit sind, für das Produkt A_2 bis zu 12,00 EUR zu zahlen. Die fixen Kosten (z.B. Miete, Zinsen, Grundsteuer, Abschreibungen, Gehälter, Hilfslöhne, Sozialkosten) belaufen sich auf 10 000,00 EUR je Zeitabschnitt, die variablen Kosten (Fertigungsmaterial und Fertigungslöhne) betragen für das Produkt A_1 6,00 EUR je Stück und für das Produkt A_2 7,20 EUR je Stück. Die fixen Kosten bleiben bei Aufnahme der Produktion von A_2 unverändert. Angenommen, die Geschäftsleitung entscheidet sich dazu, das Produkt A_2 zu 12,00 EUR je Stück auf den Markt zu bringen.

Aufgabe:

Berechnen Sie den Gewinn vor und nach Einführung des Produkts A_2!

Lösung:

Situation vor der Einführung des Produkts A_2:

Umsatz (4 500 · 10,50 EUR)	47 250,00 EUR
– variable Kosten (4 500 · 6,00 EUR)	27 000,00 EUR
– fixe Kosten	10 000,00 EUR
Gewinn	10 250,00 EUR

Situation nach der Einführung des Produkts A_2:

Umsatz des Produkts A_2 (3 000 · 12,00 EUR)		36 000,00 EUR
Umsatz des Produkts A_1 (1 500 · 10,50 EUR)		15 750,00 EUR
Gesamtumsatz		51 750,00 EUR
– variable Kosten des Produkts A_2 (3 000 · 7,20 EUR)	21 600,00 EUR	
– variable Kosten des Produkts A_1 (1 500 · 6,00 EUR	9 000,00 EUR	30 600,00 EUR
– fixe Kosten		10 000,00 EUR
Gewinn		11 150,00 EUR

Ergebnis:

Durch die Preisdifferenzierung ist bei gleich bleibendem Absatz der Umsatz um rund 9,5 % und der Reingewinn um rund 8,8 % gestiegen. Die Ausschöpfung des umweltbewussten Marktsegments hat sich für das Unternehmen gelohnt.

2.2.3.4 Wettbewerbsorientierte (konkurrenzorientierte) Preispolitik

> **Merke:**
>
> Unter **wettbewerbsorientierter (konkurrenzorientierter) Preispolitik** versteht man das Ausrichten des eigenen Preises an den Preisstellungen der Konkurrenten, wobei vor allem der Leitpreis (Preis des Preisführers, Branchenpreis) sowie die oberen und unteren Preisgrenzen der Wettbewerber von Bedeutung sind.

Grundsätzlich eröffnen sich einem Unternehmen, das seine Preispolitik an den Konkurrenten ausrichtet, drei Verhaltenswege:

- **Anpassung an den Leitpreis,**
- **Unterbietung des Leitpreises** und
- **Überbietung des Leitpreises.**

(1) Orientierung am Leitpreis

Sich auf einen Preiswettbewerb einzulassen, stellt keine sinnvolle Maßnahme dar, wenn die Wettbewerber stark und willens sind, ihre Preispositionen auf Biegen und Brechen zu verteidigen. In solchen Fällen ist es sinnvoll, sich den Preisvorgaben des Preisführers[1] bzw. dem Branchenpreis[2] unterzuordnen und sich durch andere Leistungsmerkmale (z.B. andere Qualitätsabstufungen, Sondermodelle, besondere Vertriebswege) von der Konkurrenz abzuheben. Wird der Branchenpreis bzw. der Preis des Preisführers für die eigene Preisfindung herangezogen, dann ändert das Unternehmen immer dann seine Preise, wenn der Preisführer dies tut bzw. der Branchenpreis sich ändert. Eine Preisänderung erfolgt dagegen nicht, wenn sich lediglich seine eigene Nachfrage- oder Kostensituation ändert.

Die Preisbildung nach Leitpreisen ist relativ beliebt. Wenn ein Unternehmen seine eigenen Kosten nur schwer ermitteln kann oder wenn Wettbewerbsreaktionen Ungewissheit auslösen, dann sieht es die Ausrichtung des eigenen Preises an den Konkurrenzpreisen als zweckmäßige Lösung an.

(2) Unterbietung des Leitpreises

Die Unterbietung des Leitpreises ist für ein Unternehmen nur bis zur **kurzfristigen (absoluten) Preisuntergrenze** des Produkts sinnvoll. Sie liegt dort, wo die Summe der dem Produkt direkt zurechenbaren Kosten (**variable Kosten**) noch gedeckt ist. Kurzfristig kann das Unternehmen nämlich die fixen Kosten außer Acht lassen, denn diese fallen an, ob ein Verkauf getätigt wird oder nicht.

---

1 Als **Preisführer** bezeichnet man einen Anbieter, dem sich bei Preisänderungen die übrigen Anbieter anschließen. Preisführer treten insbesondere in oligopolistischen Marktstellungen wie bei Öl, Stahl, Papier oder Kunstdünger auf.

2 Von einem **Branchenpreis** spricht man dann, wenn mehrere Unternehmen den Preis mit ihrer Marktmacht bestimmen. Diese Preisfindung herrscht vor allem auf oligopolistischen und polypolistischen Märkten mit homogenen Gütern vor.

Langfristig hingegen kann ein Unternehmen nicht mit Verlusten produzieren, es muss zumindest (gesamt-)kostendeckend arbeiten. Die **langfristige Preisuntergrenze** wird daher durch die Selbstkosten je Produkteinheit bestimmt.

(3) Überbietung des Leitpreises

Die Überbietung des Leitpreises ist prinzipiell nur möglich, wenn das Produkt hinsichtlich seiner Innovation oder seiner Alleinstellung aufgrund seiner Ausstattungselemente im Markt eine Sonderstellung einnimmt. Gleiches gilt, wenn sich das Unternehmen wegen seines Images oder seiner Trendstellung von den anderen Unternehmen abhebt. Da es sich hier um Einzelfälle handelt, wird hierauf nicht weiter eingegangen.

2.2.4 Lieferbedingungen[1]

Die unterschiedliche Gestaltung der Lieferbedingungen hat – wie der Einsatz eines jeden absatzpolitischen Instruments – die Aufgabe, bisherige Kunden zu halten und neue Kunden hinzuzugewinnen, d. h. Kaufanreize zu schaffen. Kaufanreize können z. B. darin liegen, dass das Erzeugnis frei Haus, frei Keller, frei Lager oder frei Werk **zugestellt** wird. In der Zustellung wird eine besondere Leistung gesehen, die auch bezahlt werden muss. Andererseits kann eine werbende Wirkung auch in der **Selbstabholung** liegen, z. B. dann, wenn damit ein begehrtes Ereignis verbunden ist (z. B. Werksbesichtigung bei Selbstabholung eines Neuwagens beim Hersteller) oder der Abnehmer über eigene Transportmittel verfügt. Er kommt dann in den Genuss niedrigerer Beschaffungspreise und kann außerdem Bezugskosten einsparen.

Kaufentscheidungen werden auch beeinflusst durch die Festlegung von Leistungsorten und Gerichtsständen, der Lieferzeiten und der Qualitäten.

2.2.5 Finanzdienstleistungen

Die Gewährung von Finanzdienstleistungen hat insbesondere die Aufgabe, die Finanzierung eines Auftrags zu erleichtern bzw. erst zu ermöglichen. Die Finanzbelastung eines Kunden wird z. B. beeinflusst durch:

- Maßnahmen der **unmittelbaren Preisgestaltung** wie z. B. der Gewährung verschiedener Rabatte, z. B. für Menge, Treue, Wiederverkäufer.
- Gestaltung der **Zahlungsbedingungen**. Diese drücken sich aus
  - in der Höhe des Skontos,
  - in der Dauer des Zeitraumes, innerhalb dessen Skonto abgezogen werden kann,
  - in der Dauer des Zahlungsziels, also des Zeitraumes, in welchem die Rechnung ohne Abzug von Skonto bezahlt werden kann,
  - in der Zahlungsweise (Vorauszahlung, Barzahlung, Ratenzahlung, Höhe der Raten),
  - in der Zahlungssicherung (z. B. Eigentumsvorbehalt).

---

1 **Lieferbedingungen** sind neben den Zahlungsbedingungen Teil der allgemeinen Geschäftsbedingungen. Die sogenannten allgemeinen Geschäftsbedingungen werden vor allem von den Wirtschaftsverbänden der Industrie, des Handels, der Banken, der Versicherungen, der Spediteure usw. normiert (vereinheitlicht) und den Verbandsmitgliedern zur Verwendung empfohlen (z. B. „Allgemeine Lieferbedingungen für Erzeugnisse und Leistungen der Elektroindustrie", „Allgemeine Deutsche Spediteurbedingungen"). Vgl. hierzu auch S. 248f.

■ Gewährung von **Absatzkrediten.**

Durch die Gewährung von Absatzkrediten wird der Käufer darin unterstützt,

■ sich das Produkt durch Gewährung eines Darlehens **überhaupt zu beschaffen,** falls seine Bonität für ein Bankdarlehen nicht ausreicht oder

■ das Produkt zu **günstigen Darlehenskonditionen** (Zins, Ratenhöhe) zu bekommen, was letztlich einer Reduzierung des Kaufpreises entspricht.

Zusammenfassung

■ Unter **Preisstrategien** versteht man ein planvolles Vorgehen zur Durchsetzung eines bestimmten Preisniveaus auf dem Markt.

■ Als grundsätzliche Preisstrategien können gewählt werden:

■ **Hochpreisstrategie (Prämienstrategie).** Sie versucht langfristig einen hohen Preis für die Produkte zu erzielen, indem die Produkte mit einer „Prämie" ausgestattet werden. Eine besondere Art der Hochpreisstrategie ist die **Skimming-Strategie.**

■ **Niedrigpreisstrategie (Promotionspreispolitik).** Hier versucht der Unternehmer, dass der Preis für sein Produkt dauerhaft unter dem Preis vergleichbarer Produkte liegt. Eine besondere Art der Niedrigpreisstrategie ist die **Penetrationspreispolitik.**

■ Unter der **Preispolitik** versteht man das Herab- oder Heraufsetzen der Absatzpreise mit der Absicht, den Absatz und/oder Gewinn zu beeinflussen.

■ Die **Preispolitik** kann **kostenorientiert, abnehmerorientiert** oder **wettbewerbsorientiert** ausgerichtet sein.

■ Die **Lieferbedingungen (Konditionen)** ergänzen die Preispolitik.

■ Der endgültige Preis wird nicht nur durch die **unmittelbare Preisgestaltung** beeinflusst, sondern auch durch

■ die **Gestaltung der Zahlungsbedingungen** (Skonto, Zahlungsziel, Zahlungsweise, Zahlungssicherung) und durch

■ die **Ausgestaltung weiterer Finanzdienstleistungen,** z. B. Absatzkredite.

Übungsaufgaben

109 1. Ein Unternehmen steht vor der Entscheidung, eine Zahncreme unter neuer Marke einzuführen.

Aufgaben:

1.1 Nach welchen Kriterien könnte der Einführungspreis bestimmt werden?

1.2 Für welchen Weg der Preisbestimmung würden Sie sich einsetzen? Begründen Sie Ihre Meinung!

2. Die Unternehmen können nicht in jedem Fall eine eigenständige Preispolitik betreiben.

Nennen Sie preispolitische Zielsetzungen, die ein Unternehmen mit seiner Preispolitik verfolgen kann!

3. Erläutern Sie, was unter einer räumlichen, zeitlichen und einer Preisdifferenzierung in Verbindung mit einer Produktdifferenzierung zu verstehen ist!

Aufgabe:

Bilden Sie jeweils ein Beispiel!

110 Die Kalle OHG stellt Spielzeugautos her. Sie produziert und verkauft jährlich 12000 Spielzeug-autos. Die Autos werden zu einem Einheitspreis angeboten, der wie folgt kalkuliert wird:

Materialeinzelkosten 10,06 EUR, Fertigungseinzelkosten 7,00 EUR, Materialgemeinkosten 5%, Fertigungsgemeinkosten 180%, Verwaltungs- und Vertriebsgemeinkosten 20%. Der Gewinn-zuschlag beträgt 5%.

Aufgaben:

1. Welche Art Preispolitik betreibt die Kalle OHG?

2. Berechnen Sie den Barverkaufspreis je Spielzeugauto!

3. Herr Kalle möchte den Verkaufspreis (Barverkaufspreis) auf 41,80 EUR anheben. Die Abtei-lung „Marktforschung" warnt: Der (mengenmäßige) jährliche Absatz wird von bisher 12000 Stück auf 11000 Stück zurückgehen. (Die fixen Kosten betragen 175000,00 EUR monatlich, die variablen Kosten 20,00 EUR je Stück.)

   3.1 Nennen Sie Beispiele für fixe und variable Kosten!

   3.2 Wie entscheidet Herr Kalle, wenn er vorrangig das Ziel vor Augen hat, einen möglichst großen Marktanteil zu erobern?

   3.3 Wie entscheidet Herr Kalle, wenn er nach dem kurzfristigen Gewinnmaximierungsprin-zip handelt? (Belegen Sie Ihre Antwort mit Zahlen!)

   3.4 Fiele die Entscheidung zu 3.3. anders aus, wenn aufgrund der Preiserhöhung der Absatz

      3.4.1 um 2000 Stück,

      3.4.2 um 3000 Stück zurückgeht?

   3.5 Besteht im Fall 3.3 zwischen den Zielen „Gewinnmaximierung" und „Vergrößerung des Marktanteils" Zielkonflikt oder Zielharmonie? Begründen Sie (auch mit Zahlen) Ihre Aussage!

4. Welche Art Preispolitik betreibt die Kalle OHG, wenn sie ihre Entscheidungen von den Reaktionen ihrer Abnehmer abhängig macht?

111 Ein Hersteller von Skibindungen beabsichtigt, eine neuartige elektronische Skibindung auf den Markt zu bringen.

Aufgaben:

1. 1.1 In der Einführungsphase plant das Unternehmen, eine Abschöpfungsstrategie anzu-wenden. Was versteht man unter diesem Begriff?

   1.2 Welche Gründe könnten das Unternehmen zur Wahl dieser preispolitischen Strategie veranlasst haben?

2. Wodurch unterscheidet sich die Skimming-Strategie von der Prämienpreisstrategie?

3. Wäre es Ihrer Meinung nach im vorliegenden Fall sinnvoll, dem Unternehmen zu raten, eine Penetrationspreispolitik zu betreiben? Begründen Sie Ihre Meinung!

4. Nennen Sie die Ziele, die mit einer Niedrigpreisstrategie verbunden sind!

5. Bei der Preisfestsetzung kann es für das Unternehmen vorübergehend sinnvoll sein, die Preise unter die allgemein angekündigte und geforderte Preisfestsetzung abzusenken.

   Begründen Sie die Richtigkeit dieser Aussage anhand von zwei selbst gewählten Beispie-len!

2.3 Kommunikationspolitik

Merke:

- Unter **Kommunikationspolitik**[1] werden im Folgenden alle marketingpolitischen Maßnahmen zusammengefasst, die das Unternehmen und seine Produkte in der Öffentlichkeit darstellen und bekannt machen.
- Die **Kommunikationspolitik** setzt sich aus
  - der **Werbung,**
  - der **Verkaufsförderung,**
  - der **Öffentlichkeitsarbeit** und
  - neueren Formen der Kommunikationspolitik (**Sponsoring, Produkt-Placement, Direktmarketing** und **Eventmarketing**) zusammen, wobei die Grenzen mitunter fließend sind.

2.3.1 Werbung

2.3.1.1   Begriff Werbung und die Grundsätze der Werbung

(1) Begriff Werbung

Merke:

Unter **Werbung** versteht man alle Maßnahmen mit dem Ziel, bestimmte Botschaften für Auge, Ohr, Geschmacks- oder Tastsinn an Personen heranzutragen, um auf ein Erzeugnis und/oder eine Dienstleistung aufmerksam zu machen und Kaufwünsche zu erzeugen.

(2) Grundsätze der Werbung

Klarheit und Wahrheit	Die Werbung muss für den Kunden klar und leicht verständlich sein. Sie sollte sachlich unterrichten, die Vorzüge eines Artikels eindeutig herausstellen, keine Unwahrheiten enthalten und nicht täuschen. Falsche Informationen (Versprechungen) führen zu Enttäuschungen und langfristig zu Absatzverlusten. Eine irreführende Werbung ist verboten [§ 5 UWG].
Wirksamkeit	Die Werbung muss die Motive der Umworbenen ansprechen, Kaufwünsche verstärken und letztlich zum Kauf führen. Eine wichtige Voraussetzung für eine wirksame Werbung ist eine genaue Bestimmung der Zielgruppe.
Einheitlichkeit, Stetigkeit, Einprägsamkeit	Die Werbung sollte stets einen gleichartigen Stil aufweisen (bestimmte Farben, Symbole, Figuren, Slogans), um beim Kunden einen Wiedererkennungseffekt zu erzielen. Durch die regelmäßige Wiederholung der Werbebotschaft wird deren Einprägsamkeit erhöht.

---

1 Unter Kommunikation versteht man die Übermittlung von Informationen von einem Sender zu einem Empfänger.

Wirtschaftlichkeit	Die Aufwendungen der Werbung finden ihre Grenzen in ihrer Wirtschaftlichkeit. Die Werbung ist dann unwirtschaftlich, wenn der auf die Werbung zurückzuführende zusätzliche Ertrag niedriger ist als der Aufwand.
Soziale Verantwortung	Die Werbung darf keine Aussagen oder Darstellungen enthalten, die gegen die guten Sitten verstoßen oder ästhetische, moralische oder religiöse Empfindungen verletzen. Die rechtliche Umsetzbarkeit von Werbemaßnahmen hängt insbesondere von den Bestimmungen des Gesetzes gegen unlauteren Wettbewerb [UWG] ab.

2.3.1.2 Werbeplanung

(1) Überblick

Die Werbeplanung umfasst insbesondere folgende Fragen:

- Welche **Art der Werbung** soll durchgeführt werden?
- Welche **Werbemittel** und **Werbeträger** sind einzusetzen?
- Welche Beträge können für die Werbung eingesetzt werden **(Werbeetat)?**
- Welche **Streuzeit** wird festgesetzt?
- Welche **Streugebiete** und **Streukreise** sind auszuwählen?

(2) Arten der Werbung

■ **Arten der Werbung nach der Anzahl der Umworbenen**

Direkt-werbung	Es werden einzelne Personen, Unternehmen, Behörden usw. unmittelbar (z.B. durch Handelsvertreter und Handlungsreisende) oder durch Werbebriefe angesprochen.
Massen-werbung	Es soll ein mehr oder weniger großer Kreis von Umworbenen erreicht werden. Die **gezielte Massenwerbung** möchte eine bestimmte Gruppe durch die Werbung ansprechen (z.B. eine Berufs- oder Altersgruppe, die Nichtraucher, die Autofahrer). Die **gestreute Massenwerbung** wird mithilfe von Massenmedien (Rundfunk, Fernsehen, Zeitungen) betrieben.

■ **Arten der Werbung nach der Anzahl der Werbenden**

Alleinwerbung (Einzelwerbung)	Sie geht von einem einzelnen Unternehmen aus. Sie kann von einer eigenen Werbeabteilung, einem Werbeunternehmen oder von einem Marketingberater durchgeführt werden.
Verbundwerbung (Sammelwerbung)	Sie liegt vor, wenn mehrere Unternehmen (z.B. Hersteller, Handelsunternehmen) gemeinsam eine Werbeaktion durchführen (z.B. gemeinsame Messestände, gemeinsame Plakate). Die Namen der beteiligten Unternehmen werden bekannt gemacht.
Gemeinschafts-werbung	Hier tritt ein ganzer Wirtschaftszweig (z.B. die deutsche Milchwirtschaft) als Werber auf. Die Namen der beteiligten Unternehmen bleiben unbekannt.

(3) Werbemittel und Werbeträger

■ **Werbemittel**

> **Merke:**
>
> **Werbemittel** sind Kommunikationsmittel (z. B. Wort, Bild, Ton, Symbol), mit denen eine Werbebotschaft dargestellt wird (z. B. Anzeige, Rundfunkspot, Plakate usw.).

Je nachdem, **welche Sinne angesprochen** werden sollen, gliedert man die Werbemittel in:

optische Werbemittel	Sie wirken auf das Sehen des Umworbenen (z. B. Plakate, Anzeigen, Schaufensterdekorationen, E-Mails und Short Message Service [SMS]).
akustische Werbemittel	Sie sprechen das Gehör an (z. B. Verkaufsgespräch, Werbevorführungen, Werbespots im Radio).
geschmackliche Werbemittel	Hier soll der Kunde durch eine Kostprobe von der Güte der Ware überzeugt werden. Die Kostproben sprechen den Geschmackssinn an.
geruchliche Werbemittel	Sie wirken auf den Geruchssinn der Kunden (z. B. Parfümproben).

Werden die verschiedenen Werbemittel kombiniert (z. B. Lebensmittelproben können gesehen und gekostet werden, Stoffproben können gesehen und gefühlt werden), so spricht man von **gemischten Werbemitteln.** Sie sind besonders werbewirksam, weil sie verschiedene Sinne des Menschen ansprechen.

■ **Werbeträger**

> **Merke:**
>
> Der **Werbeträger** ist das Medium, durch das ein Werbemittel an den Umworbenen herangetragen werden kann.

Wichtige Werbeträger (Streumedien) sind:

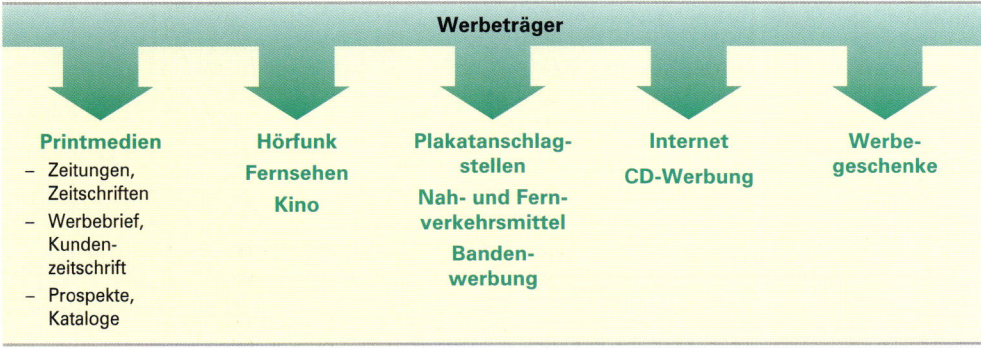

23 Speth u.a. - ISBN 978-3-8120-0465-7

(4) Werbeetat

Da die Werbung in manchen Wirtschaftszweigen erhebliche Mittel verschlingt – der Prozentsatz der Werbekosten am Umsatz liegt in der deutschen Wirtschaft zwischen 1 % und 20 % –, ist ein genauer Haushaltsplan (Etat, Budget) für die Werbung aufzustellen. Die Höhe des Werbeetats kann sich nach der jeweiligen Finanzlage des Unternehmens, nach dem Werbeaufwand der Konkurrenz oder nach dem erwarteten Werbeerfolg richten.

Richtet sich der Werbeetat nach der jeweiligen Finanzlage des Unternehmens, die wiederum eng mit dem Umsatz zusammenhängt, spricht man von **zyklischer**[1] **Werbung**. Das bedeutet, dass bei steigenden Umsätzen mehr, bei fallenden Umsätzen weniger geworben wird. Diese zyklische Werbung ist jedoch im Allgemeinen wenig sinnvoll, weil gerade dann geworben wird, wenn der Umsatz ohnedies steigt, die Werbung jedoch unterlassen wird, wenn der Umsatz fällt.

Aus diesem Grund wird die **antizyklische Werbung** empfohlen. Sinkt der Umsatz, werden die Werbeanstrengungen verstärkt, steigt der Umsatz, werden sie verringert. Die antizyklische Werbung erfüllt den Zweck, einen gleichbleibenden Absatz und Gewinn zu sichern.

(5) Streuzeit

> **Merke:**
>
> Das Festlegen der **Streuzeit** besagt, dass in der Werbeplanung Beginn und Dauer der Werbung sowie der zeitliche Einsatz der Werbemittel und Werbeträger bestimmt werden.

Grundsätzlich hat ein Unternehmen drei Möglichkeiten für die zeitliche Planung von Werbeaktionen:

- einmalig bzw. zeitlich begrenzt und intensiv zu werben,
- regelmäßig zu werben (pro Tag, pro Woche, pro Monat),
- in unregelmäßigen Abständen kurz, aber intensiv zu werben.

Vergleicht man die Wirkung von kurzzeitigen Werbeaktionen mit Werbeaktionen, die über einen längerfristigen Zeitraum angelegt sind, so gilt: Je länger und je häufiger geworben wird, desto schneller treten wirtschaftliche Werbewirkungen ein.

Die **Vergessenskurve** aus der Lernforschung zeigt, dass binnen weniger Stunden 50 % der empfangenen Informationen bereits wieder vergessen sind.

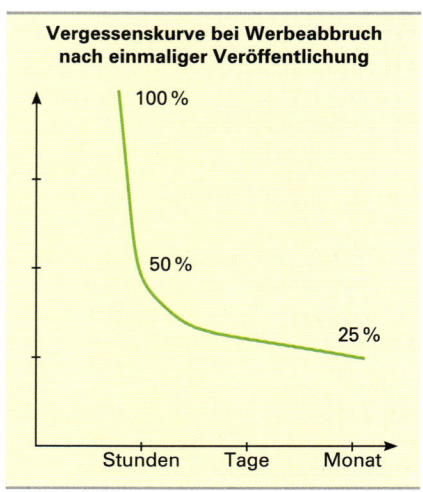

Vergessenskurve bei Werbeabbruch nach einmaliger Veröffentlichung

---

1 Zyklus: regelmäßig wiederkehrende Erscheinung.

(6) Streukreis und Streugebiet

> **Merke:**
>
> - Der **Streukreis** beschreibt den Personenkreis, der umworben werden soll. Der Personenkreis wird häufig noch nach **Zielgruppen** (z. B. Berufs-, Alters-, Kaufkraftgruppen, Geschlecht) untergliedert.
> - Das **Streugebiet** (Werbeverbreitungsgebiet) ist das Gebiet, in welchem die Werbemaßnahmen durchgeführt werden sollen.

Streugebiete sind deswegen festzulegen, weil Art und Umfang des Bedarfs in den einzelnen Gebieten (beispielsweise sei auf die andersartigen Bedürfnisse von Stadt- und Landgemeinden hingewiesen) unterschiedlich sein können.

2.3.1.3 Werbeerfolgskontrolle

(1) Begriff Werbeerfolgskontrolle

> **Merke:**
>
> Die **Werbeerfolgskontrolle** überprüft,
> - in welchem Umfang die gesetzten Werbeziele durch die eingesetzten Werbemittel und Werbeträger erreicht wurden und
> - ob sich die Werbemaßnahmen gelohnt haben.

Gegenstand der Werbeerfolgskontrolle kann der **wirtschaftliche Werbeerfolg** oder der **nicht wirtschaftliche Werbeerfolg** sein.

Die wirtschaftliche Werbeerfolgskontrolle möchte den mithilfe der Werbung erzielten Gewinn feststellen. Die nicht wirtschaftliche Werbeerfolgskontrolle fragt danach, wie die Werbung bei den Umworbenen „angekommen" ist.

(2) Wirtschaftliche Werbeerfolgskontrolle

Die Feststellung des Werbegewinns ist in der Praxis sehr schwierig. Die Gründe liegen darin, dass es einerseits nicht immer möglich ist, die Werbeaufwendungen für eine Periode genau abzugrenzen, und dass andererseits Umsatzsteigerungen nicht unbedingt auf die Werbung zurückzuführen sind.

Neuerdings zeigt allerdings die moderne **Marktforschung** Mittel und Wege auf, mit deren Hilfe eine brauchbare Werbeerfolgskontrolle durchgeführt werden kann. Dazu muss man wissen, dass die Befragung einiger 1 000, manchmal sogar weniger Personen ausreicht, um zu zuverlässigen Ergebnissen zu kommen (siehe S. 320f.).

Mithilfe der Marktforschung soll die Wirkung einer Plakataktion („Trinkt mehr Milch!") festgestellt werden. Es werden eine Versuchsgruppe und eine Kontrollgruppe gebildet. Die Versuchsgruppe wird von der Werbung berührt, die Kontrollgruppe erhält von der Werbung keine Kenntnis.

Nach Abschluss der Werbekampagne ergeben sich folgende Zahlen:

Zeitpunkt	Milchverbrauch pro Kopf	
	Versuchsgruppe	Kontrollgruppe
Vor Beginn der Werbekampagne Nach Beendigung der Werbekampagne	0,32 Liter 0,40 Liter	0,32 Liter 0,35 Liter
Verbrauchsänderung	0,08 Liter	0,03 Liter

Die Versuchsgruppe hat ihren Verbrauch um 0,08 Liter je Person erhöht. Daraus kann nicht der Schluss gezogen werden, dass die gesamte Veränderung auf die Werbung zurückzuführen ist. Das Ergebnis der Kontrollgruppe zeigt, dass der Pro-Kopf-Verbrauch auch ohne Werbung um 0,03 Liter gestiegen wäre. Die durch die Werbung hervorgerufene Verbrauchsänderung beträgt also lediglich 0,05 Liter.

Betrug nun bei dem werbenden Unternehmen der **zusätzliche** Milchabsatz im untersuchten Zeitraum 160 000 Liter, so sind davon nur 100 000 Liter auf die Absatzwerbung zurückzuführen. Wenn die Kosten der Werbeaktion 2 100,00 EUR und der Reingewinn je Liter 0,05 EUR betragen, lässt sich der wirtschaftliche Werbeerfolg, also der Werbegewinn, folgendermaßen errechnen:

Auf die Werbekampagne zurückzuführender Ertrag (100 000 · 0,05 EUR)	5 000,00 EUR
− Werbeaufwand	2 100,00 EUR
Werbegewinn	2 900,00 EUR

Der Werbegewinn erhöht sich, wenn der Milchverbrauch in Zukunft auf dem einmal erreichten Niveau verharrt.

(3) Nicht wirtschaftliche Werbeerfolgskontrolle

Während die wirtschaftliche Werbeerfolgskontrolle im eigenen Unternehmen in Geld, Stückzahlen oder Prozentsätzen (z.B. Umsatz, Absatz, Marktanteil) gemessen werden kann, lässt sich der nicht wirtschaftliche Werbeerfolg nur am Umworbenen selbst messen, z.B. in der Änderung seiner Haltung gegenüber dem Produkt oder dem Hersteller. Um diese verborgenen Daten zu gewinnen, werden spezielle Verfahren eingesetzt, wie z.B. Wortassoziationstests oder Satzergänzungstests. Auf indirekte Art und Weise erhält man dadurch Informationen über folgende Personengruppen:

Werbegemeinten (Adressaten)	Es handelt sich dabei um die Umworbenen, die durch die Werbung angesprochen werden sollen. Ihre Zahl ist die **Adressatenzahl**.
Werbeberührten	Darunter versteht man die Umworbenen, bei denen eine Sinneswirkung erzielt wird. Ihre Zahl ist die **Perzeptionszahl** (lat. perceptio: Wahrnehmung).
Werbe-beeindruckten	Damit sind diejenigen Umworbenen gemeint, die nicht nur von der Werbung „berührt" worden sind, sondern bei denen die Werbung eine Aufmerksamkeitswirkung erzielt hat. Die Zahl der Werbebeeindruckten ist die **Aperzeptionszahl** (lat. aperceptio: Verarbeitung von Eindrücken).
Werbeerfüller	Hier handelt es sich um die Umworbenen, die den Werbezweck erfüllen, die z.B. das Produkt kaufen, für das geworben worden ist. Ihre Zahl ist die **Akquisitionszahl** (lat.: die Hinzugeworbenen).

Ein Industrieunternehmen möchte seinen Kunden (Händlern) ein neues Produkt vorführen. Dabei soll ein Werbefilm gezeigt werden. Darüber hinaus werden Prospekte ausgelegt. Die Einladung ergeht an 80 Händler.

Von den eingeladenen Händlern (also den Werbegemeinten) erscheinen 60 Personen (Werbeberührte). Daraus lässt sich eine Kennzahl (Streuzahl) ermitteln, nämlich der **Berührungserfolg**.

Er errechnet sich wie folgt:

$$\text{Berührungserfolg} = \frac{\text{Zahl der Werbeberührten}}{\text{Zahl der Werbegemeinten}}$$

In unserem Beispiel ergibt sich:

$$\text{Berührungserfolg} = \frac{60}{80} = \underline{\underline{0,75}}$$

Das bedeutet, dass $^3/_4$ der Werbegemeinten von der Werbung berührt worden sind.

Haben von den 60 erschienenen Personen 48 einen Prospekt mitgenommen, zeigt das, dass diese Personen zumindest von der Werbung beeindruckt worden sind. Der **Beeindruckungserfolg** kann daher folgendermaßen berechnet werden:

$$\text{Beeindruckungserfolg} = \frac{\text{Zahl der Werbebeeindruckten}}{\text{Zahl der Werbegemeinten}}$$

In diesem Beispiel beträgt der Beeindruckungserfolg $\frac{48}{80} = \underline{\underline{0,60}}$

Die Zahl bedeutet, dass 60 % der Werbegemeinten von der Werbung beeindruckt waren.

Angenommen, 20 der erschienenen Personen haben das neue Erzeugnis nach der Veranstaltung gekauft. Der **Erfüllungserfolg** (Akquisitionserfolg) kann dann wie folgt ermittelt werden:

$$\text{Erfüllungserfolg} = \frac{\text{Zahl der Werbeerfüller}}{\text{Zahl der Werbegemeinten}}$$

In diesem Fall lautet das Ergebnis:

$$\text{Erfüllungserfolg} = \frac{20}{80} = \underline{\underline{0,25}}$$

Die Kennzahl sagt aus, dass $^1/_4$ der Werbegemeinten den Werbezweck erfüllt haben.

Allgemein lässt sich also sagen, dass der (nicht wirtschaftliche) Werbeerfolg umso größer ist, je höher die ermittelte Kennzahl ist.

2.3.1.4 Bedeutung der Werbung

Die wichtigsten Argumente für und gegen die Werbung werden im Folgenden einander gegenübergestellt.

Argumente für die Werbung	Argumente gegen die Werbung
Die Werbung hilft, den Absatz zu sichern und zu steigern. Sie trägt damit zur Erhaltung bzw. Wiedergewinnung der Vollbeschäftigung bei.	Die Werbung verbraucht Milliardenbeträge, die für dringendere volkswirtschaftliche Aufgaben ausgegeben werden könnten.

Argumente für die Werbung	Argumente gegen die Werbung
Die Werbung informiert den Kunden über neue Entwicklungen.	Die Werbung suggeriert und manipuliert den Verbraucher. Sie verführt ihn zu Kaufentschlüssen.
Die Werbung kann ihren Zweck, nämlich den Kunden zum Kaufentschluss zu bringen, nur durch massierten[1] mengenmäßigen Einsatz der Werbemittel erreichen.	Die Werbung ist selten kreativ (schöpferisch), häufig einfallslos und primitiv.
Die Werbung trägt dazu bei, den Absatz zu steigern. Aufgrund des Gesetzes der Massenproduktion sinken die Stückkosten und damit die Preise.	Die Überfülle an Werbebotschaften führt dazu, dass sie bei den Umworbenen überhaupt nicht mehr ankommen. Die Wirkung der Werbung ist gering. Es ist daher besser, die Preise zu senken und auf die Werbung zu verzichten.
Die Werbung fördert die Konkurrenz, weil sie die Markttransparenz erhöht.	Die Werbung gefährdet den Wettbewerb, weil es sich nur finanzstarke Unternehmen leisten können, ständig riesige Summen für die Werbung auszugeben.

2.3.2 Verkaufsförderung

(1) Begriff

Einig ist man sich darin, dass Werbung dazu dient, den Käufer näher an das Produkt heranzubringen, während Verkaufsförderung das Ziel hat, durch Maßnahmen am Ort des Verkaufes **(Point of Sale)** den Umsatz anzukurbeln. Im Gegensatz zur Werbung sind derartige Aktionen eher kurzfristig, haben den Charakter einer Aktion und verfolgen nicht nur umsatzbezogene Ziele, sondern dienen auch der Profilierung des Unternehmens. Unter dem Oberbegriff der Verkaufsförderung findet sich eine Reihe von Aktionsmöglichkeiten, die das Handelsunternehmen alleine oder in Zusammenarbeit mit Herstellern durchführen kann, wie z. B. Salespromotion, Merchandising oder Events.

(2) Salespromotion[2]

Sie beinhaltet in der Regel eine enge Zusammenarbeit zwischen Händler und Hersteller – zu beiderseitigem Vorteil. Während der Hersteller durch die persönliche Ansprache der Zielgruppe (in der Regel Stammkunden des Händlers) wenig Streuverlust erleidet, profitiert der Händler vom Image einer großen Herstellermarke. Der Spielraum möglicher Salespromotion-Aktionen ist dabei sehr vielfältig. In der Regel lassen sich jedoch umsatz-, produkt- und imagebezogene Zielvorstellungen harmonisch miteinander verbinden.

Beispiele:

Eine Parfümerie lädt zu einer Typ- und Hautberatung ein und hat als Berater einen Visagisten eines Kosmetikherstellers im Haus.

In einem Haushaltswarengeschäft demonstriert ein bekannter Koch im Rahmen einer Kochvorführung die Verwendung von Küchengerätschaften eines bestimmten Herstellers.

Zugleich werden Bücher dieses Kochs verkauft und zudem führt das Haushaltswarengeschäft eine Umtauschaktion „Alt gegen Neu" für Kochtöpfe dieses Herstellers durch. Jeder Kochtopf – gleich welcher Marke – wird beim Kauf eines neuen Kochtopfs dieses einen Herstellers mit 8,00 EUR vergütet.

---

1 Massieren (frz.): Truppen zusammenziehen, massierter, d.h. verstärkter Einsatz.

2 Salespromotion (engl.): Verkaufsförderung; to promote: fördern, befördern, vorantreiben.

(3) Merchandising

Der englische Begriff „merchandise" bedeutet Warenvertrieb, Verkauf, Vertriebsstrategie. Häufig wird der Begriff inzwischen mit dem gleichgesetzt, was man international als „Licensing" bezeichnet. Dies ist ein Marketingkonzept, bei welchem rund um ein Hauptprodukt Ableger desselben (Storys, Figuren, CDs, Trikots, Schlüsselanhänger, Fahnen usw.) vertrieben werden. Vorreiter dieses Konzeptes war der Walt Disney-Konzern. Heute handelt es sich bei dem Hauptprodukt in der Regel um einen Kinofilm. Dies ist der klassische Bereich des Merchandising. Inzwischen sind auch andere Bereiche wie der Sport (Formel 1, Bundesliga), Autohersteller oder auch der Kulturbereich (Musicals) angesichts der Kürzung öffentlicher Mittel davon betroffen.

Der Kerngedanke besteht darin, durch Merchandising zusätzlich Produkte zu vermarkten, indem von beliebten bzw. bekannten Charakteren oder Produkten deren besondere Qualitätsvorstellung und Image auf die Ablegerprodukte übertragen werden. Ein positives Image wird also von einem Medium auf ein anderes übertragen.

Indem auf die Nebenprodukte die Imagevorstellungen des Hauptproduktes übertragen werden, kann dessen Hersteller von der Popularität des Hauptproduktes profitieren. Die äußert sich in einer rascheren Akzeptanz, einem größeren Umsatz und ermöglicht damit preispolitische Spielräume nach oben.

> **Beispiele:**
>
> So trägt der Fan eines Bundesligaclubs einen Schal „seines" Vereins, der Besucher des Musicals ein T-Shirt, das es nur dort zu kaufen gibt und das Kind schläft in der Bettwäsche mit Motiven von Harry Potter. Und auch die Lebensmittelindustrie verwendet Packungsaufdrucke oder beigefügte Plastikfiguren, um ihre Produkte attraktiver zu machen.

2.3.3 Public Relations (Öffentlichkeitsarbeit)

(1) Begriff

Während die Absatzwerbung eine Werbung für das Erzeugnis darstellt, werben die Public Relations für den guten Ruf, das Ansehen eines Unternehmens oder einer Unternehmensgruppe in der Öffentlichkeit (Verbraucher, Lieferer, Kunden, Gläubiger, Aktionäre, Massenmedien, Behörden usw.). Mithilfe der Öffentlichkeitsarbeit soll z.B. gezeigt werden, dass ein Unternehmen z.B. besonders fortschrittlich, sozial oder ein guter Steuerzahler ist oder dass es die Belange des Umweltschutzes in besonderem Maße berücksichtigt.

Wie sich das Erscheinungsbild (das Image) eines Unternehmens in der Öffentlichkeit und bei der Belegschaft darstellt, hängt auch von dem vom Management geschaffenen **Unternehmensleitbild** ab. Hierunter versteht man die Einmaligkeit („Persönlichkeit") eines Unternehmens, die dieses in seiner Umwelt (z.B. bei seinen Kunden, Lieferern, Kapitalgebern, bei den Bürgern, den politischen Parteien usw.) und bei seinen Mitarbeitern unverwechselbar macht.

(2) Mittel

Mittel der Public-Relations-Politik sind u.a. die Abhaltung von Pressekonferenzen, Tage der offenen Tür, Einrichtung von Sportstätten und Erholungsheimen, Spenden, Zeitungsanzeigen („Unsere Branche weist die Zukunft") oder Rundfunk- und Fernsehspots („Es gibt viel zu tun, packen wir's an!"). Eine gute Öffentlichkeitsarbeit bereitet den Boden für andere absatzpolitische Maßnahmen vor. So „kommt" z.B. die Werbung besser „an". Mögliche Preiserhöhungen werden akzeptiert, wenn die Gründe hierfür bekannt sind.

2.3.4 Neuere Formen der Kommunikationspolitik

(1) Sponsoring

Sponsoring basiert auf dem Prinzip des gegenseitigen Leistungsaustauschs. So stellt ein Unternehmen Fördermittel nur dann zur Verfügung, wenn es hierfür eine Gegenleistung vom Gesponserten (z. B. die Duldung von Werbemaßnahmen) erhält.

> **Merke:**
>
> Beim **Sponsoring** stellt der Sponsor dem Gesponserten Geld oder Sachmittel zur Verfügung. Dafür erhält er Gegenleistungen, die zur Erreichung der Marketingziele beitragen sollen.

Die wichtigsten **Sponsoringarten** sind:

Sportsponsoring	Der Sport bietet ein positiv besetztes Erlebnisumfeld mit Eigenschaften wie dynamisch, sympatisch und modern. Dieses Imageprofil möchte der Sponsor auf sein Unternehmen übertragen.
Kultur- und Kunstsponsoring	Es umfasst die Förderung von Bildender Kunst, Theater, Musik, Film und Literatur. Arten der Förderung können die Unterstützung einzelner Künstler, einer Ausstellung oder eines Konzerts bis hin zur Errichtung eines eigenen Museums sein.
Sozialsponsoring	Hier wird vor allem die gesellschaftliche Verantwortung eines Unternehmens in den Vordergrund gestellt. Ein Unternehmen kann z. B. direkte Zahlungen an Sozialorganisationen oder Ausbildungsstätten leisten, eine eigene Stiftung gründen oder eine Kampagne zur Unterstützung eines sozialen Projekts starten.
Ökosponsoring	Es konzentriert sich vor allem auf die Unterstützung von Umweltschutzorganisationen, die Ausschreibung von Umweltpreisen oder das Starten von Natur- und Artenschutzaktionen.

(2) Product-Placement

> **Merke:**
>
> Beim **Product-Placement** werden Produkte werbewirksam in die Handlung eines Kino- oder Fernsehfilms, eines Videos oder eines Rundfunkprogramms integriert, wobei das Marketing verschleiert wird, der Auftraggeber dafür aber bezahlen muss.

Das platzierte Produkt wird dabei als notwendige Requisite[1] in die Handlung z. B. eines Spielfilms eingebunden. Das Produkt wird im Gebrauch oder beim Verzehr von bekannten Schauspielern gezeigt, wobei die Marke für den Zuschauer deutlich erkennbar ist. Als Beispiel ist hier die Platzierung des BMW Z3 im James Bond Film „Golden Eye" zu nennen.

---

1 Requisit: Zubehör für eine Bühnenaufführung oder Filmszene.

Ziel des Product-Placements ist es, über das positive Image des ausgewählten Programms und der darin auftretenden Schauspieler einen Imagetransfer auf das Werbeobjekt zu erreichen. Der Bekanntheitsgrad von bereits eingeführten Marken soll dabei erhöht und neu eingeführte Produkte sollen vorgestellt werden.

Im besten Fall soll das Product-Placement z.B. durch Auslösen eines neuen Modetrends direkt den Absatz eines Produktes fördern.

(3) Direktmarketing

■ **Begriff Direktmarketing**

> **Merke:**
>
> **Direktmarketing** umfasst alle Maßnahmen, die ein Unternehmen einsetzt, um mit dem Empfänger einen Kontakt herzustellen.

Wird mit dem Kunden direkt Kontakt aufgenommen, so spricht man von **Direktwerbung.** Zu den Formen der Direktwerbung zählen **Direct Mailing** (z.B. Zusendung einer Nachricht per Post, per Fax oder per E-Mail), das **Telefonmarketing** (z.B. der Kunde wird von einem Callcenter angerufen) oder die Zusendung einer **Kundenzeitschrift.**

Wird der Kunde beispielsweise über Anzeigen in Zeitschriften mit Rückantwortcoupons[1] oder durch die Angabe einer Telefonnummer oder E-Mail-Adresse in einem Werbespot zur Kontaktaufnahme mit dem Unternehmen aufgefordert, so spricht man von einer **Direct-Response-Werbung.**

In beiden Fällen ist es das **Ziel des Unternehmens,** mit den Kunden in einen Dialog einzutreten, um eine **individuelle Beziehung** herzustellen.

■ **Formen des Direktmarketings**

Die nachfolgende Abbildung gibt einen Überblick über wichtige Formen des Direktmarketings.

Direktmarketing	Werbebotschaft	Werbemittel	Werbeträger
Mailing	Was steht im Package?	Package(teile)	direkt
Telefonmarketing	Was sagt Telefonist/in?	Telefonskript	Telefon
Teleshopping	Was sagt TV-Präsentator?	Direktreaktionswerbespot oder Infomercial	TV-Sender
Radiowerbung	Was sagt Radiosprecher?	Direktreaktionswerbespot	Hörfunksender
Videotext	Was steht auf der Videotextseite?	Videotextseite mit Kontaktaufforderung	Videotextanbieter

---

1 Coupon: abtrennbarer Zettel.

Direktmarketing	Werbebotschaft	Werbemittel	Werbeträger
Electronic Advertising	Was steht in der Website?	Website mit E-Mail-Angabe oder Bestell-menü oder Hinweis auf Website durch Banner	Internet
Printwerbung	Was steht in der Anzeige/Beilage?	Anzeige mit Coupon oder Karte, Beilage	Zeitung, Zeitschrift

Quelle: Ramme, I.: Marketing, Stuttgart, 2004, S. 226.

(4) Eventmarketing

Die Eventkommunikation modelliert Veranstaltungen (Events) zur erlebnisorientierten Darstellung des Unternehmens und seiner Produkte. Eine zielgruppenspezifische Mixtur aus Show-, Musik-, Mode- und/oder Sportaktionen, dekoriert mit populären Persönlichkeiten als Publikumsmagnet, entfaltet eine aufnahmewillige Kommunikationsbasis. Das Ereignis soll aus dem üblichen Rahmen herausstechen. Die Reizüberflutung und Informationsüberlastung der Zielgruppe durch klassische Werbeformen wird spielerisch umgangen und in eine Image fördernde Meinungsbildung gelenkt.

Wenn es darum geht, gefühlsbetonte und nachhaltige Eindrücke zu erzielen, ist das Marketing-Event mit seiner Konzeption aus Information, Emotion, Aktion und Motivation das Erfolgsmodell erlebnisorientierter Begegnungskommunikation. Eine mediale Berichterstattung, häufig in Anzeigeblättern, erhöht die Wirkung solcher Veranstaltungen.

Merke:

Eventmarketing ist eine erlebnisorientierte Darstellung des Unternehmens und seiner Produkte in einer Mixtur aus Showaktionen, die den Erwartungshorizont der Zielgruppe treffen.

Zusammenfassung

- Die **Werbung** hat zum Ziel, bisherige und mögliche (potenzielle) Abnehmer auf die eigene Betriebsleistung (Waren, Erzeugnisse, Dienstleistungen) aufmerksam zu machen und Kaufwünsche zu erhalten bzw. zu erzeugen.

- Die **Public Relations** werben für den guten Ruf (das „Image") eines Unternehmens.

- Unter **Salespromotion** versteht man verkaufsfördernde Maßnahmen, bei denen in der Regel Händler und Hersteller zusammenarbeiten. Zielgruppe können daher der Handel sein (Verkäuferschulung, Beratung, Schaufensterdekoration, Displaymaterial) oder auch der Endkunde (Beratung, Produktproben, Preisausschreiben).

- **Merchandising** bedeutet, dass ein Nebenprodukt (Figur, CD, Bettwäsche, Schlüsselanhänger, Bekleidung usw.) rund um ein Hauptprodukt (Sportler, Roman- oder Filmfigur) vertrieben wird.

- Werden die Kommunikationsinstrumente kombiniert eingesetzt, liegt ein **Kommunikationsmix** vor.

- Zu den modernen Kommunikationsmitteln gehören z.B. das **Sponsoring**, das **Product-Placement**, das **Direktmarketing** und das **Eventmarketing**.

112 Die Lorenz OHG in Weinheim stellt Haushaltsgeräte her. Weil der Absatz an Geschirrspül-maschinen stagniert, soll die Produktpalette erweitert werden.

Aufgaben:

1. Um eine Entscheidung treffen zu können, soll Marktforschung betrieben werden. Informationen können mithilfe der Primärforschung oder mithilfe der Sekundärforschung beschafft werden.

   1.1 Erläutern Sie die unterstrichenen Begriffe!

   1.2 Begründen Sie, welche der beiden oben genannten Methoden der Marktforschung kostengünstiger ist!

2. Die Geschäftsleitung der Lorenz OHG beschließt, einen neuen, energiesparenden „Ökospü-ler" auf den Markt zu bringen.

   2.1 Schlagen Sie der Geschäftsleitung begründet drei Werbemittel bzw. -medien vor, die geeignet sind, das neue Produkt erfolgreich auf den Markt zu bringen!

   2.2 Die Werbung sollte bestimmten Grundsätzen genügen. Nennen Sie drei wichtige Werbegrundsätze!

   2.3 In der Diskussion über die durchzuführenden Werbemaßnahmen fallen auch die Begriffe Streukreis und Streugebiet. Was ist hierunter zu verstehen?

   2.4 Nach Meinung der Geschäftsleitung soll vor allem Massenwerbung und Alleinwerbung betrieben werden. Nennen Sie noch weitere Arten der Werbung a) nach der Zahl der Umworbenen und b) nach der Anzahl der Werbenden!

   2.5 Begründen Sie, warum die Lorenz OHG die unter 2.4 genannten Werbearten bevor-zugt!

3. Die Lorenz OHG möchte den Erfolg ihrer geplanten Werbung kontrollieren. Machen Sie einen Vorschlag, wie eine Werbeerfolgskontrolle durchgeführt werden könnte!

4. Die Geschäftsleitung der Lorenz OHG prüft, ob auch Maßnahmen der Verkaufsförderung ergriffen werden sollen.

   4.1 Erläutern Sie, welche Maßnahmen zur Verkaufsförderung gehören!

   4.2 Schlagen Sie der Geschäftsleitung der Lorenz OHG Maßnahmen aus dem Bereich Salespromotion vor, um den Absatz des „Ökospülers" zu fördern!

5. Zur Absatzförderung trägt auch die Öffentlichkeitsarbeit – also Maßnahmen der Public Relations – bei.

   Begründen Sie diese Aussage!

6. Die Kommunikationspolitik kann dazu beitragen, das umweltbewusste Marktsegment zu vergrößern.

   6.1 Erklären Sie, was unter Marktsegment zu verstehen ist!

   6.2 Begründen Sie, warum die Kommunikationspolitik das umweltbewusste Marktseg-ment vergrößern kann!

   6.3 Erklären Sie, welche Bedeutung die Vergrößerung des umweltbewussten Marktseg-ments für das Unternehmen haben kann!

7. Ein Autohändler plant eine Werbeaktion zur Vorstellung des „Autos des Jahres".

   7.1 Stellen Sie ein Veranstaltungsprogramm auf für ein Marketing-Event in der Ausstel-lungshalle und auf dem Freigelände des Automobilhändlers!

   7.2 Beschreiben Sie wie Ihr Veranstaltungsprogramm die Aspekte Information, Emotion, Aktion und Motivation an die Zielgruppe vermitteln will!

2.4 Distributionspolitik

2.4.1 Begriff und Aufgabe der Distributionspolitik

Merke:

■ **Distribution** heißt Verteilung der Produkte. Die Distributionspolitik befasst sich mit der Frage, auf welchem Weg das Produkt an den Käufer herangetragen werden kann.

■ **Aufgabe der Distributionspolitik** ist es, die **Absatzorgane** festzulegen, die **Absatzorganisation** aufzubauen und die **Durchführung des Gütertransports (Absatzlogistik)** zu planen und abzuwickeln.

2.4.2 Absatzorgane

Merke:

Die Festlegung der **Absatzorgane** zeigt, welche Personen/Institutionen den Vertrieb der Leistungen vornehmen.

2.4.2.1 Werkseigener Absatz

(1) Zentraler und dezentraler Absatz

Der werkseigene Absatz erfolgt durch die Geschäftsleitung oder durch Mitarbeiter und kann zentral oder dezentral aufgebaut sein.

Zentraler Absatz	Ein zentraler Absatz liegt vor, wenn ein Unternehmen nur **eine Verkaufseinrichtung** besitzt.
	Beim zentralen Absatz sind die Vertriebskosten verhältnismäßig niedrig. Die fehlende Kundennähe bewirkt jedoch häufig, dass nicht alle Absatzchancen wahrgenommen werden können.
Dezentraler Absatz	Ein dezentraler Absatz ist gegeben, wenn ein Unternehmen **mehrere Verkaufsniederlassungen** an Orten mit hohem Bedarf unterhält.
	Der **Vorteil** ist, dass die Verkaufschancen voll ausgenutzt werden können und Transportwege verkürzt werden; andererseits entstehen hohe (vor allem fixe) Vertriebskosten.

(2) Handlungsreisender

Bei Mitarbeitern, die im Außendienst tätig sind, handelt es sich in der Regel um Handlungsreisende.

■ **Begriff Handlungsreisender**

Merke:

Handlungsreisende[1] sind **kaufmännische Angestellte,** die damit betraut sind, außerhalb des Betriebs Geschäfte **im Namen** und **für Rechnung des Arbeitgebers** zu vermitteln oder abzuschließen (vgl. § 55 I HGB).

Reisende sind weisungsgebundene Angestellte des Arbeitgebers. Sie schließen also **in fremdem Namen** und für **fremde Rechnung** Geschäfte (z.B. Kaufverträge) ab. Ist nichts anderes vereinbart, sind die Reisenden nur ermächtigt zum **Abschluss von Kaufverträgen** und zur **Entgegennahme von Mängelrügen.** In diesem Fall spricht man von **„Abschlussreisenden".**

Zur **Einziehung des Kaufpreises** (zum sog. „Inkasso") sind Handlungsreisende nur befugt, wenn hierzu vom Arbeitgeber ausdrückliche Vollmacht erteilt wurde **(„Inkassoreisende")** [§ 55 III HGB].

■ **Beispiel: Geschäftsablauf bei einem Handlungsreisenden mit Abschluss und Inkassovollmacht**

Beispielhaft für den Geschäftsablauf beim Einsatz eines Handlungsreisenden wird nachfolgend der Geschäftsablauf bei einem Handlungsreisenden mit Abschluss- und Inkassovollmacht dargestellt:

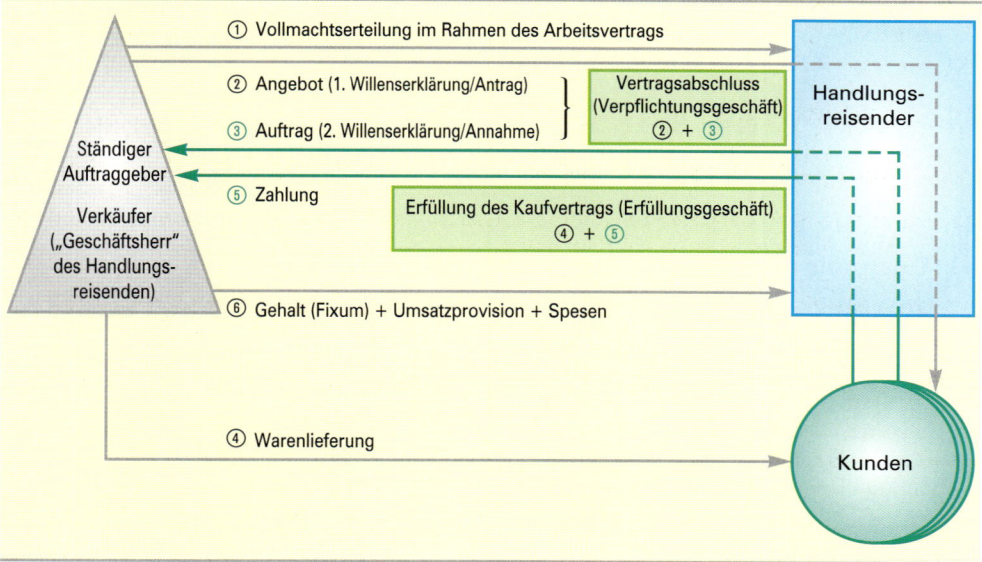

■ **Rechte und Pflichten des Handlungsreisenden**

Auf die Handlungsreisenden treffen somit alle Merkmale der kaufmännischen Angestellten zu. Wie alle Angestellten erhalten die Reisenden in aller Regel ein **festes Gehalt**

---

1 Das HGB spricht vom Handlungsgehilfen.

(Fixum).[1] Darüber hinaus steht den Handlungsreisenden als zusätzlicher Leistungsanreiz eine **Umsatzprovision** zu. Daneben werden ihnen die **Spesen** (Auslagen) erstattet.

Handlungsreisende (kurz „Reisende" genannt) haben folgende **Aufgaben:**

- Erhaltung des bisherigen Kundenstamms,
- Werbung neuer Kunden (Erweiterung des Kundenstamms),
- Information der Kunden (z. B. über Neuentwicklungen, neue Produkte, Preisentwicklung),
- Information des Geschäftsherrn (Arbeitgebers) über die Marktlage (z. B. Berichte über Kundenwünsche),
- Entgegennahme von Mängelrügen.

■ Bedeutung

Der **Vorteil** der Handlungsreisenden als eigene „Absatzorgane" ist vor allem darin zu sehen, dass bei guter Geschäftslage die Provisionskosten je Verkaufseinheit (z. B. Stück, kg, Dutzend) verhältnismäßig niedrig sind. Als weisungsgebundene Angestellte stehen die Handlungsreisenden außerdem dem Betrieb ständig zur Verfügung. Von **Nachteil** ist, dass bei zurückgehendem Absatz der Arbeitgeber hohe fixe Kosten zu tragen hat, da die Gehälter nicht ohne Weiteres gekürzt werden können.

(3) Sonstige Absatzformen mit eigenen Organen

Verkaufs-niederlassungen	Großunternehmen können eigene Verkaufsniederlassungen einrichten. Diese stellen „Verkaufsfilialen" dar. Preis- und verkaufspolitische Anweisungen erteilt die Zentrale.
Vertriebs-gesellschaften	Es können auch eigene Vertriebsgesellschaften (meist in der Rechtsform der GmbH) gegründet werden. Sie sind zwar rechtlich selbstständig, wirtschaftlich jedoch vom Gesamtunternehmen abhängig.

(4) Electronic Commerce

■ Begriff E-Commerce

> **Merke:**
>
> **Electronic Commerce** bezeichnet Geschäftsvorgänge, bei denen die Beteiligten auf elektronischem Wege, insbesondere auf dem Weg über das Internet, ihre Geschäfte anbahnen und abwickeln.

Man unterscheidet dabei verschiedene Partner-Transaktionen:

B2C	Business to Consumer. Die Geschäftsbeziehung berührt auf der Verkäuferseite ein Unternehmen, auf der Käuferseite eine Privatperson.
B2B	Business to Business. Beide Partner sind Unternehmen.

---

1 Das Fixum (das feste Gehalt); Mz: die Fixa.

B2A/B2G	Business to Administration/Business to Government, z.B. Steuererklärungen, Steuervoranmeldungen über das Programm **Elster** (**El**ektronische **St**euer**er**klärungen), Anträge auf Erlass eines Mahnbescheides, Ausschreibungen für Handwerksleistungen.

■ **Arten des E-Commerce**

Der elektronische Commerce kann in verschiedenen Ausbaustufen betrieben werden. Die verschiedenen Ausbaustufen werden im Folgenden kurz dargestellt.

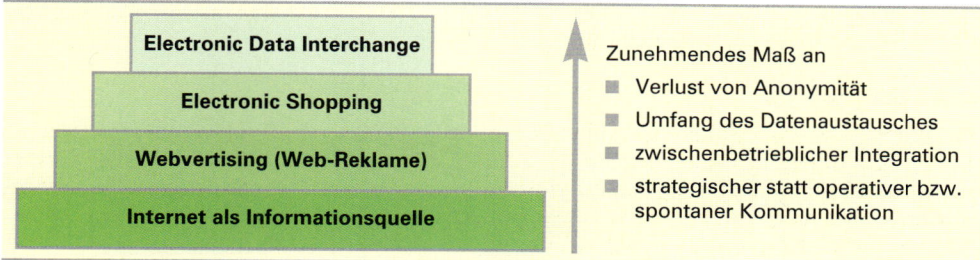

Electronic Data Interchange

Electronic Shopping

Webvertising (Web-Reklame)

Internet als Informationsquelle

Zunehmendes Maß an
■ Verlust von Anonymität
■ Umfang des Datenaustausches
■ zwischenbetrieblicher Integration
■ strategischer statt operativer bzw. spontaner Kommunikation

■ **Internet als Informationsquelle**

  – **Spezialisierte Informationsanbieter.** Beispiele hierfür sind die Fahrplanauskünfte der Deutschen Bahn AG, Telefonnummern, Wetterdienste, Börsen- und Wirtschaftsinformationen.

  – **Portale** sind Eingangspforten ins Internet, die z.B. von Providern erstellt werden (z.B. T-Online) oder auch von Suchmaschinen (z.B. Google).

■ **Webvertising**

Dies setzt sich zusammen aus Web-Advertising (Web-Reklame). Hierbei wird das Internet genutzt als Instrument zur Information der Kunden und zur Kommunikation mit ihnen als systematisch geplanter Teil der betrieblichen Kommunikationspolitik. Das Unternehmen stellt seine Produkte im Internet dar, bietet E-Mail- und Kontaktadressen, Gästebücher und ein Forum zum Austausch von Meinungen und Fragen an.

■ **Electronic Shopping**

Hierbei werden Produkte über das Internet an private Endkunden (B2C) oder an Unternehmen verkauft (B2B). Der Vertrieb erfolgt dabei über den traditionellen Weg via Post bzw. die Paketdienste oder ebenfalls über das Internet, z.B. bei Software.

■ **Electronic Data Interchange**

Dies ist ein Verfahren des zwischenbetrieblichen Datenaustausches. Erkennt z.B. das Warenwirtschaftssystem des Kunden die Notwendigkeit einer Nachbestellung, dann werden die Bestelldaten direkt in das Warenwirtschaftssystem des Verkäufers eingeschleust. Eingriffe von Hand entfallen auf beiden Seiten. Dies führt zu einer Verringerung der Personalkosten und der Vermeidung von Übertragungsfehlern. Bisher allerdings werden solche Transaktionen vorwiegend innerhalb geschlossener Netze durchgeführt. Offene Netze, wie das Internet, verfügen noch nicht über die erforderlichen Sicherheitsstandards.

■ **Vorteile / Nachteile des Electronic Shopping**

	für Käufer	für Verkäufer
Vorteile	■ permanente Öffnungszeiten ■ rasche Suche nach Produkten durch Shop-eigene Suchma-schinen ■ umfangreiches Angebot ■ bequem von zu Hause aus erreichbar, keine Fahrten notwendig, keine Parkplatz-suche, Ware wird ins Haus gebracht ■ einfache Preisvergleiche	■ weltweites Absatzgebiet ■ Kundeninformationen als Basis für „one-to-one"-Marketing fallen quasi als Abfallprodukt an. ■ aufwendige Warenpräsenta-tion und Ladeneinrichtung entfällt
Nachteile	■ in Deutschland noch weit-gehend Befangenheit bezüg-lich der Sicherheit beim Zahlungsvorgang ■ Einkaufserlebnis entfällt ■ kein Berühren des Produkts möglich ■ keine persönliche Produkt-beratung durch qualifiziertes Verkaufspersonal	■ hohe Unsicherheit ■ hohe Anfangsinvestitionen

2.4.2.2 Werksgebundener Absatz

(1) Grundlegendes

Zur Vermeidung der hohen Kosten durch ein werkseigenes Vertriebssystem wird der Ver-trieb häufig selbstständigen Kaufleuten übertragen, die als Werksvertretungen,[1] Vertrags-händler oder Franchisenehmer tätig werden. Diese Vertriebsorgane werden durch Verträ-ge an den Hersteller gebunden, in denen z.B. der Umfang des Produktprogramms, der Kunden- und Reparaturdienst, die Größe des Lagers oder die Lieferungs- und Zahlungs-bedingungen geregelt werden. Die Verkaufsorgane tragen als selbstständige Kaufleute ihre Geschäftskosten selbst und erhalten vom Hersteller entweder eine Umsatzprovision oder eine Gewinnspanne von ihrem Warenverkauf.

(2) Vertragshändler

> **Merke:**
>
> Der **Vertragshändler** ist ein **rechtlich selbstständiger Händler,** der sich vertraglich dazu verpflichtet, die Ware für einen Hersteller in **eigenem Namen** und auf **eigene Rechnung** zu verkaufen.

In der Regel wird dem Vertragshändler vom Hersteller das Recht eingeräumt, dass er die Waren innerhalb eines bestimmten Gebiets allein verkaufen kann. Der Vertragshändler er-

---

1 Da der Hersteller einem selbstständigen Händler nicht seine Verkaufspreise vorschreiben darf (Verbot der vertikalen Preis-bindung [§ 14 GWB]), werden **Werksvertretungen** in der Regel **Handelsvertretern** übertragen (siehe hierzu S. 371ff.).

hält dadurch einen Gebietsschutz (Exklusivvertrieb) und kann den bekannten Namen des Herstellers für die Werbung nutzen. Im Gegenzug verzichtet dann der Vertragshändler häufig darauf, Konkurrenzprodukte zu verkaufen.

Beispiel:

Eine Bäckerei wird Vertragshändler für Jakobs-Kaffee und verzichtet gleichzeitig darauf, Kaffee von anderen Herstellern zu verkaufen. Der Kaffeehersteller stellt die Kaffeemaschinen und das Kaffeegeschirr.

Als rechtlich selbstständiger Händler erzielt der Vertragshändler durch den Warenverkauf eine Gewinnspanne. Er erhält keine Provision vom Hersteller.

(3) Franchising

■ Wesen des Franchisings

Merke:

Beim **Franchising** handelt es sich um vertraglich geregelte Kooperationen zwischen rechtlich selbstständigen Unternehmen. Es ist ein besonderes Vertriebsbindungssystem, das in der Praxis zahlreiche (mehrere hundert) Ausprägungsformen besitzt.

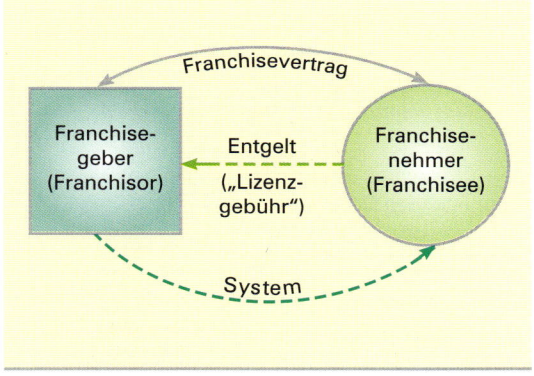

Der Franchisevertrag (im Grunde ein ganzes Bündel vereinbarter Rechte und Pflichten) wird zwischen dem **Franchisegeber** (meist ein Hersteller) und dem **Franchisenehmer** (z. B. ein Handels- oder ein sonstiger Dienstleistungsbetrieb) abgeschlossen.

■ Merkmale des Franchisings

Das Franchising geht über das reine Alleinvertriebssystem hinaus. Folgende Merkmale, die nicht vollständig auf jedes System zutreffen müssen, sind zu nennen:

- die Franchisenehmer bleiben **rechtlich selbstständig** und handeln in **eigenem Namen** und auf **eigene Rechnung;**
- der Franchisegeber erteilt dem Franchisenehmer das Recht, gegen Entgelt (beim Handel meist in die Warenpreise einkalkuliert) seine **Marke** und seine **Symbole,** seine **Marktkenntnisse** und seine **Waren** absatzpolitisch zu verwerten;
- der Franchisenehmer verpflichtet sich, die **Absatz- und Betriebsorganisationsrichtlinien** des Franchisegebers zu befolgen;
- der Franchisegeber hat **Kontroll- und Weisungsrechte;** er verpflichtet sich andererseits, den Franchisenehmer zu beraten und zu unterstützen;
- alle Franchisenehmer treten auf dem Markt einheitlich (z. B. Aufmachung der Ladengeschäfte) auf, sodass der **Eindruck eines Filialsystems** erweckt wird.

369

24 Speth u.a. - ISBN 978-3-8120-0465-7

Die individuelle Art der Ausgestaltung der genannten (und auch anderer) Merkmale des Franchisings bezeichnet man als **Franchising-System** oder kurz als **„System".** Ein Unternehmen, das ein Franchising-System entwickelt, weiterentwickelt und vergibt, bezeichnet man deshalb als **Systemanbieter.**

■ **Leistungen aus dem Franchisevertrag**

Der **Franchisegeber** entwickelt die Produkt-, Sortiments-, Verpackungs- und Servicekonzeption (z. B. Garantieleistungen, Kundendienst) und stellt sie dem Franchisenehmer zur Verfügung. Er führt Marktforschungsmaßnahmen durch, schult die Inhaber und Mitarbeiter der Franchisenehmerbetriebe, entwickelt Verkaufsförderungsaktionen und führt diese durch, gibt Richtlinien für das Rechnungswesen oder übernimmt die Aufgaben des Rechnungswesens (Buchführung, Statistik, Kalkulation).

Der **Franchisenehmer** setzt sein eigenes Kapital ein, entrichtet seine Franchisegebühren, beteiligt sich an den allgemeinen Kosten (z. B. Kosten der Werbung), setzt seine Arbeitskraft allein für den Franchisegeber ein und pflegt die Beziehungen zu den Kunden.

■ **Arten des Franchisings**

Nach dem **Leistungsangebot** wird unterteilt in:

Dienstleistungsbezogenes Franchising	Sachleistungsbezogenes Franchising	
Hier ruht das Schwergewicht des Franchisings auf den vom Franchisenehmer zu erbringenden Dienstleistungen.	**Produkt-Franchising**	**Betriebs-Franchising**
Beispiele:	Das Produkt-Franchising deckt sich teilweise mit dem Vertragshändlersystem. Der Vertrieb der Ware steht im Vordergrund. Es fehlt jedoch ein umfassendes „System".	Die Franchisenehmer treten nach außen wie ein Filialsystem auf. Es besteht ein umfassendes Organisationskonzept („System").
Wäschereigewerbe, Gebäudereinigungen, Autowäschereien, Betriebs- und Steuerberatungen, Finanzierungsgesellschaften, Privatschulen, Reisebüros, Reparaturwerkstätten, Gaststätten.		

■ **Vor- und Nachteile des Franchisings**

Vorteile	Nachteile
■ Absatzwirksames, weil einheitliches und werbewirksames Absatzkonzept; ■ Stärkung von Kleinunternehmen zu marktstarken Gruppen; ■ rationelle (kostensparende) Nutzung einer zentralen EDV-Organisation; ■ umfassende Beratung und Unterstützung der Franchisenehmer durch den Franchisegeber; ■ rasche Durchdringung des Marktes, weil Franchising Aufbaukapital spart; ■ erleichtert Möglichkeit, sich selbstständig zu machen, da ausgereiftes Systemwissen vollständig zur Verfügung gestellt wird.	■ Gefahr der Marktsättigung durch immer gleichbleibendes und als uniform empfundenes Angebot; ■ beim Franchising zwischen Hersteller und Einzelhandel wird der Großhandel ausgeschaltet; ■ starke Abhängigkeit des Franchisenehmers; deswegen Gefahr, dass Waren auch von anderen Lieferern bezogen werden; Gründung von verbundunabhängigen Unternehmen durch die Franchisenehmer, um sich aus der Vertriebsbindung teilweise zu lösen; ■ verstärkte Tendenz zur Monotonie der Märkte, damit geringer Wettbewerb.

2.4.2.3 Ausgegliederter Absatz

Zur Durchführung des Absatzes kann sich ein Unternehmen **fremder Organe** bedienen, die man als **Absatzvermittler** bezeichnet. Dazu gehören insbesondere die **Handelsvertreter** und die **Kommissionäre**. Im Gegensatz zu den Handlungsreisenden sind sie **selbstständige Kaufleute.**

2.4.2.3.1 Handelsvertreter

(1) Begriff Handelsvertreter

> **Merke:**
>
> - **Handelsvertreter** sind **selbstständige Gewerbetreibende,** die ständig damit betraut sind, **im Namen** und **für Rechnung eines anderen Unternehmers** Geschäfte zu vermitteln oder abzuschließen (vgl. § 84 I, S. 1 HGB).
> - Der Handelsvertreter wird aufgrund eines **Vertretungsvertrags (Agenturvertrag)** tätig. Der Vertretungsvertrag ist auf **Dauer** ausgerichtet.

Je nachdem, ob eine Vermittlungs- oder Abschlussvertretung vereinbart ist, unterscheidet man **Abschlussvertreter** und **Vermittlungsvertreter**. Zahlungen dürfen die Vertreter nur dann entgegennehmen, wenn sie die **Inkassovollmacht (Einzugsvollmacht)** besitzen. Für den Einzug von Forderungen erhalten die Vertreter i. d. R. eine **Inkassoprovision**. Verpflichten sich die Vertreter dazu, für die Verbindlichkeiten ihrer Kunden einzustehen, erhalten sie hierfür eine **Delkredereprovision**[1] [§ 86 b HGB].

(2) Beispiel: Geschäftsablauf bei einem Abschlussvertreter ohne Inkassovollmacht

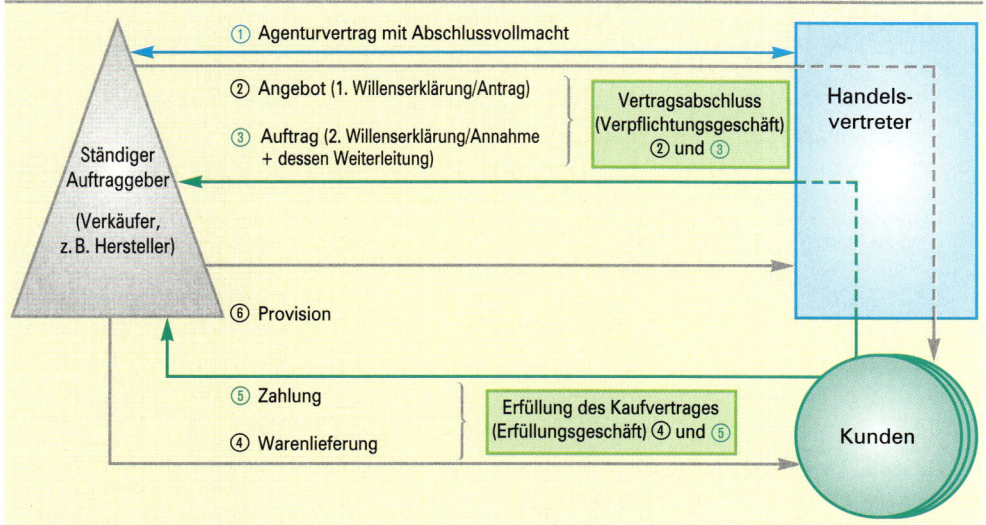

---

1 Delkredere (lat., it.): (wörtl.) vom guten Glauben; hier: Haftung für die Bezahlung einer Forderung.

(3) Rechte und Pflichten

Rechte der Handelsvertreter	Pflichten der Handelsvertreter
■ Recht auf Bereitstellung von Unterlagen [§ 86a HGB]. ■ Recht auf Provision [§§ 86b ff. HGB]. ■ Ausgleichsanspruch nach Beendigung des Vertragsverhältnisses [§ 89b HGB]. ■ Anspruch auf Ersatz von Aufwendungen [§ 87d HGB]. ■ Gesetzliches Zurückbehaltungsrecht [§ 88a HGB].	■ Sorgfaltspflicht [§§ 86 III, 347 HGB]. ■ Bemühungspflicht [§ 86 I HGB]. ■ Benachrichtigungspflicht über Geschäftsvermittlungen bzw. -abschlüsse [§ 86 II HGB]. ■ Interessenwahrungspflicht [§ 86 I HGB]. ■ Schweigepflicht über Geschäfts- und Betriebsgeheimnisse [§ 90 HGB]. ■ Einhaltung der Wettbewerbsabrede [§ 90a HGB].

(4) Bedeutung

Der **Vorteil** des **Einsatzes von Handelsvertretern** ist, dass sie – im Gegensatz zu den Handlungsreisenden – in der Regel in ihren Absatzgebieten ansässig sind. Sie haben somit einen engen Kontakt zur Kundschaft. Von Vorteil ist ferner, dass bei möglichen Absatzrückgängen die Vermittlungskosten (Provisionen) je Verkaufseinheit konstant bleiben, weil die Handelsvertreter in aller Regel lediglich Provisionen, aber keine Fixa erhalten. Von **Nachteil** kann für den Auftraggeber sein, dass bei starken Umsatzerhöhungen die Provisionskosten höher sind als beim Einsatz von Handlungsreisenden.

(5) Kostenvergleich von Handlungsreisendem und Handelsvertreter

Beispiel:

Ein Unternehmen steht vor der Wahl, entweder Handlungsreisende oder Handelsvertreter einzusetzen. Die Handlungsreisenden erhalten ein Fixum von insgesamt 12000,00 EUR im Monat und 4 % Provision, die Handelsvertreter lediglich 8 % Umsatzprovision. Es stellt sich die Frage, von welchem Umsatz an sich der Einsatz von Reisenden lohnt.

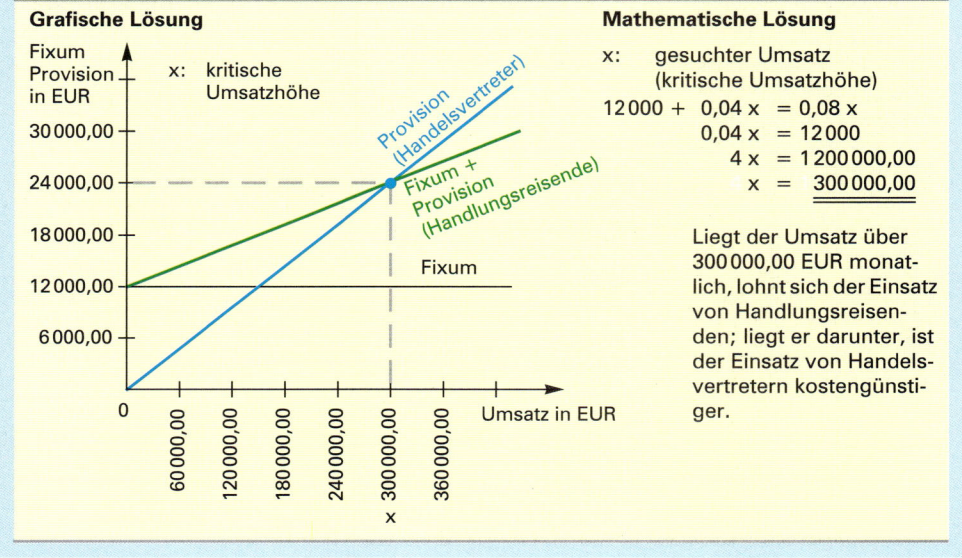

Grafische Lösung

x: kritische Umsatzhöhe

Mathematische Lösung

x: gesuchter Umsatz (kritische Umsatzhöhe)

$$12\,000 + 0{,}04\,x = 0{,}08\,x$$
$$0{,}04\,x = 12\,000$$
$$4\,x = 1\,200\,000{,}00$$
$$x = \underline{300\,000{,}00}$$

Liegt der Umsatz über 300 000,00 EUR monatlich, lohnt sich der Einsatz von Handlungsreisenden; liegt er darunter, ist der Einsatz von Handelsvertretern kostengünstiger.

Die Entscheidung, ob Handelsvertreter oder Handlungsreisende eingesetzt werden sollen, hängt – neben anderen Faktoren – auch davon ab, wie hoch der erwartete bzw. geplante Umsatz ist.

2.4.2.3.2 Kommissionär

(1) Begriff Kommissionär

Merke:

Kommissionäre sind – soweit sie nach Art oder Umfang über einen in kaufmännischer Weise eingerichteten Geschäftsbetrieb verfügen – als **selbstständige Kaufleute** damit betraut, gewerbsmäßig Waren oder Wertpapiere in **eigenem Namen** und auf **Rechnung eines anderen** (des Kommittenten)[1] zu kaufen **(Einkaufskommissionär)** oder zu verkaufen **(Verkaufskommissionär)** [§ 383 HGB].

Kommissionäre können nach dem Kommissionsvertrag in einem Dauervertragsverhältnis zum Kommittenten stehen. Sie können aber auch von Fall zu Fall Aufträge annehmen.

(2) Beispiel: Geschäftsablauf bei einem Verkaufskommissionär mit Auslieferungslager

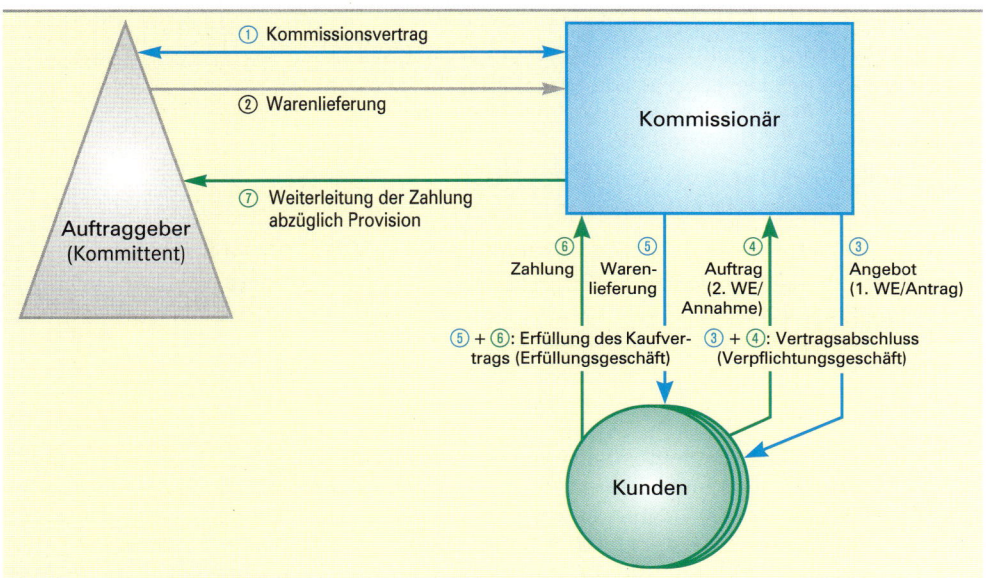

---

1 Kommittent: Auftraggeber (lat. committere: beauftragen). Kommission: Geschäftsbesorgung.

(3) Arten der Kommissionäre

Nach der Art der Aufgabe, die ein Kommissionär übernimmt, unterscheidet man in Einkaufskommissionär und in Verkaufskommissionär.

Einkaufs-kommissionäre	Sie sind beauftragt, in **eigenem Namen** und für **fremde Rechnung** Waren oder Wertpapiere zu **kaufen**. Die Einkaufskommissionäre erwerben zunächst grundsätzlich das Eigentum an der Ware bzw. an den Wertpapieren. Sie müssen dann das Eigentum durch ein besonderes Rechtsgeschäft auf den Kommittenten übertragen.
Verkaufs-kommissionäre	Sie sind beauftragt, in **eigenem Namen** und für **fremde Rechnung** Waren oder Wertpapiere zu **verkaufen**. Die Verkaufskommissionäre sind **nicht** Eigentümer der Ware bzw. der Wertpapiere, dürfen aber das Eigentum auf Dritte übertragen. Die Forderung aus dem Verkauf der Kommissionsware bzw. der Wertpapiere müssen die Kommissionäre an den Kommittenten **abtreten.**[1] Im Außenhandel unterhalten orts- und branchenkundige Kommissionäre für die zu verkaufenden Güter besondere **Kommissionslager,** die auch als **Konsignationslager** bezeichnet werden.

(4) Rechte und Pflichten

■ **Rechte der Kommissionäre**

■ Recht auf Provision [§§ 394, 396 I HGB].

■ Anspruch auf Ersatz von Aufwendungen [§ 396 II HGB; §§ 670, 675 BGB].

■ Selbsteintrittsrecht, d.h., die Kommissionäre können Waren oder Wertpapiere, die sie einkaufen sollen, aus eigenen Beständen liefern. Waren und Wertpapiere, die sie verkaufen sollen, dürfen sie selbst übernehmen (kaufen) [§§ 400 ff. HGB].

■ Gesetzliches Pfandrecht [§§ 397, 404 HGB].

■ **Pflichten der Kommissionäre**

■ Sorgfalts- und Haftpflicht [§§ 347, 384 HGB].

■ Befolgungspflicht [§§ 384, 387 HGB].

■ Benachrichtigungspflicht über den vollzogenen Ein- oder Verkauf [§ 384 II HGB].

■ Abrechnungspflicht [§ 384 II HGB]. Die Verkaufskommissionäre müssen den Rechnungsbetrag abzüglich ihrer Provision abführen. Den Einkaufskommissionären steht der Einkaufspreis zuzüglich Provision zu.

(5) Bedeutung

Kommissionäre als Absatzmittler haben nach wie vor im Binnen- und Außenhandel große Bedeutung. Im Binnenhandel liefern Industriebetriebe häufig Waren „in Kommission" an ihre Händler. Die Händler haben den Vorteil, dass sie den Wareneingang nicht sofort bezahlen müssen und dennoch ihren Kunden ein breites oder tiefes Sortiment anbieten können. Der Nachteil für die Kommissionäre ist, dass die Provision in der Regel nicht so hoch wie der Gewinn ist, der bei einem „Eigengeschäft" erzielt werden könnte.

---

1 Die grundlegenden Rechtsvorschriften zur rechtsgeschäftlichen Abtretung (Zession) von Forderungen finden Sie in den §§ 398 ff. BGB.

Der Kommittent zieht aus dem Kommissionsgeschäft ebenfalls Vorteile. Der wichtigste ist, dass er Lagerkosten spart und dennoch seine Erzeugnisse bzw. Waren in Kundennähe bringen kann. Ferner tritt er nach außen nicht in Erscheinung, was aus Wettbewerbsgründen vor allem im Außenhandel von Bedeutung sein kann. Andererseits trägt der Kommittent das Absatzrisiko, denn nicht verkaufte Kommissionsware muss wieder zurückgenommen werden.

Zusammenfassung

■ Beim **direkten Absatz** beliefert der Hersteller unmittelbar die Verbraucher, Weiterverarbeiter.

■ Beim **indirekten Absatz** werden zwischen Hersteller und Verbraucher/Weiterverarbeiter Handelsbetriebe oder selbstständige Absatzmittler eingeschaltet.

■ Nach den **Absatzorganen,** die den Vertrieb übernehmen, unterscheidet man zwischen werkseigenem Absatz, werksgebundenem Absatz und ausgegliedertem Vertrieb.

　■ Der **werkseigene Absatz** erfolgt durch die Geschäftsleitung und Mitarbeiter (z. B. Handlungsreisende). Zum werkseigenen Absatz zählt auch der E-Commerce.

　■ Wichtige Vertriebsformen beim **werksgebundenen Absatz** sind Werksvertretungen, Vertragshändler und das Franchising.

　■ Beim **ausgegliederten Vertrieb** erfolgt der Absatz der Leistungen insbesondere über Handelsvertreter und Kommissionäre. Wichtige Merkmale des Handlungsreisenden, Handelsvertreters und Kommissionärs zeigt die nachfolgende tabellarische Übersicht.

Merkmale	Handlungsreisende	Handelsvertreter	Kommissionäre
1. Begriff	Fest angestellte Mitarbeiter eines Unternehmens; streng weisungsgebunden; vermitteln oder schließen Geschäfte in fremdem Namen und für fremde Rechnung ab.	Selbstständige Gewerbetreibende, die ständig damit betraut sind, für ihre Auftraggeber Geschäfte zu vermitteln oder in fremdem Namen und für fremde Rechnung abzuschließen.	Selbstständige Gewerbetreibende, die gewerbsmäßig ständig oder fallweise für ihre Auftraggeber Waren oder Wertpapiere verkaufen und/oder einkaufen, und zwar in eigenem Namen, aber für fremde Rechnung.
2. Rechtsstellung	Keine Kaufleute, keine Firma, keine Handelsbücher.	Kaufleute, sofern die Art ihres Geschäftsbetriebs oder ihr Geschäftsumfang eine kaufmännische Einrichtung erfordert. Ist dies der Fall, müssen sie sich ins Handelsregister eintragen lassen.	
3. Arten	■ Vermittlungsreisende ■ Abschlussreisende	■ Vermittlungsvertreter ■ Abschlussvertreter	■ Einkaufskommissionäre ■ Verkaufskommissionäre
4. Art des Vertrags	Arbeitsvertrag (Dienstvertrag)	Vertretungsvertrag (Agenturvertrag)	Kommissionsvertrag

Merkmale	Handlungsreisende	Handelsvertreter	Kommissionäre
5. Rechte	Alle Rechte der kaufmännischen Angestellten	(1) Recht auf Vergütung (2) Ausgleichsanspruch (3) Recht auf Bereitstellung von Unterlagen (4) Ersatz von Aufwendungen (5) gesetzliches Zurückbehaltungsrecht	(1) Recht auf Vergütung (2) Selbsteintrittsrecht (3) gesetzliches Pfandrecht (4) Ersatz von Aufwendungen

6. Pflichten	■ alle Pflichten der kfm. Angestellten
	■ Mängelrügen entgegennehmen
	■ Reisebericht erstellen
	■ bei Inkassovollmacht
	  – einkassieren
	  – abrechnen
		■ Sorgfalts- und Haftpflicht
		■ Bemühungspflicht
		■ Benachrichtigungspflicht
		■ Interessenwahrungspflicht
		■ Schweigepflicht
		■ Einhaltung der Wettbewerbsabrede
			■ Sorgfalts- und Haftpflicht
			■ Befolgungspflicht
			■ Benachrichtigungspflicht
			■ Abrechnungspflicht

7. Vergütung	■ Gehalt (Fixum) ■ Umsatzprovision ■ Spesenersatz	■ Umsatzprovision ■ Inkassoprovision ■ Delkredereprovision	■ Umsatzprovision ■ Delkredereprovision

■ Die **Absatzorganisation** gliedert sich in eine **innere** und in eine **äußere Organisation** auf.

■ Die **Absatzlogistik** beschäftigt sich mit der Frage, mit welchen **technischen Mitteln** (Lagerhaltung/Transport/Verpackung) das Produkt optimal zum Endkunden gelangt.

Übungsaufgaben

113 Die Geschäftsleitung der Kolb & Co. KG steht vor der Entscheidung, entweder Handelsvertreter oder Handlungsreisende einzusetzen. Für die Handlungsreisenden muss sie monatlich insgesamt 20 000,00 EUR Fixum zahlen. Die Handlungsreisenden erhalten 4 % Umsatzprovision, die Handelsvertreter 9 %. Der erwartete Monatsumsatz beträgt durchschnittlich 500 000,00 EUR.

Aufgaben:

1. Weisen Sie rechnerisch nach, ob der Einsatz von Handlungsreisenden oder von Handelsvertretern kostengünstiger ist!

2. Ermitteln Sie zeichnerisch den kritischen Umsatz!

3. Nennen Sie Gründe, die – unabhängig von Kostenüberlegungen –

   3.1 für die Einstellung von Handlungsreisenden,

   3.2 für den Einsatz von Handelsvertretern sprechen!

4. Herr Schnell ist als Handlungsreisender bei der Kolb & Co. KG beschäftigt. Über das Gesetz hinausgehende Vollmachten wurden Schnell nicht erteilt. Der Kunde Knetz reklamiert bei Schnell frist- und formgerecht eine Lieferung. Schnell sagt einen Preisnachlass von 20 % zu. Beim Kunden Knurr kassierte er eine Rechnung der Kolb & Co. KG in Höhe von 850,00 EUR.

   4.1 Begründen Sie, ob Schnell berechtigt war, die Mängelrüge entgegenzunehmen und einen Preisnachlass zu gewähren!

   4.2 Begründen Sie weiterhin, ob Schnell die 850,00 EUR einkassieren durfte!

114 Die Pralinen-Auer KG in Kurstadt setzt Handelsvertreter ein. Unter anderen ist Frau Helga Braun Handelsvertreterin der Pralinen-Auer KG. Sie schließt ohne Wissen ihres Auftraggebers einen weiteren Agenturvertrag mit der Schoko-Kern OHG ab.

Aufgaben:

1. Erläutern Sie, was unter einem Agenturvertrag zu verstehen ist!

2. Begründen Sie, ob Frau Braun einen Agenturvertrag mit der Schoko-Kern OHG abschließen durfte!

3. Frau Brauns Geschäfte gehen so gut, dass sie zwei Untervertreterinnen und einen Untervertreter „einstellte", denen sie Umsatzprovision und Delkredereprovision bezahlt.

    3.1 Was versteht man unter Delkredereprovision?

    3.2 Begründen Sie, ob der Einsatz von Untervertreterinnen und -vertretern durch Frau Braun rechtlich zulässig ist!

4. Herr Knigge ist Bezirksvertreter im Raum Thüringen. Anfangs hat er sehr viel gearbeitet und für seinen Auftraggeber einen großen Kundenstamm aufgebaut. Nun ist er nicht mehr so fleißig, aber die von ihm einst geworbenen Kunden bestellen immer noch direkt bei der Pralinen-Auer KG.

    4.1 Die Geschäftsleitung der Pralinen-Auer KG verweigert die Provisionszahlung. Ist sie im Recht?

    4.2 Die Geschäftsleitung der Pralinen-Auer KG kündigt den mit Herrn Knigge abgeschlossenen Agenturvertrag. Welche Ansprüche hat Herr Knigge?

5. Bei der Pralinen-Auer KG überlegt man sich auch, Kommissionäre statt Handelsvertreter einzusetzen.

    5.1 Definieren Sie den Begriff Kommissionär!

    5.2 Welche Vor- und Nachteile hat es aus Sicht der Pralinen-Auer KG, wenn statt Handelsvertreter Verkaufskommissionäre eingesetzt werden?

6. Die Pralinen-Auer KG entschließt sich dazu, mit einigen Kommissionären zusammenzuarbeiten. Dem Kommissionär Bergmann wird für eine Großhandelspackung Pralinen ein Preislimit von 120,00 EUR gesetzt. Da die Pralinen reißenden Absatz finden, verlangt Bergmann von seinen Abnehmern 128,00 EUR je Verkaufspackung, führt jedoch an die Pralinen-Auer KG nur 120,00 EUR abzüglich Provision und bare Auslagen ab.

    Die Pralinen-Auer KG erfährt von dem höheren Verkaufspreis und verlangt von Bergmann, dass er seiner Abrechnung die 128,00 EUR je Verkaufspackung zugrunde legt. Bergmann hingegen sagt, dass er von seinem Selbsteintrittsrecht Gebrauch gemacht habe und daher nur verpflichtet sei, die 120,00 EUR je Verkaufspackung abzurechnen.

    6.1 Erläutern Sie, was unter dem Selbsteintrittsrecht zu verstehen ist!

    6.2 Prüfen Sie, ob Herr Bergmann im Recht ist!

115 Die Lux-GmbH rechnet aufgrund der erstellten Marktprognose mit einer beträchtlichen Umsatzsteigerung. Aus diesem Grund soll der bisherige Absatzweg, Verkauf der Geschirrspülmaschinen durch Handelsvertreter, überdacht werden. Es soll untersucht werden, ob der Einsatz von Handlungsreisenden sinnvoll ist.

- Kosten für Handelsvertreter: 9 % Umsatzprovision.
- Kosten für Handlungsreisende: monatliche fixe Kosten (Fixum und Spesen) 3 500,00 EUR und 3 % Umsatzprovision.

Aufgaben:

1. Berechnen Sie den kritischen Umsatz!

2. Wie viel Euro betragen die Kosten der beiden Absatzmittler bei einem geschätzten Jahresumsatz von 1,0 Mio. EUR? Begründen Sie Ihre Entscheidung rechnerisch!

3. Erläutern Sie vier Gesichtspunkte, die außer den Kosten bei der Entscheidung für den günstigsten Absatzmittler zu berücksichtigen sind!

4. Schlagen Sie der Geschäftsleitung den nach Ihrer Meinung für den Verkauf der neuen Geschirrspülmaschinen geeignetsten Absatzmittler vor. Berücksichtigen Sie dabei Ihre Lösungen zu den Aufgaben 2 und 3!

116 Textauszug:

Electronic Commerce gehört längst auch zum deutschen Grundwortschatz. Weniger bekannt sind dagegen die verschiedenen Varianten der Geschäfte im Netz. Insider reden von

– Business-to-Business, kurz B2B, wenn sie den Geschäftsverkehr zwischen den Unternehmen meinen,

– Business-to-Consumer, kurz B2C, wenn es um die Geschäfte zwischen Unternehmen und Konsumenten geht, und

– Business-to-Public Authorities/Administration, wenn über die elektronischen Beziehungen zwischen Unternehmen und öffentlichen Verwaltungen oder Institutionen gesprochen wird. [...]

Auch für Deutschland sehen die Prognosen gut aus. Selbst die vorsichtige Schätzung der Lufthansa AirPlus rechnet damit, dass im Jahr 2000 rund 3,5 Milliarden EUR mit dem Internet-Verkauf von Waren und Dienstleistungen umgesetzt werden. [...]

Der überwiegende Teil der Umsätze im Netz entfällt heute übrigens schon auf die Geschäfte der Unternehmen untereinander (B2B). Doch auch der Verkauf an Privathaushalte (B2C) blüht, vor allem, weil die Produktpalette immer bunter wird. Längst ordern die Verbraucher nicht mehr nur Hard- und Software per Mausklick, sondern auch Eintrittskarten, Mode, Haushaltsgeräte und sogar Nahrungsmittel und Getränke.

Ob B2B oder B2C – für beides gibt es inzwischen viele Erfolgsbeispiele. [...]

Quelle: iwd vom 23. September 1999.

Aufgaben:

1. 1.1 Erläutern Sie den Begriff E-Commerce!

   1.2 Erklären Sie die im Textauszug beschriebenen Arten des E-Commerce!

   1.3 Was bedeutet z. B. die 2 im B2B?

   1.4 Welche Vorteile bietet der Einkauf im Internet?

   1.5 Nennen Sie zwei Vorteile und zwei Nachteile, die dem Verkäufer aus dem Angebot seiner Produkte und Dienstleistungen im Internet entstehen können!

2. 2.1 Nennen und beschreiben Sie mindestens fünf wesentliche Merkmale des Franchisings!

   2.2 Nennen Sie Ihnen bekannte Franchising-Systeme!

   2.3 Unterscheiden Sie die Franchising-Systeme nach dem Leistungsangebot!

   2.4 Arbeiten Sie – eventuell in Gruppen – wesentliche Vor- und Nachteile des Franchisings heraus, und zwar
   2.4.1 für den Franchisegeber,
   2.4.2 für den Franchisenehmer,
   2.4.3 für die Kunden des Franchisenehmers!

2.5 Entwicklung eines Marketingkonzepts (Marketing-Mix)

(1) Begriff

Merke:

Unter einem **Marketingkonzept** versteht man die individuelle Art und Weise, wie ein Unternehmen das Marketinginstrumentarium einsetzt. Die jeweilige Kombination der Marketinginstrumente bezeichnet man als Marketing-Mix.

(2) Produktidee, -planung und -einführung

Beispiel:

Die Seifenfabrik Gabriele Schwarz e.Kfr. hat bereits von mehreren Großhändlern – die ihrerseits die Erfahrungen der Einzelhändler wiedergaben – gehört, dass die Seife „Omega" deswegen nicht den gewünschten Erfolg gehabt hätte, weil sie a) zu teuer, b) ohne spezifischen Duft und c) in einer wenig ansprechenden Verpackung angeboten würde.

Die Marketingleitung der Seifenfabrik Gabriele Schwarz e.Kfr. plant daher, eine „neue" Seife gleichen Namens zu entwickeln, zu testen und – bei entsprechendem Erfolg – baldmöglichst auf den Markt zu bringen. Dies sollte nicht allzu schwer sein, denn „in der Schublade" befinden sich genügend Vorschläge zur Gestaltung von Seifen (Produktideen), die von der eigenen Entwicklungsabteilung erarbeitet wurden.

Im Rahmen der Produktentwicklung wird zunächst eine Auswahl aus den verschiedenen Produktvorschlägen (Produktideen) getroffen (Ideenselektion). Man entscheidet sich für den Vorschlag D, d.h. für eine Seife, die vor allem Männer ansprechen soll. Die Wirtschaftlichkeitsanalyse ergibt, dass der zu erwartende Umsatzzuwachs höher als der Kostenzuwachs sein wird, wenn statt der „alten" Seife das „neue" Erzeugnis auf den Markt kommt.

Marktuntersuchungen haben ergeben, dass Kosmetikprodukte für Männer häufig von Frauen gekauft und danach verschenkt werden. Die Werbebotschaft und die Produktgestaltung muss sich also an beide Käufergruppen wenden. Im Rahmen der Produktgestaltung sollen daher sowohl die Verpackung als auch die Seife selbst eine eckige, kantige Form erhalten. Die Farbgebung soll kräftig, die Duftnote männlich-herb sein. Bei der Werbung will man sich besonders an die weiblichen Kundinnen als die

Von der Produktidee zum Markt

Träger der Kaufentscheidung wenden mit der Aussage: *„Kaufen Sie ihm Omega – bevor es eine andere tut!"*

Dabei soll die Verpackung jedoch nicht zu teuer (zu luxuriös) aussehen. Vielmehr soll der Eindruck erweckt werden, dass es sich um eine täglich zu verwendende Seife handelt.

Nach Abschluss der Produktentwicklung geht die Seife – zunächst in einer kleinen Serie (Stückzahl) – in Produktion. Da man kein Risiko eingehen will, möchte man das Produkt auf zweifache Weise testen. Zunächst soll untersucht werden, ob das Produkt tatsächlich den gesetzten Normen (z. B. Duftnote, Farbe) entspricht **(Produkttest)**. Zum anderen soll in Erfahrung gebracht werden, wie die neue Omega-Seife bei den Kunden „ankommt". Zu diesem Zweck beliefert die Seifenfabrik Gabriele Schwarz e. Kfr. einen Großhändler, der seinerseits einige wenige Einzelhandelsgeschäfte an bestimmten Orten beliefert **(Testmärkte).**

Da die Omega-Seife den gesetzten Normen entspricht und auf den Testmärkten ein Umsatzplus von 30 % gegenüber dem Umsatz der „alten" Seife zu verzeichnen ist (das Ergebnis der **Erfolgskontrolle** also positiv ist), entschließt sich die Geschäftsleitung, die neue Seife allgemein einzuführen.

(3) Marketing-Mix

Die Seifenfabrik Gabriele Schwarz e. Kfr. unterscheidet sich nicht nur durch das von ihr hergestellte Produkt von ihren Konkurrenzunternehmen, sondern auch durch den ergänzenden individuellen Einsatz weiterer Marketinginstrumente wie z. B. Preispolitik, Distributionspolitik und Kommunikationspolitik.

Beispiel: Marketing-Mix zweier Seifenfabriken (Ausschnitt)

Marketinginstrumente	Marketing-Mix der Seifenfabrik Schwarz e. Kfr.	Marketing-Mix der Seifenfabrik Weiß GmbH
Produktpolitik (einschließlich Gestaltung der Verpackung)	Form: kantig; Farbe: kräftig; Duft: herb; Verpackung: Karton.	Form: weich, gerundet; Farbe: pastell; Duft: zart; Verpackung: Plastikdose.
Preispolitik	Durchschnittspreis	Preis überdurchschnittlich
Distributionspolitik	Einschaltung des Großhandels	Direktbelieferung des Einzelhandels
Kommunikationspolitik	Großhandel stellt Display-Material zur Verfügung; nur Zeitschriftenwerbung; Hinweise auf die männliche Note der Seife.	Rundfunk-, Fernseh- und Zeitschriftenwerbung; Hinweise auf Eignung der Seife für die Schönheitspflege.

(4) Marktwachstum-Marktanteil-Portfolio und Marketing-Mix

Überträgt man die zunächst allgemein gehaltenen Handlungsstrategien der Portfolio-Analyse (siehe S. 326ff.) auf den einzusetzenden Produkt-, Distributions-, Entgelt- und Kommunikationsmix, so ergeben sich nunmehr deutlich konkretere Handlungsstrategien, und es können folgende Aussagen getroffen werden:

Strategie-Elemente	Portfolio-Kategorien			
	Fragezeichen	Sterne	Melkkühe	Arme Hunde
Produktmix	Produktspezialisierung	Produktionsprogramm ausbauen, diversifizieren	Unterschiedliche Marken und Modelle anbieten	Programmbegrenzung (keine neuen Produkte, Aufgeben ganzer Linien)
Distributionsmix	Distributionsnetz aufbauen	Distributionsnetz ausbauen, z. B. Tankstellen	Distributionsnetz weiter verstärken	Distributionsnetz selektiv abbauen
Kontrahierungsmix	Tendenzielle Niedrigpreise	Anstreben von Preisführerschaft	Preisstabilisierung	Tendenziell fallende Preise
Kommunikationsmix	Stark forcieren, auf allen Ebenen Einführungswerbung mit dem Ziel, „Neukunden" zu gewinnen	Aktiver Einsatz von – Werbemitteln, – Zweitmarken	Werbung, die auf Bestätigung des Verhaltens abzielt, Verbesserung des Kundendienstes	Zurückgehender Einsatz des kommunikationspolitischen Instrumentariums

Übungsaufgabe

117 Das Beispiel auf S. 379f. zeigt auf vereinfachende Weise das Marketingkonzept eines Industriebetriebs.

Aufgaben:

1. Erläutern Sie, was unter einem Marketingkonzept zu verstehen ist!
2. Erklären Sie, warum eine eigenständige Produktgestaltung dazu beitragen kann, den preispolitischen Spielraum eines Unternehmens zu vergrößern!

3 Marketing-Controlling

3.1 Aufgaben und Gegenstand des Marketing-Controllings

(1) Überwachung und Beaufsichtigung

Um wettbewerbsfähig zu bleiben, ist es für jedes Unternehmen von grundsätzlicher Bedeutung zu erfahren, ob das **erreicht wurde,** was man sich im Rahmen der **(Marketing-)Planung vorgenommen hatte.** So ist z.B. zu überprüfen, ob sich Umsatz, Gewinn, Marktanteil, Bekanntheitsgrad der Produkte der Planung entsprechend entwickelt haben. Da sich zwischen Planung und den tatsächlich erzielten Ergebnissen immer Abweichungen ergeben, muss analysiert werden, worauf die erfassten Abweichungen zurückzuführen sind.

(2) Planung und Steuerung

Ergebnisse, die sich aus der Überwachung der Marketingaktivitäten ergeben, sind anschließend mit dem Prozess der Planung zu verknüpfen. Es gilt zu überprüfen – insbesondere dann, wenn das erwartete Ergebnis nicht eingetreten ist –, ob der **gewählte Weg** untauglich ist, ob ein **falsches Ziel** gesetzt wurde, oder ob die vorhandene **Datenbasis unzureichend** war. Der Schwerpunkt des Marketing-Controllings liegt somit in der **Koordination von Kontrolle, Planungsprozess und Versorgung mit marketingausgerichteten Informationen.**

3.2 Instrumente des Marketing-Controllings

3.2.1 Soll-Ist-Vergleiche

(1) Aufbau von Soll-Ist-Vergleichen

Soll-Ist-Vergleiche umfassen fünf Schritte:

- Zunächst sind **Kontrollgrößen (Soll-Werte)** festzulegen, an denen die verschiedenen Leistungen (z.B. Umsatz, Gewinn, Marktanteil, Budget)[1] gemessen werden sollen.
- Nach Erbringung der Leistungen müssen die **Leistungsergebnisse (Ist-Werte)** bestimmt werden.
- Die Kontrollgrößen werden jetzt mit den Leistungsergebnissen verglichen **(Soll-Ist-Vergleich).**
- Bestehen zwischen Soll-Werten und Ist-Werten Abweichungen, die über einer zuvor festgelegten Toleranzgrenze liegen, müssen die Abweichungen analysiert werden **(Abweichungsanalyse).**
- Als Folge aus der Abweichungsanalyse werden **Maßnahmen** getroffen und – sofern erforderlich – **neue Soll-Werte** (z.B. Plankorrekturen, Ausweichpläne, Neuplanung) formuliert.

(2) Beispiele für Soll-Ist-Vergleiche im Marketing-Controlling

Aus der Budgetplanung eines Industriebetriebs werden die nachfolgenden zwei Einzelpläne entnommen.

---

1 Budget: (Staats-)Haushaltsplan, Voranschlag.

Wir greifen aus dem Umsatzplan den Artikel 141721 „Bürotisch Standard-Eiche" heraus und stellen diesen Teilplan vor:

	Artikel 141721			Bürotisch Standard-Eiche				
Kunden	Jahres-Planwerte			Planwerte Januar			Planwerte Februar	
	Stück	⌀ Preis je Stück in EUR	Umsatz insgesamt in EUR	Stück	⌀ Preis je Stück in EUR	Umsatz insgesamt in EUR		
Export	1400	800,00	1120000,00	80	780,00	62400,00		
Möbelhäuser	2100	840,00	1764000,00	90	860,00	77400,00		
Direktverkauf Großunternehmen	510	780,00	397800,00	30	770,00	23100,00		

Aus dem Beispiel ist zu entnehmen, das z.B. im Januar die Verkaufsabteilung bestrebt sein muss, 80 Bürotische Standard-Eiche im Wert von 62400,00 EUR zu exportieren.

Wir greifen aus dem Personalplan die Abteilung Marketing-Controlling heraus und stellen diesen Teilplan vor.

Abteilung Marketing-Controlling						
Stellen- bezeichnung	Bestand am Jahres- anfang	Geplanter Zugang	Bestand am Jahresende	Jahres- bruttolohn vergange- nes Jahr in EUR	Geschätzte Tarif- erhöhung in %	Geplanter Jahres- bruttolohn in EUR
Abteilungsleiter	1	0	1	160000,00	2,5%	164000,00
Assistenten	2	1	3	150000,00	2,5%	230625,00
Sachbearbeiter	6	– 2	4	510000,00	2,5%	348500,00
Auszubildende	4	3	7	50400,00	50,00 EUR pro Monat	92400,00

Aus dem Beispiel ist zu entnehmen, dass der Abteilung Marketing-Controlling zugestanden wird, drei neue Auszubildende einzustellen.

Nach Vollzug des Plans erfolgt eine Kontrolle, die zeigen soll, ob die Soll-Werte (Planwerte) mit den Ist-Werten übereinstimmen oder ob Abweichungen eingetreten sind. Aus den Ist-Werten der ausgewählten Beispiele ist zu entnehmen (siehe S. 384), dass

- nur 78 Bürotische Standard-Eiche exportiert wurden, zwei weniger als geplant. Dies führte in diesem Marktsegment zu einer Mindereinnahme von 3120,00 EUR (Planwert 62400,00 EUR – Ist-Wert 59280,00 EUR).

- wie geplant 3 Auszubildende eingestellt wurden und damit der Planbestand am Jahresende von 7 Auszubildenden erreicht wurde. Allerdings wurde der geplante Jahresbruttolohn für Auszubildende um 1680,00 EUR (Planwert 92400,00 EUR – Ist-Wert 94080,00 EUR) überschritten.

Artikel 141721 — Bürotisch Standard-Eiche

Kunden	Jahreswerte Planwerte			Januar Planwerte			Januar Istwerte			Januar Abweichungen in %			Febr., März	Jahres-Istwerte			Jahreswerte Abweichungen in %		
	Stück	⌀ Preis je Stück in EUR	Umsatz insgesamt in EUR	Stück	⌀ Preis je Stück in EUR	Umsatz insgesamt in EUR	Stück	⌀ Preis je Stück in EUR	Umsatz in EUR	Stück	⌀ Preis je Stück	Umsatz		Stück	⌀ Preis je Stück in EUR	Umsatz insgesamt in EUR	Stück	⌀ Preis je Stück	Umsatz
Export	1400	800,00	1120000,00	80	780,00	62400,00	78	760,00	59280,00	−2,5	−2,56	−5,00		1449	808,00	1170792,00	+3,5	+1,0	+4,54
Möbelhäuser	2100	840,00	1764000,00	90	860,00	77400,00	94	860,00	80840,00	+4,4	0	+4,44		2040	850,00	1734000,00	−2,86	+1,19	−1,7
Direktverkauf Großunternehmen	510	780,00	397800,00	30	770,00	23100,00	40	775,00	31000,00	$+33\frac{1}{3}$	+0,65	+34,2		560	775,00	434000,00	+9,8	−0,64	+9,1

Tabelle 1

Abteilung Marketing-Controlling

Stellenbezeichnung	Jahreswerte Planwerte						Istwerte				Abweichungen in %		
	Bestand am Jahresanfang	Geplanter Zugang	Bestand am Jahresende	Jahresbruttolohn vergangenes Jahr in EUR	Geschätzte Tariferhöhung in %	Geplanter Jahresbruttolohn in EUR	Zugang	Bestand am Jahresende	Tariferhöhung	Jahresbruttolohn in EUR	Bestand am Jahresende	Tariferhöhung	Jahresbruttolohn
Abteilungsleiter	1	0	1	160000,00	2,5 %	164000,00	0	1	3 %	164800,00	+1	+0,5	+0,49
Assistenten	2	1	3	150000,00	2,5 %	230625,00	0	2	3 %	154500,00	$-33\frac{1}{3}$	+0,5	−33,01
Sachbearbeiter	6	−2	4	510000,00	2,5 %	348500,00	−1	5	3 %	437750,00	+25	+0,5	+25,61
Auszubildende	4	3	7	50400,00	50,00 EUR pro Monat	92400,00	3	7	70,00 EUR pro Monat	94080,00	0	+20,00 EUR	+1,82

Tabelle 2

3.2.2 Kennzahlenanalyse

3.2.2.1 Aufgaben der Kennzahlenanalyse

> **Merke:**
>
> **Kennzahlen** sind Verhältniszahlen oder absolute Zahlen, die in verdichteter Form einen Überblick über die Leistung des gesamten Unternehmens oder einzelner Teilbereiche geben.

Die Auswahl geeigneter Kennzahlen stellt eines der Zentralprobleme des Marketing-Controllings dar. Grundsätzlich lassen sich nach der Erfassbarkeit der Kennzahlen zwei Gruppen unterscheiden:

Ökonomische (quantitative) Kennzahlen	Ökonomische Kennzahlen geben messbare Sachverhalte aus Unternehmens- oder Marktdaten wider. Beispiele hierfür bilden die Umsatzentwicklung, der Marktanteil, die Marketingkosten oder die erzielten Deckungsbeiträge.
Psychografische (qualitative) Kennzahlen	Psychografische Kennzahlen möchten nicht quantifizierbare Marktentwicklungen erfassen. Hierzu zählen beispielsweise die Einstellung der Kunden, die Kundenzufriedenheit, die wahrgenommene Produktqualität, das festgestellte Beschwerdeverhalten gegenüber dem Unternehmen oder Dritten (z.B. Medien, Verbraucherschutzeinrichtungen), die Markentreue oder die Wiederkaufsrate.

3.2.2.2 Erfolgskennzahlen als Beispiel für Kennzahlen des Marketing-Controllings

Es handelt sich um Kennzahlen, die die **Erfolgsfaktoren eines Unternehmens** aufzeigen und kontrollieren sollen. Diese Kennzahlen sind breit gestreut. Sie erstrecken sich über alle Unternehmensbereiche und erfassen auch die für das Unternehmen bedeutsamen Marktdaten. Die Auswahl der Erfolgskennzahlen ist betriebsindividuell.

(1) Kennzahlen im Entscheidungsfeld Preispolitik

Der Vorteil preispolitischer Maßnahmen liegt darin, dass sie sich zumeist ohne zeitliche Verzögerung einsetzen lassen und auch die Reaktionszeit der Marktteilnehmer sehr zeitnah erfolgt. Aus diesem Grund ist die Preispolitik das zentrale und wirkungsvollste Instrument zur Steuerung von Umsatz, Gewinn und/oder Marktanteil.

> **Beispiele:**
>
> Kurzfristige Preisuntergrenze:
> Stückerlös(e) = variable Kosten je Einheit (k_v)

25 Speth u.a. - ISBN 978-3-8120-0465-7

Langfristige Preisuntergrenze:

$$\text{Stückerlös (e)} = \frac{\text{Gesamtfixkosten (K}_{fix})}{\text{erzeugte Menge}} + \text{variable Kosten je Einheit (k}_v)$$

$$\text{Produktdeckungsbeitragssatz} = \frac{\text{Deckungsbeitrag (DB)} \cdot 100}{\text{Umsatz des Produkts}}$$

(2) Kennzahlen im Entscheidungsfeld Produktpolitik

Der Controllingbereich unterstützt hier unternehmerische Entscheidungen, indem er z.B. Auskunft gibt über Auftragseingang, Auftragsreichweite, Marktanteil, relativer Marktanteil.

Beispiele:

$$\text{Auftragseingangsquote} = \frac{\text{Auftragseingang Ist} \cdot 100}{\text{Auftragseingang Plan}}$$

$$\text{Auftragsreichweite} = \frac{\text{Auftragsbestand} \cdot 100}{\text{Jahresumsatz}}$$

$$\text{Marktanteil} = \frac{\text{Absatzvolumen} \cdot 100}{\text{Marktvolumen}}$$

$$\text{Relativer Marktanteil (Wettbewerbsposition)} = \frac{\text{Marktanteil des Unternehmens} \cdot 100}{\text{Marktanteil des stärksten Konkurrenten}}$$

(3) Kennzahlen im Entscheidungsfeld Kommunikationspolitik

Problematisch in diesem Entscheidungsfeld ist, dass sich z.B. das Ergebnis einer Werbekampagne einer ausschließlich quantitativen Messung entzieht. Der Zusatzumsatz ist zwar im Betrieb messbar, nicht jedoch die Bewusstseinsänderung im Kopf des Umworbenen. Daher muss sich das Controlling in diesem Entscheidungsfeld darauf beschränken, kommunikationspolitische Entscheidungen anhand von Kennzahlen zu beurteilen.

Beispiele:

$$\text{Werbeaufwandsatz vom Umsatz} = \frac{\text{Werbeaufwand je Periode} \cdot 100}{\text{Umsatz je Periode}}$$

$$\text{Markterschließungsgrad} = \frac{\text{Umsatz} \cdot 100}{\text{potenzieller Umsatz}}$$

$$\text{Neukundenanteil} = \frac{\text{Neukunden} \cdot 100}{\text{Gesamtkunden}}$$

$$\text{Umsatz je Außendienstmitarbeiter} = \frac{\text{Umsatz}}{\text{Anzahl der Außendienstmitarbeiter}}$$

Diese **funktionsbezogenen Kennzahlen** lassen sich ergänzen durch **prozessbezogene Kennzahlen,** wie z. B.:

$$\text{Angebotsgrad} = \frac{\text{Anzahl der ausgeführten Aufträge} \cdot 100}{\text{Anzahl der abgegebenen Angebote}}$$

$$\text{Servicegrad} = \frac{\text{Anzahl der termingerecht ausgeführten Aufträge} \cdot 100}{\text{Anzahl aller zu erfüllenden Aufträge}}$$

(4) Kennzahlen im Entscheidungsfeld Distributionspolitik

Im Vordergrund der Betrachtung stehen hier Informationen darüber, wie wirtschaftlich die Vertriebswege sind. Die Datenbasis hierfür entstammt der betrieblichen Kosten- und Leistungsrechnung.

Beispiele:

$$\text{Vertriebskostenquote} = \frac{\text{Vertriebskosten} \cdot 100}{\text{Umsatz}}$$

$$\text{Aufwand Außendienst} = \frac{\text{Aufwand Außendienst} \cdot 100}{\text{Umsatz}}$$

$$\text{Umsatzmarktanteil} = \frac{\text{Umsatz des Unternehmens} \cdot 100}{\text{Branchenumsatz}}$$

$$\text{E-Commerceanteil} = \frac{\text{Umsatz E-Commerce} \cdot 100}{\text{Umsatz}}$$

Zusammenfassung

■ Beim **Soll-Ist-Vergleich** werden Plandaten (Soll-Werte) mit den tatsächlich erzielten Ergebnissen (Ist-Werte) verglichen. Soll-Ist-Vergleiche können für alle Unternehmensbereiche, aber auch für einzelne Kunden, Produkte u. Ä. durchgeführt werden.

■ Durch die Analyse der **Soll-Ist-Abweichungen** sollen **Fehlentwicklungen erkannt** und **Plandaten** nötigenfalls **korrigiert werden.**

■ **Kennzahlen** fassen Daten so zusammen, dass sie einen Überblick über die Leistung des gesamten Unternehmens oder einzelner Teilbereiche geben.

■ **Kennzahlen im Marketing-Controlling** überprüfen insbesondere die **Erfolgsfaktoren** eines Unternehmens.

118 1. Welche Zielsetzungen werden mit einem Soll-Ist-Vergleich verfolgt?

2. Zeigen Sie an einem selbst gebildeten Beispiel auf, welche Möglichkeiten sich aus dem Soll-Ist-Vergleich für die Unternehmensleitung zur Steuerung des Unternehmens ergeben!

3. Der Controller eines Industrieunternehmens stellt folgende Daten zur Auswertung zusammen:

	Soll-Werte	Ist-Werte
Anzahl der Mitarbeiter	128	140
Anzahl der Arbeitsstunden	245 760	254 800
Umsatz in EUR	13 395 200,00	14 518 000,00

Aufgaben:

3.1 Ermitteln Sie
    3.1.1 die Arbeitsstunden je Mitarbeiter für die Soll- und Ist-Werte,
    3.1.2 den Umsatz je Mitarbeiter für die Soll- und Ist-Werte,
    3.1.3 den Umsatz je Arbeitsstunde für die Soll- und Ist-Werte!

3.2 Beurteilen Sie die Umsatzentwicklung im Vergleich zur geleisteten Arbeitszeit!

119 1. Welche Aufgaben übernehmen Kennzahlen im Marketing-Controlling?

2. Wodurch unterscheiden sich die ökonomischen Kennzahlen von den psychografischen?

3. Welche Zielsetzung verfolgen die Kennzahlen des Marketing-Controllings?

4. Dem Controller eines Industrieunternehmens liegen folgende Daten zur Auswertung vor:

Jahresumsatz des Unternehmens:	8 670 000,00 EUR
Potenzieller Jahresumsatz des Unternehmens:	11 560 000,00 EUR
Gesamtmarktumsatz pro Jahr:	42 500 000,00 EUR
Jahresumsatz des Produkts Werkbänke:	1 040 000,00 EUR
Auftragsbestand:	1 257 150,00 EUR
Auftragseingang Plan:	940 800,00 EUR
Auftragseingang Ist:	777 456,00 EUR
Deckungsbeitrag des Produkts Werkbänke pro Jahr:	270 540,00 EUR
Marktanteil des Marktführers:	54,5 %

Aufgaben:

4.1 Berechnen Sie folgende Kennzahlen:
    4.1.1 Marktanteil,
    4.1.2 Relativer Marktanteil,
    4.1.3 Auftragseingangsquote,
    4.1.4 Auftragsreichweite,
    4.1.5 Produktdeckungsbeitragssatz Werkbänke,
    4.1.6 Markterschließungsgrad.

4.2 Nennen Sie Maßnahmen, die dazu geeignet sind, den Marktanteil, den Markterschließungsgrad sowie die Auftragseingangsquote zu verbessern!

1 Buchungen in den Bereichen Beschaffungs- und Absatzwirtschaft

1.1 Besondere Buchungen im Beschaffungsbereich

1.1.1 Buchhalterische Behandlung von Sofortnachlässen und Bezugskosten

(1) Buchhalterische Behandlung von sogenannten Sofortnachlässen

Nachlässe, die der Lieferer sofort bei Rechnungsstellung gewährt, zählen nicht zu den Anschaffungskosten. Sie erscheinen in der Buchführung nicht. Gebucht wird der verminderte Einkaufspreis (Anschaffungskosten).

Beispiel: **Buchungssätze:**

Geschäftsvorfall		Konten	Soll	Haben
Kauf von Betriebsstoffen auf Ziel	2 000,00 EUR	6030 Aufw. f. Betriebsstoffe	1 800,00	
– 10 % Mengenrabatt	200,00 EUR	2600 Vorsteuer	342,00	
	1 800,00 EUR	an 4400 Verb. a. Lief. u. Leist.		2 142,00
+ 19 % USt	342,00 EUR			
	2 142,00 EUR			

> **Merke:**
>
> **Sofortnachlässe,** die der Lieferer gewährt, werden **nicht gebucht.** Sie zählen **nicht** zu den **Anschaffungskosten.**

(2) Buchung von Bezugskosten

Die Bezugskosten, die dem Käufer zusätzlich in Rechnung gestellt werden, zählen zu den Anschaffungskosten. Sie können direkt auf dem jeweiligen Werkstoffaufwandskonto gebucht werden. Um die Bezugskosten für die Kalkulation leichter erfassen zu können, werden sie jedoch zunächst auf einem gesonderten Konto erfasst. Man will wissen, wie hoch der reine Warenwert und wie hoch die Nebenkosten sind.

Der Industriekontenrahmen sieht für jedes Werkstoffaufwandskonto ein gesondertes Bezugskostenkonto vor:

6001 Bezugskosten (Bezugskosten für Aufwendungen für Rohstoffe)

6031 Bezugskosten (Bezugskosten für Aufwendungen für Betriebsstoffe)

6021 Bezugskosten (Bezugskosten für Aufwendungen für Hilfsstoffe)

6061 Bezugskosten (Bezugskosten für Aufwendungen für Waren)

Beispiel: **Buchungssätze:**

Geschäftsvorfall		Konten	Soll	Haben
Kauf von Rohstoffen auf Ziel	1500,00 EUR	6000 Aufwend. f. Rohstoffe	1500,00	
+ Verpackung	50,00 EUR	6001 Bezugskosten	200,00	
+ Fracht	150,00 EUR	2600 Vorsteuer	323,00	
	1700,00 EUR	an 4400 Verb. a. Lief. u. Leist.		2023,00
+ 19 % USt	323,00 EUR			
	2023,00 EUR			

Merke:

Das **Konto Bezugskosten** stellt ein **Unterkonto** des **jeweiligen Werkstoffaufwands-kontos** dar.

Übungsaufgaben

120 1. Eine Maschinenfabrik erhält von ihrem Lieferer eine Rechnung für die Lieferung von 4500 Stück Kleinmotoren (Vorprodukte) zum Preis von 150,00 EUR je Stück zuzüglich 19 % USt. Der Warenwert der Rechnung wird um 20 % Mengenrabatt gekürzt. Für Fracht und Verpackung werden 350,00 EUR zuzüglich 19 % USt in Rechnung gestellt.

Aufgaben:

1.1 Erstellen Sie die Eingangsrechnung!

1.2 Bilden Sie den Buchungssatz für die Eingangsrechnung!

2. Einer Möbelfabrik liegt folgende Eingangsrechnung für Handelsware vor:

5 Bürotische zu je 950,00 EUR		4750,00 EUR
– 20 % Händlerrabatt		950,00 EUR
		3800,00 EUR
+ Fracht		320,00 EUR
+ Verpackung		90,00 EUR
+ Transportversicherung		47,50 EUR
		4257,50 EUR
+ 19 % USt		808,93 EUR
Rechnungsbetrag		5066,43 EUR

Aufgabe:

Bilden Sie den Buchungssatz für die Eingangsrechnung!

121 Bilden Sie für die Werkzeugfabrik Hans Edel GmbH zu folgenden Geschäftsvorfällen die Buchungssätze!

1. Wir kaufen Stahlbleche auf Ziel, Listeneinkaufspreis 12000,00 EUR zuzüglich 19 % USt. Der Lieferer gewährt uns 20 % Rabatt. Die Fracht und Verpackungskosten betragen 510,00 EUR zuzüglich 19 % USt.

2. Kauf von Dichtungsringen von einem ausländischen Exporteur auf Ziel, Listeneinkaufspreis 795,20 EUR zuzüglich 19 % USt. Zölle und Gebühren: 8 % vom Listeneinkaufspreis.

3. Kauf von Elektromotoren gegen Bankscheck, 2400,00 EUR zuzüglich 19 % USt. Für Fracht werden 150,00 EUR zuzüglich 19 % USt in Rechnung gestellt.

4. Für eine erhaltene Schleifmittellieferung zahlen wir die Frachtkosten in bar 60,00 EUR zuzüglich 19 % USt.

5. Einkauf einer Partie Kupplungen zum Listeneinkaufspreis von 8500,00 EUR zuzüglich 19 % USt gegen Banküberweisung.

6. Die Frachtkosten (zu Geschäftsvorfall 5) in Höhe von 198,50 EUR zuzüglich 19 % USt werden bar bezahlt.

7. Wir beziehen Waschbenzin auf Ziel im Gesamtwert von 5880,00 EUR zuzüglich 19 % USt. Der Rabattsatz unseres Lieferers beträgt 30 %. An Verpackungskosten werden uns 180,00 EUR in Rechnung gestellt.

8. Wir haben die uns bei der Lieferung von Betriebsstoffen in Rechnung gestellte Leihverpackung vereinbarungsgemäß an den Lieferer zurückgesandt und erhalten daraufhin eine Gutschrift über 208,25 EUR einschließlich 19 % USt.

1.1.2 Rücksendungen an den Lieferer

Beispiel:	
Ausgangs-situation:	Folgende Eingangsrechnung für den Einkauf von Rohstoffen auf Ziel wurde bereits bei uns gebucht.
	Rohstoffwert 15000,00 EUR
	+ 19 % USt 2850,00 EUR
	Rechnungsbetrag 17850,00 EUR
Problemfall:	Von der bereits bei uns gebuchten Rohstofflieferung senden wir Rohstoffe zurück (Falschlieferung).
	Rohstoffwert 500,00 EUR
	+ 19 % USt 95,00 EUR
	Gutschriftsbetrag 595,00 EUR

Aufgaben:
1. Buchen Sie den Problemfall auf den Konten des Hauptbuches!
2. Bilden Sie dazu den Buchungssatz!

Lösungen:

Zu 1.: Buchung auf den Konten des Hauptbuches

S	6000 Aufwend. f. Rohstoffe	H		S	4400 Verb. a. Lief. u. Leist.	H
4400	15000,00	4400	500,00	6000/2600	595,00	6000/2600 17850,00

Soll	2600 Vorsteuer	Haben
4400	2850,00	4400	95,00

391

Zu 2.: Buchungssätze

Geschäftsvorfall	Konten	Soll	Haben
Von einer bereits gebuchten Rohstofflieferung schicken wir Rohstoffe zurück: Nettowert 500,00 EUR + 19% USt 95,00 EUR Bruttowert 595,00 EUR	4400 Verb. a. Lief. u. Leist. an 6000 Aufw. f. Rohst. an 2600 Vorsteuer	595,00	500,00 95,00

Merke:

Rücksendungen an den Lieferer vermindern unsere Verbindlichkeiten gegenüber dem Lieferer in Höhe des Bruttowertes der Rücksendung, die ursprünglich gebuchten Werkstoffaufwendungen um den Nettowert und die Vorsteuer in Höhe der Differenz aus den beiden Werten.

Übungsaufgabe

122 Bilden Sie die Buchungssätze für die folgenden Geschäftsvorfälle!

1. Ein Industriebetrieb kauft Betriebsstoffe im Gesamtwert von 2 150,00 EUR zuzüglich 19% USt gegen Rechnung.

2. Nach Buchung und Überprüfung der Sendung wird ein Teil der Betriebsstoffe wegen Qualitätsmängeln zurückgesandt, 430,00 EUR zuzüglich 19% USt.

3. Wir kaufen Hilfsstoffe auf Ziel im Warenwert von 2 900,00 EUR zuzüglich 19% USt.

4. Einen Teil der bereits gebuchten Hilfsstoffe senden wir wegen Beschädigung zurück. Warenwert 480,00 EUR zuzüglich 19% USt.

5. Wir kaufen Handelswaren im Gesamtwert von 6 324,00 EUR zuzüglich 19% USt gegen Rechnung.

6. Nach Buchung und Überprüfung der Sendung wird ein Teil der Ware wegen Qualitätsmängeln zurückgesandt, 830,50 EUR zuzüglich 19% USt.

7. 7.1 Von einem Lieferer erhalten wir für den Bezug von Hilfsstoffen folgende Rechnung:

Warenwert	5 180,00 EUR
+ Frachtkosten	495,00 EUR
+ Verpackung	300,00 EUR
	5 975,00 EUR
+ 19% USt	1 135,25 EUR
Rechnungsbetrag	7 110,25 EUR

   7.2 Gutschrift des Lieferers für die Rückgabe der Verpackung 300,00 EUR zuzüglich 19% USt.

1.1.3 Preisnachlässe von Lieferern

(1) Grundlagen

Bei den hier zu behandelnden Preisnachlässen handelt es sich um Preisnachlässe, die ein Lieferer **nach** der beim Empfänger gebuchten Eingangsrechnung gewährt.

Als nachträglich gewährte Preisnachlässe kommen infrage:

- Preisnachlässe aufgrund beanstandeter Mängel der Lieferung **(Mängelrüge)**,
- nachträglich gewährte Rabatte **(Umsatzboni)**,
- von Lieferern gewährte Skonti **(Liefererskonti)**.

Gewährt uns der Lieferer nachträglich einen Preisnachlass, hat das die gleichen Auswirkungen wie bei einer Warenrücksendung. Daher liegen auch hier die gleichen Überlegungen zugrunde.

- Die ursprünglich gebuchte Verbindlichkeit vermindert sich in Höhe des Bruttowertes des Nachlasses. Daher muss eine **Sollbuchung** auf dem jeweiligen **Liefererkonto** erfolgen.

- Da sich durch die nachträgliche Preisänderung auch die ursprüngliche Berechnungsgrundlage für die Umsatzsteuer geändert hat, muss auch eine entsprechende Korrektur auf der **Habenseite** des **Vorsteuerkontos** stattfinden.

- Auch der ursprünglich gebuchte Anschaffungspreis muss durch eine **Habenbuchung** auf dem entsprechenden Werkstoffaufwandskonto gemindert werden. Diese Minderung könnte direkt auf dem betreffenden Werkstoffaufwandskonto gebucht werden. Um diese Nachlässe jedoch später noch feststellen zu können, werden sie zunächst auf einem **entsprechenden Unterkonto** erfasst.

Der hier zugrunde liegende Industriekontenrahmen sieht für solche Nachlässe folgende Unterkonten vor:

6002 Nachlässe (Nachlässe für Aufwendungen für Rohstoffe)

6022 Nachlässe (Nachlässe für Aufwendungen für Hilfsstoffe)

6032 Nachlässe (Nachlässe für Aufwendungen für Betriebsstoffe)

6062 Nachlässe (Nachlässe für Aufwendungen für Waren)

(2) Buchung einer Lieferergutschrift aufgrund einer Mängelrüge

Beispiel:

Ausgangs-situation:	Folgende Eingangsrechnung für den Einkauf von Hilfsstoffen wurde bereits bei uns gebucht.

Warenwert	1 200,00 EUR	
+ 19 % USt	228,00 EUR	
Rechnungsbetrag	1 428,00 EUR	

Problemfall: Aufgrund unserer Reklamation erhalten wir vom Lieferer eine Gutschrift über folgenden Preisnachlass:

Nettowert	300,00 EUR
+ 19 % USt	57,00 EUR
Gutschriftsbetrag	357,00 EUR

Aufgaben:
1. Stellen Sie den Problemfall auf den Konten des Hauptbuches dar!
2. Bilden Sie dazu den Buchungssatz zu dem Problemfall!

Lösungen:

Zu 1.: Buchung auf den Konten des Hauptbuches

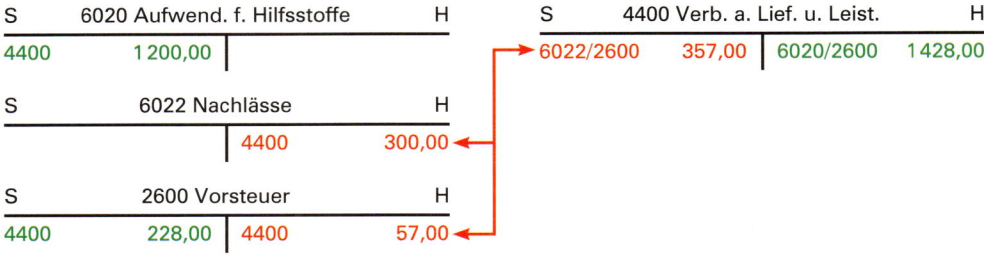

S	6020 Aufwend. f. Hilfsstoffe	H
4400	1 200,00	

S	4400 Verb. a. Lief. u. Leist.	H
6022/2600	357,00	6020/2600 1 428,00

S	6022 Nachlässe	H
	4400	300,00

S	2600 Vorsteuer	H
4400	228,00	4400 57,00

Zu 2.: Buchungssatz

Geschäftsvorfall	Konten	Soll	Haben
Wegen Mängel an der Hilfsstofflieferung erhalten wir vom Lieferer eine Gutschrift.	4400 Verb. a. Lief. u. Leist. an 6022 Nachlässe an 2600 Vorsteuer	357,00	300,00 57,00

(3) Buchung von Liefererboni

Der vom Lieferer gewährte Umsatzbonus hat beim Empfänger (bei uns) die gleichen Auswirkungen wie der Preisnachlass aufgrund unserer Reklamation. Daher wird auch die gleiche Buchung ausgelöst. Um feststellen zu können, auf welchem Unterkonto der Preisnachlass zu buchen ist, muss aus der Aufgabenstellung hervorgehen, auf welches Hauptkonto (Aufwendungen für Roh-, Hilfs-, Betriebsstoffe, Vorprodukte, Handelswaren) sich der betreffende Preisnachlass bezieht.

Geschäftsvorfall	Konten	Soll	Haben
Ein Hilfsstofflieferer gewährt uns einen Umsatzbonus in Form folgender Gutschrift: Halbjahresbonus 2 % von 35 000,00 EUR = 700,00 EUR + 19 % USt 133,00 EUR Gutschriftsbetrag 833,00 EUR	4400 Verb. a. Lief. u. Leist. an 6022 Nachlässe an 2600 Vorsteuer	833,00	700,00 133,00

Merke:

Gutschriften des Lieferers aufgrund einer Mängelrüge sowie **Umsatzboni des Lieferers** führen zum **gleichen Buchungssatz.**

(4) Buchung von Liefererskonti

Beispiel:

Wir bezahlen eine bereits gebuchte Liefererrechnung für Rohstoffe über	5 950,00 EUR
unter Abzug von 2 % Skonto	− 119,00 EUR
Banküberweisung	5 831,00 EUR

Aufgaben:

1. Buchen Sie den Geschäftsvorfall auf Konten!
2. Bilden Sie den Buchungssatz!

Lösungen:

Zu 1.: Buchung auf den Konten und Abschluss des Kontos 6002

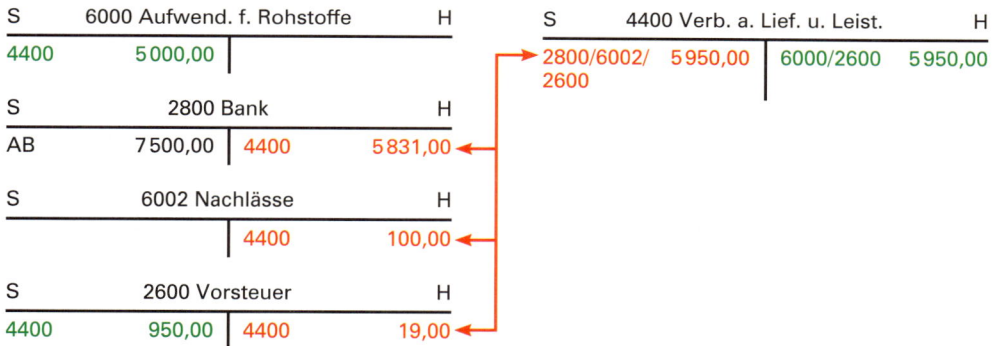

Zu 2.: Buchungssätze

Geschäftsvorfall		Konten	Soll	Haben
Wir bezahlen eine Liefererrechnung für Rohstoffe über	5 950,00 EUR	4400 Verb. a. Lief. u. Leist.	5 950,00	
unter Abzug von		an 2800 Bank		5 831,00
2 % Skonto	119,00 EUR	an 6002 Nachlässe		100,00
durch Banküberweisung	5 831,00 EUR	an 2600 Vorsteuer		19,00

Merke:

- Werden Liefererrechnungen unter Skontoabzug gezahlt, ist der Skonto auf dem Unterkonto **„Nachlässe"** zu erfassen, das dem entsprechenden Werkstoffaufwandskonto zugeordnet ist.

- Werden z. B. **Liefererrechnungen für Rohstoffeinkäufe** mit Skontoabzug gezahlt, ist der Skonto auf dem Unterkonto **6002** zu erfassen.

Übungsaufgaben

123 Buchen Sie im Grundbuch[1] der Maschinenfabrik Werner Simon GmbH die folgenden Geschäftsvorfälle!

1. Der Lieferer sendet uns für zurückgesandte Schrauben eine Gutschrift in Höhe des Bruttowertes von 386,75 EUR.

2. Unser Lieferer für Schmieröl gewährt uns am Jahresende einen Bonus in Höhe von 1 863,00 EUR zuzüglich 19 % Umsatzsteuer.

3. Wir senden Leihverpackungen für Stahlbleche zurück und erhalten eine Gutschrift in Höhe des Bruttowertes von 856,80 EUR.

4. Wir senden einen Elektromotor wegen Beschädigung zurück und erhalten vom Lieferer eine Gutschrift in Höhe des Bruttowertes von 1 483,93 EUR.

5. Auf eine Lieferung Pflegemittel (Handelswaren) gewährt uns der Lieferer nachträglich einen Rabatt in Form einer Gutschrift in Höhe des Bruttowertes von 452,20 EUR.

6. Vom Lieferer für die Computer-Steuerung der Maschinen erhalten wir am Jahresende einen Bonus in Höhe von 2 160,00 EUR zuzüglich 19 % Umsatzsteuer.

7. Wir kaufen Maschinenöl auf Ziel. Rechnungsbetrag einschließlich 19 % Umsatzsteuer 9 686,60 EUR.

8. Für Verpackungs- und Versandkosten stellt der Lieferer für Schweißmaterial eine gesonderte Rechnung aus, die wie folgt lautet:

Verpackungskosten	115,00 EUR
Transportkosten	90,00 EUR
	205,00 EUR
+ 19 % Umsatzsteuer	38,95 EUR
Rechnungsbetrag	243,95 EUR

9. Der Lieferer sendet uns eine Gutschrift für zurückgesandte Stahlbolzen zu:

Nettowert	350,00 EUR
+ 19 % USt	66,50 EUR
Gutschrift	416,50 EUR

10. Unser Lieferer für Schmierstoffe gewährt uns am Jahresende einen Bonus in Höhe von 820,00 EUR zuzüglich 19 % USt.

---

1 Im Grundbuch werden die Buchungssätze gebildet.

124 Bilden Sie die Buchungssätze für ein Industrieunternehmen zu den nachfolgenden Geschäftsvorfällen!

1. 1.1 Das Industrieunternehmen erhält von einem Lieferer eine Rechnung über bezogene Betriebsstoffe in Höhe von 1 760,00 EUR zuzüglich 19 % USt.

   1.2 Am Zahlungstermin begleicht das Unternehmen die Rechnung unter Abzug von 2 % Skonto mit Bankscheck.

2. 2.1 Das Industrieunternehmen erhält von einem Lieferer eine Rechnung über bezogene Handelswaren in Höhe von 4 150,00 EUR zuzüglich 19 % USt.

   2.2 Am Zahlungstermin begleicht das Unternehmen die Rechnung unter Abzug von 3 % Skonto mit Banküberweisung.

125 Die Zementwerke Steiner GmbH erhalten die nachfolgende Eingangsrechnung:

Baustoffe Putz KG · Sachsenweg 53–55 · 59073 Hamm

Zementwerke Steiner GmbH
Hartmutweg 15–18
70327 Stuttgart

Rechnung

Kunden-Nr.	Geschäftsstelle	Beleg-Nr.	Datum	Versandart	Liefer-Datum	Auftrags-Nr.	Bl.-Nr.
8086415	58050	78543	27.01.20..	Zufuhr	04.01.20..	10341-2	01

Artikel-Bezeichnung	Artikel-Nr.	Berechnungs-		Preis		Netto-Betrag	USt
		Menge	Einheit	EUR	je		
Putzeckleisten lt. LS	58473	28,0	m	0,90	1 m		2
Klebemörtel grau	59035	25,0	kg	0,90	1 kg		2
Gasb. Blöcke G 2 49/24/5–7,5	54001	1,5	m²	10,20	1 m²		2
Maschinenputz lt. LS	53167	480,0	kg	227,00	1000 kg		2
Gipsgrundierung lt. LS	59012	5,0	kg	6,03	1 kg		2
Klebemörtel grau	59035	75,0	kg	0,90	1 kg		2
Gipskartonplatten 9,5 mm	58612	81,3	m²	4,50	1 m²		2
Leichtbauplatten zementgebunden 2,5 cm	58405	2,0	m²	6,65	1 m²		2
Maschinenputz lt. LS	53167	240,0	kg	227,00	1000 kg		2
Fugenweiß	59060	20,0	kg	1,50	1 kg		2
Gipsk. Fugenfüller	58701	50,0	kg	1,20	1 kg		2
Glasfaser-Fugendeckstreifen 25 lfm R	58713	3,0	Stck	24,50	1 Stck		2
		USt 1/7%		USt 2/19%			

Bei Zahlung bis	Skonto	aus EUR	Skonto Betrag	zu zahlen EUR
10. Febr.	2,0%			
26. Febr.	Netto			

Sitz der Gesellschaft: Hamm   RG Hamm: HRA 189   Steuer-Nr. 313/72150

Aufgaben:

1. Berechnen Sie aus der abgedruckten Eingangsrechnung die Nettobeträge der einzelnen Artikel, den Bruttobetrag, den Skontobetrag sowie den Zahlungsbetrag am 10. Februar bzw. 26. Februar!

2. Bilden Sie die Buchungssätze für die Zementwerke Steiner GmbH:

   2.1 für die Eingangsrechnung (Rohstoffe),

   2.2 für die Zahlung am 10. Februar durch Banküberweisung!

126 1. Bilden Sie den Buchungssatz für den Zahlungsbeleg aus Sicht der Franz Nadi AG!

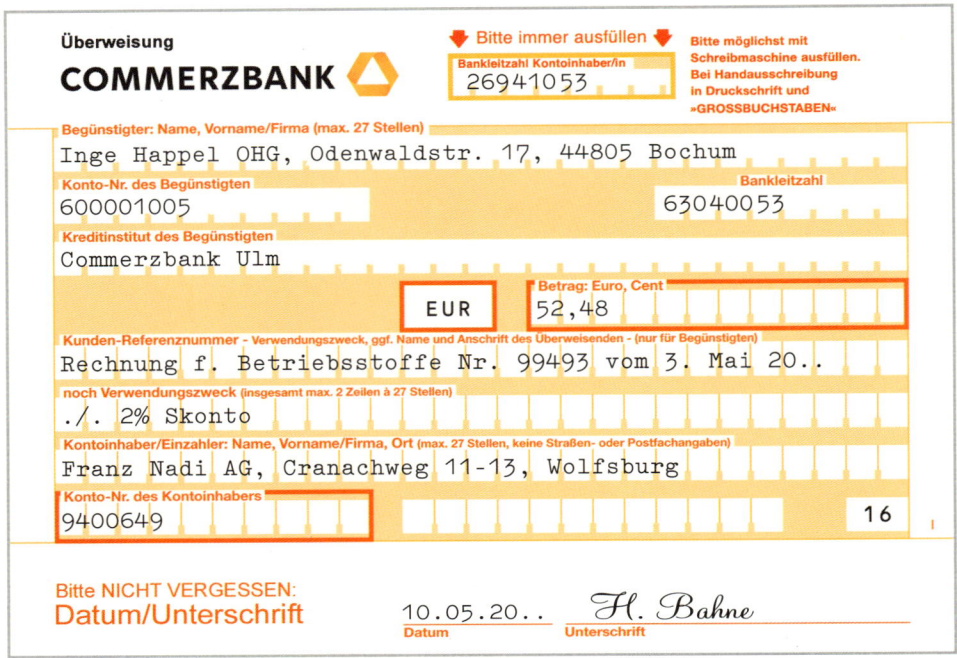

2. Die Otto GmbH bezahlt eine Rechnung für Rohstoffe per Lastschrift unter Abzug von 3% Skonto.

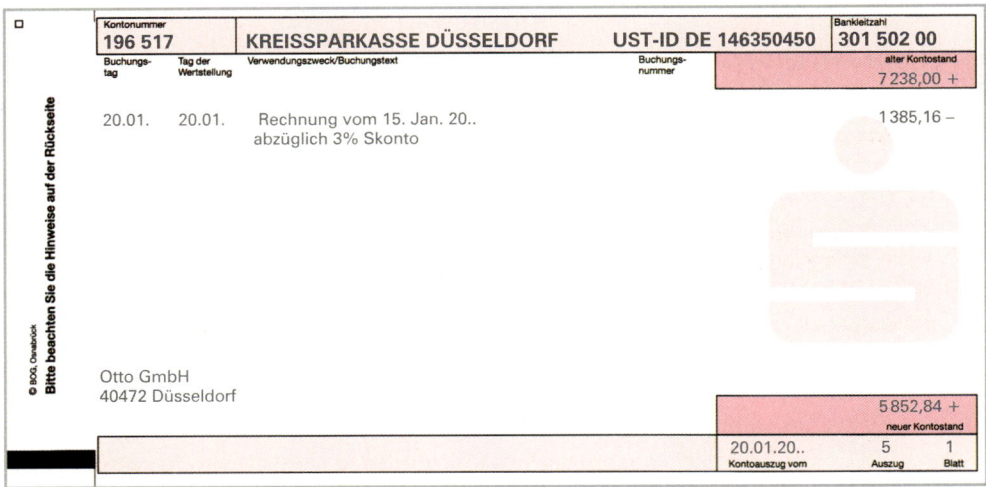

Aufgaben:

1. Berechnen Sie den Skontobetrag und den Rechnungsbetrag!

2. Buchen Sie im Grundbuch aus der Sicht der Otto GmbH die Lastschrift!

1.1.4 Abschluss der Unterkonten Bezugskosten und Nachlässe

Die Bezugskosten und Nachlässe stellen Unterkonten des betreffenden Werkstoffaufwands- bzw. Warenaufwandskontos dar. Diese Unterkonten werden über das betreffende Hauptkonto abgeschlossen. Nach Abschluss der Konten Bezugskosten und Nachlässe erscheinen auf dem entsprechenden Aufwandskonto dann die auf das GuV-Konto zu übernehmenden Aufwendungen.

Beispiel:

Summe der Aufwendungen auf dem Konto 6000 Aufwendungen für Rohstoffe: 87400,00 EUR, Summe der Bezugskosten auf dem Konto 6001 Bezugskosten: 7980,00 EUR, Summe der Nachlässe auf dem Konto 6002 Nachlässe: 3420,00 EUR.

Aufgaben:

1. Übertragen Sie die Angaben auf die entsprechenden Konten und schließen Sie die Konten 6001 und 6002 ab!
2. Wie hoch sind die Aufwendungen für Rohstoffe?

Lösungen:

Zu 1.:

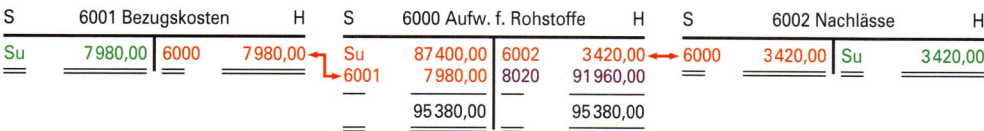

Zu 2.: Die Aufwendungen für Rohstoffe betragen 91960,00 EUR.

Übungsaufgaben

127 **I. Richten Sie die folgenden Konten ein:**

6020 Aufwendungen für Hilfsstoffe, 6021 Bezugskosten, 6022 Nachlässe, 6030 Aufwendungen für Betriebsstoffe, 6031 Bezugskosten, 6032 Nachlässe.

II. Saldovorträge:

6020: 142780,00 EUR, 6021: 12 940,00 EUR, 6022: 7160,00 EUR,
6030: 74560,00 EUR, 6031:   4330,00 EUR, 6032: 2860,00 EUR.

III. Aufgaben:

1. Übertragen Sie die Saldovorträge auf die entsprechenden Konten und schließen Sie die Unterkonten ab!
2. Weisen Sie buchhalterisch die Aufwendungen für Hilfsstoffe und die Aufwendungen für Betriebsstoffe aus!

128 Bilden Sie die Buchungssätze zu den nachfolgenden Geschäftsvorfällen!

1. 1.1 Für den Bezug von Rohstoffen liegen folgende Rechnungsdaten vor: Warenwert 1 760,00 EUR, Frachtpauschale 172,50 EUR, Transportversicherung 20,40 EUR jeweils zuzüglich 19 % USt.

1.2 Aufgrund eines Qualitätsmangels senden wir Rohstoffe im Wert von netto 105,00 EUR zuzüglich 19 % USt an den Lieferer zurück.

1.3 Für die verspätete Lieferung der Rohstoffe gewährt uns der Lieferer eine Gutschrift in Höhe von 80,00 EUR zuzüglich 19 % USt.

1.4 Am Fälligkeitstag der Rechnung bezahlen wir den Restbetrag durch Banküberweisung an den Lieferer unter Abzug von 2 % Skonto.

1.5 Richten Sie die Konten 6000 Aufwendungen für Rohstoffe, 6001 Bezugskosten und 6002 Nachlässe ein. Tragen Sie die Beträge der vier Geschäftsvorfälle in diese Konten ein (die Gegenkonten sind anzugeben, aber nicht zu führen). Schließen Sie die Konten ab und bestimmen Sie buchhalterisch die Aufwendungen für Rohstoffe.

2. 2.1 Wir erhalten von der Maschinenbau Peter GmbH eine Rechnung über bezogene Hilfsstoffe in Höhe von 2 700,00 EUR zuzüglich 19 % USt.

2.2 Wegen eines Qualitätsmangels senden wir einen Teil der Hilfsstoffe in Höhe von 410,00 EUR zuzüglich 19 % USt an die Maschinenbau Peter GmbH zurück.

2.3 Am Zahlungstermin begleichen wir die Rechnung unter Abzug von 2 % Skonto mit Banküberweisung.

129 Bilden Sie die Buchungssätze aus der Sicht der Franz Bäumler GmbH!

1. Für die Eingangsrechnung!
2. Für die Zahlung innerhalb von 8 Tagen unter Abzug von 2 % Skonto per Bankscheck!

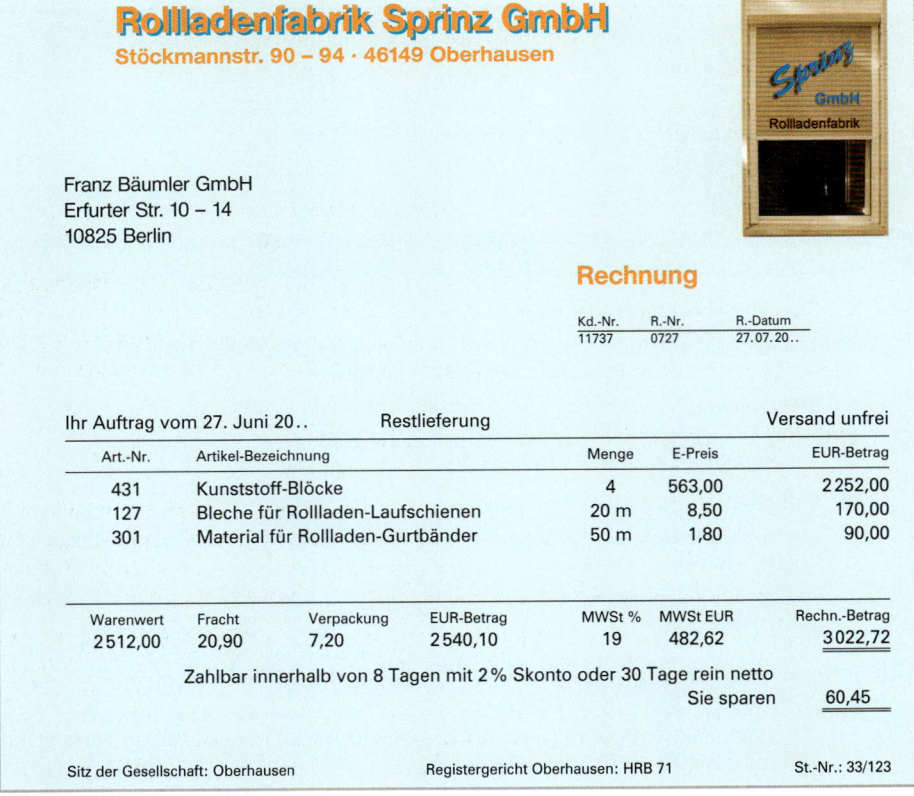

1.2 Besondere Buchungen im Absatzbereich

1.2.1 Buchhalterische Behandlung von Sofortnachlässen und Versandkosten

Sogenannte **Sofortnachlässe** zählen nicht zu den Umsatzerlösen und erscheinen daher nicht in der Buchführung.

Versandkosten stellen unter betriebswirtschaftlichen Gesichtspunkten Vertriebskosten dar. Unter buchhalterischen Gesichtspunkten sind zu unterscheiden in:

- **Vertriebskosten** (Versandkosten), die wir den **Kunden** zusätzlich (neben den reinen Produktkosten) **in Rechnung stellen** und
- **Vertriebskosten** (Versandkosten), für die uns **Eingangsrechnungen** vorliegen.

(1) Vertriebskosten, die wir den Kunden in Rechnung stellen

Die von uns zusätzlich in Rechnung gestellten Vertriebskosten erhöhen die Verkaufserlöse. Im Gegensatz zum Einkaufsbereich wird im Verkaufsbereich **kein** Unterkonto geführt. Die zusätzlich in Rechnung gestellten Versandkosten werden daher zusammen mit dem Stoffwert direkt auf dem entsprechenden Umsatzerlöskonto gebucht.

Beispiel:

Geschäftsvorfall	Konten	Soll	Haben

Wir verkaufen Erzeugnisse auf Ziel laut folgender Ausgangsrechnung:
 	
Listenverkaufspreis   1 200,00 EUR
+ Verpackung   55,00 EUR
+ Fracht   105,00 EUR
    1 360,00 EUR
+ 19 % USt   258,40 EUR
    1 618,40 EUR
	2400 Ford. a. Lief. u. Leist.
	an 5000 UE f. eigene Erzeugnisse
	an 4800 Umsatzsteuer
		1 618,40	1 360,00
			258,40

(2) Vertriebskosten, für die Eingangsrechnungen vorliegen

Beispiele:

Geschäftsvorfälle	Konten	Soll	Haben
1. Wir zahlen folgende noch nicht gebuchte Eingangsrechnung für Verpackungsmaterial bar: 247,00 EUR + 19 % USt 46,93 EUR 293,93 EUR	6040 Verpackungsmat. 2600 Vorsteuer an 2880 Kasse	247,00 46,93	293,93

26 Speth u.a. - ISBN 978-3-8120-0465-7

2. Wir begleichen eine noch nicht gebuchte Rechnung unseres Spediteurs durch Bank- überweisung für Fahrten im Monat März 380,00 EUR + 19% USt 72,20 EUR ⎯⎯⎯⎯⎯ 452,20 EUR	6140 Frachten und Fremdlager 380,00 2600 Vorsteuer 72,20 an 2800 Bank	452,20
3. Wir zahlen Vertriebsprovision bar 460,00 EUR + 19% USt 87,40 EUR ⎯⎯⎯⎯⎯ 547,40 EUR	6150 Vertriebsprovision 460,00 2600 Vorsteuer 87,40 an 2880 Kasse	547,40

1.2.2 Rücksendungen durch Kunden

Beispiel:

Ausgangssituation: Folgende Ausgangsrechnung für auf Ziel verkaufte Erzeugnisse wurde bereits bei uns gebucht.

Warenwert netto 20 000,00 EUR
+ 19% USt 3 800,00 EUR
⎯⎯⎯⎯⎯⎯⎯
23 800,00 EUR

Problemfall: Von der bereits bei uns gebuchten Lieferung schickt uns der Kunde wegen Falschlieferung Erzeugnisse zurück im Werte von:

Wert der Erzeugnisse netto 800,00 EUR
+ 19% USt 152,00 EUR
⎯⎯⎯⎯⎯⎯
Rechnungsbetrag 952,00 EUR

Aufgaben:

1. Buchen Sie die Rücksendung des Kunden auf den Konten des Hauptbuches!

2. Bilden Sie dazu den Buchungssatz!

Lösungen:

Zu 1.: Buchung auf den Konten des Hauptbuches

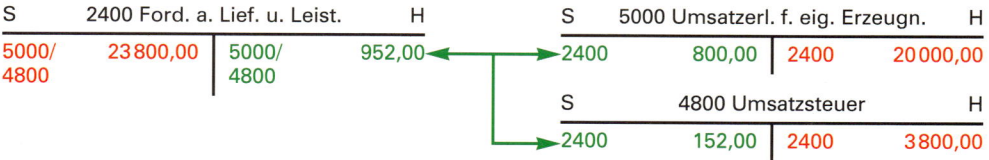

Zu 2.: Buchungssatz

Geschäftsvorfall	Konten	Soll	Haben
Ein Kunde sendet Erzeugnisse zurück: Nettowert 800,00 EUR + 19% USt 152,00 EUR ⎯⎯⎯⎯⎯⎯ 952,00 EUR	5000 Umsatzerl. f. eig. Erz. 4800 Umsatzsteuer an 2400 Ford. a. Lief. u. Leist.	800,00 152,00	952,00

Erläuterungen:

Bei Rücksendungen von Erzeugnissen durch Kunden nehmen die ursprünglich gebuchten Forderungen um den Bruttowert der Rücksendung ab. Daher muss eine **Habenbuchung** auf dem jeweiligen **Kundenkonto** erfolgen. Gleichzeitig nehmen auch die ursprünglich gebuchten Umsatzerlöse um den Nettowert der Rücksendung ab. Das erfordert eine **Sollbuchung** auf dem **Erlöskonto** in Höhe des Nettowertes.

Da sich durch die nachträgliche Änderung der Umsatzerlöse die Berechnungsgrundlage für die Umsatzsteuer geändert hat, muss auch die ursprünglich gebuchte Umsatzsteuer korrigiert werden. Dieser Korrekturbetrag ergibt sich aus der Differenz zwischen dem Bruttowert und dem Nettowert der Rücksendung. Dadurch ergibt sich eine **Sollbuchung** auf dem **Konto 4800 Umsatzsteuer** in Höhe dieser Differenz.

Übungsaufgabe

130 Bilden Sie zu folgenden Geschäftsvorfällen die Buchungssätze!

1. Zielverkauf von Erzeugnissen lt. AR 14/1718   14 000,00 EUR

   – 10 % Rabatt   1 400,00 EUR

          12 600,00 EUR

   + Fracht- und Verpackungspauschale   470,00 EUR

          13 070,00 EUR

   + 19 % USt   2 483,30 EUR

          15 553,30 EUR

2. Der Kunde überweist zum Ausgleich der Rechnung
   AR 14/1718 auf unser Bankkonto   15 553,30 EUR

3. Ein Kunde kauft Handelswaren bar im Wert von 890,00 EUR zuzüglich 19 % USt. Auf den Verkaufswert geben wir einen Sofortnachlass von 15 %.

4. Ein Kunde sendet einen Teil der gelieferten Erzeugnisse wegen eines Qualitätsmangels an uns zurück. Wir gewähren eine Gutschrift einschließlich 19 % USt in Höhe von 224,91 EUR.

5. Ein Kunde bringt von uns bar verkaufte Erzeugnisse zurück und erhält den Gegenwert von 85,00 EUR zuzüglich 19 % USt gutgeschrieben.

6. 6.1 Ein Kunde kauft zwei Erzeugnisse im Bruttowert von 124,95 EUR je Erzeugnis gegen Rechnung.

   6.2 Nach einigen Tagen gibt er einen Artikel zurück und bezahlt den anderen bar.

7. 7.1 Wir verkaufen Erzeugnisse im Bruttowert von 618,80 EUR auf Ziel.

   7.2 Aufgrund einer Falschlieferung sendet uns der Kunde Erzeugnisse im Bruttowert von 160,65 EUR zurück. Über den Restbetrag sendet er einen Bankscheck.

8. Banküberweisung für eine noch nicht gebuchte

Rechnung unseres Spediteurs	920,00 EUR	
+ 19 % USt	174,80 EUR	1 094,80 EUR

9.
Barkauf von Verpackungsmaterial	277,50 EUR	
+ 19 % USt	52,73 EUR	330,23 EUR

1.2.3 Preisnachlässe gegenüber Kunden

(1) Grundlagen

Neben den Preisänderungen, die sofort bei Rechnungserteilung gewährt werden, gibt es auch im Verkaufsbereich Preisnachlässe, die nach der Buchung einer Ausgangsrechnung auftreten. Es sind drei Fälle zu unterscheiden:

- Preisnachlässe aufgrund beanstandeter Mängel des Kunden (**Mängelrüge**),
- den Kunden nachträglich gewährte Rabatte (**Umsatzboni**),
- den Kunden bei vorzeitiger Zahlung gewährte Skonti (**Kundenskonti**).

(2) Ein Kunde erhält eine Gutschrift aufgrund seiner Reklamation

Beispiel:

Ausgangs-situation:	Folgende Ausgangsrechnung für auf Ziel verkaufte Erzeugnisse wurde bereits bei uns gebucht:

Warenwert der Erzeugnisse netto	30 000,00 EUR
+ 19 % USt	5 700,00 EUR
	35 700,00 EUR

Problemfall: Der Kunde reklamiert an den gelieferten Erzeugnissen Mängel und erhält daraufhin von uns einen Preisnachlass in Form einer Gutschrift in Höhe von

Wert der Erzeugnisse netto	800,00 EUR
+ 19 % USt	152,00 EUR
Kundengutschrift	952,00 EUR

Aufgaben:

1. Buchen Sie den Problemfall auf den Konten des Hauptbuches!
2. Bilden Sie den Buchungssatz für den Problemfall!

Lösungen:

Zu 1.: Buchung auf den Konten des Hauptbuches

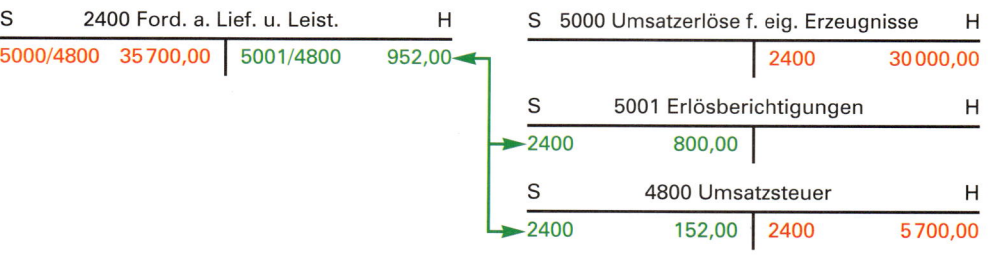

Zu 2.: Buchungssatz

Geschäftsvorfall	Konten	Soll	Haben
Wir gewähren einem Kunden eine Gutschrift aufgrund seiner Mängelrüge	5001 Erlösberichtigungen 4800 Umsatzsteuer an 2400 Ford. a. Lief. u. Leist.	800,00 152,00	952,00

(3) Ein Kunde erhält eine Umsatzrückvergütung (Bonus) in Form einer Gutschrift

Die Buchung des Kundenbonus löst auf den Konten die gleichen Wirkungen aus und führt daher zum gleichen Buchungssatz.

Geschäftsvorfall	Konten	Soll	Haben
Wir gewähren einem Kunden auf die gelieferten Erzeugnisse einen Umsatzbonus in Form einer Gutschrift 600,00 EUR zzgl. 19 % USt.	5001 Erlösberichtigungen 4800 Umsatzsteuer an 2400 Ford. a. Lief. u. Leist.	600,00 114,00	 714,00

(4) Kundenskonti

Zahlt der Kunde unter Skontoabzug, ist der Skonto auf dem Unterkonto **5001 Erlösberichtigungen** zu erfassen.

Beispiel:

Ein Kunde bezahlt eine bereits gebuchte Rechnung für die Lieferung von Fertigerzeugnissen in Höhe von	11 900,00 EUR
unter Abzug von 2 % Skonto durch Banküberweisung	238,00 EUR
Bankgutschrift	11 662,00 EUR

Aufgaben:

1. Buchen Sie den Geschäftsvorfall auf Konten!
2. Bilden Sie dazu den Buchungssatz!

Lösungen:

Zu 1.: Buchung auf den Konten

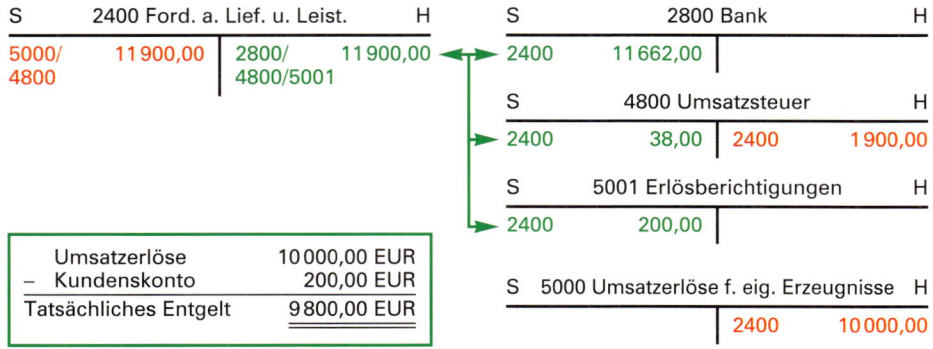

Umsatzerlöse	10 000,00 EUR
– Kundenskonto	200,00 EUR
Tatsächliches Entgelt	9 800,00 EUR

Zu 2.: Buchungssatz

Geschäftsvorfall	Konten	Soll	Haben
Ein Kunde überweist uns einen Rechnungsbetrag über 11 900,00 EUR unter Abzug von 2 % Skonto 238,00 EUR Bankgutschrift 11 662,00 EUR	2800 Bank 4800 Umsatzsteuer 5001 Erlösberichtigungen an 2400 Ford. a. L. u. L.	11 662,00 38,00 200,00	11 900,00

Zur Berechnung der Steuerberichtigung:

Der Skontoabzug in Höhe von 238,00 EUR stellt eine nachträgliche Preisminderung dar, die eine Korrektur der ursprünglich gebuchten Umsatzsteuer nach sich ziehen muss. Da der Skontobetrag vom Bruttowert der Ausgangsrechnung berechnet wurde, ist der Korrekturbetrag im Skontobetrag enthalten. Er kann wie folgt berechnet werden:

$$119\,\% \;\hat{=}\; 238,00 \;\; \text{EUR}$$
$$19\,\% \;\hat{=}\; x \;\;\;\;\;\; \text{EUR} \qquad x \;=\; \frac{238 \cdot 19}{119} \;=\; \underline{\underline{38,00 \;\; \text{EUR}}}$$

1.2.4 Abschluss des Kontos Erlösberichtigungen

Das Konto Erlösberichtigungen stellt ein Unterkonto des betreffenden Umsatzerlöskontos dar. Es wird über das betreffende Hauptkonto abgeschlossen.

Beispiel:

Summe der Erträge auf dem Konto 5000 Umsatzerlöse für eigene Erzeugnisse: 321 480,00 EUR, Summe der Erlösberichtigungen auf dem Konto 5001: 19 190,00 EUR.

Aufgaben:

1. Übernehmen Sie die angegebenen Beträge auf die entsprechenden Konten und schließen Sie die Konten ab!
2. Wie viel Euro betragen die Umsatzerlöse?

Lösungen:

Zu 1.:

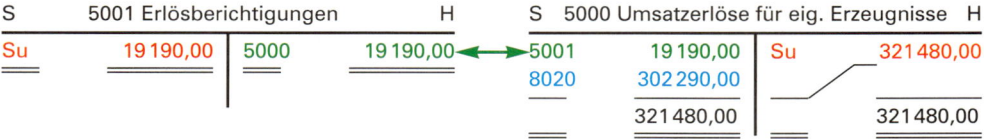

Zu 2.: Die Umsatzerlöse betragen 302 290,00 EUR.

131 Bilden Sie zu den folgenden Geschäftsvorfällen die Buchungssätze:

(**Hinweis:** Bei allen Geschäftsvorfällen ist davon auszugehen, dass die ursprüngliche Rechnung bereits bei uns gebucht war.)

1. Aufgrund seiner Reklamation erhält ein Kunde auf die gelieferten Erzeugnisse nachträglich einen Preisnachlass in Form einer Gutschrift. Gutschriftbetrag einschließlich 19% USt 476,00 EUR.

2. Ein treuer Kunde erhält durch Gutschriftanzeige den vierteljährlichen Umsatzbonus. Berechnen und buchen Sie den Bonus aufgrund folgender Daten:

   Erzielter Umsatz aus dem Verkauf von Fertigerzeugnissen einschließlich 19% USt 177 310,00 EUR.

Bonusstaffelung:	Nettoumsatz:	bis	50 000,00 EUR	Bonus:	1%
		bis	100 000,00 EUR		2%
		bis	150 000,00 EUR		3%
		über	150 000,00 EUR		4%

3. Ein Kunde schickt einen Teil unserer Erzeugnisse zurück

Nettowert	291,30 EUR	
+ 19% USt	55,35 EUR	346,65 EUR

132 **I. Richten Sie die folgenden Konten ein:**

5000 Umsatzerlöse für eigene Erzeugnisse, 5001 Erlösberichtigungen, 5100 Umsatzerlöse für Waren, 5101 Erlösberichtigungen.

II. Saldovorträge:

5000: 281 690,00 EUR, 5001: 11 570,00 EUR, 5100: 27 810,00 EUR, 5101: 3 360,00 EUR.

III. Aufgaben:

1. Übertragen Sie die Saldovorträge auf die entsprechenden Konten und schließen Sie die Unterkonten ab!

2. Stellen Sie buchhalterisch jeweils die Nettowerte der Umsatzerlöse dar!

133 Bilden Sie die Buchungssätze zu den nachfolgenden Geschäftsvorfällen!

1. 1.1 Wir verkaufen Erzeugnisse auf Ziel 4732,00 EUR zuzüglich 19% USt.

   1.2 Für die Anlieferung der Erzeugnisse stellen wir dem Kunden 130,00 EUR zuzüglich 19% USt in Rechnung.

   1.3 Aufgrund eines Qualitätsmangels sendet uns der Kunde Erzeugnisse im Wert von netto 210,00 EUR zuzüglich 19% USt zurück!

   1.4 Für die verspätete Lieferung der Erzeugnisse gewähren wir dem Kunden eine Gutschrift in Höhe von 90,00 EUR zuzüglich 19% USt.

   1.5 Am Fälligkeitstag der Rechnung bezahlt der Kunde den restlichen Rechnungsbetrag durch Banküberweisung abzüglich der vereinbarten 3% Skonto.

2. Richten Sie die Konten 5000 Umsatzerlöse für eigene Erzeugnisse und 5001 Erlösberichtigungen ein! Tragen Sie die Beträge der fünf Geschäftsvorfälle in diese Konten ein (die Gegenkonten sind anzugeben, aber nicht zu führen)! Schließen Sie die Konten ab und weisen Sie buchhalterisch den Nettowert der tatsächlichen Umsatzerlöse aus!

3. Eine noch nicht gebuchte Speditionsrechnung wird durch
   Banküberweisung beglichen.
   Rechnungsbetrag einschl. 19% USt   499,80 EUR

4. Kauf von Büromaterial bar   160,00 EUR
   + 19% USt   30,40 EUR   190,40 EUR

5. Von der bereits gebuchten Lieferung von Erzeugnissen wird der nicht bestellte Teil zurückgenommen. Nettowert 1500,00 EUR zuzüglich 19% USt.

6. Gutschrift auf gelieferte Erzeugnisse
   aufgrund einer Mängelrüge netto   2400,00 EUR
   + 19% USt   456,00 EUR   2856,00 EUR

134 Bilden Sie den Buchungssatz für den nachfolgenden Beleg aus Sicht der Gerhard Heimann KG!

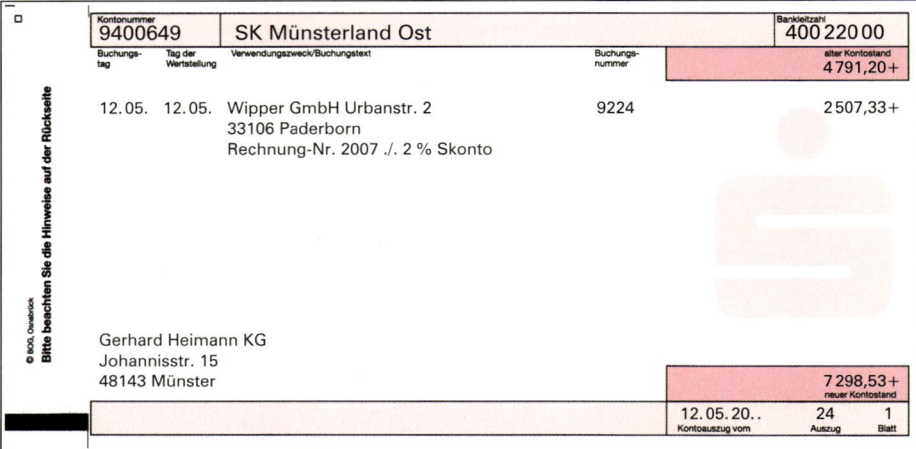

2 Einfacher Jahresabschluss einschließlich Bestandsveränderungen

2.1 Ermittlung und Buchung des Werkstoffverbrauchs

2.1.1 Werkstoffbestände

Bisher haben wir unterstellt, dass die benötigten Werkstoffe fertigungssynchron angeliefert und in der gleichen Periode vollständig verbraucht werden. Es wurde also davon
ausgegangen, dass das Unternehmen kein Werkstofflager unterhält. Dies entspricht nicht
der Realität, denn die Just-in-time-Konzeption bedeutet keineswegs, dass generell keine
Vorratshaltung betrieben wird. Vielmehr ist es unabdingbar, von jedem Werkstoff einen
Sicherheitsbestand (Mindestbestand; Eiserner Bestand) am Lager zu halten, um die Produktion bei verzögerter Anlieferung eines Werkstoffes aufrechterhalten zu können.

Die gelagerten Werkstoffe zählen zum Vermögensbestand des Unternehmens und sind daher auf **Aktivkonten** zu buchen. Es stehen folgende Konten zur Verfügung:

- **2000 Rohstoffe**
- **2020 Hilfsstoffe**
- **2030 Betriebsstoffe**

Die Konten nehmen jeweils nur den **Anfangsbestand,** den **Schlussbestand** und gegebenenfalls die Veränderung dieser Bestände **(Bestandsveränderungen)** auf, weil die Zugänge ja auf den entsprechenden Aufwandskonten erfasst werden.

Die Werkstoffbestände können sich in zwei Richtungen verändern: Sie können anwachsen **(Bestandsmehrung)** oder abgebaut werden **(Bestandsminderung).** Beide Fälle wirken sich auf die Höhe des Werkstoffverbrauchs aus.

2.1.2 Bestandsveränderungen bei Werkstoffen

2.1.2.1 Bestandsmehrungen bei Werkstoffen

In Bezug auf den Verbrauch von **Roh-, Hilfs- und Betriebsstoffen** bedeutet „periodengerechter" Aufwand nichts anderes als den tatsächlichen Verbrauch einer Abrechnungsperiode zu erfassen. Eine **Bestandsmehrung** liegt vor, wenn der Schlussbestand einer Werkstoffart höher ist als der Bestand am Anfang einer Abrechnungsperiode. Dies bedeutet, dass innerhalb dieser Periode mehr eingekauft als in der Produktion verbraucht wurde. Die nicht

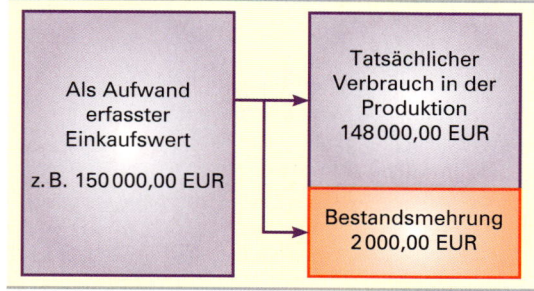

verbrauchte Menge wurde auf Lager genommen, daher die Bestandsmehrung. Die unmittelbar gebuchten Werkstoffaufwendungen geben deshalb den periodengerechten Aufwand nicht wider. Der Einkaufswert ist höher als der zu ermittelnde, periodenbezogene Verbrauch, und zwar um den Betrag der Bestandsmehrung.

Werden in einem Unternehmen die eingekauften Werkstoffe direkt als Aufwand erfasst und stellt sich bei der Inventur eine Bestandsmehrung heraus, dann ergibt sich der tatsächliche Verbrauch dadurch, dass von den direkt gebuchten Werkstoffaufwendungen der Wert der Bestandsmehrung wieder abgezogen wird (150000,00 EUR – 2000,00 EUR = 148000,00 EUR). Buchhalterisch erfolgt dies in der Weise, dass die Bestandsmehrung auf dem Werkstoffkonto in der Kontenklasse 2 auf das entsprechende Aufwandskonto in der Kontenklasse 6 umgebucht wird.

I. Anfangsbestand:

2000 Rohstoffe 4 500,00 EUR

II. Geschäftsvorfälle:

1. Einkauf von Rohstoffen auf Ziel 150 000,00 EUR zuzüglich 19 % USt
2. Verkauf von Erzeugnissen auf Ziel 280 000,00 EUR zuzüglich 19 % USt

III. Schlussbestand:

Inventurbestand an Rohstoffen 6 500,00 EUR

IV. Aufgaben:

1. Ermitteln Sie rechnerisch:
    1.1 den Verbrauch an Rohstoffen,
    1.2 den Rohgewinn.
2. Stellen Sie die Angaben des Beispiels auf Konten dar, wobei bei den Geschäftsvorfällen die Gegenkonten anzugeben, aber nicht zu führen sind![1]
3. Bilden Sie die Buchungssätze:
    3.1 für die Geschäftsvorfälle,
    3.2 für den Abschluss der Konten!

Lösungen:

Zu 1. Rechnerische Ermittlungen:

1.1 Ermittlung des Verbrauchs an Rohstoffen

Einkauf von Rohstoffen in der Geschäftsperiode	150 000,00 EUR
– Bestandsmehrung	2 000,00 EUR
= Verbrauch innerhalb der Geschäftsperiode	148 000,00 EUR

1.2 Ermittlung des Rohgewinns

Umsatzerlöse für eigene Erzeugnisse	280 000,00 EUR
– Verbrauch von Rohstoffen	148 000,00 EUR
= Rohgewinn	132 000,00 EUR

Zu 2. Darstellung auf den Konten:

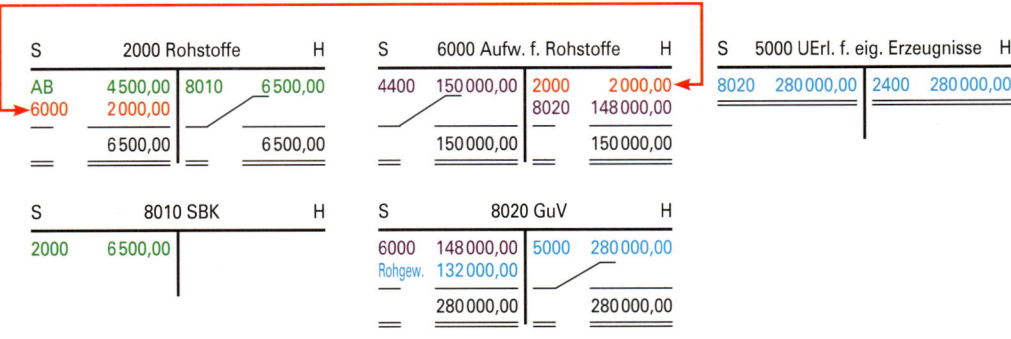

---

1 Der Übersicht wegen werden nur die Vorgänge auf den hier interessierenden Konten (2000, 5000, 6000) dargestellt. Die Gegenkonten beim Ein- bzw. Verkauf sowie die Konten Vorsteuer und Umsatzsteuer werden nicht geführt.

Zu 3. Bildung der Buchungssätze:

Geschäftsvorfälle	Konten	Soll	Haben

3.1 für die Geschäftsvorfälle:
   1. Einkauf von Rohstoffen
     auf Ziel 150 000,00 EUR zuzüg-
     lich 19 % USt
	6000 Aufw. f. Rohstoffe
	2600 Vorsteuer
	an 4400 Verbindl.a.L.u.L.
		150 000,00
		28 500,00
			178 500,00

2. Verkauf von Erzeugnissen
     auf Ziel 280 000,00 EUR zuzüg-
     lich 19 % USt
	2400 Ford.a.Lief.u.Leist.
	an 5000 UErl.f.eig.Erzeug.
	an 4800 Umsatzsteuer
		333 200,00	280 000,00
			53 200,00

3.2 für den Abschluss der Konten:
   1. Abschluss des Kontos
     2000 Rohstoffe 6 500,00 EUR
	8010 SBK
	an 2000 Rohstoffe
		6 500,00	6 500,00

2. Umbuchung der Bestands- mehrung von 2 000,00 EUR	2000 Rohstoffe an 6000 Aufw. f. Rohstoffe	2 000,00	2 000,00
3. Abschluss des Kontos 6000 Aufwend. für Rohstoffe	8020 GuV an 6000 Aufw. f. Rohstoffe	148 000,00	148 000,00
4. Abschluss des Kontos 5000 Umsatzerlöse f. eig. Erz.	5000 UErl.f.eig.Erzeug. an 8020 GuV	280 000,00	280 000,00
		948 200,00	948 200,00

Erläuterungen:

Die Erhöhung des Schlussbestandesbei den Rohstoffen bedeutet, dass ein Teil der eingekauften und als Aufwand gebuchten Rohstoffe nicht verbraucht wurde. Der zunächst gebuchte Aufwand ist um den Wert der Bestandsmehrung zu hoch. Er muss daher um den Wert der Bestandsmehrung gemindert werden.

Merke:

- Beim **aufwandsrechnerischen Verfahren** muss eine **Bestandsmehrung** bei den Werkstoffen vom als Aufwand gebuchten Einkaufswert **abgezogen** werden.

- Buchhalterisch erfolgt das durch eine entsprechende **Umbuchung der Bestandsmehrung**. Der Buchungssatz lautet:

> Bestandskonto der Klasse 2 (z.B. 2000 Rohstoffe)
>
> an Aufwandskonto der Klasse 6 (z.B. 6000 Aufwendungen f. Rohstoffe)

2.1.2.2 Bestandsminderungen bei Werkstoffen

Beispiel:

I. Anfangsbestand:

2000 Rohstoffe 3 500,00 EUR

II. Geschäftsvorfälle:

1. Einkauf von Rohstoffen auf Ziel 150 000,00 EUR zuzüglich 19 % USt
2. Verkauf von Fertigerzeugnissen auf Ziel 280 000,00 EUR zuzüglich 19 % USt

III. Schlussbestand:

Inventurbestand an Rohstoffen 2 000,00 EUR

Lösungen:

Zu 1. Rechnerische Ermittlungen:

1.1 Ermittlung des Verbrauchs an Rohstoffen

Einkauf von Rohstoffen in der Geschäftsperiode	150 000,00 EUR
+ Bestandsminderung	1 500,00 EUR
= Verbrauch innerhalb der Geschäftsperiode	151 500,00 EUR

1.2 Ermittlung des Rohgewinns

Umsatzerlöse für eigene Erzeugnisse	280 000,00 EUR
− Verbrauch von Rohstoffen	151 500,00 EUR
= Rohgewinn	128 500,00 EUR

Zu 2. Darstellung auf den Konten:

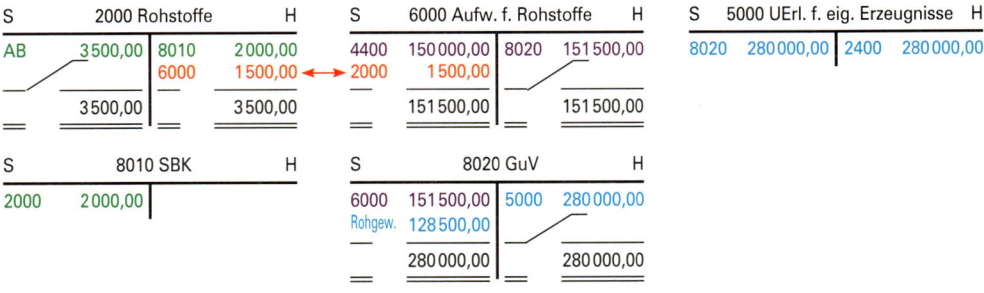

Zu 3. Bildung der Buchungssätze für den Abschluss der Konten:

Geschäftsvorfälle	Konten	Soll	Haben
3.1 Abschluss des Kontos 2000 Rohstoffe 2 000,00 EUR	8010 SBK an 2000 Rohstoffe	2 000,00	2 000,00
3.2 Umbuchung der Bestands-minderung von 1 500,00 EUR	6000 Aufw. f. Rohstoffe an 2000 Rohstoffe	1 500,00	1 500,00
3.3 Abschluss des Kontos 6000 Aufwend. für Rohstoffe	8020 GuV an 6000 Aufw.f.Rohstoffe	151 500,00	151 500,00
3.4 Abschluss des Kontos 5000 Umsatzerlöse f. eig. Erzeugnisse	5000 UErl.f.eig.Erzeug. an 8020 GuV	280 000,00	280 000,00

Erläuterungen:

Die **Minderung** des Bestandes auf dem Rohstoffkonto bedeutet, dass über den Einkauf von Rohstoffen hinaus noch **Rohstoffe vom Reservelager verbraucht wurden.** Der beim Einkauf gebuchte Aufwand ist um diesen Wert **zu niedrig.** Er muss daher um den Wert der **Bestandsminderung erhöht werden.**

Merke:

- Beim **aufwandsrechnerischen Verfahren** muss eine **Bestandsminderung** bei den Werkstoffen zu dem als Aufwand gebuchten Einkaufswert **hinzugerechnet werden.**

- Buchhalterisch erfolgt das durch eine entsprechende **Umbuchung der Bestandsminderung.** Der Buchungssatz lautet:

  Aufwandskonto der Klasse 6 (z. B. 6000 Aufwendungen f. Rohstoffe)

  an Bestandskonto der Klasse 2 (z. B. 2000 Rohstoffe)

Zusammenfassung

- Beim **Just-in-time-Verfahren** werden die Einkäufe an Werkstoffen, Vorprodukten und Handelswaren direkt auf den **entsprechenden Aufwandskonten** gebucht. Auf den jeweiligen Bestandskonten erscheinen nur der Anfangsbestand und der Schlussbestand.

- **Bestandsveränderungen,** die sich als Saldo auf dem jeweiligen Bestandskonto niederschlagen, sind auf das entsprechende **Aufwandskonto umzubuchen.**

  - **Bestandsmehrungen** bedeuten: Es wurde weniger verbraucht als eingekauft wurde. Daher muss der als Aufwand **gebuchte Einkaufswert** um die **Bestandsmehrung vermindert** werden.

    Buchungssatz: Bestandskonto der Klasse 2 an Aufwandskonto der Klasse 6

  - **Bestandsminderungen** bedeuten: Es wurde mehr verbraucht als eingekauft wurde. Daher muss der als Aufwand **gebuchte Einkaufswert** um die **Bestandsminderung erhöht werden.**

    Buchungssatz: Aufwandskonto der Klasse 6 an Bestandskonto der Klasse 2

- Schematische Darstellung des Just-in-time-Verfahrens am Beispiel der Werkstoffe:

1. Bei Bestandsmehrung

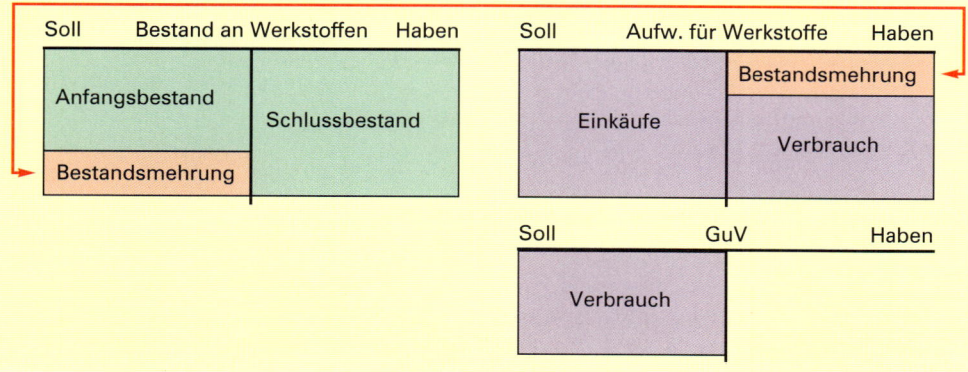

413

2. Bei Bestandsminderung

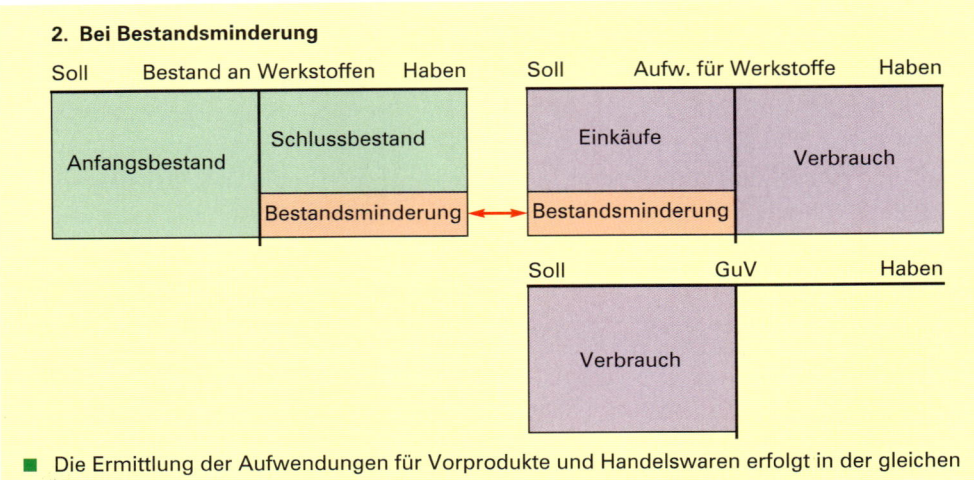

- Die Ermittlung der Aufwendungen für Vorprodukte und Handelswaren erfolgt in der gleichen Weise.

Übungsaufgaben

135 I. **Werkstoffbestände:**

	Anfangsbestände	Schlussbestände
2000 Rohstoffe	310 000,00 EUR	315 000,00 EUR
2020 Hilfsstoffe	47 700,00 EUR	45 000,00 EUR
2030 Betriebsstoffe	64 400,00 EUR	59 800,00 EUR

II. **Kontenplan:**

2000, 2020, 2030, 5000, 6000, 6020, 6030, 8010, 8020.

III. **Geschäftsvorfälle:**

1. Kauf von Rohstoffen auf Ziel 112 700,00 EUR zuzüglich 19 % USt
2. Kauf von Hilfsstoffen mit Bankscheck 33 300,00 EUR zuzüglich 19 % USt
3. Kauf von Betriebsstoffen auf Ziel 42 100,00 EUR zuzüglich 19 % USt
4. Verkauf von eigenen Erzeugnissen auf Ziel 480 000,00 EUR zuzüglich 19 % USt

(Hinweis: Die Gegenkonten sind anzugeben, aber nicht zu führen!)

IV. **Aufgaben:**

1. Ermitteln Sie rechnerisch den jeweiligen Werkstoffaufwand!
2. Ermitteln Sie rechnerisch den Rohgewinn!
3. Stellen Sie den Sachverhalt auf Konten dar!

136 Erläutern Sie folgende Sachverhalte:

1. Der Bestand an Betriebsstoffen ist um 20 000,00 EUR gestiegen.
2. Der Bestand an Rohstoffen ist um 40 000,00 EUR gesunken.
3. Der Einkauf von Hilfsstoffen ist um 10 000,00 EUR höher als der Verbrauch.
4. Warum lösen Inventurdifferenzen bei Werkstoffen keine Buchung aus?

137 Bilden Sie die Buchungssätze zu folgenden Bestandsveränderungen!

1. Bestandsminderung bei Rohstoffen um 30 510,00 EUR.

2. Bestandsmehrung bei Hilfsstoffen um 7 850,00 EUR.

3. Bestandsminderung bei Handelswaren um 18 150,00 EUR.

4. Bestandsmehrung bei Betriebsstoffen um 8 570,00 EUR.

138 I. Anfangsbestände:

2000 Rohstoffe 150 600,00 EUR, 2020 Hilfsstoffe 71 300,00 EUR, 2030 Betriebsstoffe 25 200,00 EUR, 2800 Bank 25 000,00 EUR, 3000 Eigenkapital 272 100,00 EUR.

II. Kontenplan:

2000, 2020, 2030, 2400, 2600, 2800, 3000, 4400, 4800, 5000, 6000, 6020, 6030, 8010, 8020

III. Geschäftsvorfälle:

1. Einkauf von Rohstoffen auf Ziel 40 500,00 EUR zuzüglich 19 % USt.

2. Verkauf von Erzeugnissen auf Ziel 150 500,00 EUR zuzüglich 19 % USt.

3. Einkauf von Hilfsstoffen auf Ziel 25 700,00 EUR zuzüglich 19 % USt.

4. Verkauf von Erzeugnissen gegen Bankscheck 8 500,00 EUR zuzüglich 19 % USt.

5. Einkauf von Betriebsstoffen per Bankscheck 1 250,00 EUR zuzüglich 19 % USt.

IV. Abschlussangaben:

1. Schlussbestand an Rohstoffen lt. Inventur	80 750,00 EUR
2. Schlussbestand an Hilfsstoffen lt. Inventur	90 500,00 EUR
3. Schlussbestand an Betriebsstoffen lt. Inventur	20 600,00 EUR

V. Aufgaben:

Bilden Sie zu den Geschäftsvorfällen die Buchungssätze, übertragen Sie die Buchungssätze auf die Konten und schließen Sie die Konten über die entsprechenden Abschlusskonten ab!

2.1.3 Beispiel eines einfachen Jahresabschlusses

I. Anfangsbestände:

0510 Bebaute Grundstücke 500 000,00 EUR, 2000 Rohstoffe 320 000,00 EUR, 2020 Hilfsstoffe 80 000,00 EUR, 2400 Forderungen aus Lieferungen und Leistungen 145 320,00 EUR, 2800 Bank 137 850,00 EUR, 3000 Eigenkapital 663 720,00 EUR, 4250 Langfristige Verbindlichkeiten gegenüber Kreditinstituten 400 000,00 EUR, 4400 Verbindlichkeiten aus Lieferungen und Leistungen 119 450,00 EUR.

II. Kontenplan:

0510, 2000, 2020, 2400, 2600, 2800, 3000, 4250, 4400, 4800, 5000, 5710, 6000, 6020, 6700, 7020, 7510, 8000, 8010, 8020

III. Geschäftsvorfälle:

1. Einkauf von Rohstoffen auf Ziel netto 75 000,00 EUR zuzüglich 19 % USt
2. Einkauf von Hilfsstoffen auf Ziel netto 12 500,00 EUR zuzüglich 19 % USt
3. Verkauf von Erzeugnissen auf Ziel netto 185 300,00 EUR zuzüglich 19 % USt
4. Banküberweisung der Miete für das Verwaltungsgebäude 12 000,00 EUR
5. Die Bank belastet unser Kontokorrentkonto mit den Halbjahreszinsen für das aufgenommene Bankdarlehen 16 000,00 EUR
6. Banküberweisung für die Grundsteuer 4 000,00 EUR
7. Bankgutschrift für Zinsen 1 750,00 EUR

IV. Abschlussangaben:

1. Der Schlussbestand an Rohstoffen beträgt lt. Inventur 310 000,00 EUR.
2. Der Schlussbestand der Hilfsstoffe beträgt lt. Inventur 75 000,00 EUR.
3. Die ermittelten Buchbestände stimmen mit den Inventurbeständen überein.

V. Aufgaben:

1. Bilden Sie zu den Geschäftsvorfällen die Buchungssätze!
2. Übertragen Sie anschließend die Buchungssätze auf die Konten!
3. Schließen Sie die Konten ab!
4. Stellen Sie aufgrund der Zahlen der Buchführung die Schlussbilanz und die Gewinn- und Verlustrechnung auf! Die Inventurbestände stimmen mit den Buchbeständen überein.

Lösungen:

Zu 1. Buchungssätze für die Geschäftsvorfälle:

Nr.	Konten	Soll	Haben
1.	6000 Aufwendungen für Rohstoffe	75 000,00	
	2600 Vorsteuer	14 250,00	
	an 4400 Verbindlichkeiten a. Lief. u. Leist.		89 250,00
2.	6020 Aufwendungen für Hilfsstoffe	12 500,00	
	2600 Vorsteuer	2 375,00	
	an 4400 Verbindlichkeiten a. Lief. u. Leist.		14 875,00
3.	2400 Forderungen a. Lief. u. Leist.	220 507,00	
	an 5000 Umsatzerlöse für eigene Erzeugnisse		185 300,00
	an 4800 Umsatzsteuer		35 207,00
4.	6700 Mieten, Pachten	12 000,00	
	an 2800 Bank		12 000,00
5.	7510 Zinsaufwendungen	16 000,00	
	an 2800 Bank		16 000,00
6.	7020 Grundsteuer	4 000,00	
	an 2800 Bank		4 000,00
7.	2800 Bank	1 750,00	
	an 5710 Zinserträge		1 750,00
		358 382,00	358 382,00

Zu 2. und 3. Darstellung auf den Konten des Hauptbuches:

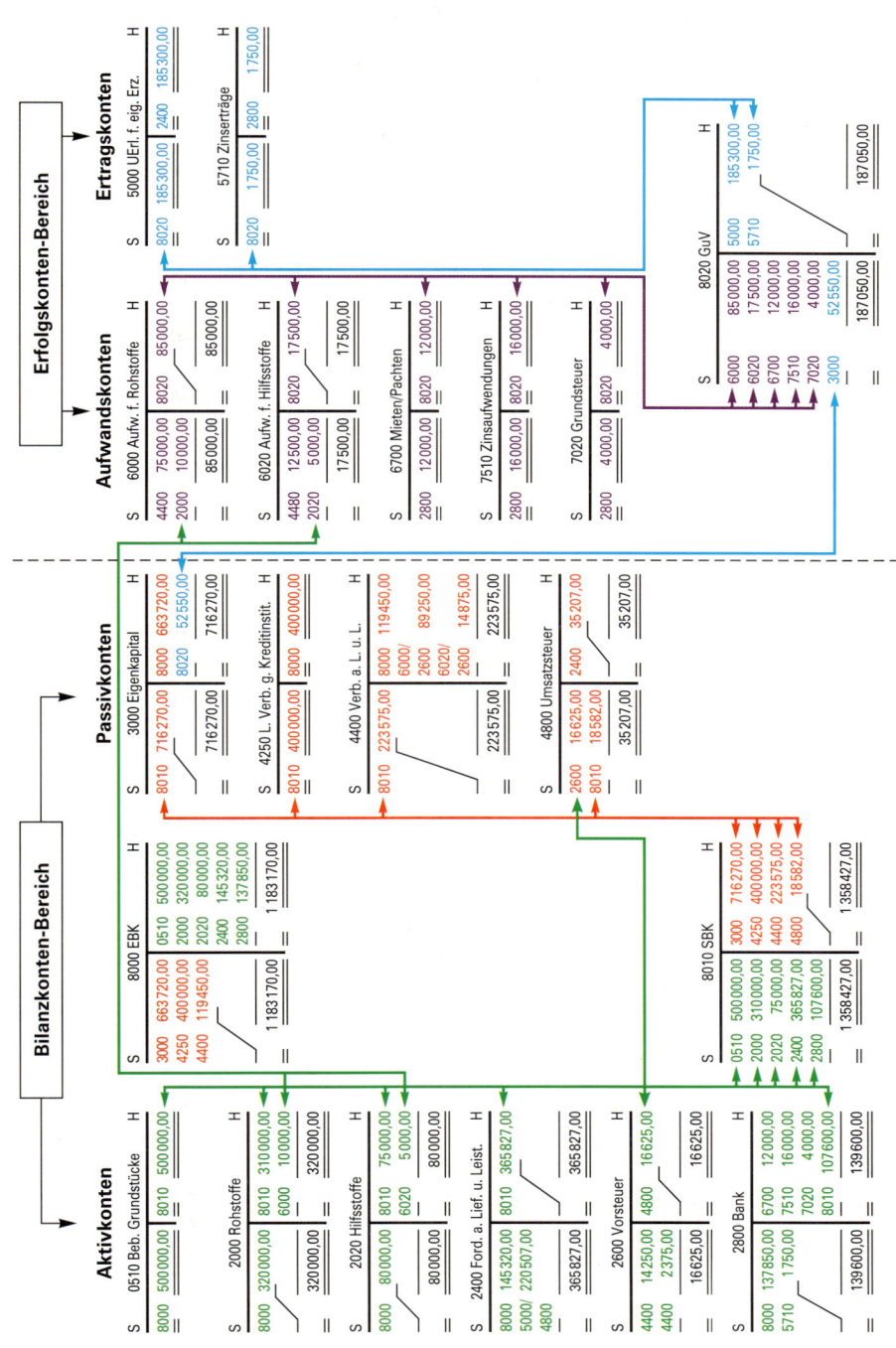

27 Speth u.a. - ISBN 978-3-8120-0465-7

Zu 4. Schlussbilanz und Gewinn- und Verlustrechnung:

Aktiva	Schlussbilanz		Passiva
I. Anlagevermögen		**I. Eigenkapital**	716 270,00
Grundstücke und Bauten	500 000,00	**II. Verbindlichkeiten**	
II. Umlaufvermögen		1. Verbindlichkeiten gegen-über Kreditinstituten	400 000,00
1. Roh-, Hilfs- und Betriebsstoffe	385 000,00	2. Verbindlichkeiten aus Lief. u. Leist.	223 575,00
2. Forderungen aus Lief. u. Leist.	365 827,00	3. Sonstige Verbindlichkeiten	18 582,00
3. Guthaben bei Kreditinstituten	107 600,00		
	1 358 427,00		1 358 427,00

Aufwendungen	Gewinn- und Verlustrechnung		Erträge
Aufwendungen für Rohstoffe	85 000,00	Umsatzerlöse	185 300,00
Aufwendungen für Hilfsstoffe	17 500,00	Zinserträge	1 750,00
Aufwendungen für Miete	12 000,00		
Zinsaufwendungen	16 000,00		
Steuern	4 000,00		
Gewinn	52 550,00		
	187 050,00		187 050,00

Übungsaufgaben

139 I. Anfangsbestände:

0700 Technische Anlagen und Maschinen 128 750,00 EUR; 2000 Rohstoffe 32 180,00 EUR; 2400 Forderungen a. Lieferungen u. Leistungen 184 710,00 EUR; 2800 Bank 32 150,00 EUR; 2880 Kasse 21 488,00 EUR; 3000 Eigenkapital 266 118,00 EUR; 4400 Verbindlichkeiten aus Lieferungen und Leistungen 121 110,00 EUR; 4800 Umsatzsteuer 12 050,00 EUR.

II. Kontenplan:

0700, 2000, 2400, 2600, 2800, 2880, 3000, 4400, 4800, 5000, 5710, 6000, 6200, 6700, 8010, 8020.

III. Geschäftsvorfälle:

1. Kauf von Rohstoffen auf Ziel 29 780,00 EUR zuzüglich 19 % USt.
2. Barzahlung von Löhnen 7 120,00 EUR.
3. Verkauf von Erzeugnissen auf Ziel 53 400,00 EUR zuzüglich 19 % USt.
4. Banküberweisung an einen Lieferanten 11 720,00 EUR.
5. Mietzahlung für das Verwaltungsgebäude durch Banküberweisung 8 490,00 EUR.
6. Zinsgutschrift der Bank 1 080,00 EUR.

IV. Abschlussangaben:

1. Der Schlussbestand an Rohstoffen lt. Inventur beträgt 40 180,00 EUR.
2. Die Zahllast ist zu passivieren.

V. Aufgaben:

1. Bilden Sie zu den Geschäftsvorfällen die Buchungssätze!
2. Übertragen Sie die Buchungssätze auf die Konten!
3. Schließen Sie die Konten über die entsprechenden Abschlusskonten ab!
4. Stellen Sie aufgrund der Zahlen der Buchführung die Schlussbilanz und die Gewinn- und Verlustrechnung auf!

140 I. Anfangsbestände:

0700 Technische Anlagen und Maschinen 375 000,00 EUR, 0860 Geschäftsausst. 75 000,00 EUR, 2000 Rohstoffe 21 000,00 EUR, 2030 Betriebsstoffe 12 000,00 EUR, 2400 Ford. a. L. u. L. 95 000,00 EUR, 2800 Bank 15 000,00 EUR, 2880 Kasse 3 000,00 EUR, 3000 Eigenkapital 516 200,00 EUR, 4400 Verb. a. L. u. L. 79 800,00 EUR

II. Kontenplan:

0700, 0860, 2000, 2030, 2400, 2600, 2800, 2880, 3000, 4400, 4800, 5000, 6000, 6030, 6050, 6200, 8010, 8020

III. Geschäftsvorfälle:

1. Kauf von Rohstoffen auf Ziel, netto 24 500,00 EUR zuzüglich 19 % USt.
2. Verkauf von Erzeugnissen auf Ziel 58 000,00 EUR zuzüglich 19 % USt.
3. Barzahlung der Ausbildungsvergütung an einen gewerbl. Auszubildenden 520,00 EUR.
4. Banküberweisung an einen Lieferer 3 120,00 EUR.
5. Barverkauf von Erzeugnissen 34 100,00 EUR zuzüglich 19 % USt.
6. Begleichung der Benzinrechnung durch Bankscheck, brutto 737,80 EUR.
7. Barkauf einer Bohrmaschine 11 000,00 EUR zuzüglich 19 % USt.
8. Einkauf von Betriebsstoffen auf Ziel 6 100,00 EUR zuzüglich 19 % USt.
9. Einkauf von Rohstoffen auf Ziel 14 500,00 EUR zuzüglich 19 % USt.

IV. Abschlussangaben:

1. Schlussbestand an Rohstoffen 30 000,00 EUR.
2. Schlussbestand an Betriebsstoffen 9 000,00 EUR.

V. Aufgaben:

1. Bilden Sie zu den Geschäftsvorfällen die Buchungssätze!
2. Übertragen Sie die Buchungssätze auf die Konten!
3. Schließen Sie die Konten über die entsprechenden Abschlusskonten ab!
4. Stellen Sie aufgrund der Zahlen der Buchführung die Schlussbilanz und die Gewinn- und Verlustrechnung auf!

2.2 Bestandsveränderungen bei fertigen und unfertigen Erzeugnissen

2.2.1 Bestandsveränderungen bei fertigen Erzeugnissen

2.2.1.1 Problemstellung

Sofern es sich um Bestandsveränderungen bei Werkstoffen handelt, wurden diese bereits im Kapitel 2.1.2, S. 409 ff. behandelt. Bei den hier zu behandelnden Bestandsveränderungen kann es sich daher nur um Bestandsveränderungen an fertigen und unfertigen Erzeugnissen handeln.

In einem Industriebetrieb müssen die angebotenen Erzeugnisse zunächst im Produktionsprozess hergestellt werden. Die Herstellung dieser Erzeugnisse verursacht Aufwendungen an Werkstoffen und Arbeitsleistungen, die sich in den Herstellungskosten dieser Güter niederschlagen.

Bisher sind wir stillschweigend davon ausgegangen, dass die innerhalb der Geschäftsperiode hergestellten Güter auch in derselben Geschäftsperiode verkauft wurden. Es wurden also nicht mehr und nicht weniger Güter hergestellt als verkauft wurden. Nur bei dieser unrealistischen Unterstellung kann aus den für die Produktion angefallenen Aufwendungen (Kosten) und den durch den Verkauf dieser Güter erzielten Erträgen (Verkaufserlöse; Leistungen) ein sinnvolles Ergebnis ermittelt werden. Stimmt aber – wie in der Realität üblich – die hergestellte Menge der Erzeugnisse mit der verkauften Menge nicht überein, müssen die Bestandsveränderungen der fertigen Erzeugnisse in die Ergebnisermittlung einbezogen werden.

Nur wenn man diese Bestandsveränderungen in die Ergebnisermittlung einbezieht, kann ein sinnvolles Ergebnis ermittelt werden.

Merke:

- Stimmt die hergestellte Menge der Erzeugnisse mit der verkauften Menge nicht überein, müssen die Bestandsveränderungen der fertigen Erzeugnisse in die Ergebnisermittlung einbezogen werden.
- Die Menge an Erzeugnissen auf der Aufwands- und Ertragsseite müssen sich entsprechen.

2.2.1.2 Buchung von Bestandsveränderungen bei fertigen Erzeugnissen

Beispiel:

I. Ausgangssituation:
In einem Industriebetrieb werden Kühlschränke einer bestimmten Art und Qualität hergestellt. Die Herstellungskosten eines Kühlschrankes betragen 1700,00 EUR. Davon entfallen 700,00 EUR auf Werkstoffkosten (500,00 EUR Rohstoffe, 200,00 EUR Hilfsstoffe) und 1000,00 EUR auf Fertigungslöhne. Der Nettoverkaufspreis eines Kühlschranks beträgt 2000,00 EUR.

II. Anfangsbestände:
2800 Bank 175000,00 EUR, 3000 Eigenkapital 175000,00 EUR.

(1) Fall 1: Keine Bestandsveränderung (die Menge der hergestellten und verkauften Erzeugnisse ist gleich)

Hinweis:

Um einen besseren Zugang in die schwierigen Gedankengänge bei Bestandsveränderungen an fertigen Erzeugnissen zu finden, gehen wir im ersten Fall von der unrealistischen Annahme aus, dass die innerhalb der Geschäftsperiode hergestellte und verkaufte Menge übereinstimmt. Erst danach wird als zweiter Fall eine Bestandsmehrung und als dritter Fall eine Bestandsminderung behandelt.

III. 1. Beispiel (Fortführung der Ausgangssituation):

Innerhalb der Geschäftsperiode werden 100 Kühlschränke hergestellt, die auch in der gleichen Geschäftsperiode verkauft werden. Das führt zu folgenden Geschäftsvorfällen mit den entsprechenden Buchungssätzen:

IV. Geschäftsvorfälle:	Konten	Soll	Haben
1. Kauf von Rohstoffen 50 000,00 EUR zuzügl. 19 % USt gegen Bankscheck.	6000 Aufw. f. Rohstoffe 2600 Vorsteuer an 2800 Bank	50 000,00 9 500,00	 59 500,00
2. Kauf von Hilfsstoffen 20 000,00 EUR zuzügl. 19 % USt gegen Bankscheck.	6020 Aufw. f. Hilfsstoffe 2600 Vorsteuer an 2800 Bank	20 000,00 3 800,00	 23 800,00
3. Banküberweisung für Fertigungslöhne 100 000,00 EUR.	6200 Löhne an 2800 Bank	100 000,00	 100 000,00
4. Verkauf der 100 hergestellten Kühlschränke zum Stückpreis von netto 2 000,00 EUR gegen Bankscheck: Nettowert 200 000,00 EUR + 19 % USt 38 000,00 EUR Bruttowert 238 000,00 EUR	2800 Bank an 5000 UE f. eig. Erz. an 4800 Umsatzsteuer	238 000,00	 200 000,00 38 000,00
		421 300,00	421 300,00

V. Abschlussangaben:

1. Lt. Inventur ist kein Schlussbestand an Fertigerzeugnissen vorhanden.
2. Die Umsatzsteuer ist zu passivieren.

VI. Aufgaben:

1. Richten Sie die erforderlichen Konten ein und tragen Sie die angegebenen Anfangsbestände darauf vor!
2. Buchen Sie die vier Geschäftsvorfälle auf den entsprechenden Konten!
3. Richten Sie die beiden Abschlusskonten ein und schließen Sie die Konten ab!
4. Geben Sie das buchhalterische Ergebnis der Geschäftsperiode an und bestätigen Sie die Richtigkeit des Ergebnisses durch eine Berechnung außerhalb der Buchführung!

Lösungen:

Zu 1. bis 3.: Buchung auf den Konten

S	2600 Vorsteuer	H
2800 9500,00	4800 13300,00	
2800 3800,00		
13300,00	13300,00	

S	3000 Eigenkapital	H
8010 205000,00	8000 175000,00	
	8020 30000,00	
205000,00	205000,00	

S	6000 Aufw. f. Rohstoffe	H
2800 50000,00	8020 50000,00	

S	2800 Bank	H
8000 175000,00	6000/2600 59500,00	
5000/ 238000,00	6020/2600 23800,00	
4800	6200 100000,00	
	8010 229700,00	
413000,00	413000,00	

S	4800 Umsatzsteuer	H
2600 13300,00	2800 38000,00	
8010 24700,00		
38000,00	38000,00	

S	6020 Aufw. f. Hilfsstoffe	H
2800 20000,00	8020 20000,00	

S	6200 Löhne	H
2800 100000,00	8020 100000,00	

S	5000 UE f. eig. Erz.	H
8020 200000,00	2800 200000,00	

S	8010 SBK	H
2800 229700,00	3000 205000,00	
	4800 24700,00	
229700,00	229700,00	

S	8020 GuV	H
6000 50000,00	5000 200000,00	
6020 20000,00		
6200 100000,00		
3000 30000,00		
200000,00	200000,00	

Zu 4.: Berechnung des Gesamtgewinns

Auf dem GuV-Konto wird ein Ergebnis (Gewinn) von 30000,00 EUR ausgewiesen. Das wird durch folgende Berechnung außerhalb der Buchführung bestätigt:

	Verkaufserlös je Stück	2000,00 EUR
−	Herstellungskosten je Stück	1700,00 EUR
	Stückgewinn:	300,00 EUR
	Gesamtgewinn: 300 · 100 =	30000,00 EUR

(2) Fall 2: Bestandsmehrungen

Beispiel:

III. 2. Sachverhalt (Fortführung der Ausgangssituation von Seite 420):

Unter den gleichen Bedingungen werden innerhalb der Geschäftsperiode wiederum 100 Kühlschränke hergestellt, aber nur 60 Stück verkauft. Daher ergeben sich folgende Geschäftsvorfälle mit den entsprechenden Buchungssätzen:

IV. Geschäftsvorfälle:	Konten	Soll	Haben
1. Kauf von Rohstoffen 50000,00 EUR zzgl. 19 % USt gegen Bankscheck.	6000 Aufw. für Rohstoffe 2600 Vorsteuer an 2800 Bank	50000,00 9500,00	 59500,00
2. Kauf von Hilfsstoffen 20000,00 EUR zzgl. 19 % USt gegen Bankscheck.	6020 Aufw. für Hilfsstoffe 2600 Vorsteuer an 2800 Bank	20000,00 3800,00	 23800,00
3. Banküberweisung für Fertigungslöhne 100000,00 EUR.	6200 Löhne an 2800 Bank	100000,00	 100000,00

Geschäftsvorfälle:	Konten	Soll	Haben
4. Verkauf der 60 hergestellten Kühlschränke zum Stückpreis von netto 2 000,00 EUR gegen Bankscheck Nettowert 120 000,00 EUR + 19 % USt 22 800,00 EUR Bruttowert 142 800,00 EUR	2800 Bank an 5000 UE f. eig. Erz. an 4800 Umsatzsteuer	142 800,00	120 000,00 22 800,00
		326 100,00	326 100,00

V. Abschlussangaben:

1. Der Schlussbestand an Fertigerzeugnissen beträgt lt. Inventur 40 Stück zu Herstellungskosten von 1 700,00 EUR je Stück = 68 000,00 EUR.
2. Die Umsatzsteuer ist zu passivieren!

VI. Aufgaben:

1. Richten Sie die erforderlichen Konten ein und tragen Sie die angegebenen Anfangsbestände darauf vor!
2. Buchen Sie die vier Geschäftsvorfälle auf den entsprechenden Konten!
3. Richten Sie die beiden Abschlusskonten ein und schließen Sie die Konten ab!
4. Bilden Sie zu den drei Schritten zur Erfassung der Bestandsmehrung die erforderlichen Buchungssätze!
5. Bestätigen Sie das buchhalterische Ergebnis durch eine Berechnung außerhalb der Buchführung!

Lösungen:

Zu 1. bis 3.: Buchung auf den Konten

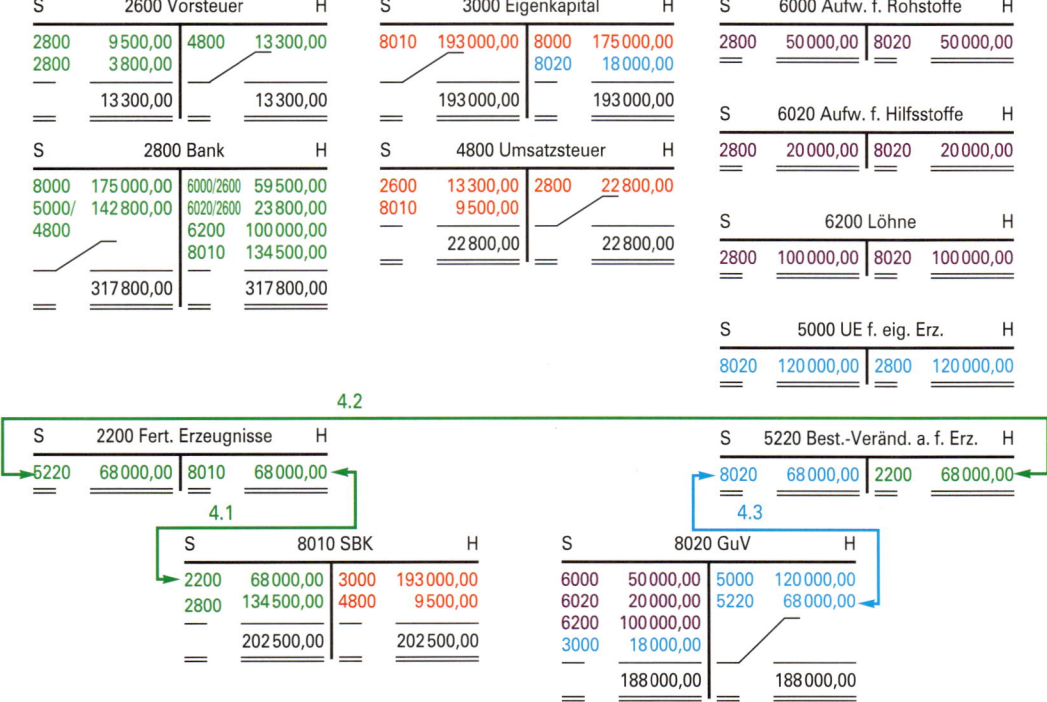

Zu 4.: Buchungssätze

Geschäftsvorfälle	Konten	Soll	Haben
4.1 Buchung des Schlussbestandes der 40 Kühlschränke zu den Herstellungskosten in Höhe von 1 700,00 EUR je Stück = 68 000,00 EUR.	8010 SBK an 2200 Fertige Erzeugnisse	68 000,00	68 000,00
4.2 Umbuchung der Bestandsmehrung auf das Bestandsveränderungskonto 68 000,00 EUR.	2200 Fertige Erzeugnisse an 5220 B.-Veränd. a. f. Erz.	68 000,00	68 000,00
4.3 Abschluss des Kontos 5220 über das GuV-Konto.	5220 B.-Veränd. a. f. Erz. an 8020 GuV	68 000,00	68 000,00

Zu 5.: Bestätigung des buchhalterischen Ergebnisses durch folgende Berechnung

Verkaufserlöse	60 Stück zu je	2 000,00 EUR =	120 000,00 EUR
+ Bestandsmehrung	40 Stück zu je	1 700,00 EUR =	68 000,00 EUR
Leistungen des Betriebes			188 000,00 EUR
− Kosten für 100 Stück zu je 1 700,00 EUR			170 000,00 EUR
Gewinn			18 000,00 EUR

Erläuterungen zur Buchung des Falles der Bestandsmehrung:

Da 100 Kühlschränke hergestellt wurden, aber nur 60 Stück verkauft werden konnten, verbleiben 40 Kühlschränke als Lagerbestand. Es leuchtet ein, dass den Verkaufserlösen von 60 Stück (60 · 2 000,00 EUR = 120 000,00 EUR) nicht die Herstellungskosten für 100 Stück (100 · 1 700,00 EUR = 170 000,00 EUR) gegenübergestellt werden können. Dabei würde sich ein Verlust von 50 000,00 EUR ergeben. Bei einem Stückgewinn von 300,00 EUR und einer Verkaufsmenge von 60 Stück muss sich aber ein Gewinn von 18 000,00 EUR ergeben. Dieser Gewinn muss sich auch in der Buchführung als Saldo auf dem Gewinn- und Verlustkonto darstellen.

Da am Anfang keine fertigen Erzeugnisse vorhanden waren, am Ende der Geschäftsperiode jedoch 40 Kühlschränke im Lager verblieben, bedeutet das eine Bestandsmehrung von 40 Kühlschränken. Die Herstellungskosten hierfür betragen: 40 · 1 700,00 EUR = 68 000,00 EUR. Um diesen Wert der Bestandsmehrung müssen wir daher die Ertragsseite (Verkaufserlöse) erhöhen.

Die **Summe aus Verkaufserlösen und dem Wert der Bestandsmehrung** wird auch als **Leistung** des Betriebes bezeichnet. Dieser Leistung des Betriebs sind die durch die Produktion innerhalb der Geschäftsperiode entstandenen **Aufwendungen (Kosten)** gegenüberzustellen. Auf beiden Seiten liegen dann gleiche Mengen zugrunde. Auf der Ertragsseite haben wir die Verkaufserlöse von 60 Kühlschränken und die Herstellungskosten von 40 Kühlschränken. Auf der Aufwandsseite haben wir die Aufwendungen von 100 Kühlschränken.

Merke:

■ Da am Ende der Geschäftsperiode unverkaufte Fertigfabrikate vorhanden sind, muss das Bestandskonto **2200 Fertige Erzeugnisse** eingerichtet werden.

■ Das Aktivkonto 2200 Fertige Erzeugnisse wird über das Schlussbilanzkonto abgeschlossen.

■ Die Mengen der Erzeugnisse auf der Aufwands- und Ertragsseite innerhalb einer Geschäftsperiode müssen sich entsprechen.

■ Ist der Wert des **Schlussbestandes** an Erzeugnissen **höher** als der **Anfangsbestand** an Erzeugnissen, liegt eine **Bestandsmehrung** vor.

- Bei der Bestandsmehrung ist die **Herstellmenge** in einer Rechnungsperiode **größer als** die **Absatzmenge.**
- Für die Bestandsmehrung benötigen wir ein Erfolgskonto, das diesen Wert aufnimmt. Dieses Konto finden wir in der Kontenklasse 5 unter der Bezeichnung **5220 Bestandsveränderungen an fertigen Erzeugnissen.**
- Die **Bestandsmehrung**, die sich als Saldo auf dem Bestandskonto 2200 ergibt, ist daher auf das Ertragskonto 5220 umzubuchen und „wandert" von dort auf die **Habenseite des Gewinn- und Verlustkontos.**
- **Bestandsmehrungen** werden rechnerisch zu den **Erlösen** für die in der Rechnungsperiode verkauften Erzeugnisse **hinzuaddiert.**

Soll	8020 GuV-Konto	Haben
Aufwendungen für die hergestellten Erzeugnisse der Rechnungsperiode	Erlöse für die verkauften Erzeugnisse der Rechnungsperiode + Bestandsmehrung (Wert der in der Rechnungsperiode hergestellten, aber noch nicht verkauften Erzeugnisse zu Herstellkosten)	

Übungsaufgabe

141 **I. Anfangsbestände:**

2200 Fertige Erzeugnisse 17 000,00 EUR, 2800 Bank 396 000,00 EUR, 3000 Eigenkapital 362 000,00 EUR, 4800 Umsatzsteuer 51 000,00 EUR.

II. Kontenplan:

2200, 2400, 2600, 2800, 3000, 4800, 5000, 5220, 6000, 6020, 6200, 8010, 8020.

III. Geschäftsvorfälle:

1. Einkauf von Rohstoffen durch Banküberweisung	135 000,00 EUR	
+ 19 % Umsatzsteuer	25 650,00 EUR	160 650,00 EUR
2. Verkauf von fertigen Erzeugnissen auf Ziel	270 000,00 EUR	
+ 19 % Umsatzsteuer	51 300,00 EUR	321 300,00 EUR
3. Einkauf von Hilfsstoffen durch Banküberweisung	39 000,00 EUR	
+ 19 % Umsatzsteuer	7 410,00 EUR	46 410,00 EUR
4. Banküberweisung für Fertigungslöhne		120 000,00 EUR

IV. Abschlussangaben:

1. Der Schlussbestand an fertigen Erzeugnissen beträgt lt. Inventur 22 500,00 EUR.
2. Die Zahllast ist zu passivieren.

V. Aufgaben:

1. Richten Sie die erforderlichen Konten ein und tragen Sie die Anfangsbestände darauf vor!
2. Bilden Sie zu den Geschäftsvorfällen die Buchungssätze und übertragen Sie die Buchungen auf die Konten des Hauptbuches!
3. Ermitteln Sie durch Abschluss der Konten das Ergebnis der Geschäftsperiode!
4. Bilden Sie für die Erfassung der Bestandsveränderungen an fertigen Erzeugnissen die drei erforderlichen Buchungssätze!

(3) Fall 3: Bestandsminderung

Beispiel:

III. 3. Sachverhalt (Fortführung der Ausgangssituation von Seite 420 unter Berücksichtigung der Änderungen durch Fall 2 von S. 422):

Es ergeben sich folgende Änderungen: Den Schlussbestand der 40 Kühlschränke im Wert von 68 000,00 EUR aus Fall 2 übernehmen wir als Anfangsbestand für Fall 3. Dadurch erhöht sich das Eigenkapital um diesen Wert auf jetzt 243 000,00 EUR. Die übrigen Anfangsbestände bleiben unverändert.

Innerhalb der Geschäftsperiode werden wiederum 100 Kühlschränke hergestellt, aber 120 Stück verkauft. Dadurch ergeben sich folgende Geschäftsvorfälle mit den entsprechenden Buchungssätzen:

IV. Geschäftsvorfälle:	Konten	Soll	Haben
1. Kauf von Rohstoffen 50 000,00 EUR zzgl. 19 % USt gegen Bankscheck.	6000 Aufw. für Rohstoffe 2600 Vorsteuer an 2800 Bank	50 000,00 9 500,00	 59 500,00
2. Kauf von Hilfsstoffen 20 000,00 EUR zzgl. 19 % USt gegen Bankscheck.	6020 Aufw. für Hilfsstoffe 2600 Vorsteuer an 2800 Bank	20 000,00 3 800,00	 23 800,00
3. Banküberweisung für Fertigungslöhne 100 000,00 EUR.	6200 Löhne an 2800 Bank	100 000,00	 100 000,00
4. Verkauf der 120 hergestellten Kühlschränke zum Stückpreis von netto 2 000,00 EUR gegen Bankscheck: Nettowert 240 000,00 EUR + 19 % USt 45 600,00 EUR Bruttowert 285 600,00 EUR	2800 Bank an 5000 UE f. eig. Erz. an 4800 Umsatzsteuer	285 600,00	 240 000,00 45 600,00
		468 900,00	468 900,00

V. Abschlussangaben:

1. Der Schlussbestand an Fertigerzeugnissen beträgt lt. Inventur 20 Stück zu Herstellungskosten von 1 700,00 EUR je Stück = 34 000,00 EUR.
2. Die Zahllast ist zu passivieren!

VI. Aufgaben:

1. Richten Sie die erforderlichen Konten ein und tragen Sie die angegebenen Anfangsbestände darauf vor!
2. Buchen Sie die vier Geschäftsvorfälle auf den entsprechenden Konten!
3. Richten Sie die beiden Abschlusskonten ein und schließen Sie die Konten ab!
4. Bilden Sie zu den drei Schritten zur Erfassung der Bestandsminderung die erforderlichen Buchungssätze!
5. Bestätigen Sie das buchhalterische Ergebnis durch eine Berechnung außerhalb der Buchführung!

Lösungen:

Zu 1. bis 3.: Buchung auf den Konten

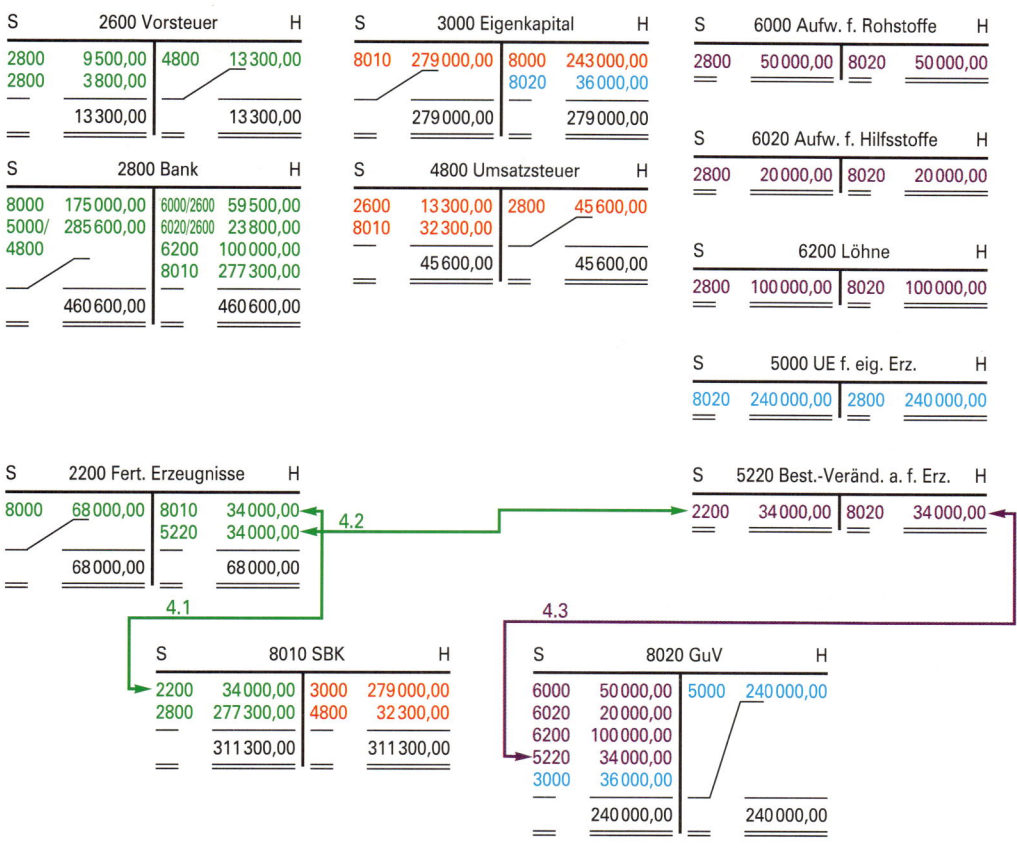

Zu 4.: Buchungssätze

Geschäftsvorfälle	Konten	Soll	Haben
4.1 Buchung des Schlussbestandes der noch vorhandenen Kühlschränke: 20 zu je 1 700,00 EUR = 34 000,00 EUR.	8010 SBK an 2200 Fertige Erzeugnisse	34 000,00	34 000,00
4.2 Umbuchung der Bestandsminderung von 34 000,00 EUR vom Konto 2200 auf das Konto 5220.	5220 B.-Veränd. a. f. Erz. an 2200 Fertige Erzeugnisse	34 000,00	34 000,00
4.3 Abschluss des Kontos 5220 über das GuV-Konto.	8020 GuV an 5220 B.-Veränd. a. f. Erz.	34 000,00	34 000,00

Zu 5.: Bestätigung des buchhalterischen Ergebnisses durch folgende Berechnung

Verkaufserlöse	120 Stück zu je 2 000,00 EUR =	240 000,00 EUR
– Bestandsminderung	20 Stück zu je 1 700,00 EUR =	34 000,00 EUR
Leistungen des Betriebes in dieser Geschäftsperiode		206 000,00 EUR
– Kosten für 100 Stück zu je 1 700,00 EUR		170 000,00 EUR
Gewinn		36 000,00 EUR

Dieses Ergebnis wird auch durch folgende Überlegung bestätigt:

Bei einem Stückgewinn von 300,00 EUR und einer Verkaufsmenge von 120 Stück muss das zu einem Gewinn von 120 · 300,00 EUR = 36 000,00 EUR führen, der sich auch in unserer Buchführung als Saldo auf dem GuV-Konto darstellen muss.

Erläuterungen zur Buchung der Bestandsminderungen:

In diesem Fall wurden in der Geschäftsperiode mehr Kühlschränke verkauft, als in der gleichen Geschäftsperiode hergestellt wurden. Das war nur möglich, weil zu Beginn der Geschäftsperiode noch ein Lagerbestand von 40 Stück vorhanden war.

Da ein sinnvolles Ergebnis nur auf der Grundlage gleicher Mengen auf der Aufwands- und auf der Ertragsseite erzielt werden kann, müssen wir den Erlösen von 120 Stück auch die Aufwendungen von 120 Stück gegenüberstellen, d. h., wir müssen die Herstellkosten der 100 Stück um die Herstellkosten der Bestandsminderung um 20 Stück erhöhen. Dies kann buchhalterisch nur über die Sollseite des GuV-Kontos erfolgen.

> **Merke:**
>
> - Die **Mengen an Erzeugnissen auf der Aufwands- und auf der Ertragsseite** innerhalb einer Geschäftsperiode **müssen sich entsprechen**.
> - Ist der Wert des **Schlussbestandes** an Erzeugnissen **niedriger** als der **Anfangsbestand** an Erzeugnissen, liegt eine **Bestandsminderung** vor.
> - Bei der Bestandsminderung ist die **Herstellmenge** in einer Geschäftsperiode (Abrechnungsperiode) **kleiner als** die **Absatzmenge**.
> - **Bestandsminderungen** werden rechnerisch zu den Aufwendungen für die hergestellten Erzeugnisse hinzuaddiert und auf der **Sollseite** des **GuV-Kontos** erfasst.
>
> | Soll | 8020 GuV-Konto | Haben |
> |---|---|---|
> | Aufwendungen für die hergestellten Erzeugnisse der Rechnungsperiode
+ Bestandsminderungen
(Dadurch werden die Aufwendungen der Rechnungsperiode an die in dieser Zeit erzielten Erlöse angepasst.) | Erlöse für die verkauften Erzeugnisse der Rechnungsperiode | |

142 **I. Anfangsbestände:**

2200 Fertige Erzeugnisse 51000,00 EUR, 2800 Bank 155000,00 EUR, 3000 Eigenkapital 206000,00 EUR.

II. Kontenplan:

2200, 2600, 2800, 3000, 4800, 5000, 5220, 6000, 6020, 6200, 8010, 8020.

III. Geschäftsvorfälle:

1. Kauf von Rohstoffen gegen Bankscheck 75000,00 EUR zuzüglich 19 % USt
2. Kauf von Hilfsstoffen gegen Bankscheck 30000,00 EUR zuzüglich 19 % USt
3. Verkauf von fertigen Erzeugnissen gegen Bankscheck 340000,00 EUR zuzüglich 19 % Umsatzsteuer
4. Banküberweisung für Fertigungslöhne 150000,00 EUR

IV. Abschlussangaben:

1. Der Schlussbestand an fertigen Erzeugnissen beträgt lt. Inventur 17000,00 EUR.
2. Die Umsatzsteuer ist zu passivieren!

V. Aufgaben:

1. Richten Sie die erforderlichen Konten ein und tragen Sie die Anfangsbestände darauf vor!
2. Bilden Sie zu den Geschäftsvorfällen die Buchungssätze nach dem verbrauchsorientierten Verfahren und übertragen Sie die Buchungen auf die Konten des Hauptbuches!
3. Ermitteln Sie durch Abschluss der Konten das Ergebnis der Geschäftsperiode!
4. Bilden Sie für die Erfassung der Bestandsveränderungen an fertigen Erzeugnissen die drei erforderlichen Buchungssätze!

2.2.2 Bestandsveränderungen bei unfertigen Erzeugnissen

Die Herstellung von Gütern verläuft über mehrere Produktionsstufen. Güter, die ihre endgültige Verkaufsreife noch nicht erreicht haben, bezeichnet man als **unfertige Erzeugnisse.** Bestandsveränderungen bei unfertigen Erzeugnissen haben in der Buchführung die gleichen Auswirkungen wie die Bestandsveränderungen an fertigen Erzeugnissen. Das bedeutet, dass **Bestandsmehrungen** auf der **Habenseite des GuV-Kontos** und **Bestandsminderungen** auf der **Sollseite des GuV-Kontos** erscheinen müssen.

Beispiel:

I. Sachverhalt:

Zu Beginn der Geschäftsperiode sind keine Bestände an fertigen und unfertigen Erzeugnissen vorhanden. Innerhalb der Geschäftsperiode wurden unter den uns bekannten Bedingungen 100 Kühlschränke hergestellt, die auch in dieser Geschäftsperiode verkauft wurden.

Des Weiteren nehmen wir an, dass 20 Kühlschränke ihre Endstufe noch nicht erreicht haben und als unfertige Erzeugnisse gelagert werden. Diese unfertigen Erzeugnisse sollen Herstellungsaufwendungen in Höhe von 300,00 EUR an Werkstoffen und 700,00 EUR an Fertigungslöhnen je Stück verursacht haben. Der Schlussbestand an unfertigen Erzeugnissen beträgt damit 20000,00 EUR.

Lösungen:

Zu 1.: Buchung auf den Konten

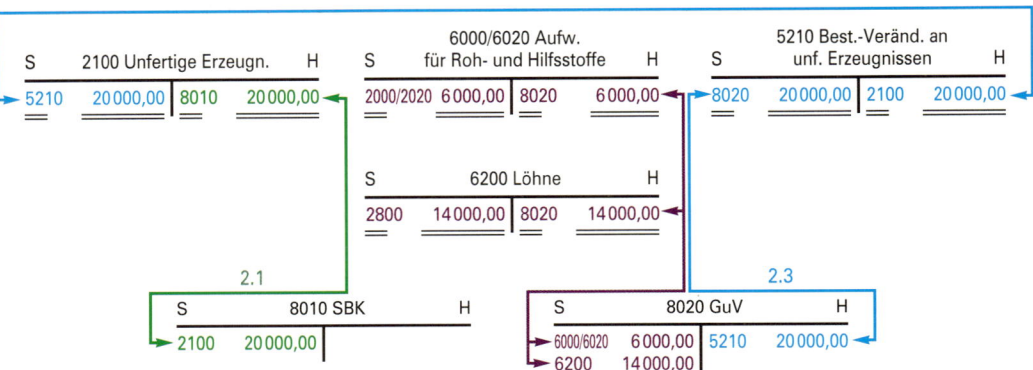

Zu 2.: Buchungssätze

Geschäftsvorfälle	Konten	Soll	Haben
2.1 Erfassung des Schlussbestandes der unfertigen Erzeugnisse mit den Herstellungsaufwendungen in Höhe von 20 000,00 EUR.	8010 SBK an 2100 Unfertige Erzeugn.	20 000,00	20 000,00
2.2 Umbuchung der Bestandsmehrung an unfertigen Erzeugnissen von dem Bestandskonto 2100 auf das Ertragskonto 5210.	2100 Unfertige Erzeugnisse an 5210 Be.-Veränd.a.unf.Erz.	20 000,00	20 000,00
2.3 Abschluss des Kontos 5210.	5210 Be.-Veränd.a.unf.Erz. an 8020 GuV	20 000,00	20 000,00

Übungsaufgabe

143 Zu Beginn der Geschäftsperiode befinden sich 20 Stück unfertige Erzeugnisse im Wert von 20 000,00 EUR auf dem Lager. Am Ende der Geschäftsperiode sind nur noch 5 Stück im Wert von 5 000,00 EUR vorhanden.

Aufgaben:

1. Richten Sie die Konten 2100 Unfertige Erzeugnisse, 5210 Bestandsveränderungen an unfertigen Erzeugnissen sowie die Konten 8010 SBK und 8020 GuV ein!

2. Tragen Sie den Anfangsbestand an unfertigen Erzeugnissen auf dem Konto 2100 vor!

3. Stellen Sie die Auswirkungen der Bestandsminderung auf den Konten dar und bilden Sie dazu die entsprechenden Buchungssätze:

3.1 für den Abschluss des Kontos 2100 Unfertige Erzeugnisse,

3.2 für die Erfassung der Bestandsminderung an unfertigen Erzeugnissen,

3.3 für den Abschluss des Kontos 5210 Bestandsveränderungen an unfertigen Erzeugnissen!

Zusammenfassung

■ In einem Produktionsbetrieb kann ein realistisches Ergebnis nur ermittelt werden, wenn die Menge der hergestellten Erzeugnisse der Menge der verkauften Erzeugnisse entspricht.

■ Im Normalfall der Praxis weicht aber die produzierte Menge von der verkauften Menge ab. Das drückt sich in den Bestandsveränderungen an fertigen Erzeugnissen aus.
Es sind folgende Fälle denkbar:

> 1. **Bestandsmehrung:** hergestellte Menge > verkaufte Menge

Ist die hergestellte Menge an fertigen Erzeugnissen größer als die verkaufte Menge, dann sind die bei der Herstellung entstandenen Aufwendungen um den Wert der Bestandsmehrung zu hoch. Um auf beiden Seiten des Gewinn- und Verlustkontos vergleichbare Größen zu haben, wird der Wert der Bestandsmehrung rechnerisch zu den Erlösen für die in der Rechnungsperiode verkauften Erzeugnisse hinzuaddiert.

> 2. **Bestandsminderung:** hergestellte Menge < verkaufte Menge

Ist die hergestellte Menge an fertigen Erzeugnissen kleiner als die verkaufte Menge, dann sind die bei der Herstellung entstandenen Aufwendungen um den Wert der Bestandsminderung zu niedrig. Um auf beiden Seiten des Gewinn- und Verlustkontos vergleichbare Größen zu haben, wird der Wert der Bestandsminderung rechnerisch zu den Aufwendungen für die in der Rechnungsperiode hergestellten Erzeugnisse hinzuaddiert.

■ Buchtechnisch werden die erforderlichen Wirkungen in der Weise erzielt, dass die Gegenbuchung zu der Bestandsveränderung, die sich als Saldo auf dem Konto **2200 Fertige Erzeugnisse** ergibt, auf dem Zwischenkonto **5220 Bestandsveränderungen an fertigen Erzeugnissen** erfolgt. Von dort wird der Wert der Bestandsveränderung auf das Gewinn- und Verlustkonto umgebucht.

■ Nach Buchung des Schlussbestandes der fertigen Erzeugnisse (8010 SBK an 2200 Fertige Erzeugnisse) ist wie folgt zu buchen:

(1) Bei einer Bestandsmehrung:	2200 Fertige Erzeugnisse an 5220 Bestandsveränderungen an fert. Erzeugn. 5220 Bestandsveränderungen an fert. Erzeugn. an 8020 GuV
(2) Bei einer Bestandsminderung:	5220 Bestandsveränderungen an fert. Erzeugn. an 2200 Fertige Erzeugnisse 8020 GuV an 5220 Bestandsveränderungen an fert. Erzeugn.

■ Bestandsveränderungen an **unfertigen Erzeugnissen** haben im Prinzip die gleichen Auswirkungen und sind daher buchtechnisch in der entsprechenden Weise zu behandeln.

144 1. Bestände an fertigen Erzeugnissen:
Anfangsbestand: 125 350,00 EUR; Schlussbestand: 150 000,00 EUR

Aufgaben:

1.1 Richten Sie die Konten 2200 Fertige Erzeugnisse, 5220 Bestandsveränderungen an fertigen Erzeugnissen, 8010 SBK und 8020 GuV ein!

1.2 Tragen Sie den Anfangsbestand an fertigen Erzeugnissen auf dem entsprechenden Konto vor!

1.3 Buchen Sie den Schlussbestand an fertigen Erzeugnissen sowie die Bestandsveränderungen!

1.4 Schließen Sie das Konto 5220 Bestandsveränderungen an fert. Erzeugnissen ab!

2. Bestände an unfertigen Erzeugnissen:
Anfangsbestand: 86 500,00 EUR; Schlussbestand: 71 200,00 EUR

Aufgaben:

2.1 Richten Sie folgende Konten ein: 2100 Unfertige Erzeugnisse, 5210 Bestandsveränderungen an unfertigen Erzeugnissen, 8010 SBK und 8020 GuV!

2.2 Tragen Sie den Anfangsbestand an unfertigen Erzeugnissen auf dem entsprechenden Konto vor!

2.3 Buchen Sie den Schlussbestand an unfertigen Erzeugnissen sowie die Bestandsveränderung!

2.4 Schließen Sie das Konto 5210 Bestandsveränderungen an unfertigen Erzeugnissen ab!

145

	Anfangsbestände	Schlussbestände
2100 Unfertige Erzeugnisse	75 710,00 EUR	80 430,00 EUR
2200 Fertige Erzeugnisse	57 500,00 EUR	66 840,00 EUR

Die Aufwendungen betragen insgesamt: 521 300,00 EUR
Die Erträge betragen insgesamt: 804 890,00 EUR

Aufgaben:

1. Richten Sie folgende Konten ein:
2100 Unfert. Erzeugnisse, 2200 Fert. Erzeugnisse, 5210 Bestandsveränd. an unfert. Erzeugnissen, 5220 Bestandsveränd. an fert. Erzeugnissen, 8010 SBK und 8020 GuV.

2. Tragen Sie die Summe der Aufwendungen und Erträge auf dem GuV-Konto ein!

3. Ermitteln Sie unter Einbeziehung der Bestandsveränderungen buchhalterisch den Erfolg des Industrieunternehmens!

4. Wie müssen die Bestandsveränderungen in die Erfolgsermittlung einbezogen werden?

5. Begründen Sie, warum ein Mehrbestand an Erzeugnissen über die Habenseite und ein Minderbestand an Erzeugnissen über die Sollseite des GuV-Kontos abzuschließen ist!

6. Worin besteht die Gesamtleistung eines Industriebetriebs?

2.2.3 Beliebe eines Jahresabschlusses

I. Anfangsbestände:

0510 Bebaute Grundstücke 500000,00 EUR, 2000 Rohstoffe 320000,00 EUR, 2200 Fertige Erzeugnisse 80000,00 EUR, 2400 Forderungen a. Lief. u. Leist. 145320,00 EUR, 2800 Bank 137850,00 EUR, 3000 Eigenkapital 663720,00 EUR, 4250 Langfristige Verbindlichkeiten geg. Kreditinstituten 400000,00 EUR, 4400 Verbindlichkeiten a. Lief. u. Leist. 119450,00 EUR.

II. Geschäftsvorfälle:

1. Einkauf von Rohstoffen auf Ziel zuzüglich 19% USt	75000,00 EUR
2. Verkauf von Erzeugnissen auf Ziel zuzüglich 19% USt	185300,00 EUR
3. Banküberweisung der Miete für das Verwaltungsgebäude	12000,00 EUR
4. Die Bank belastet unser Kontokorrentkonto mit den Halbjahreszinsen für das aufgenommene Bankdarlehen	16000,00 EUR
5. Banküberweisung für die Grundsteuer	4000,00 EUR
6. Bankgutschrift für Zinsen	1750,00 EUR

III. Abschlussangaben:

1. Der Schlussbestand an Rohstoffen beträgt	310000,00 EUR.
2. Der Schlussbestand an fertigen Erzeugnissen beträgt lt. Inventur	75000,00 EUR.
3. Abschreibung auf 0510 Bebaute Grundstücke	7000,00 EUR.
4. Die ermittelten Buchbestände stimmen mit den Inventurbeständen überein. Es liegen also keine Inventurdifferenzen vor.	

IV. Aufgaben:

1. Bilden Sie im Grundbuch die Buchungssätze!
2. Übertragen Sie anschließend die Vorgänge auf die Konten des Hauptbuches!
3. Schließen Sie die Konten ab!
4. Stellen Sie aufgrund der Zahlen der Buchführung einen Jahresabschluss in Form der Bilanz und der Gewinn- und Verlustrechnung auf!

Lösungen:

Zu 1.: Buchungssätze für die Geschäftsvorfälle:

Konten	Soll	Haben
1. 6000 Aufwendungen für Rohstoffe	75000,00	
2600 Vorsteuer	14250,00	
an 4400 Verbindlichkeiten aus Lieferungen und Leistungen		89250,00
2. 2400 Forderungen aus Lieferungen und Leistungen	220507,00	
an 5000 Umsatzerlöse für eigene Erzeugnisse		185300,00
an 4800 Umsatzsteuer		35207,00
3. 6700 Mieten, Pachten	12000,00	
an 2800 Bank		12000,00
4. 7510 Zinsaufwendungen	16000,00	
an 2800 Bank		16000,00
5. 7020 Grundsteuer	4000,00	
an 2800 Bank		4000,00
6. 2800 Bank	1750,00	
an 5710 Zinserträge		1750,00
	343507,00	343507,00

28 Speth u.a. - ISBN 978-3-8120-0465-7

Zu 2., 3. und 4.: Darstellung auf den Konten des Hauptbuches und Abschluss der Konten

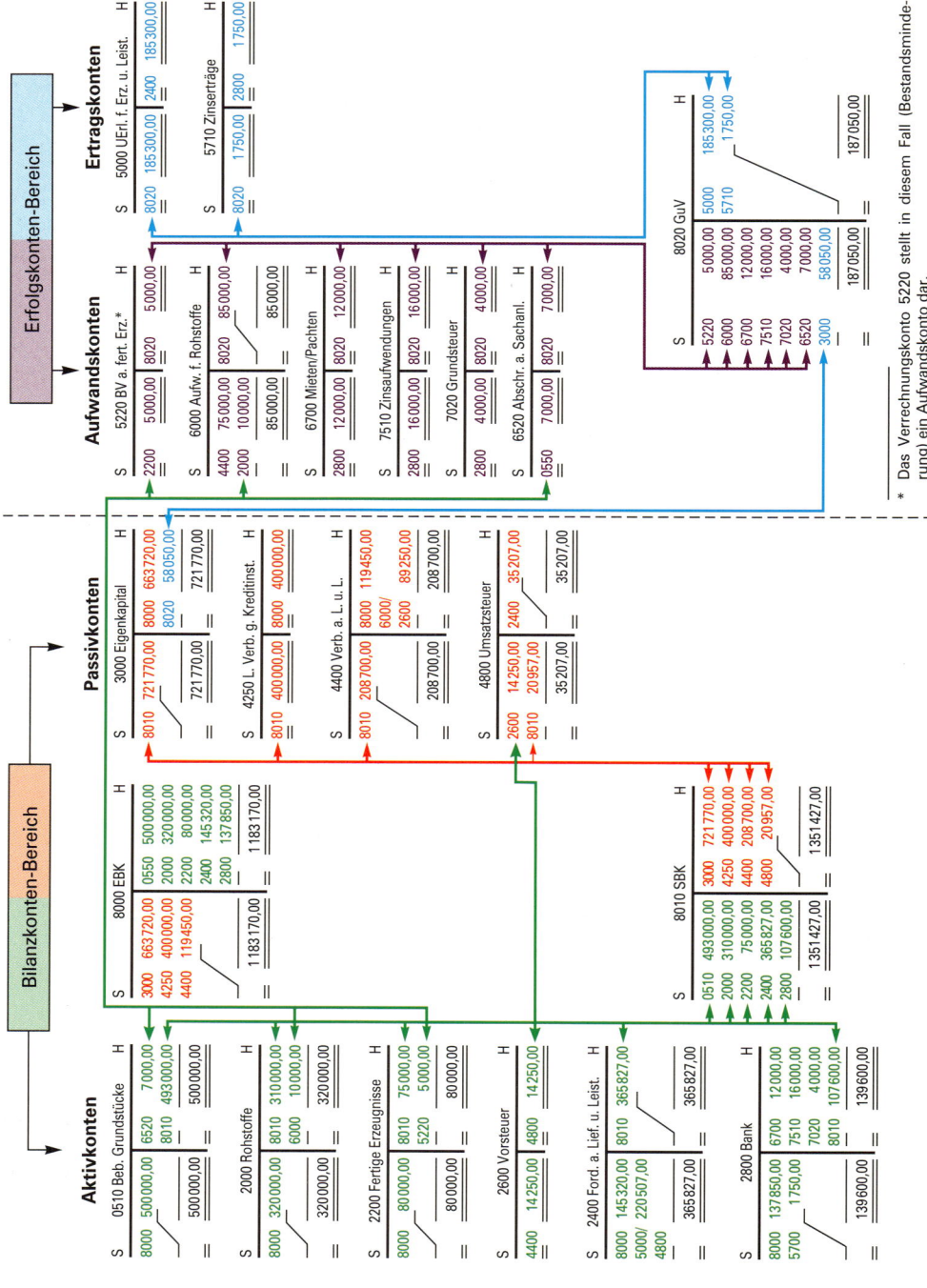

434

Zu 4.: Jahresabschluss

Aktiva	Schlussbilanz		Passiva
I. Anlagevermögen		**I. Eigenkapital**	721 770,00
1. Grundstücke und Bauten	493 000,00	**II. Verbindlichkeiten**	
II. Umlaufvermögen		1. Verbindlichkeiten gegenüber Kreditinstituten	400 000,00
1. Roh-, Hilfs- und Betriebsstoffe	310 000,00	2. Verbindlichkeiten a. Lief. u. Leist.	208 700,00
2. Fertige Erzeugnisse und Waren	75 000,00	3. Sonstige Verbindlichkeiten	20 957,00
3. Forderungen aus Lief. u. Leist.	365 827,00		
4. Guthaben bei Kreditinstituten	107 600,00		
	1 351 427,00		1 351 427,00

Aufwendungen	Gewinn- und Verlustrechnung		Erträge
Bestandsaufwendungen	5 000,00	Umsatzerlöse	185 300,00
Aufwendungen für Rohstoffe	85 000,00	Zinserträge	1 750,00
Aufwendungen für Miete	12 000,00		
Zinsaufwendungen	16 000,00		
Steuern	4 000,00		
Abschreib. a. Sachanlagen	7 000,00		
Gewinn	58 050,00		
	187 050,00		187 050,00

146 I. Anfangsbestände:

0510 Bebaute Grundstücke 1128000,00 EUR, 0700 Technische Anlagen und Maschinen 300000,00 EUR, 0840 Fuhrpark 210500,00 EUR, 0860 Geschäftsausstattung 196450,00 EUR, 2000 Rohstoffe 486000,00 EUR, 2020 Hilfsstoffe 80400,00 EUR, 2030 Betriebsstoffe 25300,00 EUR, 2200 Fertige Erzeugnisse 20000,00 EUR, 2400 Forderungen aus Lieferungen und Leistungen 135910,00 EUR, 2800 Bank 210700,00 EUR, 2880 Kasse 45680,00 EUR, 3000 Eigenkapital 2158940,00 EUR, 4250 Langfristige Verbindlichkeiten gegenüber Kreditinstituten 500000,00 EUR, 4400 Verbindlichkeiten aus Lieferungen und Leistungen 180000,00 EUR.

II. Kontenplan:

0510, 0700, 0840, 0860, 2000, 2020, 2030, 2200, 2400, 2600, 2800, 2880, 3000, 4250, 4400, 4800, 5000, 5220, 5710, 6000, 6020, 6030, 6200, 6520, 7030, 8010, 8020.

III. Geschäftsvorfälle:

1. Kauf von Rohstoffen auf Ziel 55000,00 EUR zuzüglich 19 % USt.

2. Kauf von Betriebsstoffen gegen Banküberweisung 15500,00 EUR zuzüglich 19 % USt.

3. Lohnzahlung durch Banküberweisung 40000,00 EUR.

4. Verkauf von Erzeugnissen auf Ziel 200000,00 EUR zuzüglich 19 % USt.

5. Einkauf von Hilfsstoffen gegen Bankscheck 8400,00 EUR zuzüglich 19 % USt.

6. Bankgutschrift für Zinsen 1250,00 EUR.

7. Barverkauf von Erzeugnissen 23480,00 EUR zuzüglich 19 % USt.

8. Banküberweisung für die Anschaffung eines Computers für die Lagerbuchhaltung 8500,00 EUR zuzüglich 19 % USt.

9. Banküberweisung für Kraftfahrzeugsteuer 1480,00 EUR.

IV. Abschlussangaben:

1. Schlussbestände lt. Inventur:

2000 Rohstoffe	494500,00 EUR
2020 Hilfsstoffe	76750,00 EUR
2030 Betriebsstoffe	20100,00 EUR
2200 Fertige Erzeugnisse	15000,00 EUR

2. Abschreibungen auf

– 0510 Bebaute Grundstücke	12560,00 EUR
– 0700 Technische Anlagen und Maschinen	16200,00 EUR
– 0840 Fuhrpark	11000,00 EUR
– 0860 Geschäftsausstattung	9400,00 EUR

3. Die Buchbestände stimmen mit den Inventurbeständen überein.

V. Aufgaben:

1. Eröffnen Sie die Konten mit den angegebenen Anfangsbeständen!

2. Bilden Sie zu den Geschäftsvorfällen die Buchungssätze und buchen Sie diese anschließend auf den eröffneten Konten!

3. Schließen Sie die Konten über die entsprechenden Abschlusskonten ab!

4. Stellen Sie die Schlussbilanz und die Gewinn- und Verlustrechnung auf!

147 **I. Anfangsbestände:**

0510 Bebaute Grundstücke 475000,00 EUR, 0700 Technische Anlagen und Maschinen 185000,00 EUR, 0840 Fuhrpark 135800,00 EUR, 0860 Geschäftsausstattung 75820,00 EUR, 2000 Rohstoffe 155700,00 EUR, 2020 Hilfsstoffe 48900,00 EUR, 2030 Betriebsstoffe 25400,00 EUR, 2100 Unfertige Erzeugnisse 30000,00 EUR, 2400 Forderungen aus Lieferungen und Leistungen 75910,00 EUR, 2800 Bank 120400,00 EUR, 2880 Kasse 25100,00 EUR, 3000 Eigenkapital 914110,00 EUR, 4250 Langfristige Verbindlichkeiten gegenüber Kreditinstituten 350000,00 EUR, 4400 Verbindlichkeiten aus Lieferungen und Leistungen 88920,00 EUR

II. Kontenplan:

0510, 0700, 0840, 0860, 2000, 2020, 2030, 2100, 2400, 2600, 2800, 2880, 3000, 4250, 4400, 4800, 5000, 5210, 5710, 6000, 6020, 6030, 6200, 6520, 6700, 6800, 7510, 8010, 8020.

III. Geschäftsvorfälle:

1. Barverkauf von Erzeugnissen 20000,00 EUR zuzüglich 19% USt.
2. Kauf von Rohstoffen auf Ziel 45810,00 EUR zuzüglich 19% USt.
3. Einkauf von Hilfsstoffen auf Ziel 5500,00 EUR zuzüglich 19% USt.
4. Barzahlung für Löhne 25000,00 EUR.
5. Verkauf von Erzeugnissen auf Ziel 85500,00 EUR zuzüglich 19% USt.
6. Banküberweisung der Miete für das Verwaltungsgebäude 4500,00 EUR.
7. Verkauf von Erzeugnissen gegen Bankscheck 65000,00 EUR zuzüglich 19% USt.
8. Barkauf von Büromaterial 300,00 EUR zuzüglich 19% USt.
9. Bankgutschrift für Zinsen 1840,00 EUR.
10. Einkauf von Betriebsstoffen mit Bankscheck 1800,00 EUR zuzüglich 19% USt.
11. Bareinzahlung auf das Bankkonto 15000,00 EUR.
12. Teilrückzahlung des Bankdarlehens durch Banküberweisung 20000,00 EUR.
13. Bankbelastung für Darlehenszinsen IV. Quartal 7000,00 EUR.

IV. Abschlussangaben:

1. Schlussbestände lt. Inventur:

2000 Rohstoffe	168400,00 EUR
2020 Hilfsstoffe	40400,00 EUR
2030 Betriebsstoffe	21200,00 EUR
2100 Unfertige Erzeugnisse	40000,00 EUR

2. Abschreibungen auf

– 0510 Bebaute Grundstücke	7000,00 EUR
– 0700 Technische Anlagen und Maschinen	5900,00 EUR
– 0840 Fuhrpark	8800,00 EUR
– 0860 Geschäftsausstattung	6100,00 EUR

3. Die Buchbestände stimmen mit den Inventurbeständen überein.

V. Aufgaben:

1. Eröffnen Sie die Konten mit den angegebenen Anfangsbeständen!
2. Bilden Sie zu den Geschäftsvorfällen die Buchungssätze und buchen Sie diese anschließend auf den eröffneten Konten!
3. Schließen Sie die Konten über die entsprechenden Abschlusskonten ab!
4. Stellen Sie aufgrund des Kontenabschlusses den entsprechenden Jahresabschluss auf!

2.3 Einfache Auswertung des Jahresabschlusses

2.3.1 Problemstellung

Nach der Aufstellung des Jahresabschlusses ist der Unternehmer in der Lage, die wirtschaftlichen Verhältnisse seines Unternehmens zu beurteilen. Allerdings sagen die absoluten Zahlenwerte eines einzelnen Jahresabschlusses relativ wenig aus. Mit der Aussage, dass laut Jahresabschluss z.B. das Vermögen 1 320 000,00 EUR oder der Gewinn 235 000,00 EUR betrug, ist wenig anzufangen. Um Abschlusszahlen eines Unternehmens beurteilen zu können, benötigt man **Vergleichswerte** als **Vergleichsmaßstab**.

- Nimmt man als Vergleichswerte die Abschlusszahlen des Vorjahres bzw. mehrerer vorangegangener Jahre desselben Unternehmens, spricht man von einem **Zeitvergleich**. Mit ihm lassen sich Entwicklungstendenzen des eigenen Betriebes feststellen **(innerbetrieblicher Vergleich)**.

- Werden dagegen die Abschlusszahlen eines Jahres mit denen anderer Betriebe derselben Branche verglichen – im Allgemeinen wählt man als Vergleichsmaßstab die ermittelten Durchschnittswerte dieser Branche –, dann handelt es sich um einen sogenannten **Betriebsvergleich**. Auf diese Weise lässt sich die Situation des zu beurteilenden Unternehmens im Vergleich zu anderen Unternehmen der Branche abschätzen **(zwischenbetrieblicher Vergleich)**.

Aber auch bei solchen Vergleichen reicht der Vergleich der absoluten Zahlen nicht aus. Um tiefere Einblicke in die wirtschaftlichen Verhältnisse eines Unternehmens gewinnen zu können, werden bestimmte Zahlen bzw. zusammengefasste Zahlengruppen zueinander in Beziehung gesetzt, die als **Kennzahlen** bezeichnet werden. Die Beurteilung eines Unternehmens aufgrund solcher Kennzahlen wird als **Jahresabschlussanalyse** bezeichnet.

> **Merke:**
>
> Unter dem Begriff **Jahresabschlussanalyse** versteht man die Beurteilung eines Unternehmens aufgrund von Bilanzen und den dazugehörigen Gewinn- und Verlustrechnungen. Dabei werden aus Bilanzposten und Posten der Gewinn- und Verlustrechnung **Kennzahlen** gebildet, welche die wirtschaftlichen Verhältnisse eines Unternehmens widerspiegeln sollen.

Im Einzelnen besteht das Erkenntnisziel der **finanzwirtschaftlichen Analyse** in der Gewinnung von Informationen über die **Kapitalverwendung (Vermögensstruktur)** und die Art der **Kapitalaufbringung (Kapitalstruktur)**. Daneben sollen die **Beziehungen zwischen Kapitalverwendung und -aufbringung (Liquiditätsanalyse)** aufgedeckt werden. Im Rahmen der ertragswirtschaftlichen Analyse wird dann die **Ertragskraft des Unternehmens (Rentabilitätsanalyse)** gemessen sowie eine **Cashflow-Analyse** durchgeführt.

2.3.2 Aufbereitung der Bilanz für Zwecke der Jahresabschlussanalyse

Für Zwecke der Bilanzanalyse erweist sich die nach handelsgesetzlichen Vorschriften aufgestellte Bilanz als ungeeignet. Für die Bildung von Kennzahlen und deren Auswertung muss eine größere Gruppenbildung und Neuzuordnung einzelner Bilanzposten vorgenommen werden. Um Bilanzen vergleichen und beurteilen zu können, sind ein gleichartiger Aufbau und eine gleichartige Gliederung unerlässlich. Je nachdem, wie viel Kennzahlen im Einzelnen gebildet werden sollen, ergibt sich für die Aufbereitung eine unterschiedliche Bilanzstruktur.

Im Hinblick auf die für uns interessanten Kennzahlen begnügen wir uns auf der **Vermögensseite (Aktivseite)** mit der Grobgliederung in die beiden Hauptgruppen **Anlagevermögen** und **Umlaufvermögen** und auf der **Kapitalseite (Passivseite)** mit der Aufteilung in **Eigen- und Fremdkapital**. Eine weitere Unterteilung erfolgt nur noch beim Umlaufvermögen, das nach dem Grad der Flüssigkeit in **mittelfristig**, z. B. Vorräte (Waren), **kurzfristig**, z. B. Forderungen aus Lieferungen und Leistungen, und **sofort flüssig**, z. B. Geldmittel untergliedert wird und beim Fremdkapital, das in langfristig und in kurzfristig unterteilt wird.

Damit ergibt sich für unsere Analysezwecke folgende Struktur:

Struktur einer für die Analyse aufbereiteten Bilanz	
Aktiva	Passiva
I. Anlagevermögen	I. Eigenkapital
II. Umlaufvermögen	II. Fremdkapital[1]
1. **mittelfristig** z. B. Vorräte (Waren)	1. **langfristig** z. B. Bankdarlehen
2. **kurzfristig** z. B. Ford. a. Lief. u. Leist.	2. **kurzfristig** z. B. Kontokorrentkredit, Verb. a. Lief. u. Leist.
3. **sofort flüssig** z. B. Geldmittel	

Die vorgegebene Bilanzstruktur macht deutlich, dass bestimmte Bilanzposten zusammengefasst werden.

---

1 Für die Auswertung der Bilanz verwenden wir auf der Passivseite statt des handelsrechtlichen Begriffs Verbindlichkeiten den betriebswirtschaftlichen Begriff Fremdkapital.

Die Aufbereitung und die Bereinigung einer Bilanz soll beispielhaft anhand der Zahlenunterlagen der Großhandlung Max Neumann e. Kfm. gezeigt werden.

Aktiva   Bilanz der Großhandlung Max Neumann e. Kfm. zum 31. Dezember 20..   Passiva

I. Anlagevermögen		**I. Eigenkapital**	573 825,00
Grundstücke und Bauten	150 000,00	**II. Verbindlichkeiten**	
Techn. Anlagen u. Maschinen	75 000,00	Verbindl. gegenüber Kredit-	
A. Anl., Betr.- u. Geschäftsausst.	111 000,00	instituten	125 000,00
II. Umlaufvermögen		Verbindlichkeiten aus Lieferungen	
Waren	350 000,00	und Leistungen	66 400,00
Forderungen aus Lieferungen und Leistungen	60 000,00		
Kassenbestand	3 725,00		
Guthaben bei Kreditinstituten	15 500,00		
	765 225,00		765 225,00

Erläuterungen zur Bilanz:

1. Die **Fristigkeit des Umlaufvermögens** ist wie folgt zu sehen:
   - **sofort flüssig:** Kassenbestand und Guthaben bei Kreditinstituten
   - **kurzfristig fällig:** Forderungen aus Lieferungen und Leistungen
   - **mittelfristig fällig:** Waren
2. Die **Fristigkeit beim Fremdkapital** ist wie folgt zu sehen:
   - **langfristig bereitstehende Mittel:** Verbindlichkeiten gegenüber Kreditinstituten
   - **kurzfristig fällig:** Verbindlichkeiten aus Lieferungen und Leistungen

Aufgabe:
Erstellen Sie als Grundlage für die Bilanzanalyse eine aufbereitete Strukturbilanz!

Lösung:

Aktiva   Bilanz der Großhandlung Max Neumann e. Kfm. zum 31. Dezember 20..   Passiva

I. Anlagevermögen	336 000,00	**I. Eigenkapital**	573 825,00
II. Umlaufvermögen		**II. Fremdkapital**[1]	
1. mittelfristig	350 000,00	1. langfristig	125 000,00
2. kurzfristig	60 000,00	2. kurzfristig	66 400,00
3. sofort flüssig	19 225,00		
	765 225,00		765 225,00

Merke:

Eine **Strukturbilanz** ist eine im Hinblick auf die Bilanzauswertung aufbereitete und zusammengefasste Bilanz.

---

1 Für die Auswertung der Bilanz verwenden wir auf der Passivseite statt des handelsrechtlichen Begriffs Verbindlichkeiten den betriebswirtschaftlichen Begriff Fremdkapital.

2.3.3 Auswertung der Bilanz mithilfe von Kennzahlen (Bilanzanalyse)

2.3.3.1 Grundlegendes

Aufgrund vorliegender Bilanzzahlen lassen sich bestimmte Verhältniszahlen bilden, die für die Beurteilung eines Unternehmens von Wichtigkeit sind.

Grundsätzlich lassen sich solche Zahlenverhältnisse aus Posten derselben Bilanzseite bilden (**einseitige** bzw. **vertikale Bilanzkennzahlen**), oder aber es werden Posten von verschiedenen Bilanzseiten ins Verhältnis gesetzt (**zweiseitige** bzw. **horizontale Bilanzkennzahlen**).

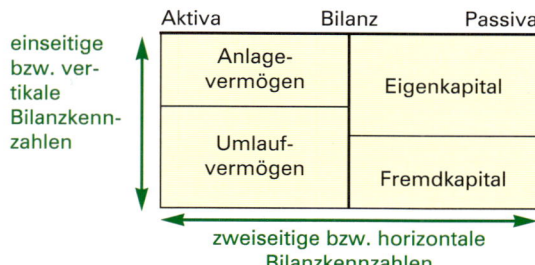

Von der Fülle der möglichen Bilanzkennzahlen – auch Quoten genannt – wollen wir hier nur die wichtigsten bilden. Die folgenden Zahlenverhältnisse ergeben sich aus den Zahlen der vorangestellten, aufbereiteten und bereinigten Bilanz. Um den Aussagewert zu verallgemeinern, sind die Ergebnisse auf 100 bezogen, sodass sich jeweils Prozentsätze ergeben.

2.3.3.2 Kennzahlen zur Vermögensstruktur

Zur Beurteilung des Vermögensaufbaus bilden wir für die Bilanz von Seite 440 die folgenden Kennzahlen:

$$\text{Anlageintensität (Anlagequote)} = \frac{\text{Anlagevermögen} \cdot 100}{\text{Gesamtvermögen}}$$

$$\frac{336\,000 \cdot 100}{765\,225} = \underline{\underline{43,9\,\%}}$$

$$\text{Umlaufintensität (Quote des Umlaufvermögens)} = \frac{\text{Umlaufvermögen} \cdot 100}{\text{Gesamtvermögen}}$$

$$\frac{429\,225 \cdot 100}{765\,225} = \underline{\underline{56,1\,\%}}$$

Auswertung:

■ Die Zahlenverhältnisse spiegeln die Anteile der beiden Vermögensgruppen wider. Aus der Anlageintensität und der Umlaufintensität ergibt sich, dass das Anlagevermögen weniger als die Hälfte, das Umlaufvermögen entsprechend mehr als die Hälfte des Gesamtvermögens ausmacht. Aus der Summe der Anteile von AV und UV ergibt sich jeweils 100 %, also das Gesamtvermögen.

■ Dass das Umlaufvermögen in unserem Beispiel überwiegt, konnte erwartet werden, denn der Großhandelsbetrieb benötigt keine teuren Produktionsmaschinen, da der Schwerpunkt der betrieblichen Tätigkeit im Ein- und Verkauf von Waren liegt. Im Grunde ist der Anteil des Anlagevermögens als zu hoch zu bezeichnen. Mögliche Gründe hierfür: Neuwertige Anlagen, die noch kaum abgeschrieben sind, bzw. es sind nicht benötigte Anlagegüter vorhanden. Letzteres würde eine Fehlleitung des Kapitals bedeuten.

2.3.3.3 Kennzahlen zur Kapitalstruktur

Die Analyse der Kapitalstruktur soll über Quellen und Zusammensetzung nach Art und Fristigkeit (Sicherheit) des Kapitals Aufschluss geben. Gläubiger, Lieferer, Kunden sowie Arbeitnehmer erhalten dadurch die Möglichkeit, das Risiko einzuschätzen, inwieweit etwa eine finanzielle Instabilität des „Schuldner-Unternehmens" die planmäßige Erfüllung seiner eingegangenen Leistungsverpflichtungen (z.B. termingerechte Begleichung von Schulden aus Darlehensaufnahmen und Warengeschäften; termingerechte Zahlung von Löhnen und Gehältern) gegenüber den angesprochenen Adressaten beeinträchtigt (Illiquiditätsrisiko, Insolvenzrisiko).[1]

$$\text{Eigenkapitalquote} = \frac{\text{Eigenkapital} \cdot 100}{\text{Gesamtkapital}}$$

$$\frac{573\,825 \cdot 100}{765\,225} = \underline{\underline{75,0\,\%}}$$

$$\text{Fremdkapitalquote} = \frac{\text{Fremdkapital} \cdot 100}{\text{Gesamtkapital}}$$

$$\frac{191\,400 \cdot 100}{765\,225} = \underline{\underline{25\,\%}}$$

$$\text{Verschuldungsgrad} = \frac{\text{Fremdkapital} \cdot 100}{\text{Eigenkapital}}$$

$$\frac{191\,400 \cdot 100}{573\,825} = \underline{\underline{33,4\,\%}}$$

Auswertung:

■ Die Eigenkapitalquote weist auf den Anteil der Finanzierung mit Eigenkapital hin. In unserem Fall ist die Eigenkapitalquote am Gesamtkapital sehr hoch. Dem Eigenkapital von 75 % entspricht eine Fremdkapitalquote von 25 %.

■ Diese Erkenntnis wird durch den Verschuldungsgrad (prozentualer Anteil des Fremdkapitals am Eigenkapital) bestätigt. Das Ergebnis von 33,4 % im Berichtsjahr bedeutet nichts anderes, als dass auf je 100,00 EUR Eigenkapital 33,40 EUR Fremdkapital entfallen. Mit anderen Worten, das Eigenkapital ist ca. dreimal so hoch wie das Fremdkapital. Ein solches Verhältnis ist natürlich für ein Unternehmen außerordentlich günstig, da es nicht mit hohen Fremdkapitalzinsen belastet ist. Dazu kommt der Vorteil der Unabhängigkeit, weil große Kapitalgeber im Allgemeinen auch Mitspracherechte beanspruchen. Nach einer groben Faustregel gilt die Finanzierung eines Unternehmens als solide, wenn es zur Hälfte mit Eigenkapital finanziert wurde. Man nennt diese Faustregel auch 1 : 1-Regel.

Fazit: Das Unternehmen hat eine solide Kapitalausstattung, einen hohen Kreditspielraum und ist unabhängig vom Einfluss durch Gläubiger.

---

1 **Illiquidität** bedeutet, dass ein Unternehmen nicht in der Lage ist, seinen zwingend fälligen Zahlungsverpflichtungen termin- und betragsgenau nachzukommen.
Insolvenz bedeutet, dass ein Unternehmen **endgültig** nicht mehr in der Lage ist, seinen Zahlungsverpflichtungen nachzukommen (Zahlungsunfähigkeit).

148 1.

Aktiva		Bilanz		Passiva
I. Anlagevermögen	310 000,00	I. Eigenkapital		435 000,00
II. Umlaufvermögen	775 000,00	II. Fremdkapital		
		1. langfristig	216 000,00	
		2. kurzfristig	434 000,00	650 000,00
	1 085 000,00			1 085 000,00

1.1 Berechnen Sie aufgrund der aufbereiteten Bilanz die Bilanzkennzahlen zur Vermögens- und Kapitalstruktur!

1.2 Beurteilen Sie das Ergebnis!

2.

Aktiva	Berichts-jahr	Vor-jahr	Bilanz	Berichts-jahr	Vor-jahr	Passiva
I. Anlagevermögen	243 000,00	164 160,00	I. Eigenkapital	302 400,00	189 960,00	
II. Umlaufvermögen	297 000,00	291 840,00	II. Fremdkapital			
			1. langfristig	95 000,00	100 320,00	
			2. kurzfristig	142 600,00	165 720,00	
	540 000,00	456 000,00		540 000,00	456 000,00	

2.1 Berechnen Sie aufgrund der aufbereiteten Bilanz für das Vorjahr und das Berichtsjahr die Bilanzkennzahlen zur Vermögens- und Kapitalstruktur!

2.2 Beurteilen Sie die Lage des Unternehmens unter Berücksichtigung der Vorjahreszahlen!

2.3.3.4 Finanzierungs- und Liquiditätskennzahlen

(1) Anlagendeckung (Investierung)

Merke:

Finanzierungskennzahlen, auch **Deckungsgrade** genannt, beantworten die Frage, in welchem Umfang das Anlagevermögen durch langfristig verfügbares Kapital gedeckt ist.

Diesen Kennzahlen liegt die Überlegung zugrunde, dass das Anlagevermögen langfristig im Unternehmen gebunden ist und daher auch mit langfristig verfügbaren Mitteln, möglichst mit Eigenkapital, finanziert sein sollte. Allgemein gilt, dass bei einem solide finanzierten Unternehmen die Überlassungsfristen der Finanzmittel mit den Bindungsfristen des finanzierten Vermögens übereinstimmen müssen.[1] Dieser Grundsatz der Fristengleichheit wird in der Literatur als **goldene Bilanzregel** bezeichnet.

[1] Bei einer Finanzierung z.B. des Anlagevermögens mit Fremdkapital soll (bzw. muss) die Nutzungsdauer des Anlagevermögens mit der Tilgungsdauer (der Darlehensfrist) übereinstimmen, damit die Verzinsung und Rückzahlung des Darlehens durch die in die Verkaufspreise einkalkulierten und verdienten Zins- und Abschreibungsaufwendungen möglich ist.

Wir unterscheiden bei der Anlagendeckung (Investierung) zwei Deckungsgrade:

$$\text{Deckungsgrad I} = \frac{\text{Eigenkapital} \cdot 100}{\text{Anlagevermögen}}$$

$$\frac{573\,825 \cdot 100}{336\,000} = \underline{\underline{170,8\,\%}}$$

$$\text{Deckungsgrad II} = \frac{(\text{Eigenkapital} + \text{langfristiges Fremdkapital}) \cdot 100}{\text{Anlagevermögen}}$$

$$\frac{(573\,825 + 125\,000) \cdot 100}{336\,000} = \underline{\underline{208\,\%}}$$

Auswertung:

■ Die Deckungsgrade besagen, mit welchen Mitteln das Anlagevermögen finanziert wurde. In unserem Fall drückt sich in den Prozentsätzen des Deckungsgrades I und des Deckungsgrades II erneut der hohe Anteil an Eigenkapital aus. Durch die Finanzierung des Anlagevermögens ist das Eigenkapital noch bei weitem nicht aufgebraucht. Das zur Verfügung stehende Eigenkapital übersteigt also im Berichtsjahr die für die Finanzierung des Anlagevermögens benötigten Mittel um 70,8 %.

■ Diese nicht verbrauchten Mittel des Eigenkapitals können zur Finanzierung von Teilen des Umlaufvermögens verwendet werden. Derartige Finanzierungsverhältnisse müssen für das Unternehmen als sehr günstig beurteilt werden. Das Unternehmen steht noch günstiger da, wenn man – wie beim Deckungsgrad II geschehen – das langfristig verfügbare Fremdkapital mit einbezieht.

■ Das Unternehmen ist mit wenig Fremdkapitalzinsen belastet. Die Finanzierung des für das Unternehmen lebenswichtigen Anlagevermögens ist absolut gesichert. Eine langfristig gesicherte Finanzierung des Anlagevermögens ist für eine Unternehmung von großer Wichtigkeit, denn durch eine mangelhafte Finanzierung des Anlagevermögens (durch kurzfristige Mittel) kann dem Unternehmen die Existenzgrundlage entzogen werden, z. B. dadurch, dass bei noch nicht vollständig bezahlten Lieferungen das Recht auf Eigentumsvorbehalt wahrgenommen wird, oder dass die benötigten Finanzierungsmittel plötzlich zurückgezogen werden.

Merke:

■ Die **Deckungsgrade** zeigen, inwieweit das langfristig gebundene Vermögen durch Eigenkapital (und langfristiges Fremdkapital) gedeckt ist.

■ Das **Anlagevermögen** und das **langfristig gebundene Umlaufvermögen** (z. B. eiserner Bestand der Werkstoffe) sollten durch **langfristiges Kapital** finanziert sein.

(2) Liquiditätskennzahlen aufgrund von Bestandsgrößen

Unter der Liquidität eines Unternehmens versteht man seine Zahlungsfähigkeit, d. h. die Fähigkeit, jederzeit die Zahlungsverpflichtungen erfüllen zu können. Die Liquiditätsanalyse aufgrund der Bilanzangaben geht davon aus, dass aus den aktuellen Beständen an Aktiva und Passiva auf die Höhe und den zeitlichen Anfall aller künftigen Einnahmen und Ausgaben geschlossen werden kann. Für die Liquiditätsanalyse gilt:

Danach ist die Liquidität dann ausreichend, wenn die Kapitalbindungsdauer des Vermögensgegenstands mit dem Kapitalüberlassungszeitraum übereinstimmt. **(Goldene Bilanzregel).**

Wir unterscheiden zwei Liquiditätskennzahlen:

$$\text{Liquidität 1. Grades (Barliquidität)} = \frac{\text{liquide Mittel}^1 \cdot 100}{\text{kurzfristiges Fremdkapital}}$$

$$\frac{(3\,725 \, + \, 15\,500) \cdot 100}{66\,400} = \underline{\underline{28,95\,\%}}$$

Bei der Liquidität 1. Grades, auch **Barliquidität** genannt, werden als Deckungsmittel nur die unmittelbar flüssigen Mittel (Bargeld, Bankguthaben) in die Berechnung einbezogen.

Zur Liquidität 2. Grades gehören Vermögensposten, die derzeit noch keinen Geldcharakter haben, deren Umwandlung in Geldmittel jedoch unmittelbar bevorsteht. Da das Geld, wie etwa bei den Forderungen, noch eingezogen werden muss, sprechen wir auch von **einzugsbedingter Liquidität.**

$$\begin{array}{l}\text{Liquidität 2. Grades} \\ \text{(einzugsbedingte Liquidität)}\end{array} = \frac{(\text{liquide Mittel} \, + \, \text{Forderungen}) \cdot 100}{\text{kurzfristiges Fremdkapital}}$$

$$\frac{79\,225 \cdot 100}{66\,400} = \underline{\underline{119,31\,\%}}$$

Auswertung:

- **Allgemein** ist für die Beurteilung von Kennzahlen der Liquidität Folgendes festzuhalten:
  - Zur Sicherung der Liquidität bedarf es der Beobachtung zukünftiger Zahlungseingänge und Zahlungsausgänge des Unternehmens, was ohne die Kenntnis der internen Vorgänge nicht möglich ist. Im Rahmen unserer Analyse liegen jedoch nur **Abschlusszahlen** vor. Von daher gesehen wird deutlich, mit welcher Vorsicht die Beurteilung der Liquidität eines Unternehmens mithilfe von Bilanzkennzahlen zu betrachten ist.
  - Die Bilanz kann nur die **Situation** am **Bilanzstichtag** wiedergeben, also zu einer Zeit, in der diese bereits der Vergangenheit angehört. Liquidität ist aber eine sich täglich, ja sogar sich mehrmals täglich verändernde Größe, deren Aussagewert nur für diesen Augenblick der Feststellung von Bedeutung ist. Außerdem ist darauf hinzuweisen, dass eine Reihe von Faktoren, welche die Liquidität eines Unternehmens wesentlich beeinflussen, aus der Bilanz nicht hervorgehen.

    Die Bilanz gibt z. B. keine Auskunft über die Fälligkeitstermine der in ihr ausgewiesenen Posten. Auch der Kreditspielraum eines Unternehmens ist aus der Bilanz nicht unmittelbar ablesbar. Laufende Zahlungsverpflichtungen für Personalkosten, Miete, Steuern usw. gehen aus der Bilanz nicht hervor.

---

1 Liquide Mittel = Bankguthaben + Kassenbestand.

Wenn im Rahmen einer externen Bilanzanalyse dennoch Liquiditätskennzahlen aufgestellt werden, muss mit allem Nachdruck auf ihren eingeschränkten Aussagewert hingewiesen werden.

■ Zur Liquidität im vorliegenden **Beispiel** lassen sich folgende Aussagen treffen:

Die Liquidität 1. Grades ist ausreichend. Die **One-to-five-Rate**[1] wird leicht überschritten. Allerdings ist festzuhalten, dass die liquiden Mittel des Unternehmens verbessert werden müssen. Da die kurzfristigen Mittel jedoch nicht alle am Bilanzstichtag fällig sind, ist es möglich, dass bis zum jeweiligen Fälligkeitstermin noch flüssige Mittel eingehen.

Die Summe aus kurzfristigen Forderungen und liquiden Mitteln bezeichnet man als **monetäres Umlaufvermögen**. Für das monetäre Umlaufvermögen gilt nach der **One-to-one-Rate**,[2] dass es genau so hoch sein sollte wie die kurzfristigen Verbindlichkeiten. Die One-to-one-Rate wird erreicht, da die Liquidität 2. Grades 119,31 % beträgt.

Merke:

■ **Liquidität** ist die Fähigkeit eines Unternehmens, jederzeit seinen Zahlungsverpflichtungen nachkommen zu können.

■ **Liquiditätsgrade** auf der Grundlage von Bilanzzahlen haben nur einen sehr eingeschränkten Aussagewert.

Übungsaufgaben

149 Wie beurteilen Sie ein Unternehmen, dessen Verschuldungsgrad:

1. unter 100 % liegt,

2. 100 % beträgt,

3. 300 % oder darüber beträgt?

150

Aktiva	Bilanz		Passiva
I. Anlagevermögen	216 000,00	I. Eigenkapital	198 000,00
II. Umlaufvermögen	455 000,00	II. Fremdkapital	
		1. langfristig	178 900,00
		2. kurzfristig	294 100,00
	671 000,00		671 000,00

1. Berechnen Sie aufgrund der aufbereiteten Bilanz die Finanzierungsverhältnisse!

2. Beurteilen Sie die Finanzierungsverhältnisse des Großhandelsunternehmens!

---

1 Die **„One-to-five-Rate"** ist eine Norm für die Beurteilung der Barliquidität. Sie besagt, dass die kurzfristigen Verbindlichkeiten mindestens zu 20 % durch flüssige Mittel gedeckt sein sollten.

2 Die **„One-to-one-Rate"** ist eine Norm für die Beurteilung der einzugsbedingten Liquidität. Nach dieser Norm soll diese Liquiditätszahl mindestens den Wert 1 betragen.

151 Erläutern Sie die nachfolgenden Bilanzkennziffern und geben Sie an, was die Zahlenwerte aussagen!

Umlaufintensität	65 %
Eigenkapitalquote	45 %
Liquidität 2. Grades	120 %
Deckungsgrad I	150 %

152

Aktiva	Bilanz		Passiva
I. Anlagevermögen	475 000,00	**I. Eigenkapital**	570 000,00
II. Umlaufvermögen		**II. Fremdkapital**	
1. **mittelfristig**		1. langfristig	522 000,00
Waren	625 000,00	2. kurzfristig	786 000,00
2. **kurzfristig**			
Forderungen aus Lieferungen und Leistungen	458 000,00		
3. **sofort flüssig**			
Kassenbestand	27 000,00		
Guthaben bei Kreditinstituten	293 000,00		
	1 878 000,00		1 878 000,00

Errechnen Sie

1. die Kennzahlen der Vermögensstruktur,
2. die Kennzahlen der Kapitalstruktur,
3. die Finanzierungsverhältnisse,
4. die Liquidität 1. und 2. Grades!

153 Ein Großhändler legt für die beiden letzten Geschäftsjahre die folgenden bereinigten Abschlusszahlen vor:

Aktiva	Bilanz				Passiva
	Berichts-jahr	Vor-jahr		Berichts-jahr	Vor-jahr
I. Anlagevermögen	238 500,00	230 000,00	**I. Eigenkapital**	135 400,00	101 150,00
II. Umlaufvermögen			**II. Fremdkapital**		
Waren	55 600,00	38 300,00	1. langfristig	150 000,00	130 000,00
Ford. a. Lief. u. Leist.	40 750,00	23 500,00	2. kurzfristig	77 800,00	85 250,00
Kassenbestand	4 150,00				
Guth. b. Kreditinst.	24 200,00	24 600,00			
	363 200,00	316 400,00		363 200,00	316 400,00

1. Errechnen Sie die folgenden Kennziffern (auf eine Dezimale):
   1.1 die Finanzierungsverhältnisse,
   1.2 die Liquidität 1. und 2. Grades!
2. Beurteilen Sie die Kennzahlen unter Berücksichtigung der Vorjahreszahlen!

2.3.4 Aufbereitung der GuV-Rechnung

(1) Grundsätzliches

Grundlage einer erfolgswirtschaftlichen Analyse – als Teil der Jahresabschlussanalyse – sind die Zahlen der Gewinn- und Verlustrechnung. Um die GuV-Rechnung auswerten zu können, erweist sich die nach handelsgesetzlichen Vorschriften in der Staffelform aufgestellte GuV-Rechnung als zu differenziert. Für die Bildung von Kennzahlen und deren Auswertung muss eine größere Gruppenbildung vorgenommen werden, d.h., die GuV-Rechnung muss neu strukturiert (aufbereitet) werden.

Für die erfolgswirtschaftliche Analyse des Jahresabschlusses, gehen wir von folgender Gliederung der GuV-Rechnung aus.[1]

Betriebliche Erträge	betriebliche Aufwendungen =	Ordentliches Betriebsergebnis
Umsatzerlöse	Materialaufwand	
Sonstige betriebliche Erträge	Personalaufwand	
	Abschreibungen	
	sonst. betriebl. Aufwendungen	

+

Finanzertrag –	Finanzaufwendungen =	Finanz-ergebnis
Erträge aus Beteiligungen	Abschreibungen a. Finanzanlagen	
Zinserträge	Zinsaufwendungen	

Ergebnis der gewöhnlichen Geschäftstätigkeit

–

Steuern vom Einkommen und Ertrag Steuern	Steuern

Jahresüberschuss/ -fehlbetrag

Grundlage der erfolgswirtschaftlichen Auswertung des Jahresabschlusses ist die **Analyse des ordentlichen Betriebsergebnisses.** Allein schon der Vergleich der Entwicklung der einzelnen betrieblichen Aufwendungen und Erträge über mehrere Rechnungsperioden hinweg lässt erste Beurteilungen über die Ertragslage und Ertragsaussichten eines Unternehmens zu. Weitergehende Aufschlüsse über die Entwicklung des Betriebsergebnisses erzielt man dadurch, dass man die **dominanten Einflussfaktoren des Betriebsergebnisses** ermittelt und deren **Veränderungen im Zeitablauf analysiert.**

---

1 Die Gliederung richtet sich am § 275 HGB aus, wobei eine starke Vereinfachung vorgenommen wurde.

(2) Beispiel für eine aufbereitete Gewinn- und Verlustrechnung

GuV-Rechnung der Großhandlung Max Neumann e.Kfm.

Soll	Berichts-jahr	Vor-jahr		Haben	Berichts-jahr	Vor-jahr
6000 Aufw. f. Rohstoffe	280 900	259 250		5000 U.Erl. f. eig. Erzeugnisse	689 400	657 812
6020 Aufw. f. Hilfsstoffe	128 700	109 430		5100 U.Erl. f. Waren	92 560	69 780
6030 Aufw. f. Betriebsstoffe	52 664	51 560		5400 Mieterträge	72 200	70 700
6050 Energie	19 900	15 070		5500 Ertr. a. Beteiligungen	38 815	5 600
6160 Fremdinstandsetzung	28 700	27 800		5710 Zinserträge	14 314	20 800
6200/6300 Löhne, Gehälter	207 460	188 600				
6520 Abschr. a. Sachanl.	70 200	65 300				
6700 Mieten, Pachten	14 000	12 902				
6800 Aufw. f. Kommunikation	38 700	26 500				
6900 Versicherungsbeiträge	4 100	3 730				
7400 Abschr. a. Finanzanlagen	8 410	14 770				
7510 Zinsaufwendungen	1 600	4 900				
7710 Körperschaftsteuer	29 400	21 300				
3400 Jahresüberschuss	22 555	23 580				
	907 289	824 692			907 289	824 692

Aufgabe:

Bereiten Sie die Berichts- und Vorjahreszahlen des GuV-Kontos auf! Verwenden Sie hierzu das Gliederungsschema von S. 442!

Aufbereitete GuV-Rechnung der Großhandlung Max Neumann e.Kfm.

Strukturerfolgsrechnung	Berichtsjahr TEUR	Vorjahr TEUR	Veränderungen TEUR
Umsatzerlöse	781 960	727 592	+ 54 368
Sonst. betr. Erträge	72 200	70 700	+ 1 500
Betriebliche Erträge	854 160	798 292	+ 55 868
Materialaufwand	462 264	420 240	+ 42 024
Personalaufwand	207 460	188 600	+ 18 860
Abschreibungen	70 200	65 300	+ 4 900
Sonst. betr. Aufwendungen	105 400	86 002	+ 19 398
Betriebliche Aufwendungen	845 324	760 142	+ 85 182
Ordentl. Betriebsergebnis	8 836	38 150	− 29 314
Erträge a. Beteiligungen	38 815	5 600	+ 33 215
Zinserträge	14 314	20 800	− 6 486
Finanzerträge	53 129	26 400	+ 26 729
Abschr. a. Finanzanlagen	8 419	14 770	− 6 360
Zinsaufwendungen	1 600	4 900	− 3 300
Finanzaufwendungen	10 010	19 670	− 9 660
Finanzergebnis	43 119	6 730	+ 36 389
Ergebnis der gewöhnlichen Geschäftstätigkeit	51 955	44 880	+ 7 075
Körperschaftsteuer	29 400	21 300	+ 8 100
Gewinn	22 555	23 580	− 1 025

Die **Strukturerfolgsrechnung** zeigt, dass sich die betrieblichen Aufwendungen und betrieblichen Erträge im Berichtsjahr im Vergleich zum Vorjahr stark verändert haben. Die betrieblichen Erträge konnten um rund 7,5 % gesteigert werden und trotzdem ist das Betriebsergebnis um rund 77 % zurückgegangen. Dies ist darauf zurückzuführen, dass die Material- und Personalkosten mit rund 10 % über dem Anstieg des Umsatzes lagen. Der Rückgang des Gesamtgewinns um lediglich 4,4 % ist dadurch zustande gekommen, dass das Finanzergebnis stark gesteigert werden konnte (ca. 540 %).

2.3.5 Auswertung der Gewinn- und Verlustrechnung mithilfe von Kennzahlen

2.3.5.1 Grundsätzliches

Unternehmer und Außenstehende (z.B. Banken, Kapitalgeber, Steuerbehörden oder Mitarbeiter) beobachten die betrieblichen Aufwendungen und Erträge und deren Entwicklung, weil von ihnen langfristig der Geschäftserfolg sowie die Beurteilung der Unternehmen abhängig sind. Um die Entwicklung der Aufwendungen und Erträge leichter verfolgen und vergleichen zu können, ist es sinnvoll, Kennzahlen zu bilden.

Von der Fülle der möglichen **erfolgswirtschaftlichen Kennzahlen** (auch **Intensitätskennzahlen** oder **Quoten** genannt) wollen wir hier nur die wichtigsten bilden. Die folgenden Zahlenverhältnisse ergeben sich aus den Zahlen des Jahresabschlusses. Um deren Aussagewert zu verallgemeinern, sind die Ergebnisse auf 100 bezogen, sodass sich jeweils Prozentsätze ergeben.

2.3.5.2 Kennzahlen zur Aufwandsstruktur

Üblicherweise werden die Kennzahlen zur Aufwandsstruktur dadurch ermittelt, dass man die betrieblichen Aufwendungen auf die Umsatzerlöse bezieht und mit der Zahl 100 multipliziert, um einen Prozentsatz zu erhalten. Dadurch soll kenntlich gemacht werden, welchen Anteil die einzelnen Aufwandarten an den Umsatzerlösen haben. Wichtige Kennzahlen der Aufwandsstruktur sind:

$$\text{Materialaufwandsquote (Materialaufwandsintensität)} = \frac{\text{Materialaufwand} \cdot 100}{\text{Umsatzerlöse}}$$

$$\text{Personalaufwandsquote (Personalaufwandsintensität)} = \frac{\text{Personalaufwand} \cdot 100}{\text{Umsatzerlöse}}$$

$$\text{Abschreibungsaufwandsquote (Abschreibungsintensität)} = \frac{\text{planmäßige Abschreib.} \cdot 100}{\text{Umsatzerlöse}}$$

$$\text{Quote (Intensität) der sonst. betrieblichen Aufwendungen} = \frac{\text{sonst. betr. Aufwendungen} \cdot 100}{\text{Umsatzerlöse}}$$

Die Kennzahlen zur Aufwandsstruktur zeigen die Bedeutung der einzelnen Aufwandarten für das Betriebsergebnis auf. Sie charakterisieren ein Unternehmen als **materialintensiv** (bei überwiegender Materialaufwandsquote), **lohnintensiv** (bei überwiegender Personalaufwandsquote) oder **anlageintensiv** (bei überwiegender Abschreibungsquote). Außerdem lassen sie abschätzen, inwieweit zu erwartende Veränderungen in den Aufwandsarten (z.B. Preisschwankungen beim Material oder Lohnerhöhungen) das Betriebsergebnis beeinflussen werden. Zugleich ermöglichen die ermittelten Kennzahlen einen Branchenvergleich. Dabei sind unterdurchschnittliche Quoten im Vergleich zur Branche möglicherweise ein Indiz für einen wirtschaftlichen Betriebsablauf. Überdurchschnittliche Quoten weisen dagegen auf einen unwirtschaftlichen Betriebsablauf hin. Im letzteren Fall wäre zu fragen, ob als Ursachen für diese Entwicklung **unternehmensinterne Faktoren** (z.B.

erhöhter Materialverbrauch, veralteter Maschinenpark) oder **unternehmensexterne Faktoren**, die die ganze Branche betreffen (z. B. erhöhte Rohstoffpreise, erhöhte Personalkosten durch einen hohen Lohntarifabschluss) verantwortlich zu machen sind.

Beispiel:

Wir führen das Beispiel von Seite 449/450 fort und berechnen nachfolgend die Materialaufwands-, Personalaufwands- und Abschreibungsquote sowie die Quote der sonstigen betrieblichen Aufwendungen.

Lösung:

Kennzahlen	Berichtsjahr	Vorjahr
Materialaufwandsquote	$\dfrac{462\,264 \cdot 100}{781\,960} = 59{,}1\,\%$	$\dfrac{420\,240 \cdot 100}{727\,592} = 57{,}8\,\%$
Personalaufwandsquote	$\dfrac{207\,460 \cdot 100}{781\,960} = 26{,}5\,\%$	$\dfrac{188\,600 \cdot 100}{727\,592} = 25{,}9\,\%$
Abschreibungsaufwandsquote	$\dfrac{70\,200 \cdot 100}{781\,960} = 9{,}0\,\%$	$\dfrac{65\,300 \cdot 100}{727\,592} = 9{,}0\,\%$
Quote der sonstigen betrieblichen Aufwendungen	$\dfrac{105\,400 \cdot 100}{781\,960} = 13{,}5\,\%$	$\dfrac{86\,002 \cdot 100}{727\,592} = 11{,}8\,\%$

Aus den Kennzahlen ist zu ersehen, dass es sich um ein material- und lohnintensives Unternehmen handelt. Material- und die Personalkosten sowie die sonstigen betrieblichen Aufwendungen sind im Berichtsjahr im Vergleich zum Vorjahr angestiegen. Diese drei Quoten sind entscheidend für das Betriebsergebnis des Unternehmens. Die Abschreibungsquote bleibt unverändert, was besagt, dass im Berichtsjahr kaum in Anlagen investiert worden ist.

Merke:

■ Die Kennzahlen zur erfolgswirtschaftlichen Auswertung des Jahresabschlusses ermitteln Einblicke in die **gegenwärtige Ertragslage** und in die zukünftig zu **erwartende Ertragskraft** eines Unternehmens.

■ Die Analyse der einzelnen (dominanten) Aufwandsarten über mehrere Rechnungsperioden hinweg ermöglicht gesicherte **Prognosen** über die Entwicklung des **zukünftigen Betriebsergebnisses**.

2.3.5.3 Rentabilitätskennzahlen

(1) Begriff Rentabilität

Bei den Kennzahlen der Rentabilität werden Größen der Gewinn- und Verlustrechnung in die Beurteilung des Unternehmens einbezogen. Die wichtigste Kennzahl dabei ist natürlich der Gewinn. Da jedes Unternehmen in Bezug auf Rechtsform, Kapitalausstattung, Wirtschaftsbranche und Größe andere Bedingungen aufweist, sagt die absolute Höhe des Gewinnes nur wenig aus. Um eine vergleichbare Aussage über den Erfolg eines Unternehmens machen zu können, muss der Gewinn prozentual in Beziehung zu jenen Größen gebracht werden, die ihn ermöglicht haben. Solche messbaren Größen sind z.B. das **Kapital** oder der **Umsatz**.

> **Merke:**
>
> Die **Rentabilität** ist eine Messgröße für die Ergiebigkeit eines Mitteleinsatzes.

Anhand der Großhandlung Max Neumann e.Kfm. wird die Berechnung der Rentabilitätskennzahlen beispielhaft für das Berichtsjahr gezeigt werden. Neben der GuV-Rechnung (vgl. S. 449f.) enthält der Jahresabschluss für das Berichtsjahr folgende verkürzte Bilanz (vgl. S. 434):

Aktiva		**Bilanz der Großhandlung Max Neumann e.Kfm. zum 31. Dez. 20..**		Passiva
I.	Anlagevermögen	336 600,00	I. Eigenkapital	573 825,00
II	Umlaufvermögen		II. Fremdkapital	
	1. mittelfristig	350 000,00	1. langfristig	125 000,00
	2. kurzfrisitg	60 000,00	2. kurzfrisitg	66 400,00
	3. sofort fällig	19 225,00		
		765 225,00		765 225,00

Je nachdem, welche Größe man als Bezugsgröße wählt, erhält man unterschiedliche Rentabilitätszahlen.

(2) Kapitalrentabilität

Hierbei wird das erzielte Jahresergebnis (Jahresüberschuss bzw. -fehlbetrag) zum Kapital in Beziehung gesetzt. Je nachdem, ob man als Bezugsgröße das Eigenkapital oder das Gesamtkapital wählt, erhält man als Kennzahl die **Eigenkapitalrentabilität** oder die **Gesamtkapitalrentabilität**. Die Eigenkapitalrentabilität wird häufig auch als Unternehmerrentabilität und die Gesamtkapitalrentabilität als Unternehmensrentabilität bezeichnet.

■ Eigenkapitalrentabilität (Unternehmerrentabilität)

Bei der Eigenkapitalrentabilität wird das erzielte Jahresergebnis in Prozenten zum Eigenkapital ausgedrückt. Es soll festgestellt werden, welche Rendite das durchschnittlich eingesetzte Eigenkapital insgesamt erbracht hat.

$$\text{Eigenkapitalrentabilität} = \frac{\text{Jahresergebnis} \cdot 100}{\varnothing \text{ Eigenkapital}}$$

Da sich das Eigenkapital praktisch durch jeden Erfolgsvorgang laufend verändert, ist es ungenau, wenn der erzielte Gewinn dem Eigenkapital am Anfang oder am Ende der Geschäftsperiode gegenübergestellt wird. Um relativ genau zu sein, muss vom durchschnittlichen Eigenkapital ausgegangen werden. Geht man davon aus, dass das Eigenkapital der Großhandlung Max Neumann e.Kfm. am Anfang des Berichtsjahres 475 250,00 EUR betrug, ergibt sich folgender Durchschnittswert:

$$\text{Durchschnittswert für das Eigenkapital: } = \frac{475\,250 + 573\,825}{2} = 524\,537,50 \text{ EUR}$$

$$\text{Eigenkapitalrentabilität} = \frac{22\,555 \cdot 100}{524\,537,5} = \underline{\underline{4,3\,\%}}$$

■ **Gesamtkapitalrentabilität (Unternehmensrentabilität)**

Wählt man als Bezugsgröße das durchschnittliche Gesamtkapital, dann muss der Gewinn um die angefallenen Zinsen für das Fremdkapital erhöht werden. Das ist deshalb erforderlich, weil die Fremdkapitalzinsen im Rahmen der Gewinnermittlung als Aufwendungen abgezogen wurden. Erst durch die Hinzurechnung der Zinsen für das Fremdkapital sind die in Beziehung zu setzenden Größen (Gewinn und Gesamtkapital) miteinander vergleichbar.

$$\text{Gesamtkapitalrentabilität} = \frac{(\text{Gewinn} + \text{Fremdkapitalzinsen}) \cdot 100}{\text{Ø Gesamtkapital}}$$

Auch hier muss vom durchschnittlichen Gesamtkapital ausgegangen werden. Unter der Annahme, dass das Gesamtkapital der Max Neumann e.Kfm. zu Beginn des Berichtsjahres 681 650,00 EUR betrug, ergibt sich folgendes Durchschnittskapital:

$$\text{Durchschnittskapital: } \frac{681\,650 + 765\,225}{2} = 723\,437,50 \text{ EUR}$$

$$\text{Gesamtkapitalrentabilität} = \frac{(22\,555 + 1\,600) \cdot 100}{723\,437,5} = \underline{\underline{3,34\,\%}}$$

Die Gesamtkapitalrentabilität sagt dem Unternehmer, ob sich der Einsatz von Fremdkapital in seinem Unternehmen lohnt. Dies ist dann gegeben, wenn der Zinssatz für Fremdkapital **unter** der Gesamtkapitalrentabilität liegt. Beträgt der Zinssatz für Fremdkapital 7 % und liegt die Gesamtkapitalrentabilität wie im vorliegenden Fall bei 3,34 %, dann verliert das Unternehmen am Einsatz des Fremdkapitals, d.h., die Eigenkapitalrentabilität fällt.

(3) Umsatzrentabilität

Bei dieser Kennzahl wird der Jahresgewinn auf den Umsatz bezogen. In Prozenten ausgedrückt erhalten wir:

$$\text{Umsatzrentabilität} = \frac{\text{Gewinn} \cdot 100}{\text{Umsatz}}$$

$$\text{Umsatzrentabilität} = \frac{22\,555 \cdot 100}{781\,960} = \underline{\underline{2,88\,\%}}$$

2.3.5.4 Wirtschaftlichkeit

Stellt man den Kosten die Leistungen gegenüber, wird erkennbar, wie wirtschaftlich ein Betrieb gearbeitet hat. Der Begriff der Wirtschaftlichkeit leitet sich aus der Kosten- und Leistungsrechnung ab.

Beispiel:

Kosten lt. KLR:	82 400 EUR
Leistungen lt. KLR	103 000 EUR

Aufgabe:
Berechnen Sie die Wirtschaftlichkeit!

Lösung:

$$\text{Wirtschaftlichkeit} = \frac{103\,000}{82\,400} = \underline{\underline{1,25}}$$

Die Wirtschaftlichkeit gibt an, welches Vielfache die Leistungen bezogen auf die Kosten ausmacht. Beträgt die Wirtschaftlichkeit wie im vorliegenden Fall 1,25, so besagt dies, dass die Leistungen um das 1,25fache größer sind als die zugrunde gelegten Kosten.

Beträgt die Wirtschaftlichkeit mehr als 1,0, übersteigen die Leistungen den Kosteneinsatz, d. h., es ist ein Betriebsgewinn entstanden. Die Wirtschaftlichkeit sagt damit etwas darüber aus, ob das Unternehmen an den verkauften Waren einen Betriebsgewinn erzielt hat. Die Frage, ob die Wirtschaftlichkeit des Unternehmens vergleichsweise gut ist oder nicht, kann damit jedoch nicht voll beantwortet werden. Hierzu ist es erforderlich, entweder interne oder externe Vergleichszahlen heranzuziehen.

Übungsaufgaben

154 Aus der Geschäftsbuchführung der Maschinenfabrik Bechtler KG liegen folgende Daten vor:

Aufwendungen und Erträge		Berichtsjahr (TEUR)	Vorjahr (TEUR)
5000	Umsatzerlöse für eigene Erzeugnisse	9 100	9 475
5400	Mieterträge	370	360
5460	Erträge aus dem Abgang von Gegenständen des Anlage- und Umlaufvermögens	400	20
5500	Erträge aus Beteiligungen	160	150
5710	Zinserträge	40	105
6000	Aufwendungen für Rohstoffe	2 530	2 380
6020	Aufwendungen für Hilfsstoffe	90	70
6030	Aufwendungen für Betriebsstoffe	280	240
6140	Frachten und Fremdlager	250	270
6200/6300	Löhne und Gehälter	3 270	3 905
6520	Abschreibungen auf Sachanlagen	910	520
6700	Mieten, Pachten	195	190
6800	Büromaterial	102	97
7510	Zinsaufwendungen	230	143
7710	Körperschaftssteuer	640	712

---

1 Auf die Begriffe Kosten und Leistungen wird in der Jahrgangsstufe 12 eingegangen.

Aufgaben:

1. Bereiten Sie die GuV-Rechnung nach den auf S. 442 dargestellten Schema für die Auswertung auf!

2. Ermitteln Sie die Material-, Personalaufwands- und Abschreibungsaufwandsquote sowie die Quote der sonstigen betrieblichen Aufwendungen!

3. Erläutern Sie die Aufwandsstruktur der beiden Jahre aufgrund der errechneten Kennzahlen!

155 Aus dem Jahresabschluss der Werkzeugmaschinen AG können folgende Daten entnommen werden:

Ø Eigenkapital	535 956,00 EUR
Ø Fremdkapital	323 500,00 EUR
Umsatzerlöse	1 815 960,00 EUR
Zinsaufwendungen	35 880,00 EUR
Jahresüberschuss	42 876,48 EUR

Aufgaben:

Ermitteln Sie:

1. die Eigenkapitalrentabilität,
2. die Gesamtkapitalrentabilität,
3. die Umsatzrentabilität!

156 Die Buchführung bzw. die Kosten- und Leistungsrechnung liefert uns folgende Zahlenwerte:

Eigenkapital:

– am Anfang	350 000,00 EUR	Sonstige Aufwendungen	105 000,00 EUR
– am Ende	400 000,00 EUR	Fremdkapital	250 000,00 EUR
Aufwend. für Roh-,		Umsatzerlöse netto	850 000,00 EUR
Hilfs- u. Betriebsstoffe	700 000,00 EUR	Gewinn	45 000,00 EUR

Aufgabe:

Berechnen Sie die Umsatzrentabilität und die Unternehmerrentabilität!

157 Die Buchführung bzw. die Kosten- und Leistungsrechnung liefert uns folgende Zahlenwerte:

Aufwend. für Roh-,			
Hilfs- u. Betriebsstoffe	870 000,00 EUR	Umsatzerlöse netto	1 114 640,00 EUR
Sonstige Aufwendungen	215 000,00 EUR	Ø Fremdkapital	297 500,00 EUR
Ø Eigenkapital	380 000,00 EUR		

In den Sonstigen Aufwendungen sind 16 430,00 EUR Fremdkapitalzinsen enthalten.

Aufgabe:

Wie viel Prozent beträgt die Gesamtkapitalrentabilität?

Themenbereich 7: Personalwirtschaft

Hinweis:

Im Fach „Informationswirtschaft" sind laut Lehrplan die anzusprechenden personalwirtschaftlichen Prozesse in enger Abstimmung mit dem Fach „Betriebswirtschaftslehre mit Rechnungswesen" zu behandeln. Daraus folgt, dass im Fach „Betriebswirtschaftslehre mit Rechnungswesen" die personalwirtschaftlichen Grundlagen darzustellen sind, die im Fach „Informationswirtschaft" – unter Nutzung der modernen Informations- und Kommunikationstechniken – angewandt werden.

1 Begriff, Ziele und Aufgaben der Personalwirtschaft[1]

(1) Begriff Personalwirtschaft

Merke:

Personalwirtschaft ist die Gesamtheit aller Gestaltungs- und Verwaltungsaufgaben, die sich mit den Beschäftigten in einem Unternehmen befassen.

(2) Ziele der Personalwirtschaft

Es gibt zwei Hauptziele der Personalwirtschaft: ein ökonomisches (wirtschaftliches) und ein soziales Ziel.

Hauptziele der Personalwirtschaft	
Ökonomisches Ziel	Das ökonomische Ziel besteht darin, das Personal so einzustellen, zu entwickeln und einzusetzen, dass das Unternehmen seine wirtschaftlichen Ziele (z.B. Gewinnerzielung) erreichen kann. Erreicht ein Unternehmen seine wirtschaftlichen Ziele längerfristig nicht, hat es seine Existenzberechtigung verloren.
Soziales Ziel	Das soziale Ziel der Personalwirtschaft besteht darin, den Ansprüchen der Mitarbeiter hinsichtlich ihrer individuellen (wirtschaftlichen und sozialen) Bedürfnisse und Erwartungen (z.B. Sicherheit, Zufriedenheit, berufliche Aufstiegsmöglichkeiten) gerecht zu werden. Lässt ein Unternehmen diese sozial-psychologischen Gesichtspunkte (Aspekte) außer Acht, gefährdet es seine Existenz wegen nachlassender Produktivität, als Folge erhöhter Fluktuation[2] beim Personal und großer Probleme bei der Personalbeschaffung.

Die Hauptziele der Personalpolitik sind nicht immer konfliktfrei. So kommen hohe Arbeitsentgelte und umfassende Sozialleistungen sicher den Erwartungen der Belegschaftsmitglieder entgegen, beeinträchtigen aber unter Umständen das ökonomische Ziel der Gewinnerreichung.

(3) Aufgaben der Personalwirtschaft

Die **Hauptaufgabe der Personalwirtschaft** besteht darin, das zur Erreichung der Unternehmensziele erforderliche Personal in quantitativer und qualitativer Hinsicht (z.B. nach Leistungsfähigkeit und -bereitschaft) zur rechten Zeit und am rechten Ort bereitzustellen.

---

1 Die Ausführungen des Kapitels Personalwirtschaft lehnen sich an folgende Literatur an:
Bröckermann, Reiner: Personalwirtschaft, Lehr- und Übungsbuch für Human Resource Management, 4. Aufl., Stuttgart 2007.
Stopp, Udo: Betriebliche Personalwirtschaft, Zeitgemäße Personalwirtschaft – Notwendigkeit für jedes Unternehmen, 27. Aufl., Renningen 2006.
2 Fluktuation (lat.): Schwanken, Wechseln; hier: Personalwechsel.

In der folgenden Übersicht werden die wichtigsten **Teilaufgaben** der Personalwirtschaft dargestellt.

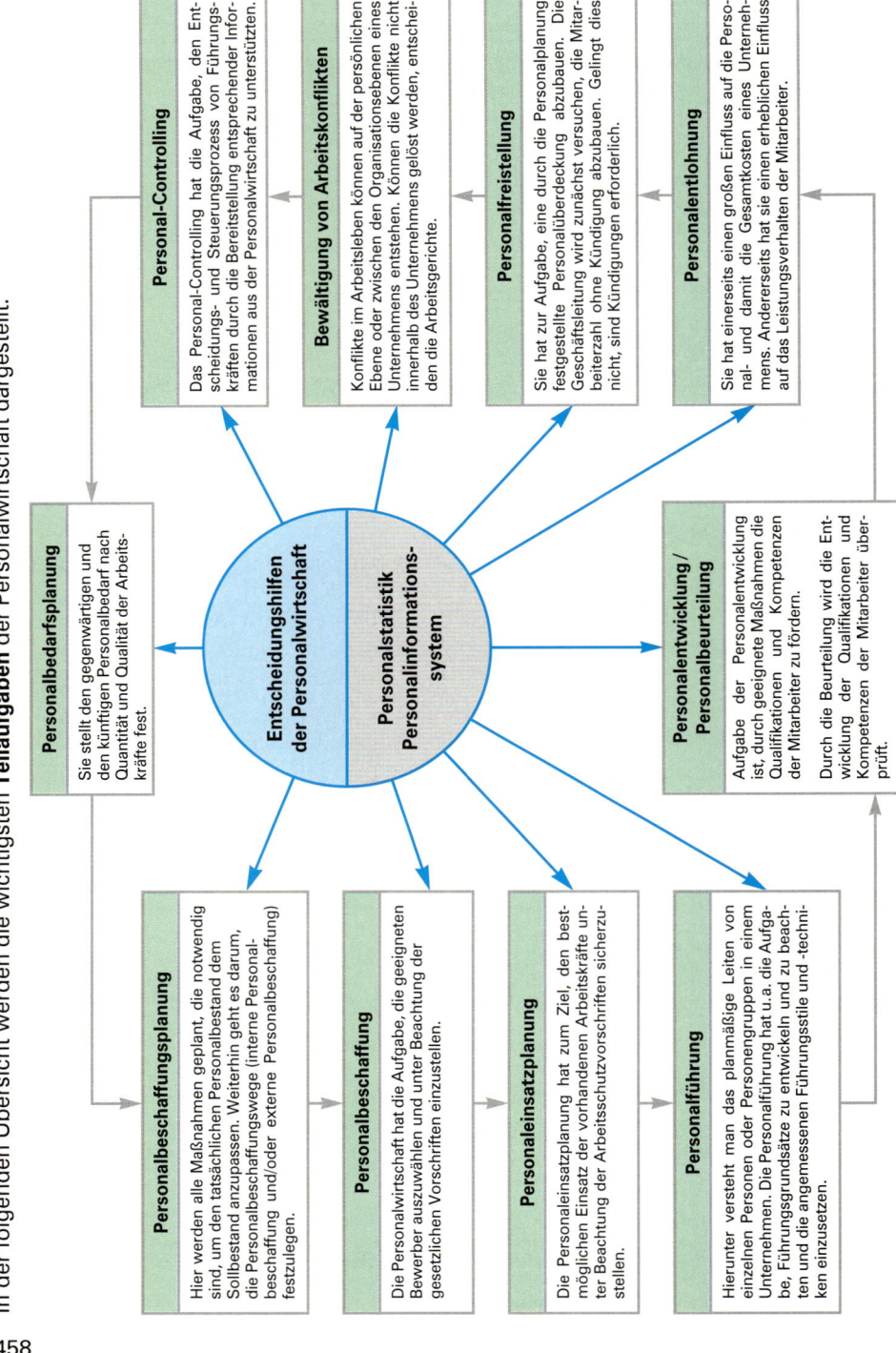

Personalbedarfsplanung

Sie stellt den gegenwärtigen und den künftigen Personalbedarf nach Quantität und Qualität der Arbeitskräfte fest.

Personal-Controlling

Das Personal-Controlling hat die Aufgabe, den Entscheidungs- und Steuerungsprozess von Führungskräften durch die Bereitstellung entsprechender Informationen aus der Personalwirtschaft zu unterstützen.

Bewältigung von Arbeitskonflikten

Konflikte im Arbeitsleben können auf der persönlichen Ebene oder zwischen den Organisationsebenen eines Unternehmens entstehen. Können die Konflikte nicht innerhalb des Unternehmens gelöst werden, entscheiden die Arbeitsgerichte.

Personalfreistellung

Sie hat zur Aufgabe, eine durch die Personalplanung festgestellte Personalüberdeckung abzubauen. Die Geschäftsleitung wird zunächst versuchen, die Mitarbeiterzahl ohne Kündigung abzubauen. Gelingt dies nicht, sind Kündigungen erforderlich.

Personalentlohnung

Sie hat einerseits einen großen Einfluss auf die Personal- und damit die Gesamtkosten eines Unternehmens. Andererseits hat sie einen erheblichen Einfluss auf das Leistungsverhalten der Mitarbeiter.

Entscheidungshilfen der Personalwirtschaft

Personalstatistik Personalinformationssystem

Personalbeschaffungsplanung

Hier werden alle Maßnahmen geplant, die notwendig sind, um den tatsächlichen Personalbestand dem Sollbestand anzupassen. Weiterhin geht es darum, die Personalbeschaffungswege (interne Personalbeschaffung und/oder externe Personalbeschaffung) festzulegen.

Personalbeschaffung

Die Personalwirtschaft hat die Aufgabe, die geeigneten Bewerber auszuwählen und unter Beachtung der gesetzlichen Vorschriften einzustellen.

Personaleinsatzplanung

Die Personaleinsatzplanung hat zum Ziel, den bestmöglichen Einsatz der vorhandenen Arbeitskräfte unter Beachtung der Arbeitsschutzvorschriften sicherzustellen.

Personalführung

Hierunter versteht man das planmäßige Leiten von einzelnen Personen oder Personengruppen in einem Unternehmen. Die Personalführung hat u.a. die Aufgabe, Führungsgrundsätze zu entwickeln und zu beachten und die angemessenen Führungsstile und -techniken einzusetzen.

Personalentwicklung / Personalbeurteilung

Aufgabe der Personalentwicklung ist, durch geeignete Maßnahmen die Qualifikationen und Kompetenzen der Mitarbeiter zu fördern.

Durch die Beurteilung wird die Entwicklung der Qualifikationen und Kompetenzen der Mitarbeiter überprüft.

2 Personalbedarfsplanung

2.1 Begriffe Personalbedarfsplanung, Personalbedarf und die Arten des Personalbedarfs

(1) Begriffe Personalbedarf und Personalbedarfsplanung

Um die gegenwärtigen und zukünftigen betrieblichen Aufgaben erfüllen zu können, muss der Personalbedarf ermittelt werden.

> **Merke:**
>
> - Unter **Personalbedarf** versteht man die Anzahl der Personen, die zur Erfüllung der gegenwärtigen oder zukünftigen Aufgaben eines Unternehmens notwendig sind.
> - Die **Personalbedarfsplanung** hat die Aufgabe, den mittel- und langfristigen Personalbedarf eines Unternehmens zu ermitteln.

Der Personalbedarf muss geplant werden:

■ nach der **Quantität** (quantitative Personalbedarfsplanung)	Wie viel Mitarbeiter werden benötigt?
■ nach der **Qualität** (qualitative Personalbedarfsplanung)	Welche Qualifikationen[1] müssen die benötigten Mitarbeiter besitzen?
■ nach der **Zeit**[2] (zeitliche Personalbedarfsplanung)	Zu welchem Zeitpunkt werden die Mitarbeiter benötigt?
■ nach dem **Ort**[2] (örtliche Personalbedarfsplanung)	An welchen Arbeitsplätzen werden die Mitarbeiter benötigt?

(2) Arten des Personalbedarfs

Nach dem **Grund für die Einstellung neuer Mitarbeiter** unterscheidet man folgende Arten des Personalbedarfs:

Ersatzbedarf	Überbrückungsbedarf	Neubedarf
Hier werden **bereits vorhandene Stellen,** die durch Personalabgänge frei werden, wiederbesetzt.	Er entsteht bei: ■ **Spitzenbelastungen** (z.B. Abwicklung eines eiligen Großauftrags, Einführung einer neuen Herstellermarke, Events) ■ **befristeten Personalausfällen** (z.B. Mutterschutzfrist, Elternzeit, Urlaub, Fortbildung, Wehr-/Zivildienst)	Hier werden **zusätzliche Stellen** geschaffen (z.B. Gründung eines neuen Zweigwerks, Ausweitung des Produktprogramms).

---

1 In diesem Zusammenhang ist unter Qualifikation die Eignung eines Mitarbeiters für eine bestimmte Tätigkeit bzw. Stelle zu verstehen. Man unterscheidet zwischen formaler und faktischer Qualifikation. Die formale Qualifikation wird einem Mitarbeiter z.B. durch Schul- und/oder Studienabschlüsse (z.B. Zeugnisse, Diplome) zugesprochen. Die faktische Qualifikation entspricht dem tatsächlich gegenwärtig vorhandenen Können und Wollen.

2 Auf die Behandlung der zeitlichen und örtlichen Personalbedarfsplanung wird im Folgenden nicht eingegangen.

Nach dem Betriebsverfassungsgesetz ist der Betriebsrat[1] über die Personalplanung, insbesondere über den Personalbedarf, rechtzeitig und umfassend zu unterrichten [§ 92 I BetrVG]. Der Betriebsrat kann dem Arbeitgeber Vorschläge für die Einführung einer Personalplanung und ihre Durchführung machen [§ 92 II BetrVG].

2.2 Quantitative Personalbedarfsplanung

(1) Ermittlung des Personalbedarfs

Zur **Ermittlung des Personalbedarfs** für eine zukünftige Periode wird in der betrieblichen Praxis folgendes **Schema** angewandt:[2]

Gegenwärtiger Personalbestand	
– Abgänge	Pensionierungen, Entlassungen, Kündigungen durch Arbeitnehmer, Versetzungen, Invalidität, Einberufung zur Bundeswehr, Abstellung zur Fortbildung, Todesfälle u.Ä.
+ Zugänge	bereits feststehende Neueinstellungen, Übernahmen aus dem Ausbildungsverhältnis in das ordentliche Arbeitsverhältnis, Rückkehr von der Bundeswehr, Rückkehr von Fortbildungsmaßnahmen u.Ä.
Erwarteter Personalbestand + **zu planende Neueinstellungen**	Ersatzbedarf und Zusatzbedarf
Geplanter Personalbestand	

Für eine wirksame Ermittlung des Personalbedarfs ist es erforderlich, **betriebsinterne** sowie **externe Daten** zu berücksichtigen.

- **Betriebsintern** wird die Personalbedarfsplanung insbesondere beeinflusst von der Höhe der geplanten Investitionen, dem angestrebten Produktionsvolumen und von geplanten Rationalisierungsmaßnahmen. Ergänzend gilt es, die Altersstruktur der Belegschaft (Lebensalter und Dienstalter) sowie die Fehlzeiten und Fluktuation der Mitarbeiter zu berücksichtigen.

- **Externe Daten,** die die Personalbedarfsplanung beeinflussen, sind insbesondere die Arbeitsmarktentwicklung, die gesetzlichen und tariflichen Regelungen zur Arbeitszeit, die Sozialgesetzgebung, die Lohnentwicklung und die volkswirtschaftliche Entwicklung.

---

1 Vgl. Kapitel 8, S. 495 ff.

2 Die zu erwartenden Veränderungen im Personalbestand sind nur zu einem geringen Teil relativ genau erfassbar (z.B. Pensionierungen, Versetzungen), zum weit größeren Teil jedoch sind die Veränderungen nur anhand von Erfahrungswerten abzuschätzen (z.B. Kündigungen, Entlassungen, Todesfälle, Invalidität).

(2) Berechnung des geplanten Personalbestands

Grundlage für die Berechnung des Personalbestands ist die Summe der zu verrichtenden Tätigkeiten. So kann z. B. der Personalbestand für einen Arbeitsprozess wie folgt berechnet werden:

$$\text{Personalbedarf eines Arbeitsprozesses} = \frac{\text{Ø Arbeitsmenge} \cdot \text{Ø Bearbeitungszeit/Stück}}{\text{Ø Arbeitsstunden}} \cdot \text{Verteilzeitfaktor*}$$

* Der **Verteilzeitfaktor** ist ein Erfahrungswert, der sich aus im Arbeitsprozess unregelmäßig anfallenden Zeiten zusammensetzt, z. B. Wartezeiten, Nebenarbeiten, persönlich bedingte Pausen. Ein Verteilzeitzuschlag von z. B. 10 % entspricht einem Verteilzeitfaktor von 1,1.

Beispiel:

Durchschnittliche Arbeitsmenge je Arbeitsprozess 6500 Stück, Bearbeitungszeit je Stück 20 Minuten, Verteilzeitfaktor 1,2, Gesamtarbeitszeit 175 Stunden (entspricht 10500 Minuten).

Aufgabe:

Berechnen Sie den Personalbedarf des Arbeitsprozesses für die Gesamtarbeitszeit!

Lösung:

$$\text{Personalbedarf des Arbeitsprozesses für die Gesamtarbeitszeit} = \frac{6500 \cdot 20 \cdot 1,2}{10500} = \underline{\underline{14,86}}$$

Ergebnis:

Der Personalbedarf des Arbeitsprozesses beträgt für die Gesamtarbeitszeit 14,8 Vollzeitstellen.

Soll der gesamte Personalbedarf des Unternehmens ermittelt werden, so müssen die Vollzeitstellen aller Arbeitsprozesse addiert werden.

2.3 Qualitative Personalbedarfsplanung

(1) Stellenbeschreibung

Jede Stelle erfordert bestimmte Qualifikationen[1] vom Stelleninhaber. Die verlangten Qualifikationen können aus den jeweiligen **Stellenbeschreibungen** entnommen werden. Die Stellenbeschreibung hat die Einordnung einer Stelle in die Verwaltungsstruktur eines Betriebs sowie die Aufgaben einer Stelle deutlich zu machen.

Merke:

Die **Stellenbeschreibung** hat die Einordnung einer Stelle in den hierarchischen Aufbau eines Betriebs sowie die Aufgaben (Funktionen) einer Stelle deutlich zu machen.

---

1 Auf die Anforderungen an die Qualifikation der Mitarbeiter wird im Folgenden nicht eingegangen.

Beispiel einer Stellenbeschreibung:

Stellenbeschreibung für die Terminkontrolle im Einkauf

1. **Bezeichnung der Stelle:** Terminsachbearbeiter.

2. **Zeichnungsvollmacht:** keine.

3. **Der Stelleninhaber ist unterstellt:** dem Facheinkäufer von Arbeitsplatz 2.

4. **Vertretung des Stelleninhabers:** Facheinkäufer des Arbeitsplatzes 2.

5. **Anforderungen an den Stelleninhaber:**
   - allgemeine Einkaufskenntnisse,
   - Zuverlässigkeit,
   - schnelles Erfassen von Zusammenhängen und
   - selbstständiges Arbeiten im Rahmen des ihm übertragenen Aufgabengebiets.

6. **Aufgaben und Zielsetzung der Stelle:**

Der Stelleninhaber ist für die Überwachung der vereinbarten Liefertermine aller Aufträge verantwortlich. Er hat dafür zu sorgen, dass von uns erteilte Bestellungen auch termingerecht erfüllt werden.

Er hat die erforderlichen Maßnahmen zu ergreifen, um einen Lieferverzug durch rechtzeitige Erinnerung und Mahnung beim Lieferanten zu vermeiden. Im Fall eines unabwendbaren Lieferverzugs ist die unverzügliche Information der betreffenden Facheinkäufer erforderlich. Zur Erfüllung dieser Aufgabe steht dem Stelleninhaber Folgendes zur Verfügung:
   - ein an Lieferterminen orientiertes EDV-System,
   - eine wöchentliche Terminüberwachungs-Liste,
   - ein selbstständig geführtes Wiedervorlage-System, das es ermöglicht, ein ganzes Kalenderjahr im Überblick zu behalten,
   - ein EDV-gesteuertes Mahnwesen mit den Mahnstufen I, II und III sowie
   - eine wöchentliche Terminbesprechung mit der Arbeitsvorbereitung.

Darüber hinaus steht dem Stelleninhaber ein PC mit Internetverbindung, das Telefax und ein Telefon zur Verfügung. Bei extrem wichtigen Terminen ist der Facheinkäufer zu verständigen, der sich in diesen Fällen direkt mit dem Lieferanten wegen einer geeigneten Lösung in Verbindung zu setzen hat.

7. **Tätigkeitsbeschreibung:**

7.1 Routinemäßige Kontrollen:
   - Jeder Auftrag ist mit einem Liefertermin versehen. Ist dieser vorgegebene Termin überschritten, erscheint der Auftrag in der Terminüberwachungs-Liste.
   - Ist die Lieferung eine Woche nach dem geforderten bzw. vereinbarten Liefertermin noch nicht erfolgt, wird eine Mahnung abgesandt. Diese Mahnung wird mit einem zusätzlichen Durchschlag versehen, wobei der Lieferant aufgefordert wird, diesen, mit den aktuellen Lieferdaten ausgefüllt, an uns zurückzusenden.
   - Gleichzeitig nimmt der Stelleninhaber diesen Auftrag auf „Termin", d.h., er legt ihn in sein Ablagesystem zur Wiedervorlage ab.

     Wichtig: Innerhalb einer Woche müssen sämtliche Aufträge mindestens einmal terminlich bearbeitet werden.

7.2 Gezielte Terminreklamationen:
   - Bearbeitung der Reklamationslisten der Fertigungssteuerung LABOR und METALL.

     Die in diesen Listen aufgeführten Aufträge sind per E-Mail, Telefax oder per Telefon zu reklamieren. Diese Aufträge werden ebenfalls zur Wiedervorlage einsortiert. Das signalisiert dem Stelleninhaber, dass diese Aufträge einer ganz besonders scharfen Überwachung und Kontrolle zu unterziehen sind. Das reklamierte Material wird bereits in der Fertigung benö-

tigt oder muss innerhalb weniger Tage vorliegen, um einen kontinuierlichen Fertigungs-
ablauf zu gewährleisten. Nach Erhalt der Reklamationsantworten ist die Reklamationsliste
mit den entsprechenden Angaben an die jeweilige Fertigungssteuerung zurückzugeben.

- In gleicher Weise wird verfahren, wenn Terminanfragen direkt aus dem Meisterbereich
  bzw. den jeweiligen Betriebsleitungen und der Dispostelle kommen.
- Aufträge aus wichtigen und dringenden Kommissionen behält der Facheinkäufer bei sich.
  Dies bedeutet, dass alle Aufträge aus dieser Kommission zweimal wöchentlich zu über-
  wachen sind.
- Einmal pro Woche erfolgt eine Terminüberwachung im Laborbereich durch die Auftragskontrolldatei (AUKODA). Aus dieser Auftragskontrolldatei ist einmal zu entnehmen, ob
  überhaupt Zukaufteile in dieser Kommission enthalten sind und welchen Versand- bzw.
  Auslieferungstermin die jeweilige Kommission hat. Aufträge dieser Kommission werden
  terminlich anhand der in der AUKODA festgelegten Produktionsendtermine überprüft.
  Der Terminsachbearbeiter entscheidet selbstständig, ob und in welcher Form diese Aufträge zu reklamieren sind. Wird eine Mahnung vorgenommen, ist dieser Auftrag zusätzlich zur „Wiedervorlage" zum entsprechenden Termin einzusortieren.

7.3 Täglich erhält der Stelleninhaber alle Rechnungen. Dadurch ist er laufend über die Eingänge
unterrichtet und kann deshalb gegebenenfalls notwendige Terminreklamationen verhindern. Zu diesen Rechnungen sind die jeweiligen Aufträge herauszusuchen.

8. Zusammenarbeit mit anderen Abteilungen:

Vom Stelleninhaber wird eine gute und positive Zusammenarbeit mit den entsprechenden Sachbear-
beitern folgender Abteilungen verlangt: Wareneingang, Fertigungssteuerung und Dispositionsstelle.

3 Personalbeschaffungsplanung

3.1 Aufgaben der Personalbeschaffungsplanung

Merke:

Die **Planung** der **Personalbeschaffung** hat die Aufgabe, alle Maßnahmen festzulegen,
die notwendig sind, um freie Stellen zeitlich unbefristet oder doch zumindest für
einige Zeit neu zu besetzen.

Hauptproblem der Personalbeschaffungsplanung ist die Frage, ob die offenen Stellen
betriebsintern besetzt werden sollen (Versetzung bzw. Beförderung von bisherigen Mitarbeitern) oder ob die benötigten Mitarbeiter **extern,** d.h. über den Arbeitsmarkt, zu beschaffen sind.

Um den Personalbedarf quantitativ und qualitativ präzise planen zu können, ist es sinnvoll,
die zu besetzende Stelle hinsichtlich der Arbeitsgegebenheiten, den Leistungsanforderun-
gen und der Instanzenzuordnung zu beschreiben. Mit einer **Stellenbeschreibung** bzw. einem Anforderungsprofil für die Stellen wird die Grundlage dafür geschaffen, die Aus-
schreibung zu formulieren und den geeignetsten Bewerber auszuwählen.

3.2 Personalbeschaffungswege

(1) Interne Personalbeschaffung

Die interne Personalbeschaffung geschieht durch eine innerbetriebliche **Stellenausschreibung.**[1] Der Vorteil für das Unternehmen besteht darin, dass der Geschäftsleitung die Fähigkeiten und Fertigkeiten des Mitarbeiters bereits bekannt sind. Außerdem kennen die Mitarbeiter, die sich um eine betriebsintern ausgeschriebene Stelle bewerben, bereits den Betrieb, sodass die Einarbeitungszeit kürzer ist als bei einem Mitarbeiter, für den der Betrieb fremd ist. Der Nachteil ist, dass die abgelehnten Bewerber die Absage als ungerecht und/oder als Niederlage empfinden können und deshalb ihre Motivation abnimmt.

Innerbetriebliche Stellenausschreibung
In der Abteilung ... ist ab ... folgende Stelle zu besetzen:
Stellenbezeichnung . . . .
Stellennummer . . . .
Aufgaben. . . . .
Entgelt . . . .
Qualifikationen. . . . .
Kompetenz . . . .
Bewerbungsunterlagen bis. . . . .
Datum . . . .   Unterschrift . . . .

(2) Externe Personalbeschaffung

Ist eine innerbetriebliche Personalbeschaffung nicht möglich (weil z.B. kein Bewerber den geforderten Qualifikationen entspricht) oder nicht gewollt (weil z.B. „frischer Wind" in das Unternehmen kommen soll), so erfolgt eine externe Personalbeschaffung. Es gibt folgende externe Beschaffungswege:

■ **Agenturen für Arbeit** als Einrichtungen der Bundesagentur für Arbeit. Sie haben u.a. die Aufgabe, berufliche Ausbildungsstellen und Arbeitsplätze zu vermitteln. Außer der Agentur für Arbeit kann **jedermann gewerbliche Arbeitsvermittlung** betreiben. Für die Aufnahme einer solchen Tätigkeit ist bei der Agentur für Arbeit eine Erlaubnis einzuholen.

■ **Private Arbeitsvermittlungen.**

■ **Arbeitsverleihunternehmen.** Hier wird ein kurz- oder mittelfristiger Personalbedarf durch das Leasen von Arbeitskräften gedeckt. Beim Personalleasing überlässt das Verleihunternehmen einem Auftraggeber (dem Entleiher) gegen Entgelt Arbeitskräfte (die Leih- oder Zeitarbeitnehmer). Zwischen dem Verleihunternehmen und dem Auftraggeber wird zu diesem Zweck ein **Arbeitnehmerüberlassungsvertrag** abgeschlossen. **Arbeitgeber** ist das **Verleihunternehmen.** Es bezahlt demnach auch die Leiharbeitskräfte. Während der Laufzeit des Arbeitnehmerüberlassungsvertrags ist der Auftraggeber gegenüber der Leiharbeitskraft weisungsbefugt.

■ **Stellenanzeigen** in Zeitungen und Zeitschriften.

■ **Personalberater.** Sie sind externe Berater, die im Auftrag des Betriebs vor allem hoch qualifiziertes Personal vermitteln und i.d.R. bereits eine Vorauswahl unter den Bewerbern treffen.

Vorteile der externen Personalbeschaffung sind, dass die Arbeitskräfte aus fremden Betrieben Erfahrungen und neue Ideen mitbringen. Ein möglicher Nachteil ist die längere Einarbeitungszeit.

---

1 Nach § 93 BetrVG hat der Betriebsrat das Recht zu verlangen, dass Arbeitsplätze, die besetzt werden sollen, vor ihrer Besetzung innerhalb des Betriebs ausgeschrieben werden.

- Die **Personalwirtschaft** verfolgt **ökonomische Ziele** (z. B. Gewinnerzielung) und **soziale Ziele** (z. B. Sicherheit, Zufriedenheit, beruflicher Aufstieg der Arbeitnehmer).

- Aufgabe der **Personalbedarfsplanung** ist, den gegenwärtigen und künftigen Bedarf an Arbeitskräften nach Qualität und Quantität zu ermitteln.

- Die **quantitative Personalbedarfsplanung** legt fest, wie viele Mitarbeiter benötigt werden.

- Die **qualitative Personalbedarfsplanung** legt fest, welche Qualifikationen die Mitarbeiter benötigen.

- Die **Personalbeschaffungsplanung** umfasst alle erforderlichen Maßnahmen, um den Neu- und Ersatzbedarf zu decken.

- Die **Personalbeschaffung** kann auf einem **internen** oder **externen Weg** vorgenommen werden.

    - **Interner Weg** durch **Stellenausschreibung.** Die Rechte des Betriebsrates sind zu beachten.

      Vorteile: Motivationssteigerung, Qualifikation des Bewerbers ist bekannt, geringeres Risiko einer Fehlbesetzung, kürzere Einarbeitungszeit, niedrigere Kosten.

      Nachteile: Unter Umständen verhindern gefestigte informelle Beziehungen die Anwendung notwendiger, aber unliebsamer Maßnahmen, „Betriebsblindheit" verhindert Weiterentwicklung, unter Umständen Mehrkosten durch Nachrückverfahren, möglicherweise „Karriereneid" der Kollegen.

    - **Externer Weg** über Agenturen für Arbeit, private Arbeitsvermittlungen, Arbeitsverleihunternehmen, Stellenanzeigen, Personalberater.

Übungsaufgaben

158 Die moderne Personalwirtschaft hat sowohl ökonomische als auch soziale Zielsetzungen.

Aufgaben:

1. Erläutern Sie diese beiden Zielsetzungen!

2. Begründen Sie anhand eigener Beispiele mögliche Zielkonflikte bei der Verfolgung der von Ihnen genannten Ziele!

3. Auf welchen Faktoren beruht die steigende Bedeutung betrieblicher Personalwirtschaft?

4. Welches Ziel verfolgt die betriebliche Personalplanung?

5. Beschreiben Sie die Hauptaufgaben betrieblicher Personalplanung!

6. In der Einkaufsabteilung der Martin Müller Metallbau KG sind durchschnittlich 4 100 Rechnungen pro Monat zu bearbeiten. Die durchschnittliche Bearbeitungszeit pro Rechnung beträgt 15 Minuten. Als Verteilzeitfaktor gilt der Erfahrungswert von 1,2. Die durchschnittliche Arbeitszeit pro Monat beträgt 160 Stunden.

   Berechnen Sie den Personalbedarf für die Einkaufsabteilung!

159 Die VBM Vereinigte Büromöbel AG, Bruchsal (im folgenden Text kurz „VBM AG" genannt), hat infolge der günstigen Branchenkonjunktur stark expandiert. Mit dem Aufbau von Produktionsstätten und einem flächendeckenden Vertriebsnetz in den neuen Bundesländern hat sich das Unternehmen konsequent zukunftsorientierte Marktanteile gesichert. Die starke Expansion hat sich auch in der Belegschaftsstatistik niedergeschlagen.

30 Speth u.a. - ISBN 978-3-8120-0465-7

Aufgaben:

1. Am 31. Dezember des ersten Geschäftsjahres wurden 600 Angestellte und 1400 gewerbliche Mitarbeiter beschäftigt. Im 2. Geschäftsjahr stieg die Gesamtbelegschaft um 25 %; die Zahl der Angestellten erhöhte sich um 37,5 %.

   Erstellen Sie eine Personalstatistik für das 1. und 2. Geschäftsjahr nach folgendem Schema:

Jahr	Gesamt-belegschaft	Angestellte		gewerbl. Mitarbeiter	
		absolut	%	absolut	%

2. Wie erklären Sie sich die Veränderung der Belegschaftsstruktur? (Zwei Gesichtspunkte!)

3. Eine Hauptaufgabe der Personalabteilung besteht darin, den gegenwärtigen und zukünftigen Bedarf an Arbeitskräften zu ermitteln.

   Erläutern Sie anhand von drei Einflussfaktoren, warum es sehr schwierig ist, die mittel- und langfristige Entwicklung des Personalbedarfs quantitativ und qualitativ genau festzulegen!

4. Die VBM AG sucht zum 1. Juli des 3. Geschäftsjahres weitere Arbeitskräfte.

   Welche Personalbeschaffungswege kommen infrage?

5. Nennen Sie je einen Vor- und einen Nachteil der von Ihnen genannten Beschaffungswege!

3.3 Stellenangebot

Beispielhaft für die vielen Möglichkeiten, Stellenangebote anzukündigen, stellen wir im Folgenden die **Stellenanzeige** vor.

Der **Inhalt der Stellenanzeige** sollte insbesondere folgende Punkte umfassen:

Charakterisierung des Unternehmens	Name des Unternehmens, Branche, Standort, Größe …
Beschreibung der Stelle	Aufgabenbeschreibung, Aufstiegsmöglichkeiten
Anforderungsmerkmale an den Bewerber	Ausbildung, Kenntnisse, Berufserfahrung, Fähigkeit, Mitarbeiter zu führen …
Leistungen des Unternehmens	Hinweis auf Gehaltshöhe, soziale Leistungen, Hilfe bei Wohnungsbeschaffung …
Hinweis auf Bewerbungsunterlagen	Lebenslauf, Zeugnisse, Referenzen[1], persönliches Vorstellungsgespräch

Die Stellenanzeige sollte so gestaltet werden, dass sie zum einen Aufmerksamkeit weckt und zum anderen eine Werbung für das Unternehmen darstellt.

---

1 Referenz (wörtl. Empfehlung): Hinweis auf Personen oder Stellen, die Auskunft über den Bewerber geben können.

Je nachdem, wie groß der Verantwortungsbereich der angebotenen Stelle ist, wird die Stellenanzeige in einer regionalen Tageszeitung (z.B. Bonner Generalanzeiger), einer überregionalen Tageszeitung (z.B. Frankfurter Allgemeinen Zeitung) einer überregionalen Wochenzeitung (z.B. Die Zeit) oder einer Fachzeitschrift (z.B. Der Möbelmarkt) geschaltet.

3.4 Bewerbung

(1) Bewerbungsunterlagen

Die Bewerbung umfasst:

- das eigentliche Bewerbungsschreiben,
- den Lebenslauf,
- die Zeugnisse und andere Referenzen,
- ein Lichtbild.

Es ist sinnvoll, für die Bewerbung eine **Bewerbungsmappe** zu verwenden.

(2) Bewerbungsschreiben

Das eigentliche Bewerbungsschreiben sollte grundsätzlich mit einem Textverarbeitungsprogramm abgefasst und auf gutem Papier ausgedruckt sein. Das Bewerbungsschreiben enthält mindestens folgende Punkte:

- Anlass der Bewerbung,
- Hinweise auf Fähigkeiten und Fertigkeiten,
- Hinweise auf Schulbesuche und -abschlüsse, sofern nicht im Lebenslauf enthalten,
- Hinweise auf Anlagen (Lebenslauf, Zeugnisabschriften),
- Angabe von Referenzen,
- Bitte um Berücksichtigung der Bewerbung.

Ein Beispiel für ein Bewerbungsschreiben finden Sie auf S. 469.

(3) Lebenslauf

Der Lebenslauf kann inhaltlich in 5 Abschnitte aufgegliedert werden: persönliche Daten, schulische Ausbildung, Praktika, spezielle Kenntnisse und Fertigkeiten und Sonstiges.

Persönliche Daten	Vor- und Familienname, Geburtsdatum, Geburtsort. Mögliche Ergänzung: Religionszugehörigkeit, Staatsbürgerschaft.
Schulische Ausbildung (in Bildungsabschnitte gegliedert)	Grundschule, weiterführende Schulen, Abschluss (Die Zeitliste hat keine Lücken bzw. diese werden erklärt, z.B. zusätzliche Schuljahre.)
Praktika	Alle Praktika und deren Dauer sowie alle Sprachkurse werden aufgeführt.
Spezielle Kenntnisse und Fertigkeiten	Alle diesbezüglichen Fragen/Anforderungen sind berücksichtigt. Sie vermitteln die speziellen Kenntnisse und Fertigkeiten selbstbewusst, aber ohne Überheblichkeit.
Sonstiges	Sie stellen dar, was sonst noch für Sie spricht (zusätzliche Qualifikationen, soziales Engagement, spezielle Interessen, sportliche Aktivitäten). Die aufgeführten Punkte klingen nicht angeberisch.

Ein Beispiel für einen Lebenslauf finden Sie auf S. 470.

(4) Zeugnisse und andere Referenzen

Der dritte wichtige Bestandteil einer Bewerbungsmappe sind Zeugnisse und andere Bescheinigungen. Hierzu gehören

- die beglaubigten Kopien der letzten beiden Schulzeugnisse,
- Bescheinigungen über absolvierte Kurse (z.B. Sprach- und EDV-Kurse),
- Bescheinigungen über Betriebspraktika u.Ä.

Diese Unterlagen werden zusammen mit dem Anschreiben und dem Lebenslauf in eine spezielle Bewerbungsmappe oder einem hochwertigen Klarsichthefter aus dem Schreibwarengeschäft eingeordnet und in einem großen Umschlag zum Versand vorbereitet.

3.5 Einstellungstests

Zur Testvorbereitung lohnt es sich auf jeden Fall, sich die verschiedenen Aufgabentypen anzusehen und möglichst die Lösung solcher Aufgaben zu üben. Die Auswahltests für Lehrstellenbewerber sind häufig schriftliche Leistungstests mit folgenden Schwerpunkten (Beispiele):[1]

■ **Test zum sprachlichen Denken (Wortauswahl)**

Kreuzen Sie zwei der sieben aufgeführten Wörter an, die unter einen Sammelbegriff passen:						
geschwind	rostig	langweilig	luftig	langsam	launisch	winzig
Ⓐ	Ⓑ	Ⓒ	Ⓓ	Ⓔ	Ⓕ	Ⓖ

---

1 Quelle: www.bw-tips.de

Beispiel für ein Bewerbungsschreiben

Brigitte Schulz
Humperdinckstr. 17
48147 Münster

Münster, 26. Juni 20..

Westfalenmöbel GmbH
Moränenstr. 21
48165 Münster

Bewerbung um eine Ausbildungsstelle als Industriekauffrau

Sehr geehrte Damen und Herren,

in den „Westfälischen Nachrichten" vom 22. Juni suchten Sie eine Auszubildende für den Beruf der Industriekauffrau. Ich interessiere mich für diese Stelle.

Zurzeit besuche ich am Hansa-Berufskolleg die Höhere Handelsschule, die ich voraussichtlich im Juli mit dem Erwerb der Fachhochschulreife abschließen werde. Diese Schulform habe ich gewählt, weil meine Neigungen im kaufmännischen Bereich liegen, hier hatte ich im vergangenen Jahr immer gute Noten.

In den letzten Sommerferien hatte ich Gelegenheit, für einige Wochen bei dem ortsansässigen Unternehmen MöbelTec Schärf GmbH im Büro auszuhelfen. Die Erfahrungen, die ich dort sammeln konnte, haben mich in meinem Beschluss bestärkt, den Beruf der Industriekauffrau anzustreben.

Angeregt durch den EDV-Unterricht in der Schule, habe ich mich in der Freizeit intensiv mit elektronischer Datenverarbeitung beschäftigt und meine Kenntnisse in Windows und Office vertieft.

Ich bin sicher, dass der angestrebte Beruf mir sehr viel Freude bringen wird. Über eine Einladung zu einem Vorstellungsgespräch würde ich mich sehr freuen.

Mit freundlichem Gruß

Brigitte Schulz

Anlagen
Lebenslauf
2 beglaubigte Zeugnisabschriften
1 Lichtbild

Lebenslauf

Zu meiner Person

Name:	Gerlinde Maske
Anschrift:	Eichendorffweg 15
	52064 Aachen
Geburtsdatum:	21. August 1991
Geburtsort:	Aachen
Staatsangehörigkeit:	deutsch
Eltern:	Erich Maske, Schlossermeister
	Erna Maske, geb. Witt
Geschwister:	Florian, 20 Jahre
angestrebte Position:	Auszubildende: Bürokauffrau

Schule

07/1997 bis 2008	Schulausbildung
	Grundschule Aachen
	Hauptschule Aachen
	Höhere Handelsschule Aachen
	Abschluss: Note 2,2
08/2008 bis 09/2009	Freiwilliger Sozialdienst
	Seniorenheim Seeblick, Aachen

Weiterbildungen

10/2008	„Basics, Tipps und Tricks bei der Büroarbeit"
02/2009	Vertiefungskurs PowerPoint

Kenntnisse und Fertigkeiten

Sprachen	
Englisch	ausgebaute Schulkenntnisse

Aktivitäten und Mitgliedschaften

seit 03/2004	Mitgliedschaft in der Volleyballabteilung des Sportclubs Aachen
seit 01/2008	Leitung einer Jugendmannschaft

Sonstige Interessen

Fotografie
Computer- und Telekommunikationstechnik

Aachen, 30. November 2009

Gerlinde Maske

Bilden Sie aus den folgenden Buchstabengruppen je einen Tiernamen:

Ⓐ FEFA	Ⓓ PETSCH	Ⓖ COHRFS	Ⓚ LODRESS
Ⓑ GAJURA	Ⓔ PLEIHND	Ⓗ WERMGUNER	
Ⓒ PRAFNEK	Ⓕ LEZEGLA	Ⓘ SIAMEE	

Eine Ablehnung nach dem Einstellungstest muss nicht bedeuten, dass der Bewerber schlechte Leistungen im Test erbracht hat oder für den gewählten Beruf ungeeignet ist. Bewerben sich viele auf eine Stelle, werden oft nur die Testbesten zu einem Vorstellungsgespräch eingeladen.

3.6 Bewerbungsgespräch

Eine Einladung zum Vorstellungsgespräch ist der erste Erfolg. Sie bedeutet, dass Ihre Bewerbung in die engere Auswahl gekommen ist. Ziel des Vorstellungsgesprächs ist es, einander kennenzulernen, Informationen über Bewerber bzw. Arbeitsplatz auszutauschen und Sympathien zu wecken.

3.6.1 Grundregeln der Kommunikation

Eine freundliche Begrüßung ist das A und O, um mit anderen Menschen in Kontakt zu kommen. Eine unangemessene oder gar eine fehlende Begrüßung kann den gesamten Verlauf des Bewerbungsgesprächs negativ beeinflussen. Ein Bewerber sollte dem Personalchef nicht als erster die Hand hinstrecken, sondern abwarten, ob er eine Begrüßung per Handschlag überhaupt wünscht.

Hier einige **allgemeine Regeln,** wie wir mit anderen Personen **in Kontakt treten:**

Allgemeine Regeln	Erläuterungen
Andere Menschen personenbezogen und situationsgerecht begrüßen	Die Grußformel hängt vom Alter, Geschlecht, Beruf, Titel und Vertrautheit mit dem zu Begrüßenden ab. „Guten Abend, Herr Gemeinder" „Schönen guten Morgen, Frau Dr. Hanse" ⎫ Begrüßung „Grüß Gott", „Guten Tag" ⎬ Erwachsener „Hallo Georg", „Hallo" — Begrüßung von Jugendlichen
Blickkontakt herstellen	Durch den Blickkontakt wird Interesse, Offenheit, Zuwendung, Wertschätzung und Ehrlichkeit signalisiert. Er schafft eine gute Voraussetzung dafür, dass das Gespräch in einer guten Atmosphäre stattfindet.
Freundlicher und entspannter Gesichtsausdruck	Mit Lächeln, einem freundlichen und entspannten Gesichtsausdruck wird dem Personalchef Selbstsicherheit und Offenheit signalisiert.
Einen ausreichenden Gesprächsabstand einhalten	Der Abstand zwischen Bewerber und Personalchef sollte etwa 1,20 m bis 3,0 m betragen. Eine geringere Gesprächsdistanz könnte als aufdringlich empfunden werden.
Mit Namen vorstellen	Richtig: „Mein Name ist Anna Müller", oder: „Ich bin Anna Müller". Falsch: „Ich heiße Frau Anna Müller", oder: „Ich bin Frau Anna Müller".

3.6.2 Mögliche Inhalte eines Bewerbungsgesprächs

Auch die inhaltliche Seite des Vorstellungsgesprächs sollte sorgfältig vorbereitet werden, um unangenehme Überraschungen zu vermeiden.

Gesprächsthemen, mit denen Sie bei einem Bewerbungsgespräch rechnen müssen, sind:

- Lebenslauf und Schulausbildung,
- Ihr Interesse am angestrebten Ausbildungsberuf,
- Ihre besondere Eignung,
- Ihre Zukunftspläne,
- Freizeit, Familie, Hobbys,
- Allgemeinwissen, aktuelles Tagesgeschehen,
- Wissen über den Ausbildungsbetrieb.

Beispiel:

- Warum haben Sie sich gerade bei unserem Unternehmen beworben?
- Was gefällt Ihnen besonders an diesem Ausbildungsberuf?
- Wo sehen Sie Ihre Stärken und Ihre Schwächen?
- Welche Hobbys betreiben Sie?
- Haben Sie schon einmal während Ihrer Schulferien gearbeitet?
- Wie stellen Sie sich Ihre Ausbildung vor?
- Warum sollten wir gerade Sie den übrigen Mitbewerbern vorziehen?

Nicht beantworten muss der Bewerber Fragen, die gegen das Recht auf **Schutz der Persönlichkeit** verstoßen. Allerdings hat der Bewerber darauf zu achten, dass er arbeitsrechtlich zulässige Fragen wahrheitsgemäß und vollständig beantwortet. Zudem ist der Bewerber verpflichtet, dem potenziellen (möglichen) Arbeitgeber alle Sachverhalte mitzuteilen, die der angestrebten Tätigkeit entgegenstehen (z.B. Krankheit, Kur). Diese Verpflichtung gilt auch dann, wenn der Bewerber im Bewerbungsgespräch nicht danach gefragt wird. Kommt der Bewerber der Offenlegungspflicht nicht nach, so kann der Arbeitgeber einen abgeschlossenen Arbeitsvertrag anfechten.

Nicht beantworten muss der Bewerber z.B. Fragen nach:

- **Familienplanung und Schwangerschaft,**
- **Vorstrafen,** außer sie sind berufsrelevant (Bewerbung als Kassierer, Buchhalter, Sicherheitsbeauftragter),
- **Krankheiten,** sofern die Krankheit die Berufsausbildung nicht erschwert oder unmöglich macht (ansteckende Krankheiten, Bandscheibenleiden),
- **Partei-, Kirchen- oder Gewerkschaftszugehörigkeit,** außer man bewirbt sich bei sogenannten „Tendenzbetrieben" (z.B. Landesverband einer Partei, katholischer Kindergarten),
- **finanziellen Verhältnissen,** es sei denn, es wird eine Führungsposition oder eine besondere Vertrauensstellung angestrebt.

3.7 Aktions- und Zeitplanung

Die Bewerbung um einen Ausbildungsplatz ist für die meisten Schüler der Höheren Handelsschule das erste größere **Projekt in eigener Sache.** Eine sorgfältige Planung ist deshalb notwendig, um ein Durcheinander und Stress zu vermeiden. Wie das folgende Beispiel einer Aktions- und Zeitplanung zeigt, ist auch Geduld verlangt, da sich das Bewerbungsverfahren insbesondere bei größeren Unternehmen über mehrere Monate hinziehen kann. Eine zu frühe telefonische Nachfrage kommt meist nicht so gut an.

Beispiel:

Übersicht über die Aktions- und Zeitplanung:

Aug.	Sept.	Okt.	Nov.	Dez.	Jan.
Stellenanzeigen der Zeitung nach Ausbildungsplatzangeboten durchsuchen					
bei Arbeitsagentur nach Ausbildungsfirmen fragen					
	Bewerbungsunterlagen erstellen und versenden				
		Warten auf Rückmeldung, evtl. telefonisch nachfragen			
		Vorbereitung auf und Teilnahme an den Einstellungstests			
			Gesprächsvorbereitung und Teilnahme am Vorstellungsgespräch		
				Ausbildungsvertrag unterschreiben	

Trifft die ersehnte Einladung zu einem Einstellungstest oder Vorstellungsgespräch ein, ist Folgendes zu tun:

- Termin bestätigen,
- inhaltliche Vorbereitungen treffen,
- angemessenes Outfit zusammenstellen,
- Anfahrtsweg und benötigte Anfahrtszeit klären,
- evtl. Unterrichtsbefreiung beantragen.

- Die Bewerbung umfasst das Bewerbungsschreiben (Anschreiben), den Lebenslauf und die Dokumente. Es ist sinnvoll, die Bewerbungsunterlagen in einer **Bewerbungsmappe** zusammenzufassen.

- Das **eigentliche Bewerbungsschreiben** sollte grundsätzlich in Maschinenschrift abgefasst sein.

- Der **Lebenslauf** wird heute in der Regel maschinenschriftlich in tabellarischer Form abgefasst und vorgelegt. Häufig wird auch ein handschriftlicher Lebenslauf gewünscht.

- Vor dem Vorstellungsgespräch sollte sich der Bewerber über das Unternehmen informieren und selbstverständlich die Schwerpunkte des gewünschten Ausbildungsberufs kennen.

160 1. 1.1 Brigitte Holzmüller, wohnhaft in 49076 Osnabrück, Eichelkamp 8, möchte sich bei der Fischer & Freundlich Partnerschaft Steuerberatungsgesellschaft bewerben. Welche Unterlagen hat Brigitte Holzmüller einer erfolgreichen Bewerbung beizufügen?

    1.2 Schreiben Sie für Brigitte Holzmüller das Bewerbungsschreiben an die Fischer & Freundlich Partnerschaft Steuerberatungsgesellschaft, Holtstraße 45, 49074 Osnabrück (Briefdatum: 15. Juni)!

Nehmen Sie an, Brigitte Holzmüller hat die Höhere Handelsschule mit der Gesamtnote „gut" abgeschlossen; sie interessierte sich in der Höheren Handelsschule besonder für das Thema Buchführung; sie bittet um ein Vorstellungsgespräch und legt Zeugniskopien sowie einen Lebenslauf bei.

2. 2.1 Schreiben Sie Ihre Bewerbung zu nebenstehender Zeitungsanzeige im Bonner Generalanzeiger vom 17. August dieses Jahres!

    2.2 Legen Sie dem Bewerbungsschreiben Ihren handgeschriebenen Lebenslauf bei!

> Wir stellen zum 1. September
>
> ## AUSZUBILDENDE
>
> zur 3-jährigen Ausbildung als Industriekaufleute ein. Voraussetzung: Realschul- oder ein gleichwertiger Abschluss.
>
> Wir bilden gründlich in allen kaufmännischen Abteilungen aus. Bei Bewährung gewähren wir $^1/_2$ Jahr Ausbildungszeitverkürzung.
>
> **Vanura & Venn GmbH, Maschinenfabrik**
> Schlesienstraße 20,
> 53119 Bonn

161 Elke Schmid bewirbt sich um den Ausbildungsplatz zur Einzelhandelskauffrau in einem Bau- und Gartenmarkt. Zuständig für die Personaleinstellung ist Herr Florian Manz.

Aufgaben:

1. Bereiten Sie das Bewerbungsgespräch als Rollenspiel vor. Erstellen Sie die beiden Rollenkarten mit den wichtigsten Argumenten und Fragen in thementeiliger Gruppenarbeit!

2. Während zwei Gruppensprecher die beiden Rollen spielen, bildet der Rest der Klasse zwei neue Gruppen und füllt den folgenden Beobachtungsbogen – getrennt nach den beiden Rollen – aus:

Beobachtungsbogen für ....

Gesprächseröffnung

schafft eine angenehme Atmosphäre	ja ☐	nein ☐
bietet Gegenüber Platz an	ja ☐	nein ☐
Blickkontakt wird ermöglicht	ja ☐	nein ☐
nennt das Ziel des Gesprächs	ja ☐	nein ☐
strukturiert das Gespräch	ja ☐	nein ☐

Gesprächsverlauf

verliert sein Ziel nicht aus den Augen	ja ☐	nein ☐
lässt den anderen zu Wort kommen	ja ☐	nein ☐
stellt offene Fragen	ja ☐	nein ☐
stellt geschlossene Fragen	ja ☐	nein ☐
hört gut zu	ja ☐	nein ☐
fasst Gesprächsergebnisse zusammen	ja ☐	nein ☐

Sprache/Körpersprache

klar und verständlich	ja ☐	nein ☐
gut formuliert	ja ☐	nein ☐
angemessene Gestik	ja ☐	nein ☐
freundliche Mimik	ja ☐	nein ☐
wirkt nervös	ja ☐	nein ☐

Sonstige Beobachtungen

....

....

---

3. Das Rollenspiel kann nach der Diskussion der Beobachtungen in neuer Besetzung wiederholt werden.

4. Entscheiden Sie, ob die folgenden Fragen vom Bewerber in einem Vorstellungsgespräch beantwortet werden müssen. Begründen Sie Ihre Entscheidung!

   4.1 Herr Karl Eller bewirbt sich um eine Stelle als Kassierer bei einer Bank. Er wird danach gefragt, ob er wegen Unterschlagung oder Diebstahl vorbestraft ist.

   4.2 Frau Adele Gut bewirbt sich als Verkäuferin in einem Textilgeschäft. Sie wird gefragt, ob sie Mitglied einer Gewerkschaft ist.

   4.3 Der 18-jährige Ludwig Gesell bewirbt sich um eine Stelle als Lagerfacharbeiter. Er wird danach gefragt, ob er schon seinen Wehr- bzw. Ersatzdienst abgeleistet hat.

   4.4 Eva Bartels bewirbt sich um eine Ausbildungsstelle als Bürokauffrau. Sie soll Auskunft darüber geben, ob sie schwanger ist.

4 Personalauswahl und Personaleinstellung

(1) Ziel der Personalauswahl

Die Personalauswahl hat zum Ziel, die für die zu besetzende Position am besten geeignete Person zu ermitteln. Dazu muss man die Eignung aller Bewerber für die freie Position feststellen.

Geordnet nach ihrer Bedeutung in der Praxis gibt es bei der Neueinstellung von Mitarbeitern folgende Einstellungskriterien: die Ergebnisse des Einstellungsgesprächs (Interviews), Praxiszeugnisse, Ausbildungszeugnisse, Auswertung des Lebenslaufs, Schulzeugnisse, Ergebnisse von Arbeitstests bzw. -proben, Gutachten und Referenzen[1] und die Analyse psychologischer Tests bzw. Eignungsuntersuchungen.

(2) Ablauf des Personalauswahlverfahrens

Das **Personalauswahlverfahren** geht in der Regel in folgenden **Stufen** vor sich:

① **Vorauswahl** anhand der vorliegenden

- Bewerbungsunterlagen (Bewerbungsschreiben, Lebenslauf, Zeugnisse, Lichtbild) und
- eingeholten Zusatzinformationen (Referenzen).

② **Auswahlentscheidung** aus einem kleinen Kreis der Bewerber aufgrund von zuvor festgelegten Einstellungskriterien.

③ **Endgültige Einstellung** nach Anhörung des Betriebsrats und Ablauf der Probezeit.

(3) Rechtliche Bedingungen der Personalauswahl

■ Sorgfaltspflicht des Arbeitgebers bei Bewerbungsunterlagen

Dem Arbeitgeber obliegt hinsichtlich der eingereichten Bewerbungsunterlagen eine besondere Sorgfaltspflicht. Insbesondere muss der Arbeitgeber die Bewerbungsunterlagen sicher aufbewahren, er darf die Unterlagen nicht beliebigen Betriebsangehörigen und schon gar nicht betriebsfremden Personen zugänglich machen. Außerdem darf er die Bewerbungsunterlagen an kein anderes Unternehmen weiterleiten. Nach Ablehnung der Bewerbung hat der Arbeitgeber die Bewerbungsunterlagen unverzüglich zurückzusenden. Verletzt der Arbeitgeber eine der angeführten Pflichten, so ist er dem Bewerber zum Schadensersatz verpflichtet.

■ Erstattung von Vorstellungskosten

Grundsätzlich besteht **keine Rechtspflicht** zur Erstattung der Kosten, die beim Bewerber für seine Bewerbung anfallen.

■ Mitwirkung des Betriebsrats bei Einstellungen [§§ 99–101 BetrVG]

In Betrieben mit i.d.R. mehr als zwanzig wahlberechtigten Arbeitnehmern hat der Arbeitgeber den Betriebsrat z.B. vor jeder Einstellung, Eingruppierung, Umgruppierung und Versetzung zu unterrichten, ihm die erforderlichen Bewerbungsunterlagen vorzulegen,

---

1 Referenzen: Empfehlungen, Auskünfte von Personen. Referenz: Jemand, der eine Auskunft oder eine Empfehlung geben kann.

Externe Beschaffung und Einstellung einer Arbeitskraft

durch unmittelbare Personalwerbung ← ---- **erleichtert durch mittelbare Personalwerbung (Public Relations).**

z.B.:
- Zeitungsanzeigen (Inserate)
- Plakate
- Flugblätter
- Einschaltung von Vermittlungsbüros
- Einschaltung der Agentur für Arbeit
- Empfehlung durch eigene Mitarbeiter
- „Schnupperlehre"

Die Bemühungen eines Unternehmens um ein gutes Verhältnis zur Außenwelt (Public Relations) führen dazu, dass der Bekanntheitsgrad des Unternehmens zunimmt. Ein für seine Erzeugnisse und sozialen Leistungen bekanntes Unternehmen wird es leichter haben, sich extern qualifizierte Arbeitskräfte zu beschaffen, als dies bei einem unbekannten Unternehmen der Fall ist.

führt zur

Bewerbung

enthält in der Regel:
- Bewerbungsschreiben
- Lebenslauf
- Lichtbild
- Zeugnisabschriften
- Auskunftspersonen („Referenzen")
- evtl. firmeneigene Fragebögen

eventuell grafologisches Gutachten aufgrund eines handschriftlichen Lebenslaufs (vor allem bei der Besetzung von Stellen mit hohen Qualifikationsanforderungen).

falls geeignet

persönliche Vorstellung

unter Umständen mit:
- Einstellungstest
- Einstellungsgespräch
- Gruppendiskussionen
- Assessment-Center

sie geben Auskunft über soziale Kompetenzen der Bewerber (z.B. Kontaktfähigkeit, Ausdrucksvermögen).

hier werden in Gruppen über mehrere Tage zahlreiche praxisnahe Übungen durchgeführt, um z.B. das Problemlösungsverhalten der Bewerber zu beobachten und zu beurteilen.

falls Bewerber geeignet ist, erforderlichenfalls noch

ärztliche Untersuchung

Anhörung des Betriebsrats.

falls keine gesundheitlichen Bedenken bestehen und der Betriebsrat zustimmt

Einstellung (Arbeitsvertrag)

Auskunft über die Person der Beteiligten zu geben und die Zustimmung des Betriebsrats einzuholen. Der Betriebsrat kann die Zustimmung z.B. unter folgenden Umständen verweigern: Verstoß gegen eine rechtliche Vorschrift, Verstoß gegen eine Auswahlrichtlinie, Befürchtung einer Störung des Betriebsfriedens, Unterlaufen einer innerbetrieblichen Stellenausschreibung oder Nachteile für betroffene Arbeitskräfte. Schweigt der Betriebsrat, gilt dies als Zustimmung. Die Ablehnung muss innerhalb einer Woche nach der Unterrichtung durch den Arbeitgeber unter Angabe von Gründen schriftlich erfolgen. Der Arbeitgeber hat dann die Möglichkeit, sich die fehlende Zustimmung durch das Arbeitsgericht ersetzen zu lassen. Das Arbeitsgericht muss prüfen, ob die vom Betriebsrat angegebenen Tatbestände zutreffen.

Der Arbeitgeber kann, wenn dies aus sachlichen Gründen dringend erforderlich ist, eine vorläufige Einstellung vornehmen bevor sich der Betriebsrat geäußert, oder wenn er die Zustimmung verweigert hat. Der Arbeitnehmer muss über die Sach- und Rechtslage dieser Einstellung informiert werden [§ 100 I BetrVG].

Vor ihrer Einstellung müssen sich Bewerber erforderlichenfalls einer ärztlichen Untersuchung unterziehen. Ergeben sich keine gesundheitlichen Bedenken, können die Arbeitsverträge abgeschlossen werden.

Die Übersicht auf S. 477 fasst die einzelnen Schritte zusammen, die bei der Beschaffung und Einstellung eines Mitarbeiters erforderlich sind.

Übungsaufgabe

162 Bei den Design-Möbelwerken GmbH hängt folgende interne Stellenausschreibung am schwarzen Brett:

STELLENAUSSCHREIBUNG   7. Januar 20..

Sachbearbeiter/in – Auftragsbearbeitung Vertrieb

Aufgaben:
- Tagfertige Bearbeitung der eingehenden Aufträge zur Einhaltung der gewünschten Liefertermine
- Klärung entstandener Rückfragen mit Kunden bzw. Verkäufern
- Bearbeiten und Eingeben der Aufträge über PC
- Anfertigen von Skizzen für die Produktion
- Kontrollieren der bearbeiteten Aufträge innerhalb des Teams (definiertes Ziel: 0-Fehler-Weitergabe)

Anforderungen:
- Kaufmännische Ausbildung (Industriekaufmann, Großhandelskaufmann), von Vorteil wären Kenntnisse im technischen Bereich
- Wünschenswert: Erfahrung im Verkauf
- PC-Erfahrung in Text, Tabelle, Grafik
- Technisches Verständnis
- Teamfähigkeit

Interessenten werden gebeten, ihre schriftliche Bewerbung an Frau Kessler zu senden. Die Stelle ist zum 1. Februar 20.. zu besetzen.

Außerdem wurde eine fast gleichlautende Anzeige im Bonner Generalanzeiger veröffentlicht.

Daraufhin sind nachstehende Bewerbungen eingegangen:

Maria Lindner
Hohe Str. 10
53119 Bonn

13. Jan. 20..

Design-Möbelwerke GmbH
Frau Kessler
Postfach 11 60
53125 Bonn

Sehr geehrte Frau Kessler,

ich bewerbe mich um die im Bonner Generalanzeiger ausgeschriebene Stelle als Sachbearbeiterin in Ihrem Unternehmen.

Ich habe die Prüfung zur Bürokauffrau mit gutem Erfolg bestanden und war anschließend noch einige Jahre in meinem Ausbildungsbetrieb beschäftigt. Der Umgang mit Kunden hat mir immer besondere Freude bereitet.

Nach der Geburt meiner beiden Kinder habe ich in der Zeit des Erziehungsurlaubes mehrere EDV-Kurse besucht und mich so auf diesem Gebiet weitergebildet.

Ich füge diesem Schreiben meinen Lebenslauf und Zeugniskopien bei. Gerne würde ich mich persönlich bei Ihnen vorstellen.

Mit freundlichem Gruß

Maria Lindner

Lebenslauf

Name:	Lindner, geb. Heinrich
Vorname:	Maria
Geburtsdatum:	28. 01. 1979
Geburtsort:	Hilden
Wohnort:	Bonn
Familienstand:	verheiratet, 2 Kinder, 8 und 6 Jahre alt
Konfession:	römisch-katholisch
1994	Qualifizierter Hauptschulabschluss
1994 – 1997	Ausbildung zur Bürokauffrau beim Autohaus Deuchert e. K. in Dormagen
1997 – 2003	Übernahme im Ausbildungsbetrieb als Kontoristin
2003	Geburt meines ersten Kindes
2009	Geburt meines zweiten Kindes
bis heute	Erziehungsurlaub, Hausfrau und Mutter

Bonn, 13. Jan. 20..

Maria Lindner

Frau Kessler ließ Frau Schneider aufgrund der Bewerbung beurteilen:

Johanna Schneider
im Hause

13. Jan. 20..

Design-Möbelwerke GmbH
Personaleinsatz
Frau Kessler

Interne Stellenausschreibung
Sachbearbeiterin – Auftragsbearbeitung Vertrieb

Sehr geehrte Frau Kessler,

aufgrund der internen Stellenausschreibung wurde ich darauf aufmerksam, dass der o.a. Arbeitsplatz neu besetzt werden soll. Ich interessiere mich sehr für diese Stelle und möchte mich gerne bewerben.

Im August 2005 begann ich in unserem Hause die Ausbildung zur Industriekauffrau. Die Prüfung habe ich im Juli 2008 bestanden.

Bereits in meiner Ausbildungszeit habe ich festgestellt, dass mir die Arbeit in der Vertriebsabteilung besonders gut gefällt, deshalb würde ich mich sehr freuen, wenn Sie meine Bewerbung berücksichtigen. Durch meine Tätigkeit in den verschiedenen Abteilungen unseres Hauses beherrsche ich das Arbeiten mit der EDV-Anlage und ich wäre gerne bereit mich weiterzubilden.

Sie können mich jederzeit unter der internen Telefonnummer 3245 erreichen. Bitte geben Sie mir die Möglichkeit für ein persönliches Gespräch.

Johanna Schneider
(Johanna Schneider)

Personalbeurteilungsbogen

Mitarbeiter/in: Johanna Schneider
Tätig in unserem Unternehmen seit: 1. Aug. 2005
Tätig als: Industriekauffrau
Abteilung: lt. Einsatzplan
Anlass der Beurteilung: interne Bewerbung
Datum der Beurteilung: 20. Jan. 20..

Einzelmerkmale — **Bewertung**

1. Beurteilung der fachlichen Leistung

	Bewertung
Fachkönnen	2,5
Konzentrations-, Planungsvermögen	3,0
Arbeitsausführung (Sorgfalt, Genauigkeit, Belastbarkeit)	2,0
mündliches Ausdrucks-, Kontaktvermögen	3,5

2. Beurteilung der Erfüllung der Mitarbeiterpflichten

	Bewertung
Selbstständigkeit, Teamarbeit, Informieren des Vorgesetzten, Lernbereitschaft	4,0

Gesamtbeurteilung 3,0

Besonderheiten:
Selbstständiges Arbeiten ist bei Frau Schneider aufgrund der geringen Berufserfahrung noch nicht genügend ausgeprägt. Wegen ihrer zurückhaltenden Art konnte sie sich nur langsam in das Team integrieren.

LEBENSLAUF

Name:	Hofmann
Vorname:	Gaby
Geburtsdatum:	26. März 1986
Geburtsort:	Fürstenfeldbruck
Wohnort:	München
Familienstand:	ledig
Eltern:	Peter Hofmann, Dipl.-Betriebswirt, Maria Hofmann, Arzthelferin
Geschwister:	Gudrun Hofmann, 28 Jahre Markus Hofmann, 32 Jahre

Schulbildung

1992 – 1997	Grund- und Hauptschule, Fürstenfeldbruck
1997 – 2000	Realschule, Fürstenfeldbruck mit Abschluss der mittleren Reife, Notendurchschnitt 2,0
2000 – 2003	Berufsschule, München

Beruflicher Werdegang

2000 – 2003	Ausbildung zur Industriekauffrau bei Dornier Reparaturwerft GmbH, Oberpfaffenhofen mit erfolgreichem Abschluss, Notendurchschnitt 1,8
2003 – 2008	Sekretärin in der Vertriebsabteilung bei Dornier Reparaturwerft GmbH, Oberpfaffenhofen
2008 bis heute	Auftragssachbearbeitung bei Möbel Krügel, München

München, 11. Januar 20..

Gaby Hofmann

Gaby Hofmann
Akazienstraße 8
80899 München
Tel.: 089 568299

München, 11. Januar 20..

Design-Möbelwerke GmbH
Frau Kessler
Postfach 11 60
53125 Bonn

Stellenanzeige vom 11. Januar 20.. im Bonner Generalanzeiger

Sehr geehrte Frau Kessler,

mit Ihrem o. a. Inserat suchen Sie eine Sachbearbeiterin für die Auftragsabteilung in Ihrem Möbelwerk in Bonn. Ich möchte mich hiermit um diesen Arbeitsplatz bewerben. Da ich mich beruflich gerne weiterentwickeln möchte, stellt der Ortswechsel kein Problem für mich dar.

Nach dem Abschluss der mittleren Reife habe ich eine Ausbildung zur Industriekauffrau absolviert. Wie Sie aus meinen beiliegenden Bewerbungsunterlagen ersehen können, kann ich heute eine mehrjährige Berufserfahrung in dem genannten Arbeitsgebiet aufweisen und aus meiner Tätigkeit als Sachbearbeiterin in einem Möbelhaus bringe ich gutes technisches Verständnis mit.

Eigenverantwortliches Arbeiten ist für mich ebenso selbstverständlich wie der tägliche Umgang mit der elektronischen Datenverarbeitung. Ich engagiere mich gern, bin flexibel, belastbar und teamfähig.

Alle weiteren Fragen beantworte ich Ihnen gerne in einem persönlichen Gespräch und würde mich deshalb über eine positive Nachricht hinsichtlich eines Vorstellungstermins sehr freuen.

Mit freundlichen Grüßen

Gaby Hofmann

Anlagen
Bewerbungsunterlagen

481

31 Speth u.a. - ISBN 978-3-8120-0465-7

Aufgaben:

1. Entscheiden Sie sich in Gruppenarbeit für die geeignetste Bewerberin bzw. den geeignetsten Bewerber!

   Suchen Sie Beurteilungskriterien und bewerten Sie diese mithilfe folgender Tabelle:

ENTSCHEIDUNGSBEWERTUNGSTABELLE							
		Entscheidungsalternativen					
Kriterien	Gewichtung der Kriterien	Maria Lindner		Johanna Schneider		Gaby Hofmann	
		Pkte.	gewichtete P.	Pkte.	gewichtete P.	Pkte.	gewichtete P.
Summe	100						

Erläuterung zur Spalte Punkte: 5 = sehr gut, 4 = gut, 3 = befriedigend, 2 = ausreichend, 1 = schlecht.

2. Präsentieren und rechtfertigen Sie Ihre Entscheidung vor den anderen Gruppen!

5 Rechtsrahmen des Arbeitsverhältnisses

5.1 Arbeitsvertrag

(1) Begriff des Arbeitsvertrags

Merke:

Ein **Arbeitsvertrag** liegt vor, wenn Arbeitnehmer (z.B. Arbeiter) mit Weisungsbefugnissen und Fürsorgepflichten ihres Dienstherrn (Arbeitgebers) zur Leistung von Diensten (Arbeit) in ein Unternehmen eingeordnet sind.

Ein Arbeitsvertrag ist eine **besondere Form des Dienstvertrags** nach § 611 BGB. Das **HGB** enthält weitere Bestimmungen für kaufmännische Angestellte [§§ 59ff. HGB], die **Gewerbeordnung** für die gewerblichen Angestellten [§§ 105ff. GewO]. Weitere wichtige Bestimmungen enthält das **Nachweisgesetz,** das **Arbeitsschutzrecht** (z.B. Arbeitszeitgesetz, Arbeitsschutzgesetz), das **Kündigungsschutzgesetz,** das **Sozialrecht** (z.B. die Sozialgesetzbücher) sowie das **Betriebsverfassungs- und Tarifvertragsrecht.**

(2) Abschluss von Arbeitsverträgen

Für den Abschluss eines **Einzelarbeitsvertrags**[1] **(Individualarbeitsvertrags)** bestehen grundsätzlich keine gesetzlichen Formvorschriften. Aus Gründen der Rechtssicherheit und zum Schutz der Arbeitnehmer ist es jedoch allgemein üblich, den Arbeitsvertrag **schriftlich** abzuschließen.

Nach dem Gesetz über den Nachweis der für ein Arbeitsverhältnis geltenden wesentlichen Bedingungen (Nachweisgesetz [NachwG]) ist der Arbeitgeber verpflichtet, spätestens einen Monat nach dem vereinbarten Beginn des Arbeitsverhältnisses die wesentlichsten Vertragsbedingungen **schriftlich** (nicht elektronisch) niederzulegen. Diese Niederschrift muss vom Arbeitgeber unterzeichnet und dem Mitarbeiter ausgehändigt werden. Bestimmte Mindestinhalte des Arbeitsverhältnisses sind schriftlich niederzulegen (Näheres siehe § 2 NachwG). Dies gilt grundsätzlich auch bei Änderungen wesentlicher Vertragsbedingungen (Näheres siehe § 3 NachwG).

(3) Inhalt des Arbeitsvertrags

Ein typischer Arbeitsvertrag zwischen einem Arbeitgeber und einem Arbeitnehmer umfasst folgende Vertragsinhalte:

Vertragsinhalte	Erläuterungen
Bezeichnung der Vertragsparteien	■ Arbeitgeber: Firma, Rechtsform, Sitz des Unternehmens. ■ Arbeitnehmer: Vor- und Zuname, Anschrift.
Vertragsbeginn	Angabe des Datums für den Beginn des Arbeitsverhältnisses.
Dauer	Die Laufzeit des Arbeitsvertrags kann befristet oder unbefristet sein.
Arbeitsort	In Unternehmen mit mehreren Standorten ist eine Vereinbarung über den Arbeitsort von großer Bedeutung.
Probezeit	Allgemein wird eine Probezeit vereinbart. Sie beträgt für Angestellte drei bis sechs Monate. Vorsichtige Unternehmen vereinbaren keine Probezeit, sondern ein Probearbeitsverhältnis, also ein befristetes Arbeitsverhältnis.
Arbeitsentgelt/ Sozialleistungen	Hier wird die Entgeltform, die Höhe, die Fälligkeit und die Auszahlungsweise vereinbart. Sozialleistungen wie Vermögensbildung, Altersversorgung, Geschäftswagen u. Ä. sind im Arbeitsvertrag festzuhalten.
Arbeitszeit/ Urlaub	Entweder wird auf den Tarifvertrag Bezug genommen oder es werden individuelle Vereinbarungen getroffen.
Arbeits- versäumnisse	Hier werden die Folgen einer unverschuldeten Arbeitsverhinderung und die Nachweispflicht bei Erkrankungen geregelt.
Kündigung	Die Kündigungsfrist wird regelmäßig in den Arbeitsvertrag aufgenommen. Erfolgt keine individuelle Regelung, so gilt der Tarifvertrag oder die Kündigungsfristen des § 622 BGB.

---

[1] Man spricht vom **Einzelarbeitsvertrag (Individualarbeitsvertrag),** weil er individuell (einzeln) zwischen Arbeitgeber und Arbeitnehmer abgeschlossen wird. Ein **Kollektivarbeitsvertrag** wird hingegen von Gewerkschaften einerseits und Arbeitgeberverbänden (Regel) andererseits für eine Gruppe (ein „Kollektiv") von Arbeitnehmern abgeschlossen.

Der Einzelarbeitsvertrag darf die Regelungen des Tarifvertrags **nicht unterschreiten.** Gleiches gilt für **Betriebsvereinbarungen,** die Fragen der Arbeitsbedingungen für ein Unternehmen zwingend regeln. Betriebsvereinbarungen sind Verträge zwischen Arbeitgeber und Betriebsrat. Zu Einzelheiten siehe S. 487.

Beispiel für einen unbefristeten Arbeitsvertrag

Zwischen der Firma *Werkzeugfabrik Franz Klein GmbH*, Steubenstr. 11–14, 51065 Köln   im Folgenden (Firma)
und Frau/Herrn *Doris Walcher*   im Folgenden (Arbeitnehmer)

wird nachfolgender – **unbefristeter Arbeitsvertrag** – vereinbart:

§ 1   Beginn des Arbeitsverhältnisses/Tätigkeit

Der Arbeitnehmer wird ab *15. 01. 20…* als *Assistentin des Geschäftsführers im Werk Köln, Steubenstr. 11–14* eingestellt.

§ 2   Befristung/Beendigung des Arbeitsverhältnisses

Das Arbeitsverhältnis ist unbefristet.

Als Probezeit werden 3 Monate vereinbart. Während dieser Zeit kann das Arbeitsverhältnis unter Einhaltung einer Frist von zwei Wochen gekündigt werden.

§ 3   Arbeitszeit

Die regelmäßige Arbeitszeit richtet sich nach der betriebsüblichen Zeit. Sie beträgt derzeit 40 Stunden in der Woche ohne die Berücksichtigung von Pausen.

Regelmäßiger Arbeitsbeginn ist um *8:00 Uhr*, Arbeitsende ist um *17:00 Uhr*.

Die Frühstückspause dauert von *10:00 Uhr* bis *10:15 Uhr*, die Mittagspause von *12:30 Uhr* bis *13:15 Uhr*.

Der Arbeitnehmer erklärt sich bereit, im Falle betrieblicher Notwendigkeit bis zu 2 Überstunden pro Woche zu leisten.

§ 4   Vergütung

Der Arbeitnehmer erhält eine monatliche Bruttovergütung von EUR *3 178,00*. Die Vergütung ist jeweils am Monatsende fällig und wird auf das Konto des Arbeitnehmers bei der *Stadtsparkasse Köln, Konto Nr. 1052 17311, BLZ 370 501 98*, angewiesen.

Etwa angeordnete Überstunden werden mit einem Zuschlag von 20 % vergütet.

§ 5   Urlaub

Der Arbeitnehmer hat Anspruch auf 24 Werktage Urlaub. Die Lage des Urlaubs ist mit der Firma abzustimmen.

§ 6   Arbeitsverhinderung

Im Falle einer krankheitsbedingten oder aus sonstigen Gründen veranlassten Arbeitsverhinderung hat der Arbeitnehmer die Firma unverzüglich zu informieren. Bei Arbeitsunfähigkeit infolge Erkrankung ist der Firma innerhalb von drei Tagen ab Beginn der Arbeitsunfähigkeit eine ärztliche Bescheinigung über die Dauer der voraussichtlichen Arbeitsunfähigkeit vorzulegen.

§ 7   Verschwiegenheitspflicht

Der Arbeitnehmer wird über alle betrieblichen Angelegenheiten, die ihm im Rahmen oder aus Anlass seiner Tätigkeit in der Firma bekannt geworden sind, auch nach seinem Ausscheiden Stillschweigen bewahren.

§ 8   Nebenbeschäftigung

Während der Dauer der Beschäftigung ist jede entgeltliche oder unentgeltliche Tätigkeit, die die Arbeitsleistung des Arbeitnehmers beeinträchtigen könnte, untersagt. Der Arbeitnehmer verpflichtet sich, vor jeder Aufnahme einer Nebenbeschäftigung die Firma zu informieren.

§ 9   Ausschlussklausel/Zeugnis

Ansprüche aus dem Arbeitsverhältnis müssen von beiden Vertragsteilen spätestens innerhalb eines Monats nach Beendigung schriftlich geltend gemacht werden. Andernfalls sind sie verwirkt.

Bei Beendigung des Arbeitsverhältnisses erhält der Arbeitnehmer ein Zeugnis, aus dem sich Art und Dauer der Beschäftigung sowie, falls gewünscht, eine Beurteilung von Führung und Leistung ergeben.

Köln, den 10. Januar 20…
(Ort, Datum)

i. A. Mayer
(Firma)

Köln, den 10. Januar 20…
(Ort, Datum)

Doris Walcher
(Arbeitnehmer)

5.2 Tarifvertragliche Regelungen

(1) Tarifautonomie – Tarifvertragsparteien – Tarifvertrag

Das Recht der Tarifpartner, selbstständig und ohne staatliche Einmischung Arbeitsbedingungen (z.B. Löhne, Urlaubszeit, Arbeitszeit) vereinbaren zu können, nennt man **Tarifautonomie.**[1] Tarifpartner – auch **Tarifparteien** oder **Sozialpartner** genannt – sind die **Gewerkschaften** und die **Arbeitgeberverbände.** Sie haben die Tariffähigkeit [§ 2 TVG]. Die Vereinbarungen werden im **Tarifvertrag** festgeschrieben.

> **Merke:**
>
> Der **Tarifvertrag** ist ein Kollektivvertrag zwischen den Tarifparteien, in dem die Arbeitsbedingungen für die Berufsgruppen eines Wirtschaftszweigs einheitlich für eine bestimmte Dauer festgelegt werden. Er bedarf der **Schriftform** [§ 1 TVG].

Der Tarifvertrag regelt neben dem Einzelarbeitsvertrag die Arbeitsverhältnisse. Er enthält **Mindestbedingungen,** die der Arbeitgeber **nicht unterschreiten** darf, von denen er aber **zugunsten der Arbeitnehmer** abweichen kann.

(2) Gliederung der Tarifverträge nach dem Inhalt

■ **Lohn- und Gehaltstarifverträge**

In ihnen sind die getroffenen Vereinbarungen über Lohn- bzw. Gehaltshöhe enthalten. Dabei werden die Arbeitnehmer nach ihrer Tätigkeit in bestimmte Lohn- bzw. Gehaltsgruppen eingeteilt.[2] Jeder Lohn- bzw. Gehaltsgruppe wird ein bestimmter Lohnsatz bzw. ein bestimmtes Gehalt zugeordnet. Löhne und Gehälter sind in der Regel weiterhin nach Alter und Ortsklassen differenziert.[3] Ferner können Zuschläge, z.B. nach Betriebszugehörigkeit oder nach dem Schwierigkeitsgrad der Arbeit, vereinbart sein.

■ **Manteltarifverträge**

Sie enthalten solche Arbeitsbedingungen, die sich über längere Zeit nicht ändern, z.B. Kündigungsfristen, Urlaubsregelungen, Arbeitszeitvereinbarungen, Nachtarbeit, Sonn- und Feiertagsarbeit, Lohn- und Gehaltsgruppen. Sie werden auch Rahmentarifverträge genannt.

(3) Geltungsbereich des Tarifvertrags

■ **Flächentarifverträge**

> **Merke:**
>
> Tarifverträge, die für mehrere Orte, Bezirke, ein oder mehrere Bundesländer oder für das gesamte Bundesgebiet verbindlich sind, werden auch als **Flächentarifverträge** bezeichnet.

---

1 Autonomie: Unabhängigkeit, Selbstständigkeit.

2 Die Festlegung der Gehaltsgruppen sowie deren Tätigkeitsmerkmale sind im Manteltarifvertrag (Rahmentarifvertrag) enthalten.

3 Differenzieren: unterscheiden, untergliedern.

Angesichts der hohen Arbeitslosigkeit werden die Flächentarifverträge zunehmend flexibler (beweglicher) gestaltet. Sogenannte **Tariföffnungsklauseln** sollen es den Betrieben, denen es wirtschaftlich nicht besonders gut geht, ermöglichen, ihre Belegschaft für eine bestimmte Zeit (z. B. für ein Jahr) bis zu einem vereinbarten Prozentsatz **unter Tarif** zu bezahlen **(Entgeltkorridor).** Die konkreten Vereinbarungen werden dann zwischen Betriebsrat und Arbeitgeber ausgehandelt.

Tariföffnungsklauseln können auch eine Flexibilisierung der Arbeitszeit zum Ziel haben, weil dadurch längere Betriebszeiten ermöglicht werden. Die **Arbeitszeitkorridore** (z. B. 30 bis 40 Wochenstunden bei jährlich festgelegter Gesamtarbeitszeit) ermöglichen es den Betrieben, die Arbeitszeit flexibel (beweglich) zu gestalten und dadurch Arbeitskosten zu sparen.

■ Allgemeinverbindlichkeit

Grundsätzlich gilt der Tarifvertrag nur für organisierte Arbeitnehmer und Arbeitgeber, die Mitglied der Gewerkschaft bzw. im Arbeitgeberverband sind.

Das Bundesministerium für Arbeit und Soziales kann einen Tarifvertrag im Einvernehmen mit einem aus je drei Vertretern der Spitzenorganisationen der Arbeitgeber und Arbeitnehmer bestehenden Ausschuss auf Antrag einer Tarifvertragspartei für **allgemein verbindlich** erklären. Mit der **Allgemeinverbindlichkeitserklärung** gelten die Bestimmungen des Tarifvertrags auch für die nicht tarifgebundenen Arbeitnehmer und Arbeitgeber [§ 5 TVG]. In der Regel werden jedoch auch ohne Allgemeinverbindlichkeitserklärung die nicht organisierten Arbeitnehmer[1] nach den Rechtsnormen der Tarifverträge behandelt (Grundsatz der Gleichbehandlung).

(4) Wirkungen des Tarifvertrags

Tarifbindung	Die Mitglieder der Tarifvertragsparteien sind an die Vereinbarungen des Tarifvertrags gebunden [§ 3 I TVG]. Dies bedeutet, dass die Inhalte des Tarifvertrags für die Betroffenen insofern unabdingbar sind, als sie **Mindestbedingungen** für die Arbeitsverhältnisse darstellen (z. B. Mindestlöhne, Mindesturlaubstage). Grundsätzlich unbeschränkt zulässig ist hingegen die Vereinbarung günstigerer Arbeitsbedingungen (z. B. übertarifliche Löhne), als sie der Tarifvertrag vorschreibt [§ 4 III TVG].
Friedenspflicht	Während der Gültigkeitsdauer eines Tarifvertrags dürfen keine Arbeitskampfmaßnahmen (Streiks, Aussperrungen) ergriffen werden [§ 3 III TVG].
Grundsatz der Nachwirkung	Nach Ablauf des Tarifvertrags (nach Kündigung oder nach Ablauf der vereinbarten Dauer) gelten seine Rechtsnormen weiter, bis sie durch einen neuen Tarifvertrag ersetzt werden [§ 4 V TVG].

---

1 Nach dem Grundgesetz [Art. 9 III] besteht zwar das Recht, Mitglied bei einer Arbeitnehmer- oder Arbeitgebervereinigung zu werden (Koalitionsfreiheit; Vereinigungsfreiheit), nicht aber die Pflicht (negative Koalitionsfreiheit). Nicht organisierte Arbeitnehmer sind demnach solche, die keiner Gewerkschaft angehören. Da sie i. d. R. in den Genuss der Vorteile kommen, die die Gewerkschaft erkämpft hat, werden sie von den Gewerkschaften als „Trittbrettfahrer" bezeichnet.

2 Die Abweichungen müssen jedoch nach dem **Tarifvertrag** gestattet sein.

5.3 Betriebsvereinbarung

Merke:

Unter **Betriebsvereinbarungen** versteht man Absprachen zwischen Arbeitgeber und Betriebsrat. Die **schriftlich** niedergelegte und von beiden Seiten unterzeichnete Betriebsvereinbarung wird auch **Betriebsordnung** genannt [§ 77 II BetrVG].

In den Betriebsvereinbarungen werden den Arbeitnehmern meistens unmittelbare und zwingende Rechte gegenüber dem Arbeitgeber eingeräumt, auf die nur mit Zustimmung des Betriebsrats verzichtet werden kann [§ 77 IV BetrVG]. Arbeitsentgelte und sonstige Arbeitsbedingungen, die durch Tarifvertrag geregelt sind oder üblicherweise geregelt werden, können nicht Gegenstand einer Betriebsvereinbarung sein, es sei denn, dass ein Tarifvertrag den Abschluss ergänzender Betriebsvereinbarungen ausdrücklich zulässt [§ 77 III BetrVG]. Durch Betriebsvereinbarungen können insbesondere zusätzliche Maßnahmen zur Verhütung von Arbeitsunfällen und Gesundheitsschädigungen, die Errichtung von Sozialeinrichtungen und Maßnahmen zur Förderung der Vermögensbildung beschlossen werden [§ 88 BetrVG].

Ein Sonderfall der Betriebsvereinbarung ist der **Sozialplan.** Er stellt eine vertragliche Abmachung zwischen Arbeitgeber und Betriebsrat über den Ausgleich oder die Milderung wirtschaftlicher Nachteile dar, die der Belegschaft als Folge geplanter Betriebsänderungen entstehen (z.B. Lohnminderungen, Versetzungen, Entlassungen).

Beispiele:

Betriebsänderungen sind z.B. Einschränkungen oder Stilllegung des ganzen Betriebs oder von Betriebsteilen, Änderung des Betriebszwecks, Betriebsverlegung, Zusammenschluss mit anderen Betrieben, grundlegende Änderung der Betriebsorganisation oder der Betriebsanlagen (vgl. hierzu §§ 111 – 113 BetrVG).

Der Sozialplan enthält z.B. Regelungen über Ausgleichszahlungen an entlassene Arbeitnehmer, Umzugsbeihilfen bei Versetzungen an andere Orte, Umschulungsmaßnahmen oder Zuschüsse bei vorzeitiger Pensionierung älterer Mitarbeiter.

Zusammenfassung

- Das **Personalauswahlverfahren** geht in der Regel in folgenden Stufen vor sich:
  - **Vorauswahl** anhand der Bewerbungsunterlagen und der Referenzen, gegebenenfalls Eignungstests, Arbeitsproben, Bewerbergespräche,
  - **Auswahlentscheidung** aufgrund von zuvor festgelegten Einstellungskriterien,
  - **endgültige Einstellung** nach Anhörung des Betriebsrates und Ablauf der Probezeit.

- Ein **Arbeitsvertrag** liegt vor, wenn Arbeitnehmer mit Weisungsbefugnissen und Fürsorgepflichten ihres Dienstherrn (Arbeitgeber) in einem Unternehmen mitarbeiten.

- Partner des **Arbeitsvertrags** sind ein einzelner Arbeitnehmer und ein bestimmter Arbeitgeber. Rahmenvorgaben aus einer Betriebsvereinbarung und einem Tarifvertrag sind zu beachten. Eine Schlechterstellung des Arbeitnehmers ist grundsätzlich nicht möglich.

- In der Praxis wird der **Arbeitsvertrag** regelmäßig schriftlich abgeschlossen.

- Lohnerhöhungen und Arbeitsbedingungen werden zwischen den Tarifpartnern (Gewerkschaften und Arbeitgeberverbänden) ausgehandelt und im **Tarifvertrag** festgelegt.

- **Tarifautonomie** ist das Recht der Tarifpartner, selbstständig und ohne staatliche Eingriffe Löhne und Arbeitsbedingungen vereinbaren zu können.

- **Tarifverträge** bedürfen der **Schriftform**. Sie sind hinsichtlich der Mindestarbeitsbedingungen (z. B. Mindestlöhne, Mindesturlaubstage) unabdingbar und können vom Bundesministerium für Arbeit und Soziales für allgemein verbindlich erklärt werden.

- Nach dem **Inhalt des Tarifvertrags** unterscheidet man in **Lohn- und Gehaltstarifvertrag** und in **Manteltarifvertrag**.

Übungsaufgaben

163 1. Aufgrund des starken Unternehmenswachstums muss die Franz Schlick GmbH die meisten freien Stellen mit externen Bewerbern besetzen.

   Aufgabe:

   Beschreiben Sie den möglichen Personalbeschaffungsvorgang!

2. Erläutern Sie die Bestimmungen des Betriebsverfassungsgesetzes zur innerbetrieblichen Stellenausschreibung!

3. Beschreiben Sie die Sorgfaltspflicht des Arbeitgebers bei Bewerbungsunterlagen!

4. Welches grundsätzliche Recht steht dem Betriebsrat bei Personaleinstellungen zu?

5. Beschreiben Sie die Widerspruchsgründe, die der Betriebsrat gegen eine beabsichtigte Personaleinstellung anführen kann!

6. Ist es dem Arbeitgeber erlaubt, eine vorläufige Personaleinstellung ohne Einschaltung des Betriebsrats vorzunehmen?

164 1. Erklären Sie den Begriff Sozialpartnerschaft!

2. Beschreiben Sie kurz die Lohnbildung in der Bundesrepublik Deutschland!

3. Erläutern Sie kurz folgende Begriffe:

   3.1 Tarifvertrag,   3.4 Unabdingbarkeit,
   3.2 Tarifautonomie,   3.5 Manteltarif,
   3.3 Allgemeinverbindlichkeit, 3.6 Lohn- bzw. Gehaltstarif.

4. Welche Vorteile bringen die Tarifverträge für Arbeitnehmer und Arbeitgeber?

5. 5.1 Wer sind die Vertragspartner beim
      5.1.1 Arbeitsvertrag,
      5.1.2 Tarifvertrag?

   5.2 Welche Bedeutung hat die Entscheidung, Tarifverträge für allgemein verbindlich zu erklären, für die Arbeitnehmer?

   5.3 Was ist im Manteltarifvertrag geregelt? Nennen Sie vier Beispiele!

6. Der Elektrogerätehersteller Klar e. K. zahlt seinen Angestellten grundsätzlich 10 % mehr als der Tarifvertrag vorsieht. Lediglich dem Neuling Lahm will er zunächst das Tarifgehalt zahlen. Sind diese beiden Maßnahmen zulässig?

7. Erklären Sie den Begriff Kollektivarbeitsvertrag!

8. Schlagzeile einer Zeitung: „Der Verteilungskampf beginnt wieder!" Was ist hier gemeint?

9. Grenzen Sie die Begriffe Tarifvertrag und Betriebsvereinbarung voneinander ab!

6 Personalentwicklung

6.1 Begriff Personalentwicklung

(1) Begriff Personalentwicklung

Ein wichtiges Schlagwort unserer Zeit lautet „lebenslanges Lernen". Untersuchungen haben gezeigt, dass das Wissen, das man sich in der Berufsausbildung angeeignet hat, nach circa fünf Jahren nur noch zur Hälfte aktuell ist **(Halbwertzeit der beruflichen Bildung)**. Die Beschäftigten und die Arbeitgeber sind deshalb gezwungen, durch Maßnahmen der Personalentwicklung den Erfordernissen des Marktes Rechnung zu tragen.

Merke:

Alle Maßnahmen, die das Ziel haben, die Qualifikationen und Kompetenzen der Mitarbeiter zu verbessern, bezeichnet man als **Personalentwicklung**.

6.2 Maßnahmen zur Personalentwicklung

6.2.1 Personalbildung

Merke:

Personalbildung ist die Aus- und Fortbildung von Beschäftigten.
- **Ausbildung** ist das systematische Erlernen eines Berufes.
- **Fortbildung** ist die Vertiefung und Erweiterung der Qualifikationen und Kompetenzen in einem erlernten Beruf.

In der nachfolgenden Tabelle werden Beispiele zur Personalbildung angeführt.

Auswahl von Maßnahmen zur Personalbildung	Erläuterungen
Berufsausbildung	In Deutschland erfolgt die Berufsausbildung im sogenannten dualen System (Unternehmen und Berufsschule). Mit der Berufsausbildung sichern sich die Unternehmen den Zukunftsbedarf an qualifizierten, kompetenten Fachkräften.
Anlernausbildung	Anlernen ist eine Maßnahme, durch die jene Qualifikationen vermittelt werden, die für die Ausübung einer praktischen Tätigkeit im Unternehmen notwendig sind. Anlernen ist häufig auf einen kurzen Zeitraum beschränkt und wird in der Regel für relativ anspruchslose Aufgabengebiete angeboten.
Training on the Job	Es handelt sich um Personalentwicklungsmaßnahmen am Arbeitsplatz. Ein Mitarbeiter erweitert seine Qualifikationen bezüglich seiner Arbeitsaufgabe mithilfe eines „Trainers". Der Mitarbeiter vollzieht gleichzeitig eine Lern- und eine Arbeitsleistung. Die Umsetzung der Lernleistung erfolgt in der täglichen Arbeit.
Training off the Job	Die Vermittlung der Qualifikation erfolgt außerhalb des Arbeitsplatzes, z.B. durch einen Lehrgang, ein Zusatzstudium.

Auswahl von Maßnahmen zur Personalbildung	Erläuterungen
E-Learning	Das E-Learning oder Computer-Based-Training setzt auf Software. Dies eröffnet individuelle Lernmöglichkeiten, unterstützt durch mediale Anreize. E-Learning kann offline (Lehrgänge auf CD-ROM oder DVD) oder online (über das Intranet durch Zugriff auf den Server des Tutors) erfolgen. Das Lernprogramm wertet in der Regel das Lernverhalten des Lernenden aus, hält während der Stofferarbeitung alle Daten fest und schlägt jeweils Möglichkeiten zur Fortsetzung des Lernweges vor.
Umschulung	Die berufliche Umschulung soll nach dem Berufsbildungsgesetz zu einer anderen beruflichen Tätigkeit befähigen. Umschulung kommt z.B. infrage nach einer Rehabilitation aufgrund einer Krankheit oder wenn Berufe aus technischen oder ökonomischen Gründen nicht mehr gefragt sind. Umschulungen werden auch bei Beschäftigungsabbau angeboten. Für diesen Zweck gründen die Unternehmen Auffang-, Beschäftigungs- oder Transfergesellschaften, die von der Bundesagentur für Arbeit finanziell unterstützt werden.

6.2.2 Personalförderung

Merke:

Maßnahmen der **Personalförderung** sind auf die **beruflichen, persönlichen** und **sozialen Interessen**, Neigungen und Erfordernissen von Beschäftigten ausgerichtet.

In der nachfolgendenTabelle werden Beispiele zur Personalförderung angeführt.

Auswahl von Maßnahmen zur Personalförderung	Erläuterungen
Praktikum	In den letzten Klassen der schulischen Ausbildung oder im Rahmen eines Studiengangs sind häufig Praktika vorgesehen. Durch ein Praktikum sollen praktische Erfahrungen zur Vorbereitung auf einen späteren Beruf erworben werden. Ein Praktikum ist nur sinnvoll, wenn es den Vorgaben der Schule bzw. der Studienordnung entspricht und das Unternehmen das Praktikum aktiv begleitet.
Traineeprogramm	Durch das Traineeprogramm sollen vor allem Hochschulabsolventen systematisch mit dem gesamtbetrieblichen Geschehen, der Organisationsstruktur und den konkreten Arbeitsanforderungen im Betrieb vertraut gemacht werden. Die Trainees durchlaufen dabei planmäßig mehrere Ausbildungsstationen (Lernorte), in denen sie teilweise auch praktisch mitarbeiten.
Coaching	Darunter versteht man ein Gesprächs-, Betreuungs-, Beratungs- und Entwicklungsangebot in beruflichen und persönlichen Fragen für Mitarbeiter. Dadurch will man dem Mitarbeiter (Coachee) helfen, sein individuelles Potenzial zu entwickeln. Coaching wird z.B. eingesetzt als Laufbahnplanung, bei veränderten Arbeitsaufgaben, bei Versetzungen, zur Behebung von Leistungsdefiziten, privaten Problemen. Coaching kann extern vergeben oder von einer innerbetrieblichen Führungskraft (einem Coach) durchgeführt werden.

Auswahl von Maßnahmen zur Personalförderung	Erläuterungen
Outdoor Training	Hier erleben die Mitarbeiter sich und andere in einem ungewohnten Umfeld, in der freien Natur, bei ungewohnten Aufgaben (z.B. Seilschaft zum Bergsteigen bilden, Floß bauen und eine Floßfahrt unternehmen) und gewinnen so neue Einsichten über die eigene Person, das eigene Verhalten und über die Zusammenarbeit mit Kollegen.
Mentoring	Eine Führungskraft (Mentor) übernimmt die „Patenschaft" für einen am Anfang des Berufslebens stehenden Mitarbeiter und begleitet diesen beim Erwerb von Qualifikationen und bei der Integration in die Belegschaft.

7 Personalbeurteilung

7.1 Ziele und Kriterien der Personalbeurteilung

(1) Ziele der Personalbeurteilung

Das Problem ist uralt. Es beginnt bereits in der Schule: Wie oft sind Schüler mit ihrer Note nicht zufrieden. Sie sehen sich und ihre Leistung anders als der beurteilende Lehrer.

Merke:

Die **Personalbeurteilung** hat das Ziel, Personen einzuschätzen hinsichtlich

■ der **Leistung,**

■ des **Verhaltens** beim **Erbringen der Leistung** und

■ der **Einstellung** gegenüber etwaigen Mitarbeitern, Kollegen und Vorgesetzten.

(2) Beurteilungskriterien

Wichtige Beurteilungskriterien sind in der nachfolgenden Tabelle zusammengestellt.

Beurteilungskriterien	Beispiele
Fachkönnen	Fachkenntnisse, Fertigkeiten.
Geistige Fähigkeiten	Auffassungsgabe, Ausdrucksvermögen, Kreativität (Fähigkeit zum schöpferischen Handeln), Organisationsvermögen, Improvisationsvermögen, Selbstständigkeit, Verhandlungsgeschick.
Arbeitsstil	Arbeitsgüte, Arbeitstempo, Ausdauer, Belastbarkeit, Einsatzbereitschaft, Initiative, Kostenbewusstsein, Materialbehandlung, Pünktlichkeit.
Zusammenarbeit	Auftreten, Gruppeneinordnung, Kontaktvermögen, Umgangsformen, Verhalten gegenüber Kollegen und Vorgesetzten.

Für Mitarbeiter mit überwiegender Vorgesetztenfunktion gilt noch folgendes Beurteilungskriterium:

Führungsqualitäten	Delegationsvermögen, Durchsetzungsvermögen, Entscheidungsfähigkeit, Gerechtigkeitssinn, Vertrauenswürdigkeit, Förderung und Entwicklung von Mitarbeitern, Verantwortungsbewusstsein.

7.2 Beurteilungsformen

(1) Summarische Beurteilung

In Klein- und Mittelbetrieben wird meist eine summarische Beurteilung vorgenommen. Diese stützt sich auf einen **Gesamteindruck,** der unter Umständen recht **subjektiv**[1] sein kann.

(2) Analytische Beurteilung

In Großbetrieben wird die analytische Personalbeurteilung vorgezogen. Hier werden zur Beurteilung einzelne vorher genau festgelegte Beurteilungskriterien herangezogen, um anschließend zu einem Gesamturteil zu kommen. Ein Beispiel für eine analytische Beurteilung finden Sie auf S. 493.

7.3 Zweck, Häufigkeit und Träger der Personalbeurteilung

Zweck der Personalbeurteilung	Die Personalbeurteilung (Mitarbeiterbeurteilung) dient als Entscheidungsgrundlage bei der Festlegung der Lohnhöhe der einzelnen Mitarbeiter, bei Versetzungen, Beförderungen und Entlassungen. Eine von den Mitarbeitern als fair empfundene Beurteilung kann diese dazu motivieren, ihre Leistungen zu steigern, insbesondere dann, wenn in der Beurteilung Fortschritte bei ihren Kenntnissen und Fertigkeiten gewürdigt werden.
Häufigkeit der Beurteilung	Die Personalbeurteilung kann von Fall zu Fall durchgeführt werden, z.B. dann, wenn es um Beförderungen und/oder Gehaltserhöhungen geht. In diesem Fall liegt der Personalbeurteilung ein einseitiger Zweck zugrunde, der Form und Inhalt mitbestimmt. Um zu umfassenderen Beurteilungen zu kommen, gehen heute größere Unternehmen dazu über, die Beurteilungen regelmäßig vorzunehmen (bei Auszubildenden vierteljährlich, bei Angestellten und Arbeitern jährlich).
Träger der Personalbeurteilung	In der Praxis wird die Beurteilung von den Vorgesetzten vorgenommen. Dies ist insofern problematisch, weil das Ergebnis u.a. auch vom **Verhalten** der zu beurteilenden Personen gegenüber ihren Vorgesetzten mitbeeinflusst wird.

7.4 Datenschutz

Merke:

Personenbezogene Daten (Einzelangaben über persönliche oder sachliche Verhältnisse einer natürlichen Person wie z.B. betriebliche Beurteilungen) dürfen nicht unbefugt verarbeitet oder weitergegeben werden [§ 5 BDSG] **(Datengeheimnis).**

---

1 Subjektiv: auf die eigene Person bezogen; durch persönliche Eindrücke, Gefühle und Gedanken mitbestimmt.

Beispiel für eine analytische Beurteilung:

Tarifliche Leistungsbeurteilung — Original für Personalabteilung

Zuname, Vorname		Personal-Nr.	Lohn-/Gehaltsgr.	Stichtag für LZ
Kleidermann, Franz		197	5/2	

Personalabteilung	Org.-Einheit/Kostenstelle/Abteilung
Forschung und Entwicklung	

Beurteilungs-merkmale	Zu beurteilen zum Beispiel anhand von	Beurteilungsstufen					Bemerkungen
		A Die Leistung ist für eine Leistungszulage nicht ausreichend	**B** Die Leistung entspricht im Allgemeinen den Anforderungen	**C** Die Leistung entspricht in vollem Umfang den Anforderungen	**D** Die Leistung übertrifft die Anforderungen erheblich	**E** Die Leistung übertrifft die Anforderungen in hohem Maße	
I Arbeits-quantität	– Umfang des Arbeits-ergebnisses – Arbeits-intensität – Zeitnutzung	0	7	14	*x* 21	28	
II Arbeits-qualität	– Fehlerquote – Güte	0	7	*x* 14	21	28	
III Arbeits-einsatz	– Initiative – Belastbarkeit – Vielseitigkeit	0	4	8	*x* 12	16	
IV Arbeits-sorgfalt	– Verbrauch und Behandlung von Arbeitsmit-teln aller Art – Zuverl., ratio-nell, kosten-bewusstem Verhalten	0	4	*x* 8	12	16	
V Betrieb-liches Zu-sammen-wirken	– Gemeinsame Erledigung von Arbeits-aufgaben – Informations-austausch	0	3	*x* 6	9	12	

Datum:	07. 05. 20 . .		Gesamt-punktzahl:	61
Unterschrift d. Beurteilenden:	*Mayer*			

Der beurteilten Person ist auf Antrag Auskunft zu erteilen über

- die zu ihrer Person gespeicherten Daten, auch soweit sie sich auf Herkunft oder Emp-fänger beziehen,
- den Zweck der Speicherung und
- Personen und Stellen, an die ihre Daten regelmäßig übermittelt werden [§ 34 I BDSG].

Das **Speichern, Verändern** und **Übermitteln** personenbezogener Daten oder ihre Nutzung für eigene Geschäftszwecke ist z.B. im Rahmen der Zweckbestimmung eines Vertragsverhältnisses oder vertragsähnlichen Vertrauensverhältnisses mit der betroffenen Person erlaubt [§ 28 I, 1 BDSG].

Um die Daten vor **unberechtigtem Zugriff** zu schützen, ist bei Einführung der EDV festzulegen, welche Personen Zugang zu welchen Daten haben (Zugriffskontrolle). Die **zugriffsberechtigten Personen** erhalten ein Kennwort. Der Computer liefert die Daten erst dann, wenn dieses Kennwort der berechtigten Person freigegeben wird.

In Betrieben, die personenbezogene Daten automatisch verarbeiten und damit in der Regel mindestens fünf Arbeitnehmer ständig beschäftigen, müssen **Datenschutzbeauftragte** bestellt werden. Das Gleiche gilt, wenn personenbezogene Daten auf andere Weise verarbeitet werden und damit i.d.R. mindestens zwanzig Arbeitskräfte ständig beschäftigt sind [§ 36 I BDSG]. Die Datenschutzbeauftragten haben die Aufgabe, die Ausführung der Vorschriften des Bundesdatenschutzgesetzes sowie anderer Vorschriften über den Datenschutz sicherzustellen [§ 37 BDSG].

Zusammenfassung

- Die **Personalentwicklung** umfasst alle Maßnahmen, die das Ziel haben, die **Qualifikationen** und die **Kompetenzen** der Mitarbeiter zu verbessern.

-

Ziele der Personalentwicklung	
aus der Sicht des Betriebs	**aus der Sicht des Mitarbeiters**
■ Weiterentwicklung der Qualifikationen der Mitarbeiter, um den erforderlichen Personalbestand zu sichern. ■ Entwicklung von Nachwuchskräften. ■ Entwicklung von Spezialisten. ■ Unabhängigkeit von externen (außerbetrieblichen) Arbeitsmärkten. ■ Erhöhung der Arbeitszufriedenheit und damit höhere Arbeitsleistung. ■ Erhaltung und Verbesserung der Wettbewerbsfähigkeit.	■ Weiterentwicklung der eigenen Fertigkeiten und Fähigkeiten (des Qualifikationspotenzials). ■ Verbesserung der Chancen zur Selbstverwirklichung am Arbeitsplatz. ■ Schaffung von Voraussetzungen zum beruflichen Aufstieg. ■ Minderung des Risikos des Arbeitsplatzverlusts oder der Entgeltminderung. ■ Erhöhung der eigenen Mobilität[1] (fachlich, örtlich und im Betrieb). ■ Erhöhung des Ansehens (Prestiges) und des Entgelts.

- Die **Personalbeurteilung** dient als Entscheidungsgrundlage bei der Festlegung der Lohnhöhe der einzelnen Mitarbeiter, bei Versetzungen, Beförderungen und Entlassungen.

- Wichtige **Beurteilungsformen** sind die
  - analytische Beurteilung und die
  - summarische Beurteilung.

- Beurteilungen müssen **vergleichbar** sein, d.h. nach gleichen Beurteilungskriterien erfolgen.

- In der Praxis wird die Beurteilung von den **Vorgesetzten** vorgenommen.

---

1 Mobilität: Beweglichkeit.

165 1. 1.1 Definieren Sie den Begriff Personalentwicklung!

      1.2 Welche generelle Zielsetzung wird über die Maßnahmen der Personalentwicklung verfolgt?

   2. 2.1 Grenzen Sie die Begriffe Personalbildung und Personalförderung voneinander ab!

      2.2 Welche Gemeinsamkeit haben die Begriffe?

   3. Ein Personalleiter schlägt der Unternehmensleitung vor, die Personalbeurteilung zu modernisieren, da eine als gerecht empfundene Personalbeurteilung zur Mitarbeitermotivation beitrage. Das Gleiche gelte für die Mitarbeitergespräche.

   Aufgaben:

      3.1 Welchen Vorteil verspricht sich der Personalleiter von einer Verbesserung der Personalbeurteilung?

      3.2 Welche grundsätzlichen Beurteilungsformen gibt es?

      3.3 Welche Beurteilungsform ist Ihrer Ansicht nach vorzuziehen? Begründen Sie Ihre Antwort!

8 Innerbetriebliche Mitbestimmung

8.1 Betriebsverfassung und Unternehmensverfassung

Die betriebliche Leistung ist auf das Zusammenwirken aller Produktionsfaktoren, vor allem „Arbeit" und „Kapital", zurückzuführen. Hieraus leitet sich der Anspruch der Arbeitnehmer auf Mitbestimmung ab. „Quod omnes tangit, ab omnibus comprobetur" – was alle betrifft, sollte auch von allen mitbestimmt werden! So befanden bereits die alten Römer.

In der Bundesrepublik Deutschland kennt die Mitbestimmung der Arbeitnehmer zwei Ebenen, nämlich die Mitbestimmung durch die **Aufsichtsräte** einerseits **(Unternehmensverfassung)**[1] und die Mitbestimmung durch die **Betriebsräte** andererseits **(Betriebsverfassung)**. Die Betriebsverfassung wird durch das Betriebsverfassungsgesetz [BetrVG] geregelt.

8.2 Betriebsrat

(1) Zusammensetzung und Wahl des Betriebsrats

Merke:

Der **Betriebsrat** ist eine Vertretung der Arbeitnehmer gegenüber dem Arbeitgeber.

---

1 Die Behandlung der Unternehmensverfassung wird im Lehrplan nicht verlangt.

In Betrieben mit in der Regel mindestens fünf ständig wahlberechtigten Arbeitnehmern, von denen drei wählbar sind, werden Betriebsräte gewählt [§ 1 I BetrVG]. Es besteht kein gerichtlich durchsetzbarer Zwang zur Errichtung eines Betriebsrats, wenn die Arbeitnehmer passiv bleiben. In Betrieben mit 5 bis 20 wahlberechtigten Arbeitnehmern besteht der Betriebsrat aus einer Person. Bei mehr als 20 Arbeitnehmern besteht der Betriebsrat aus mindestens 3 Mitgliedern. Die Zahl der Betriebsratsmitglieder steigt mit der Zahl der wahlberechtigten Arbeitnehmer. Bei 7 001 bis 9 000 Arbeitnehmern hat der Betriebsrat z. B. 35 Mitglieder (Näheres siehe § 9 BetrVG). In Betrieben mit in der Regel 200 bis 500 Arbeitnehmern ist mindestens ein Betriebsratsmitglied von seiner beruflichen Tätigkeit freizustellen (Näheres siehe § 38 BetrVG).

Der Betriebsrat soll sich möglichst aus Arbeitnehmern der einzelnen Organisationsbereiche zusammensetzen. Dabei sollen möglichst auch Vertreter der verschiedenen Beschäftigungsarten der im Betrieb tätigen Arbeitnehmer berücksichtigt werden. Das Geschlecht, das in der Belegschaft in der Minderheit ist, muss mindestens entsprechend seinem zahlenmäßigen Verhältnis [§ 15 BetrVG] im Betriebsrat vertreten sein, wenn der Betriebsrat aus mindestens drei Mitgliedern besteht.

Sofern der Betrieb in der Regel mindestens 5 Arbeitnehmer beschäftigt, die das 18. Lebensjahr noch nicht vollendet haben oder die in ihrer Berufsausbildung stehen und das 25. Lebensjahr noch nicht vollendet haben, wird von dem genannten Personenkreis eine **Jugend- und Auszubildendenvertretung** gewählt [§§ 60, 61 BetrVG].

(2) Wahlrecht

Wahlberechtigte Belegschaftsmitglieder[1] sind vor allem Arbeiter, Angestellte und Auszubildende des Betriebs, sofern sie das 18. Lebensjahr vollendet haben [§ 7 BetrVG]. Leitende Angestellte haben kein Wahlrecht.[2] **Wählbar** sind **alle wahlberechtigten Arbeitnehmer,** die mindestens sechs Monate dem Betrieb angehören.[3]

(3) Amtszeit des Betriebsrats

Der in geheimer und unmittelbarer Wahl gewählte Betriebsrat [§§ 13, 14 I BetrVG] bleibt vier Jahre im Amt [§ 21 BetrVG].

(4) Zusammenarbeit von Arbeitgeber und Betriebsrat

Grundsätzlich gilt, Arbeitgeber und Arbeitnehmer sollen vertrauensvoll zusammenarbeiten. Sie sollen mindestens einmal im Monat zusammentreten, um bei strittigen Fragen eine Lösung zu finden. Dabei verpflichtet das Betriebsverfassungsgesetz die Parteien dazu, mit ernstem Willen zur Einigung zu verhandeln und Vorschläge für die Beseitigung von Meinungsverschiedenheiten zu machen [§ 74 I BetrVG].

---

1 Das Recht, wählen zu können, nennt man „aktives Wahlrecht". („Aktiv sein" bedeutet „tätig sein"; wer wählt, „tut etwas".)

2 In Betrieben mit in der Regel mindestens zehn leitenden Angestellten [§ 5 III BetrVG] werden Sprecherausschüsse der leitenden Angestellten gewählt, die mit dem Arbeitgeber vertrauensvoll unter Beachtung der geltenden Tarifverträge zum Wohl der leitenden Angestellten und des Betriebs zusammenarbeiten [§§ 1, 2 SprAuG].

3 Das Recht, gewählt zu werden, bezeichnet man als „passives Wahlrecht". (Wenn jemand „passiv" ist, geschieht etwas mit ihm, er lässt etwas mit sich tun. Beim „passiven" Wahlrecht wird also jemand gewählt.)

(5) Rechte des Betriebsrats

Die im Betriebsverfassungsgesetz geregelte Mitbestimmung umfasst mehrere Stufen.

Rechte des Betriebsrats	Beispiele
Informationsrecht des Betriebsrats Der Betriebsrat hat einen Anspruch auf rechtzeitige und umfassende Unterrichtung über die von der Geschäftsleitung **geplanten betrieblichen Maßnahmen** [§ 90 I BetrVG]. Die Information ist die Voraussetzung dafür, dass der Betriebsrat seine weitergehenden Rechte überhaupt wahrnehmen kann.	Information über geplante Neu-, Um- und Erweiterungsbauten, Einführung neuer Arbeitsverfahren und Arbeitsabläufe oder Veränderung von Arbeitsplätzen, Unterrichtung bei Einstellung leitender Angestellten. Unterrichtung bei Einstellung leitender Angestellter.
Beratungsrecht des Betriebsrats Der Betriebsrat hat das Recht, aufgrund der ihm gegebenen Informationen seine **Auffassung** gegenüber dem Arbeitgeber darzulegen und **Gegenvorschläge** zu unterbreiten [§ 90 II BetrVG]. Die Beratung geht somit über die einseitige Information hinaus. Eine Einigung ist jedoch nicht erzwingbar. Die Beratung ist ausdrücklich in sogenannten „wirtschaftlichen Angelegenheiten" vorgeschrieben.	Personalplanung (gegenwärtiger und künftiger Personalbedarf), Sicherung und Förderung der Beschäftigung, Ausschreibung von Arbeitsplätzen, Rationalisierungsvorhaben, Einschränkung oder Stilllegung von Betriebsteilen, Zusammenschluss von Betrieben, Änderung der Betriebsorganisation oder des Betriebszwecks, sofern nicht Betriebs- und Geschäftsgeheimnisse gefährdet werden.
Mitwirkungsrecht des Betriebsrats Das Mitwirkungsrecht des Betriebsrats wird auch als „eingeschränkte Mitbestimmung" bezeichnet. Im Gegensatz zum Beratungsrecht besitzt hier der Betriebsrat ein **Vetorecht (Widerspruchsrecht)**. Die eingeschränkte Mitbestimmung umfasst vor allem die „personellen Einzelmaßnahmen" wie Neueinstellungen, Eingruppierungen in Lohn- und Gehaltsgruppen und Versetzungen von Arbeitskräften [§ 99 BetrVG]. Auch bei Kündigungen hat der Betriebsrat ein Widerspruchsrecht.[1]	Das Wesen des Widerspruchsrechts wird an folgendem Fall deutlich. Angenommen, einem jungen Arbeitnehmer wird fristgemäß gekündigt. Der Betriebsrat widerspricht. Dieser Widerspruch führt nicht zur Aufhebung der Kündigung. Gibt die Geschäftsleitung nicht nach (hat z. B. der Spruch der Einigungsstelle zugunsten des Gekündigten keinen Erfolg), muss der Fall vom Arbeitsgericht geklärt werden. Unter Umständen sichert der Widerspruch die Weiterbeschäftigung des gekündigten Arbeitnehmers bis zur endgültigen gerichtlichen Entscheidung.
Mitbestimmungsrecht im engeren Sinne Die Mitbestimmung i. e. S. ist **zwingend.** Dies bedeutet, dass der Arbeitgeber bestimmte Maßnahmen **nur mit Zustimmung des Betriebsrats** durchführen kann. Diese eigentliche Mitbestimmung steht dem Betriebsrat vor allem in sogenannten „sozialen Angelegenheiten" zu, soweit eine gesetzliche oder tarifliche Regelung nicht besteht [§ 87 BetrVG].	Arbeitszeitregelung, Zeit, Ort und Art der Auszahlung der Arbeitsentgelte, Aufstellung allgemeiner Urlaubsgrundsätze und des Urlaubsplans, Einführung der Arbeitszeitüberwachung (z. B. Stempeluhren), Regelung der Unfallverhütung, Form, Ausgestaltung und Verwaltung der Sozialeinrichtungen (z. B. Kantinen, Erholungsheimen), Zuweisung und Kündigung von Werkswohnungen, betriebliche Lohngestaltung (z. B. Einführung von Akkordlöhnen), Regelung des betrieblichen Vorschlagswesens und der Abschluss der Betriebsvereinbarung (Betriebsordnung [§ 77 II BetrVG]).

---

1 Die Mitbestimmung bei personellen Einzelmaßnahmen besteht in Unternehmen mit in der Regel mehr als zwanzig wahlberechtigten Arbeitnehmern [§ 99 I BetrVG].

32 Speth u.a. - ISBN 978-3-8120-0465-7

Zu beachten ist, dass das weitergehende Recht des Betriebsrats immer das weniger weitgehende Recht einschließt. So umfasst das Mitbestimmungsrecht i.e.S. in sozialen Angelegenheiten zugleich die Mitwirkung, die Beratung und – als Voraussetzung – die Information.

Der Betriebsrat hat in jedem Kalendervierteljahr eine **Betriebsversammlung** einzuberufen, die während der Arbeitszeit stattfindet [§§ 431, 441 BetrVG]. In der Betriebsversammlung berichtet der Betriebsrat über seine Tätigkeit und der Arbeitgeber z.B. über die wirtschaftliche und soziale Lage des Betriebs sowie über den betrieblichen Umweltschutz.

8.3 Unmittelbare Rechte der Belegschaftsmitglieder nach dem Betriebsverfassungsgesetz

Das Betriebsverfassungsgesetz regelt nicht nur die Rechte und Pflichten des Betriebsrats bzw. des Arbeitgebers, sondern legt darüber hinaus bestimmte unmittelbare Rechte der einzelnen Arbeitnehmer fest:

(1) Recht auf Unterrichtung

Der Arbeitgeber hat die bei ihm beschäftigten Arbeitnehmer über deren Aufgabe und Verantwortung sowie über die Art ihrer Tätigkeit zu unterrichten. Über Veränderungen in ihren Arbeitsbereichen sind die Arbeitnehmer rechtzeitig zu unterrichten (Näheres siehe § 81 BetrVG).

(2) Recht auf Anhörung

Die Arbeitnehmer haben das Recht, in allen betrieblichen Angelegenheiten, die ihre Person betreffen, von den zuständigen Stellen des Betriebs gehört zu werden. Sie sind berechtigt, Vorschläge für die Gestaltung ihrer Arbeitsplätze und die Arbeitsabläufe zu machen. Darüber hinaus können die Arbeitnehmer verlangen, dass ihnen die Berechnung und Zusammensetzung ihrer Arbeitsentgelte erläutert und mit ihnen die Beurteilung ihrer Leistungen sowie die Möglichkeiten ihrer beruflichen Entwicklung im Betrieb erörtert werden. Die Arbeitnehmer können ein Mitglied des Betriebsrats hinzuziehen [§ 82 BetrVG].

Das Recht auf Anhörung umfasst:

Einsicht in die Personalakten	Alle Arbeitnehmer haben das Recht, in die über sie geführten Personalakten Einsicht zu nehmen. Sie können (müssen aber nicht) ein Mitglied des Betriebsrats hinzuziehen [§ 83 BetrVG].
Beschwerderecht	Alle Arbeitnehmer sind berechtigt, sich bei den zuständigen Stellen des Betriebs zu beschweren, wenn sie sich vom Arbeitgeber oder von Arbeitnehmern des Betriebs benachteiligt, ungerecht behandelt oder in sonstiger Weise beeinträchtigt fühlen [§ 84 BetrVG]. Der Betriebsrat hat die Beschwerden der Arbeitnehmer entgegenzunehmen und bei berechtigten Beschwerden beim Arbeitgeber auf deren Abhilfe hinzuwirken [§ 85 BetrVG].

8.4 Betriebsvereinbarung

Merke:

Unter **Betriebsvereinbarungen**[1] versteht man Absprachen zwischen Arbeitgeber und Betriebsrat. Die **schriftlich** niedergelegte und von beiden Seiten unterzeichnete Betriebsvereinbarung wird auch **Betriebsordnung** genannt [§ 77 II BetrVG].

In den Betriebsvereinbarungen werden den Arbeitnehmern meistens unmittelbare und zwingende Rechte gegenüber dem Arbeitgeber eingeräumt, auf die nur mit Zustimmung des Betriebsrats verzichtet werden kann [§ 77 IV BetrVG].

Zusammenfassung

- Das **Arbeitsschutzrecht** umfasst Bestimmungen, Vorschriften, Maßnahmen, welche dem Schutz des Lebens und der Gesundheit der Arbeitskraft dienen.

- Dem **Betriebs- und Gefahrenschutz** dienen z. B. das Arbeitsschutzgesetz, das Geräte- und Produktsicherheitsgesetz, das Arbeitssicherheitsgesetz, die Arbeitsstättenverordnung u.a.

- Die Einhaltung wird z. B. durch die **Gewerbeaufsichtsämter** und die **Berufsgenossenschaften** überwacht.

- Die **Mitbestimmung der Arbeitnehmer** auf betrieblicher Ebene erfolgt durch den **Betriebsrat**.

- Der **Betriebsrat** ist eine Vertretung der Arbeitnehmer gegenüber dem Arbeitgeber. Wahl, Zusammensetzung und Aufgaben des Betriebsrats sind im Betriebsverfassungsgesetz [BetrVG] geregelt.

- **Wahlberechtigte Arbeitnehmer** sind Arbeiter, Angestellte und Auszubildende, sofern sie das 18. Lebensjahr vollendet haben.

- Die **Stufen der betrieblichen Mitbestimmung (Rechte des Betriebsrats)** im weiteren Sinne sind:

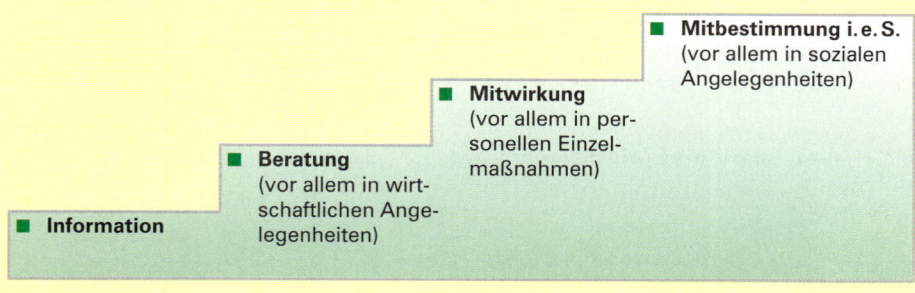

- **Mitbestimmung i.e.S.** (vor allem in sozialen Angelegenheiten)
- **Mitwirkung** (vor allem in personellen Einzelmaßnahmen)
- **Beratung** (vor allem in wirtschaftlichen Angelegenheiten)
- **Information**

- **Betriebsvereinbarungen** sind Absprachen zwischen Arbeitgeber und Betriebsrat zur Regelung vor allem sozialer Angelegenheiten. Die schriftlich niedergelegte Betriebsvereinbarung heißt auch **Betriebsordnung**.

---

1 Siehe auch S. 487.

166 1. Ein Textilunternehmen beschäftigt 50 Mitarbeiter. Die Mitarbeiter beschließen, einen Betriebsrat zu wählen.

Aufgaben:

1.1 Kann sich der Geschäftsinhaber dem Wunsch der Belegschaft widersetzen? Begründen Sie Ihre Meinung!

1.2 Nennen Sie vier Rechte des Betriebsrats!

1.3 Geben Sie für das Mitwirkungsrecht und das Mitbestimmungsrecht i.e. S. des Betriebsrats jeweils zwei Beispiele an!

2. In der Unruh AG sind 420 Arbeitnehmerinnen und Arbeitnehmer beschäftigt. Der Vorstand versucht mit allen Mitteln, die Bildung eines Betriebsrats zu verhindern.

Aufgaben:

2.1 Zu welcher Mitbestimmungsform zählt die Einrichtung eines Betriebsrats?

2.2 Unterscheiden Sie aktives und passives Wahlrecht!

2.3 Die Einrichtung eines Betriebsrats soll dazu beitragen, Konflikte zwischen der Arbeitnehmer- und der Arbeitgeberseite zu vermeiden, zu mildern oder gar zu lösen. Welche Konflikte können das sein?

2.4 Die Mitbestimmung des Betriebsrats umfasst mehrere Ebenen (Stufen).
   2.4.1 Welche sind das?
   2.4.2 Führen Sie mindestens je drei Beispiele an!

2.5 Die Belegschaft der Unruh AG sieht in der Mitbestimmung allgemein nur Vorteile, die Geschäftsleitung nur Nachteile.
   2.5.1 Nennen Sie mindestens zwei Vor- und Nachteile!
   2.5.2 Überwiegen Ihrer Ansicht nach die Vor- oder die Nachteile?

167 Entscheiden Sie in folgenden Fällen:

1. Die Geschäftsleitung der Otto Schnell KG hat den Angestellten Bückling zum Leiter der Rechnungswesenabteilung ernannt. Der Betriebsrat widerspricht. Er sähe an dieser Stelle lieber das langjährige Gewerkschaftsmitglied Blau. Wird sich der Betriebsrat durchsetzen können?

2. Herr Knifflig, seit langen Jahren im Betrieb angestellt, hat sich um die neue Stelle als Verkaufsleiter beworben. Er fällt durch. Nunmehr verlangt er Einsicht in seine Personalakte. Kann er das?

3. Ohne Anhörung des Betriebsrats führt die Otto Schnell KG neue Arbeitszeiten ein. Der Betriebsrat widerspricht dieser Anordnung. Ist die Anordnung trotzdem wirksam?

9 Arbeitsentgeltabrechnung

9.1 Aufbau der Lohn- und Gehaltsabrechnung

Die Lohn- und Gehaltsabrechnung vollzieht sich in drei Stufen: (1) Ermittlung des Arbeitsentgeltes (Gesamtentgelt), (2) Ermittlung des Nettoentgeltes, (3) Ermittlung des Auszahlungsbetrages.

(1) Ermittlung des Arbeitsentgeltes (Bruttoentgeltes)

Zum Arbeitsentgelt (Arbeitslohn) gehören alle Einnahmen, die dem Arbeitnehmer aus dem Dienstverhältnis zufließen. Es ist gleichgültig in welcher Form oder unter welcher Bezeichnung die Einnahmen gewährt werden. Neben **Geldbeträgen** können dem Arbeitnehmer auch **Sachwerte** (freie Kost und Wohnung oder Waren) zugeflossen sein. Welcher Wert für derartige Sachbezüge anzusetzen ist, richtet sich nach besonderen Verordnungen bzw. orientiert sich am Marktpreis. Neben den Sachbezügen zählen auch sogenannte **geldwerte Vorteile**, z. B. die kostenlose Zurverfügungstellung eines Geschäftswagens, zum Arbeitsentgelt. Dem Arbeitnehmer werden dann die ersparten Aufwendungen, die für ein eigenes Auto dieses Typs anfallen, als Arbeitslohn hinzugerechnet.

(2) Ermittlung des Nettoentgeltes

Zieht man vom steuer- und sozialversicherungspflichtigen Bruttoentgelt die vom Arbeitnehmer zu tragende Lohn- und Kirchensteuer, den zurzeit erhobenen Solidaritätszuschlag und den Arbeitnehmeranteil an den Sozialversicherungsbeiträgen (Kranken-, Renten-, Pflege- und Arbeitslosenversicherung) ab, erhält man das Nettoentgelt.

(3) Ermittlung des Auszahlungsbetrages

Das Nettoentgelt stellt nicht zwangsläufig auch den Auszahlungsbetrag dar. In vielen Fällen wird das Nettoentgelt um bestimmte Abzugsbeträge gekürzt. Als Abzugsbeträge können z. B. infrage kommen: vermögenswirksame Leistungen, Verrechnung von Vorschüssen, Kostenanteil für das Kantinenessen, Mietverrechnung für eine Werkswohnung, evtl. auch Lohnpfändungen.

In schematischer Darstellung erhalten wir folgendes **Abrechnungsschema**:

Ermittlung des Bruttoentgelts[1]	Addition von Gehalt, Überstundenvergütungen, Urlaubsgeld, Sachwerte, geldwerte Vorteile
– Steuern[2]	Lohnsteuer, Solidaritätszuschlag, Kirchensteuer
– Sozialversicherungsbeiträge[3]	Kranken-, Pflege-, Renten- und Arbeitslosenversicherung (unter Berücksichtigung der Beitragsbemessungsgrenzen)
Nettoentgelt	
– sonstige Abzüge	Verrechnung von Vorschüssen, Kantinenessen, Lohnpfändung, vermögenswirksamen Leistungen
Auszahlungsbetrag	

---

1 Das Arbeitsentgelt wird im Folgenden nicht berechnet, sondern jeweils vorgegeben.
2 Vgl. hierzu die Ausführungen auf S. 502ff.
3 Zur Berechnung der Sozialversicherungsbeiträge siehe S. 504f.

9.2 Berechnung der Lohnsteuer, des Solidaritätszuschlags und der Kirchensteuer

(1) Lohnsteuer und Solidaritätszuschlag

Nach dem Einkommensteuergesetz sind alle inländischen natürlichen Personen – von einer bestimmten Einkommenshöhe ab – zur Zahlung von Steuern aus dem Einkommen verpflichtet. Die Lohnsteuer ist eine Sonderform der Einkommensteuer. Besteuert werden dabei die **Einkünfte aus nichtselbstständiger Arbeit.** Die **Höhe der Lohn- bzw. Einkommensteuer** wird bestimmt durch die **Höhe des Bruttolohns** bzw. **-gehalts,** den **Familienstand,** die **Anzahl der Kinder** und durch bestimmte **Freibeträge.** Auf die Lohnsteuer wird derzeit ein Solidaritätszuschlag von 5,5 % erhoben.

Die **Feststellung der Lohnsteuer, der Kirchensteuer und des Solidaritätszuschlags** erfolgt mithilfe von **Lohnsteuertabellen,** aus denen die entsprechenden Beträge abgelesen werden können. Die allgemeine Lohnsteuertabelle enthält sechs **Lohnsteuerklassen,** in denen die persönlichen Verhältnisse des Arbeitnehmers berücksichtigt werden.

Übersicht über die Lohnsteuerklassen

Steuer-klasse	Personenkreis	Pauschbeträge u. Freibeträge[1]	EUR[2]
I	Arbeitnehmer, die (1) ledig oder geschieden sind; (2) verheiratet sind, aber von ihrem Ehegatten dauernd getrennt leben, oder wenn der Ehegatte nicht im Inland wohnt; (3) verwitwet sind.	Grundfreibetrag Arbeitnehmer-Pauschbetrag	8 004,00 920,00
II	Arbeitnehmer der Steuerklasse I, wenn in ihrer Wohnung mindestens 1 Kind gemeldet ist, für das ein Kinderfreibetrag gewährt wird.	Grundfreibetrag Arbeitnehmer-Pauschbetrag	8 004,00 920,00
III	**Verheiratete** Arbeitnehmer, von denen nur ein Ehegatte in einem Dienstverhältnis steht, und verwitwete Arbeitnehmer für das Kalenderjahr, in dem der Ehegatte verstorben ist, sowie für das folgende Kalenderjahr.	Grundfreibetrag Arbeitnehmer-Pauschbetrag	16 008,00 920,00
IV	**Verheiratete** Arbeitnehmer, wenn **beide** Ehegatten Arbeitslohn beziehen.	Grundfreibetrag Arbeitnehmer-Pauschbetrag	8 004,00 920,00
V	Auf Antrag verheiratete Arbeitnehmer, die unter die Lohnsteuerklasse IV fallen würden, bei denen jedoch ein Ehegatte nach Steuerklasse III besteuert wird.	Arbeitnehmer-Pauschbetrag	920,00
VI	Arbeitnehmer, die aus **mehr** als einem Arbeitsverhältnis (von verschiedenen Arbeitgebern) Arbeitslohn beziehen.		

Neben den in der Lohnsteuertabelle schon eingearbeiteten Pausch- und Freibeträgen kann der Steuerpflichtige noch **zusätzliche** Freibeträge in die Lohnsteuerkarte eintragen lassen.

---

1 Aus Vereinfachungsgründen wird nur die wichtigste Pauschale und der wichtigste Freibetrag angeführt.
2 Stand Januar 2010.

Auszug aus der Lohnsteuertabelle

1 979,99* MONAT

Lohn/Gehalt bis €*		I–VI	ohne Kinderfreibeträge					mit Zahl der Kinderfreibeträge . . . 0,5			1			1,5			2			2,5			3		
		LSt	SolZ	8%	9%		LSt	SolZ	8%	9%	SolZ	8%	9%	SolZ	8%	9%	SolZ	8%	9%	SolZ	8%	9%	SolZ	8%	9%
1 937,99	I,IV	243,25	13,37	19,46	21,89	I	243,25	9,81	14,28	16,06	6,43	9,36	10,53	—	4,76	5,35	—	1,02	1,15	—	—	—	—	—	—
	II	213,66	11,75	17,09	19,22	II	213,66	8,27	12,03	13,53	1,88	7,23	8,13	—	2,95	3,32	—	—	—	—	—	—	—	—	—
	III	30,33	—	2,42	2,72	III	30,33	—	—	—	—	—	—	—	—	—	—	—	—	—	—	—	—	—	—
	V	527,83	29,03	42,22	47,50	IV	243,25	11,57	16,84	18,94	9,81	14,28	16,06	8,10	11,79	13,26	6,43	9,36	10,53	1,30	7,—	7,87	—	4,76	5,35
	VI	557,83	30,68	44,62	50,20																				
1 940,99	I,IV	244,08	13,42	19,52	21,96	I	244,08	9,86	14,34	16,13	6,47	9,42	10,59	—	4,81	5,41	—	1,06	1,19	—	—	—	—	—	—
	II	214,50	11,79	17,16	19,30	II	214,50	8,31	12,09	13,60	2,01	7,28	8,19	—	3,—	3,37	—	—	—	—	—	—	—	—	—
	III	30,83	—	2,46	2,77	III	30,83	—	—	—	—	—	—	—	—	—	—	—	—	—	—	—	—	—	—
	V	529,—	29,09	42,32	47,61	IV	244,08	11,61	16,90	19,01	9,86	14,34	16,13	8,14	11,84	13,32	6,47	9,42	10,59	1,43	7,05	7,93	—	4,81	5,41
	VI	559,—	30,74	44,72	50,31																				

Der Arbeitnehmer hat dem Arbeitgeber eine **Lohnsteuerkarte**[1] vorzulegen. Sie wird jedem Arbeitnehmer von der zuständigen Gemeindeverwaltung zugestellt. Der Arbeitnehmer ist verpflichtet, diese unmittelbar seinem Arbeitgeber einzureichen. Der Arbeitgeber hat die Lohnsteuerkarte aufzubewahren und am Jahresende dem Finanzamt einzureichen. Am Ende des Jahres erhält der Arbeitnehmer vom Arbeitgeber eine **Lohnsteuerbescheinigung** mit den Angaben über Bruttoverdienst und einbehaltene Abzüge (Lohnsteuer, Solidaritätszuschlag und Kirchensteuer). Sie dient dann dem Arbeitnehmer im Falle der Einkommensteuerveranlagung als Nachweis über die gezahlten Abzüge (Lohnsteuer, Solidaritätszuschlag und Kirchensteuer).

(2) Kirchensteuer

Die Kirchensteuer erheben die Kirchen von ihren Mitgliedern. Die Veranlagung erfolgt durch die Finanzämter, an die auch die Zahlungen zu leisten sind. Bei den Arbeitnehmern wird die Kirchensteuer zusammen mit der Lohnsteuer und dem Solidaritätszuschlag vom Arbeitgeber einbehalten und abgeführt. Zurzeit beträgt die Kirchensteuer 8 % bzw. 9 % (je nach Bundesland) von der zu zahlenden Lohn- bzw. Einkommensteuer, die sich nach Abzug des Kinderfreibetrags vom Bruttolohn ergibt. In Nordrhein-Westfalen beträgt der Kirchensteuersatz 9 %.

Beispiel:

Die Angestellte Edda Meyer, Leibnitzstr. 2, 44147 Dortmund, bezieht für den Monat Juli ein Bruttogehalt in Höhe von 1 940,00 EUR. Sie ist ledig (Lohnsteuerklasse I) und hat keine Kinder. Konfession: röm.-kath.

Bruttogehalt	1 940,00 EUR
Lohnsteuer lt. LSt.-Tabelle (Klasse I, ohne Kinder)	244,08 EUR
Solidaritätszuschlag	13,42 EUR
Kirchensteuer 9 %	21,96 EUR.

Die Angestellte hat insgesamt 279,46 EUR an Steuern zu entrichten. (Siehe obigen Auszug aus der Lohnsteuertabelle!)

---

1 Ab 2011 wird die Lohnsteuerkarte durch ein **elektronisches Verfahren zur Erhebung der Lohnsteuer** ersetzt. Bis zum Jahr 2011 werden nach und nach in einer Datenbank beim Bundeszentralamt für Steuern (BZSt) „**E**lektronische **L**ohn**St**euer **A**bzugs**M**erkmale" (kurz: **ELStAM**) gesammelt.
Die Einführung des elektronischen Verfahrens erfolgt stufenweise. Das bedeutet, dass die **Lohnsteuerkarte 2010** auch noch **für das Jahr 2011 anwendbar** sein wird. im Falle eines Arbeitsplatzwechsels nimmt der Arbeitnehmer die Karte (wie gehabt) mit. Ab dem **Jahr 2012** ist allein die Finanzverwaltung dafür zuständig, dem Arbeitgeber die notwendigen Merkmale für die Besteuerung des Arbeitnehmers zu übermitteln. Alle Daten werden dann beim **Bundeszentralamt für Steuern (BZSt)** gespeichert. Sobald jemand eine Arbeitsstelle antritt und lohnsteuerpflichtig ist, fragt der Arbeitgeber beim BZSt nach den notwendigen Daten, um sie dann in das Lohnkonto des Beschäftigten zu übernehmen. Die Arbeitnehmer müssen bei Beginn des Arbeitsverhältnisses lediglich ihre **steuerliche Identifikationsnummer** und das Geburtsdatum angeben.

9.3 Berechnung der Sozialversicherungsbeiträge

Die Sozialversicherung ist eine gesetzliche Versicherung (Pflichtversicherung), der ca. 90 % der Bevölkerung angehören. Sie soll die Versicherten vor finanzieller Not bei Krankheit **(gesetzliche Krankenkasse),** bei Arbeitslosigkeit **(gesetzliche Arbeitsförderung),** bei Pflegebedürftigkeit **(soziale Pflegeversicherung)** und bei Erwerbsunfähigkeit, meistens aus Altersgründen **(gesetzliche Rentenversicherung),** schützen.

Außer der **Unfallversicherung,** die der Arbeitgeber allein zu tragen hat, müssen Arbeitnehmer und Arbeitgeber je 50 % der Beiträge zur Kranken-, Pflege-, Renten- und Arbeitslosenversicherung zahlen. Die Beiträge für jeden Sozialversicherungszweig werden bis zur jeweiligen Beitragsbemessungsgrenze über einen festen Prozentsatz vom jeweiligen Bruttoverdienst berechnet. Über die Beitragsbemessungsgrenze hinaus werden keine Beiträge zur jeweiligen Sozialversicherung erhoben.[1]

Derzeit gelten für die Sozialversicherung folgende monatliche Beitragssätze bzw. **Beitragsbemessungsgrenzen** (seit 1. Januar 2010):[2]

			In den alten Bundesländern	In den neuen Bundesländern
Krankenversicherung:*	14,9 %	Beitragsbemessungsgrenze:	3 750,00 EUR	3 750,00 EUR
Pflegeversicherung:	1,95 %	Beitragsbemessungsgrenze:	3 750,00 EUR	3 750,00 EUR
Rentenversicherung:	19,9 %	Beitragsbemessungsgrenze:	5 500,00 EUR	4 650,00 EUR
Arbeitslosenversicherung:	2,8 %	Beitragsbemessungsgrenze:	5 500,00 EUR	4 650,00 EUR

* Der Beitragssatz zur Krankenversicherung in Höhe von 14,9 % gilt bundeseinheitlich. Er enthält einen **Arbeitnehmersonderbeitrag** von 0,9 %. An diesem Beitrag ist der **Arbeitgeber nicht beteiligt,** d. h., der Arbeitgeberanteil zur Krankenversicherung beträgt somit 7,0 % und der Arbeitnehmeranteil 7,9 %.

Sonderregelungen zur Finanzierung der Pflegeversicherung

Für alle kinderlosen Pflichtversicherten erhöht sich der Beitrag zur Pflegeversicherung um 0,25 % des beitragspflichtigen Einkommens. Für diesen Personenkreis beträgt daher der Beitragssatz 1,225 %. An dieser Erhöhung ist der **Arbeitgeber nicht beteiligt.** Ausgenommen von diesem Beitragszuschlag sind Personen, die das 23. Lebensjahr noch nicht vollendet haben und Personen, die vor dem 1. Januar 1940 geboren wurden.

Beispiel 1:

Die kinderlose Angestellte Edda Meyer erhält ein Bruttogehalt in Höhe von 1940,00 EUR. Der Beitragssatz zur Krankenkasse beträgt 14,9 Prozent.

Aufgaben:

Berechnen Sie
1. den Arbeitnehmeranteil zum Sozialversicherungsbeitrag,
2. den Arbeitgeberanteil zum Sozialversicherungsbeitrag!

---

1 Die Höhe und die Aufteilung der geleisteten Beiträge wird vom Arbeitgeber für jeden Abrechnungszeitraum auf einem **Beitragsnachweis** dokumentiert und an die zuständigen Krankenkassen weitergeleitet. Der Beitragsnachweis ist rechtzeitig, **spätestens zwei Arbeitstage vor Fälligkeit der SV-Beiträge** zu übermitteln. Zusätzlich sind die vom Arbeitgeber aufzubringenden Beiträge zu den **Unterstützungs- bzw. Ausgleichskassen (U1/U2/U3)** vermerkt. Neben den Umlagen zur Lohnfortzahlung im Krankheitsfall (U1) und zum Mutterschaftsgeld (U2) betrifft dies die Insolvenzgeldumlage (U3).

2 Die Beitragssätze für die Sozialversicherung bzw. die Beitragsbemessungsgrenzen werden von Zeit zu Zeit neu festgelegt. Informieren Sie sich bitte über die derzeit geltenden Beitragssätze und Bemessungsgrenzen.

Bruttogehalt	1 940,00 EUR
Krankenversicherung: 14,9 % (7,0 % AN-Anteil)	135,80 EUR
Sonderbeitrag für Arbeitnehmer: 0,9 %	17,46 EUR
Pflegeversicherung: 1,95 % (0,975 % AN-Anteil)	18,92 EUR
Sonderbeitrag für kinderlose Arbeitnehmer: 0,25 %	4,85 EUR
Rentenversicherung: 19,9 % (9,95 % AN-Anteil)	193,03 EUR
Arbeitslosenversicherung: 2,8 % (1,4 % AN-Anteil)	27,16 EUR
1. Arbeitnehmeranteil	397,22 EUR
2. Arbeitgeberanteil (397,22 EUR – 22,31 EUR)	374,91 EUR

Beispiel 2:

Der Abteilungsleiter Peter Sonnenschein arbeitet in Hannover, ist verheiratet und hat ein Kind. Er verdient 5 920,00 EUR. Der Beitragssatz der Krankenversicherung beträgt 14,9 %.

Aufgaben:

Berechnen Sie
1. den Arbeitnehmeranteil zum Sozialversicherungsbeitrag,
2. den Arbeitgeberanteil zum Sozialversicherungsbeitrag!

Lösungen:

Bruttogehalt	5 920,00 EUR
Krankenversicherung: 7,0 % (von 3 750,00 EUR)	262,50 EUR
Sonderbeitrag für Arbeitnehmer: 0,9 % (von 3 750,00 EUR)	33,75 EUR
Pflegeversicherung: 0,975 % (von 3 750,00 EUR)	36,56 EUR
Rentenversicherung: 9,95 % (von 5 500,00 EUR)	547,25 EUR
Arbeitslosenversicherung: 1,4 % (von 5 500,00 EUR)	77,00 EUR
1. Arbeitnehmeranteil	957,06 EUR
2. Arbeitgeberanteil (957,06 EUR – 33,75 EUR)	923,31 EUR

Die Lohnabrechnung erfolgt heute in der Regel mithilfe eines EDV-Programms. In dieses EDV-Programm werden die Beitragssätze der Sozialversicherung eingegeben. Das Programm rechnet dann die entsprechenden Sozialversicherungsbeiträge für jede Gehaltshöhe automatisch aus. Die Arbeitnehmeranteile zur Sozialversicherung werden zusammen mit den Arbeitgeberanteilen vom Arbeitgeber an die zuständigen Kranken-kassen abgeführt, welche die entsprechenden Beiträge an die Träger der Renten- und Arbeitslosenversicherung weiterleiten.

Merke:

- Arbeitnehmer unterliegen mit ihren Einkünften aus nichtselbstständiger Arbeit der **Lohnsteuer.**
  - Die Höhe der Lohnsteuer richtet sich nach den persönlichen Daten des Arbeit-nehmers.
  - Die Lohnsteuer, der Solidaritätszuschlag und gegebenenfalls die **Kirchensteuer** werden bei der Lohnzahlung einbehalten und an das Finanzamt abgeführt.
- Die **Sozialversicherung** ist eine **gesetzliche Pflichtversicherung.** Die Beiträge für den Arbeitnehmer werden vom Arbeitgeber einbehalten und zusammen mit dem Arbeitgeberanteil an die zuständige Krankenkasse abgeführt.

168 1. Ein lediger Mitarbeiter erhält ein Bruttogehalt von 1987,50 EUR. Er ist kirchensteuerpflichtig mit 9%.

Aufgabe:

Erstellen Sie die Gehaltsabrechnung für den Mitarbeiter (Steuerklasse I) unter Verwendung des abgedruckten Auszugs aus der Lohnsteuertabelle und der Beitragssätze zur Sozialversicherung lt. S. 504!

MONAT 1 980,–*

Abzüge an Lohnsteuer, Solidaritätszuschlag (SolZ) und Kirchensteuer (8%, 9%) in den Steuerklassen

bis €*	Kl. (I–VI)	LSt	SolZ	8%	9%	Kl.	LSt	0,5 SolZ	0,5 8%	0,5 9%	1 SolZ	1 8%	1 9%	1,5 SolZ	1,5 8%	1,5 9%	2 SolZ	2 8%	2 9%	2,5 SolZ	2,5 8%	2,5 9%	3 SolZ	3 8%	3 9%
1 982,99	I,IV	255,33	14,04	20,42	22,97	I	255,33	10,45	15,20	17,10	7,04	10,24	11,52	—	5,54	6,23	—	1,63	1,83	—	—	—	—	—	—
	II	225,58	12,40	18,04	20,30	II	225,58	8,89	12,93	14,54	4,01	8,08	9,09	—	3,66	4,11	—	0,19	0,21	—	—	—	—	—	—
	III	36,50	—	2,92	3,28	III	36,50	—	—	—	—	—	—	—	—	—	—	—	—	—	—	—	—	—	—
	V	545,33	29,99	43,62	49,07	IV	255,33	12,22	17,78	20,—	10,45	15,20	17,10	8,72	12,68	14,27	7,04	10,24	11,52	3,43	7,85	8,83	—	5,54	6,23
	VI	575,66	31,66	46,05	51,80																				
1 985,99	I,IV	256,16	14,08	20,49	23,05	I	256,16	10,49	15,26	17,17	7,07	10,29	11,57	—	5,60	6,30	—	1,67	1,88	—	—	—	—	—	—
	II	226,33	12,44	18,10	20,36	II	226,33	8,93	12,99	14,61	4,15	8,14	9,15	—	3,70	4,16	—	0,22	0,25	—	—	—	—	—	—
	III	37,—	—	2,96	3,33	III	37,—	—	—	—	—	—	—	—	—	—	—	—	—	—	—	—	—	—	—
	V	546,50	30,05	43,72	49,18	IV	256,16	12,26	17,84	20,07	10,49	15,26	17,17	8,76	12,74	14,33	7,07	10,29	11,57	3,56	7,90	8,89	—	5,60	6,30
	VI	576,83	31,72	46,14	51,91																				
1 988,99	I,IV	257,—	14,13	20,56	23,13	I	257,—	10,53	15,32	17,24	7,11	10,35	11,64	—	5,65	6,35	—	1,71	1,92	—	—	—	—	—	—
	II	227,16	12,49	18,17	20,44	II	227,16	8,97	13,05	14,68	4,30	8,20	9,22	—	3,75	4,22	—	0,26	0,29	—	—	—	—	—	—
	III	37,33	—	2,98	3,35	III	37,33	—	—	—	—	—	—	—	—	—	—	—	—	—	—	—	—	—	—
	V	547,66	30,12	43,81	49,28	IV	257,—	12,31	17,91	20,15	10,53	15,32	17,24	8,80	12,80	14,40	7,11	10,35	11,64	3,71	7,96	8,96	—	5,65	6,35
	VI	578,—	31,79	46,24	52,05																				

2. Ein Mitarbeiter erhält einen Bruttolohn von 3610,00 EUR; Lohnsteuerklasse II/1. Abzüge: Vermögenswirksame Sparleistung 36,00 EUR, Lohnpfändung 110,00 EUR, Wareneinkauf im Betrieb 90,00 EUR zuzüglich 19% USt, Miete für Geschäftswohnung 360,00 EUR.

Aufgabe:

Berechnen Sie den Auszahlungsbetrag für den Mitarbeiter! (Die Kirchensteuer beträgt 9%.)

MONAT 3 600,–*

Abzüge an Lohnsteuer, Solidaritätszuschlag (SolZ) und Kirchensteuer (8%, 9%) in den Steuerklassen

bis €*	Kl. (I–VI)	LSt	SolZ	8%	9%	Kl.	LSt	0,5 SolZ	0,5 8%	0,5 9%	1 SolZ	1 8%	1 9%	1,5 SolZ	1,5 8%	1,5 9%	2 SolZ	2 8%	2 9%	2,5 SolZ	2,5 8%	2,5 9%	3 SolZ	3 8%	3 9%
3 608,99	I,IV	763,66	42,—	61,09	68,72	I	763,66	37,24	54,18	60,95	32,67	47,52	53,46	28,27	41,12	46,26	24,05	34,98	39,35	20,—	29,10	32,73	16,13	23,47	26,40
	II	724,33	39,83	57,94	65,18	II	724,33	35,16	51,14	57,53	30,66	44,60	50,18	26,34	38,32	43,11	22,21	32,30	36,34	18,24	26,53	29,84	14,45	21,02	23,65
	III	436,50	24,—	34,92	39,28	III	436,50	20,46	29,77	33,49	17,02	24,76	27,85	13,66	19,88	22,36	5,40	15,12	17,01	—	10,54	11,86	—	6,45	7,25
	V	1 224,25	67,33	97,94	110,18	IV	763,66	39,60	57,60	64,80	37,24	54,18	60,95	34,93	50,82	57,17	32,67	47,52	53,46	30,45	44,29	49,82	28,27	41,12	46,26
	VI	1 256,41	69,10	100,51	113,07																				
3 611,99	I,IV	764,66	42,05	61,17	68,81	I	764,66	37,30	54,26	61,04	32,72	47,60	53,55	28,32	41,20	46,35	24,10	35,06	39,44	20,05	29,17	32,81	16,18	23,54	26,48
	II	725,33	39,89	58,02	65,27	II	725,33	35,21	51,22	57,62	30,72	44,68	50,27	26,40	38,40	43,20	22,25	32,37	36,41	18,29	26,60	29,93	14,50	21,09	23,72
	III	437,33	24,05	34,98	39,35	III	437,33	20,51	29,84	33,57	17,06	24,82	27,92	13,70	19,93	22,42	5,53	15,17	17,06	—	10,60	11,92	—	6,49	7,30
	V	1 225,50	67,40	98,04	110,29	IV	764,66	39,65	57,68	64,89	37,30	54,26	61,04	34,99	50,90	57,26	32,72	47,60	53,55	30,50	44,36	49,91	28,32	41,20	46,35
	VI	1 257,75	69,17	100,62	113,19																				
3 614,99	I,IV	765,75	42,11	61,26	68,91	I	765,75	37,35	54,34	61,13	32,78	47,68	53,64	28,38	41,28	46,44	24,15	35,13	39,52	20,10	29,24	32,89	16,22	23,60	26,55
	II	726,41	39,95	58,11	65,37	II	726,41	35,27	51,30	57,71	30,77	44,76	50,36	26,45	38,47	43,28	22,30	32,44	36,50	18,33	26,67	30,—	14,54	21,15	23,79
	III	438,16	24,09	35,05	39,43	III	438,16	20,56	29,90	33,64	17,10	24,88	27,99	13,74	19,98	22,48	5,66	15,22	17,12	—	10,65	11,98	—	6,54	7,36
	V	1 226,75	67,47	98,14	110,40	IV	765,75	39,71	57,76	64,98	37,35	54,34	61,13	35,04	50,98	57,35	32,78	47,68	53,64	30,55	44,44	50,—	28,38	41,28	46,44
	VI	1 259,—	69,24	100,72	113,31																				

3. Ein leitender Angestellter erhält ein Bruttogehalt von 4550,00 EUR einschließlich 36,00 EUR monatlich vermögenswirksame Leistung. Lohnsteuerklasse III/3. Anlässlich seines 10-jährigen Dienstjubiläums erhält der Angestellte eine Sonderzahlung von 250,00 EUR.[1] Abzüge: Vermögenswirksame Sparleistung 36,00 EUR, Tilgung und Zinsen für ein Arbeitgeberdarlehen 450,00 EUR, einbehaltener Vorschuss 500,00 EUR.

Aufgabe:

Berechnen Sie den Auszahlungsbetrag für den Angestellten! (Die Kirchensteuer beträgt 8 %.)

MONAT 4 770,–*

Lohn/ Gehalt	I–VI				I, II, III, IV																			
		ohne Kinderfreibeträge						mit Zahl der Kinderfreibeträge . . .															
						0,5			1			1,5			2			2,5			3		
bis €*	LSt	SolZ	8%	9%	LSt	SolZ	8%	9%	SolZ	8%	9%	SolZ	8%	9%	SolZ	8%	9%	SolZ	8%	9%	SolZ	8%	9%
4 796,99 I,IV	1 222,08	67,21	97,76	109,98	I 1 222,08	61,64	89,66	100,86	56,21	81,76	91,98	50,97	74,14	83,40	45,90	66,76	75,11	41,—	59,64	67,10	36,29	52,78	59,38
II	1 176,25	64,69	94,10	105,86	II 1 176,25	59,17	86,07	96,83	53,83	78,30	88,08	48,66	70,78	79,63	43,67	63,52	71,46	38,86	56,52	63,59	34,22	49,78	56,—
III	767,16	42,19	61,37	69,04	III 767,16	38,23	55,61	62,56	34,36	49,98	56,23	30,58	44,48	50,04	26,88	39,10	43,99	23,27	33,85	38,08	19,75	28,73	32,32
V	1 723,25	94,77	137,86	155,09	IV 1 222,08	64,41	93,70	105,41	61,64	89,66	100,86	58,90	85,68	96,39	56,21	81,76	91,98	53,57	77,92	87,66	50,97	74,14	83,40
VI	1 755,41	96,54	140,43	157,98																			
4 799,99 I,IV	1 223,25	67,27	97,86	110,09	I 1 223,25	61,70	89,75	100,97	56,27	81,86	92,09	51,03	74,22	83,50	45,96	66,85	75,20	41,06	59,73	67,19	36,35	52,87	59,48
II	1 177,50	64,76	94,20	105,97	II 1 177,50	59,23	86,16	96,93	53,89	78,39	88,19	48,72	70,87	79,73	43,73	63,61	71,56	38,91	56,60	63,68	34,28	49,86	56,09
III	768,—	42,24	61,44	69,12	III 768,—	38,28	55,68	62,64	34,41	50,05	56,30	30,62	44,54	50,11	26,92	39,16	44,05	23,32	33,92	38,16	19,80	28,80	32,40
V	1 724,50	94,84	137,96	155,20	IV 1 223,25	64,48	93,80	105,52	61,70	89,75	100,97	58,96	85,77	96,49	56,27	81,86	92,09	53,63	78,01	87,76	51,03	74,22	83,50
VI	1 756,66	96,61	140,53	158,09																			
4 802,99 I,IV	1 224,50	67,34	97,96	110,20	I 1 224,50	61,77	89,85	101,08	56,34	81,95	92,19	51,09	74,32	83,61	46,02	66,94	75,30	41,12	59,82	67,29	36,40	52,95	59,57
II	1 178,75	64,83	94,30	106,08	II 1 178,75	59,30	86,26	97,04	53,95	78,48	88,29	48,78	70,96	79,83	43,79	63,70	71,66	38,97	56,69	63,77	34,33	49,94	56,18
III	769,—	42,29	61,52	69,21	III 769,—	38,32	55,74	62,71	34,45	50,12	56,38	30,67	44,61	50,18	26,96	39,22	44,12	23,36	33,98	38,23	19,84	28,86	32,47
V	1 725,75	94,91	138,06	155,31	IV 1 224,50	64,55	93,89	105,62	61,77	89,85	101,08	59,03	85,87	96,60	56,34	81,95	92,19	53,69	78,10	87,86	51,09	74,32	83,61
VI	1 757,91	96,68	140,63	158,21																			

4. Frau Gruber, Lohnsteuerklasse IV/1, erhält ein Bruttogehalt in Höhe von 1 760,00 EUR.

Aufgaben:

4.1 Wie viel EUR beträgt der Auszahlungsbetrag (Kirchensteuer 8 %)?

1 799,99* MONAT

Lohn/ Gehalt	I–VI				I, II, III, IV																			
		ohne Kinderfreibeträge						mit Zahl der Kinderfreibeträge . . .															
						0,5			1			1,5			2			2,5			3		
bis €*	LSt	SolZ	8%	9%	LSt	SolZ	8%	9%	SolZ	8%	9%	SolZ	8%	9%	SolZ	8%	9%	SolZ	8%	9%	SolZ	8%	9%
1 757,99 I,IV	195,75	10,76	15,66	17,61	I 195,75	7,33	10,67	12,—	—	5,94	6,68	—	1,94	2,18	—	—	—	—	—	—	—	—	—
II	167,25	9,19	13,38	15,05	II 167,25	5,06	8,50	9,56	—	4,02	4,52	—	0,46	0,51	—	—	—	—	—	—	—	—	—
III	7,—	—	0,56	0,63	III 7,—																		
V	460,16	25,30	36,81	41,41	IV 195,75	9,02	13,13	14,77	7,33	10,67	12,—	4,48	8,27	9,30	—	5,94	6,68	—	3,82	4,29	—	1,94	2,18
VI	488,50	26,86	39,08	43,96																			
1 760,99 I,IV	196,58	10,81	15,72	17,69	I 196,58	7,37	10,73	12,07	—	6,—	6,75	—	1,98	2,23	—	—	—	—	—	—	—	—	—
II	168,08	9,24	13,44	15,12	II 168,08	5,21	8,56	9,63	—	4,06	4,57	—	0,50	0,56	—	—	—	—	—	—	—	—	—
III	7,33	—	0,58	0,65	III 7,33																		
V	461,33	25,37	36,90	41,51	IV 196,58	9,07	13,20	14,85	7,37	10,73	12,07	4,63	8,33	9,37	—	6,—	6,75	—	3,86	4,34	—	1,98	2,23
VI	489,66	26,93	39,17	44,06																			
1 763,99 I,IV	197,33	10,85	15,78	17,75	I 197,33	7,42	10,79	12,14	—	6,06	6,81	—	2,02	2,27	—	—	—	—	—	—	—	—	—
II	168,83	9,28	13,50	15,19	II 168,83	5,36	8,62	9,70	—	4,12	4,63	—	0,54	0,60	—	—	—	—	—	—	—	—	—
III	7,66	—	0,61	0,68	III 7,66																		
V	462,33	25,42	36,98	41,60	IV 197,33	9,11	13,26	14,91	7,42	10,79	12,14	4,78	8,39	9,44	—	6,06	6,81	—	3,92	4,41	—	2,02	2,27
VI	490,83	26,99	39,26	44,17																			

4.2 Weshalb fallen für die Angestellten unterschiedlich hohe Lohnsteuerabzüge an? Nennen Sie drei Gründe!

4.3 Frau Gruber reicht zu Beginn des Jahres ihre Lohnsteuerkarte beim Arbeitgeber Horst Traber e.K. ein. Welche für die Besteuerung ihres Gehalts wichtigen Informationen lassen sich aus der Lohnsteuerkarte entnehmen? Nennen Sie drei Informationen!

---

1 Jubiläumszuwendungen gehören in vollem Umfang zum steuerpflichtigen Arbeitslohn.

9.4 Buchungen im Personalbereich

(1) Lohn- und Gehaltsabrechnung

Beispiel:

Die Angestellte Frieda Hauser, Jahnstr. 14, 29227 Celle, Mitarbeiterin der Maschinenfabrik Hans Bayer GmbH, bezieht für den Monat Juli einen Bruttolohn in Höhe von 1984,20 EUR. Steuerklasse III/I[1]. Krankenversicherungsbeitrag 14,9%, Pflegeversicherung 1,95%, Rentenversicherung 19,9%, Arbeitslosenversicherung 2,8%.

Aufgaben:

1. Erstellen Sie die Gehaltsabrechnung für die Mitarbeiterin unter Verwendung des abgedruckten Auszugs aus der Lohnsteuertabelle (Kirchensteuer 9%)!
2. Berechnen Sie den Arbeitgeberanteil!

MONAT 1 980,–*

Abzüge an Lohnsteuer, Solidaritätszuschlag (SolZ) und Kirchensteuer (8%, 9%) in den Steuerklassen

Lohn/ Gehalt bis €*		I–VI ohne Kinderfreibeträge				I, II, III, IV mit Zahl der Kinderfreibeträge ...																				
							0,5			1			1,5			2			2,5			3				
		LSt	SolZ	8%	9%	LSt	SolZ	8%	9%	SolZ	8%	9%	SolZ	8%	9%	SolZ	8%	9%	SolZ	8%	9%	SolZ	8%	9%		
1 982,99	I,IV	255,33	14,04	20,42	22,97	I 255,33	10,45	15,20	17,10	7,04	10,24	11,52	—	5,54	6,23	—	1,63	1,83	—	—	—	—	—	—		
	II	225,58	12,40	18,04	20,30	II 225,58	8,89	12,93	14,54	4,01	8,08	9,09	—	3,66	4,11	—	0,19	0,21	—	—	—	—	—	—		
	III	36,50	—	2,92	3,28	III 36,50																				
	V	545,33	29,99	43,62	49,07	IV 255,33	12,22	17,78	20,—	10,45	15,20	17,10	8,72	12,68	14,27	7,04	10,24	11,52	3,43	7,85	8,83	—	5,54	6,23		
	VI	575,66	31,66	46,05	51,80																					
1 985,99	I,IV	256,16	14,08	20,49	23,05	I 256,16	10,49	15,26	17,17	7,07	10,29	11,57	—	5,60	6,30	—	1,67	1,88	—	—	—	—	—	—		
	II	226,33	12,44	18,10	20,36	II 226,33	8,93	12,99	14,61	4,15	8,14	9,15	—	3,70	4,16	—	0,22	0,25	—	—	—	—	—	—		
	III	37,—	—	2,96	3,33	III 37,—																				
	V	546,50	30,05	43,72	49,18	IV 256,16	12,26	17,84	20,07	10,49	15,26	17,17	8,76	12,74	14,33	7,07	10,29	11,57	3,56	7,90	8,89	—	5,60	6,30		
	VI	576,83	31,72	46,14	51,91																					
1 988,99	I,IV	257,—	14,13	20,56	23,13	I 257,—	10,53	15,32	17,24	7,11	10,35	11,64	—	5,65	6,35	—	1,71	1,92	—	—	—	—	—	—		
	II	227,16	12,49	18,17	20,44	II 227,16	8,97	13,05	14,68	4,30	8,20	9,22	—	3,75	4,22	—	0,26	0,29	—	—	—	—	—	—		
	III	37,33	—	2,98	3,35	III 37,33																				
	V	547,66	30,12	43,81	49,28	IV 257,—	12,31	17,91	20,15	10,53	15,32	17,24	8,80	12,80	14,40	7,11	10,35	11,64	3,71	7,96	8,96	—	5,65	6,35		
	VI	578,—	31,79	46,24	52,02																					

Lösungen:

1. Bruttoentgelt   1984,20 EUR

– Lohnsteuer	37,00 EUR	
– Solidaritätszuschlag	0,00 EUR	
– Kirchensteuer	0,00 EUR	
– Krankenversicherung 7,0%	138,89 EUR	
– Sonderbeitrag für Arbeitnehmer 0,9%	17,86 EUR	
– Pflegeversicherung 0,975%	19,35 EUR	
– Rentenversicherung 9,95%	197,43 EUR	
– Arbeitslosenversicherung 1,4%	27,78 EUR	438,31 EUR
Auszahlungsbetrag		1545,89 EUR

2. Arbeitgeberanteil: 401,31 – 17,86 = 383,45 EUR

---

[1] Steuerklasse III, 1 Kinderfreibetrag.

(2) Buchung der Lohn- und Gehaltszahlungen

Die erforderlichen Buchungen lassen sich mithilfe der nachfolgenden Fragen ableiten. Hierbei gehen wir von der Entgeltabrechnung von Frau Frieda Hauser, Mitarbeiterin der Maschinenfabrik Hans Bayer GmbH für den Monat Juli aus.

Arbeitgeber-anteil an der Sozial-versicherung	Name	Brutto-gehalt	Abzüge			Abzüge insgesamt	Nettogehalt (Auszah-lungs-betrag)
			Lohnst./ Sol.-Zuschl.	Kirchen-steuer	Sozial-versicherung		
383,45	Frieda Hauser	1 984,20	37,00	0,00	401,31	438,31	1 545,89

Aufwendungen des Arbeitgebers — Abzuführende Beträge (Verbindlichkeiten) – an das Finanzamt – an die zuständige Krankenkasse — Aus-zahlungs-betrag

■ **Welche Aufwendungen erwachsen der Maschinenfabrik monatlich für diese Mitarbeiterin?**

Für Frau Hauser hat die Maschinenfabrik folgende Beträge aufzuwenden:

Personalkosten (Bruttogehalt)	1 984,20 EUR
+ Sozialversicherungsbeiträge (Arbeitgeberanteil)	383,45 EUR
	2 367,65 EUR

Diese beiden Aufwandsposten müssen auf entsprechenden Aufwandskonten in unserer Buchführung gebucht werden: das **Bruttogehalt** auf dem Konto **6300 Gehälter,** der **Arbeitgeberanteil zur Sozialversicherung** auf dem Konto **6400 Arbeitgeberanteil zur Sozialversicherung.**

■ **Welche Abzüge werden einbehalten?**

An **Lohnsteuer, Solidaritätszuschlag und Kirchensteuer** werden 37,00 EUR einbehalten. Solange die einbehaltenen Steuern nicht an das Finanzamt abgeführt sind, stellen sie für das Unternehmen Verbindlichkeiten dar. Die Buchung erfolgt auf dem Konto **4830 Verbindlichkeiten gegenüber Finanzbehörden.**

Die **einbehaltenen Sozialversicherungsbeiträge** umfassen 401,31 EUR. Sie müssen an die zuständige Krankenkasse weitergeleitet werden. Solange dies noch nicht erfolgt ist, stellen die einbehaltenen Sozialversicherungsbeiträge ebenso wie der Arbeitgeberanteil Verbindlichkeiten dar. Die Buchung erfolgt auf dem Konto **2640 Sozialversicherung-Beitragsvorauszahlung.**

■ **Welcher Betrag wird monatlich an Frau Hauser ausbezahlt?**

Frau Hauser erhält das Nettogehalt in Höhe von 1 545,89 EUR ausgezahlt. In Höhe dieses Betrages erfolgt bei der Gehaltsauszahlung ein Abgang auf dem Zahlungskonto. Bei Bankzahlung, wie wir annehmen wollen, bedeutet das eine Habenbuchung auf dem Bankkonto.

■ Zu welchem Zeitpunkt sind die entsprechenden Beträge zu begleichen?

Die Sozialversicherungsbeiträge (Arbeitnehmeranteil und Arbeitgeberanteil) hier in Höhe von 784,76 EUR (Arbeitgeberanteil 383,45 EUR + Arbeitnehmeranteil 401,31 EUR) sind spätestens zum drittletzten Bankarbeitstag des laufenden Monats fällig. Damit der Zahlungszeitpunkt eingehalten werden kann und Säumniszuschläge vermieden werden, bedeutet das praktisch, dass die Berechnung der voraussichtlichen Beitragsschuld und die Zahlungsanweisung schon einige Tage vor diesem Fälligkeitstag erfolgen müssen. Bei sich ändernden Berechnungsgrundlagen (Änderungen des Personalbestandes, der Arbeitsstunden, der Arbeitstage, der Lohnsätze usw.) im Laufe des Monats, wie das in größeren Betrieben üblich ist, weicht die Berechnung der voraussichtlichen Beitragsschuld von der tatsächlichen Schuld ab. Eine erforderliche Nachverrechnung (Nachzahlung oder Überzahlung) wird bei der nächsten Abrechnung vorgenommen. Unproblematisch erweist sich die Ermittlung der fälligen Beitragsschuld in den Fällen, bei denen sich die Abrechnungsgrundlagen nicht verändern. In diesen Fällen, von denen wir der Einfachheit halber hier ausgehen, kann auch die fällige Beitragsschuld in der korrekten Höhe ermittelt werden.

■ Wie sind die einzelnen Beträge bei der Lohn- und Gehaltsabrechnung zu buchen?

Die **Buchung der abzuführenden Sozialversicherungsbeiträge** am drittletzten Bankarbeitstag des laufenden Monats erfolgt über das **Konto 2640 Sozialversicherung-Beitragsvorauszahlung**.

Bei den nachfolgenden Buchungen gehen wir von unserem Beispiel der Gehaltsabrechnung von Frau Frieda Hauser auf S. 509 aus.

Es ergeben sich folgende Buchungen:[1]

Zum drittletzten Bankarbeitstag des laufenden Monats:	■ Zahlung der fälligen Sozialversicherungsbeiträge.
Am Monatsende:	■ Buchung des Bruttogehaltes mit Auszahlung des Nettogehaltes, Verrechnung des Arbeitnehmeranteils zur Sozialversicherung und der Erfassung der einbehaltenen und abzuführenden Beträge an das Finanzamt. ■ Buchung des Arbeitgeberanteils zur Sozialversicherung.
Am 10. des folgenden Monats:	■ Zahlung der einbehaltenen Lohnsteuer, der Kirchensteuer und des Solidaritätszuschlags.

Nr.	Konten	Soll	Haben
1.	2640 SV-Beitragsvorauszahlungen an 2800 Bank	784,76	 784,76
2.	6300 Gehälter an 2800 Bank an 2640 SV-Beitragsvorauszahlungen an 4830 Verbindlichkeiten geg. Finanzbehörden 6400 AG-Anteil zur Sozialversicherung an 2640 SV-Beitragsvorauszahlungen	1 984,20 383,45	 1 545,89 401,31 37,00 383,45
3.	4830 Verbindlichkeiten geg. Finanzbehörden an 2800 Bank	37,00	 37,00

---

1 Alle Zahlungen erfolgen durch Banküberweisung.

169 1.

Gehaltsliste Monat Juni

Bruttogehälter	LSt, Sol.-Zuschlag und Kirchensteuer	Sozial-versicherung	Bank-überweisung	Arbeitgeber-anteil
25 440,00	3 869,00	5 145,24	16 425,76	4 916,28

Aufgaben:

Bilden Sie die Buchungssätze:

1.1 für die Überweisung der Sozialversicherungsbeiträge in Höhe von 10061,52 EUR,

1.2 für die Zahlung der Gehälter und für die Erfassung des Arbeitgeberanteils zur Sozial-versicherung!

2. Das Bruttogehalt eines Mitarbeiters beträgt 2980,00 EUR. Der Arbeitnehmeranteil zur Sozialversicherung beträgt 602,71 EUR, die Lohnsteuer, der Solidaritätszuschlag und die Kirchensteuer betragen 278,04 EUR. Der Arbeitgeberanteil zur Sozialversicherung beträgt 575,89 EUR.

Aufgabe:

Bilden Sie die Buchungssätze für obige Angaben!

3. Wir zahlen einbehaltene Abzüge (Lohnsteuer, Solidaritätszuschlag und Kirchensteuer) in Höhe von 4670,00 EUR sowie die fälligen Beiträge zur Unfallversicherung in Höhe von 3120,80 EUR durch Banküberweisung.

Aufgabe:

Bilden Sie die Buchungssätze für die Geschäftsvorfälle!

170 Ein Filialleiter erhält ein monatliches Grundgehalt von 3200,00 EUR. Sofern seine Verkaufs-erlöse 25000,00 EUR übersteigen, erhält er vom Mehrbetrag 3% Umsatzprovision, die im Folgemonat ausbezahlt wird.

Im Oktober beträgt sein Umsatz 51400,00 EUR.

Aufgaben:

1. Berechnen Sie den Auszahlungsbetrag für November, wenn folgende Abzüge anfallen: Lohnsteuer, Solidaritätszuschlag und Kirchensteuer 1041,75 EUR. Der Arbeitnehmeranteil zur Sozialversicherung beträgt 790,28 EUR!

2. Bilden Sie die Buchungssätze für die Gehaltsabrechnung. Der Arbeitgeberanteil zur Sozial-versicherung beträgt 757,20 EUR.

3. Beschreiben Sie die Auswirkungen eines Steuerfreibetrages auf der Lohnsteuerkarte für den Steuerpflichtigen bei seiner Gehaltsabrechnung!

171

Gehaltsliste Monat Oktober

Bruttogehälter	Lohnsteuer/ Sol.-Zuschlag	Kirchensteuer	Sozial-versicherung	Gesamt-abzüge	Auszahlung Bank
30 390,00	4 686,00	393,00	6 146,38	11 225,38	19 164,62

Aufgabe:

Bilden Sie die Buchungssätze bei einem Arbeitgeberanteil zur Sozialversicherung in Höhe von 5872,87 EUR!

---

1 Bei allen Gehaltsbuchungen erfolgen die Zahlungsvorgänge über das Bankkonto.

172 Bilden Sie für die Eisenwarengroßhandlung David Otto KG die Buchungssätze aufgrund folgender Angaben!

1. Bruttogehalt   2 680,00 EUR
   - Lohnsteuer/Solidaritätszuschlag   179,33 EUR
   - Kirchensteuer   6,53 EUR
   - Sozialvers.-Beitr./Arbeitnehmeranteil   542,03 EUR   727,89 EUR
   - = Auszahlungsbetrag   1 952,11 EUR

   Der Arbeitgeberanteil zur Sozialversicherung beträgt   517,91 EUR

2. Bruttolöhne   85 600,00 EUR
   - Lohnsteuer, Solidaritätszuschlag und Kirchensteuer   25 680,00 EUR
   - Sozialvers.-Beitr./Arbeitnehmeranteil   17 312,60 EUR   42 992,60 EUR
   - = Auszahlungsbetrag   42 607,40 EUR

   Der Arbeitgeberanteil zur Sozialversicherung beträgt   16 542,20 EUR

3. Wir überweisen per Bank die einbehaltenen Steuerbeträge und Solidaritätszuschläge (siehe Fälle 1 u. 2)   25 865,86 EUR

4. Wir überweisen per Bank den Beitrag an die Berufsgenossenschaft   2 150,00 EUR

173 Die Prokuristin Frieda Fleißig hat ein Bruttogehalt von 4 773,40 EUR. Sie ist röm.-kath., unterliegt der Lohnsteuerklasse I und erhält einen Kinderfreibetrag.

1. Erstellen Sie die Gehaltsabrechnung aufgrund der abgedruckten Lohnsteuertabelle! Zu den Abzügen für die Sozialversicherung vergleichen Sie bitte die Angaben auf S. 504.

   (Die Kirchensteuer beträgt 9 %.)

2. Berechnen Sie den Arbeitgeberanteil zur Sozialversicherung!

3. Bilden Sie die Buchungssätze zu der erstellten Gehaltsabrechnung (Banküberweisung)!

MONAT 4 770,–*

Lohn/ Gehalt bis €*	I–VI ohne Kinderfreibeträge			I, II, III, IV mit Zahl der Kinderfreibeträge . . .	0,5			1			1,5			2			2,5			3		
	LSt	SolZ	8%	9%	LSt	SolZ	8%	9%	SolZ	8%	9%	SolZ	8%	9%	SolZ	8%	9%	SolZ	8%	9%	SolZ	8%	9%
4 772,99 I,IV	1 212,16	66,66	96,97	109,09	I 1 212,16	61,10	88,88	99,99	55,69	81,01	91,13	50,47	73,41	82,58	45,41	66,06	74,31	40,54	58,97	66,34	35,84	52,14	58,65
II	1 166,41	64,15	93,31	104,97	II 1 166,41	58,64	85,30	95,96	53,32	77,56	87,25	48,17	70,06	78,82	43,19	62,83	70,68	38,40	55,86	62,84	33,78	49,14	55,28
III	760,16	41,80	60,81	68,41	III 760,16	37,85	55,06	61,94	33,99	49,44	55,62	30,21	43,94	49,43	26,52	38,58	43,40	22,93	33,36	37,53	19,42	28,25	31,78
V	1 713,16	94,22	137,05	154,18	IV 1 212,16	63,87	92,90	104,51	61,10	88,88	99,99	58,37	84,91	95,52	55,69	81,01	91,13	53,06	77,18	86,82	50,47	73,41	82,58
VI	1 745,33	95,99	139,62	157,07																			
4 775,99 I,IV	1 213,41	66,73	97,07	109,20	I 1 213,41	61,16	88,97	100,09	55,76	81,10	91,24	50,53	73,50	82,68	45,47	66,14	74,41	40,59	59,05	66,43	35,90	52,22	58,74
II	1 167,66	64,22	93,41	105,08	II 1 167,66	58,71	85,40	96,07	53,38	77,65	87,35	48,23	70,16	78,93	43,25	62,92	70,78	38,46	55,94	62,93	33,83	49,22	55,37
III	761,–	41,85	60,88	68,49	III 761,–	37,90	55,13	62,02	34,03	49,50	55,69	30,25	44,01	49,51	26,57	38,65	43,48	22,97	33,41	37,58	19,46	28,30	31,84
V	1 714,41	94,29	137,15	154,29	IV 1 213,41	63,94	93,–	104,63	61,16	88,97	100,09	58,44	85,01	95,63	55,76	81,10	91,24	53,12	77,27	86,93	50,53	73,50	82,68
VI	1 746,58	96,06	139,72	157,19																			

10 Personalfreisetzung

10.1 Notwendigkeit von Personalfreisetzungen

(1) Gründe für Personalfreisetzungen

In einem Unternehmen kann es notwendig werden, den Mitarbeiterbestand zu verringern. Die Freisetzung kann in der **Person** oder dem **Verhalten des Mitarbeiters** begründet sein oder auf **dringenden betrieblichen Erfordernissen** beruhen. Geschieht die Auflösung eines Beschäftigungsverhältnisses im Rahmen des täglichen Betriebsablaufs, spricht man von **Trennung.** Die Beendigung von Beschäftigungsverhältnissen in Krisensituationen bezeichnet man als **Personalabbau.**

Die wichtigsten **Gründe für Personalfreisetzungen** aus betrieblichen Erfordernissen sind:

■ Absatz- und der damit verbundene Produktionsrückgang,
■ Aufgabe eines oder mehrerer Produkte,
■ Stilllegung einzelner Abteilungen,
■ Rationalisierungsmaßnahmen.

(2) Maßnahmen zur Vermeidung von Personalfreisetzungen

Zunächst wird die Geschäftsleitung versuchen, die Kündigung von Beschäftigungsverhältnissen zu vermeiden. Möglichkeiten sind:

■ **Versetzung** zu anderen Produktionsstandorten.
■ Abbau von Überstunden.
■ **Teilung von Arbeitsplätzen,** d.h., zwei oder mehr Mitarbeiter, die bisher vollzeitbeschäftigt waren, teilen sich einen Arbeitsplatz **(Jobsharing).**
■ **Teilzeitarbeit,** z.B. Halbtagsarbeit.
■ **Gleitender Übergang in den Ruhestand** durch ein- oder mehrstufige Verkürzung der Arbeitszeit.
■ **Einführung von Kurzarbeit** (Vorübergehende Herabsetzung der üblichen betrieblichen Arbeitszeit).
■ **Ausnutzung der Fluktuation,** indem freiwerdende Stellen (z.B. durch Kündigungen von Arbeitskräften, Pensionierungen, Tod) nicht mehr besetzt werden.
■ Vorzeitige Pensionierung.
■ **Abschluss von Aufhebungsverträgen** (vertragliche Beendigung von Arbeitsverhältnissen, die i.d.R. mit der Zahlung von Abfindungen verbunden sind).

Reichen die angeführten Maßnahmen nicht aus, werden Kündigungen erforderlich.

10.2 Kündigung

10.2.1 Begriff Kündigung

Das Arbeitsverhältnis ist normalerweise ein **Dauervertrag,** der mit der **Kündigung** nach den Bestimmungen der §§ 621 bis 623 BGB endet [§ 620 II BGB].

33 Speth u.a. - ISBN 978-3-8120-0465-7

10.2.2 Arten der Kündigung

(1) Gesetzliche Kündigung (ordentliche Kündigung)

Gesetzliche Kündigungsfristen für Arbeitsverhältnisse sind Mindestvorschriften, die jedoch durch Einzelarbeits- oder Kollektivarbeitsvertrag (Tarifvertrag) grundsätzlich verlängert werden können (Tariföffnungsklausel) [§ 622 IV BGB]. Auch die Kündigungstermine können vertraglich vereinbart werden (z.B. Kündigung zum Quartalsende statt zum Monatsende). Für Arbeiter und Angestellte gelten die gleichen gesetzlichen Kündigungsfristen.

■ Grundkündigungsfrist

Das Arbeitsverhältnis eines Arbeitnehmers kann vom Arbeitgeber und vom Arbeitnehmer mit einer Frist von **vier Wochen** zum **Fünfzehnten** oder zum **Ende eines Kalendermonats** gekündigt werden [§ 622 I BGB]. **Ausnahme:** Während einer vereinbarten Probezeit (längstens für die Dauer von sechs Monaten) kann das Arbeitsverhältnis mit einer Frist von zwei Wochen gekündigt werden [§ 622 III BGB].

■ Verlängerte Kündigungsfristen für die Arbeitgeber

Bei längerer Betriebszugehörigkeit ab dem vollendeten **25. Lebensjahr** gelten für eine **Kündigung** durch den **Arbeitgeber** verlängerte gesetzliche Kündigungsfristen [§ 622 II BGB].

Betriebszugehörigkeit ab dem 25. Lebensjahr	Kündigungsfristen zum Monatsende
ab 2 Jahre	1 Monat
ab 5 Jahre	2 Monate
ab 8 Jahre	3 Monate
ab 10 Jahre	4 Monate
ab 12 Jahre	5 Monate
ab 15 Jahre	6 Monate
ab 20 Jahre	7 Monate

Beispiel:

Die Mühlenbach-AG beschließt eine Reihe von Kündigungen. Den Betroffenen gehen die Kündigungen am 15. April zu:

(1) Carla Monti, 22 Jahre, seit 4 Jahren im Betrieb;
(2) Emil Huber, 30 Jahre, seit 7 Jahren im Betrieb und
(3) Hanna Schmidt, 42 Jahre, seit 20 Jahren im Betrieb.

Aufgabe:

Ab welchem Zeitpunkt sind diese Kündigungen rechtswirksam?

---

1 Der Betriebsrat ist vor jeder Kündigung durch den Arbeitgeber unter Angabe der Kündigungsgründe zu hören [§ 102 BetrVG]. Ohne Anhörung des Betriebsrats ist die Kündigung unwirksam. Siehe auch S. 370 und S. 497f.

(1) Carla Monti: Es gilt die Grundkündigungsfrist. Die Betriebszugehörigkeit wird erst ab dem 25. Lebensjahr berücksichtigt. Die Kündigung wird folglich am 15. Mai rechtswirksam.

(2) Emil Huber: Er ist ab dem 25. Lebensjahr 5 Jahre im Betrieb beschäftigt. Es gilt deshalb eine verlängerte Kündigungsfrist von 2 Monaten zum Monatsende. Die Kündigung ist frühestens zum 30. Juni rechtswirksam.

(3) Hanna Schmidt: Sie ist ab dem 25. Lebensjahr 17 Jahre im Betrieb beschäftigt. Für sie gilt eine Kündigungsfrist von 6 Monaten zum Monatsende. Es kann ihr also frühestens zum 31. Oktober rechtswirksam gekündigt werden.

(2) Vertragliche Kündigung

Die zwischen Arbeitnehmern und Arbeitgebern vereinbarten (einzelvertraglichen) Kündigungsfristen dürfen grundsätzlich länger, aber nicht kürzer als die gesetzlichen Kündigungsfristen sein. Will ein Arbeitnehmer kündigen, gilt somit die vertragliche oder die gesetzliche Kündigungsfrist von vier Wochen [§ 622 I BGB]. Die Arbeitnehmer müssen den Kündigungsgrund nicht angeben.

Eine Ausnahme besteht z. B. für Kleinbetriebe mit in der Regel höchstens 20 Arbeitnehmern ausschließlich der zu ihrer Berufsausbildung Beschäftigten, soweit die Kündigungsfrist vier Wochen nicht unterschreitet [§ 622 V, Nr. 2 BGB]. Für die Kündigung des Arbeitsverhältnisses durch den Arbeitnehmer darf keine längere Frist vereinbart werden als für die Kündigung durch den Arbeitgeber [§ 622 VI BGB].

(3) Fristlose Kündigung (außerordentliche Kündigung)

Das Arbeitsverhältnis kann von jeder Vertragspartei ohne Einhaltung einer Kündigungsfrist gelöst werden, wenn ein wichtiger Grund vorliegt [§ 626 BGB].

Beispiele:	
Verstöße gegen die Schweigepflicht; Diebstahl; grobe Beleidigungen; Tätlichkeiten; Mobbing (soziale Isolierung von Kollegen	durch üble Nachrede, Missachtung und Unterstellungen); ungerechtfertigte Arbeitsverweigerung.

Wenn der Betriebsrat nicht vor der Kündigung unterrichtet wird, ist diese **unwirksam.** Der Betriebsrat kann der außerordentlichen Kündigung unverzüglich, spätestens jedoch innerhalb von drei Tagen, der ordentlichen Kündigung innerhalb einer Woche unter Angabe der Gründe schriftlich widersprechen [§ 102 BetrVG].

10.2.3 Kündigungsschutz

(1) Allgemeiner Kündigungsschutz

Der allgemeine Kündigungsschutz ist im Kündigungsschutzgesetz (KSchG) geregelt und schützt Arbeitnehmer vor **sozial ungerechtfertigter Kündigung,** wenn das Arbeitsverhältnis im gleichen Unternehmen ohne Unterbrechung länger als sechs Monate bestanden hat und das Unternehmen in der Regel mehr als zehn Arbeitskräfte (Auszubildende nicht mitgerechnet) beschäftigt [§§ 1, 23 KSchG].[1] Leitende Angestellte genießen keinen erhöhten Kündigungsschutz (Näheres siehe § 14 KSchG).

Eine **sozial ungerechtfertigte Kündigung** ist **rechtsunwirksam**. Bei notwendigen Entlassungen müssen z.B. die Dauer der Betriebszugehörigkeit, das Lebensalter und die Unterhaltspflichten der Arbeitnehmer berücksichtigt werden [§ 1 III KSchG].

Sozial gerechtfertigt ist eine Kündigung z.B. in folgenden Fällen [§ 1 II KSchG]:

Kündigungsgrund	Beispiele
Der Kündigungsgrund liegt in der **Person** des Arbeitnehmers.	Eine Angestellte ist nicht in der Lage, sich auf die sich ändernden Anforderungen des Arbeitsplatzes umzustellen. – Ein Arbeiter leidet unter einer schweren Krankheit, sodass er seine Arbeit nicht mehr ausführen kann.
Der Kündigungsgrund liegt im **Verhalten** des Arbeitnehmers.	Eine Arbeiterin macht dauernd überdurchschnittlich viel Ausschuss. – Eine Kassiererin unterschlägt mehrere tausend Euro.
Die Kündigung ist durch **dringende betriebliche Erfordernisse** bedingt.	Personalabbau aufgrund von erforderlichen Rationalisierungsmaßnahmen. – Entlassungen aufgrund von nachhaltigem Auftragsmangel.

Der Personalabbau muss sozial gerecht verteilt werden. Die soziale Auswahl der zuerst zu entlassenden Beschäftigten darf z.B. nicht auf die Abteilung beschränkt werden, in der Personal eingespart werden soll.

(2) Besonderer Kündigungsschutz

Einen besonderen Kündigungsschutz genießen z.B. Betriebsratsmitglieder, Jugend- und Auszubildendenvertreter [§ 15 KSchG], Frauen während der Schwangerschaft und bis zum Ablauf von vier Monaten nach der Entbindung [§ 9 I MuSchG], Arbeitnehmer höchstens acht Wochen vor dem Beginn der Elternzeit und während der Elternzeit [§ 18 I BEEG], schwerbehinderte Menschen [§§ 85ff., 101ff. SGB IX] sowie Auszubildende nach der Probezeit und während der Berufsausbildung [§ 22 BBiG].

(3) Abmahnung

Vor allem in den dem Kündigungsschutzgesetz unterliegenden Unternehmen haben die Arbeitnehmer das Recht, **vor einer Kündigung** durch den Arbeitgeber eine sogenannte **Abmahnung** zu erhalten.

Mit der rechtswirksamen – gesetzlich nicht geregelten – Abmahnung muss ein konkreter Vorfall oder ein bestimmtes Fehlverhalten des Arbeitnehmers (z.B. fehlende unverzügliche Krankmeldung, unpünktlicher Arbeitsbeginn) missbilligt und der Arbeitnehmer auf-

---

1 Für Arbeitnehmer, deren Arbeitsverhältnis vor dem 31. Dezember 2003 begonnen hat und die in Unternehmen mit in der Regel fünf oder weniger Arbeitnehmern (ausschließlich der zu ihrer Berufsausbildung Beschäftigten) beschäftigt werden, gilt die Vorschrift des § 1 KSchG nicht (Näheres siehe § 23 I KSchG).

gefordert werden, dieses Fehlverhalten künftig zu unterlassen. Weiterhin müssen bei weiteren Verfehlungen der gleichen Art Rechtsfolgen (z. B. die Kündigung des Arbeitsverhältnisses) angedroht werden.

Die Abmahnung hat eine Hinweis- und Warnfunktion. Entbehrlich ist eine Abmahnung bei gravierenden Vertragsverletzungen (z. B. Diebstahl, Unterschlagung), die auch ein Grund zu einer fristlosen (außerordentlichen) Kündigung sind. Auf eine Abmahnung kann auch dann verzichtet werden, wenn sie wenig Erfolg versprechend ist. Dies gilt insbesondere dann, wenn erkennbar ist, dass der Mitarbeiter nicht gewillt ist, seinen Arbeitsvertrag zu erfüllen.

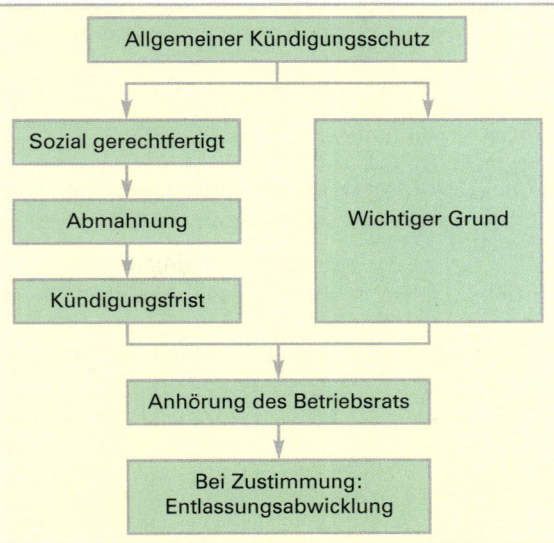

Zusammenfassung

- Der Personalwirtschaft kommt auch die Aufgabe zu, den Personalbestand durch **Personalfreisetzungen** an die wirtschaftliche Entwicklung des Unternehmens anzupassen.

- Die **Kündigung** eines **Arbeitsvertrags** bedarf zur Rechtswirksamkeit der **Schriftform**. Die elektronische Form ist ausgeschlossen. Sie muss zur Gültigkeit als einseitiges Rechtsgeschäft dem **Vertragspartner rechtzeitig zugehen**.

- Bei der Kündigung eines Arbeitsverhältnisses unterscheiden wir die **gesetzliche** und die **vertragliche Kündigungsfrist**. Liegt ein wichtiger Grund vor, kann die Kündigung auch **fristlos** erfolgen.

- Wer länger als sechs Monate ohne Unterbrechung in einem Betrieb mit regelmäßig mehr als zehn Arbeitnehmern – bei Einstellungen vor dem 31. 12. 2003 mehr als 5 Arbeitnehmern – (Auszubildende jeweils nicht mitgerechnet) gearbeitet hat, genießt einen **allgemeinen Kündigungsschutz** gegen eine sozial ungerechtfertigte Kündigung.

- Einen **besonderen Kündigungsschutz** genießen z. B. Auszubildende, Betriebsratsmitglieder, Jugend- und Auszubildendenvertreter, werdende Mütter, schwerbehinderte Menschen und Arbeitnehmer während der Elternzeit.

Übungsaufgaben

174 Bei der Kniebis KG besteht wegen des seit längerer Zeit anhaltenden Absatztiefs eine personelle Überdeckung.

Aufgaben:

1. Erklären Sie, was unter personeller Überdeckung und unter Personalfreisetzung zu verstehen ist!

2. Der Betriebsrat der Kniebis KG wünscht, dass sich die Geschäftsleitung auf interne Perso-nalfreisetzungsmaßnahmen beschränkt, während die Geschäftsleitung auch an externe Personalfreisetzungsmaßnahmen denkt.

Unterscheiden Sie zwischen interner und externer Personalfreisetzung!

3. Nennen Sie drei Maßnahmen der internen und der externen Personalfreisetzung!

175 1. Die Mitarbeiterin Franziska Müller (28 Jahre; 5 Jahre im Betrieb) will zum 30. Juni kündigen.

Aufgaben:

1.1 Wie lange beträgt ihre Kündigungsfrist?

1.2 Geben Sie das Datum an, an dem die Kündigung dem Arbeitgeber spätestens vorlie-gen muss!

1.3 Franziska Müller kündigt am 30. Mai. Wann ist ihr letzter Arbeitstag?

1.4 Dem Mitarbeiter Albert Schön wurde fristgemäß zum 30. September gekündigt. Albert Schön hält die Kündigung für sozial ungerechtfertigt. Bei welchen Gründen wird eine Kündigung als sozial ungerechtfertigt bezeichnet?

1.5 Aufgrund der guten Prüfung wird der Auszubildende Fritz Roth als Angestellter über-nommen. Wodurch unterscheidet sich sein jetziges Beschäftigungsverhältnis vom bisherigen Ausbildungsverhältnis? Nennen Sie drei wesentliche Unterschiede!

2. Der Einzelunternehmer Kern e.K. kündigt dem zwanzigjährigen Klaus Bär, der seit einem Jahr in seinem Unternehmen beschäftigt ist, zum 31. Dezember. Es ist davon auszugehen, dass die Kündigung sozial gerechtfertigt ist.

Aufgaben:

2.1 An welchem Tag muss Kern spätestens kündigen?

2.2 Warum muss die Kündigung begründet werden?

2.3 Was könnte Klaus Bär gegen die Kündigung unternehmen?

2.4 Nennen Sie zwei Gründe für eine fristlose Entlassung eines Mitarbeiters!

2.5 Klaus Bär erhielt rechtzeitig eine Abmahnung. Erklären Sie, was hierunter zu verstehen ist!

2.6 Nennen Sie einen Fall, bei dem eine Abmahnung entbehrlich ist!

3. Herrn Knolle, 28 Jahre alt, seit fünf Jahren kaufmännischer Angestellter im gleichen Betrieb, wird am 31. Mai zum 30. Juni gekündigt. Grund: Seine Arbeitsleistungen ließen objektiv sehr zu wünschen übrig.

Aufgaben:

3.1 Ist die Kündigung rechtswirksam?

3.2 Wäre die Rechtslage anders, wenn Herrn Knolle bereits am 19. Mai gekündigt worden wäre?

3.3 Wie wäre die Rechtslage, wenn Herr Knolle 31 Jahre alt wäre?
Alle Antworten mithilfe des Gesetzes begründen!

Stichwortverzeichnis